普通高等教育电气工程与建筑智能化规划教材

电气工程设计

第 2 版

主　编　马誌溪
副主编　乔立慧
参　编　邹勰斌　罗景林　何　满
　　　　韩延章　陈建新
主　审　陈才俊

机械工业出版社

本书既讲述了从项目承接开始，到工程竣工、验收为止的纵向全过程，又逐项介绍了电气工程当前涉及的各个横向领域，从纵、横两个角度突出工程设计这条主线。编者以相应国家标准、规程、规范为依据，以有关专业书籍为借鉴，以大量实际工程资料为参考，结合自身工程实践和教学经验编写了本书。此次修订是在广泛征求业内专家和教材使用者的意见、建议之后，结合自身使用第1版教材进行多轮教学的体会，作了大幅度、涵盖各章的修改和补充。

全书分为“基础”和“应用”两部分。“基础”部分围绕开展电气工程设计必备的基本知识，分五章对其作全面、系统的介绍。“应用”部分以各类简明的典型工程案例为中心，分别介绍九类常见工程设计的作法、要点、易犯错误及注意事项。全书注意自身的系统性及与其他课程的连贯性；内容回避过多的原理、组成及计算，突出指导工程设计的整体基础、要领及综合应用；语言力求通俗易懂、准确好记；表达手法力争文、表、图并茂；构思强调前后呼应、突出实用；结构则机动、灵活，便于取舍。

本书适用于电气类和建筑类本、专科及高职不同层次教学的选择性使用，也可作为工厂供电、建筑电气、自动控制的设计、施工、监理、安装、制造等专业人员的继续教育、技术培训及自我提高用书，还可供相关专业技术人员工作时参考。

图书在版编目（CIP）数据

电气工程设计/马誌溪主编. —2版. —北京：机械工业出版社，2012.7（2023.7重印）

普通高等教育电气工程与建筑智能化规划教材

ISBN 978-7-111-39006-0

Ⅰ.①电… Ⅱ.①马… Ⅲ.①电气工程-设计-高等学校-教材 Ⅳ.①TM

中国版本图书馆CIP数据核字（2012）第143718号

机械工业出版社（北京市百万庄大街22号 邮政编码100037）
策划编辑：贡克勤 责任编辑：贡克勤 王 康 李 乐 王小东
版式设计：霍永明 责任校对：胡艳萍 陈秀丽
责任印制：单爱军
北京虎彩文化传播有限公司印刷
2023年7月第2版·第7次印刷
184mm×260mm·26印张·1插页·647千字
标准书号：ISBN 978-7-111-39006-0
定价：50.00元

电话服务	网络服务
客服电话：010-88361066	机 工 官 网：www.cmpbook.com
010-88379833	机 工 官 博：weibo.com/cmp1952
010-68326294	金 书 网：www.golden-book.com
封底无防伪标均为盗版	机工教育服务网：www.cmpedu.com

第2版前言

当今民用、公共及工业建筑如雨后春笋般在全国各地拔地而起，承担建筑能源供应及建筑物内外信息传递的“电气工程”在建筑中的地位越来越突出。涉及“电气”及“智能化”两大领域、高技术含量的新技术的大量涌进，使得“电气工程设计”的教学越来越受到各类院校、广大师生，甚至从业技术人员的强烈关注，故而本书一再重印。出版社根据发行安排修订，给予本书一个通过修补更新和提高的机会。趁此机会编者广泛征求业内专家和教材使用者的意见、建议，结合自身使用第1版教材进行多轮教学的体会，作了涵盖各章的大幅度的修订，各章名称亦与第1版略有不同。

基础部分：第一章“设计的基础”的第五节由第1版的“国家历次淘汰的部分机电产品”改成“设计的核心——电气技术文件”；第二章“设计的语言——制图规范”的第四节由第1版的“电气项目代号”改成“电气参照代号”；第三章章名由第1版的“电气设计的内容”改成“设计的开展”，内容作少量调整；第四章“设计的表达——图样绘制与识读”由第1版的五节压缩成四节，每节内容增多；第五章“设计的实施——画图以外的工作”由第1版的十二节压缩成八节，每节内容均作了相应调整。

实践部分：第六章“变配电工程设计”删去了第1版的“概述”一节；第七章“配电线路设计”改由第2版的“线路用线缆”、“架空线路”和“非架空线路”三节组成；第1版的第七章“动力和照明电气设计”拆分成第八章“低压配电及动力电气设计”和第十章“照明电气设计”两章；第八章增加了“电梯供电系统”及“低压配电箱”（由第1版的第九章“电气控制及相关设计”摘选）两节；第十章增加了“电光源与灯具”及“照度计算”两节；第十一章“防雷与接地设计”增加了“等电位连接”一节；第十二～十四章由第1版的第十一章“建筑弱电设计”及第十二章“综合布线及建筑设备自动化”扩展演变而来。第十二章“楼宇自动化设计”包括：“消防报警与联动”、“安全技术防范”及“建筑设备监控”三节；第十三章“信息通信设计”包括：“综合布线系统”、“视、音频系统”及“通信系统”三节；第十四章“建筑智能化系统设计”包括：“建筑智能化系统”、“系统的集成”、“管理系统”及“服务系统”四节。

附录部分全部更新，由“电气工程设计常用标注及标记”及“电气工程设计的相关标准、规范目录”等四个附录构成。

总之，修订后本书的内容更紧密结合当前、面向实用；适用范围更广，面向本科的同时，亦向大专、高职倾斜，既可作为教材选用，也可供相关人员参考学习；资料的时效性更强，工程案例均取自甲级院新作，规程、规范及附录均为当前在用版本；整体结构框架构思更机动、灵活，便于选择性使用。使用本书时，高职、高专重心在“基础部分”，“实践部分”可酌情略讲或针对性选讲；本科教学时则反之，重心在“实践部分”，宜与“课程设计”、“毕业设计”配合使用。

本书在编写过程中得到了湖南大学戴瑜兴教授、世博局程大章教授、北京联合大学范同顺教授、机械工业出版社贡克勤编辑的建议及大量同行、专家的指点，还得到各相关院校的大力支持。山西工程职业技术学院乔立慧、深圳长城公司邹勰斌、中建七局三公司罗景林、广西电网百色供电局何满及机械工业第四设计研究院韩延章分别参与了第八～十一章、第十二、十三章、第五、六章及第四章的修改、核定，华侨大学陈建新老师参与了全部图及表格的加工绘制，后期更得到泉州信息职业技术学院的全方位支持，该院何燕阳、李雪锋、赵衍青老师承担了此书电子课件的编制工作。全书承蒙教授级高工陈才俊的逐字逐句的细心、认真审查，特在此一并致谢！虽经修订，误、漏、不详之处可能仍存，欢迎电邮至 mzx704@163.com 批评、指导！

编　者

第1版前言

本书是建筑电气及智能建筑系列教材之一，由电气工程与自动化类本科建筑电气技术系列教材及高职高专智能化建筑系列教材编审委员会组织编写。

电气工程设计涉及工厂供电、建筑配电及智能建筑等诸多方面，是电气类学生毕业后从事较多的就业门类，而学校教育中，这方面的专业教学相对缺乏。为提高学生的工程意识，在学生修完相应基础课及系列专业课后，开始进行电气工程设计前增加承上启下的教学环节，编者在已使用多年的课堂讲义基础上进行修改、增补，编写成本书。

本书内容广泛，涉及多种专业，并紧密联系实践，面向工程，内容综合。在编写过程中，编者查阅了大量公开或内部发行的工程技术书刊和资料，吸取了许多有益知识，借用了其中大量的图表及内容，在此向所有熟识的以及未曾见面的作者致以衷心的感谢。

本书的出版得到机械工业出版社教材编辑室的关心和重视，并得到中国电工技术学会电气工程教育委员会的具体指导，由委员会徐德淦主任亲任主审。华侨大学马誌溪任主编，负责全书的框架构思、编写组织及整体统稿工作，并编写第一～五章、第九章的第四～七节及附录A、B，南京工业大学张九根任副主编，编写第六章及第十～十二章，扬州大学李新兵编写第七、八章及第九章的第一～三节。

本书在编写过程中得到华侨大学、南京工业大学及扬州大学等相关院、系领导及同志们的大力支持，得到蔡聪跃总工、陈红教授的关心帮助，华侨大学建筑系郁聪老师、电气系学生杨靖宇、邹勰斌、洪杰聪、陈如波、文梁等都做了不少具体工作。特别是本系列教材编委会委员之一、著名的建筑电气及智能建筑专家程大章教授，通审全文，并提出了极好的意见。在此向他们表示真诚的感谢！

电气工程各领域发展迅速，学科综合性越来越强，虽然编写时力求做到内容全面及时、通俗实用，但由于自身专业水平有限，加之时间仓促，书中难免存在缺漏和不当之处，敬请各位同行、专家和广大读者批评指正。

编　者

目　录

基础部分

第一章　设计的基础

“设计”涵盖内容广博，性质多样，专业繁多。本书仅针对一般工业及民用建筑工程建设中的电气工程设计（含工矿、企业的供配电及电气控制、民用与公共建筑的建筑电气及其智能化）讲述，首先需奠定基础。

第一节　工程设计与工程建设的关系

一、工程设计以工程建设为服务对象

工程设计的任务就是在工程建设中贯彻国家基本建设的方针和技术经济政策，作出切合实际、安全适用、技术先进、综合经济效益好的设计。

建设工程就是工程设计的服务对象。工业和民用的建筑工程是由各种建、构筑物，生产和生活的各种设备、设施及管道、给排水各措施、空调及通风各机械设备等构成。而工程中的电气系统是由各种各类的电气设备构成的。尽管其有千种万类，但从在建筑工程内的空间效果来看都可以分为：

（1）占空性设备　指在建筑物内要占据一定建筑空间的各种供电、配电、控制、保护、计量及用电的各种设备，如变压器、配电屏、照明箱、控制柜、电动机等。它们均占有一定的空间，功能集中、特性外露、动作频繁。

（2）广延性设备　指纵、横、上、下穿越各建筑部位，广为延伸到各个电气设备及信息终端的各种线、缆、管、架，甚至无线通道，如直埋电力电缆、穿 PVC 管的绝缘导线、光纤及信息插座等。它们少占甚至不占空间，具有隐蔽性的同时又具有故障率高、更换性难的特点。

电气工程设计就是要按照上述要求，针对各类工程的特点，合理布局和调配它们去执行第二节所述的各种作用，作出符合需要的设计。

二、工程设计是建设工程的灵魂

设计是工程建设的关键环节。电气工程在整个工程项目中的重要性表现在：

（1）直接关系到工程的立项与档次　供电的落实、消防的到位、防雷的标准、安全的措施均影响项目的立项与审批。供电容量的大小、电源可靠的级别、宽带网设置的水准亦直接影响建筑自身的档次。如某省会城市一临江居民小区，一是邻江靠水，二是智能化功能的到位，虽远离市区，却售到市中心小区的房价，且销势良好。

（2）直接影响到工程建筑功能的发挥　如景观照明能突出建筑在夜间的美化效果，智能化功能设置的程度直接体现高层大楼的商业运作功能档次。如日本的 NEC 大厦，由于它

的光斑亮区随时间而移动、顶部组灯光色随季节而变化，所以它的商业广告效果举世皆知。

（3）间接涉及建筑内部的布局　不同的建筑电气及其智能化专用房对其位置、结构、布局有各种严格的要求，而各类不同用途的建筑工程对电气工程的配置、布置又有着种种限制和要求，这就形成了建筑内部电气布局的千差万别。某智能大厦，由于将各层楼分配线架及全楼总配线架全部集中在楼层中部某一层，因而其智能数据系统结构有别于其他大厦。又由于处理成功，该大厦成为该地智能大厦代表之作。

（4）有助于建筑艺术的体现　建筑，尤其是公共建筑，其风格的体现、艺术美观的表达，在今天除了建筑学外还有电气照明的渲染、衬托，特别是在夜晚。上海世博园的夜景、广州亚运会开幕式的珠江巡游、北京奥运会水立方的立体效果都是巧妙地运用各种、各色灯光照明，才形成五彩缤纷、变幻迷人的夜间景色。

（5）决定工程使用的安全性　电气设备具有使用性广、故障率高，而又危险性大、故障易扩展升级的特点。因此在电气工程设计的施工图审查阶段，把关的重点是安全。随着家庭用电及家用电器的日趋高档和普及，人们对电危险的隐蔽性、突发性、迅速升级性的认识越来越充分，现在电气设计的安全性要求也越来越高。如过去不大注意的卫生间，已普遍要求作等电位连接。建筑防沿外引线路侵入雷和高层防侧击雷、电子信息使用中的电磁兼容性这类问题也越来越引起重视。

（6）关系着工程日后的管理及维护　管理好坏影响设计功能能否发挥，维护水平则决定设备较建筑物本体提前更新的年限，而它们均受到建设时工程质量的影响。而工程设计时的易管理、易维护、易扩展、易更换性等问题常在新建之初易于忽略，如车间现场维修电源是否设置或便于取得、大厦电器维护通道是否狭小，如果设计人员一时疏忽都将造成电气运行、物业维护人员的长期不便。

可见工程设计阶段能决定工程建设的众多基本素质，是工程建设的灵魂。

三、工程设计是建筑工程施工的龙头

设计文件是安排工程建设项目和组织施工安装的主要依据，是施工过程中各专业技术人员指导、监督各工种具体实施的蓝本。做好设计工作对工程建设的工期、质量、投资费用和建成投产后的运行安全、可靠性和生产的综合经济效益起着决定性的作用。设计质量直接关系施工安全和施工效益，稍有不慎就会造成巨大浪费，留下事故隐患，后患无穷。整个建筑施工以施工技术人员获得、熟悉并弄懂工程设计图开始，以设计图样为中心逐步展开，所以工程设计是建设工程施工的龙头。

往往设计中的一个错误，施工中又未予排除，将带来工程的一项隐患。或许它对应的错误还会带来另一个隐患，甚至会扩展带来更多的隐患。所以要搞好工程这个龙身，首先抓好龙头。电气工程设计是整个龙头的一个构成部分，一个重要性日渐增长的部分。

图1-1表达了工程建设项目开展的全过程，从中可体会出“工程设计是建筑工程施工的龙头”。

四、工程设计是各学科综合的纽带

随着科学技术的进步，电气工程设计的内容更为丰富：

（1）供电可靠与质量的要求升高　工业供电电压等级升高，高压深入负荷中心，民用的双电源及应急供电，供电质量除对电压波动幅度要求更严外，还对频率及波形正确性、电磁兼容指标等有更高的要求。

图 1-1　工程建设项目开展的全过程

(2) 电气功能扩大　工业电气控制从通、断、起停到稳压、调速，再到稳流、变频，从四遥到计算机集散控制、分布控制。民用电气从以照明为主，发展到运输——电梯；安全——消防、安防；信息系统——电话、音频、视频、综合布线等。

(3) 安全要求更广、更严　安全已涉及人身、设备、建筑以及传输的数据安全四个方面，还要考虑继电保护、防雷接地以及等电位连接等问题。

(4) 系统更复杂、更综合　仅大楼内就有供电系统、配电系统、数据传输系统以及设备自控监视系统…。彼此既有联系，又有牵制，既有联锁，互锁，也有干扰、影响。

就电气工程而言，已涉及电磁学、机械学、电力电子学、微电子学、声学、光学和计算机控制诸多领域，至于整个工程设计更是涉及更为广泛的学科范畴。所以设计是涉及科学理论、实践技术、经济效益和国家方针政策执行各方面的综合性应用学科，设计是先进技术综合、转化为生产力的纽带。为此对设计人员素质的要求更综合，对他们知识构成也需要更及时、更全面。

第二节　电气工程的地位和作用

如果把工业工程、民用大楼看成是人的躯干、骨架，那架空、埋地、附墙、穿管的动力系统便是它的血管系统，而那纵横穿插、无处不入的智能系统的线缆及设备便是其神经系统。电气工程的地位不可或缺，尤其在时尚生活、现代化自动生产瞬间停电时更有深刻体现。

工业和民用建筑工程中电气工程的作用大致体现在以下方面：

（1）环境优良　电是工业生产中最好的动力能源，能做到稳定、可靠、净化、无污染。生活环境的声/像、温/湿、光/气（空气）均依靠电气实现。人们生活日渐增多的舒适要求全靠电气工程来实现。

（2）快捷方便　工业生产最需要的快捷、及时、易切换、易调整，生活中的给水、排水，电梯运送，家用电器及通信、电视、消防都要依靠电气实现。

（3）安全可靠　系统自身的可靠、安保、防灾措施以及防雷、避过电压、过电流冲击，同样离不开电气工程。

（4）控制精良　电气工程能依据各种使用要求和随机状况对设备和系统及时进行有效的控制和调节。特别是计算机智能系统和电气联合能使生产和楼宇达到预期控制水平，做到节能、降耗，延长寿命，效果完善，控制精良。

（5）信息综合使用　电气工程能解决车间之间、楼宇内外、异地分布的各下属分公司的各种不同信息的收集、处理、存储、传输、检索和提供决策，实现信息的综合使用。这一点在当前这个信息高速膨胀的时代显得尤其重要。

第三节　设计的原则与要求

一、原则

电气工程设计的原则包括下述五个方面。

1. 安全

电使用的广泛性及隐蔽性，使得电的危险具有易忽视性、易发生性和易扩展性，再加上电反应的瞬时性及结构上的逐级联网性，使得“安全用电”应放在首位。而且要从生命、设备、系统、工厂及建筑等方面，在设计阶段予以充分、全面地考虑。这方面应遵循的规程、规范多，且严。电气安全包含三个方面：

（1）首先是人身安全　生命是人生最宝贵的财富，电气工程设计中人的安全又要包含操作、维护人员的安全以及使用电的人的安全。值得注意的是，前一种人一般具备电的专业知识，接触电有深度；而后一种人不一定具备电的专业知识，甚至还不一定具备电的基本常识，而接触电又频繁。

（2）另一方面是供电系统、供电设备自身的安全　供电系统的正常是工业正常生产、楼宇正常运行的前提，而各种消控、安防等安全设施的工作运行，也是以电能够正常供应为先决条件的。

（3）再一方面是要保证供电和用电的设备、装置、楼宇及建筑的安全　特别是防止电气事故引发的电气性火灾的发生。一旦发生火灾要控制并使其局限在尽可能小的区域内，要尽早发现、及时地排除。尤应重视的是当前建筑失火多因电气所致。

2. 可靠

体现在供电电源的可靠和供电质量的可靠。

供电电源的可靠即供电的不间断性，亦即供电的连续性。根据供电负荷对不间断供电的要求的严格性分为：

（1）一级负荷　需两个独立电源供电，特殊情况还配自备发电设备。

（2）二级负荷　有备用电源，即双电源供电。

（3）三级负荷　供电无特殊要求。

而供电质量的可靠又包含两个方面，一个方面是参数指标，如电压的高低、频率的快慢、波形的正弦规律的误差限定在规定的范围内。另一个方面是不利成分，如谐波，瞬态冲击电压减小到一定的范围。

3. 合理

（1）符合规定　设计必须贯彻执行国家有关政策和法令，要符合现行国家、行业、地方、部门的各种规程、规范及要求。

（2）符合实情　设计要满足使用要求，也要符合建设方的经济实力，同时还要考虑管理及运行、维护及修理、扩充及发展的需要。

4. 先进

（1）杜绝落后　淘汰国家明令禁止的元器件及设备，并要在经济合理的前提下面向未来发展，采用切实可行、经国家认定成熟的先进技术。

（2）使用成熟技术　未经认定可靠的技术是不能盲目在一般工程上试用的。在投资费用及技术先进这对矛盾中，注意防止片面强调节约投资的趋向。

（3）充分为未来发展考虑　兼顾运行维护，预计增容扩建。

1）运行检验设计质量　设计时要充分考虑到正常运行、维护管理、操作使用、故障排除、安装测试及吊装通道等问题。正式运行最能综合反应、客观检验整体设计质量。

2）未来发展　要预计五年内发展的配电路数和容量，留出位置及空间。

5. 实用

（1）节能降耗　节能降耗是工程设计各专业中与电专业联系最为密切的，这一工作必须贯穿整个设计从电器设备选型到系统构成的各个阶段，同时还要与降低物耗、保护环境、综合利用、防止重复建设等一并考虑。在设计过程中不要忽视以下方面：

1）提高功率因数　功率因数达不到要求时，首先应尽量选用自然功率因数高的设备，仍达不到要求时，常采用电力电容补偿来改善。

2）高压供电系统尽可能深入负荷中心，减少低压大电流的损耗。

3）照明方面节能见第十章。

4）相关工种协调配合

①余热发电——锅炉产生的蒸汽先供给汽轮机进行发电，其尾气再供热。热、电皆用的工厂宜用此方案。

②冷冻机节能控制。

③锅炉通过自控达到高效运行。

④装修线路、线径合理，留余量不可太长。

⑤合理选择水泵转速、台数，控制为间歇方式，且躲峰取水运行。

（2）符合各方面的要求　消防、安保、通信、闭路电视、规划、环保各方面从各种不同角度对应工程有具体实际的要求，设计时则要全面综合考虑。否则设计通不过，即使勉强通过，建成后也不会实用。

二、要求

工程设计为工程建设提供的就是绘制、编写的成套图样和文字说明（含计算资料），称为技术文件。根据工程规模大小和实际需要，其内容繁简、图样多少有异，但基本要求则共同。

1. 正确性

全套技术文件必须正确无误，应能达到规定的性能指标，满足开展下列工作所需的要求：

1）编制施工方案，进行施工和安装。

2）编制工程预算，实施招标、投标。

3）安排具体设备、材料订货。

4）制作、加工非标设备。

如果图样有误，组织上述工作无法正常，必然造成返工、延误工期，造成经济损失。所以为避免“错、漏、碰、缺”，要经过一系列的审核。

2. 完整性

整套文件中的“图样、说明”及其他资料必须要满足上述施工各方面及今后管理维护的需要。各行业对设计不同阶段均有具体的设计深度规定，不能随意减略。设计内容中有缺项的，必须阐明原因，注明处理方案。引用图样、规定，须注明标号，必要时要附出图样。

3. 统一性

文件中的图例、符号、名称、数据、标注、字体等必须前后一致，不得中途更改、丢失。尤其多人分工设计的大项目，项目负责人更要注意。凡是有国家标准的，尽可能选用，其次再选其他标准。如果没有国家标准或必须用于不同含义时，必须另加说明。

同时还得注意共同设计的各专业间的密切配合：

（1）本专业主动从其他专业角度思考　避免差错、缺漏，尽可能减少施工中现场修改，因为此时很难兼顾全面。

（2）各专业间防碰车　涉及建筑尺寸要按建筑模数（0.3m 的倍数），电缆沟、架与热力、工艺管线、设备与采光、防雷与施工等都必须兼顾，避免彼此冲突。

第四节　设计的依据和基础资料

一、基本依据

1. 项目批复文件

项目批复文件包括来源、立项理由、建设性质、规模、地址及设计范围与分界线等。初步设计阶段要依据正式批准的“初步设计任务书”。施工图设计阶段依据有关部门对初步设计的“审批修改意见”及建设单位的“补充要求”，此时不得随意增、减内容。如果设计人员对某具体问题有不同意见，通过双方协商，达成一致后，应以文字形式确定下来为设计依据。

2. 供电范围总平面图及供电要求

包括电源、电压、频率、偏差、耗电情况，应保持用电连续性、稳定性、冲击性、频繁性、联锁性和安全性，以及对防尘、防腐、防爆、温度、湿度的特殊要求，建设方五年内用电增长及规划，工厂本身全年计划产量及计划用电量。对电气专业的要求包括自动控制、联锁关系和操作方式等。

设计边界的划分要防止与土建混淆，土建是以国土规划部门划定的红线确定范围；电气通常是建设单位（俗称甲方）与供电主管部门商议，不以红线，而是以工程供电线路接电点来划定的。它可能在红线内，也可能在红线外。另一点是与其他单位联合进行电气设计时，还必须明确彼此的具体分工、交接界限，本单位设计的具体任务及必须向合作方提供的条件（含技术参数）。所以往往又要区分内部线路与外部网络、设计范围与保护范围、建设范围与管属范围。

3. 地区供电的可能性

1）电源来源——回路数、长度、引入方位、供电引入方式（专用或非专用、架空或埋地）。

2）供电电压等级、正常电源外的备用电源、保安电源以及检修用电的提供。

3）高压供电时，供电端或受电母线短路参数（容量、稳态电流、冲击电流、单相接地电流）。

4）供电端继保方式的整定值（动作电流及动作时间）、供电端对用户进线的继保时限及方式配合要求。

5）供电计量方式（高供高计、高供低计或低供低计）及电费收取（含分时收费、分项收费）办法。

6）对功率因数、干扰指标及其他方面的要求。

4. 当地公共服务设施情况

1）电信设备位置、布局及提供通信的可能程度，如中继线对数，专用线申办可能、要求、投资，电话制式及未来打算，线路架设及引入方式。

2）闭路电视及宽带多媒体通信现状、等级、近期规划。在本工程位置地应具体了解其他布局、安排，如电视频道设置、电视台方位及工程所在地磁场强度。个别工程还要了解无线、卫星通信的接收可能性及电磁干扰状况。

3）消防主管部门对当地消防措施的具体要求、地方性消防法规。环保要求中个别工程要注意电磁干扰的限制性指标。

4）地区通信，宽带网系统的现状、等级、未来规划发展及在本工程位置具体布局、安排。电信部门所能提供中继线的对数，专用线申办的可能性、要求及投资，电缆电视的要求，消防、火灾报警及数据通信的具体要求。

5. 气象资料

通常是向当地气象部门索取近20年来当地全部气象资料，包括：

(1) 年均温　月均温的全年12个月的平均值，为全年气候变化的中值，用于计算变压器使用寿命及仪表校验。

(2) 最热月最高温　每日最高温的月平均值，用于选室外导线及母线。

(3) 最热月平均温　每日均温，即一天24h均值的月均值，用于选室内绝缘线及母线。

(4) 一年中连续三次的最热日昼夜均温　用于选敷设于空气中的电缆。

(5) 土壤中0.7~1.0m深处一年中最热月均温　用于考虑电缆埋地载流量。

(6) 最高月均水温　影响水循环散热作用。

(7) 土壤热阻系数　电缆在粘土和砂土中的允许载流量不同。

前七项涉及设备的散热环境状况。

(8) 年雷电小时及雷电日数　涉及防雷措施。

(9) 土壤结冰深度　涉及线缆埋地敷设。

(10) 土壤电阻率　关系接地系统接地电阻大小。

(11) 50 年一遇最高水位　涉及工程防洪、防水淹措施，尤其是变配电所地址选择。

(12) 地震烈度　关系变、配、输电建筑及设施抗震要求。

(13) 30 年一遇最大风速。

上述(12)及(13)两项涉及架空线（包括导线和杆塔）的强度。

(14) 空气温度　离地 2m、无阳光直射空气流通处空气温度，用于考虑设备温升及安装。

(15) 空气湿度　每立方米空气含水蒸气质量（g/m^3）或压力［mmHg(1mmHg = 133.322Pa)］它为绝对湿度。空气中水蒸气与同温饱和水蒸气密度或压力之比为相对湿度，用以考虑设备绝缘强度、绝缘电阻及材料防腐。

6. 地区概况

1) 工程所在地段的标准地图，随工程大小及不同阶段，图样比例不同。

2) 当地及邻近地区大型设备检修、计量、调试的协作可能。

3) 当地电气设备及相关关键元件材料生产、制造情况、价格、样本及配套性。

4) 当地类似工厂电气专业技经指标，如工厂需要系数、照度标准、单产耗电及地区性规定和要求。

7. 如果涉及控制设计，则需增加以下内容：

1) 工艺对控制仪表的要求。

2) 引进专用仪表有关厂商的技术资料（含接线、接管、安全、要求）。

3) 国内有关新型仪表的技术资料、使用情况及供货情况。

4) 生产过程控制系统有关的自锁及联锁要求。

5) 仪表现场使用情况。

6) 机、电、仪一体化配套供应情况及接线要求。

8. 建筑物性质、功能及相应的常规要求

建筑的类型、等级，相适应的规程、规定、要求，电专业具备的功能，即是设计的内容及要求。如宾馆、饭店是何等星级，它的装修、配置差别很大。剧场、会场还应包括舞美灯光、扩声系统。学校建筑应有电铃、有线广播、多媒体教学，且照明也有特殊之处。

二、签订合同

1) 与当地供电部门签订供电合同：

①可供电源电压及方式（专线或非专线、架空或电缆）、距离、路线与进入本厂线路走向。

②电力系统最大及最小运行方式时供电端的短路参数。

③对用户的功率因数、系统谐波的限量要求。

④电能计量的方式（高供高计、高供低计、低供低计）、收费办法、电贴标准。

⑤区外电源供电线路的设计施工方案、维护责任、用法及费用承担。

⑥区内降/配电所继电保护方式及整定要求。

⑦转供电能、躲峰用电、防火、防雷等特殊要求。

⑧开户手续。

2）往往还要与电信、闭路电视部门签订合同。

3）倾听、征求消防、环保、交通、规划等相关部门的意见及要求，商议后签订合同。

三、基础资料

1. 法规及技术标准

在工程建设的勘测、设计、施工及验收等工作中，必须遵守有关法规，正确执行现行的技术标准，这是确保工程质量最基本的，也是最重要的要求。

（1）法规

1）由全国和地方（省、自治区、直辖市）人民代表大会制定并颁布执行的法律和各级政府主管部分颁布实施的规定、条例等统称为法规。

2）有关建设方面的法规是从事建设活动的根本依据，是规范行业活动的保障。因此，法规在其行政区划内都是必须执行的。

3）法律条文通常制定得较为原则，有时还附有实施细则。各级政府主管部门是根据法律和其他有关规定，制定更具有针对性和可操作性的规定、条例。

4）法规通常由颁布部门负责解释。

5）建筑电气设计常用的法规见附录 D。

6）工作中还应遵守国家和地方的其他有关法规。

（2）技术标准

1）标准的含义　标准是对重复性事物和概念所做的统一规定。它以科学、技术和实践经验的综合成果为基础，经有关方面协商一致，由主管机构批准，以特定形式发布，作为共同遵守的准则和依据。

2）标准的分级　按照标准化法，我国工程建设标准分国家标准、行业标准、地方标准和企业标准四级。

①国家标准：由国家标准化和工程建设标准化主管部门联合发布，在全国范围内实施。1991 年以后，强制性标准代号采用 GB，推荐性标准代号采用 GB/T；发布顺序号大于 50000 者为工程建设标准，小于 50000 者为工业产品等标准。例如 GB 50034—2004，GB/T 50326—2001（以前工程建设国家标准的代号采用 GBJ）。

②行业标准：它由国家行业标准化主管部门发布，在全国某一行业内实施。同时报国家标准化主管部门备案。行业标准的代号随行业而不同。对“建筑工业”行业，强制性标准代号采用 JG，推荐性标准代号采用 JG/T；属于工程建设标准的，在行业代号后加字母 J，如 JGJ/T 16—1992。另外，“城镇建设”行业标准代号为 CJJ（CJJ/T）。

③地方标准：由地方（省、自治区、直辖市）标准化主管部门发布，在某一地区范围内实施。同时报国家和行业标准化主管部门备案。地方标准的代号随发布标准的省、市、自治区而不同。强制性标准代号采用“DB + 地区行政区划代码的前两位数”，推荐性标准代号在斜线后加字母 T。属于工程建设标准的，不少的地区在 DB 后另加字母 J，如北京市 DBJ01-608—2002。

④企业标准：由企业单位制定，在本企业单位内实施。企业产品标准报当地标准化主管

部门备案。企业标准代号为 QB（与轻工行业代号一样）。

⑤标准的修改：当标准只作局部修改时，在标准编号后加（××××年版）。

⑥四级标准的编制原则：下一级标准提出的技术要求不得低于上一级的标准，但可以提出更高的要求。即国家标准中的要求为最基本的要求，也可以看做市场准入标准。

3）标准的分类　按照标准的法律属性，我国的技术标准分为强制性标准和推荐性标准两类。

①强制性标准：凡保障人身、财产安全、环保和公共利益内容的标准，均属于强制性标准，必须强制执行。

②推荐性标准：强制性标准以外的标准，均属于推荐性标准。

③标准体制：我国实行的是强制性标准与推荐性标准相结合的标准体制。其中，强制性标准具有法律属性，在规定的适用范围内必须执行；推荐性标准具有技术权威性，经合同或行政性文件确认采用后，在确认的范围内也具有法律属性。

4）标准的表达形式　我国工程建设标准有以下三种表达形式：

①标准：通常是基础性和方法性的技术要求。

②规范：通常是通用性和综合性的技术要求。

③规程：通常是专用性和操作性的技术要求。

5）工程建设标准强制性条文　自 2000 年起，建设部（现为住房和城乡建设部）开始发布《工程建设标准强制性条文》。对现行强制性国家和行业标准中涉及安全、卫生、环保、节能、公共利益等内容的强制性条文进行汇编，其目的是重新界定强制性条文的范围。它相当于 WTO 要求的“技术法规”，并通过“施工图审查和竣工验收”等环节确保贯彻执行。

6）标准化协会标准　根据原国家计划委员会的要求，由中国工程建设标准化协会发布“协会标准”，在全国范围内实施。协会标准的代号一律采用 CECS，如 CECS154:2003。

（3）选用注意

1）各级标准、规范（程）都由主管部门进行版本管理，必须选用当前有效版本才具有法律性。

2）认真阅读“总则”，搞清其适用范围和技术原则。

3）对于综合性规范（如《建设设计防火规范》等）除本专业的章、节外，还应执行编写在其他专业的有关条文的内容。

4）电气工程设计的技术标准按使用范围分为：

①表达方式方面：主要是各种类型的图形符号、数字符号、文字及字母的表示，导线标记及接线端子标准，以及制定规则。

②设计操作方面：按不同设计内容及对象有众多的规程、规范，可查出版的“××××规程汇编”、“××××常用规范选”。

③设计深度方面：往往随不同行业而异。

④施工及验收方面：这部分内容间接影响设计工作。

电气工程设计的技术标准目录见“附录 D”。

2. 标准设计图集

（1）作用　“工程建设标准设计（简称标准设计）”是指国家和行业、地方对于工程建设构配件与制品、建筑物、构筑物、工程设施和装置等编制的通用设计文件。我国自新中国成立后不久就开展了各级标准图集的编制工作，它在几十年来的工程建设中发挥了积极作用。

1）保证工程质量　标准设计图集是由技术水平较高的单位编制，经有关专家审查，并报政府部门批准实施的，因此具有一定的权威性。大部分标准图集可以直接引用到设计工程图样中。只要设计人员能够恰当选用，就能保证工程设计的正确性。对于不能直接引用的图集，亦对工程技术工作起到重要的指导作用，从而保证了工程质量。

2）提高设计速度　工程建设中存在着大量的施工（或加工）详图设计文件。当编制了标准设计图集后，设计人员将选择的图集编号和内容名称写在设计文件上，施工单位就可以按图施工。从而简化了设计人员的重复劳动。

3）促进行业技术进步　对于不断发展的新技术和新产品，一般会组织有关生产、科研、设计、施工等各方，经过论证后适时编制标准设计图集。工程界通常认为它的实施是技术走向成熟的标志之一。因此，标准设计图集对于促进科研成果的转化，新产品的推广应用和推动工程建设的产业化等方面起到了至关重要的作用。

4）推动工程建设标准化　标准设计图集一般是对现行有关规范（程）和标准的细化和具体化。对于有些工程急需，而规范（程）又无规定的问题，标准设计图集补充了一些要求。这样一来，既做到了贯彻规范（程）和标准，又推动了其发展。

（2）分级

1）标准设计图集现依据 1999 年 1 月 6 日建设部建设［1999］4 号文颁布的《工程建设标准设计管理规定》开展工作。

2）标准设计的分级和应用范围见表 1-1。

表 1-1　标准设计的分级和应用范围

标准设计分级	主管部门	使用范围
国家建筑标准设计	建设部	在全国范围内跨行业使用
行业标准设计	国务院主管部委	在行业内使用
地方建筑标准设计	省、自治区、直辖市的建设主管部门	在地区内使用

3）中国建筑标准设计研究院受建设部委托，负责国家建筑标准设计图集的组织编制和出版发行工作。

4）有些大型设计单位编制在本单位设计工程中使用的通用设计图。

（3）建筑电气国家标准设计图集

1）编制与管理　受建设部委托，由中国建筑标准设计研究院负责国家建筑标准图集的组织编制、出版发行及相关技术管理工作。

2）编号方法

① 1985 年以后采用的编号方法：

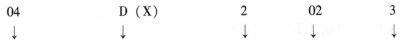

批准年代号　电气（弱电）专业代号　类别号　顺序号　分册号（不分册时无此项）

②当一本图集修编时，只改变“批准年代号”，其余不变，如 90D701-1。

3）技术分类

①2003 年以后国家建筑标准设计图集（电气专业）的技术分类见表 1-2。

表 1-2　国家建筑标准设计图集（电气专业）的技术分类

类别号	名　称	类别号	名　称
0	综合项目	4	车间电气线路安装
1	电力线路敷设及安装	5	防雷与接地安装
2	变配电所设备安装及 35/6-10kV 二次接线	6	强、弱电连接与控制
3	室内管线安装及常用低压控制线路	7	常用电气设备安装

②2003 年以后国家建筑设计图集（智能化部分）的技术分类见表 1-3。

表 1-3　国家建筑设计图集（智能化部分）的技术分类

类别号	名　称	类别号	名　称
1	通信线路安装	5	安全防范系统
2	建筑设备监控系统	6	住宅智能化系统
3	广播与扩声系统	7	公共建筑智能化系统
4	电视系统	8	智能化系统集成

（4）选用注意　各级标准图集在编制原则和使用对象上类似，但在编制内容和编排方式上有差异。因此，在选用上既有共性的问题，也有个性的问题。

1）标准图集是随着技术的发展和市场的需要不断修编的，因此一定要选用有效（现行）版本。

2）使用标准图集时必须阅读编制说明，重点明确以下两点：

①标准图集一般依据现行有关规范（程）和标准编制，在编制说明中会列出他们的名称、编号和版本。这些规范（程）和标准随时可能修改，而标准图集的修编通常有滞后性，因此选用时必须核对其依据的规范（程）和标准是否为有效版本。

②在编制说明中会阐明该图集的适用范围和设定条件。选用时必须判断其是否适用于具体实际的工程。如不（完全）适用时，应修改或自行设计。

3）标准图集经常对一个问题给出几个做法（尤其国家标准图集要适用于不同的建设要求和不同的地域）。这时选用者应在设计文件中注明所选用的是哪种方法，以避免工程错误。

4）对于设备选用及安装类的标准图集，有些根据具体的产品编制。当工程中选用其他同类产品时，须注意核对技术参数和安装尺寸。发现矛盾后应在设计文件中说明。

5）对于涉及新技术（新产品）而技术人员又普遍不熟悉的内容，或涉及跨专业的技术内容的标准图集，补充编写了产品结构及原理介绍、选用方法、设计例题、系统图示等技术指导方面的内容。

电气工程设计的相关标准设计图集目录见附录 D。

3. 工具性技术资料

在工程设计中除应当遵守标准规范、正确选用标准图集外，还应参考、使用其他相关工具性技术资料。

(1) 技术措施类　以《全国民用建筑工程设计技术措施》(以下简称《技术措施》) 为例:

1) 编制内容　《技术措施》是一套由建设部批准发布执行的大型的、以指导民用建筑工程设计为主的技术文件，由建设部工程质量安全监督与行业发展司和中国建筑标准设计研究院等37家技术实力雄厚的单位精心编制完成。它基本涵盖了民用建筑工程设计的全部技术内容，共有《规划·建筑》、《结构》、《给水排水》、《暖通空调·动力》、《电气》、《建筑产品选用技术》和《防空地下室》七个分册，其主要目的是保证全国建筑工程的设计质量。

2) 主要特点和作用

①紧扣规范，特别是强制性条文，围绕如何正确执行、贯彻规范提出相应的技术措施。

②针对工程设计中的“通病”提出正确的处理解决措施，使设计人员在最容易出错的技术环节上得到有效的指导。

③着重解决目前设计人员在新技术、新产品应用和选用中遇到的实际问题。

④“措施”的编制在一定程度上结合地域特色和地方特点，尽可能加大使用覆盖面，以便更有效地服务于全国的建筑工程设计。

⑤“措施”的编制将分散在各本标准、规范中，部分条文适当图形化、表格化，从而使技术措施更加具体化和更具可操作性，以便于设计人员查找使用。

3)《技术措施》电气分册的主要内容　电气分册具有系列介绍各智能化系统及系统集成的功能要求、设计方法、系统配置、设备选型、信息网络接口、通信协议等新技术、新设备，综合介绍新兴的电气、智能化系统互为依存、互相融合的控制技术与控制设备，全面、具体、深入介绍民用建筑常规设计的程序、方法、内容、常用技术参数、规程规范的规定及其含义，设计注意事项等特点。

其内容包括：总则、供电系统、配变电所、低压配电、线路敷设、电气设备、电气照明、建筑物防雷、接地安全、灭火自动报警及联动系统、安全防范系统、综合布线系统、通信网络系统、信息网络系统、建筑设备监控系统、有线电视系统、有线广播系统、扩声系统、呼应(叫)信号及公共显示装置、智能化系统集成、机房工程、住宅电气设计等22章。

(2) 产品选用类　以《建筑产品选用技术》(以下简称《产品选用》) 为例:

1) 编制目的　《产品选用》编制目的是指导如何正确选用建筑产品，是工程设计指导文件在形式上的创新，也是对我国加入WTO后工程设计指导文件在形式、内容上与国际接轨的一种尝试和探索。

2) 主要内容　《产品选用》由两大部分内容组成。

第一部分——“选用技术条件”，主要解决怎么选用产品的技术问题。其中系统地介绍了多类产品的技术性能，主要包括：

①产品分类、适用范围。

②执行标准。

③主要技术性能参数。

④选用应注意的问题。

⑤技术经济性能分析。

⑥选用实例。

第二部分——“企业产品技术资料”，主要解决选什么产品的问题。共选入几百家企业产品技术资料，主要包括：

①产品特点、主要技术性能。

②选用要点及订货要点。

③外形照片及安装尺寸等。

3)《产品选用》电气部分的主要内容　其内容包括高压配电装置、高压电器；低压配电装置及低压电器；变压器及电源系统；照明开关、插座；照明装置及调光设备；输、配电器材；电气信号装置及光电显示设备；电气消防及报警装置；建筑设备自动化系统；安全防范系统等。

4) 产品设备的制造单位所出的产品介绍　它应当是对产品及设备最为直接、最为明了、最为具体、最为权威，也是最为及时的技术资料。它们往往还介绍了自身产品的特点和使用中的特殊注意事项，不少厂将其产品资料集中为册集，更便于使用。但目前使用中要注意区分个别厂商旨在推销的炒作、夸大、不实部分。

(3) 综合类—设计手册　它是以数据参量的表、图、式为主要表达方式的集上述“基础资料”全部或某方面内容的集成出版物。涉及电气工程设计的相关手册可参见本书末“参考文献”所列。

第五节　设计的核心——电气技术文件

一、电气技术文件

原“电气工程图”按最新标准称之为“电气技术文件”，或“电气信息结构文件”。虽有点拗口，但准确、贴切。它是包括设计、制造、施工、安装、维护、使用、管理及物资流通等在内的整个电气工程技术界业内外、同异地间信息交流公用的“工程语言”。电气技术文件编制的各种“规程、规范、标准、原则”是这种信息交流的“语法”，“图形符号”及“文字符号”则是这种信息交流的“词汇”。

以图样为主要荷载体的“工程电气图——电气技术文件”便是电气工程技术界彼此信息交流的最主要的手段。这里所指的“文件”是媒体上荷载的有用的信息，“信息”的表达形式可以是图形、文字、表格，或者其组合。“信息的荷载媒体”则已从纸张扩展到：磁储存体（软盘）、光储存体（光盘）、化学储存体（胶卷）……。它们之间的相互关系见图1-2。

二、编制的规则

电气技术文件的“编制规则”即“制图标准”。世界上大多数国家都将国际电工委员会(IEC）的标准作为制定“电气工程语言”的依据，我国也不例外，共经历了三个阶段。

1. 第一个阶段

始于20世纪60年代，由原国家第一机械工业部提出，国家科学技术委员会发布，部分参照IEC相关标准制定的GB 312～314系列标准。它使我国第一次有了统一的电气图形符号标准，为国内各部门制定相应部颁标准提供了依据，提高了我国电气设计的标准化水平。

2. 第二个阶段

始于20世纪80年代初、中期，由国家标准局组织成立的“全国电气图形符号标准化委员会”参照IEC相关标准，根据国内情况增添了标准中没有的符号，制定并发布了《电气图用图形符号》、《电气制图》及《电气技术中的项目代号》系列标准。这从技术上支持了刚起步的改革开放、“四个现代化”建设，从速度和质量两方面提高了“电气技术”的信息交流水平。

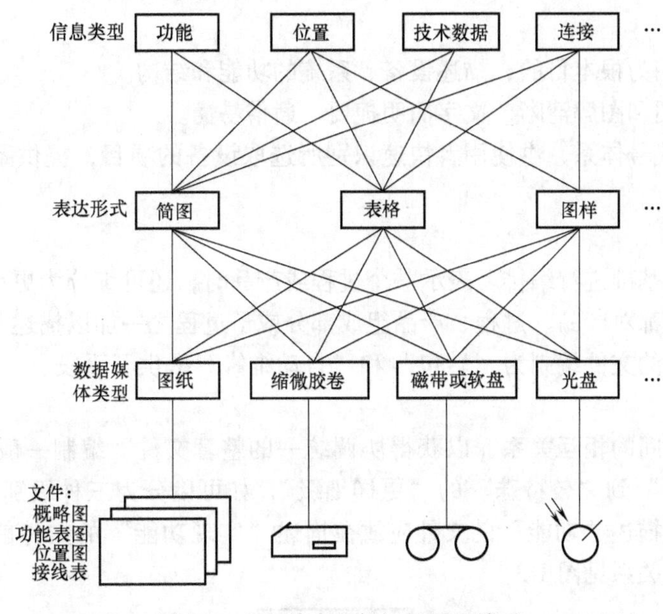

图1-2　电气技术文件间的相互关系

3. 第三个阶段

始于20世纪90年代，随着科技发展，系统、设备日趋复杂，功能日趋完美，操作、维修却需更简单、易行。这就迫使传达这些技术信息的“工程语言”的“层次”及“表达”要适应这种要求，且便于“快速检索”和“查询”。IEC和国际标准化组织ISO联合起草了使用范围由“电”扩展到“一切技术领域”的一系列新标准，全面更新、安全替代了原有标准。我国紧密跟踪IEC，由国家质量监督检验检疫总局先后发布了：

《电气简图图形符号》GB/T4728.2～13（idt IEC60617:1996）；

《电气技术文件的编制》GB/T6988.1～3—1997（idt IEC1082—1～3）；

《工业系统装置与设备以及工业产品　结构原则与参照代号》GB/T5094.1～4（idt IEC61346-1～4）；

《控制系统功能表图的绘制》GB/T6988.6—1993；

《电气工程CAD制图规则》GB/T 18135—2000；

……

这些标准等同采用IEC标准，替代国家原有标准，为我国电气工程技术与国际接轨奠定了基础。

三、编制要点

技术文件用于成套装置或系统的设计、制造、施工、安装、维护使用和管理，在其整个寿命期内使用。技术的进步，新工艺、新材料、新方法的应用，用户和社会对它依附程度的日益增强，对它易操作、便维护、高安全的要求，使我们将成套装置和系统作为一个整体，把各单元作为部分来对待。为此文件编制必须从全局出发。

1. 编制目的

以最简单实用的形式，提供成套装置在其寿命期所有各阶段所需硬件和软件的详尽信息，且必须简明易懂，正确翔实，易携带保管，又符合预期目的。

2. 编制要求

1）以实际应用为根本目的，描述设备、系统的功能和结构。

2）说明、简图和图解清晰，文字简明扼要、通俗易懂。

3）采用检索代号体系，供使用者快速识别所选取设备的项目，提供系统、开发、更新的可能。

3. 编制结构

以树状结构为基础进行编排。表示一个过程或产品时，还可细分为更小的过程或产品组成部分。任何文件都对产品、过程、产品组成部分或子过程之一加以描述，也可以识别不同的结构。这种结构的文件编制为“转包”和“自动维修”提供了手段。

4. 编制顺序

必须考虑文件间的相互关系，以获得协调统一的整套文件。编制一般从“概略级”开始，而后从“一般”到“较特殊”的“更详细级”，如可以分为三种级别的简图：概略图、功能图和电路图。描述“功能”的文件应放在描述“实现功能”的文件前。不同类型文件的编制顺序及彼此关系见图 1-3。

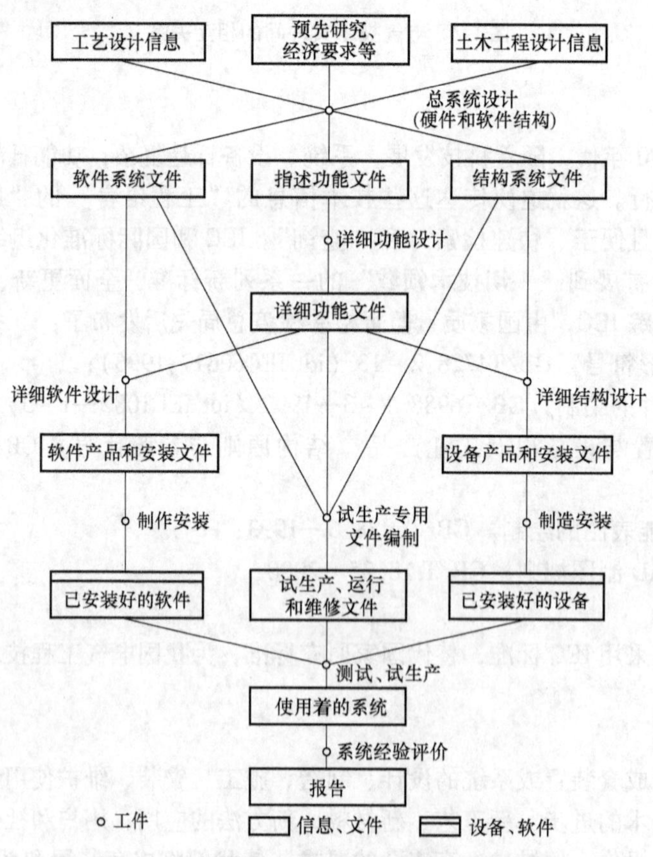

图 1-3　不同类型文件的编制顺序及彼此关系

5. 计算机编制文件时的要求

设计数据储存在文件或数据库时，要保持所有文件间、成套装置或设备和文件间的一致性。初始的计算机辅助设计输入系统采用公认的标准数据格式或字符集，将简化设计数据在计算机系统内的设计数据交换。设计输入终端良好使用的要求是：

1）终端支持符号、字符和所需格式方面适用的工业标准。

2）设计输入系统支持数据库和相关图表方面的标准化格式，以方便将设计信息传送到其他系统进一步处理。

3）初始设计输入与所需文件惯例一致，数据的编排不涉及大范围改动即可补充和修改。

四、文件种类及相互关系

1. 文件种类

按信息类型、表达形式、媒体类型和文件种类划分电气技术文件，分类详见表1-4。

表1-4　电气技术文件种类表

种类			说明
功能性文件	功能性简图	概略图	表示系统、分系统、装置、部件、设备、软件中各项目之间的主要关系和连接的相对简单的简图，原称为系统图，通常采用单线表示。其中，框图为主要采用方框符号的概略图，欠准确的俗称为“方框图”；网络图则在地图上表示诸如发电厂、变电所和电力线、电信设备和传输线之类的电网的概略图
		功能图	用理论的或理想的电路，而不涉及实现方法来详细表示系统、分系统、装置、部件、设备、软件等功能的简图。其中，等效电路图是用于分析和计算电路特性或状态的表示等效电路的功能图；逻辑功能图主要是使用二进制逻辑元件符号的功能图，原称为“纯逻辑简图”，现已不用原称谓
		电路图	表示系统、分系统、装置、部件、设备、软件等实际电路的简图，采用按功能排列的图形符号来表示各元件和连接关系，以表示功能而无须考虑项目的实体尺寸、形状或位置。电路图为了解电路所起的作用、编制接线文件、测试和寻找故障、安装和维修等提供必要的信息
		端子功能图	表示功能单元的各端子接口连接和内部功能的一种简图。可以利用简化的（假如合适的话）电路图、功能图、功能表图、顺序表图或文字来表示其内部的功能
		程序图（表）（清单）	详细表示程序单元、模块及其互连关系的简图、简表、清单，其布局应能清晰地识别其相互关系
	功能性表图	功能表图	用步或/和转换描述控制系统的功能、特性和状态的表图
		顺序表图（表）	表示系统各个单元工作次序或状态的图（表），各单元的工作或状态按一个方向排列，并在图上成直角绘出过程步骤或时间，如描述手动控制开关功能的表图
		时序图	按比例绘出时间轴的顺序表图
位置文件	总平面图		表示建筑工程服务网络、道路工程、相对于测定点的位置、地表资料、进入方式和工区总体布局的平面图
	安装图（平面图）		表示各项目安装位置的图（含接地平面图）
	安装简图		表示各项目之间的安装图，原称平面布置图
	装配图		通常按比例表示一组装配部件的空间位置和形状的图
	布置图		经简化或补充以给出某种特定目的所需信息的装配图。有时以表示水平断面或剖面的平、剖面图表示
	电缆路由图		在平面、总平面图基础上，示出电缆沟、槽、导管、线槽、固定体等，和/或实际电缆或电缆束位置

（续）

种类		说明
接线文件	接线图（表）	表示或列出一个装置或设备的连接关系的简图、简表
	单元接线图（表）	表示或列出一个结构单元内连接关系的接线图、接线表
	互连接线图（表）	表示或列出不同结构单元之间连接关系的接线图、接线表
	端子接线图（表）	表示或列出一个结构单元的端子和该端子上的外部连接（必要时包括内部接线）的接线图、接线表
	电缆图（表）（清单）	提供有关电缆，如导线的识别标记、两端位置以及特性、路径和功能（如有必要）等信息的简图、简表、清单
项目表	明细表	表示构成一个组件（或分组件）的项目（零件、元件、软件、设备等）和参考文件（如有必要）的表格。IEC 62027;2000《零件表的编制》附录 A 对尚在使用的通用名称，例如设备表、项目表、组件明细表、材料清单、设备明细表、安装明细表、订货明细表、成套设备明细表、软件组装明细表、产品明细表、供货范围、目录、结构明细表、分组件明细表等建议使用“零件表”这一标准的文件种类名称，而以物体名称或成套设备名称作为文件标题
	备用元件表	表示用于防护和维修的项目（零件、元件、软件、散装材料等）的表格
说明文件	安装说明文件	给出有关一个系统、装置、设备或文件的安装条件以及供货、交付、卸货、安装和测试说明或信息的文件
	试运转说明文件	给出有关一个系统、装置、设备或文件试运行和起动时的初始调节、模拟方式、推荐的设定值，以及为了实现开发和正常发挥功能所需采取的措施的说明或信息的文件
	使用说明文件	给出有关一个系统、装置、设备或文件的使用说明或信息的文件
	维修说明文件	给出有关一个系统、装置、设备或文件的维修程序的说明或信息的文件，如维修或保养手册
	可靠性或可维修性文件说明文件	给出有关一个系统、装置、设备或文件的可靠性和可维修性方面的信息的文件
其他文件		可能需要的其他文件，如手册、指南、样本、图样和文件清单

2. 相互关系

按内容划分不同类型文件之间的相互关系，见图 1-4。

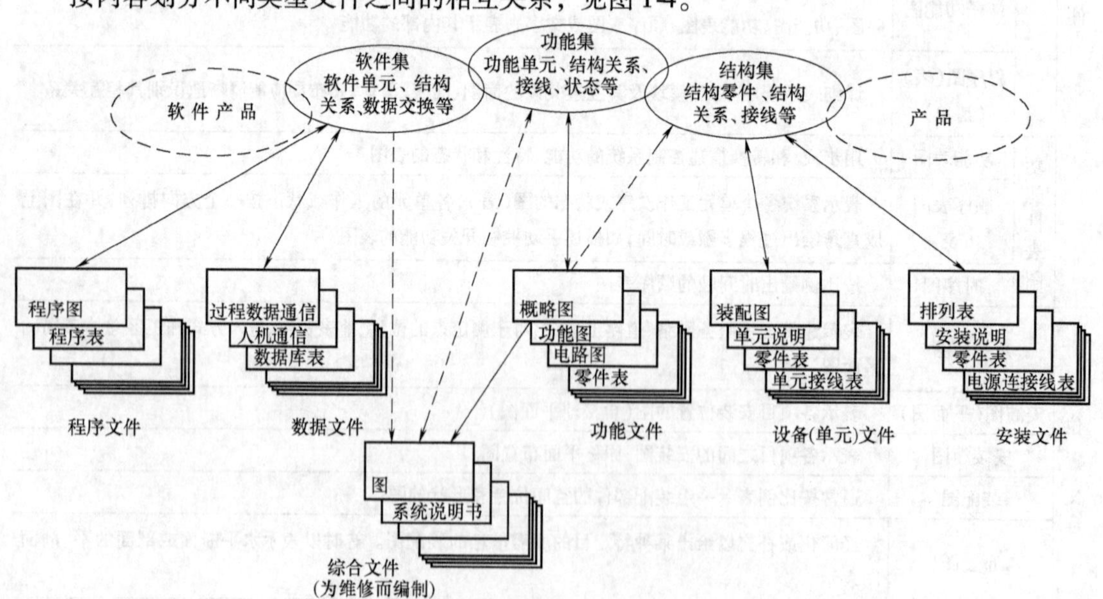

图 1-4　按内容划分不同类型文件之间的相互关系

练　习　题

1. 请对照“工程设计与工程建设”的四项关系中各构成项之一的内容，结合自己的实际见闻谈谈个人认识。

2. 从“工业与民用”、“过去与现在”、“电气与智能化”三方面阐述“电气工程设计”的地位和作用。

3. 以某行业管理或审核人员的角度，论述“设计的原则及要求”。

4. 参照第四节“设计的依据和基础资料”相关内容，设想接受某项简单工程时所需的“依据和基础资料”。

5. “电气工程”在设计、施工、制造、审查及管理过程中，各至少参照哪些具体的“法规及技术标准”、“标准设计图集”及“工具性技术资料”？

第二章 设计的语言——制图规范

工业与民用建筑的建造离不开图样，设备加工单位按图样制造，建筑安装单位按图样施工，使用、维护、管理人员依照图样运作，而设计人员也是利用图样来表达自己的设计意图。图样是一种表示、传达这种工程信息的严肃的技术文件。因此它必须具有严格的格式、要求及共同遵守的约定。这就是制图规范——设计的语言，工程界画图、识图、用图共同遵循的技术交流的语法。本书仅介绍与电气工程设计相关的规范及规定。

我国电气制图比机械制图标准化工作开展迟，但自1983年七部局成立全国电气符号标准化委员会至今，电气制图标准已与ISO（国际标准化组织）、IEC（国际电工委员会）基本一致。

第一节 一般规定

一、格式

图样通常由边框线、图框线、标题栏、会签栏等组成，见图2-1。

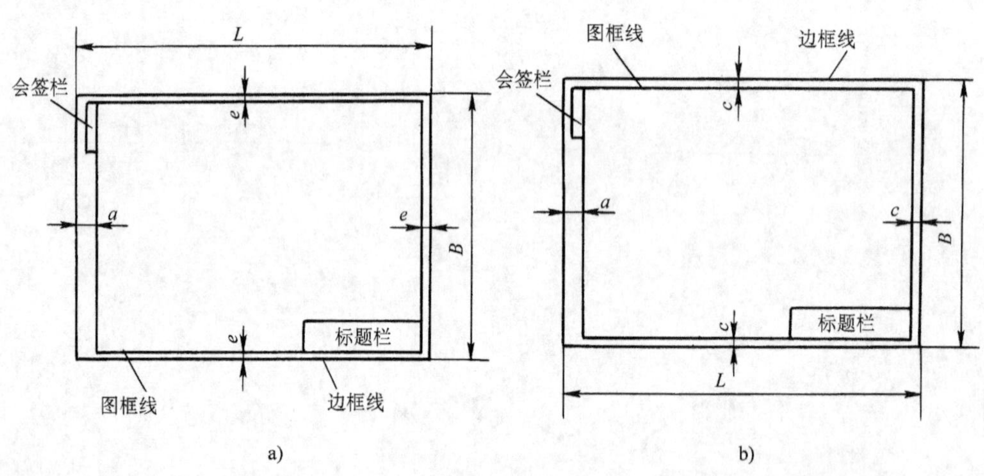

图2-1 图样格式

a）留装订边 b）不留装订边

图2-1中的装订边是指为保护图样将其边缘折叠，以缝纫机钉线的图样边缘。

二、幅面尺寸

边框所围成的图面称为幅面，分五类，见表2-1。由表可见A3以A4长为宽边，两倍宽为长边，面积为A4两倍，其余类推。同时可根据需要对A3、A4加长，尺寸见表2-2。

表 2-1 基本幅面尺寸 （单位：mm）

尺寸项 \ 幅面代号	A0	A1	A2	A3	A4
宽×长（$B\times L$）	841×1189	594×841	420×594	297×420	210×297
不留装订边边宽（C）	10	10	10	5	5
留装订边边宽（e）	20	20	20	10	10
装订侧边宽（a）	25				

表 2-2 加长幅面尺寸

序 号	代 号	尺寸/mm×mm	序 号	代 号	尺寸/mm×mm
1	A3×3	420×891	4	A4×4	297×841
2	A3×4	420×1189	5	A4×5	297×1051
3	A4×3	297×630			

三、图幅分区

为了确定图样中图形的位置及其他用途，应对图幅进行分区。按图样相互垂直的两边进行偶数等分，分区长 25～75cm，竖边以大写拉丁字母从上到下编号，横边以阿拉伯数字从左到右编号，见图 2-2。据此，图形在图幅面上的位置就被唯一确定，见表 2-3。

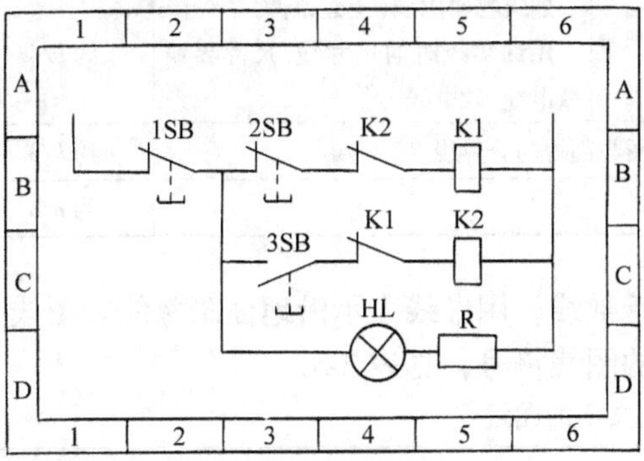

表 2-3 图 2-2 中元件的位置代号

序号	元件名称	文字符号	行号	列号	区号
1	继电器线圈	K1	B	5	B5
2		K2	C	5	C5
3	继电器触点	K1	C	4	C4
4		K2	B	4	B4
5	按钮	S1	B	2	B2
6		S2	B	3	B3
7		S3	C	3	C3
8	电阻器	R	D	5	D5
9	指示灯	HL	D	4	D4

图 2-2 图幅分区示例

四、会签栏、标题栏

（1）会签栏 供相关专业设计人员会审时签名之用。需要会签的图样及会签的专业见第五章第三节二、3。

（2）标题栏 用以表明图样名称、图号、张次、更改及相关者签署，又称图标。无统一格式，图 2-3 所示为推荐。

<table>
<tr><td rowspan="2">（此处往往标设计单位图标）</td><td colspan="3" rowspan="2">设 计 单 位 名</td><td colspan="3">工程名称</td><td>设 计 号</td><td></td></tr>
<tr><td colspan="3"></td><td>图　　号</td><td></td></tr>
<tr><td>审　　定</td><td></td><td></td><td>设计</td><td></td><td rowspan="2">项目</td><td colspan="3" rowspan="2"></td></tr>
<tr><td>审　　核</td><td></td><td></td><td>制图</td><td></td></tr>
<tr><td>总 负 责 人</td><td></td><td></td><td>校对</td><td></td><td rowspan="2">图名</td><td colspan="3" rowspan="2"></td></tr>
<tr><td>专业负责人</td><td></td><td></td><td>复核</td><td></td></tr>
</table>

图 2-3　标题栏的推荐格式

（3）材料表　设计说明往往附有设备材料表。其序号是自下而上排列，目的便于添加。

五、图线

电气制图中常用的图线有九种，见表 2-4。表中除第 6、7 种为编者添加外，其余均引自机械、建筑制图的有关规定。

表 2-4　常 用 图 线

序号	图线名称	图线形式	机械、建筑工程图中	电气工程图中	图线宽度
1	粗实线	————	可见轮廓线	电气线路(主回路、干线、母线)	$b=0.5\sim2$mm
2	细实线	————	尺寸线,尺寸界线,剖面线	一般线路、控制线	约 $b/3$
3	虚线	— — — —	不可见轮廓线	屏蔽线、机械连线、电气暗敷线、事故照明线	约 $b/3$
4	点画线	—·—·—	轴心线,对称中心线	控制线、信号线、围框线(边界线)	约 $b/3$
5	双点画线	—··—··—	假想的投影轮廓线	辅助围框线、36V 以下线路	约 $b/3$
6	加粗实线	━━━━	无	汇流排(母线)	约 $2\sim3b$
7	较细实线	————	无	建筑物轮廓线(土建条件) 用细实线时的尺寸线,尺寸界线 软电缆、软电线	约 $b/4$
8	波浪线	～～	断裂处的边界线、视图与剖视的分界线		约 $b/3$
9	双折线	—╱╲—	断裂处的边界线		约 $b/3$

建筑电气平面布置图中常用实线表示沿屋顶暗敷线，用虚线表示沿地面暗敷线。图线上加限定符号或文字符号进而可表示用途，形成新的图线符号，见表 2-5。

表 2-5　增加符号或文字的图线

增加符号的图线	含　义	增加文字的图线	含　义
—╳—╳—╳—	避雷线	——10.0kV——	10.0kV 线路
—╱—·—╱—·—╱—	接地线	——0.38kV——	0.38kV 线路

图线宽：0.25mm、0.35mm、0.5mm、0.7mm、1.0mm、1.4mm（$\sqrt{2}$数递增），一套图宜事先确定 2～3 种线宽及平行线距（不小于粗线宽的两倍，且不小于 0.7mm）。

六、字体

图面上汉字、字母及数字是图的重要组成部分，书写必须端正、清楚、排列整齐、间距均匀。汉字除签名外，推荐用长仿宋简化汉字直体、斜体（右倾与水平线成75°角）中的一种。字母、数字用直体。其字体大小视幅面大小而定，字高有20mm、14mm、10mm、7mm、5mm、3.5mm、2.5mm七种；字宽为字高的2/3，字粗为字高的1/5，数字及字母的字粗为字高的1/10。字体最小高度见表2-6。

表2-6　字体最小高度

基本图样幅面	A0	A1	A2	A3	A4
字体最小高度/mm	5	3.5	2.5	2.5	2.5

七、箭头和指引线

（1）箭头　分两种：开口箭头用于信号线或连接线，表示信号及能量流向；实心箭头用于表示力、运动、可变性方向及指引线、尺寸线。

（2）指引线　用于指示注释对象，末端指向被注释处，其末端加注标志。指向轮廓线内时加一黑点，指向轮廓线时加实心箭头，指向电路线时加短斜线，见图2-4。

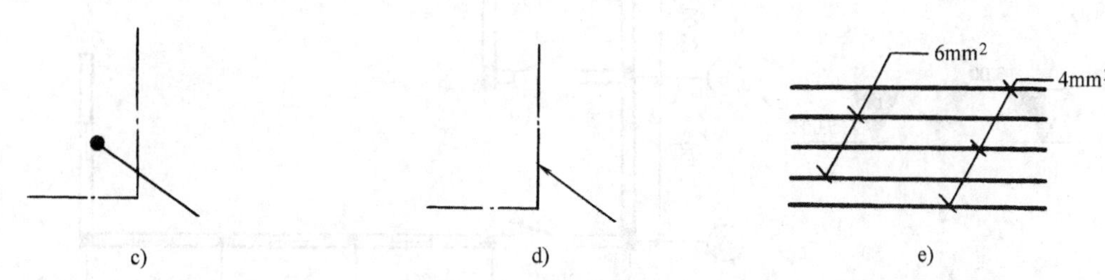

图2-4　箭头和指引线

a）开口箭头　b）实心箭头　c）指向轮廓线内的指引线　d）指向轮廓线的指引线　e）指向电路线的指引线

八、尺寸标注及比例

1）尺寸数据是工程施工和构件加工的重要依据。由尺寸线、尺寸界线、尺寸起止点（实心箭头或45°斜短画线构成）及尺寸数字四个要素组成，见图2-5。

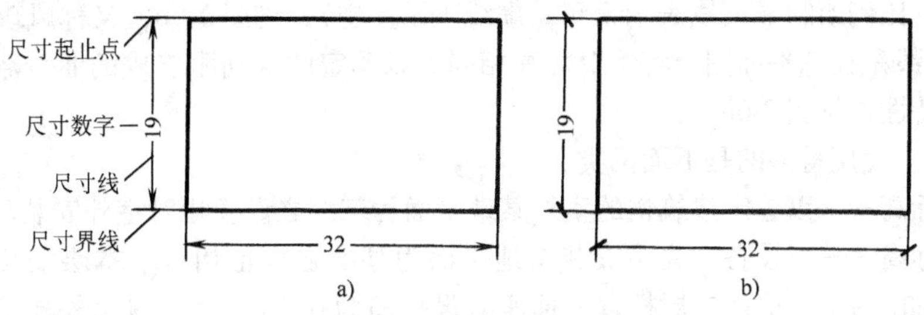

图2-5　尺寸标注示例

a）用箭头线表起止　b）用斜短画线表起止

2）比例是图样所绘图形与实物大小之比值。除设备布置图、平面图、构件详图按比例外，电气图多不按比例画出。比例中第一位数字为图形尺寸，第二数字是实物为图形尺寸之倍数。平面图中多取1∶10、1∶20、1∶50、1∶100、1∶200、1∶500共六种缩小比例。若图上测得线段长度为20cm，比例为1∶50，则此线段表示的实长为20cm×50=1000cm=10m。建筑电气图中尤以1∶100用得多。

九、电气平面图专用标志

1）建筑物的方位多取“上北下南、右东左西”方式，也常用方位标志表示北向，见图2-6a。

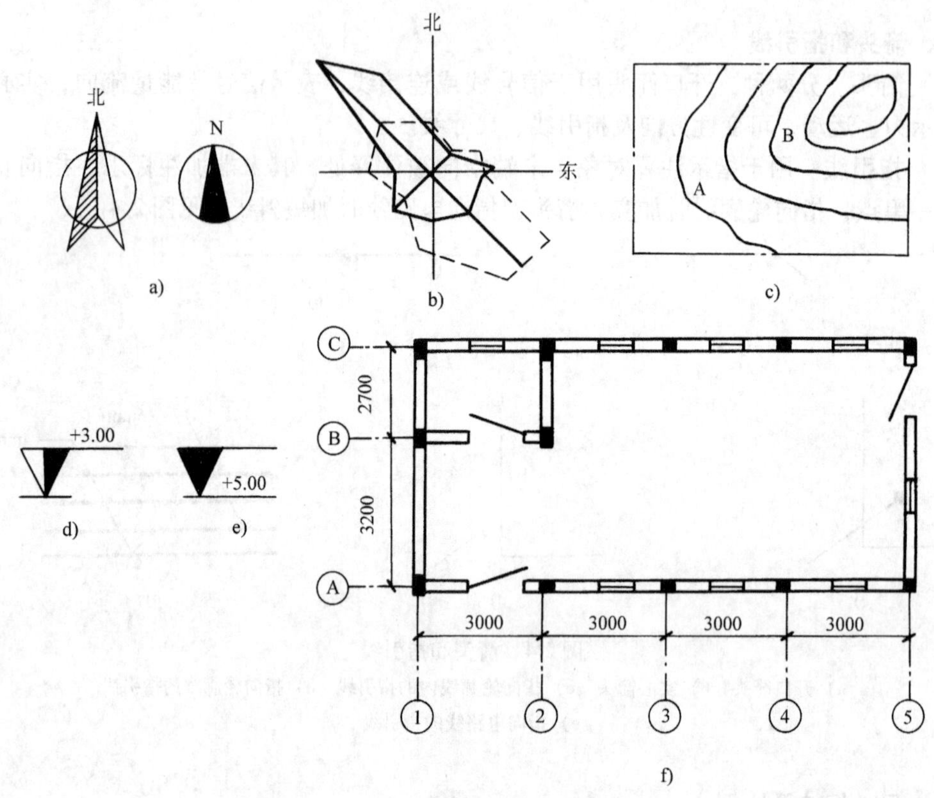

图2-6　电气图专用标记示例

a）方位标记　b）风向频率标记　c）等高法　d）室内标高　e）室外标高　f）定位轴线

2）设备安装点的四季风向多用风向频率标记标示。根据此地区多年统计的各向风次数的百分均值按比例绘制（实线表示全年，虚线表示夏季），见图2-6b，又称风玫瑰图。

3）等高线是在总平面图上将绝对标高相同点以预定的等高距连成的曲线族，表征地貌缓陡及坡度特性，见图2-6c。

4）标高，使用得多的是下面两类：

①相对标高——以选定建筑物的室外某地平面为基准之设备相对室外安装高度。

②敷设标高——以设备、线路安装层地平面为基准之设备相对于本层安装高度。见图2-6d、e。例如，层高3m的二层楼普通插座敷设标高为0.3m，而相对室外地平面的相对标高为3.3m。

5）定位轴线是在承重墙、柱、梁等承重构件位置，以点画线画出的确定图上符号位置的辅助线。水平方向以阿拉伯数字自左至右编号，垂直方向以拉丁字母（I、O、Z除外）编号。外面多加小圆框，同时轴线作为尺寸线也便于标注尺寸。见图2-6f。

附加轴线是在主轴线间添加的轴线，以带分数的圆框表示。分母为前主轴线编号，分子为附加轴线编号。如2/B，意为B、C轴线间第二条附加轴线。

十、注释、详图及技术数据的表示方式

（1）注释　图示不够清楚时的补充解释，有两种方式：直接放在说明对象附近；加标记，注释放在图面适当位置。

图中有多个注释时，按编号顺序置于边框附近。多张图样之注释，可集中放在第一张图内。注释可采用文字、图形、表格等能将对象清楚说明的各种形式。

（2）详图　详细表示装置中部分结构、作法、安装措施的单独局部放大图。被放大部分标以索引标志，置于被部分放大之原图上。详图部位以及详图标志，见图2-7a、b。

（3）技术数据　表示元器件、设备技术参数时多用：

1）标注在图形侧（见图2-7c）。

2）标注在图形内（见图2-7d）。

3）加序号以表格形式列出，见标准图。

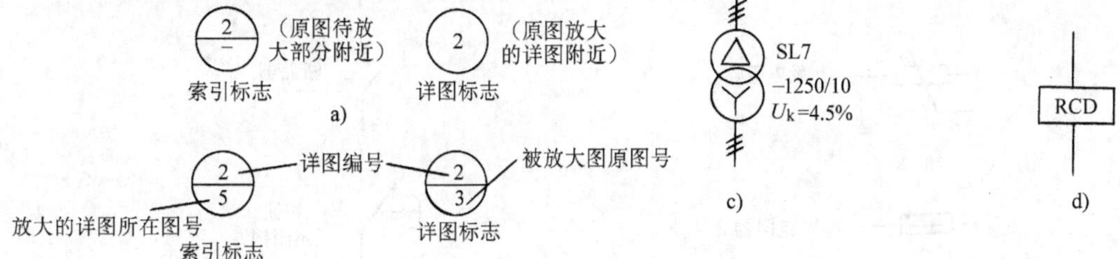

图2-7　注释、详图、数据标注示例

a）2#详图在本图中　b）第三张图的2#详图在第五张图　c）技术数据（S9等）标注在图形侧　d）技术数据（RCD）标注在图形内

第二节　电气图形符号

一、图形符号的概念

1. 组成

（1）符号要素　是具有确定意义，不能单独使用，只有按一定方式组合才能构成完整含义的简单图形符号，见图2-8a。

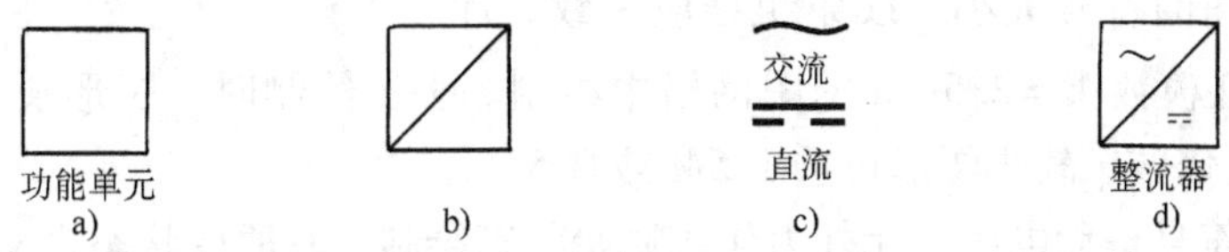

图2-8　符号要素组成的图形符号

a）符号要素　b）一般符号　c）限定符号　d）图形符号

（2）一般符号　用以表示一类产品或此类产品特征的极简单符号，见图 2-8b。

（3）限定符号　附加于其他符号之上，不单独使用，表明特征、功能和作用的符号，见图 2-8c。

（4）图形符号　如由图 2-8a、b、c 组成的完整的整流器的图形符号，见图 2-8d。

一般符号表示的一类产品，见图 2-9a 的电阻器或图 2-9b 的开关；添加不同的限定符号便表示此类产品中某一具体产品，见图 2-9a 的各类电阻或图 2-9b 的各类开关。

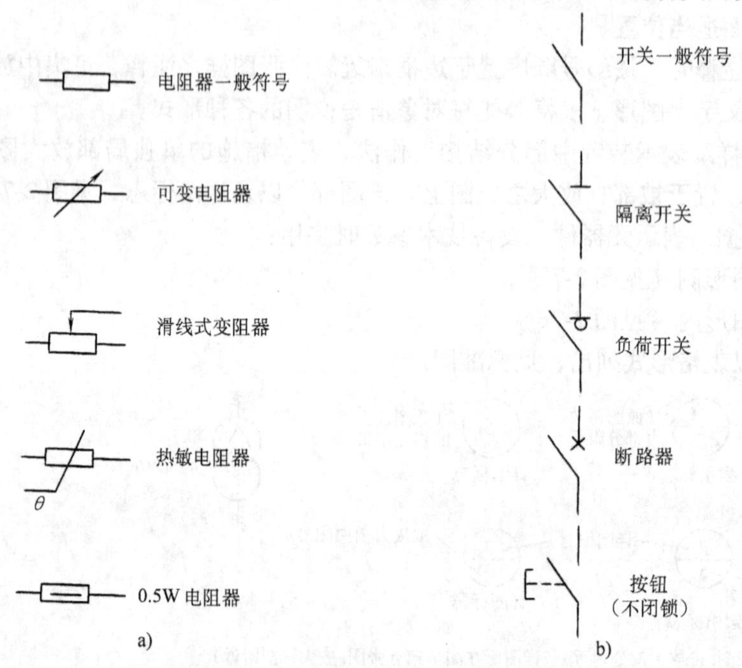

图 2-9　一般符号与限定符号示例

a）附加不同限定符号的电阻器符号　b）附加不同限定符号的电气开关符号

（5）方框符号　既不给出元件、设备的细节，也不考虑所有连接，仅表达元件、设备的组合及其功能的简单的正方、长方及圆形的符号，仅用在单线图中，见图 2-10。

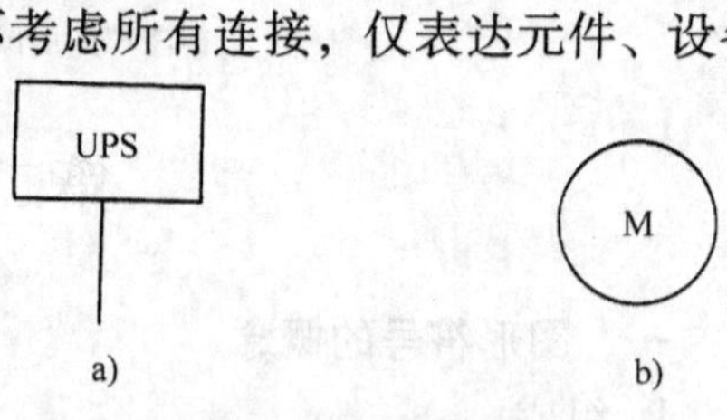

UPS

a)

M

b)

图 2-10　方框符号

a）方框（表示不间断电源）

b）圆框（表示电动机）

2. 使用

（1）选用　对同一设备、元件，标准可能给出多于一种符号，但应尽可能采用优选型。满足需要的前提下尽量采用最简型。同一套图中仅使用同一种形式。

（2）大小　可根据图的布置缩小和放大，但符号比例不变。同张图的符号大小、线条粗细应一致。计算机绘图时，应在模数 $M=2.5\text{mm}$ 的图网格中绘制。手工绘制时，矩形长边和圆的直径应为 $2M$（5mm）之倍数。较小图形可选 $1.5M$ 或 $0.5M$。

（3）状态　符号按无电压、无外力作用原始状态绘制，其原始状态含义是：

1）继电器、接触器，非激励态（常开/动合触点：断；常闭/动断触点：合）。

2）断路器、隔离开关在断状态。

3）带零位手动开关在零位，不带零位则在规定位置。

4）机械操作开关（如行程开关），非工作状态。

5）事故报警、备用，在设备正常时状态（无事故报警；备用未投入）。

6）多重开闭组合，各部必一致。

7）非电、非人工设备，则在其附近表明运行方式，见图2-11。

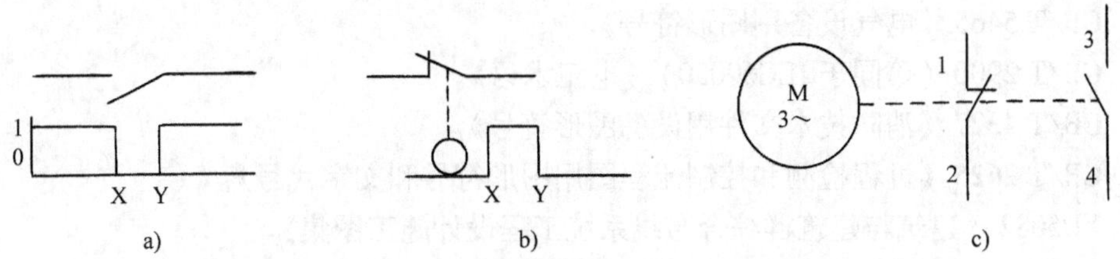

图2-11　图形附近运行方式表示示例

a）坐标状态表示：触点对在X-Y区间闭合，其余位置断开（正逻辑）

b）几何位置表示：触点对在X-Y区间（凸轮抬高滑轮）断开，其余位置闭合

c）文字标注表示：1-2触点对：起动时断开，平时闭合

3-4触点对：$n \geqslant 1400\mathrm{r/min}$ 闭合，平时断开

（4）方位　在不改变含义的前提下，可根据图面布置，镜像放置或以90°倍数旋转，但文字和指示方向不得倒置，见图2-12。

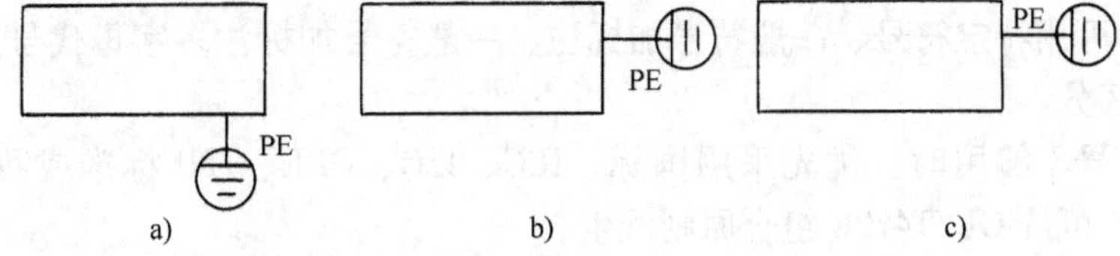

图2-12　以保护线标志为示例的图形方位示例

a）原图　b）正确　c）错误

（5）引线　变动不影响含义时可改画其他位置，否则不能。

（6）组成　字母或特定标记为限定符号者，应视为其有机组成，漏缺会影响完整含义。这类字母的标记类型为：

1）设备、元件英文名称单词首符，如M——电动机。

2）物理量符号，如ϕ——相位。

3）物理量单位，如s——延时时段“秒”数。

4）化学元素符号，如Hg——汞灯。

5）阿拉伯数字，如3——三相、三个并联元件或物理量的值；

6）#——如加在数字符号右上角表示编号。

（7）派生　为保证符号通用性，不允许对标准中的符号任意修改、派生。仅允许对标准中未给出的符号由已规定之符号按功能适当组合派生，且图中需标注，以免误解。

二、电气图形符号

1. 标准

国家建筑标准设计图集00DX001《建筑电气工程设计常用图形和符号》是按我国工业

和民用建筑电气技术应用文件的编制需要，依据最新颁布的各种标准编制。它包括电气工程设计中常用的功能性文件、位置文件的图形和文字符号。

（1）00DX001 引用的现行标准（有些为部分引用）

1）GB/T 4728《电气简图用图形符号》。

2）GB/T 6988《电气技术用文件的编制》。

3）GB/T 5465《电气设备用图形符号》。

4）GB/T 2900（等同于 IEC60050）《电工术语》。

5）GB/T 4327《消防技术文件用设备图形符号》。

6）GB/T 2625《过程检测和控制流程图用图形符号和文字代号》。

7）YD5082《建筑与建筑群综合布线系统工程设计施工图集》。

8）YD/T 5015《电信工程制图与图形符号》。

9）GA/T 74《安全防范系统通用图形符号》。

10）GA/T 229《火灾报警设备图形符号》……

（2）00DX001 使用说明

1）图形符号可根据需要缩小或放大。

2）图形符号方位在不改变符号含义前提下，可转向、取镜像（文字和指示方向不可倒置）。

3）为便读、易记，优先用一般符号。

4）防混淆可用特定符号、一般符号加标注、一般符号加标注多字母代号或一般符号加标注型号规格区分。

5）图形符号不够用时，优先采用国标、IEC、ISO、CEE、ITU 标准或我国行业标准。无相关内容时，可按 GB/T4728 组合原则派生。

6）项目种类代码优先采用单字母，只有单字母不满足使用时，才采用多字母。

7）元器件、设备、装置的项目种类代码和辅助文字符号不够用时，可按 GB/T 7159 补充。

2. GB/T 4728 的组成

作为《电气图形符号》核心标准的《电气简图用图形符号》GB/T 4728，采用 IEC 标准，共包括 13 部分：

（1）总则　本标准内容提要、名词术语、符号绘制、编号使用及其他规定。

（2）符号要素、限定符号和其他符号　例如：轮廓和外壳；电流和电压种类；可变性；力、运动和流动的方向；机械控制；接地和接机壳；理想元件，等。

（3）导线和连接器件　例如：电线、柔软、屏蔽或绞合导线，同轴电缆；端子、导线连接；插头和插座；电缆密封终端头，等。

（4）无源元件　例如：电阻器、电容器、电感器；铁氧体磁心，磁存储矩阵；压电晶体、驻极体、延迟线，等。

（5）半导体和电子管　例如：二极管、晶体管、晶闸管、电子管；辐射探测器件，等。

（6）电能的发生与转换　例如：绕组；发电机、电动机；变压器；变流器，等。

（7）开关、控制和保护装置　例如：触点、开关、热敏开关、接近开关、接触开关；开关装置和控制装置；起动器；有或无继电器；测量继电器；熔断器、间隙、避雷器，等。

（8）测量仪表、灯和信号元件　例如：指示、积算和记录仪表；热电偶；遥测装置；电钟；位置和压力传感器；灯、扬声器和铃，等。

（9）电信：交换和外围设备　例如：交换系统、选择器；电话机；电报和数据处理设备；传真机、换能器、记录和播放，等。

（10）电信：传输　例如：通信电路；天线、无线电台；单端口、双端口或多端口波导管器件、微波激射器、激光器；信号发生器、变换器、阈器件、调制器、解调器、鉴别器、集线器、多路调制器、脉冲编码调制；频谱图、光纤传输线路和器件，等。

（11）电力、照明和电信布置　例如：发电站和变电所；网络；音响和电视的电缆配电系统；开关、插座引出线、电灯引出线；安装符号，等。

（12）二进制逻辑单元　例如：限定符号；关联符号；组合和时序单元：如缓冲器、驱动器和编码器；运算器单元；延时单元；双稳、单稳及非稳单元；移位寄存器、计数器和存储器，等。

（13）模拟单元　例如：模拟和数字信号识别的限定符号；放大器的限定符号；函数器；坐标转换器；电子开关，等。

3. 分类

“电气工程设计常用图形符号”共分为以下三部分：

1）功能性文件用图形符号。

2）位置文件用图形文件。

3）弱电功能性及位置文件用图形符号。

详见《国家建筑标准设计图集 00DX001》。

第三节　电气文字符号

一、文字符号的概念

GB 7159—1987《电气技术中的文字符号制定通则》是制定电气技术中的文字符号的核心标准，它采用 IEC 规定的通用英文含义作为基础的文字符号。

1. 作用

1）标准设备、装置、元件旁标明其名称功能、状态和特征。

2）作为限定符号与一般符号组合使用。

3）作为项目代号提供其种类及功能字母代码。

2. 组成

（1）基本符号　常分为两类：

单字母符号：按拉丁字母将电气设备、装置及各种元件划分为 23 个大类，每类用一个字母表示（I、O、J 容易与 1、0 混淆，不用）。

多字母符号：表示种类的单字母符号与表示功能的字母组成，种类符号在前，功能符号在后。

仅在单字母符号不能满足要求，需将大类划分更详细，具体表达时，才用多字母符号。

（2）辅助符号　详见“附录 B（三）”表示设备、装置和元件及线路的功能、状态和特征，放在基本符号后，组成新的文字符号。在设备上亦可单独使用。

3. 补充

辅助符号不够用时，优先采用规定的单、多字母符号及辅助文字符号作补充。如果补充标准中未列文字符号时，不能违反文字符号的编制原则。

文字符号应按有关电气设备的英文术语缩写而成。设备名称、功能、状态或特征为一个英文名词时，选第一字母为文字符号，也可用前两位字母。当其为两或三个英文单词时，一般由每个单词首字母构成文字符号。通常基本文字符号不超过两字母，辅助文字符号不超过三字母（I、O 不可用）。

4. 组合

形式为基本符号 + 辅助符号 + 数字符号。例如，KT2 表示第二个时间继电器。

二、电气文字符号

如前节所述国家建筑标准设计图集 00DX001《建筑电气工程设计常用图形和符号》包括了电气工程设计中常用的功能性文件、位置文件的文字符号，包括：电力设备、安装方式的标注；提出供电条件的文字符号；设备特定接线端子的标记和特定导线线端的识别；项目种类的字母代号；常用辅助文字符号；信号灯、按钮及导线的颜色标记等内容。

“电气工程设计常用文字符号及代码”包含：（一）供电条件的文字符号、（二）项目种类的字母代码、（三）常用辅助文字符号，详见上述图集 00DX001。“电气工程设计常用标注及标记”包含：（一）电力设备的标注；（二）安装方式的标注；（三）设备特定接线端子的标记和特定导线线端的识别；（四）信号灯、按钮及导线的颜色标记。

第四节　电气参照代号

一、概述

1. 定义

根据 GB/T 5094. 1—2002：用以标识在设计、工艺、建造、运营、维修和拆除过程中的实体项目（系统、设备、装置及器件）的标识符号即参照代号，旧标准称其为“检索代号”，更早的标准称其为“项目代号”。它将不同种类的文件中的项目以信息和构成系统的产品关联起来。可将参照代号或其部分标注在相应项目实际部分上方或近旁，以适应制造、安装和维修的需要。按从下向上的结构树层次分为：单层参照代号、多层参照代号、参照代号集、参照代号群。成套的参照代号作为一个整体唯一地标识所关注的项目，而其中无任何一个代号能唯一地标识该项目。

2. 作用

1）唯一地标识所研究系统内关注的项目。

2）便于了解系统、装置、设备的总体功能和结构层次，充分识别文件内的项目。

3）便于查找、区分、联系各种图形符号所示的元器件、装置和设备。

4）标注在相关电气技术文件的图形符号旁，将图形符号和实物、实体建立起明确的对应关系。

3. 电气技术文件的参照代号

电气技术文件的各种电气图中的电气设备、元件、部件、功能单元、系统等，不论其大小，均用各自对应的图形符号表示，称为项目。而提供项目的层次关系、实际位置，用以识别图、表图、表格中和设备上项目种类的代码旧称项目代码，现称电气技术文件的参照代号。电气技术文件的参照代号用到的多为单层参照代号，下面以此为对象进行分析。

二、代码

1. 项目代码前缀

（1）功能面代码　以项目的用途为基础，而不顾及位置或实现功能的项目结构，代码前缀为“=”。

（2）位置面代码　以项目的位置布局和所在环境为基础，而不顾及项目结构和功能方面，代码前缀为“+”。

（3）产品面代码　以项目的结构、实施、加工、中间产品或成品的方式为基础，而不考虑项目功能和位置，代码前缀为“-”。

2. 代码的构成

代码有以下三种构成方式：

（1）字母代码　可包含多个字母，此时“后一字母”应为“前一字母”代表种类的“子类代码”。

1）物体用途或任务的代码：“用途和任务”是主要特征，“附录 B（二）项目种类的字母代码”提供了按此方法分类的分类表及对应的字母代码。

2）基础设施项目的代码：不同生产设备组成的工业综合体、由不同生产线和相关辅助设备组成的工厂，往往有相同的用途或任务。按“用途和任务”分类则数量有限，这种工业成套装置中的基本设备归于“基础设施项目分类”，它的分类及代码在建筑电气技术文件中很少用。

3）物理量的代码：当需详细说明测量变量或初始参数时，可应用表 2-7 所列字母代码。

表 2-7　测量变量或初始参数的字母代码（源于 ISO 14617-6 第 7.3.1 条表）

字母代码	测量变量或初始参数	字母代码	测量变量或初始参数
A		N	使用者选择
B		O	使用者选择
C		P	压力、真空（*功率）
D	密度（**差）	Q	质量（*无功功率、**综合或合计）
E	电气变量	R	辐射（*电阻、**剩余）
F	流速（*频率、**比率）	S	速度、频率
G	量器、位置、长度	T	温度
H	手	U	多参数
I	（*电流）	V	使用者选择（*V 或 U—电压）
J	功率	W	重力、力
K	时间	X	不分类的
L	物位	Y	使用者选择
M	潮湿、湿度	Z	事件数、量（*阻抗）

注：1. 如温度传感器的代号只表示为 B 类，不足以表示其预定用途时，可定为 BT 类。

2. 括号内字母符号前带“*”为电变量专用、“**”为修饰词，非源于 ISO 14617-6。

（2）数字　即0~9的阿拉伯数字。

（3）字母加数字　以数字（包含前置“0”）区分字母代码项目的各组成项目，此组合有重要意义时，文件中应予说明。此组合宜短，便于识读。

三、参照代号的使用

参照代号层次多、排列长，使用时不可能也没必要将每个项目的参照代号全部完整标出。通常针对项目分层说明，适当组合，符合规范，就近注写，按有利于阅图的方式进行选注。

（1）功能面代码　常标注在概略图、框图、围框或图形近旁左上角。层次较低的电气图必须标注时，则标注在标题栏上方或技术要求栏内。

（2）位置面代码　多用于接线图中，高层电缆接线图中与功能面代码组合，标在围框旁。其他图如需要时与功能面代码组合标注，则标注在标题栏上方。

（3）产品面代码　大部分的电路图使用，常标注在项目图形或框边。

（4）端子代码（下面讲述）　只用于接线图中，标注在端子符号近旁，或靠近端子所属项目图形符号。

（5）多代码的组合　标注时必须标注出前缀，多层次同一代号可复合、简化。单代码段前缀除端子代码规定不注外，其余可注可不注。

四、示例

电气项目参照代号以拉丁字母、阿拉伯数字、特定的前缀符号按一定规律构成代号段。四个代号段组成完整的单层参照代号，见图2-13。

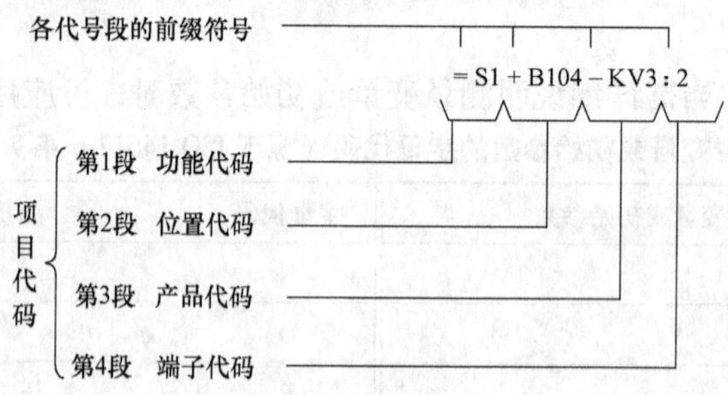

图2-13　完整的电气项目单层参照代号示例

（1）功能面代码　系统或设备中较高层的表示隶属关系之代码。格式为：

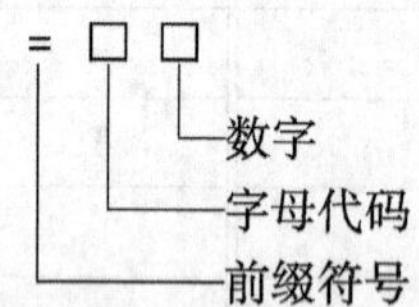

字母代码标准中未统一规定，可任选字符、数字，如“=S”或“=1”。图2-13中S1用来代表电力系统的1系统。

（2）位置面代码　表示项目在组件、设备、系统或建筑物中实际位置的代码。格式为：

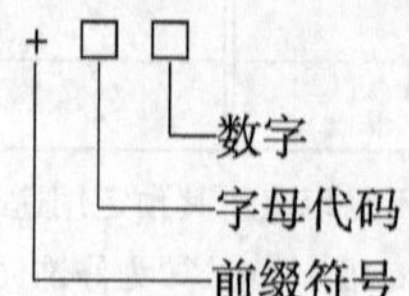

一般由自选定字符、数字来表示。如图 2-13 示例中项目在 B 分部 104 柜位置，表示为“+B104”。

(3) 产品面代码　用于识别项目种类的代码，是整个项目代号的核心。格式为：

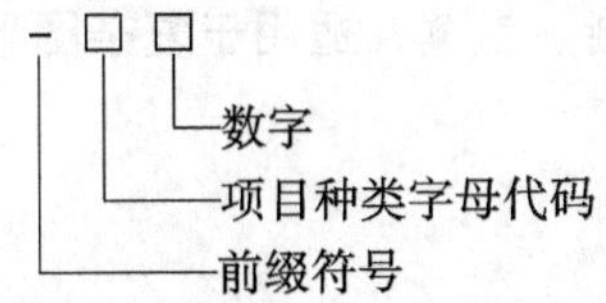

字母代码必须用规定的字母符号。数字用以区别具有相同种类字母代码的不同项目。图 2-13 中“-KV3”表示为第三个电压继电器。

(4) 端子代码　用以同外电路进行电气连接的电器导电元件的代码。格式为：

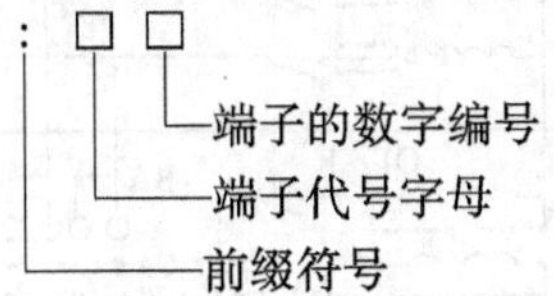

数字为编号，代号字母用大写，也可以仅用其中一种。如图 2-13 中“2”表示 2 号端子。

于是，图 2-13 示例的完整意思为：S1 电力系统，B 分部，104 柜，第三个电压继电器的第二个端子。

第五节　电气图画法规则

一、绘图规则

1. 整图布局

(1) 要求

1) 排列均匀，间隔适当，为计划补充的内容预留必要的空白，但又要避免图面出现过大的空白。

2) 有利于识别能量、信息、逻辑、功能这四种物理流的流向，突出保证信息流及功能流。通常从左到右、从上到下的流向（反馈流相反），而非电过程流向与控制信息流流向一般垂直。

3) 电气元件按工作顺序或功能关系排布，引入、引出线多在边框附近。导线、信号通路、连接线应少交叉、少折弯，且在交叉时不得折弯。

4) 紧凑、均衡，留足插写文字、标注和注释的位置。

(2) 布局方法

1) 功能布局法　整图中元件符号的位置只考虑彼此间的功能关系，不考虑实际位置的布局法。概略图、电路图常采用此法。

2) 位置布局法　整图中元件符号的位置按元件实际位置布局。平面图、安装接线图常采用此法。

2. 元件的表示

(1) 表示方法

1）集中表示法　整个元件集中在一起，各部件间用虚线表示机械连接的整体表示方法。此法直观、整体性好，适用于简单图形。见图 2-14 的 QF 与 QF-1。

2）分开表示法　把电气各部分按作用、功能分开布置，用参照代号表示它们之间的关系，即展开表示的方法。此法清晰、易读，适用于复杂图形。见图 2-14 的 KV 与 KV-1、KS 与 KS-1。

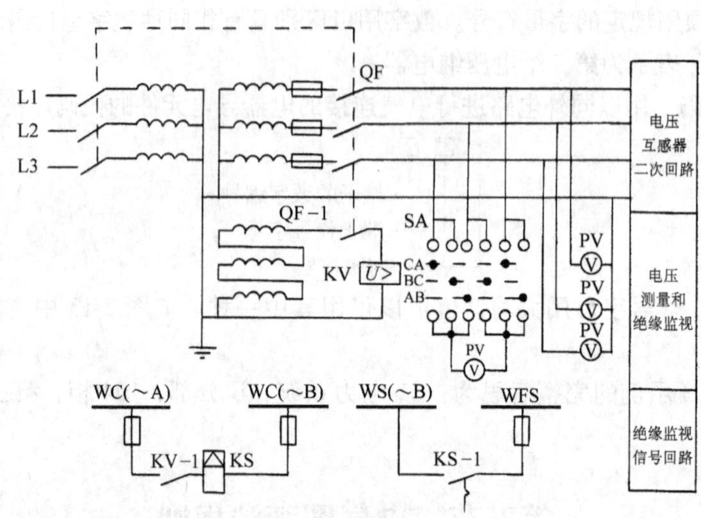

图 2-14　元件分开与集中表示示例（母线绝缘监视系统原理图）

（2）简化　不仅省时，也能保证图样清晰。

1）并联支路、并列元件合并在一起，见图 2-15a。

2）相同独立支路，只详细画出一路，并用文字或数字标注，见图 2-15b。

3）外部电路、公共电路合并简化，见图 2-15c、d、e。

4）层次高的功能单元，其内部电路用一图形符号框图代替，见图 2-15f。

3. 线路绘制

（1）绘制方法

1）多线表示　元件间连线按导线实际走向，每根都一一画出，见图 2-16a。

2）单线表示　走向一致的元件间连线合用一条线表示，走向变化时再分叉口，有时还要标出导线根数，见图 2-16b。

3）组合表示　中途汇入、汇出时用斜线表示去向，见图 2-16c。

（2）中断　连线需穿过图形稠密区，或连到另一张图样时可中断，中断点对应连接点要作对应的标注。图 2-17a、b、c 所示分别为三种表示中断的方法。

（3）交叉　常用图 2-18a、b 所示的两种方式之一表示跨越与连接。但二者不可混用，否则会产生混淆。

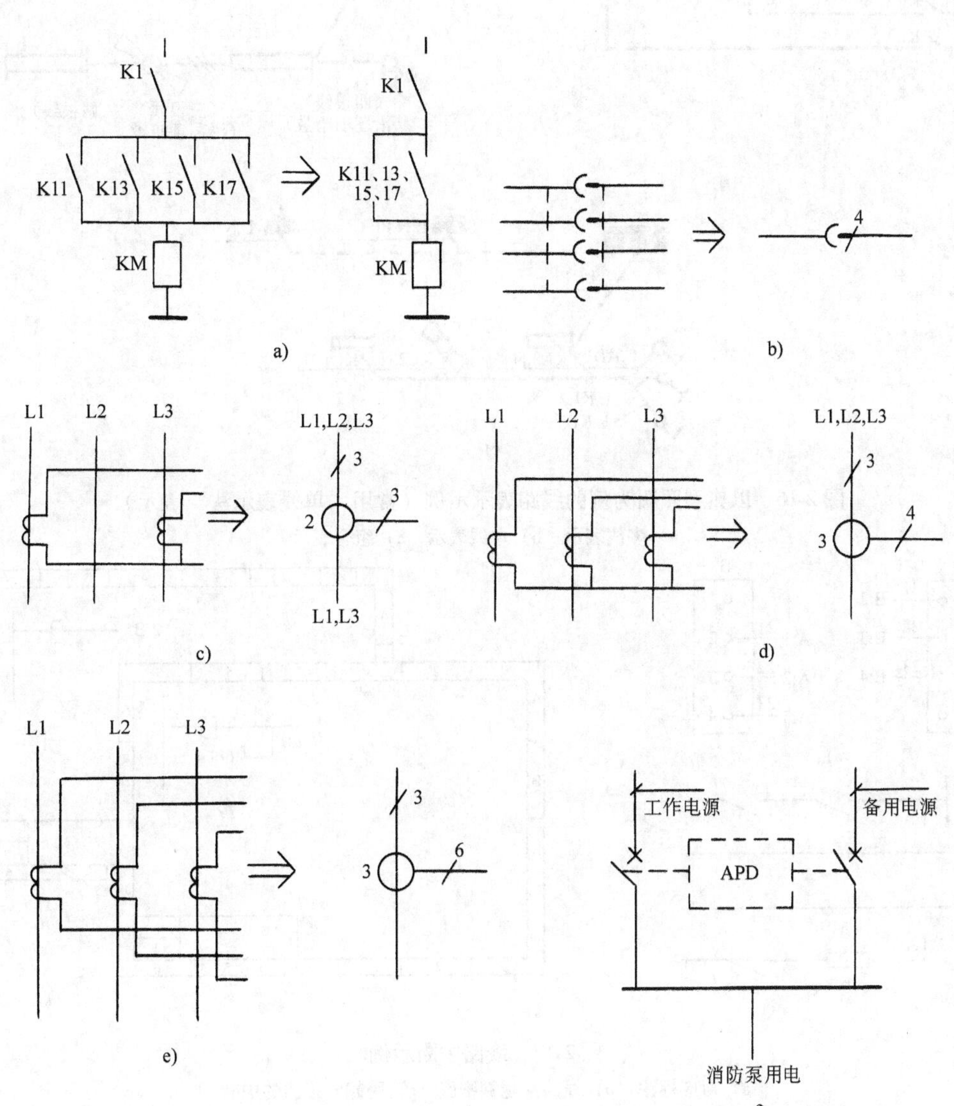

图 2-15　图形简化示例

a）K11、K13、K15、K17 四只并联控制的中间继电器 KM　b）四极插头/座组　c）两只电流互感器装 L1、L3 线上，共引出三根线　d）三只电流互感器装 L1、L2、L3 线上，共引出四根线　e）三只电流互感器装 L1、L2、L3 线上，共引出六根线　f）备用电源自投入装置用 APD 框图表示

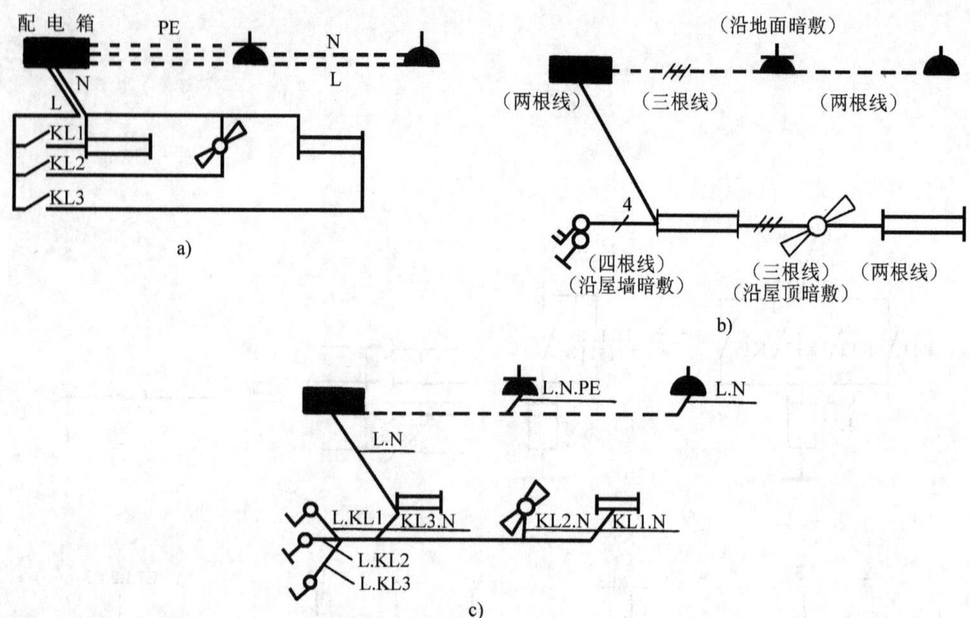

图 2-16　以典型照明为例的线路表示示例（常用“单线表示法”表示）

a）多线表示　b）单线表示　c）组合表示

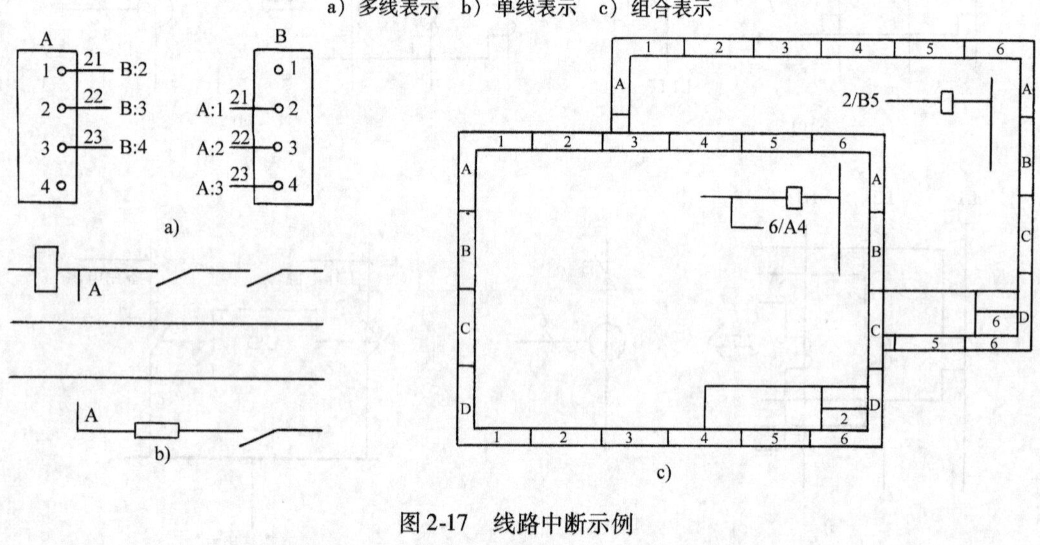

图 2-17　线路中断示例

a）对应标注　b）线路穿越稠密区　c）跨越整张图的中断

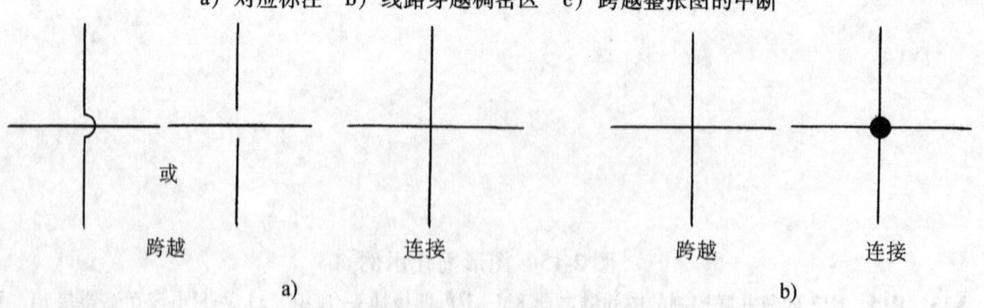

图 2-18　交叉线跨越与连接的两种常用表示法

a）一种表示法　b）另一种表示法

4. 围框处理

示例见图 2-19。

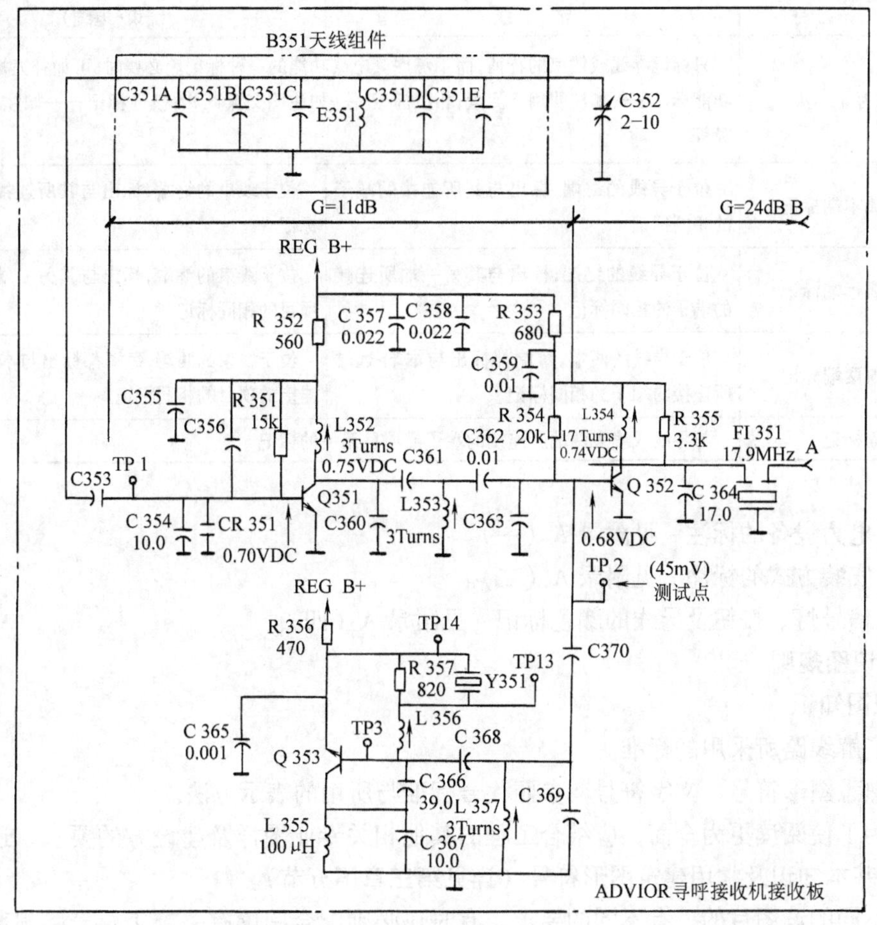

图 2-19　围框用法（天线组件——虚线框不在接收板内）

（1）适用范围　在下列情况下使用单点画线构成的围框更为简化、明了。

1）确定功能的功能单元。

2）完整的结构单元。

3）相互联系、关联的项目组。

4）相同电路简化后的详略两部分。

（2）作法　需注意下述几点：

1）除端子及端子插座外，不可与元器件图形相交，而线可重叠。

2）框多为规则矩形，如必要也可为不规则矩形，但必须有利于读图。

3）围框内不属此单元的元件，以双点画线框出并注明。

5. 标注、标记

（1）设备特定接线端子和特定导线线端的识别　见附录 A（三）。

（2）绝缘导线的标记　见表 2-8。

表 2-8　绝缘导线的标记

<table>
<tr><th colspan="2" rowspan="2">标记名称</th><th colspan="2">意　义</th></tr>
<tr><th>导　线</th><th>线束(电缆)</th></tr>
<tr><td colspan="2">主标记</td><td colspan="2">只标记导线或线束的特征,而不考虑其电气功能的一种标记。必要时,可加补充标记,包括:功能标记——如注明用于测量;相位标记——如注明交流某相;极性标记——如注明正极、负极等</td></tr>
<tr><td rowspan="3">从属标记</td><td>从属本端标记</td><td>位于导线的终端,标出与其所连接的端子的相同标记</td><td>位于线束的终端,标出与其所连接的项目的标记</td></tr>
<tr><td>从属远端标记</td><td>位于导线的终端,标出与其另一端所连接的端子的相同标记</td><td>位于线束的终端,标出与其另一端所连接的项目的相同标记</td></tr>
<tr><td>从属两端标记</td><td>位于导线的两端,每端都标出与本端-远端所连接的端子的相同标记</td><td>位于线束的两端,每端都标出与本端-远端所连接的项目的相同标记</td></tr>
<tr><td colspan="2">独立标记</td><td colspan="2">与导线或线束两端所连接的端子或项目无关的标记</td></tr>
</table>

(3) 电力设备的标注　见附录 A (一)。

(4) 安装方式的标注　见附录 A (二)。

(5) 信号灯、按钮及导线的颜色标记　见附录 A (四)。

二、识图规则

1. 识图知识

1) 了解线路所采用的标准。

2) 熟悉图形符号、文字符号、参照代号标准与所用的表示方法。

3) 为了使阅读更为全面,应结合工程的其他相关专业图样及建设方的要求,还需了解建筑制图基本知识及常用建筑图形符号(详见第三章第五节)。

4) 不同的读图目的,有不同的要求。有时还必须配合阅读有关施工及校验规范、质量检验评定标准及电气通用标准图。

5) 电气工程图不像建筑图那样比较分散,因此不能孤立地看单张图,还应结合各相关图一起看。从安装图找位置,从概略图理构架,从电路图分析原理,从安装接线图梳理走线。其中应特别注意将概略图与安装图这两种电气工程最关键,也是关系最密切的图对照起来看。

2. 识图顺序

应根据需要灵活掌握,必要时还需反复阅读。

(1) 标题栏及图样目录　了解工程名称、项目内容及设计日期等。

(2) 设计及施工说明　了解工程总体概况、设计依据及图样未能清楚表达的事项。

(3) 概略图　了解系统基本组成、主要设备元件的连接关系及它们的规格、型号、参数等,掌握系统基本概况及主要特征。往往通过对照平面布置图对系统构成形成概念。

(4) 电路图和接线图　了解系统各设备的电气工作原理,用以指导设备安装及系统调试。一般依功能从上到下、从左到右、从一次到二次回路逐一阅读。注意区别一次与二次、交流与直流及不同电源的供电,同时配合阅读接线图和端子图。

（5）平面布置图　是电气工程的主要图样之一。用以表示设备的安装位置、线路敷设部位及方法，以及导线型号、规格、数量及管径大小。这也是施工、工程概预算的主要依据。对照相关安装大样图阅读更佳。

（6）安装大样图　是按机械、建筑制图方法绘制的表示设备安装的详细图样。用以指导施工和编制工程材料计划。多借用通用电气标准图。

（7）设备材料表　提供工程所用设备、材料的型号、规格、数量及其他具体内容，是编制相关主要设备及材料计划的重要依据。

练　习　题

1. 以民用建筑（如三室、二厅、一卫、一厨）套房或工业建筑（如附二层车间办公室的单层机修车间）为例思考下列问题：

（1）此套图样从本专业角度了解所需知识深度次序。

（2）设计所涉及的图样、比例、字体及特殊标记。

2. 对比图 2-7a、b，图 2-9a、b 内各小图，图 2-11a、b、c，图 2-14 元件的“分开”与“集中”表示，图 2-15c、d、e。

3. 如有条件，将图 2-16 与本教室内实际布线对照，指出实际布线与图 2-16 的异同。

4. 将图 2-18a、b 与现有图样对照，指出现有图样采用的是何种表示法。

第三章　设计的开展

电气工程设计实际上是由变配电、电气自动化控制、建筑电气、建筑智能化四个专业方向构成的。本章综述其设计工作展开的基本轮廓。

第一节　设计过程的三个阶段

设计阶段一般常接触到的是初步设计及施工图设计两个阶段。大型及部分行业的中型工程在初步设计之前还设置了以方案对比为重心的方案设计。特大型项目甚至还有以决定项目取舍的初步可行性研究。而通常的一般民用建筑项目则将初步设计内容融入到施工图设计阶段的前期准备中，从而成为仅施工图设计一个阶段了。所以就通常而论，设计过程分为“方案设计”、“初步设计”及“施工图设计”三个阶段。

一、方案设计（又称可行性研究）

方案设计是在项目决策前，对建设项目多个实施方案的技术经济以及其他方面的可行性的对比、选择所作的研究论证。故此方案设计是建设项目投资决策的依据，是基本建设前期工作的重要内容。

1. 设计依据

1）宜因地制宜地正确选用国际、行业和地方的标准。

2）对于一般工业建筑或房屋部分的工程设计，编制深度尚应符合有关行业标准的规定。

3）当设计合同对其深度另有要求时，设计文件编制深度应同时满足合同的要求。

2. 设计的步骤

工程项目的建设申请得到批准后，即进入可行性论证研究阶段。首先选定工程位置，并研讨建设规模、组织定员、环境保护、工程进度、必要的节能措施、经济效益分析及负荷率计算等。同时要收集气象地质资料、用电负荷情况（容量、特点和分布）、地理环境条件（邻近有无机场和军事设施、是否存在污染源、需跨越的铁道、航道和通信线）等与建设有关的重要资料，并和涉及的有关部门或个人（如电管部门，跨越对象，修建时占用土地、可能损坏青苗的主人等）协商解决具体问题，并取得这些主管部门等的同意文件。设计人员还应提出设想的主结线方案、各级电压出线路数和走向、平面布置等内容，并进行比较和选择，联合其他专业，将上述问题和解决办法等内容拟出“可行性研究报告”，还需协助有关部门编制“设计任务书”。对于规模较小、投资不大的电气工程设计项目，上述过程也可从简、从略。

3. 电气专业的工作

1）根据使用要求和工艺、建筑专业的配合要求，汇总、整理、收集、调研有关资料，提出设备容量及总容量的各种数据。确定供电方式、负荷等级及供电措施设想，必要时此内容要作多方案的对比。

2）绘出供电点负荷容量的分布、干线敷设方位等的必要简图（总图按子项，单项以配电箱作供电终点）。

3）工艺复杂、建筑规模庞大、有自控及建筑智能化时，须绘制必要的控制方案及重点智能化内容（如消控、安保、宽带）系统简图（或方框简图）。

4）大型公共建筑还需与建筑专业配合布置出灯位平面图，甚至标出灯具形式。

5）估算主要电气设备费用，多方案时应对比经济指标及概算。

4. 设计文件

该阶段设计文件以设计说明书为核心，电专业仅为“施工技术方案”这一章提供内容及设计文件附件。

5. 达到的要求

方案设计文字编制深度应满足下一步编制初步设计文件的需要。本专业仅在工程选址、供配电及智能化的工程需求与外部条件间的差距及解决的可能、能耗、工期、技术经济等方面配合整个项目做好方案决策对比。

二、初步设计（又称扩初设计）

初步设计是项目决策后根据设计任务书的要求和有关设计基础资料所作出的具体实施方案的初稿。当项目无方案设计阶段时，此初步设计就为扩大了的初步设计（包含方案设计），简称扩初设计。故此初步设计是基本建设前期工作的重要组成部分，是工程建设设计程序中的重要阶段。经批准的初步设计（含概算书）是工程施工图设计的依据。一般初步设计占整个电气工作量的30%～40%（施工图设计占60%～50%）。如果说施工图是躯体，则初步设计就是灵魂。

1. 设计的依据

1）初步设计文件：

① 相关法律、法规和国家现行标准。

② 工程建设单位或其主管部门有关管理规定。

③ 设计任务书。

④ 现场勘察报告、相关建筑图样及资料。

2）方案论证中提出的整改意见和设计单位作出的并经建设单位确认的整改措施。

2. 设计的步骤

根据上级下达的设计任务书所给条件，各个专业开始进行初步设计。图3-1所示是以中型工厂变配电系统为例的初步设计步骤示例。

框图中虚线上部即为电气专业初步设计的内容，虚线下部为相关专业的后续工作。有可行性研究报告时，尽可能参照报告中的基础资料数据，从各个用电设备的负荷计算开始；无可行性研究报告时，需自行收集基础资料。图中各个环节皆需经过充分的计算、分析、论证和方案选择。最后提出经筛选的较优方案，并编写“设计说明书”。说明书中要详细列出计算、比较和论证的数据、短路电流计算用系统接线图及等效阻抗示意图、选用或设计的继电保护和自动装置的二次接线图、操作电源、设备选择、照明设计、防雷保护与接地装置、电气布置及电缆设施、通信装置、主要设备材料及外委加工订货计划、土地征用范围、基建及设备投资概算等内容。此外，还要给出经过签署手续的必需的图样。初步设计只供审批之用，不做详细施工图。但也要按照设计深度标准的有关规定作出具有一定深度的规范化图样，准确无误地表达设计意图。说明书还要求内容全面、计算准确、文字工整、逻辑严谨、词句精练。

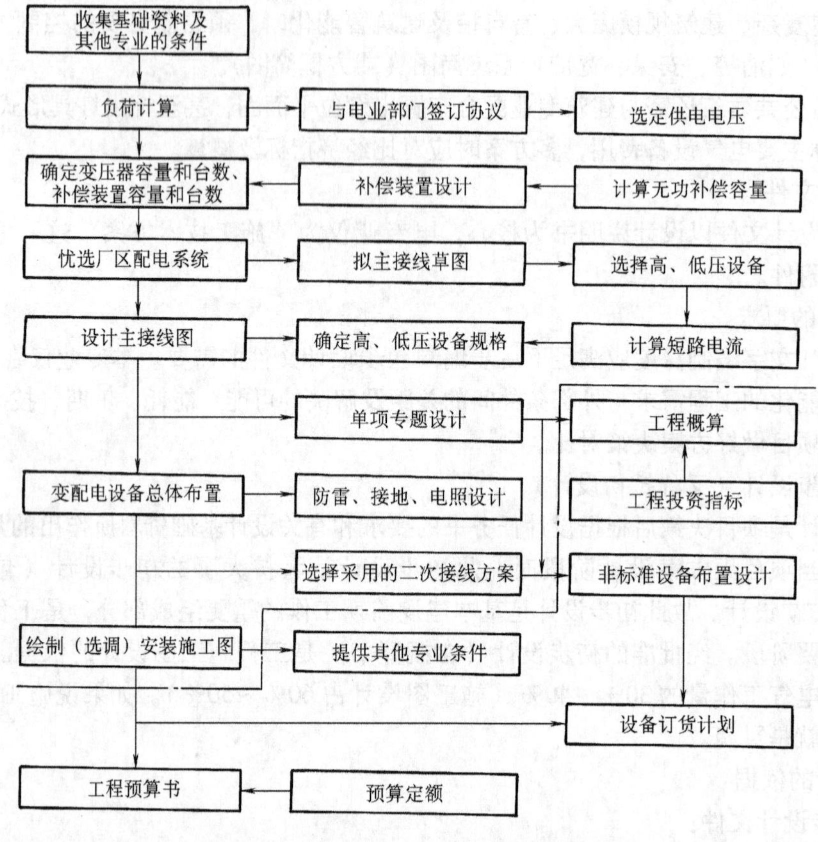

图 3-1 （变配电工程）初步设计步骤示例

3. 电专业的工作

1）根据建设方使用要求及工艺、建筑专业的设计，按照方案设计的原则，绘制供电点、干线分布等简图。根据负荷容量的需要系数法计算结果，确定变配电所设备规模大小，提出平面布置图及系统概略图。

2）按负荷分类计算，确定供电及控制方式，确定采用的变压器、高低压配电箱的型号、规格、安装位置布置，以及功率因数补偿方式、供电线路、过电压及接地保护。

3）阐述动力控制方式（几地控制、何种方式控制），绘制动力控制屏、箱、台的位置，确定其控制范围。确定动力电压等级及动力系统形式。明确导线选择与敷设、安全保护及防触电措施。

4）确定电气照明的标准，主要区域、场所关键部位的单位照度容量及采用灯型，绘成必要的简图或表格。明确应急照明及电源切换的设置。

5）建筑物防雷保护等级，接闪器、引下线及接地系统形式及作法。

6）阐述智能化及自控系统的构成、主要设备选择、智能化或中央控制室布置、必要的控制方案构成。

7）提出设备材料表及必要图样，满足工程概算及订货需要（包括供货时间要求）。

4. 设计文件

该阶段设计文件乃以设计说明书为核心，电专业也仅为“施工方案技术”这一章提供内容。但设计图样单独列为设计文件或作为附件。

5. 达到的要求

初步设计深度应满足：

1）经过方案比较选定最终采用的设计方案。

2）根据选定的设计方案，满足主要设备及材料的订货。

3）根据选定的设计方案，确定工程概算，控制工程投资。

4）作为编制施工图设计的基础。

三、施工图设计

施工图设计是技术设计和施工图绘制的总称。本阶段首先是技术设计，把经审批的初步设计原则性方案作细致全面的技术分析和计算，取得确切的技术数据后，再绘制施工安装图样。

1. 设计的作法

初步设计经审查批准后，便可根据审查结论和设备材料的供货情况，开始施工图设计。施工图设计时通用部分应尽量采用国家标准图集中的对应图样，这样设计者省时省力，可在保证质量的同时也加快了设计进度。非标准部分则需设计者重新设计制图，并说明设计意图和施工方法。

还要注意协作专业的互相配合，重视图样会签，防止返工、碰车现象。对于规模较小的工程，可将上述三个阶段合并成 1 ~ 2 次设计完成。此时，图样目录中先列新绘制的图样，后列选用的标准图或重复利用图。

2. 电专业的工作

此阶段图样设计绘制工作量最大，具体数量随工程内容而定，本书第六 ~ 十四章分类详述。

3. 设计文件

本阶段基本上是以设计图样统一反映设计思想。“设计说明”分专业，有时还分子项编写，常在设计图中专列出一张，且通常为首页。“设计说明”往往包括对施工、安装的具体要求。尽管本阶段图样量最大、最集中，但还得处理好标准图引用、已有图复用问题。因为此阶段的图样将直接提供购买、安装、施工及调试，故须严防“漏、误、含糊、重叠及彼此矛盾”。

4. 达到的要求

施工图设计应满足：

1）指导施工和安装。

2）修正工程概算或编制工程预算。

3）安排设备、材料的具体订货。

4）非标设备的制作、加工。

第二节　设计文件的三项组成

整个设计技术文件应包括：设计（文字）说明书、设计计算书及设计图样三项。这三项组成在上述三个不同的设计阶段占有不同的比重。按其比重的分量列入表 3-1，以表中星号的多少表示对应的重要程度。

表 3-1 设计技术文件在各阶段之比重表

设计文件＼设计阶段	方案设计	初步设计	施工图设计
设计说明书	* *	* * *	*
设计计算书	*	* *	*
设计图样	*	* *	* * * *

设计的三个阶段中，最后落实到施工的是施工图设计阶段。施工图设计阶段中设计图样是最重要的设计技术文件。因此在整个设计全过程中，工程设计技术图样是关键所在，是设计人员设计思想意图构思和施工要求的综合体现。

一、设计说明书

设计说明书三阶段各异。

1. 方案设计阶段

包括以下方面内容：

（1）电源　征得主管部门同意的电源设施及外部条件、供电负荷等级、供电措施。

（2）容量、负荷　列表说明全厂装机容量、用电负荷、负荷等级和供电参数。根据使用要求、工艺设计，汇总整理有关资料，提出设备容量及总容量等各种数据。

（3）总变配电所　建所规模、负荷大小、布局和位置。

（4）供电系统　选择全厂到配电箱为止的供电系统及干线敷设方式。大型公共建筑还需要与建筑配合布置灯位，并提供灯具形式。

（5）主要设备及材料选型　按子项列出主要设备及材料表说明其选型名称、型号、规格、单位、数量及供货进度。

（6）其他　防雷等级及措施、环境保护、节能。

（7）技经　需要时对不同方案提出必要的经济概算指标对比。

（8）待解决问题　需提请在设计审批时解决或确定的主要问题。

2. 初步设计阶段

包括五项内容：

（1）设计依据　摘录设计总说明所列的批准文件和依据性资料中与本专业设计有关的内容、其他专业提供的本工程设计的条件等。

（2）设计范围　根据设计任务书要求和有关设计资料，说明本工程拟设置的电气系统、本专业设计的内容和分工（当有其他单位共同设计时）。如为扩建或改建系统，还需说明原系统与新建系统的相互关系、所提内容和分工。

（3）设计技术方案　不同类型工程不同：

1）变配电工程

①负荷等级　叙述负荷性质、工作班制及建筑物所属类别，根据不同建筑物及用电设备的要求，确定用电负荷的等级。

②供电电源及电压　说明电源引来处（方向、距离）、单电源或双电源、专用线或非专用线、电缆或架空、电源电压等级、供电可靠程度、供电系统短路数据和远期发展情况。备

用或应急电源容量的确定和型号的选择原则。

③供电系统　叙述高、低压供电系统结线形式、正常电源与备用电源间的关系、母线联络开关的运行和切换方式、低压供电系统对重要负荷供电的措施、变压器低压侧间的联络方式及容量。设有柴油发电机时应说明起动方式及与市电之间的关系。

④变配电站　叙述总用电负荷分配情况、重要负荷的考虑及其容量，给出总电力供应主要指标（见表3-2），变配电站的数量、位置、容量（包括设备安装容量，计算有功、无功、视在容量，变压器容量）及结构形式（户内、户外或混合），设备技术条件和选型要求。

⑤继电保护与计量　继电保护装置种类及其选择原则，电能计量装置采用高压或低压、专用柜或非专用柜，监测仪表的配置情况。

⑥控制与信号　说明主要设备运行信号及操作电源装置情况，设备控制方式等。

⑦功率因数补偿方式　说明功率因数是否达到《供用电规则》的要求，应补偿的容量和采取补偿的方式及补偿的结果。

⑧全厂供电线路和户外照明　高、低压进出线路的型号及敷设方式，户外照明的种类（如路灯、庭园灯、草坪灯、水下照明等）、光源选择及其控制地点和方法。

⑨防雷与接地　叙述设备过电压和防雷保护的措施、接地的基本原则、接地电阻值的要求，对跨步电压所采取的措施等。

2）供配电工程

①电源、配电系统　说明电源引来处（方向、距离）、配电系统电压等级和种类、配电系统形式、供电负荷容量和性质，对重要负荷如消防设备、电子计算机、通信系统及其他重要用电设备的供电措施。

②环境特征和配电设备的选择　分述各主要建筑的环境特点（如正常、多尘、潮湿、高温或有爆炸危险等），根据用电设备和环境特点，说明选择控制设备的原则。

③导线、电缆选择及敷设方式　说明选用导线、电缆或母干线的材质和型号，敷设方式（是竖井、电缆明敷还是暗敷）等。

④设备安装　开关、插座、配电箱等配电设备的安装方式，电动机起动及控制方式的选择。

⑤接地系统　说明配电系统及用电设备的接地形式、防止触电危险所采取的安全措施、固定或移动式用电设备接地故障保护方式、总等电位联结或局部等电位联结的情况。

3）照明工程

①照明电源　电压、容量、照度标准及配电系统形式。

②室内照明　装饰、应急及特种照明的光源及灯具的选择、装设，及其控制方式。

③室外照明　种类（如路灯、庭院灯、草坪灯、地灯、泛光照明、水下照明、障碍灯等）、电压等级、光源选择及控制方式等。

④照明线路的选择及敷设方式。

⑤照明配电设备的选择及安装方式。

⑥照明设备的接地。

4）建筑与构筑物防雷保护工程

①确定防雷等级　根据自然条件、当地雷电日数和建筑物的重要程度确定防雷等级（或类别）。

②确定防雷类别　防直接雷击、防电磁感应、防侧击雷、防雷电波侵入和等电位的措施。

③当利用建（构）筑物混凝土内的钢筋作接闪器、引下线、接地装置时，应说明采取的措施和要求。

④防雷接地阻值的确定　如对接地装置作特殊处理时，应说明措施、方法和达到的阻值要求。当利用共用接地装置时，应明确阻值要求。

5）接地及等电位联结工程

①接地　工程各系统要求接地的种类及接地电阻要求。

②等电位　总等电位、局部等电位的设置要求。

③接地装置要求　当接地装置需作特殊处理时，应说明采取的措施、方法等。

④等电位接地及特殊接地的具体措施。

6）自动控制与自动调节工程

①按工艺要求说明热工检测及自动调节系统的组成。

②控制原则　叙述采用的手动、自动、远动控制，联锁系统及信号装置的种类和原则；设计对检测和调节系统采取的措施，对集中控制和分散控制的设置。

③仪表和控制设备的选型　选型的原则、装设位置、精度要求和环境条件，仪表控制盘、台选型与安装及其接地。

④线路选择及敷设。

7）火灾自动报警及消防联动控制工程

①按建筑性质确定保护等级及系统组成。

②消防控制室位置的确定和要求。

③火灾探测器、报警控制器、手动报警按钮、控制台（柜）等设备的选择。

④火灾自动报警与消防联动的控制要求、控制逻辑关系及监控显示方式。

⑤火灾紧急广播及消防通信的概述。

⑥消防主、备电源供给，接地方式及接地阻值的确定。

⑦线路选型及敷设方式。

⑧应急照明的电源形式、灯具配置、控制方式、线路选择及敷设方式。

⑨当有智能化系统集成要求时，应说明火灾自动报警系统与其子系统，以及与保安、建筑设备计算机管理系统的接口方式及联动关系。

8）安全技术防范工程

①系统防范等级、组成和功能要求。

②保安监控及探测区域的划分、控制、显示及报警要求。

③设备选型、导体选择及敷设方式。

④系统配置及安装　摄像机、探测器安装位置的确定，访客对讲、巡更、门禁等子系统配置及安装，机房位置的确定。

⑤系统　供电方式、接地方式及阻值要求。

9）线缆电视工程

①系统规模、网络模式、用户输出口电平值的确定。

②节目源、电视制作系统、接收天线位置、天线程式、天线输出电平值的确定。

③机房位置、前端组成特点及设备配置。

④用户分配网络、线缆选择及敷设方式、用户终端数量的确定。

⑤大系统设计时，除确定系统模式外，还需确定传输方式及传输指标的分配（包括各部分信噪比、交互调等各项指标的分配）。

10）有线广播系统

①系统组成。

②输出功率、馈送方式和用户线路敷设的确定。

③广播设备的选择，并确定广播室位置。

④导体选择及敷设方式。

11）扩声和同声传译工程

①系统组成及技术指标分级。

②设备选择以及声源布置的要求。

③同声传译方式及机房位置确定。

④网络组成、线路选择及敷设。

⑤系统接地和供电。

12）呼叫信号工程

①系统组成及功能要求（包括有线和无线）。

②用户网络结构和线路敷设。

③设备型号、规格选择。

13）公共显示工程

①系统组成及功能要求。

②显示装置安装部位、种类、导体选择及敷设方式。

③设备型号、规格选择。

14）时钟工程

①系统组成及子钟负荷分配、线路敷设。

②设备型号、规格的选择。

③系统供电和接地。

④塔钟的扩声配合。

15）车库管理系统

①系统组成及功能要求。

②监控室设置。

③导体选择及敷设要求。

16）综合布线系统

①根据工程项目的性质、功能、环境条件和近、远期用户要求，确定综合类型及配置标准。

②系统组成及敷设选型。

③总配线架、楼层配线架及信息终端的配置。

④导体选择及敷设方式。

17）建筑设备监控系统及系统集成

①系统组成、监控点数及其功能要求。

②设备选型。

③导体选择及敷设方式。

18）信息网络交换系统

①系统组成、功能及用户终端接口的要求。

②导体选择及敷设要求。

19）智能化系统集成

①集成形式及要求。

②设备选择。

20）电脑经营管理工程

①系统网络组成、功能及用户终端接口的要求。

②主机类型、台数的确定。

③用户终端网络组成和线路敷设。

④供电和接地。

21）建筑设备智能化管理工程

①说明建筑设备智能化管理系统的划分、系统组成、监控点数、监控方式及其要求。

②中心站硬、软件系统，区域站形式，接口位置和要求。

③供电系统中正常电源和备用电源的设置，UPS 容量的确定和接地要求。

④线路敷设方式及线路类别（交、直流及电压种类）。

二、设计计算书

主要供内部使用及存档，但各系统计算结果尚应标示在设计说明或相应图样中，且应包括下列内容：

1）各类用电设备的负荷及变压器选型的计算。

2）系统短路电流及继电保护的计算。

3）电力、照明配电系统保护配合计算。

4）防雷类别及避雷保护范围计算。

5）大、中型公用建筑主要场所照度计算。

6）主要供电及配电干线电压损失、发热计算。

7）电缆选型及主要设备选型计算。

8）接地电阻计算。

9）电缆电视系统各点电平分配、扩声系统匹配以及其他特殊计算。

上述计算中的某些内容，若因初步设计阶段条件不具备不能进行，或审批后初步设计有较大的修改时，应在施工图阶段作补充或修正计算。部分计算及相应的设备、材料选择，按表 3-2 ~ 表 3-10 几种格式分别列出。

表 3-2　总电力供应主要指标

序号	名　称	单　位	数　量	备　注
1	××kV 线路	km		
2	××kV 线路	km		

（续）

序号	名　称	单　位	数　量	备　注
3	总设备容量	kW		
	其中:高压设备	kW		
	低压设备	kW		其中重要负荷××kW(最好区分Ⅰ、Ⅱ类)
	照明	kW		其中应急照明××kW,特殊照明××kW
4	总计算容量	kW		
5	需要系数			无单位
6	功率因数			无单位
	补偿前平均功率因数 $\cos\phi_1$			无单位
	补偿后平均功率因数 $\cos\phi_2$			无单位
7	电力电容器总容量	kvar		
	其中:高压	kvar		
	低压	kvar		
8	安装变压器	台		
9	变压器总容量	kV·A		
10	年用电小时数①	h		
11	年电能总消耗量①			
	有功	kW·h		
	无功	kvar·h		

① 民用建筑不填此项。

表 3-3　总负荷计算及变压器选择表

用电设备组名称	设备容量 /kW	需要系数 K_x	功率因数 $\cos\phi$	计算负荷			变压器容量 /kV·A	备　注
				有功 P_{30}/kW	无功 Q_{30}/kvar	视在容量 S_{30}/kV·A		
1	2	3	4	5	6	7	8	9

表 3-4　电力负荷计算表

用电设备名称	设备台数	设备容量 /kW		计算系数				有功功率 /kW		计算负荷				导线截面及管径 /mm²
	n	P_c	P_{n1}	c	$b(K_x)$	$\cos\phi$	$\tan\phi$	cP_{n1}	bP_e	P_{30} /kW	Q_{30} /kvar	S_{30} /kV·A	计算电流 I_{30}/A	
1	2	3	4	5	6	7	8	9	10	11	12	13	14	15

表 3-5　短路电流计算表

短路点(回路)编号	电压 /kV	X	$I_{0.2}$ /kA	$S_{0.2}$ /MV·A	I'' /kA	I /kA	i_c /kA	I_c /kA	假想时间/s			备　注
									β''	t	t_{jx}	
1	2	3	4	5	6	7	8	9	10	11	12	13

表 3-6　开关设备选择表

回路名称及编号	设备名称	型号	额定电压/kV	额定电流/A	额定开断电流/kA		遮断容量/MV·A		动稳定性/kA		热稳定性/kA		假想时间 t_{js}/s	备注
					容许值	计算值	容许值	计算值	容许值	计算值	容许值	计算值	0.1～2.5	
1	2	3	4	5	6	7	8	9	10	11	12	13	14	15

表 3-7　母线选择表

母线名称	型号及截面/mm^2	间　距		放置方法	负荷电流/A		动稳定性/kA		热稳定性/kA		备注
		各相间/cm	绝缘物间/cm		容许值	计算值	容许值	计算值	容许值	计算值	
1	2	3	4	5	6	7	8	9	10	11	12

表 3-8　电缆选择表

回路名称及编号	型号及截面/mm^2	额定电压/kV	容许温升/℃	敷设方法	负荷电流/A		热稳定性/kA		假想时间 t_{jx}/s	备注
					容许值	计算值	容许值	计算值		
1	2	3	4	5	6	7	8	9	10	11

表 3-9　电流互感器选择表

设备名称	回路名称及编号	型号及准确度	额定电压/kV	额定一次电流/A	动稳定性/kA		热稳定性/kA		假想时间 t_{jx}/s	备注
					容许值	计算值	容许值	计算值		
1	2	3	4	5	6	7	8	9	10	11

表 3-10　继电保护计算表

名称及编号	基本参数					过电流保护装置											速断保护装置						
	被保护元件计算电流/A	过负荷系数	被保护区末端最小三相短路电流/kA	被保护区内最大三相短路电流/kA	最大穿越三相短路电流/kA	电流互感器电流比 K_i	可靠系数 K_k	返回系数 K_j	电流互感器接线系数 K_{jx}	继电器动作电流		一次侧动作电流 I_{dZj}	灵敏系数 K_L	电流继电器型号	时间继电器		可靠系数 K_k	接线系数 K_{jx}	继电器动作电流 I_{dZj}/A		一次侧动作电流 I_{dZj}	灵敏系数 K_L	电流继电器型号
										计算整定值	采用整定值				整定时限	采用型号			采用整定值	计算整定值			
1	2	3	4	5	6	7	8	9	10	11	12	13	14	15	16	17	18	19	20	21	22	23	24

注：微机综合保护时，则用系统提供的表格。

三、设计图样

1. 方案设计阶段

通常可行性论证报告的图样为附件，包括：

1）电气总平面图（厂区平面图示意总变/配电所位置，仅有单体设计时可无此项）。

2）供电系统总概略图。

3）供电主要设备表。

2. 初步设计阶段

设计图样一般应包括系统概略图、平面图（变配电所、监控中心为布置图）、主要设备材料清单及必要说明，不同类型工程所画图样内容及要求不同。

（1）供电总平面规划工程　主要是总平面布置图，应包括的内容：

1）标出建筑物名称、电力及照明容量，画出高、低压线路走向、回路编号、导线及电缆型号规格、架空线路的杆位、路灯、庭园灯和重复接地等。

2）变、配电站所位置、编号和变压器容量。

3）比例、指北针。

有些工程尚需作出平面布置图及主要设备材料清单，要求见"变配电工程"。

（2）变配电工程

1）高、低压供电概略图　注明开关柜及各设备编号、型号、回路编号，及一次回路设备型号、设备容量、计算电流、补偿容量、导体型号规格及敷设方法、用户名称，以及二次回路方案编号。

2）平面布置图　画出高、低压开关柜、变压器、母干线，柴油发电机、控制盘、直流电源及信号屏等设备平面布置和主要尺寸（图样应有比例，并标示房间层高、地沟位置、相对标高)，必要时还需画出主要的剖面图。

3）主要设备材料清单　应包括设备器材的名称、规格、数量，供编制工程概算书用。

（3）供配电工程

1）概略图　多为包括配电及照明干线的竖向干线概略图，需注明变配电站的配出回路及回路编号、配电箱编号、型号、设备容量、干线型号规格及用户名称。

2）平面布置图　一般为主要干线平面布置图，多只绘内部作业草图，而不对外出图。

（4）照明工程

1）概略图　复杂工程和大型公用建筑应绘制至分配电箱的概略图。

2）平面布置图　一般工程不对外出图，只绘制内部作业草图。使用功能要求高的复杂工程则出表达工作照明和应急照明灯位/灯具规格、配电箱（或控制箱）位置的主要平面图，可不连线。

（5）自动控制与自动调节工程

1）自动控制与自动调节的框图或原理图，注明控制环节的组成、精度要求、电源选择等。

2）控制室设备平面布置图。

（6）防雷及等电位联结工程　一般不绘图，特殊工程只出顶视平面图。图中画出接闪器、引下线和接地装置平面布置，并注明材料规格。

（7）建筑智能化工程

1）系统方框图或概略图　表达出系统构成概略、主机和终端机的系统划分、信号传输及接口方式、主要设备类型及配置数量。

2）建筑智能化总平面布置图　绘出各类中心控制室位置、用户设备分布、线路敷设方式及路由、系统主干的管槽线缆走向和设备连接关系。

3）中心控制室设备平面布置图　标明监控中心的位置及面积，前端设备的布线位置、设备类型和数量，管线走向设计（主干管路的路由设计标注），供电方案。较简单的中、小型工程可不出图。

3. 施工图设计阶段

如前所述，此阶段设计说明已分专业，并作为设计图样的一部分。而计算书也反映到图样中设备、元器件的选型、规格。所以此阶段设计图样量大，几乎是唯一的向外提交的设计文件。它包括三部分：

（1）图样目录　先列新绘制图样，后列选用的标准图或重复利用图。

（2）首页（包括设计说明）　本专业有总说明时，在各子项图样中可只加以附注说明。当子项工程先后出图时，分别在各子项首页或第一张图面上写出设计说明，列出主要设备材料表及图例。首页应包括“设计说明”、“施工要求”及“主要设备材料表”。“图例”往往嵌入“主要设备材料表”内，“主要设备材料表”又往往单列。“设计说明”应叙述以下内容：

1）施工时应注意的主要事项。

2）各项目主要系统情况概述，联系、控制、测量、信号和逻辑关系等的说明。

3）各项目的施工、建筑物内布线、设备安装等有关要求。

4）各项设备的安装高度及与各专业配合条件必要的说明（亦可标注在有关图样上）。

5）平面布置图、概略图、控制原理图中所采用的有关特殊图形、图例符号（亦可标注在有关图样上）。图样中不能表达清楚的内容在此可作统一说明。

6）非标准设备等订货特殊说明。

（3）图样主体

1）变配电工程

①高、低压变配电概略图　又称一次线路图，原称系统图，以单线法绘制。图中应标明母线的型号、规格，变压器、发电机的型号、规格，在进、出线右侧近旁标明开关、断路器、互感器、继电器、电工仪表（包括计量仪表）的型号、规格、参数及整定值。图下方表格从上至下依次标注：开关柜编号、开关柜型号、回路编号、设备容量、计算电流、导线型号及规格、敷设方法、用户名称及二次接线图方案编号（当选用分格式开关柜时，可增加小室高度或模数等相应栏目）。

②变、配电所平剖面图　按比例画出变压器、开关柜、控制屏、直流电源及信号屏、电容器补偿柜、穿墙套管、支架、地沟、接地装置等平、剖面布置及安装尺寸。表示进出线敷设、安装方法，标出进出线编号、敷设方式及线路型号规格。变电站选用标准图时，应注明编号和页次。

③架空线路则应标注：线路规格及走向、回路编号、杆型表、杆位编号、档数、档距、杆高、拉线、重复接地、避雷器等（附标准图集选择表）；电缆线路应标注：线路走向、回路编号、电缆型号及规格、敷设方式（附标准图集选择表）、人（手）孔位置。

④继电保护、信号原理图和屏面布置图　绘出继电保护、信号二次原理图，采取标准图或通用图时应注明索引号和页次。屏面布置图按比例绘制元件，并注明相互间尺寸，画出屏

内外端子板，但不绘背面结线。复杂工程应绘出外部接线图。绘出操作电源系统图，控制室平面图等。

⑤变、配电站照明和接地平面图　绘出照明和接地装置的平面布置，标明设备材料规格、接地装置埋设及阻值要求等。索引标准图或安装图的编号、页次。

2）供配电工程

①供配电概略图　以竖向单线式绘制，以建（构）筑物为单位，自电源点开始至终端配电箱止，按设备所处相应楼层绘制。应包括变、配电站变压器台数、容量、各处终端配电箱编号，自电源点引出回路编号、接地干线规格。标出电源进线总设备容量、计算电流、配电箱编号、型号及容量，注明开关、熔断器、导线型号规格、保护管径和敷设方法，对重要负荷应标明用电设备名称等。

②供配电平面图　画出建筑物门窗、轴线、主要尺寸，注明房间名称、工艺设备编号及容量。表示配电箱、控制箱、开关设备的平面布置，注明编号及型号规格，两种电源以上的配电箱应冠以不同符号。注明干线、支线，引上及引下回路编号、导线型号规格、保护管径、敷设方法，画出线路始终位置（包括控制线路）。线路在竖井内敷设时应绘出进出方向和排列图。简单工程不出供配电概略图时，应在平面图上注明电源线路的设备容量、计算电流，标出低压断路器整定电流或熔丝电流。图中需说明：电源电压，引入方式；导线选型和敷设方式；设备安装方式及高度；保护接地措施。

③安装图　包括设备安装图、大样图、非标准件制作图、设备材料表。

3）电气照明工程

①照明系统概略图　原称照明系统图、照明箱系统图。图中应标注配电箱编号、型号、进线回路编号，各开关（或熔断器）型号、规格、整定值，及配出回路编号、导线型号规格、用户名称（对于单相负荷应标明相别）。对有控制要求的回路还应提供控制原理图，需计量时亦应画出电度表。上述配电箱（或控制箱）系统内容在平面图上标注完整的，可不单独出配电箱（或控制箱）系统图。

②照明平面图　应画出建筑门窗、墙体、轴线、主要尺寸，标注房间名称、关键场所照度标准和照明功率密度，绘出配电箱、灯具、开关、插座、线路走向等平面布置，标明配电箱、干线、分支线及引入线的回路编号、相别、型号、规格、敷设方式，还要标明设备标高、容量和计算电流。凡需二次装修部位，其照明平面图随二次装修设计，但配电或照明平面图上应相应标注出预留照明配电箱及预留容量。复杂工程的照明应画局部平、剖面图，多层建筑可用其中标准层一层平面表示各层，此图样应有比例。图中表达不清楚的可随图作相应说明，其需说明内容同供电总平面图、变配电平、剖面图及电力平面图。

③照明控制图　特殊照明控制方式才需绘出控制原理图。

④照明安装图　照明器及线路安装图尽量选用标准图，一般不出图。

4）自动控制与自动调节工程　普通工程仅列出工艺要求及选定型产品。需专项设计的自控系统则需绘制：热工检测及自动调节原理系统图、自动调节框图、仪表盘及台面布置图、端子排接线图、仪表盘配电系统图、仪表管路系统图、锅炉房仪表平面图、主要设备材料表、设计说明。

①概略图、框图、原理图　注明线路电器元件符号、接线端子编号、环节名称，列出设备材料表。

②控制、供电、仪表盘面布置图　盘面按比例画出元件、开关、信号灯、仪表等轮廓线，标注符号及中心尺寸，画出屏内外接线端子板，列出设备材料表。

③外部接线图和管线表　平面图不能表达清楚时才出此图，图中应表明盘外部之间的连接线，注明编号、去向、线路型号规格、敷设方法等。

④控制室平面图　包括控制室电气设备及管线敷设平、剖面图。

⑤安装图　包括构件安装图及构件大样图。

5）建筑与构筑物防雷保护工程

①建筑物顶层平面顶视图　应有主要轴线号、尺寸、标高，标注避雷针、避雷带、接地线和接地极、断接卡等的平面位置，标明材料规格、相对尺寸及所涉及的标准图编号、页次。图样应标注比例，形状复杂的大型建筑宜加绘立面图。

②接地平面图　图中应绘制接地线、接地极、测试点、断接卡等的平面位置，标明材料型号、规格、相对尺寸等与涉及的标准图编号、页次。图样应标注比例，并与防雷顶层平面对应。当利用自然接地装置时，可不出此图样。

③当利用建筑物（或构建物）钢筋混凝土内的钢筋作为防雷接闪器、引下线、接地装置时，应标出连接点、接地电阻测试点、预埋件及敷设形式，特别要注明索引的标准图编号、页次。

④随图说明可包括：防雷类别和采取的防雷措施（包括防侧击雷、防雷击电磁脉冲、防雷电波侵入），接地装置形式，接地极材料要求、敷设要求、接地电阻值要求。当利用桩基、基础内钢筋作接地极时，应表明采取的措施。

⑤ 除防雷接地外的其他电气系统的工作或安全接地（如电源接地形式，直流接地、局部等电位、总等电位接地）的要求　如果采用共用接地装置，应在接地平面图中叙述清楚，交代不清楚的应绘制相应的图（如局部等电位平面图等）。

6）火灾自动报警工程

①火灾自动报警及消防联动控制系统概略图、施工设计说明、报警及联动控制要求。

②各层平面图则应包括设备及器件布点、连线、线路型号、规格及敷设要求。

7）建筑设备监控系统及系统集成工程

①控制系统概略图　设备运行管理与控制系统应包括供热、通风及空气调节，给水排水，变、配电站（所）与自备电源等电气设备、照明。

②系统框图　绘制出 DDC 站址，说明相关建筑设备监控（测）要求、点数、位置。

③中心站控制室平面图　绘出主机硬、软件系统、监测、监视记录屏、台等设备平面布置及尺寸。

④平面管线图　绘出并标注中心站、区域站、接口位置，执行元件等之间连接线路图及其型号、规格和敷设方法。

⑤电源供应系统图　绘出主电源与备用电源（UPS）等系统和平面布置。

8）其他智能化工程

①各智能化项目的系统图、系统框图　系统图应标明系统设计的设备配置数量、信号传输方式、系统主干管槽线缆走向和连接关系、接口方式（含其他系统的接口关系）。

②各智能化项目有关联动、遥控、遥测等主要控制电气原理图。

③各智能化项目供电方式图。

④各智能化项目控制室设备布置平、剖面及主要设备配线连接图，图中应包括设备材料名称、规格、数量和其他必要的说明。

⑤各智能化项目线路网点总平面图　包括管道、架空、直埋线路及各设备定位安装、线路型号规格及敷设要求，管线敷设平面布置，以及竖井、桥架电缆排列断面或电缆布线图。

⑥前端设备布置图及管线敷设图　前端设备布置图应正确标明设备器材安装位置和安装方式、设备编号，并列出设备统计表，可根据需要提供安装说明和安装大样图；管线敷设图应标明管线的敷设安装方式、型号、路由、数量、末端出线盒位置高度，标明分线线缆的走向、端子号，并根据要求在主干线路上预留适当数量的备用线缆，并列出材料统计表，可根据需要提供管路敷设的局部大样图，对于出口控制系统设计，宜说明每个受控区域的位置、尺寸，从而宜对同级别受控区和高级受控区进行标注。

⑦外部接线图　线路敷设总配线箱、接线端子箱、各楼层或控制室主要接线端子板布置图（中、小型工程可例外），各设备间端子板外部接线图。

⑧监控中心布置图　根据人机工程学原理确定控制台、显示设备、机柜以及相应控制设备的位置、外形尺寸、边界距离等，标明监控中心内管线走向、开孔位置、设备连线和线缆的编号，说明对地板敷设、温湿度、风口、灯光等装修要求。监控中心宜与视频安防监控中心联合设置。

⑨通信管道建筑图、安装大样及非标准部件大样。

第三节　设计图分类的三级层次

一、工程设计图的分类

图示法表示信息的工程技术文件即为工程设计图。它包括机械、建筑、结构、暖通、给水排水、电气、装修、总平面等多种。按层次分为四类：

（1）投影图　以“三视图”原理绘制的图，如设备安装详图。

（2）简图　以“图形符号”、“文字符号”绘制的图，如大多数绘制的电气工程图。

（3）表图　表示多个变量、动作和状态与图形的对应关系的表格式样的图，如时序图、逻辑图。

（4）表格　纵横排列数据、文字表示其对应关系的图表，如设备材料明细表、图样目录。

二、电气图的分类

以“图形符号”、“带注释的图框”及“简化外形”的方式表示电气专业内各系统、设备及部件，并以单线或多线方式连接起来，表示其相互联系的简图。按 GB 6988 分为 15 种：

（1）概略图　表示系统基本组成及其相互关系和特征，如动力系统概略图、照明系统概略图。其中一种以方框简化表示的又称为框图。

（2）功能图　不涉及实现方式，仅表示功能的理想电路，供进一步深化、细致、绘制其他简图作依据的图。

（3）逻辑图　不涉及实现方式，仅用二进制逻辑单元图形符号表示的图。绘制前必先作出采用正、负逻辑方式的约定，它是数字系统产品重要的设计文件。

（4）功能表图　以图形和文字配合表达控制系统的过程、功能和特性的对应关系，但不考虑具体执行过程的表格式的图。实际上它是功能图的表格化，有利于电气专业与非电专业间的技术交流。

（5）电路图　详细表示电路、设备或成套装置基本组成和连接关系，而不考虑实际位置的，图形符号按工作顺序排列的图。此图便于理解原理、分析特性及参数计算，是电气设备技术文件的核心。

（6）等效电路图　将实际元件等效变换形成为理论的或理想的简单元件，从而突出表达其功能联系，主要供电路状态分析、特性计算的图。

（7）端子功能图　以功能图、表图或文字三种方式表示功能单元全部外接端子的内部功能，是代替较低层次电路图的较高层次的特殊简化。

（8）程序图　以元素和模块的布置清楚表达程序单元和程序模块间的关系，便于对程序运行分析、理解的图。计算机程序图即是这类图的代表。

（9）设备元件表　把成套设备、设备和装置中各组成部分与其名称、型号、规格及数量对列而成的表格。

（10）接线图表　表示成套装置、设置或装置的连接关系，供接线、测试和检查的简图或表格。接线表可补充代替接线图。电缆配置图表是专门针对电缆而言，包含其间。

（11）单元接线图/表　仅表示成套设备或设备的一个结构单元内连接关系的图或表，是上述接线图表的分部表示。

（12）互连接线图/表　仅表示成套设备或设备的不同单元间连接关系的图或表，亦称线缆接线图，表示向外连接的物性，而不表示内连接。

（13）端子接线图/表　表示结构单元的端子与其外部（必要时还反映内部）接线连接关系的图或表。它突出表示内部、内与外的连接关系。

（14）数据单　对特定项目列出的详细信息资料的，供调试、检修、维修用的表单。

（15）位置图/简图　以简化的几何图形表示成套设备、设备装置中各项目的位置，主要供安装就位的图。应标注的尺寸，任何情况下不可少标、漏标。位置图应按比例绘制，简图有尺寸标注时可放松比例绘制要求。印制板图是一种特殊的位置图。

以上 15 种图表中：1～8 重在表示功能关系，10～13 重在表示位置关系，14、15 重在表达连接关系，9 是统计列表。各类电气图可参见第一章表 1-4，各种电气图示例可参见图 3-2。

三、建筑电气工程图的分类

建筑电气工程图是表明建筑中电气工程的构成、功能、原理，并提供必要的技术数据为安装、维护的依据的电气工程图。它是电气工程图中应用特别广泛的图。随工程规范不同，其图样数量、种类也不同。供配电工程布置在户内外的建筑中，因此供配电工程图隶属于建筑电气工程图类中，常用以下几类：

1. 目录、说明、图例、设备材料表

（1）图样目录　包括图样名称、编号、张数、图样大小及图样序号等。以此供对整个设计技术文件全面了解。

（2）设计/施工说明　阐述设计依据、建筑方要求和施工原则、建设特点、安装标准及方法、工程等级及其他要求等有关设计/施工的补充说明。主要交代不必用图，以及用图无法交代清楚的内容。

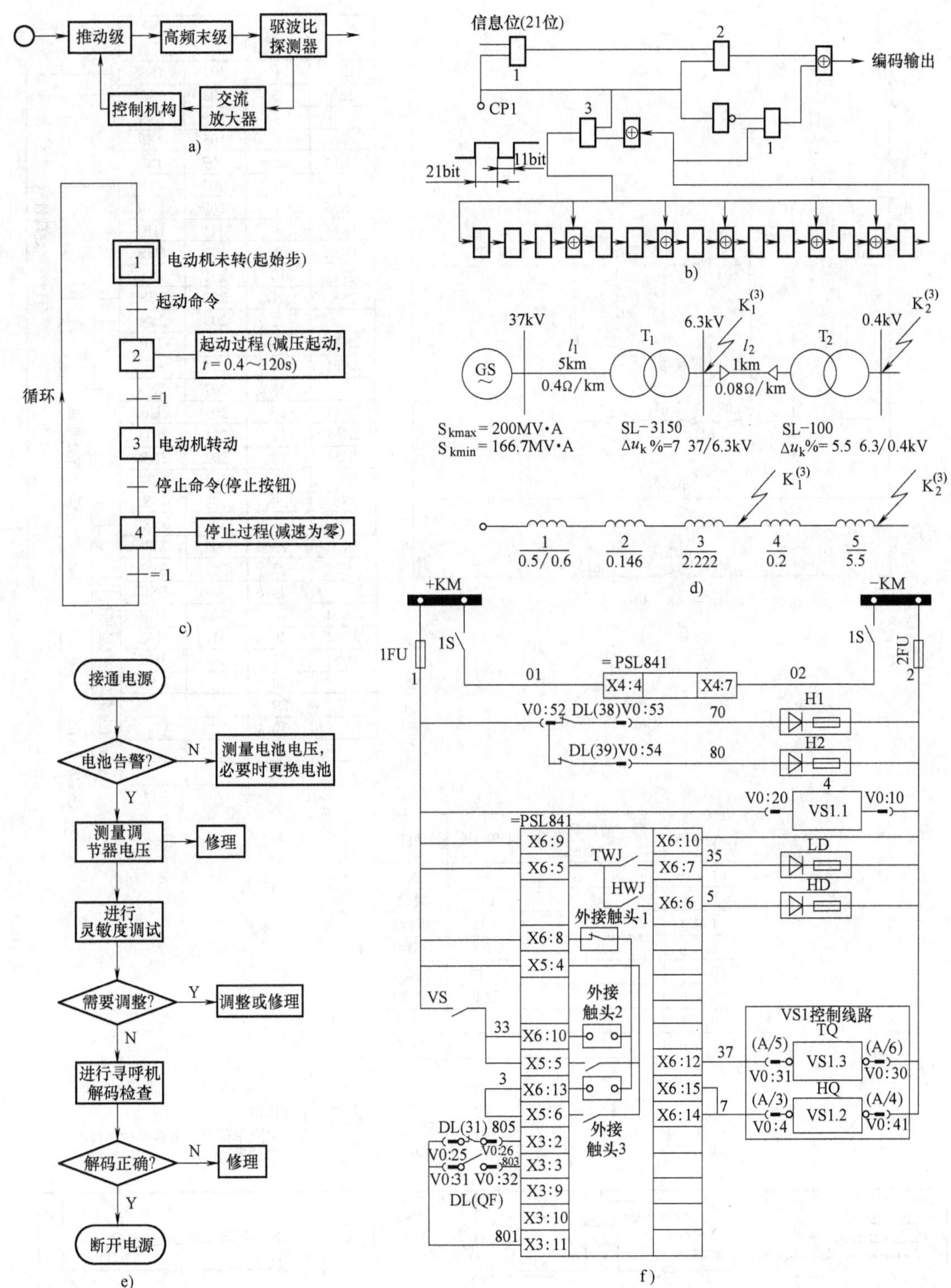

图 3-2　各种电气图示例

a)（某自动功率调节系统）功能图　b)（某编码电路）逻辑图　c)（某减压起动电动机操作）功能表图　d)（某供电系统）电路图（上）及其对应的（短路计算）等效电路图（下）　e)（某寻呼机故障检查）程序图　f)（某微控开关柜）单元接线图

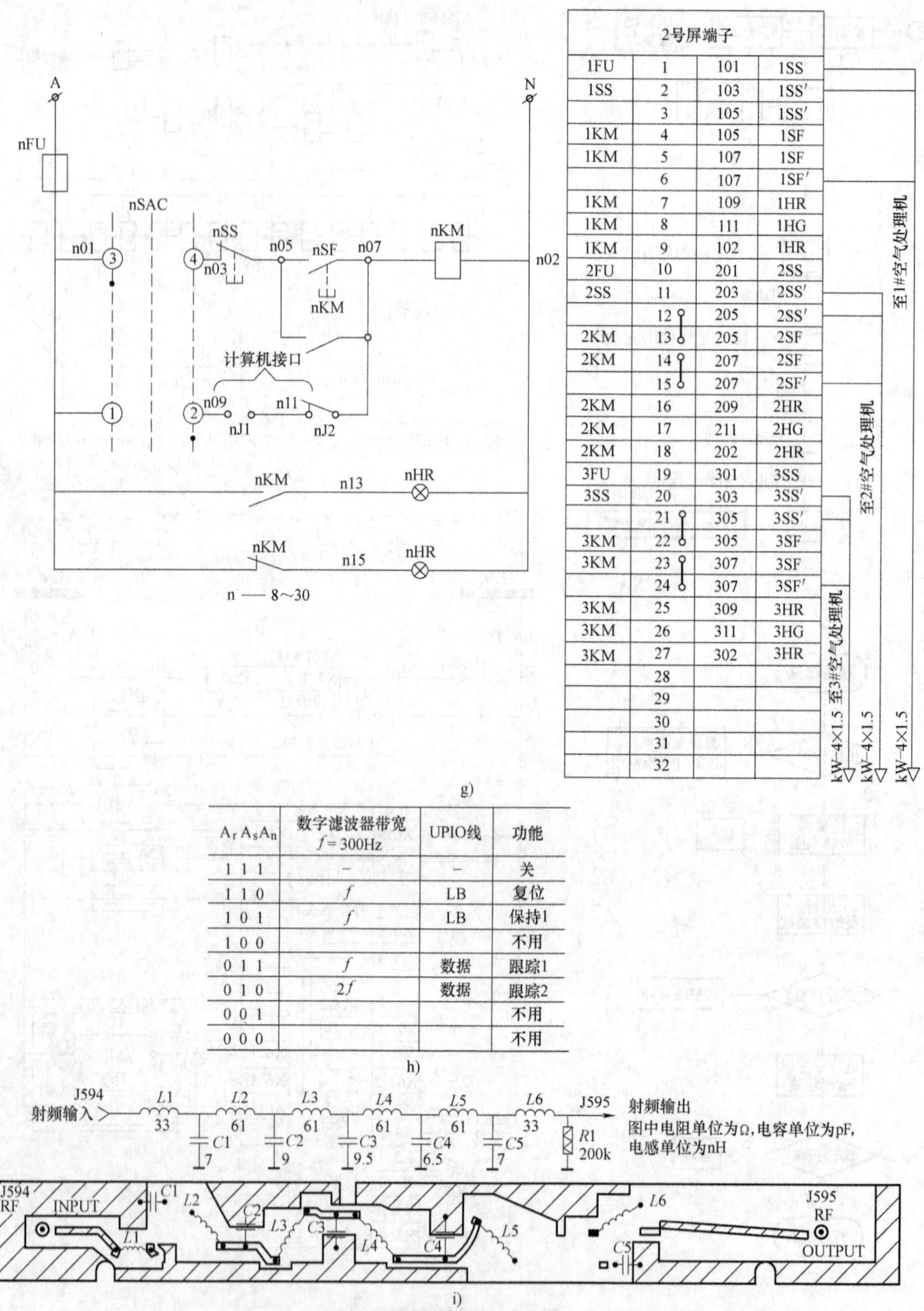

2号屏端子			
1FU	1	101	1SS
1SS	2	103	1SS′
	3	105	1SS′
1KM	4	105	1SF
1KM	5	107	1SF
	6	107	1SF′
1KM	7	109	1HR
1KM	8	111	1HG
1KM	9	102	1HR
2FU	10	201	2SS
2SS	11	203	2SS′
	12	205	2SS′
2KM	13	205	2SF
2KM	14	207	2SF
	15	207	2SF′
2KM	16	209	2HR
2KM	17	211	2HG
2KM	18	202	2HR
3FU	19	301	3SS
3SS	20	303	3SS′
	21	305	3SS′
3KM	22	305	3SF
3KM	23	307	3SF
	24	307	3SF′
3KM	25	309	3HR
3KM	26	311	3HG
3KM	27	302	3HR
	28		
	29		
	30		
	31		
	32		

g)

$A_r\ A_s A_n$	数字滤波器带宽 f=300Hz	UPIO线	功能
1 1 1	−	−	关
1 1 0	f	LB	复位
1 0 1	f	LB	保持1
1 0 0			不用
0 1 1	f	数据	跟踪1
0 1 0	$2f$	数据	跟踪2
0 0 1			不用
0 0 0			不用

h)

i)

图 3-2　各种电气图示例（续一）

g)（某中央空调微机）控制电路图（左）及其对应的端子接线图（右）　h)（某状态选择线的）功能表（数据单的一种）

i)（某寻呼发射机低通滤波器）电路图及其对应的印刷电路板图（位置图的一种）

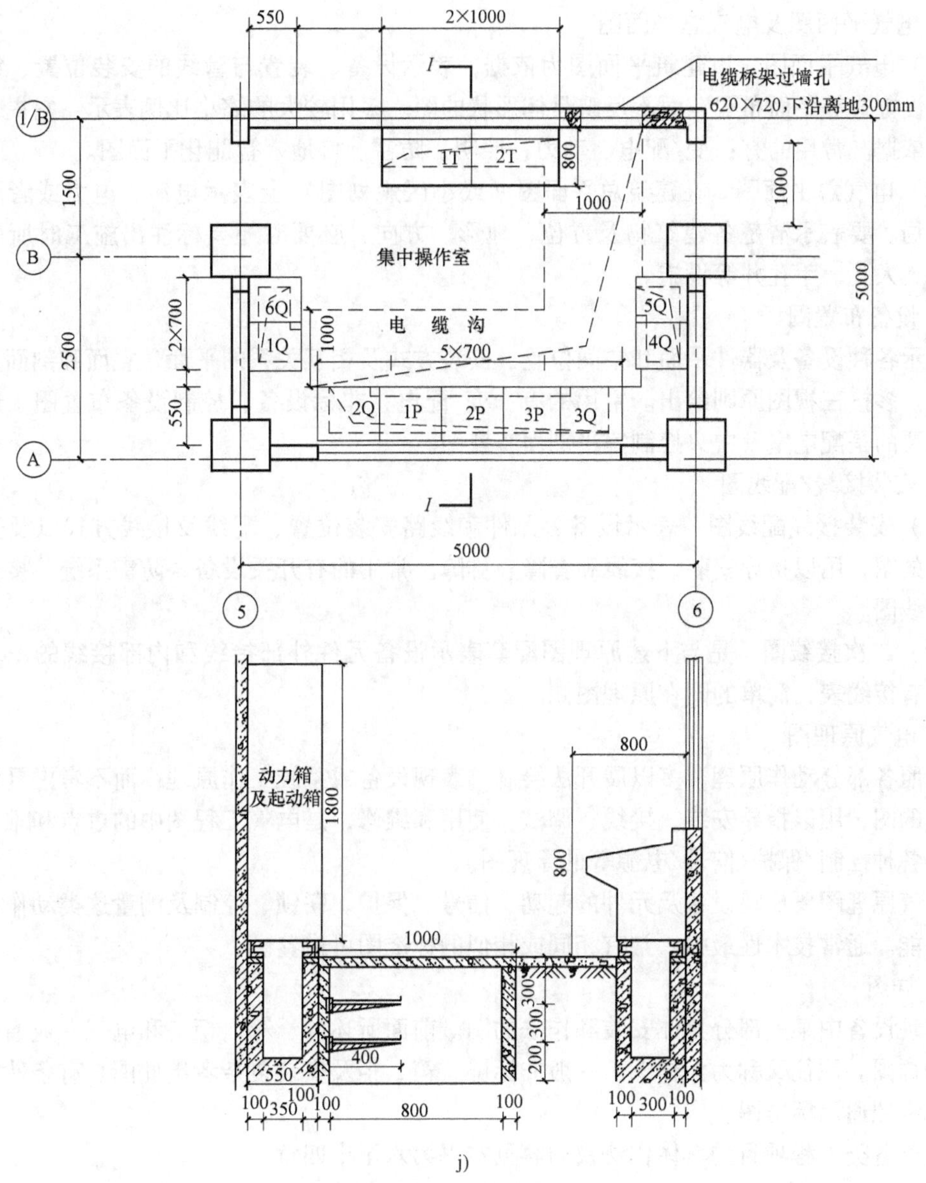

图 3-2 各种电气图示例（续二）

j)（某集控室）平（上）剖（下）面布置图（位置图的一种）

（3）设备材料明细表 列出工程所需设备、材料的名称、型号、规格和数量，供设计预算和施工预算参考。具体要求、特殊要求往往一并表示。多将图例此时也对应表示出来。其材料、数量只作概算估计，不作供货依据。

2. 系统概略图

表现电气工程供电方式、电能输送、分配及控制关系和设备运行情况的图样。它只表示电路中元件间连接，而不表示具体位置，接线情况等，但可反映出工程的概况。电气系统概略图主要反映电能的分配、控制及各主要元件设备的设置、容量及控制作用；智能化系统概略图主要反映信号的传输及变化，各主要设备、设施的布置与关系，它以单线图的方式表示。

3. 电气平面图及电气总平面图

（1）电气平面图　以建筑平面图为依据，表示设备、装置与管线的安装位置、线路走向、敷设方式等平面布置，而不反映具体形状的图。多用较大的缩小比例表示，它提供安装的主要依据。常用的有：变/配电、动力、照明、防雷、接地、智能化平面图。

（2）电气总平面图　在建筑总平面图（或小区规划图）上表示电源、电力或者弱电的总体布局。要表示清楚各建筑物及方位、地形、方向，必要时还要标注出施工时所需的缆沟、架、人孔、手孔井等设施。

4. 设备布置图

表示各种设备及器件平面和空间位置、安装方式及相互关系的平面、立面和剖面及构件的详图。多按三视图原则绘出。常用的有：变/配电、非标设备、控制设备布置图。最为常用且重要的是配电室及中央控制室平剖面布置图。

5. 安装接线/配线图

（1）安装接线配线图　表示设备、元件和线路安装位置、配线及接线方式以及安装场地状况的图，用以指导安装、接线和查障、排障。常用的有开关设备、防雷系统、接地系统安装接线图。

（2）二次接线图　是与下述原理图配套表示设备元件外部接线和内部接线的图。复杂的还配有接线表，简单的附在原理图侧。

6. 电气原理图

依照各部分动作原理，多以展开法绘制，表现设备或系统工作原理，而不考虑具体位置和接线的图，用以指导安装、接线、调试、使用和维修，是电气工程图中的重点和难点。常用的是各种控制/保护/信号/电源等的原理图。

电气原理图要反映设备及元件的起动、信号、保护、联锁、控制及测量这类动作原理及实现功能。通常技术性最强。常有相同或相似的标准图可借鉴。

7. 详图

表现设备中某一部分具体安装和作法的图。前面所述屏、箱、柜、和电气专业通用标准图多为详图。往往又称为大样图。一般非标屏、箱、柜及安装复杂者出此图。有条件尽可能利用或参照通用标准图。

电气各类工程项目的具体作法及内容见本书第六至十四章。

第四节　电气工程图的五大特点

一、简图是表示的主要形式

简图是用图形符号、带注释的围框或简化外形，表示系统或设备中各组成部分之间相互关系的一种图。

“简化”指的是表现形式的简化，而表达的含义却是极其复杂和严格的。阅读、绘制，尤其是设计电气工程图，必须具备综合且坚实的专业功底。

“简化”也就是使一些安装、使用、维修方面的具体要求未必在图中一一反映，因为也没有必要条条注清。这部分内容在有关标准、规范及标准图中有明确表示。设计中可以用“参照×××”等方式简略。

并非所有的电气工程图都是这种形式，如配电室、变压器室、中控室的平面布置、立面及剖面图，则应严格按比例、尺寸、形状绘制，这类图更接近建筑图。而对于安装制造图，则更接近机械图作法。

二、设备、元件及其连接是描述的主要内容

电路须闭合，其四要素是“电源、用电设备或元件、连接导线、控制开关或设备”。因此我们必须以基本原理、主要功能、动作程序及主体结构四个方面去构思。对动作元件、设备及系统的特点，功能往往是从应用角度把握，也就是说，外部特性相对重于内部特性。

三、位置方式及功能方式是两种基本的布局方式

位置布局是表示清楚空间的联系，而功能布局则要注意表示跨越空间的功能联系。这是机械、建筑图比较直观的集中表示法所少有的。设计时必须充分利用整套图样：系统概略图表示构架、电路图表示原理、接线图表示联系、平面布置图表示布局、文字标注及说明作补充。

四、图形符号、文字符号和参照代号是基本的要素

为此必须明确和熟悉第二章中的第二至四节的三类规程、规范的内容、含义、区别、对比以及相互联系。只有在熟练的基础上才能做到不混淆、恰当应用，然后才有可能谈得上综合、巧用及优化。

五、对能量流、信息流、逻辑流及功能流的不同描述构成其多样性

描述“能量流”和“信息流”的有系统概略图、框图、电路图和接线图；描述“逻辑流”的有逻辑图；描述“功能流”的有功能图、程序图、系统说明图等。能量、信息、逻辑及功能这四种物理流既有抽象的，又有有形的，从而构成电气图的多种多样性。

复杂的四种物理流要分别表现在电气、智能化的各个不同子项的各张图上，这就有一个综合分配问题。这四项物理流还要由主体和配合的各种专业共同处理、安排，同时还得在本工程内部及外部环境间交递、转换、分配，这里还有一个协调、配合的问题。

第五节　电气工程设计的相关专业

所有工程设计都有一个共同的特点就是综合性，任何一项工程设计都是相关专业共同配合完成的。不论哪一个专业，如果没有“团队”精神、“合作”态度，“单枪匹马”是无法完成其工程本专业的设计工作的。

一、相关的专业

1）工业建筑类电气设计中相关的专业是：工艺、设备、土建、总图、给水排水、自动控制，涉及供热的还有热力，涉及采暖、通风、制冷、换气的还有暖通、空调专业。其中以工艺专业为主导专业，供电及自控都要配合工艺专业的统一协调。

2）民用建筑类电气设计相关的专业是：建筑、结构、给水排水（含消防）、规划、建筑设备，涉及供热、供冷的还有冷热源、采暖、通风专业。其中以建筑专业为主导，电气、智能化专业都要配合其统一的构思。

3）在某些特定的条件下，在某些子项中，电专业必须当仁不让地承担主导作用。另一方面在工程的控制水平、现代化程度、技术水准、智能化指标等方面必须以电气为主导。

二、相关专业间的配合

相关专业间的工作是一种配合关系，包括以下四个方面：

(1) 互提条件　彼此提出对对方专业的要求，此要求成为本专业给对方设计的设计条件，称为“互提条件”。详见第五章第三节。

(2) 分工协作　显然这个分工是按专业而进行的分工，分工后必须互相协作。就以工业工程的“电气”与“自控”为例，在不少设计单位分为两个专业。在实际工程实施中往往“电气”及“自控”都集中在总控室或中央控制室，往往电气的屏箱上有自控的设施，自控的操作台柜上要反映电气的参数，甚至要电气来实现，更不要说控制室的布局，屏、台的布置了。“建筑电气”在有些单位又分为“建筑电气”及“建筑智能化”两个“专业方向”，但不管是强、弱电井，电缆槽架，还是动作的实现，都是密切相连的。

(3) 防止冲突　特别是要防止位置的冲突。工业电气中电缆线、桥架等的架设，稍不注意就会与热力管道毗邻，甚至设备管道的保暖层占据了电缆桥架的架设位置。民用建筑中位于地下层的配电室、变压器室，它的上面房间布局还要避免水的滴漏，洗手间之类在其正上方是万万不可的。变配电室门的大小除了换热、通风的要求外，还得考虑屏、箱、柜的搬进搬出，以及防止小动物进出及意外事故的发生。

(4) 注意漏项　往往在设计工作头绪较多时，各专业设计者彼此都会认为对方在考虑，结果都未考虑，于是产生了“漏项”。比如电气动作的某自控检测触点组，“自控”专业是否设置；给水排水的消防加压泵，电气是否供给双电源；“建筑”的某个高耸突出物是否有“电气”给予防雷保护处理，都是要注意的地方。

以上问题的解决详见第五章第三节的“图样会签”。

三、了解相关专业

设计者必须了解相关专业，具备相关专业的基本知识，尤其是在建筑电气中，要在“建筑条件”的基础上作设计，必须了解建筑专业基本的图形表示符号。详见《房屋建筑制图统一标准》，下面摘录了部分相关内容。

1. 建筑总平面符号

常用建筑总平面符号见表3-11。

表3-11　常用建筑总平面符号

名　称	图　例	说　明
新设计的建筑物		(1) 比例小于1:2000时，可不画出入口 (2) 需要时在右上角以点数(或数字)表示层数
原有的建筑物		
计划扩建的建筑物		
拆除的建筑物		
道路	15.000	“15.000”表示路面中心标高
公路桥		

（续）

名　称	图　例	说　明
围墙	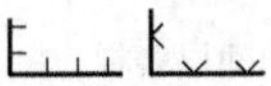	左图：砖石、混凝土围墙 右图：铁丝网、篱笆等
河流		
等高线		
边坡	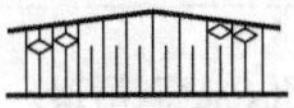	
风向频率玫瑰图	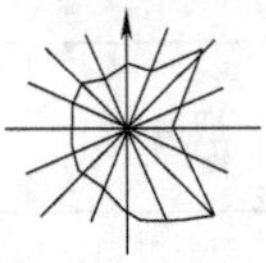	
标高	±0.00 屋内　±0.00 屋外	屋内标高在屋内平面图上安装或敷设时用（m），屋外标高在屋外总平面图的屋外地面安装或敷设时用（m）

2. 建筑材料剖面符号

常用建筑材料及剖面符号见表3-12。

表3-12　常用建筑材料及剖面符号

名　称	图　例	名　称	图　例
自然土壤		普通砖、硬质砖	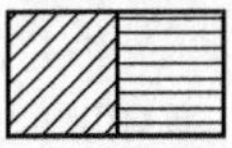
夯实素土			
砂、灰土及粉刷材料	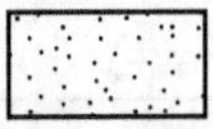	非承重的空心砖	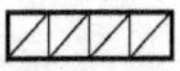
砂砾石及碎砖三合土		瓷砖或类似材料	
		多孔材料或耐火砖（非建筑图中：非金属材料）	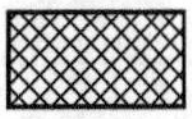
毛石			
钢筋混凝土		混凝土	
毛石混凝土		纤维材料或人造板	
		防水材料或防潮层	
木材		格网（筛网、过滤网）	
	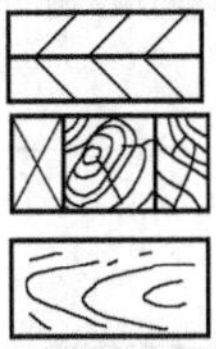	金属	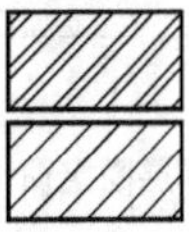
玻璃	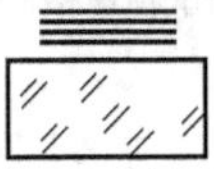	水	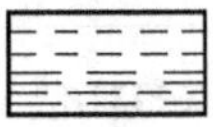

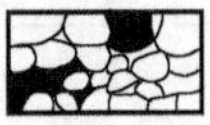

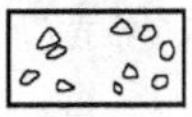

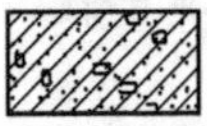

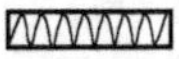

3. 建筑配件符号

常用建筑配件符号见表3-13。

表 3-13　常用建筑配件符号

名　称	图　例	名　称	图　例
新设计的墙		中间层楼梯	下 上
墙上预留洞口	宽×高 / 底2.500 或 直径 / φ2.500	顶层楼梯	下
土墙		检查孔(地面、吊顶)	
板条墙		烟道	
入口坡道		空门洞	
底层楼梯	上	单层外开上悬窗	
单扇门		单层中悬窗	
双扇门		水平推拉窗	
双扇推拉门		平开窗	
单扇双面弹簧门		墙壁顶留洞	尺寸标注可用(宽×高)或直径(楼板也可派生使用)
双扇双面弹簧门			
单层固定窗		墙壁预留槽	尺寸标注可用(宽×高×深)(楼板也可派生使用)
圆形洞孔			
方形洞孔		方形坑槽	

4. 建筑设备及其检测、控制

建筑设备及表示自动检测、控制的图形符号及字母代号分别见摘自 GB 2625—1981 的表 3-14、表 3-15。其仪表位号由字母代号和数字编号组成，中间以短线隔开；字母代号第一位字母多表示被测量，后继字母表示功能；数字编号第一位数字为区域编号，表示仪表所在区域，后继为回路编号，多为两位数字。如 TRC—101B 表示位于 1 区 01 的回路温度、记录、调节仪（B 用来区分还有同类 A 后缀的另一个仪表）。

表 3-14　建筑设备及相关图形符号

名称	图形符号	名称	图形符号	名称	图形符号	名称	图形符号
建筑设备							
风机		水泵		空气过滤器		空气加热冷却器	S
风门		加湿器		热交换器		冷却塔	
检测元件							
热电偶		热电阻		热敏电阻	t （t 可用 θ 替）	取压口	
取压孔板		无孔板取压口		文丘里管及喷嘴		嵌在管道的检测元件	
仪表及安装							
就地安装仪表		高标准检测点时		盘上安装仪表	字母代替	就地盘上安装仪表	字母代号第一字母 字母后继 尾缀 数字编号
执行机构							
薄膜式		活塞式		电动式	M	电磁式	S
调节机构							
二通阀		三通阀		蝶阀、风阀、百叶窗		其他	详注

表 3-15　自动化仪表字母代号含义

字母	第一位字母		后继字母	字母	第一位字母		后继字母
	被测/初始变量	修饰词	功能		被测/初始变量	修饰词	功能
A	分析	—	报警	N	—	—	—
B	喷嘴火焰	—	—	O	—	—	节流孔
C	电导率	—	控制(调节)	P	压力或真空	—	试验点(接头)
D	密度或相对密度	差	—	Q	数量或件数	积分、累计	积分、累计
E	电压(电动势)	—	检测元件	R	放射性	—	记录或打印
F	流量	比(分数)	—	S	速度或频率	安全	开关或联锁
G	尺度(尺寸)	—	玻璃	T	温度	—	传送、变送器
H	手动(人工触发)	—	—	U	多变量	—	多功能
I	电流	—	指示	V	粘度	—	阀、风门、百叶窗
J	功率	扫描	—	W	重量或力	—	套管
K	时间或时间程序	—	操作器	X	—	—	—
L	物位	—	灯	Y	—	—	中继器
M	水分或温度	—	—	Z	位置	—	驱动执行或分类的执行器

消控部分

M—防火门闭门器	Fd—送烟风门出线器	ST—温度开关	θ—温度控制
Fe—排烟风门出线器	Fch—切换接口	SL—液位开关	P—压力控制
Fc—控制接口	SP—压力开关、压力报警开关	SFW—水源开关	
FR—中继器	SU—速度开关		

练　习　题

1. 将设计过程的三个阶段的目的、内容、文件组成三方面作对比（尽可能参照设计深度的有关规定）。

2. 从第二节所列工程中试选一项列出其具体构成。

3. 选择一张工程图，指出按第三节三种分类的所属。

4. 以第 2 题所选工程，指出相关专业间配合的内容及注意事项，并从表 3-11 ~ 表 3-13 中选出此时相关的符号。

5. 以上述图样为例，说明第四节中“电气工程图的五大特点”的具体含义及设计工作中的具体运用。

第四章 设计的表达——图样绘制与识读

设计技术文件是设计人员与施工、制造、安装、调试、监理人员间技术思想交流的书面形式。设计的开展是遵循上述规则、按上述步骤，以设计技术文件编制为核心的，而工程图样又是这种书面交流的主要形式。显然图样的绘制与识读是这种技术对话至关重要的基本技能。

第一节 计算机制图

一、概述

1. CAD

CAD 是英文 Computer Aided Design 的缩写，意为计算机辅助设计。它是计算机继科学计算、数据处理、信息加工及自动化控制四大应用外的又一个重大应用。从本质意义是将计算机硬件、软件合理组合，以辅助设计人员实施设计的整个体系。

2. 计算机制图

计算机制图仅是 CAD 诸多功能中的一种，由于在工程设计中应用极为广泛，以致普遍将 CAD 作为计算机制图的代名词。它虽与手工绘制最终形成的文件内容和作用等同，但制图过程的快捷、手段的先进、出图的质量，尤其是整个文件的标准化、规范化，是手工无与伦比的。因此，除施工现场、临时修改及草案构思外，工程设计均采用 CAD 编制所有技术文件。

二、通用 CAD 设计软件

作为软件基础的操作系统软件主要分为 DOS 和 Windows。DOS 即软盘操作系统，开发早，时至今日已经基本退出历史舞台。Windows 即视窗操作系统，发展迅速，是目前使用率最高的一个系统。

1. 软件平台

(1) AutoCAD（Auto Computer Aided Design） 美国 Autodesk 公司首次于 1982 年推出，用于二维绘图、详细绘制、设计文档和基本三维设计的自动计算机辅助设计软件。现已经成为国际上广为流行的绘图工具。. dwg 文件格式成为二维绘图的事实标准格式。若某种 CAD 应用软件不能与其交换，某输入、输出设备不与其兼容，它将无市场生命力。

AutoCAD 采用人机对话方式，具有良好的用户界面，易学便用，可绘任意二维和三维图形。它功能强大，具有广泛的适应性，通过交互菜单或命令行方式便可以进行各种操作。它的多文档设计环境，让非计算机专业人员也能很快地学会使用。在不断实践的过程中更好地掌握它的各种应用和开发技巧，从而能够不断提高工作效率。它可以在各种操作系统支持的微型计算机和工作站上运行，还可与高级语言、数据库进行数据交换。它支持 40 多种图形显示设备、30 多种数字仪和鼠标以及数十种绘图仪和打印机。它体系结构开放，内含 AUTO LISP 便于二次开发，不仅为用户提供了二次开发和功能扩展的多种方法和手段，也为 AutoCAD 的普及创造了条件。

（2）MICRO STATION　美国 INTERGRAPH 公司将其工作站上交互式图形设计系统（IGDS）完整移植到微机内，而推出的三维 CAD 系统。它打破了传统微机 CAD 系统设计观念，使其面目一新。它具有友好用户界面，采用虚拟存储技术，强劲的三维渲染功能，引用工作站 IGDS，从而保证了大型工程完整、统一、省机时、省空间，易于对非图形数据存取、查询、操作、加工，具有阵容强大的开发工具和多种接口。

2. 用法

（1）创建条件

1）土建专业提供条件盘　简化整理借用。

①各层逐层打开，保留底层至顶层的各层作强、弱电平面布置，基础层作接地，屋面层作防雷布置，其余抹去不用。

②所用各层简化整理，删去无关内容（土建专用的符号、文字、图形、标准），关闭无用图层。

③将简化整理好之各层分别重命名为相应“×层”，并存为块，以便备用。

2）土建专业未提供条件盘　自作条件。

新建→底层柱网尺寸层→以点画线绘水平、垂直各一条正交直线（水平线在左或右端；垂直线在上或下端）。绘轴线图：“偏移”命令绘出其余各轴线→标注尺寸及轴线标号。绘出墙体和门窗：用细实线以“多线命令”绘墙线→“偏移命令”绘其余墙线→“多线编辑”修剪墙角→“剪切”开门、窗洞缺口→“块插入”门、窗、梯、栏各内容。

（2）绘系统图

1）强、弱电系统概略图　设计核心。

以纸稿或腹稿方式构思好系统方案→调系统图各元件图块（注意尺寸比例）→各元件合为一个图块者还需“打散”→“栅格”定位下放置核心单元→用“偏移”、“旋转”、“镜像”、“矩阵”形成方案所属的元件放置→以“粗实线”连接→标注必要的文字、数字和字母符号→存为“文件”。

2）配电箱接线图　利用样板改写最方便，否则自作。

多线段“正交”、“偏移”、“平行线”；“矩形”框“复制”。制成底表→采用相似上面方式调用图库中“图块”，放置在表中图形部分适当位置→仿上法连线为图（也可充分利用“多重复制”）→通过计算、选定元器件型号、规格及必要的参数值→逐一填入下方表格及上方图的适当位置→存为“文件”。

（3）平面布置图

1）强弱电平面　设计主要内容。

调出底层至顶层的相应层面条件→分别新开不同颜色之图层，分别表示强电（又分照明或插座）、弱电（又分闭路、电话、消控、安保等），也可仅分电气、智能化两个图层。

放置核心元件（从图库中调出）于方便调用位置→用“复制”、“移动”、“镜像”、“编辑”方法使元件放于各需要布置处→连导线（注意：照明线与开关对应的线根数，弱电线中部断开以备标志性质字符）→标注：灯具，线缆及箱的编号、型号、规格及数量等（注意：上、下楼层引入引出位置、数量、线性质的对应及符合规范，以方便施工为原则）。

2）配电室布置图　涉及土建专业较多。

建筑专业提交的配电室“土建条件”→“矩框”画出一个标准屏、箱或柜（注意：此图不同于上述图，需严格按比例尺寸)，放置于预定准确位置→“阵列”排布→核实尺寸、距离是否符合规范操作，运行及线进出方向→“虚线”布置沟、槽、架、洞→“尺寸标注”标出相应尺寸→“填充”必要剖面图形→存文件。

(4) 框、表及说明

1) 设计、施工说明　文字为主。

用WORD编“说明”→“OLE”插入→调整比例、大小放置图中恰当位置(亦可将图例、图样目录一并考虑)。

2) 材料表　以填表为主。

类似配电箱接线图方法制成“底表”(注意：估计好表格的行列数与表达内容的多少吻合)→填入图库中图形符号(必须与所用符号一致)→将文字、字母、数字填入表格(充分运用“复制”“粘贴”可大大减少工作量)。

3) 图框　与输出幅面及大小密切相关。

根据图形繁简及大小合理选择图幅(要考虑计算机打印条件，不复杂图可用加长处理)→作成块或文件→将上述各图的文件“装入”图框中(注意：放置位置要留有适当空档)。

(5) 整理出图

1) 组合存盘　将上述各图分别编写图号→逐个调出，整齐排列(先将一张图打开，放适当位置，“缩小”后其余图“插入”在其左、右、上、下，再“平移”排列成矩阵→将此各图集中总命名为一个“文件”→“压缩”、“存盘”供使用。

2) 打印成图　逐张打印为佳。

“打印设置”要考虑尺寸、比例等→一般出黑白的图，将各彩色笔统一换成“7”号(黑笔)且注意线型的选定→窗口“框选”图形→打印出图。

3) 扩充图库　为今后设计作准备。

① 将此图新建的图形符号“插入”到标准图库中，以备今后方便使用。

② 如某套图典型，易于扩充变化，可作为样板存入。此后作其他工程时，从此样板图更改开始，更为快捷。

3. 注意事项

(1) 对建筑条件的处理　删去一些细部尺寸和文字说明，主要保留轴网尺寸和总尺寸标注，保留房间功能和标高说明。对建筑条件图的图层和线色进行必要的合并处理，以避免图层太多和线色太乱。

(2) 作图规划

1) 电气图的图层规划　设备层、导线层、标注层(还可细分为设备标注层和导线标注层)。

2) 线色　以一个层一种线色为好，这样不易出现设备、导线和标注等线宽的不协调。

3) 一般导线用“Pline线”绘制，其他线用“Line线”绘制。如果导线用“Line线”绘制，则必须注意相邻导线的间距，以免在出图时因线宽设置不当或导线的间距过小造成线与线重叠。

(3) 建立自己的电气设备图库　并在以后的各次设计中逐步完善，调用时注意与所作的图样的设计相对应，必要时作少量修改。

(4) 巧用Copy命令　在各层布置相差不大的情况下，先画好某一层的电气平面图(包括设备布置、导线连接、标注等），用 Copy 命令复制到其他层，再对其局部作修改，可大大节省绘图的时间。对于设计说明、设备材料表和系统图，可以调出过去的工程图，也仅仅需要部分修改。

（5）自编制辅助程序　对 AutoCAD 比较熟悉的人可以自行编制一些小程序，用于辅助绘图和计算。整套设计图样量如果不大，可安排在一起，拼成一张由各图构成的大图，便于调用及打印输出。

（6）及时存盘　设计中及时编好相应文件名，及时存盘，以防微机意外故障。并复制存入其他盘，以提供打印及存档。

三、建筑电气专业 CAD 设计软件

1. 概况

（1）共同的功能

1）图形系统即通用绘图软件包，是整个系统的支撑平台。

2）数据库分为几何数据库和非几何数据库两部分。前者即电气图形库，建筑电气设计中各种电气图形符号及文字标注符号。后者存放各种计算表、参数表及文字信息。

3）应用程序库，由设计计算程序和绘图程序组成。

4）人机接口，人与软件包联系的纽带，即菜单。

（2）基本的内容

1）系统图　生成高、低压主接线，高、低压柜订货图，动力、照明及弱电系统图，配电箱接线图等。

2）原理图　生成一次、二次及控制、监测各种电气原理图。

3）平面图　在建筑平面条件图的基础上完成各层面动力、照明及供电（含综合布线）平面布置及走线图。屋顶防雷及基础接地平面图。

4）变、配电所图　在建筑条件基础上完成变配电所平剖面布置，屏、箱、柜布局，变压器及设备布置及缆沟、桥架、孔洞细部图。

5）设计计算　完成设计过程负荷及短路，线缆选择校验，设备参数及选型等计算工作。

6）图样外框　用以在无完整建筑条件时，形成标准图框及标题、会签、图幅分区等内容。

（3）专业软件的优势　相对于通用软件具有四项优势，条件许可时尽量用专业软件。

1）简便、快速　专业软件是在通用软件基础上发展起来的。主要着眼于方便设计、简化过程，自然大大提高了设计速度。

2）表格功能强　所带的表格，填写方便，且具有自统计功能，往往自动生成一些所需的数据或其他表格。

3）更为可靠　不少计算自动进行的同时，自作校验。关键参数来得快、准确及可靠。

4）标准、美观　图形尺寸、大小得当，往往不必再缩小或放大。圆弧能过度地处理，更为标准；整个图样更为美观。

2. 各种电气专业设计软件

（1）Gstar 系列　浩辰软件公司自行开发、具国产自主版权的工程设计 CAD 软件、获建设部科技成果评估，以领先的技术、简便的计算、高效的绘图、人性化的界面获得众多用户的认可和好评，易学、易用、好用，无需重新学习；具有标准化、智能化、开放性、兼容性、专业性，以及可同时运行于 AutoCAD、浩辰 CAD 平台的双平台六大优势。2011 版包括建筑、建筑工具集、结构、给排水、暖通、图档综合管理系统、电气、电气工程计算、架空线路优化设计 CAD 软件。与电气工程设计相关的为后三项：

1）浩辰 2011CAD 电气软件。其特点为：

①开放定制、广泛兼容。摈弃对建筑接口转换的依赖，能智能识刻墙线等建筑部件；开创性的线缆识别功能，能自动识别其他软件或 CAD 平台绘制的线缆；自动生成的图层用户均能自定义，使图样管理、打印更规范、快捷。

②全智能辅助。十余种设备布置方式，使设计随心所欲；线缆布置方便快捷，图样绘制可一气呵成；模糊捕捉，无需准确定位；导线自动追踪设备移动、智能连线，减少改图时的重复劳动；无需赋值直接标注，自动生成设备材料表。

③充分人性化。标注根数、回路编号一键操作，高速、顺畅；回路编号自动派生，新类型自动纪录，提供独特编辑控件；浮动式图块插入参数对话框，可随时调整设备插入比例和角度；三种模式设备对话框，可随机应变；布置线缆，可随意设置新类型；设备标注，可直接预览、调整，标后自动赋值。

④五星级管理专家级图库。外部图块智能识别，无需入库，即可进行调整、布置，并统计到设备表中；只需将图块复制到一个目录，即可实现批量入库；自动跟踪当前图形；新图块自动入库；更新图库一键操作；动态拖动，实时显示布置设备，所见即所得；独到的符号派生技术，一个变 5 个。

⑤广泛适用的全面功能。涵盖一次、二次、变配电、防雷接地、强弱电各种设计功能，提供防雷计算功能，实现计算与图样相结合。简单快捷的短路计算，生成结果直接返回至 CAD；系统图的快速绘制，可直接调用图库方案；设计模式与编辑模式灵活切换，实现用户的自定义，满足不同实际需要；提供负荷计算、接地计算等众多的电气计算模块，适合多种工程需要；提供了几十本设计手册和设计规范，提供了上千张标准电气图集；可实现控制原理图的快速绘制，端子排的软件智能识别及方便快捷的编辑命令。

其主要功能为：

①强弱电平面设计。增强外部参照，面向功能的参数设置；支持 UCS 坐标，轻松面对各类图样；提供最新国标图形符号库；软件支持自定义模板，可将所有常用符号放入同一模板；可自动识别其他软件绘制的图块，并可直接使用软件功能布置；对于同种不同型的设备（如 18W、24W、36W 荧光灯）图上需区分，使用派生符号技术可以一变五，不仅图面区分，材料表也分开统计。

②防雷接地设计。依据最新的防雷设计规范采用滚球法，应用先进的三维曲面设计技术，自动计算多根避雷针联合防护区域，动态显示三维保护范围，自动生成 WORD 格式计算书；生成三维图形动态观察可人为控制两针或多针的联合保护范围，避免同类软件由于强制生成所有避雷针在几个高度的全部保护范围所造成的图面混乱。

③工程计算。可实现高、低压短路电流计算、配电系统负荷计算、照度计算、防雷接地计算、电机启动、继电保护、降压损失、无功功率补偿计算等。

④二次设计模块。手动绘制与自动识别；自动生成端子排、电缆清册、电缆校验。

⑤提供标准图库、图集。提供了数千张标准高低压原理图，可以直接调用修改。包括：

6～35kV 高压柜直流操作、6～35kV 高压柜交流操作、低压母联柜、低压双电源切换、华北标办电机及国标电机控制原理图集。

⑥提供电气规范查询。安装浩辰 CAD 电气软件后，会自动生成一个工具——电气规范查询，可方便查看和调用国家有关电气设计方面的设计规范。

2）浩辰 2011 CAD 电气工程计算软件。其主要功能为：

①短路计算。这是业界必涉及的主要问题，此问题的解决情况代表着一款分析设计软件的发展水平。浩辰电气软件严格执行国家相关设计规范，在短路计算的一次、二次、低压、暂态四个方向上取得突破性进展。四种短路计算满足设计院不同的需求，已由各大设计院进行实际工程验证，能够很好地满足电气设计的实际需要。达到了专家级计算水平：

- 严格执行 IEC、GB 的相关设计规范及标准。
- 自由建模，快速搭建各种系统主接线图、阻抗图的模型，自动将系统图转换为正序、负序、零序阻抗图，并自动计算阻抗值。不必对系统图、阻抗图进行节点逐一编号输入，能够自动生成节点信息。
- 计算多样化，软件提供四种短路计算方法，采用不同的算法，适用于高压、低压系统，满足客户的各种计算需要。只需框选即可进行计算，计算过程快捷。
- 完全兼容 CAD 命令。
- 智能纠错功能，自动检查系统图中所存在的错误并闪烁显示，例如：图中存在断线、短路点编号重复、发电机编号重复、各元件是否已经赋值等各种可能出现的错误。
- 计算设置方便对计算结果格式的控制，计算结果准确。
- 计算结果准确，准确度一般在小数点后 2～4 位。
- 模型建成后可存入方案库；在需要时可以方便调用。
- 计算结果输出格式：ACAD、EXCEL、WORD；其中 WORD 计算书可以对短路计算的整体计算过程按顺序、步骤详细显示出来。既方便单个设计方案的后期检查、校核，更方便多个设计方案的对比、选择。
- 系统图可以自动转换为阻抗图，只需框选阻抗图即可完成相应的计算，计算结果准确、可控。

②汇总计算。可进行整体工程的方案设计、汇总及对比，便于方案的设计、选择、确定、校验及核实。突出设计整体的汇总，可将短路计算的计算结果直接引入到各计算汇总中。

根据设计工作前后的关联性，先进行短路（一次）计算，后进行接地计算、设备校验、继保整定、无功补偿等其他计算，短路的计算结果将会影响后续的其他关联计算的计算结果。

软件使用命令简单易用，可以重复修改多次使用。计算准确，速度快，详尽的计算步骤、计算过程及计算数据，方便使用者的各种需求。包括：电容电流计算；接地计算；设备选型校检；继保整定；无功补偿；用电设备、线路电压损失计算；电动机的起动电压、电流及起动电抗器、降压自耦变压器变压比的计算。

③负荷计算。这是设计院初步设计和施工图设计的基本工作：

- 需要系数法。用设备功率乘以需要系数和同时系数，直接求出计算负荷。计算简便，应用广泛，常用于计算厂区配电及变电的总负荷或配电箱的负荷计算，并可自动三相平衡。
- 利用系数法。先求出最大负荷班的平均负荷，再考虑设备台数和功率差异的影响，乘以与有效台数有关的最大系数求得计算负荷。

3）浩辰2011 CAD架空线路优化设计软件。其特点为：

①简单。完全与CAD软件兼容，基于CAD平台上操作简单，符合设计人员的工作习惯。

②设计与预算一体化。通过软件进行工程设计，可自动生成工程设计的预算接口文件，导入到万联的预算软件中，便可快速做出工程预算，把工程从设计到预算整个工作流程完美结合。

③定制化。软件严格依据国家10kV及以下架空配电线路设计技术规范的行业标准，根据各地区的一些特殊规范要求可进行软件的定制，其图符表达、设备、线路标注形式、杆塔明细表格式、设备材料表格式、数据库适应地方标准。

其功能为：

①精确、专业、快捷的计算功能。从海量的专业设计数据库中（囊括导线、地线、气象参数、杆塔、金具等各类数据信息库）选择各类线路杆塔、导线、地线型号、气象区、输入相关参数，软件可自动从数据库中提取其他计算信息，自动完成一次性完成导线荷载、比载、临界档距、张力、应力、弧垂等多种计算。根据起始、终止档距、步长的设定，智能控制计算结果的档距范围。选择性输出TXT、EXCEL格式文档为您提供一套全面完整、准确、规范的计算书。快速、规范的表格工具：轻松将力学计算结果转换为CAD格式应力弧垂计算结果表，根据计算结果快速生成应力弧垂曲线图，图面准确、规范。

②绘平断面。软件提供“视距垂直角”、“平距高差”、“平距高程”三种数据定位方式，提供两种快捷绘制平断面的方法，对使用GPS或全站仪测量工程数据，可通过导入GPS或全站仪数据点生成平断面；对没用GPS或全站仪测量工程数据，可通过表单式输入各个测量点生成平断面。它还提供直线桩、转角桩、地标点、公路、铁路、房屋、河流、水库、沟、坎等地标，并可根据参数输入在图中精确定位，快速绘制。它也提供全站仪数据处理功能，自动读取全站仪坐标数据生成平面地形点，自动计算各地形点的里程、高程、自动出图，全自动操作，使凹凸繁杂的地形图瞬间呈现眼前。软件通过起点里程、高程的设置，自动计算其他地形点的里程、高程，智能完成平断面的连续绘制。

③杆塔定位。软件支持10kV及以下各电压等级，提供线路对地、对线安全距离及线路对地、对线安全距离及线路欲度设置，使工程充分符合设计安全。软件提供工程信息和工程杆塔设置，可从数据库中选择各类线路、杆塔，任意布置、连续排杆、移动、替换、中间插入，多种布置及编辑功能，让杆塔的布置灵活快捷。在所有编辑操作过程中，软件动态显示杆塔插入点的里程、高程，动态显示两杆塔间悬链线连接情况（红色为实际线路；黄色为对线安全线；蓝色为对地安全线）。软件提供“排位结果校检”，对水平档距、垂直档距、对地间隙最低点等数据进行专业校检，并可选择性生成TXT、EXCEL格式校检结果，保证设计准确、安全。

④平断面处理。全自动的悬链线绘制功能可灵活选择全线路、耐张段内或两杆塔间生成悬链线，并自动标出弧垂最低点，涵盖线路、对线安全线、对地安全线三重线缆，全面完成。两杆塔间70℃和导线冷线状态下悬链线的准确生成，使设计符合规范要求。超强的分图功能可以划分图框，连续截图，自动显示上一图框截取范围，前后关联无缝隙截图，保证每套图样都能完整连接。

⑤走径图。三种生成走径图的方法可通过绘制完成的平断面，生成走径图。亦可通过GPS定位杆塔直接生成走径图，也可以自己绘制走径图。生成的走径图会自动连接杆塔，然后进行变台、户表、拉线、接地等布置及设备赋值、标注、排列杆号，完成整个走径图绘制。此后可生成杆塔明细表和材料统计表。材料统计表根据电压等级进行分类统计，更体现了软件的人性化、智能化。软件还可通过统计的材料生成相应的预算接口文件，利用万联预算软件，打开预算接口文件，便快捷准确地完成全工程的预算。此设计与预算一体化的特点，使设计人员无需面对大量繁琐的预算、统计，只需简单几步操作，便可得到需要的材料和预算统计表、材料表。

广泛适用10kV及以下各电压等级的配网线路设计，人性化的操作功能，模式化的设计流程，自动完成力学计算、应力弧垂表、绘平断面、走径图、塔杆定位等设计工作。

（2）EES系列　EES大型电气工程设计软件是北京博超技术开发公司开发的大型智能化电气工程设计专用软件。其特点为：

1）Windows操作界面　不必记命令、没有操作步骤、不需懂英文、不用敲键盘、只需按鼠标的按键，就能完成绘图、计算、整定、校验、标注、材料统计等全部设计过程。

2）共享Windows资源　尽享Windows强大功能、丰富资源的种种便利，便捷的文字输入、海量的字型字库、无限制的打印机绘图驱动、多窗口多任务的混合作业。

3）智能化专家设计系统　完成了从辅助制图到辅助设计的根本变革，即使设计者专业水平有限，分析计算时间不充分或只有大致思路，也可将设计做完善。提高设计速度的同时也明显提高设计质量。以配电设计为例，只按鼠标的一个键，一分钟内就完成负荷计算、变压器选择、无功补偿、配电元件整定及配合校验，线路及保护管的选择、短路校验、压降校验、启动校验等全套设计。其结果满足上、下级元件保护线路配合，保证最大短路及最小短路均可靠分断，保证启动及运行状态母线及末端电压水平满足规范。

4）动态设计模糊操作　动态可视化技术使设计一目了然，结果一步到位，避免不小心的修改。模糊操作功能使用户操纵的大致光标位置自动转换成准确的绘图定位，避免紧盯屏幕、频繁缩放、不断修改。

5）全面开放性　图形库、数据库、菜单全由用户按自己需要扩充、修改，如同定制，不懂计算机的用户也可使用。

6）准确的材料统计　采用动态工程数据库，元件图形与其型号、规格等工程参数构成一个整体，避免了一般软件外挂数据文件进行材料统计时，由于图形与数据不能同步操作而产生统计错误。

7）突出的实用性　EES充分体现了工程设计的灵活性，再辅助以友好的人机界面和领先的汉化技术，使EES特别容易使用，出图效率比手工作业提高数倍，实用效果突出。

8）良好的兼容性　不分版本地将AutoCAD图形文件读讲，能方便与ABD、AEC、HOUSE、APM、HICAD等所有建筑软件相连接，建筑专业上使用任何公司、任何版本、任何支持环境的软件，均可直接调用。

（3）Telec系列　Telec系列是北京天正工程软件有限公司开发的电气软件。其技术特点为：

1）集电气绘图、计算和信息查询、统计于一体　各类功能的有机配合使设计人员在绘图过程中即可完成诸如根据照度要求计算灯具功率，或根据负荷确定导线截面等计算和信息查询工作。平面图中的信息应充分利用，自动生成系统图和负荷数据文件，快捷方便，使设计工作成为一种乐趣和享受。

2）平面图、系统图和原理图的绘制　采用基本工具和智能化模块相互配合的方式，既能够迅速地大规模成图，又可以方便地对图中细部结构进行修改。

3）与天正建筑 Tarch 软件配套　不仅可以在开始绘制电气平面图时方便调入 Tarch 绘制的建筑平面图，而且能在绘制过程中方便地修改建筑部分的图样，提供了与其他建筑软件的接口。首创设置多种导线宽和以线色代线宽的功能，以便用户在绘图时灵活使用。方便的图库管理功能，除可以方便地调用提供的图块外，用户还随时可以自己制块存入库中。

4）灵活的表格、文字绘制修改功能　利用用户自己制作的表头，可迅速生成各类表格。材料表等可利用绘制好的平面图自动搜索生成，生成后亦可方便地修改。

5）计算程序的数据输入改变了一味请用户键盘键入数据的冗繁做法　采用与图中搜索、列表选定等多种手段相结合的方式，使数据输入工作不再使人厌烦。

6）在利用平面图中信息自动生成系统图后，还可以利用系统图中信息进行系统负荷的计算，继而利用计算结果对系统图中的元件和导线进行标注。

除这三种广泛应用的软件外，还有多种与电气工程设计相关设计软件，形成可喜的竞争态势。

第二节　AutoCAD 基础

一、概述

1. 特点

1）具有完善的图形绘制功能。

2）具有强大的图形编辑功能。

3）可以采用多种方式进行二次开发或用户定制。

4）可以进行多种图形格式的转换，具有较强的数据交换能力。

5）支持多种硬件设备。

6）支持多种操作平台。

7）具有通用性、易用性，适用于各类用户。此外，从 AutoCAD 2000 开始，该系统又增添了许多强大的功能，如 AutoCAD 设计中心（ADC）、多文档设计环境（MDE）、Internet 驱动、新的对象捕捉功能、增强的标注功能以及局部打开和局部加载的功能，从而使 AutoCAD 系统更加完善。

2. 基本功能

（1）平面绘图　能以多种方式创建直线、圆、椭圆、多边形、样条曲线等基本图形对象。

（2）绘图辅助　提供了正交、对象捕捉、极轴追踪、捕捉追踪等绘图辅助工具。正交功能使用户可以很方便地绘制水平、竖直直线，对象捕捉可帮助拾取几何对象上的特殊点，而追踪功能使画斜线及沿不同方向定位点变得更加容易。

（3）编辑图形　具有强大的编辑功能，可以移动、复制、旋转、阵列、拉伸、延长、修剪、缩放对象等。

（4）标注尺寸　可以创建多种类型尺寸，标注外观可以自行设定。

（5）书写文字　能轻易地在图形的任何位置、沿任何方向书写文字，可设定文字字体、倾斜角度及宽度缩放比例等属性。

（6）图层管理　图形对象都位于某一图层上，可设定图层颜色、线型、线宽等特性。

（7）三维绘图　可创建3D实体及表面模型，能对实体本身进行编辑。

（8）网络功能　可将图形在网络上发布，或是通过网络访问AutoCAD资源。

（9）数据交换　AutoCAD提供了多种图形图像数据交换格式及相应命令。

（10）二次开发　AutoCAD允许用户定制菜单和工具栏，并能利用内嵌语言Autolisp、Visual Lisp、VBA、ADS、ARX等进行二次开发。

3. 版本

AutoCAD自1982年问世以来，开发了不同行业的专用版本，也不断有新的版本推出取代旧的版本，但均是在原有版本的基础上作局部改进，增加部分新功能，与旧版兼容。只要掌握了一种版本，当新版本出现时，只需注意新版本的更改、扩充及差异，熟悉增添特色内容即可。现以最新的版本AutoCAD 2010版本为例，针对开展电气专业设计介绍其要点。

二、开始使用

1. 软硬件环境

（1）硬件环境

1）中央处理器　Pentium® Ⅲ或更高，450MHz（最低）。

2）内存　2GB RAM。

3）硬盘　2GB及以上，其中安装需1GB。

4）视频　1280×1024 32位彩色视频显示适配器（真彩色），具有128MB或更大显存，且支持Direct3D®的工作站级图形卡。

5）光盘驱动器　仅安装AutoCAD时用，适用于软件安装的速度。

6）定点设备　MS-Mouse兼容。

（2）软件环境

1）操作系统　Windows® XP Home和Professional SP2或更高版本，Microsoft® Windows Vista® SP1或更高版本，包括：Windows Vista Enterprise、Windows Vista Business、Windows Vista Ultimate、Windows Vista Home Premium。

2）Web浏览器　Internet Explorer® 7.0或更高版本。

2. 软件的安装、启动与退出

（1）安装AutoCAD 2010　AutoCAD 2010提供了安装向导，根据操作提示可逐步进行安装。具体步骤如下：

1）关闭计算机正在运行的所有应用程序。

2）将AutoCAD 2010安装光盘插入光盘驱动器。

3）在桌面上双击“我的电脑”图标，打开窗口。

4）双击光盘驱动器图标。

5）双击“安装程序”中“Set up”图标。

6）出现“媒体浏览器”对话框，选择“安装”按钮。

7）如果使用单个序列号在一台计算机上安装，则在出现的图面上选择“单机安装”。

8）在新出现的画面中点击“安装”（红色）按钮。

9）重新启动计算机，正式安装完成。

（2）启动 AutoCAD 2010　常用三种方式有：

1）桌面快捷方式　AutoCAD 2010 安装完后，在桌面上添加了 AutoCAD 2010 快捷图标，双击此图标即可启动。

2）“开始”菜单　点击 Windows 系统“开始”|“所有程序”|“Autodesk”|“AutoCAD 2010 - Simplified Chinese ▸”|“AutoCAD 2010”，即可启动。

3）打开 DWG 类型文件　双击已建立的 Auto CAD 图形文件（ *.dwg），即可启动。

（3）退出 AutoCAD 2010　常用两种方式有：

1）单击 Auto CAD 界面标题右侧的“ ×”（关闭）按钮。

2）单击“文件”→“退出”命令。

3. 工作界面介绍

安装结束后重新启动计算机，双击桌面上“AutoCAD 2010”图标，即可启动 AutoCAD 2010 系统。屏幕上展现的便是它的初始操作界面，如图 4-1 所示，此界面为系统默认的“二维草图与注释”工作空间，在它的上部提供了“菜单浏览器”按钮、功能区选项板、快速访问工具栏，中间为绘图区域，下部提供了“命令”提示区、状态栏等。

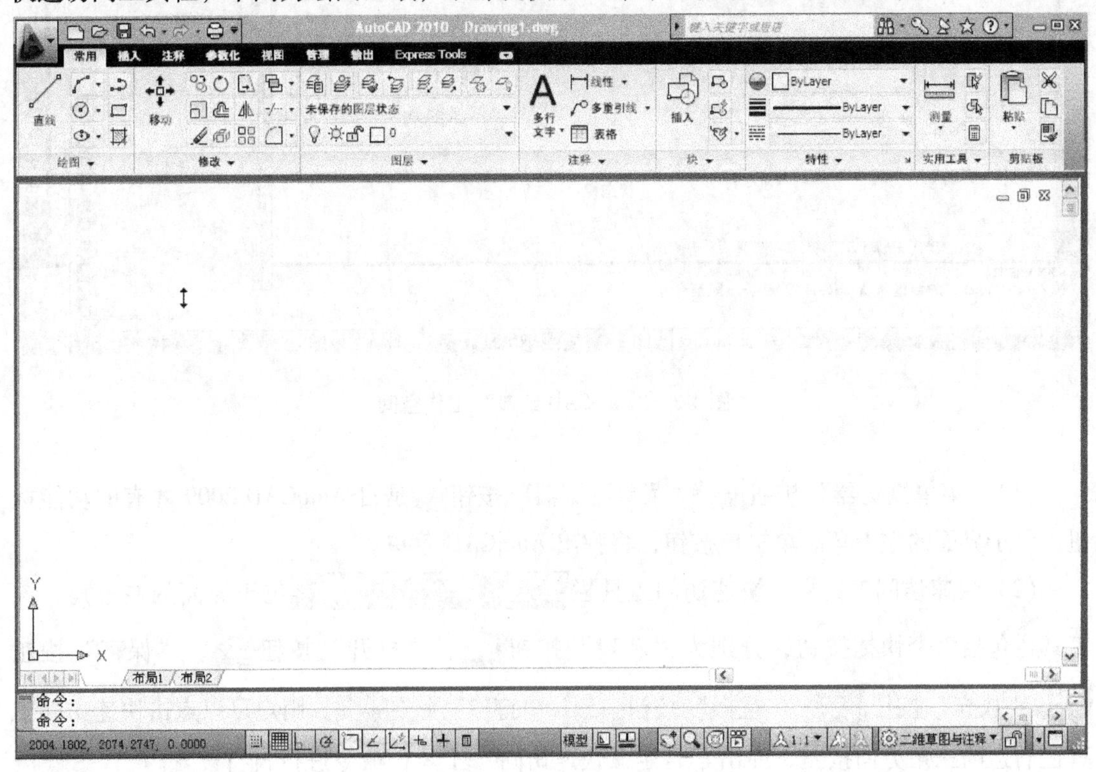

图 4-1　“二维草图与注释”工作空间

中文版 AutoCAD 2010 提供了“二维草图与注释”、“三维建模”和“AutoCAD 经典”三种工作空间。工作空间的切换主要是通过点击屏幕右下方的状态栏中的“切换工作空间”

按钮来切换。

对于习惯于 AutoCAD 传统界面的用户来说，更喜欢用“AutoCAD 经典”工作空间，其界面主要有“菜单浏览器”按钮、快速访问工具栏、菜单栏、工具栏、命令行、状态栏、绘图窗口等元素组成，如图 4-2 所示。本书 AutoCAD 的所有操作均在“AutoCAD 经典”工作空间里进行。下面从上到下列出各部分组成含义及用法见图 4-2。

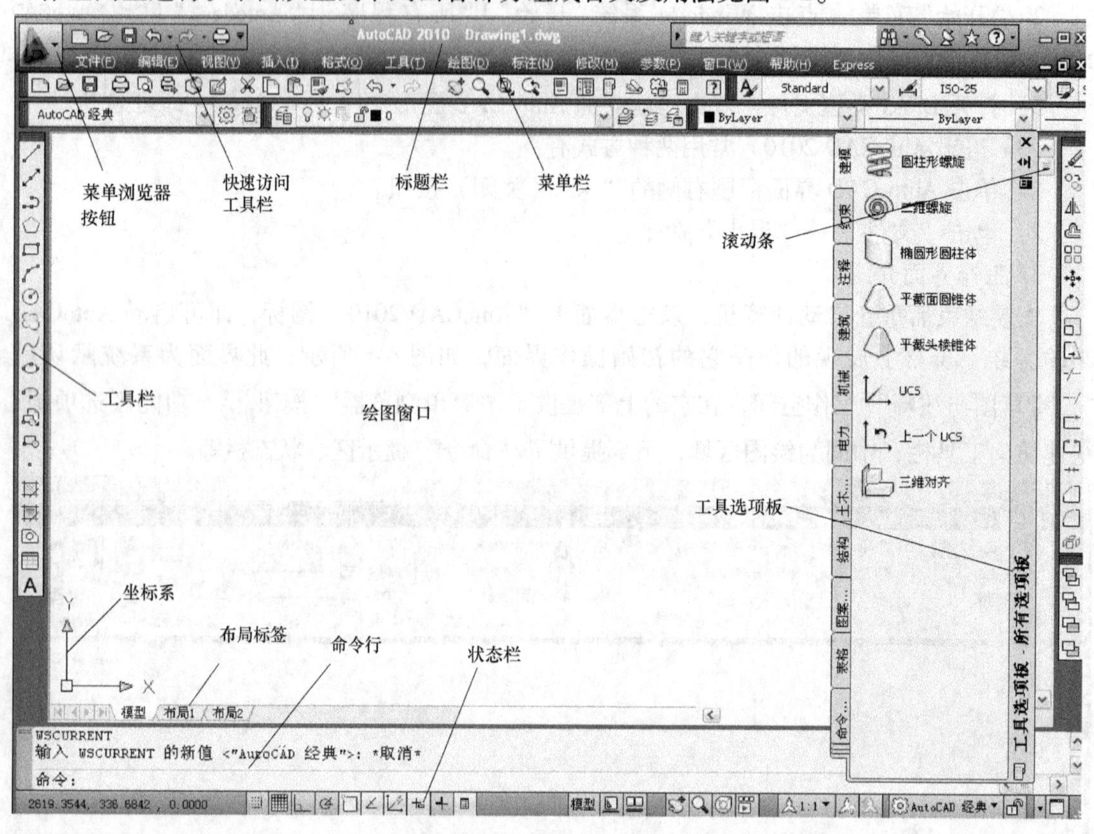

图 4-2 “AutoCAD 经典”工作空间

（1）“菜单浏览器”按钮 “菜单浏览器”按钮是自 AutoCAD 2009 才有的功能按钮，位于界面的左上角。单击该按钮，将弹出 AutoCAD 菜单。

（2）快速访问工具栏 快速访问工具栏位于界面的左上角，该工具栏包括六个快捷按钮，分别为“新建”按钮、“打开”按钮、“保存”按钮、“放弃”按钮、“重做”按钮、“打印”按钮。用户可以点击快速访问工具栏右边的三角方向按钮，弹出“自定义快速访问”工具栏命令进行自行设置。

（3）标题栏 标题栏位于应用程序窗口的最上面，显示当前正在运行的“程序名”及“当前图形的路径和名称”。如当前文件是新建、尚未命名保存，在标题栏显示“Drawing1. dwg（或 Drawing2. dwg 等）”作为默认文件名。右上方有一长条区域为标题栏的帮助中心，可以提供相关命令的帮助。其中最右端为对此窗口进行“最小化、最大化及关闭操作”

的三个按钮。

（4）菜单栏　由下述13个主菜单构成，鼠标靠近或点击其中之一时，将自动下拉展开此主菜单所包括的子菜单。在末尾附有“黑三角号”符号的子菜单，还附有向右展开的下一级菜单（亦可叫孙菜单）。菜单栏几乎包含了所有命令，用户可运用菜单中各命令绘制及编辑所需图形。各主菜单功能为（括号中字母示出快捷键名）：

1）文件（F）　对图形文件实施“新建、打开、保存、打印、输入和输出等”管理。

2）编辑（E）　对文件进行“复制、剪切、粘贴、链接、全选、查找及清除”常规编辑。

3）视图（V）　用于“图形缩放、图形平移、视图设置及渲染等”操作界面管理，还可设置工具条菜单。

4）插入（I）　用于在当前CAD绘图状态插入所需“图块或其他格式”的文件。

5）格式（O）　用于“图层、颜色、线型、文字样式、标注样式和表格样式等”与绘图环境相关参数的设置。

6）工具（T）　提供“拼写检查、快速选择、查询、属性提取及图样集/标记集管理器等”辅助绘图工具。

7）绘图（D）　几乎囊括了所有二维及三维绘图命令。

8）标注（N）包含了所有形式的标注命令，以便用于“图形标注”。

9）修改（M）　用于“复制、旋转、平移、剪切及特性匹配等”编辑操作。

10）参数（P）　用户可指定或编辑二维对象或对象上的点之间的几何约束。

11）窗口（W）　用于多文档状态各文档的“视窗布置”。

12）帮助（H）　提供用户使用时所需的“帮助信息”。

13）Express　它是一个效率工具库，用于帮助用户扩展AutoCAD的功能，仅提供英文版，且不提供支持。

使用菜单时，应先将鼠标移到所选菜单项，单击左键，弹出相应菜单命令。然后移动光标到所需菜单命令上，被选中命令将出现淡蓝背景条，单击鼠标左键即可执行。

执行时，标有“…”符号的命令，将打开一个相关对话框；有“▶”符号表示此命令包含下一级菜单。如需退出菜单选择状态，将光标移到绘图区后，单击鼠标左键或按“ESC”键，菜单将消失，命令行恢复到“等待输入命令”状态。

（5）绘图窗口　居于屏幕正中的大片区域，是绘图的地方。左下方显示当前绘图状态所在坐标系。绘新图时，自动使用世界坐标系（WCS）：水平轴X；垂直轴Y；XY平面垂直轴Z。也可根据需要设置用户坐标系（UCS）。

绘图区无边界，利用视图窗口缩放功能可使其无限放大或缩小。无论多大的图形均可置于其中；无论多小的图形亦可放大至可视。

（6）命令行　位于“模型/布局”选项卡下方，用于输入命令，它是人机对话的重要区域。操作“命令”时，必须随时观察“命令窗口”提示。命令执行后显示“正在执行的命令及相关信息”。当出现“命令提示”时，表示系统正处于“准备接收命令”状态。当命令开始执行后，用户须按照命令行的提示进行每步操作，直到完成该命令。

（7）“模型/布局”选项卡　位于绘图区左边缘，让用户在“模型空间和图样空间”切换。

(8) 滚动条　绘图区右下角与右边分别为“水平”、“竖直”方向滚动条。可使绘图区域“左右、上下移动”，便于观察。

(9) 状态栏　位于工作界面最底部。左区实时显示光标当前移动到的 X、Y、Z 坐标值；中区是“捕捉模式”、“栅格显示”、“正交模式”、“极轴追踪”、“对象捕捉”、“对象捕捉追踪”、“允许/禁止动态 UCS”、“动态输入”、“显示隐藏线宽”、“快捷特性”的开关按钮；中间为“模型或图样空间”转换、“快速查看布局”、“快速查看图形”等按钮；最右端有“切换工作空间”按钮和“全屏显示”按钮等。

(10) 工具栏　以命令按钮的形式列出了最常用命令，是初学者最常用的执行命令的方式。移动鼠标到某图标按钮，单击左键，即可执行该命令。

1) “标准”工具栏　默认设置在菜单栏下方，包含了可在 AutoCAD 2010 中执行的“Windows 命令”，使用方法也基本同 Windows。

2) “样式”工具栏　用以当前“文字样式”、“标注样式”、“表格样式”等的显示及其设置。

3) “工作空间”工具栏　位于标准工具栏的下方，用于切换用户的工作空间。

4) “图层”工具栏　默认设置在“标准”工具栏下左方，用于“多图层绘图时的图层”设置。

5) “特性”工具栏　默认设置在“图层”工具栏的右方，用于“绘图对象的颜色、线宽、线型”设置。

6) “绘图”工具栏　默认设置在绘图区左侧，提供“常用绘图命令”。掌握好它的使用，是用好 AutoCAD 2010 的关键。

7) “修改”工具栏　默认设置在绘图区右侧，用于“编辑和修改已经绘制的图形，包括删除、复制、移动、修剪等”命令。

(11) 工具选项板　位于初始经典界面的右方，它们提供了一种用来组织、共享和放置块、图案填充及其他工具的有效方法，不用时可以把它关闭。

三、系统参数设置

1. 概述

在菜单栏“工具”下拉菜单中选择“选项”，或在命令行键入“OPTION”，系统自动打开“选项对话框”，进入系统参数设置，共有下列 10 个“选项卡”。

(1) “文件”　指定 AutoCAD 搜索支持文件、驱动程序、菜单文件和其他文件的文件夹。还指定一些可选的用户定义设置（如哪个目录作拼写检查）。

(2) “显示”　用于设置窗口元素、布局元素、显示精度、显示性能、十字光标大小及参照编辑的淡入度等显示属性。

(3) “打开和保存”　设置文件保存、打开、安全措施、外部参照和 objectABX 应用程序等属性。

(4) “打印和发布”　设置输出设备。在一些情况下，为输出较大幅面图形，可使用专门的绘图仪。

(5) “系统”　设置当前三维图形的显示特性、当前定点设备，以及指定“模型”选项卡和“布局”选项卡上显示列表及新方式等。

(6) “用户系统配置”　设置拖放比例、是否使用快捷菜单、对象的排序方式，以及控制“按键”和“单击右键”的方式。

（7）“草图” 自动捕捉、自动追踪、自动捕捉标记框颜色、大小和AutoSnap靶框的显示尺寸的设置。

（8）“三维建模” 设置在三维中使用实体和曲面的选项、三维十字光标及UCS图标的相关操作。

（9）“选择集” 设置选择对象的选项，如拾取框的大小、选择集模式、夹点大小等相关操作。

（10）“配置” 实现新建系统配置文件、重命名系统配置文件，以及删除系统配置文件等。

2. 三种常用的参数设置

（1）修改“图形窗口中十字光标大小” 系统预设光标长为屏幕大小的5%，可根据图形需要更改。步骤为：

1）“绘图”窗口中选“工具”菜单栏“选项命令”，屏幕打开“选项对话框”，打开“显示”选项卡，在“十字光标大小”区域中的编辑框中键入数值，或拖动编辑框右边“滑块”，对十字光标大小调整。

2）也可在命令区中输入系统变量CURSORSIZE，更改其数值来确定十字光标的大小。

（2）修改“绘图窗口颜色” 绘图窗口默认为“淡黄底黑线”，通常习惯为“白底黑线”。若需修改，则按下列两步进行。

1）在选项卡对话框中单击“窗口元素”区中的“颜色”按钮，打开“颜色”选项对话框。

2）单击此对话框中“颜色”字样右侧下拉“箭头”，在打开的下拉列表中选取所需颜色，然后单击“应用”，并关闭按钮，此时绘图窗口颜色变成所选颜色。

（3）设置“自动保存时间” 为防止计算机意外死机、断电造成绘图时图形文件的丢失，需设置或更改系统适当的自动保存时间。

1）“选项”对话框中选择“打开和保存”选项卡。

2）在“文件安全措施”选项区中更改“保存间隔分钟数”，可设置成20min或更短。

3. 绘图参数设置

（1）绘图单位设置 在“绘图”窗口菜单栏“格式”下拉菜单中选中“单位”选项卡，或在“命令行”中输入“UNITS（DDUNITS）”，系统打开“图形单位”对话框，用于定义“单位”和“角度”的格式。其步骤为：

1）分别在“长度”及“角度”选项组内的“类型”及“精度”下拉列表框中，选择使用的“类型”和“精度”。

2）“插入时的缩放单位”下拉列表框中选定“测量单位”或“无单位”。控制插入到当前图形中的块和图形的测量单位。如果块或图形创建时使用的单位与该选项指定的单位不同，则在插入这些块或图形时，将对其按比例缩放。插入比例是原块或图形使用的单位与目标图形使用的单位之比。如果插入块时不按指定单位缩放，请选择“无单位”。

3）单击“顺时针”，以顺时针方向计算正的角度值。默认的正角度方向是逆时针方向。

（2）图形边界设置 在菜单栏“格式”下拉菜单中选中“图形界限”选项卡，或在“命令行”输入“LIMITS”，系统将提示：“重新设置模型空间界限”：

指定左下角点或[开(ON)/关(OFF)] <0.000,0.000>：（输入图形边界左下角坐标后回车）

指定右上角点或[开(ON)/关(OFF)] <12.000,9.000>：（输入图形边界右上角坐标后回车）

1）输入（X，Y）坐标值、选择图形中一点、按<ENTER>接受默认（X，Y）坐标值（0，0），选择这三种方式中的一种确定（X，Y）坐标值。

2）AutoCAD 继续提示“指定图形右上角坐标值”，按1）中的方法输入去确定。

3）虽然上述左、右角坐标设置了图形界限，但仍可在绘图窗口内任何位置绘图。若要将图形限制在此界限内，应再次调用“LIMITS”命令，键入“ON”，按“ENTER”键。此时用户不但不能在界限外绘图，也不能使用“移动”、“复制”命令将图形移至界外。

四、基本操作

1. 鼠标操作

在双按钮鼠标上，左按钮是拾取键，用于指定位置、指定编辑对象、选择菜单选项、选择对话框按钮和字段；鼠标右键的操作取决于上下文，它可用于结束正在进行的命令、显示快捷菜单、显示“对象捕捉”菜单、显示工具栏对话框。

滑轮鼠标上的两个按钮之间有一个小滑轮。左右按钮的功能和标准鼠标一样。滑轮可以转动或按下。可以使用滑轮在图形中进行缩放和平移，而无须使用任何命令。表4-1 为小滑轮的对应操作。

表4-1　程序支持的滑轮鼠标动作

图形变化	滑轮操作	图形变化	滑轮操作
放大或缩小	转动滑轮：向前，放大；向后，缩小	平移	按住滑轮按钮并拖动鼠标
缩放到图形范围	双击滑轮按钮	平移（操纵杆）	按住 Ctrl 键以及滑轮按钮并拖动鼠标

2. 键盘操作与功能键

（1）键盘　是输入文本对象、数值参数（含坐标）、参数选择的唯一方法。

（2）功能键　可快速使用 CAD 一些功能键，见表4-2。

表4-2　功　能　键

键	功　能	键	功　能
F1	获得帮助	F7	栅格显示模式控制
F2	从命令窗口切换到文本窗口	F8	正交模式控制
F3	打开或关闭执行对象捕捉	F9	栅格捕捉模式控制
F4	打开或关闭数字化仪	F10	极轴模式控制
F5	可遍历三个等轴测平面	F11	对象捕捉追踪模式控制
F6	控制状态栏上的坐标显示开关	F12	切换“动态输入”

3. 命令的调用方式

AutoCAD 是绘图软件，要做到用户和计算机交互绘图，必须调用相应的命令。可以使用下列方法调用命令。

（1）利用键盘输入命令　在命令行的“命令”提示后，利用键盘输入命令并按回车键，命令即被执行。命令字符不分大小写。

（2）单击下拉菜单或快捷菜单中的选项　用鼠标单击下拉菜单或快捷菜单中的相应选项，相应命令就被执行，这是初学者喜欢用的方法。

（3）单击工具栏中对应的图标　用鼠标单击工具栏中的相应图标按钮，相应命令就被执行。初学者如果对每个按钮所对应的命令还不熟悉，可将光标悬停在图标按钮上一段时间，系统会出现相应的命令按钮解释。

（4）重复执行上一次命令　当结束一个命令后，如需继续重复命令，可直接按回车键或空格键，即可重复上一次命令。

4. 文件操作

在 AutoCAD 软件中，图形文件管理一般包括新建文件、打开已用图形、保存文件、加密文件、电子传递与关闭图形文件等。

（1）NEW、Ctrl + N　建立新的图形文件。操作完毕屏幕显示“选择样板”对话框，可以选择系统预定义的样板文件（如 acadiso. dwt）来完成绘图环境设置，也可单击“浏览”按钮选择更多样板文件。

（2）OPEN、Ctrl + O　打开已经存在的图形文件。操作完毕屏幕显示“选择文件”对话框。设置了密码的文件，打开时还将弹出要求输入密码的对话框，密码输入正确方能打开。

（3）SAVE、Ctrl + S　对图形文件进行保存。

1）图形文件第一次保存，使用“保存”与“另存为”命令。系统需用户指定“文件名”。如图形已保存过，“保存”命令会自动按原文件名和路径存盘，并将原文件覆盖（原文件不再存在）。

2）“另存为”命令将打开“图形另存为”对话框，用户需给定文件名和路径，并在“文件类型”栏选择一种图形文件保存类型。

3）使用“设置密码”保护功能，可对文件加密保存。在“保存”和“另存为”命令后的“图形另存为”对话框中，单击“工具”按钮，选择“安全”选项，系统弹出“安全”选项对话框，在“用于打开此图形的密码或短语”输入框中输入密码口令，再单击“确定”按钮。此时显示的“确认密码”对话框，需再次输入密码。以后打开此文件时系统将自动打开“密码”对话框，要求输入正确密码，图形文件方可打开。

4）电子传递 ETRANSMIT　将图形文件发送给其他人时，经常会忽略包含相关从属文件（如外部参照文件和字体文件）。在某些情况下，收件人会因没有包含这些文件而无法使用图形文件。通过电子传递，从属文件会自动包含在传递包中，从而降低了出错的可能性。通过电子传递，可以打包一组文件用于 Internet 传递。传递包中的图形文件会自动包含所有相关从属文件（如外部参照文件和字体文件）。

（4）QUIT 或 EXIT、Ctrl + Q　退出 AutoCAD，同时将关闭已打开的全部图形文件。如图形文件修改未保存，将以打开图形文件顺序弹出提示对话框，用户依次确认。

五、坐标系及坐标

AutoCAD 的基本功能是绘制图形，默认一切绘图操作都在某种坐标中进行，正确绘图需先熟悉坐标系。

1. 分类

（1）世界坐标系 WCS　X 轴正向水平向右，Y 轴正向垂直向上，Z 轴正向由屏幕垂直指向用户，三者彼此垂直，原点在绘图区左下角，其上有方框标记。这是 AutoCAD 基本坐标系，默认为此。绘制、编辑过程中 WCS 原点和坐标轴方向不变，所有位移均相对于原点计算。

（2）用户坐标系 UCS　使用中改变原点位置和坐标轴方向，便形成 UCS。默认 UCS 和 WCS 重合，原点、X、Y、Z 方向在使用过程可根据需要定义，UCS 无方框标记。

2. 输入方式

（1）坐标输入　两坐标系均可通过输入点坐标精确定位点。

1）绝对直角坐标　以坐标原点（0，0，0）为基点定位所有点位置，以输入（X，Y，Z）坐标值定位，坐标值间以逗号隔开。

2）相对直角坐标　以某点为参考点定位点相对位置。输入点坐标增量定位，格式为@ΔX，ΔY，ΔZ。

3）绝对极坐标　原点为极点，输入长度距离，后跟“ < ”符号，再后为角度值。规定 X 轴正向为 0°，Y 轴正向为 90°；逆时针角度为正，顺时针为负。如 30 < -60，表示此点离极点距 30 长度单位，此点与极点连线与 X 轴夹角 -60°。

4）相对极坐标　以上一操作点为参考点定位点极坐标相对位置。如@ 30 <45，表示此点与上一操作点距 30 长度单位，此点与极点连线与 X 轴夹角 45°。

（2）坐标值显示　按功能键“F6”或“Ctrl + D”键，当前点坐标可在状态行左侧显示出动态或静态坐标。

（3）坐标系设置　系统默认 WCS，要设置 UCS，可选择“工具”菜单中“命名 UCS”、“正交 UCS”、“移动 UCS”和“新建 UCS”命令和其子命令，根据现有条件和需要制定 UCS。

六、图层与对象特性

1. 图层设置

图层是 AutoCAD 以叠加的方法存放图的各类信息的图形组织工具。图形文件中的每个对象都位于一个图层上，所有图形对象都具有图层、颜色、线型和线宽此四个属性，绘制时图形对象将创建在当前图层上。每个 CAD 文档中图层数量不限，各图层均有命名。通过图层对图形进行管理，可方便地对图形进行绘制和编辑。

开始绘新图时系统自动生成“图层 0”，默认情况：线型——连续线（Continuous）；颜色——白色（7 号颜色）；线宽——0. 25mm（Normal）；不能删除、冻结和重命名。

要快捷、有效控制对象显示，方便更改，需将对象分放在各图层，所以需要建立新图层。建立图层的方法有三种：

1）命令行　键入“LAYER”。

2）菜单栏　点击“格式”下拉菜单中“图层”子项。

3）图层工具栏　点击图层工具栏中的第一个图标“图层特性管理器”，系统将打开“图层特性管理器”对话框如图 4-3 所示。对话框中各主要选项功能如下：

①新建图层　绘图工程可随时新建图层。新层根据 0 层或此前所选图层特性生成，依次默认为“图层 1”，“图层 2”……。

②删除图层　从列表框中选定一个或多个图层单击此键，即可删除当前图形中所选图

层。选图层同时按“SHIFT”键，可选中连续排列多个图层；同时按“CTRL”键，则可选择不连续排列的多个图层。删除包含有对象的图层，需先删除此图层中所有对象，然后再删除此图层。

③置为当前　选中一图层，点击“置为当前”按钮，可将该层设置为“当前层”。当前层的图层名将会出现在“图层”工具栏上的列表框顶部。

④名称　显示图层名。可选择图层名，停顿后单击左键，再输入新图层名，可以实现对此图层“重命名”。

⑤开/关　“打开”或“关闭”图层。“打开”时灯泡“亮”，该层图形可见，可打印；“关闭”时，灯泡“暗”，该层图形不可见，亦不可打印。

⑥冻结/解冻　图层“冻结”时，图标为“雪花”，该层图形不可见，不能重生成，不能消隐，亦不能打印；“解冻”时，图标为“太阳”，解除上述制约。

⑦锁定/解锁　图层“锁定”时，图标为“锁上的锁”，该层图形对象仍可显示、可输出，但不能被选择、修剪等编辑；“解锁”时，图标为“打开的锁”，取消上述制约。

⑧颜色　单击“颜色”，打开“选择颜色”对话框，用于改变选定图层的“线型颜色”。

⑨线型　默认新建图层线型为“连续实线”。单击“线型”，打开“选择线型”对话框，可在“已加载的线型”列表中选定线型。若列表中无需要的“线型”，单击“加载”按钮，将打开“加载或重载线型”对话框供选择。

⑩线宽　单击此，打开“线宽”对话框，用于选择“线宽”。

⑪打印样式　用于选定图层的打印样式。

⑫打印　控制该图层是否“打印”，新建图层默认为“可打印”。

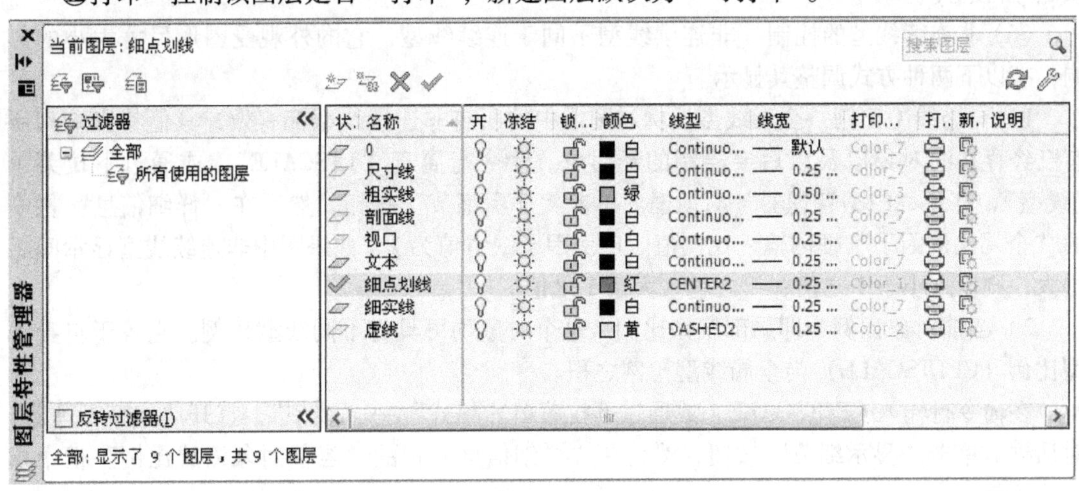

图 4-3　“图层特性管理器”对话框

使用图层时应注意：

1）“0 层”不能被删除或命名，但可对“特性”（线型、线宽、颜色等）编辑、修改。

2）不能冻结“当前层”，也不能将冻结层改为当前层。

3）不能锁定“当前层”及“0 层”。

4）可只将需操作图层显示，关闭无关图层，从而可加快图形显示速度。

2. 控制图层特性

系统提供以下几种方法控制图层特性：

（1）图层工具栏

1）显示图层名称、状态等信息。

2）通过图层控制下拉列表切换图层为当前层。

3）改变图层状态（置为当前、打开/关闭、冻结/解冻、锁定/解锁等）。

（2）特性工具栏

1）显示当前图层的线型、线宽等“对象特性”。

2）利用“颜色”、“线型”、“线宽”等下拉列表设置对象特性。

（3）新建特性过滤器　在“图层特性管理器”对话框中单击“新建特性过滤器”按钮，将打开“图层过滤器特性”对话框。框中“过滤器定义”栏可设置过滤条件（如图层名称、状态和颜色等）。指定过滤器的图层名时，可使用“？”代替任意单个字符，“＊”代替任意多个字符。“图层特性管理器”对话框中的“反向过滤器”，只显示未通过过滤器的图层。“应用到图层”工具栏指“图层”工具栏只显示符合当前过滤器的图层。

（4）新建组过滤器　单击“图层特性管理器”对话框中的“新建组过滤器”按钮，将在左侧过滤器的树列表中添加一个“组过滤器”，在过滤树中单击“所有使用的图层”，则显示对应一图层的信息。选择需要与组过滤的图层，分别拖至新建的“组过滤器”中。

（5）图层状态管理器　单击“图层特性管理器”对话框中的“图层状态管理器”按钮，将打开“图层状态管理器”对话框，用以管理所有图层的状态，如打开/关闭、冻结/解冻、锁定/解锁等。

（6）非连续线型的控制　非连续线型不同于连续线型，它的外观受图形尺寸大小的影响，有以下两种方式调整其显示。

1）全局线型比例　全局线型比例对图形中的所有非连续线型都有效，其值将影响到所有已经存在的对象以及以后要绘制的新对象。命令行属于“LTSCALE”，或通过下拉菜单“线型”，打开“线型管理器”对话框。单击“显示细节”按钮，然后在“详细信息”栏中的“全局比例因子”框内输入比例值。比例因子缺省值为1，如果图中非连续线型显示间距过大，则输入小于1之值；反之输入大于1之值。

2）当前对象比例　即局部线型比例，每个对象均可具有不同线型比例。它等于自身线型比例（CELTSCALE）与全局线型比例之积。

在命令行输入CELTSCALE，或通过下拉菜单“格式”→“线型”，打开“线型管理器”对话框。单击“显示细节”按钮，然后在“详细信息”栏的“当前对象缩放比例”框中填入比例值。

七、绘图辅助工具

1. 透明命令和参数变量

（1）透明命令　许多命令可以透明使用，即可以在使用另一个命令时，在命令行中输入这些命令。透明命令经常用于更改图形设置或显示。例如，画直线时，激活“ZOOM”命令以缩放视图。在命令区中，透明命令通过在命令名的前面加一个单引号来表示。要以透明的方式使用命令，请单击其工具栏按钮或在任何提示下输入命令之前输入单引号（′）。在命令行中，双尖括号（>>）置于命令前，提示显示透明命令。完成透明命令后，将恢复执行原命令。许多命令和系统变量都可透明使用，在编辑和修改图形时非常有用。

（2）系统变量　用于控制某些命令的工作，以及控制或存储某些绘图状态。只需在命令行键入其名称并按回车键，然后输入其值即可修改系统变量。

2. 精确定位

（1）栅格（GRID）　有规则的点矩阵延伸到指定图形界限的整个区域。用于对齐对象并直观显示对象间距，和纸上画图的坐标纸类似。放大和缩小图形时，可能要调整栅格间距以适合新的比例。虽在屏幕显示，但并不是图形对象，不会被打印，也不影响绘图。可单击状态栏上的“栅格显示”按钮或按“F7”键打开或关闭“栅格”。

可通过菜单“工具”→“草图设置”→“捕捉和栅格”，或在状态栏上右键点击“栅格显示”按钮→选择“设置”选项即可修改。启动后将弹出如图 4-4 所示的“草图设置”对话框。

选“启用栅格”复选框，则显示栅格。在“栅格 X 轴间距”文本框输入栅格点间水平距（单位为 mm）。若“垂直距”同“水平距”，按“Tab”键。否则在“栅格 Y 轴间距”文本框中输入 Y 值。

默认的图形界限左下角为起点，沿与坐标轴平行方向填完整个由图形界限所确定区域。亦可改变栅格与图形界限相对位置，在“捕捉”选项区中的“角度”项可决定栅格与相应坐标轴间夹角，“X 基点”和“Y 基点”项可决定栅格与图形界限的相对位移。

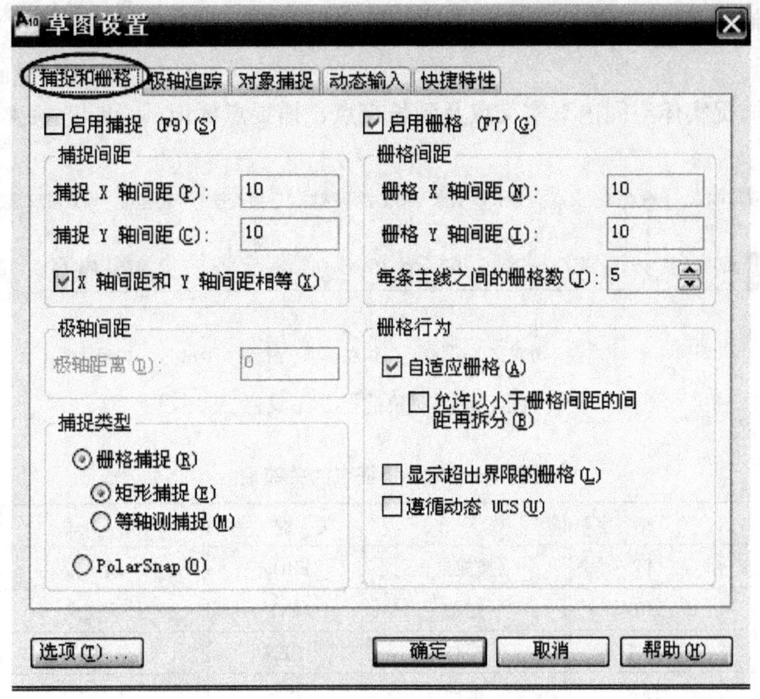

图 4-4　“草图设置”对话框

（2）捕捉　将光标只落在屏幕显示或隐含的栅格点上为“捕捉”。可通过“草图设置”对话框的“启用捕捉”选项区设置。电气工程图绘制常用以下两种：

1）临时对象捕捉　一次性使用后即自动关闭，又称单点捕捉。启动方式如下：

①快捷菜单　系统提示指定点时，按住“Shift”键不放，在屏幕绘图区按鼠标右键打开图 4-5 所示快捷菜单，在菜单中选择捕捉点后，菜单消失。鼠标移至捕捉点附近将出现相应捕捉点标记，光标下有此捕捉点说明单击鼠标左键，就实现此点的“捕捉”。

②对象捕捉工具栏　在任意工具栏位置上单击右键，弹出快捷菜单，选择“对象捕捉”选项，即可在绘图区出现如图 4-6 所示“对象捕捉”工具栏。点右上角“×”号即可关闭。

③特征点关键词　在命令行输入表 4-3 所示的相应特征点的关键词，当光标移到要捕捉对象附近的，即可“捕捉”。

2）自动对象捕捉　持续、自动执行设定的对象捕捉，直至关闭此模式，又称永久性捕捉。它是在前述图 4-4“草图设置”对话框的“对象捕捉”选项卡中进行的，选中“启用对象捕捉”复选框，单击“确定”按钮即可。在“状态栏”单击“对象捕捉按键”，按下为“打开”，浮起为“关闭”。自动对象捕捉不宜设得过多，过滥。各特征点含义如下：

①端点　捕捉实体（如线段、圆弧）的始末点，捕捉点标记为“□”。

②中点　捕捉直线或圆弧的中间位置点，捕捉点标记为“△”。

③交点　捕捉实体空间内真实交点及延长交点，捕捉点标记为“╳”。

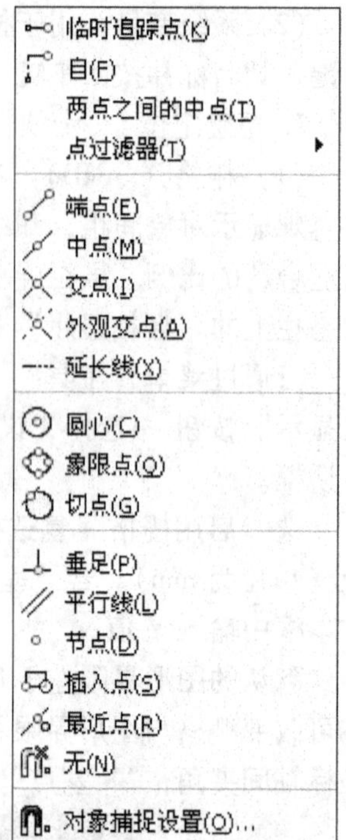

图 4-5　“临时对象捕捉”快捷菜单

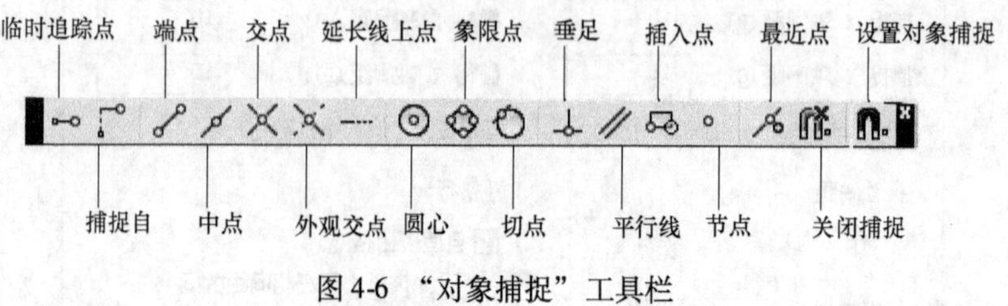

图 4-6　“对象捕捉”工具栏

表 4-3　相应特征点的关键词

模　式	关 键 字	模　式	关 键 字	模　式	关 键 字
临时追踪点	TT	捕捉自	FROM	端点	END
中点	MID	交点	INT	外观交点	APP
延长线	EXT	圆心	CEN	象限点	QUA
切点	TAN	垂足	PER	平行线	PAR
节点	NOD	最近点	NEA	无捕捉	NON

④圆心　圆、圆弧、椭圆及实体的圆心，捕捉点标记为“＋”。

⑤象限点　捕捉圆弧、椭圆、圆、最近象限点，如 0°、90°、180°、…，捕捉点标记为

“◇”。

⑥切点　捕捉圆、圆弧与一点连成与之相切的切线的点，捕捉点标记为“⊼”。

⑦垂足　捕捉与圆弧、圆、构造线、椭圆、椭圆弧、直线、多线、多段线、实体或样条曲线正交的点，或外观延长线垂足，捕捉点标记为“⊾”。

⑧平行　用于检测与直线的平行，捕捉点标记为“//”。

⑨插入点　捕捉块、文字、属性或属性定义的插入点，捕捉点标记为“⧉”。

⑩最近点　捕捉对象或指定点距离最近的点，捕捉点标记为“⧗”。

⑪节点　捕捉用“POINT”（点控制）、“DIVIDE”（定数等分）及“MEASURE”（定距等分）的点对象，捕捉点标记为“⊠”。

3. 正交（ORTHO）

绘制图线或移动对象时，限制光标在平行于X轴或Y轴的相互垂直的正交直线上。移动光标时以距水平或垂直距离最近来决定拖引线是水平还是垂直。

可在状态栏上单击“正交”按钮、单击“F8”功能键、命令行键入命令均可启用此功能。启用此功能时会自动关闭“极轴追踪”功能。

4. 图形显示

（1）缩放图形　放大或缩小屏幕所显示的范围，改变视图比例，而不改变图形的实际尺寸。放大，便于观察细节（输入比原值更大的数值或大于1的比值）；缩小，便于观察更大区域，浏览全局（输入比原值更小的数值或小于1的比值）。

1）启动方式

①命令行　ZOOM。

②菜单　视图→缩放。

③工具栏　标准→缩放。

上述命令执行完后，系统提示：[全部(A)/中心点(C)/动态(D)/范围/上一个(P)/比例(D)/窗口(W)]<实时>。

2）常用缩放工具　工程电气图绘制常使用上述各种情况中的下列三种：

①实时缩放　单击“标准”工具栏中的实时缩放图标“”，出现“放大镜”的缩放符号，按鼠标的左键向左下拖为“缩小”；向右上拖为“放大”。单击“回车”、“ESC”或菜单中选“EXIT”即退出。

②窗口缩放　单击“标准”工具栏中的窗口缩放图标“”，用鼠标在屏幕上拾取两个对角点，此时虚线矩形框中的图形在再单击鼠标（确认）后，将放大至整个屏幕。

③上一个　单击“标准”工具栏中的上一个缩放图标“”，使用此恢复到前一个视图，每视口最多可保存10个视图。

（2）平移图形

1）启动　有下列四种方式：

①命令行　PAN。

②菜单　视图→平移。

③工具栏　标准→平移。

④快捷菜单　绘图窗口中单击右键，选“平移”选项。

2）实时平移　命令激活后光标变成“小手”，按住鼠标左键拖动“小手”，视图显示区跟随着实时平移。平移到合适位置后，按“ESC”、“回车”或单击鼠标右键弹出的快捷菜单中选“退出”命令。

观看图形时，“标准”工具栏中“实时缩放”和“实时平移”常配合使用。这时亦可在绘图区单击鼠标右键，弹出快捷菜单，便于切换这几个栏的命令。

（3）鸟瞰视图

1）功能　在独立的窗口中显示整个图形视图的导航工具。允许与工作图形窗口同时打开，通过控制与鸟瞰视图窗口实时平移和缩放，达到将图形快速移动到目的区域，以及设定工作图形显示区域的目的。此窗口亦可以保持打开、最小化、全屏显示及隐为一个按钮等方式。

2）启动方式

①命令行　DSVIEWER。

②菜单　视图→“鸟瞰视图”。

3）执行　启动命令后，系统打开“鸟瞰视图”窗口，沿窗口中白色粗线框为视图框（白色背景此框为黑色），表示当前屏幕显示范围。在此视窗中间带“╳”标记的细线框，表示视图框的位置。此框随鼠标移动而移动，实现绘图窗口中图形的平移。

在鸟瞰视图窗口中再击鼠标右键，窗口细线框右侧出现“标记”。移动鼠标将改变细线框大小，从而改变视图的大小，实现图形的缩放（鼠标左移为“缩小”，右移为“放大”）。

可在鸟瞰视图窗口中单击鼠标左键，不断调整图形和视图框相对位置和大小，使视图交替平移和缩放，按下鼠标右键确定最终视图位置和大小，绘图窗口将显示视图框中此命令的图形。

“鸟瞰视图”命令可在任何命令执行中透明使用，瞬时中断当前命令，亦可执行“鸟瞰命令”，执行“鸟瞰视图”又可恢复当前命令。

（4）重画与重生成图形

1）功能　清除绘图过程中如拾取点之类操作原因形成线为光标点带来的画面混乱、不清晰。

2）启动

①命令　REDRAM/REGEN。

②菜单　视图→重画/视图→重生成。

3）执行

①重画（第一个命令）　视区中原有图形消失，系统将帧缓冲区刷新，消除此时标记。

②重生成（第二个命令）　系统将图形文件的原始数据重新计算一遍，形成显示文件后再显示出来，因而就花去了大量的时间，所以该命令执行速度很慢。除非必要，否则较少使用。

八、使用帮助

1. 功能

采用联机、实时及新功能专题研习三种方式，随时帮助用户记住、了解及查询系统所有的命令。

2. 启用

1）单击标准工具栏中最后一个按钮。

2）对话框中单击“HELP（帮助）”按钮。

3）任意时刻按“F1”键，键入“HELP”或“?”。

4）从操作界面“帮助”下拉菜单中选择相应项。

3. 执行

启用后将出现“AutoCAD 2010 帮助”对话框，左区共有三个选项卡。

1）“目录” 第一个选项卡，单击树形结构排列的命令目录，可展开相应帮助内容，如图 4-7 所示。

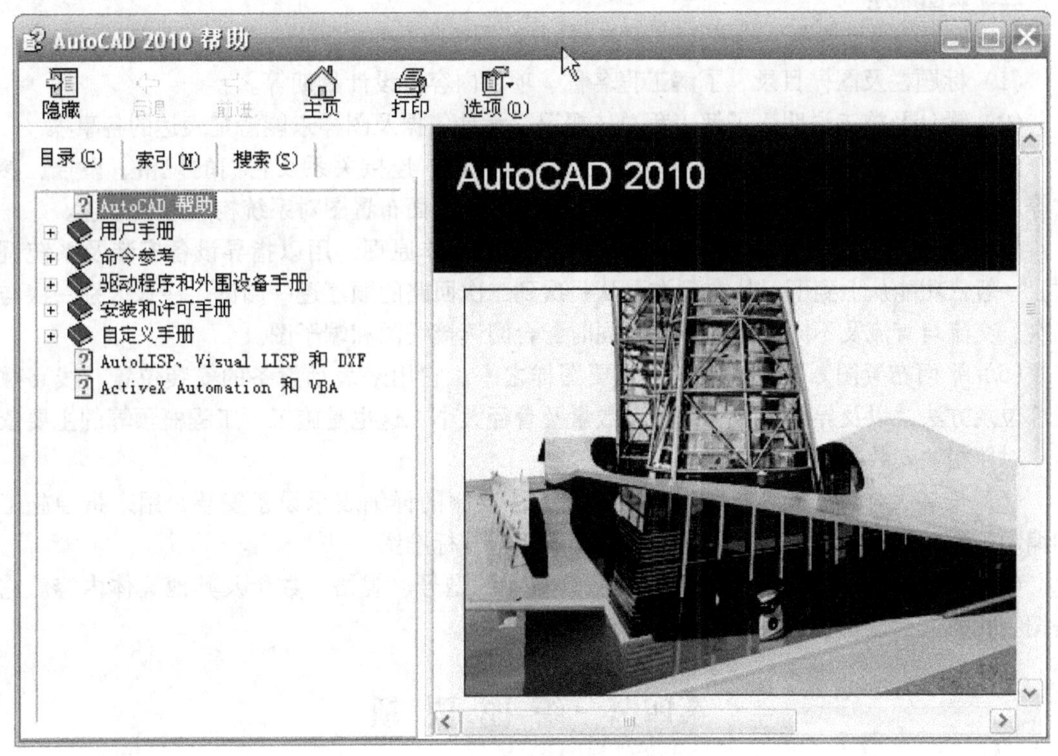

图 4-7 “AutoCAD 2010 帮助”对话框——目录选项

2）“索引” 选中第二个选项卡，对话框左区将出现目录索引文字框。键入需了解命令——拼写或部分拼写，系统将在下面列出相关内容供选择。

3）“搜索” 单击第三个选项卡，系统将在此“索引”范围内搜索用户所需相关信息，但速度更快。

第三节 识 图 要 领

一、识图基础

1）从“标准代号”了解图样所采用的标准。

2）熟悉“图形符号、文字符号、参照代号”的相关标准，掌握并熟记所用的表示方法。

3）为使阅读更全面，还需结合“建筑制图的基本知识”及“常用建筑图形符号”，了解“土建工程及其他相关工程图样”及“建设方要求”。

4）不同的读图目的，有不同的要求。有时还必须配合阅读有关“施工及验收规范”、“质量检验评定标准”及“电气通用标准图”。

5）电气工程图比较分散，不能孤立、单独、一张张看，应将多张图样结合起来看：从平面图找位置，从概略图找构架，从电路图分析原理，从安装接线图理走线。其中特别注意将概略图与平面图这两种电气工程最关键、也是关系最密切的图对照起来看。

二、识图顺序

应根据需要灵活掌握，必要时还需反复阅读。

（1）标题栏及图样目录　了解工程名称、项目内容及设计日期等。

（2）设计及施工说明　了解工程总体概况、设计依据及图样未能清楚表达的各事项。

（3）概略图　了解系统基本组成、主要设备元件、连接关系及它们的规格、型号、参数等，掌握系统基本概况及主要特征。往往通过对照平面布置图对系统构成形成概念。

（4）电路图和接线图　了解系统各设备的电气工作原理，用以指导设备安装及系统调试。一般依功能从上到下、从左到右、从一次到二次回路的顺序逐一阅读。注意区别一次与二次、交流与直流及不同电源的供电，同时配合阅读接线图和端子图。

（5）平面布置图　是电气工程的重要图样之一。它用来表示设备的安装位置、线路敷设部位及方法，以及导线型号、规格、数量及管径大小。这也是施工、工程概预算的主要依据。对照相关安装大样图阅读更佳。

（6）安装大样图　是按机械、建筑制图方法绘制的详细表示设备安装，用来指导施工和编制工程材料计划的详图。本专业可借用通用电气标准图。

（7）设备材料表　提供工程所用设备、材料的型号、规格、数量及其他具体内容。它是编制相关主要设备及材料计划的重要依据。

第四节　绘 图 要 领

按上述工程电气技术文件的分类，下面进行逐类介绍。

一、功能性简图

1. 通则

（1）布局　图形符号和电路的布置，重点要突出过程和（或）信号流以及功能关系。必要时可以补充位置信息，但不应影响布局。为了强调信号流，连接线应尽可能保持直线。为了强调功能关系，相关功能项目的图形符号应集中在一起，彼此靠近。在强调信号流和强调功能关系有矛盾时，处理办法为：

1）对于功能组内以及规模较小和不太复杂的设备，应优先考虑信号流。

2）对于系统和复杂设备，应强调总的功能结构，优先考虑功能分组。多功能组之间的信号流可能比各功能组内的更复杂。

3）同等重要的并联支路应相对于公共通路对称布置，垂直（水平）分支电路中的平行相似项目应水平（垂直）。

（2）位置的表示　为了便于寻找图形符号或中断线末端在图中的位置，应采用位置表示法，方法为：

1）图幅分区法。

2）电路编号法　电路的各个支路用数字标识。

3）表格法　图的外围列表，重复标出参照代号，并与相应图形符号名称对应。参照代号应排列在表格的行（或列）内，最通用的元件（如电容器、电阻器、继电器等）每类占一行（或列），其他所有的元件占一行（或列）。

（3）元件的表示

1）按照元器件在系统中执行的功能选择图形符号　首选 GB/T4728 中用来表示执行这一功能的图形符号，大多数情况均能找到。实在找不到时，可在方框内加限定符号或代号表示，必要时还应在图中或相关文件中对派生符号加以说明。

2）元件表示法　见“安装、位置文件”中的“元件表示法”。

3）借助软件实现功能的元件　应使用六角形符号作限定符号。

4）组成部分可动的元件

①工作状态　组成部分可动的元件（如触点），应按照如下规定的位置或状态绘制：

● 单一稳定状态的手动或机电元件（如继电器、接触器、制动器和离合器），应按非激励或断电状态。在特定情况下，为了有助于对图的理解，也可以表示在激励或通电状态，但此时应在图中说明。

● 断路器和隔离开关在断开（OFF）位置。对于有两个或多个稳定位置或状态的其他开关装置，可表示在其中任何一个位置或状态。必要时须在图中说明。

● 标有断开（OFF）位置的多个稳定位置的手动控制开关在断开（OFF）位置，未标有断开（OFF）位置的控制开关在图中规定的位置。

● 应急、备用、告警、测试等用途的手控开关，应表示在设备正常工作时所处的位置或其他规定的位置。

● 由凸轮、变量（如位置、高度、速度、压力、温度等）控制的引导开关在图中规定的位置。

②功能说明　对于功能复杂的控制开关，应在图中增加表图，从而帮助理解功能，见图 4-8 及表 4-4。

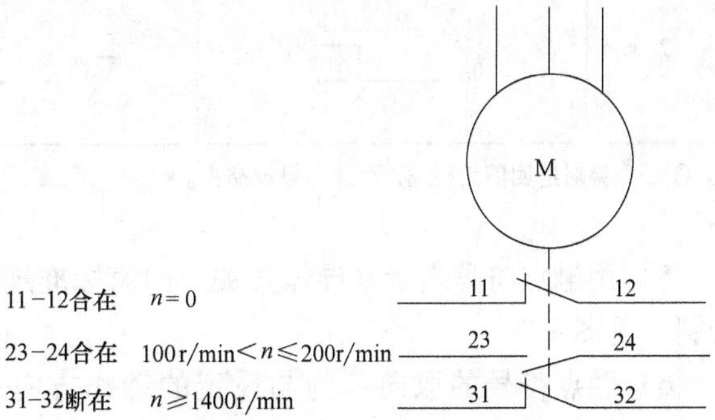

11-12合在　$n=0$
23-24合在　$100\text{r/min}<n\leqslant200\text{r/min}$
31-32断在　$n\geqslant1400\text{r/min}$

M
11　12
23　24
31　32

图 4-8　以表图作功能说明的示例

表 4-4　描述触点功能的表图和凸轮符号示例

序　号	电路图说明用		说　明
	表　图	凸 轮 符 号	
1	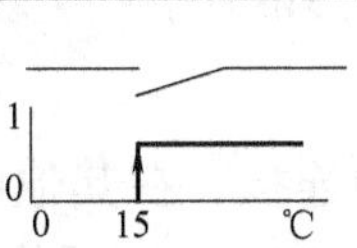 1 0 0 15 ℃		温度等于高于 15℃时，触点闭合

（续）

序　号	电路图说明用		说　明
	表　图	凸 轮 符 号	
2	1 0 0 25 35 ℃		触点在温度升高时，于35℃闭合；而后，在温度下降到25℃时断开①
3	1 0 0 5 5.2 m/s		当速度上升时，触点在0m/s处闭合，在5.2m/s处断开；而当速度下降时，在5m/s处闭合
4	1 0 0 60 180 240 330	330 240 180 60 0℃	触点在60～180℃，240～330℃之间闭合
5	1 0 X Y	Y X	触点在位置X和Y之间断开
6	1 0 0 X	X	触点只在位置X处闭合
7	1 0 0 X	X	触点在位置X的末端及以外处闭合

① 如果对返回值无兴趣，可加括号或略去。

5）用触点符号表示半导体开关　国家标准规定按其初始状态，即辅助电源已合的时刻绘制，见图4-9。

6）触点符号的取向　为与设定的动作方向一致，触点符号的取向应是：当元件受激时，水平连接线的触点动作向上，垂直连接线的触点动作向右。当元件的完整符号中含有机械锁定、阻塞装置、延迟装置等符号时，触点符号的取向尤为重要。在触点排列复杂而无机械锁定装置的电路中，采用分开表示法时，为了图面布局清晰，减少连接线交叉，可改变触点符号的取向。

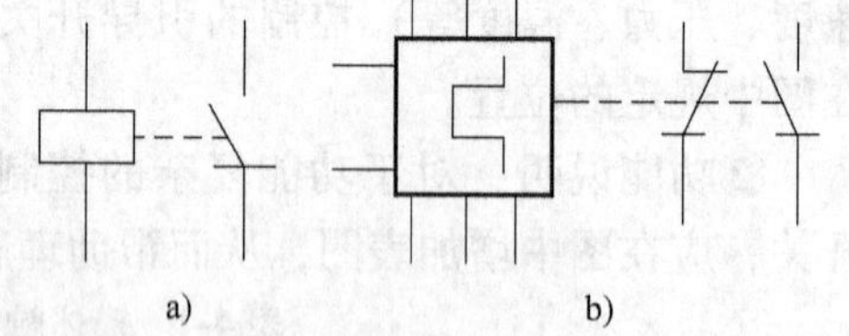

图4-9　用触点符号表示半导体开关示例
a）动合触点符号
b）动断触点符号（左动断；右动合）

(4) 电源电路的表示　在电路图中必须示出电源供电的连接，在其他的简图中也可示出电源供电的连接。此连接可用图，也可用表格或注释说明来表示。电源线应在各个电路支路的两侧示出，或集中在一侧的上部或下部示出。方框符号上的电源线，一般绘成与信号流成直角。当一个元件用两个或更多个符号表示时（多为逻辑电路），只在其中一个符号上示出电源连接。

（5）端子的表示　和内支路相连的端子、元件几个触点的公共端子，其端子代号应位于最外一个触点的外面，如图4-10a所示，控制开关的端子“13”是所有四个触点的公共端子。在端子功能图中，所有外接端子应按同一相序绘制，如图4-10b所示的外接端子相序。

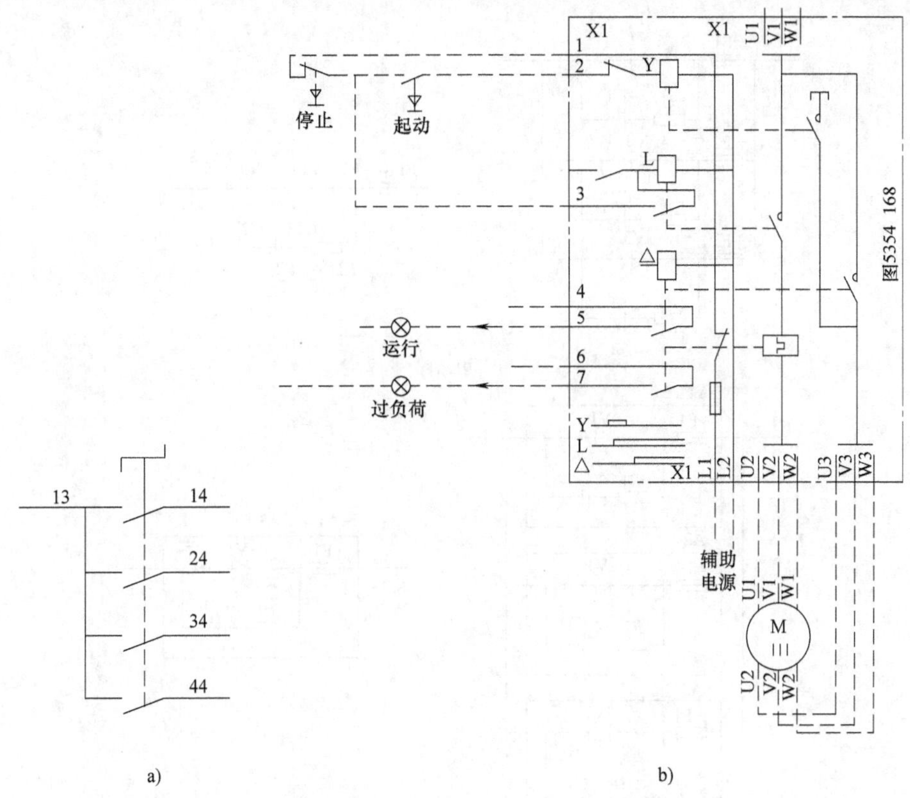

图4-10　端子表示的示例（电动机星-三角起动器端子功能图）

a）公共端子表示　b）外接端子相序表示

（6）简图的再简化

1）多路连接的简化　当电路中有两个或多个同样支路时，可只绘一个支路来简化表示，如图4-11a、b、c所示。

2）用方框符号和端子功能图来简化　为增加图面清晰度和节省幅面，功能单元或功能组可以用图形符号，如方框符号或端子功能图来简化表示。图4-12即将三相整流功能单元简化为右侧的方框符号，此时，应在图上绘出该功能单元或功能组更详细信息的检索标记。

3）重复电路的简化　重复布置的电路可只详细绘制一次，而对每个重复的电路，采用适当的简化方式表示。此时应示出详细表示的和每个简化表示的对照关系。如图4-13所示，控制系统2在右方框中详细给出，在右下方框中则可简化。

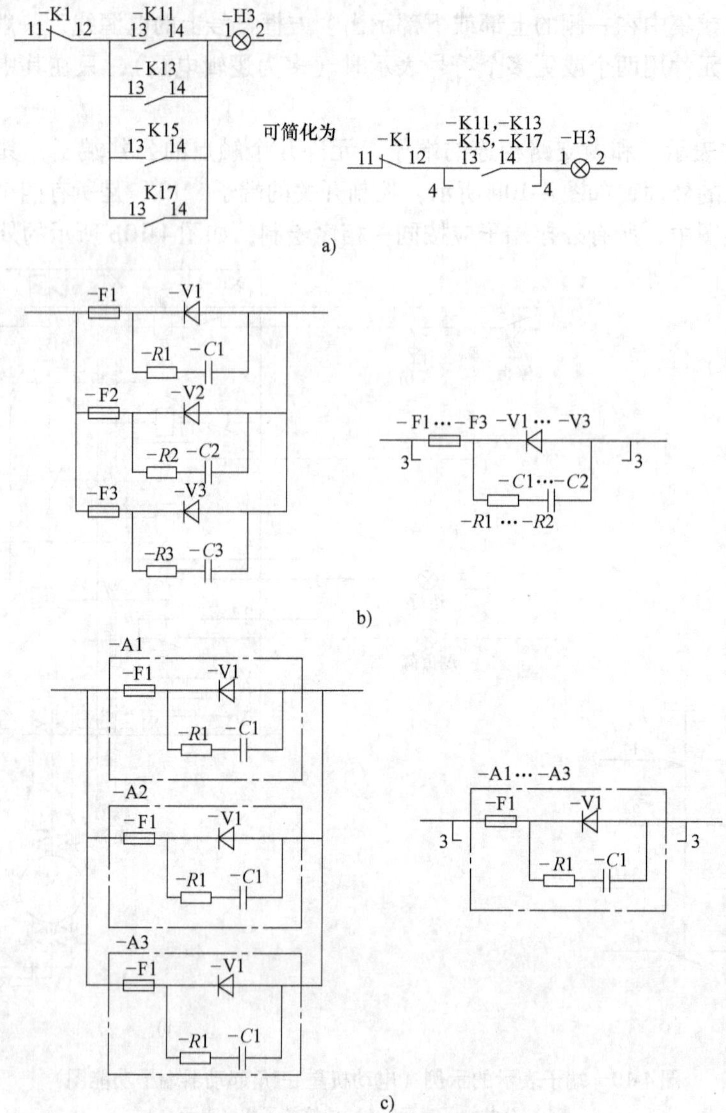

图 4-11　多路连接的简化示例

a）多个元件简化　b）多个回路简化　c）多个电路单元简化

4）补充信息的简化　为了有助于对电路图的理解和应用，常在图中增加外部电路和文字性说明一类的补充信息，如图 4-10b 所示。简化电路也包括理解电路所必需的外部电路或公共电路的简化。

2. 概略图

（1）作用

1）概略图表示系统、分系统、成套装置、设备、软件等的概貌，并示出各主要功能件之间和（或）各主要部件之间主要关系和连接的相对简单的简图，通常用单线表示。

2）概略图除上述的功能外，还可用作进一步设计工作的依据，编制更详细的功能图和电路图。

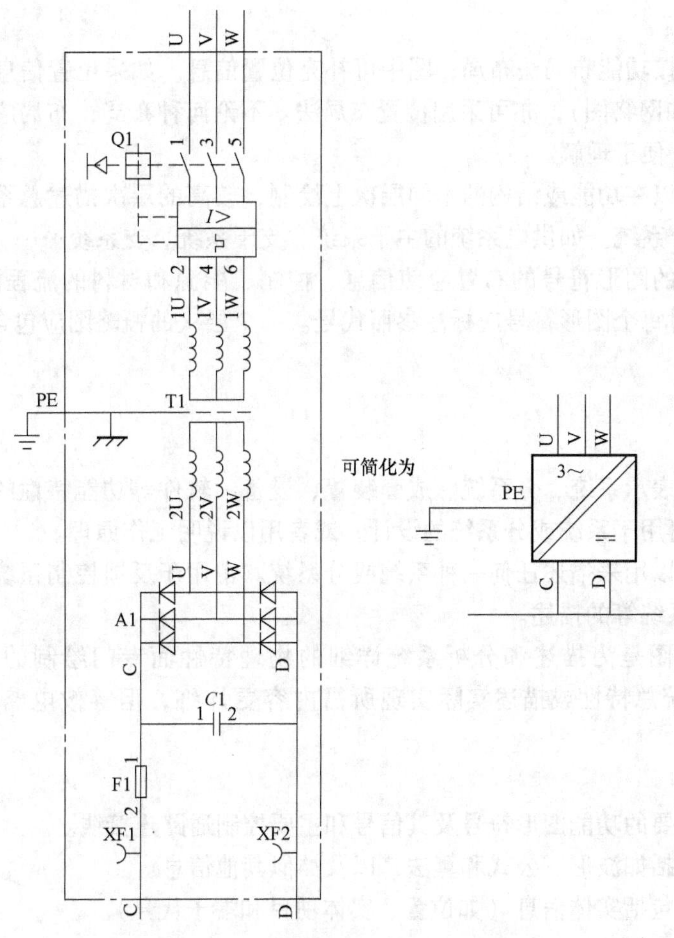

图 4-12　用方框符号简化表示的示例

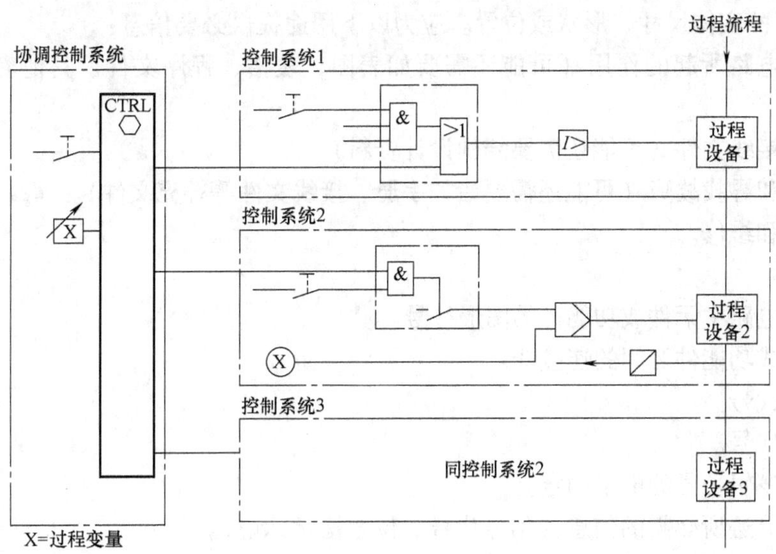

图 4-13　重复电路简化的示例

（2）布局要领

1）概略图应按功能布局法布局，图中可补充位置信息。如果位置信息对理解概略图的功能很重要时（如网络图），亦可采用位置布局法。不论何种布局，布局应排列均匀，图面清晰，便于识图，便于理解。

2）概略图中以在功能或结构的不同层次上绘制，较高的层次描述总系统，而较低的层次描述系统中的分系统。如供电系统的主干系统、支干系统、支系统……

3）表示项目的图形符号的布置应使信息、控制、能源和材料的流程清楚，可以辨认，可以区别，必要时每个图形符号应标注参照代号。一个层次的概略图应包含检索描述较低层次文件的标记。

3. 功能图

（1）作用

1）功能图应表示系统、分系统、成套装置、设备、软件等功能特性的细节，但不考虑功能如何实现。可用于系统或分系统的设计，或者用以说明工作原理。

2）功能图可以用来描述任何一种系统或分系统。常用于反馈控制系统、继电器逻辑系统、二进制逻辑系统等的描述。

3）等效电路图是为描述和分析系统详细的物理特性而专门绘制的一种特殊的功能图。常比描述系统总特性或描述实际实现所需内容更详细，但等效电路图不是电路图中的一种。

（2）内容

1）应包括必要的功能图形符号及其信号和主要控制通路连接线。

2）还可以包括如波形、公式和算法，以及类似其他信息。

3）一般并不包括实体信息（如位置、实体项目和端子代号）。

4. 电路图

（1）作用　电路图表示系统、分系统、成套装置、设备等实际电路的细节，但不必考虑其组成项目的实体尺寸、形状或位置。应为以下用途提供必要信息：

1）了解电路所起的作用（可能还需要如表图、表格、程序文件、其他简图等补充资料）。

2）编制接线文件（可能还需要结构设计资料）。

3）测试和寻找故障（可能还需要诸如手册、接线文件等补充文件）。

4）安装和维修。

（2）内容

1）表示电路中元件或功能件的图形符号。

2）元件或功能件之间的连接线。

3）参照代号。

4）端子代号。

5）用于逻辑信号的电平约定。

6）电路寻迹所必需的信息（信号代号、位置检索标记）。

7）了解功能件所必需的补充信息。

8）发电厂和工厂控制系统的电路图对主电路的表示，还应便于研究主控系统的功能。

对于电路或其一部分，一般采用单线表示法表示。需要时也可采用多线表示法（如互感器的连接）。

二、安装、位置文件

1. 电气设备的制造与安装

（1）制造与安装阶段

1）制造　将组成电气设备的元器件、单元部件在制造厂装配、连接在相应的屏、箱、柜、台、桌内，并进行测试、检验，使其成为电气设备的过程为制造。这一过程又被称为电气设备的成套过程。

2）安装　将组成电气系统的各种电气设备在现场进行布置、固定和互连的作业就是安装。安装的目的是为配套运行做好准备。安装的成果就是使其成为电气设施系统，简称为系统，如房屋的照明系统。

（2）安装、位置文件　电气系统可以安装在不同的物体内，如船舶、建筑物、矿山等。用以指导制造、安装工作进行的技术文件即为“安装、位置文件”，规范称为“安装文件”。其作用为：

1）首先满足制造、使用或维修的需要。为此可能还需包含有安装的重要信息的种种补充文件。

2）支持项目安装阶段的如下作业：

①安装管道、导管、机架等。

②铺设导线和电缆。

③设备固定。

④设备互联。

⑤安装检验。

⑥其他。

3）用作安装制造阶段以外的其他作业的依据。

①材料和工作的说明和计算。

②设备支承物（如底座）的设计。

③其他系统的设计。

考虑到所制造设备及所安装系统的复杂性，通常要对一个项目内的各设备或系统单独编制其“安装、位置文件”。因为在安装所需信息方面，不同系统可能有不同的要求。也有对项目只编制一个综合表达形式的文件，但文件中应当能明显地将不同的设备与系统彼此区分。需要编制和提供哪种文件，服从各有关方面的协议，依据项目的规模和复杂程度，由特定任务或安装项目所需信息而定。

（3）信息与文件的对应关系　对于每一种制造安装作业，都需一定数量的信息。根据系统的复杂性，所规定的规则、章程、标准、用户约定等能否易于得到，或者安装人员的技能、文件中所提供的信息量可能彼此大不相同。应根据各方的协议，合同中所规定的不同种类的安装、位置文件和补充文件来提供。

表 4-5 列出了不同作业所需信息及可能提供这些信息的文件的种类。表中用“◎”标注最少信息量。如果有协议，表中用“●”标注补充信息，它也可能为强制性。表格可以增加行或列，以覆盖一定用途或项目的需要。

表 4-5　安装作业所需信息及文件种类

文件种类 作业 作业用信息	概略图	电网图	电路图	装配图	布置图	电缆路由图	接地平面图	安装简图	接线文件	电缆铺设	元件表	标记表	数据清单	安装说明
场地设备安装准备														
户外位置		◎			◎		●	●						●
户内位置					◎		●	◎						●
基准点		◎		◎	◎		●	◎						
距离		●		●	◎		●	●						●
物体主要尺寸		●		●	◎			●					◎	
固定信息													◎	●
电缆铺设准备														
户外位置		◎			◎	◎								●
户内搁置					◎	◎		●						●
基准点		◎			◎	◎		●						
路由		●			●	◎		●						●
电缆或导线固定件安装														
路由		●		●	●	◎		●						●
距离		●			●	◎								●
尺寸						●					●			●
材料或元件型号					●	●		●			◎			●
代号					◎			●				●		●
单元组装(在场地)														
元件识别标记					●						●	●		●
元件位置					●									●
专用工具或程序				●	●						●		◎	●
组件和单元安装														
户外位置	●	◎			◎	●	●							
户内位置	●				◎	●	●	◎						
专用工具或程序														●
识别标记	◎	◎			◎			◎			◎	●		
最大载荷/(kg/m^2)					●			●						●
重量					●			●			●		●	●
单一的项目安装														
近似位置		●			◎	●		◎						●
按比例的位置		●			●	●		●						●
项目种类	●	●			◎			◎						●
项目型号	●	●			●			●			◎			●
检索代号	●	◎			◎			◎			◎	●		
电缆和导线铺设														
型号	●	●			●	●	●	●	●	◎				●
长度										●				
端点	●	●			●	◎	●	◎	◎	◎				
路由		●			●	◎	●	●		●				●

（续）

作业用信息＼作业＼文件种类	概略图	电网图	电路图	装配图	布置图	电缆路由图	接地平面图	安装简图	接线文件	电缆铺设	元件表	标记表	数据清单	安装说明
检索代号	●	●			●	◎		●	●	◎		●		●
特殊处理										●				●
作标记														
位置							●					◎		
识别标记												◎		
额定值												◎		
接线工作														
端子代号	●		●		●		●		◎					
检索代号	●		●				●		◎	●		●		
芯线代号	●		●						◎					●
专用工具或程序									●				●	●
电缆型号	●		●				●		◎					●
检测、目测														
位置	●	●		●	●	●	●	●		●				●
代号	●	●		●	●		●	●	●	●				●
接线	●						●	●	●					●
材料或元件型号	●				●		●	●			●			●

注：布置图可包括装有电气设备或元件的任何大小的安装区域或对象，例如场地、建筑物、机柜或印制电路板。

2. 文件编制的规则

文件主要通过物体的简化外形、物体的主要尺寸和（或）它们之间的距离、代表物体的符号来说明物体的相对位置或绝对位置和（或）尺寸。如果需要，还可包括“位置”外的其他信息。安装位置信息可以与必需的安装电气物体周围环境的信息一并提供。

（1）编制的条件——基本文件　编制位置文件需由有关部门提供基本文件。基本文件的绝大部分由非电气技术人员按照相应标准绘制，包括建筑文件、地貌图、总平面图等。如经同意，他们可用等角投影法或透视法绘制这些基本文件。

对基本文件信息量的要求，服从于和安装项目有关的各方协议。为进行电气设计而交付的文件可能缺少有关非电设施、家具、装饰件等项目的信息。如果这类信息需要用来规划电气安装，则应通过另外的基本文件提供。

（2）布局

1）布局应清晰，以便读取和理解所包含的信息。

2）非电物体的信息只有当对理解文件和安装设施十分重要时，才应示出。一旦示出非电物体，则应使之与电气物体有明显的区别。

3）应选择适当的比例和表示法以避免文件拥挤，书写的信息应置于与其他信息不相冲突的地方，最好在主标题栏的右上方。

4）如有必需的信息包含在其他文件中（如安装说明），应在文件上注出。

（3）表示法

1）元件

①电气元件通常用表示其主要轮廓的简化形状或图形符号来表示。

②安装方法和（或）方向应在文件中表明。如果元件中有的项目要求不同的安装方法或方向，则可以在邻近图形符号处用字母特别标明，必要时可定义其他字母。

③对于没有标准化的图形符号，如果符号不实用，则可用其简化外形来表示。

④如果需要非电气元件的图形符号，则应从相关的国家标准中选取。

图 4-14 所示为从国家标准中摘下的应用示例。

图 4-14a 所示为带开关的三个电源插座装在侧壁上，“H”表示水平安装。

图 4-14b 所示为单极开关和电源插座接到横向线上。

图 4-14c 所示为两个照明引出端，一个装于墙内，并分支到装于顶棚内的另一个。

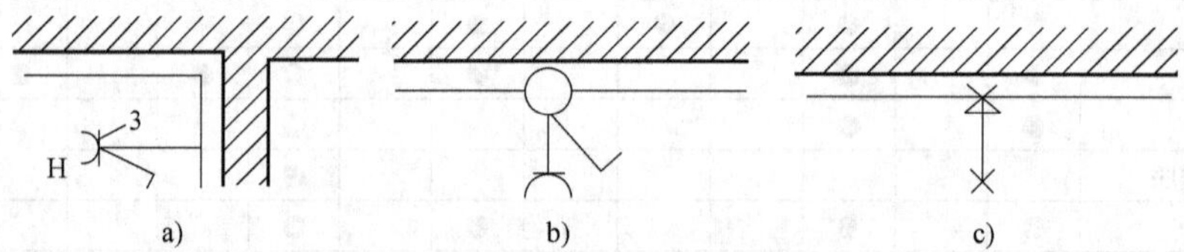

图 4-14　电气元件表示的应用示例
a）三个带开关电源插座　b）单极开关与电源插座　c）墙内和顶棚各一引出端

2）连接线

①要求示出导线时，则应按规范采用单线表示法绘制，仅当需要表明复杂连接的细节时才采用多线表示法。

②连接线应该明显地区别于表示地貌或结构和建筑内容用线，如采用不同的线宽或墨色以区别，也可在墙的断面画剖面线或阴影线来区别。

③当平行线甚多，可能使图过于拥挤时，建议采用简化方法，如画成线束或中断连接线。表示连接线存在的其他方法是采用参照代号。

3）充分利用 CAD 技术

①应用 CAD 系统时，在不影响正式文件（如在复印或印刷之后）可读性的限度内，对于基本细节可采用浅灰墨迹或不同颜色，改善对比度。

②采用分层技术可将不同的系统分开保存，每一种系统被置于它自己的分层内。但应尽可能把不同的分层连接在一起，所有分层的基准应为上述所列基本图。

4）参照代号的应用　对于复杂设施需要应用参照代号系统时，应在图中或简图中的每个图形符号旁标注参照代号。参照代号内容详见第二章第四节。

5）技术数据　各个元件的技术数据通常应在元件表中列出。为清晰起见，或者为了识别不同于绝大多数项目的数据，也可把特征值标注在图中的图形符号和参照代号旁。详见第六至第十四章实例图样。

3. 各类文件的要求

（1）基本文件　作为“安装、位置文件”的条件，基本文件提供的条件必须充分。

1）总平面图　通常表示场地电气设备配置的安装文件的基础。

①应按比例绘制，并应清楚标志标明所采用的比例。

②应示出地貌或建筑物场地的形态，以及用以规划电气设施和安装电气设备所需要的全部信息。

③应有地理定向点、指示符、建筑物的位置和外形、交通区、服务网络、出入工具、主要项目和边界。

④应示出对区域内的设施有任何重大影响的邻近的设施，如电力线或电力桥。

2）建筑物图 “建筑物”在此指所有包容成套设备或系统的容器，如房屋、船舶、飞机及海上平台等。因此建筑物图大都是说明建筑物内电气设备位置的安装文件的基础。供电气安装用的建筑物图，除非另有协议，应按比例绘制，并应明显标志标明比例。图上应有下列信息：

①用平面图和剖面图示出房间、机舱、走廊、孔道、窗、门等外形和结构细节。

②建筑障碍物，如结构钢梁和柱。

③楼层或盖板的负荷容量（若有必要时）和对切割、打孔或焊接的限制。

④专用设施如升降机、吊车、供热、冷却和通风系统的房屋。

⑤其他对电气安装重要的设备。

⑥危险区（若存在）。

⑦接地点。

3）机械部件布置图 用来提供电气元件安装和接线的信息，应有下列信息：

①可供利用的空间和所需出入通道。

②固定方法。

③导线路径和（或）固定方法。

④出入点。

⑤绝缘状况。

⑥封装（防潮、防尘、防爆）要求。

⑦接地点。

(2) 安装、位置文件 安装、位置的文件规范表示为图4-15所示的树枝状结构。

1）现场设备配置的位置文件

①布置图 以总平面图为基础的现场安装文件，应包括有关户外部件的信息，如附属于建筑物的户外照明、街道照明、交通管制、网络监视等信息。

②安装简图 补充了电气部件之间连接信息的现场安装图。

③电缆路由图 大多数是以总平面为基础的一种文件，图中示出电缆

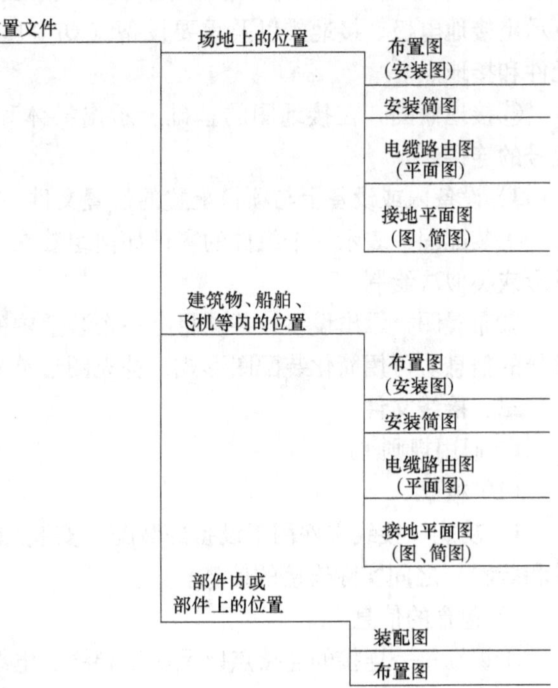

图4-15 安装、位置的文件的树枝状结构

沟、槽、导管、线槽、固定件等和（或）实际电缆或电缆束的位置。现场电缆路由图应限于只表示电缆路径，必要时可表示为支持电缆敷设和固定所安装的辅助器材，需要时应补充各个项目的编号。若表示尺寸，则应把尺寸连同相关零件编号/电缆线一并补充。为准确说明路径、每根电缆长度计算和电缆附件的规定，给每个基准点以编码。

④接地平面图（接地图） 在总平面图基础上绘制用来示出接地电极、接地排的位置及示出重要设备（如变压器、电动机、断路器等）的接地元件和接地点的布置图。图中还可示出照明保护系统，或在单独的照明保护图、照明保护简图中示出该系统。

⑤现场接地简图 在现场接地平面图的基础上，还应示出接地导体的简图。此时应示出导体和电极的尺寸和（或）代号、连接方式、埋入或埋入深度。

2）建筑物内或其他项目内设备配置的位置文件

①布置图（安装图） 在建筑物图的基础上绘制，电气设备的元件采用图形符号或简化外形来表示。图形符号应示于元件的近似位置。必要时，可示出实际距离和（或）尺寸。在某些情况下，该文件可补以详图或说明，并包括有关设备识别的信息和代号。如无场地布置图，建筑物的设施也应在此图示出。

②安装简图 同时示出元件位置及其连接关系的布置图（安装图）。在安装简图中要画出连接线或者要示出连接的实际路径，或者要示出哪些元件和以何种顺序接到每个电路。

③电缆路由图 以建筑物图为基础示出电缆沟、槽、导管、固定件等和（或）实际电缆或电缆束的位置。对于复杂的电缆设施，示出将有助于电缆敷设的工作，必要时应补充参照代号。如用尺寸来标注，则应补充尺寸、元件表中的代号和铺设方法，并给出固定导体的信息及接地电极的安装。

④接地图 在建筑物图或其他建筑图的基础上绘制，只包括一个接地系统。在接地图上应示出接地电极、接地排以及重要设备（如变压器、电动机、断路器、开关柜等）的接地元件和接地点。

⑤接地简图 在接地图的基础上示出导体和连接关系。必要时，应示出尺寸和（或）代号的连接。

3）设备内或设备上与项目配置的位置文件

①装配图 表示一个组件的零件如何组装在一起的图。按比例绘制，也可按透视、轴侧投影或类似法绘制。

②布置图 示出设备或某项目上一个装置中的项目和元件的位置，还应包括设备识别和代号的信息。可用简化装配图形式，补充图形符号或元件的简化外形。

三、接线文件

1. 通用规则

（1）概念

1）功能 接线文件用于设备的装配、安装和维修，提供各个项目（如元件、器件、组件和装置）之间实际连接的信息。

2）包含的信息

①识别每一连接的连接点以及所用导线、电缆的信息。对端子接线图和端子接线表，则仅需示出一端。

②线缆的种类信息，如型号、牌号、材料、结构、规格、绝缘颜色、电压额定值、导线

板及其他技术数据。

③导线号、电缆号或项目代号。

④连接点的标记或表示方法，如参照代号、表示图形。

⑤敷设、走向、端头处理、捆扎、绞合、屏蔽等说明或方法。

⑥导线或电缆长度。

⑦信号代号和（或）信号的技术数据。

⑧需补充说明的其他信息：

● 提供信息的方法。接线文件提供的信息以表示清楚为原则，可采用简图或表格，或二者结合的形式。当需要特别约定时，如表示靠近或挪开等方法，应在文件或相关文件中示出或加标记。

● 分类。以简图形式提供接线信息的接线文件称为接线图。以表格形式提供接线信息的接线文件称为接线表。接线文件的分类见表 4-6。

表 4-6　接线文件的分类

接线文件	分类	接线文件	分类
接线图	单元接线图 互连接线图 端子接线图 电 缆 图	接线表	单元接线表 互连接线表 端子接线表 电 缆 表

（2）接线图的通用规则

1）接线图布局应采用位置布局法，但无需按比例。

2）元件应采用简单的轮廓（如正方形、矩形、圆形）或简化的图形表示，也可采用 GB/T4728 规定的图形符号表示。

3）端子应清楚示出，但无需示出端子符号。如要求给出端子符号时，则应示出。

4）端子间的实际导线可采用下述两种表示法。

①连续实线　可采用单线或多线表示。单元或装置含有多个导线组、电缆、电缆束时，可彼此分开并标以不同的参照代号。图 4-16 为其示例。

②中断线　在导线中断处示出参照代号，表示中断线之间实际相连接的关系。图 4-17 为其示例，图 4-16 与图 4-17 为同一单元，可将此两方法对比。

5）不同类型的线缆连接的表示方法示例于从规范中引用的表 4-7。

（3）接线表的通用规则

1）接线表布局　在一张图中，导线只能任选两种表示方法中的一种。

①以连接线为主的格式　将连接线号在表中依次列出，并对应列出与连接线相接的所有端子或端子代号，见表 4-8。

表 4-8 示出的单元与图 4-16、图 4-17 所示为同一单元，是以连接线为主的单元接线表的示例。在“连接线”的“备注”栏内，导线 44 和 45 的注释“绞合 1”表示该导线形成一对绞合线，导线 46 和 47 形成另一对绞合线。表 4-8 中在连接点的“备注”栏中，注释分别表示接到同一端子上的第二根导线或元件。在连接线的“线号栏”中符号“ – ”表示无需使用导线，即可用元件的引线直接连接。此时，二极管 – V1 的引线分别接到 – K13 的“1”及“2”号端子上。“短接线”表示无导线号的短连接线。

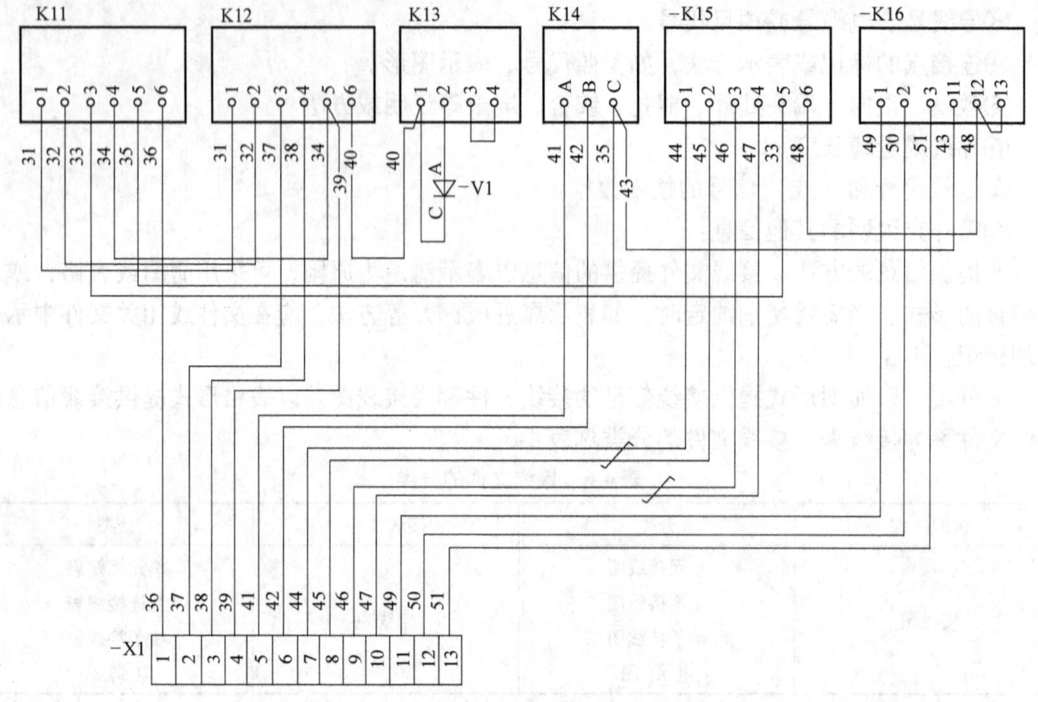

图 4-16　采用连续实线的单元接线图示例

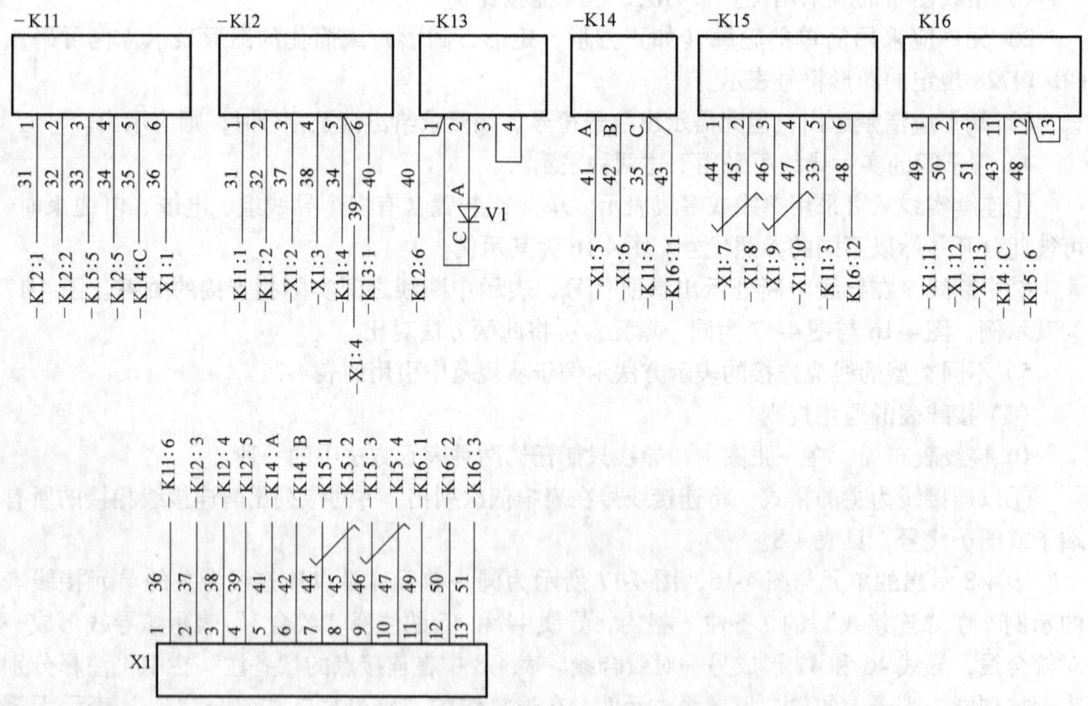

图 4-17　采用中断线的单元接线图示例

表 4-7　不同类型的线缆连接的表示方法示例

例	图	说　明
1	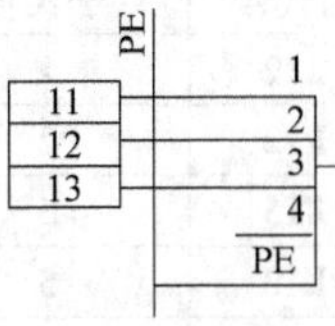 PE 11 12 13 1 2 3 4 PE −W161 +B5	来自单元 + B5 的电缆 - W161；电缆芯线 1、2 和 3 分别接端子 11、12 和 13；保护接地导体 PE 接保护接地条；表示电缆的线可位于粗线的任一点上，而与交点分开
2	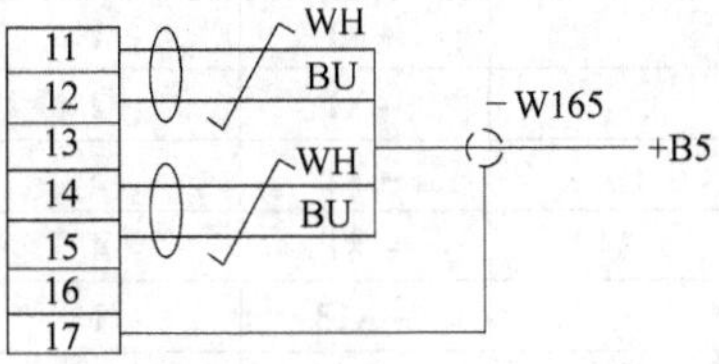 11 12 13 14 15 16 17 WH BU WH BU −W165 +B5	有两对绞合屏蔽线的屏蔽电缆 - W165
3	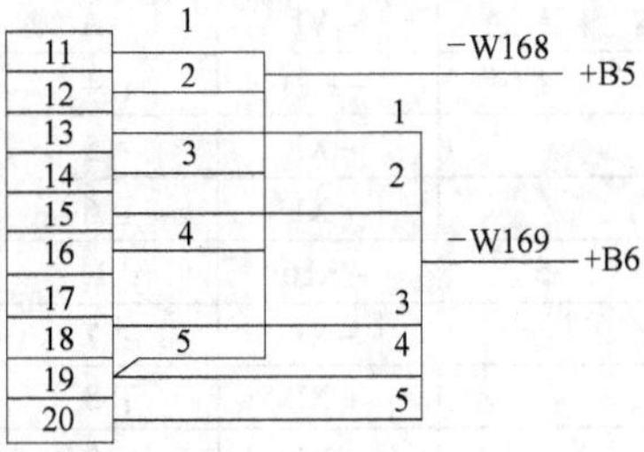 11 12 13 14 15 16 17 18 19 20 1 2 3 4 5 −W168 +B5 1 2 −W169 +B6 3 4 5	图中两根电缆交错；电缆 - W168 的芯线接端子 11、12、14、16 和 19；而电缆 - W169 的芯线接 13、15、18、19 和 20
4	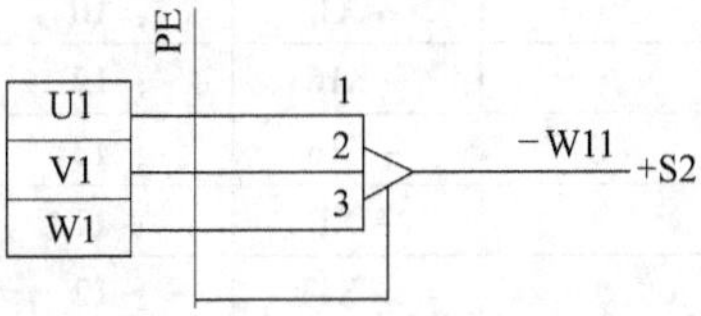 PE U1 V1 W1 1 2 3 −W11 +S2	端头密封的电力电缆 - W11；若有密封壳和金属铠装时接保护接地条
5	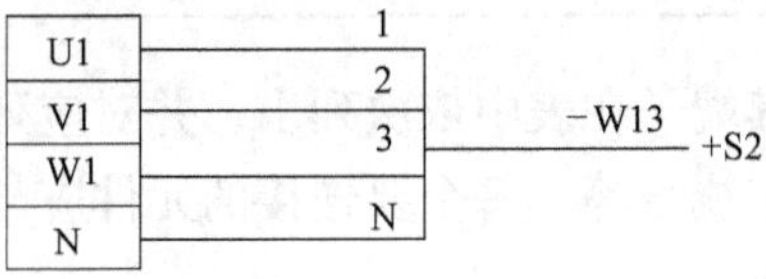 U1 V1 W1 N 1 2 3 N −W13 +S2	带中性线的电力电缆 - W13（注：中性线可设计成四芯电缆中一芯或三芯电缆外加的一根公共导线）
6	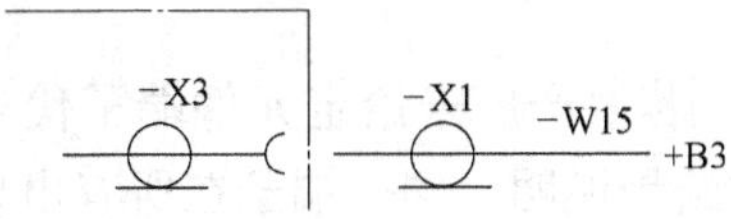 −X3 −X1 −W15 +B3	同轴电缆 - W15，配有同轴插头 - W15X1 接组件中相应的插座 - X3
7	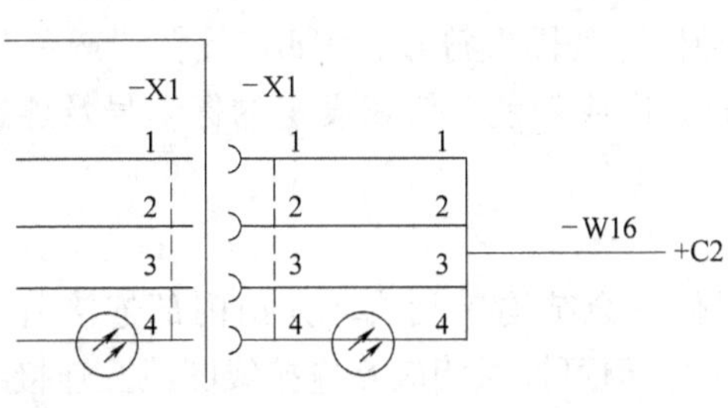 −X1 −X1 1 2 3 4 1 2 3 4 1 2 3 4 −W16 +C2	由四根导线，其中一根为光纤组成的电缆 - W16 配有插座 - W16X1，连接组件中相应的插头 - X1

表 4-8 以连接线为主的单元接线表示例

连接线			连接点					
型号	线号	备注	项目代号	端子代号	备注	项目代号	端子代号	备注
	31		－K11	：1		－K12	：1	
	32		－K11	：2		－K12	：2	
	33		－K11	：3		－K15	：5	
	34		－K11	：4		－K12	：5	39
	35		－K11	：5		－K14	：C	43
	36		－K11	：6		－X1	：1	
	37		－K12	：3		－X1	：2	
	38		－K12	：4		－X1	：3	
	39		－K12	：5	34	－X1	：4	
	40		－K12	：6		－K13	：1	－V1
	—		－K13	：1	40	－V1	：C	
	—		－K13	：2		－V1	：A	
	短接线		－K13	：3		－K13	：4	
	41		－K14	：A		－X1	：5	
	42		－K14	：B		－X1	：6	
	43		－K14	：C	35	－K16	：11	
	44	绞合 1	－K15	：1		－X1	：7	
	45	绞合 1	－K15	：2		－X1	：8	
	46	绞合 2	－K15	：3		－X1	：9	
	47	绞合 2	－K15	：4		－X1	：10	
	48		－K15	：6		－K16	：12	短接线
	短接线		－K16	：12	48	－K16	：13	
	49		－K16	：1		－X1	：11	
	50		－K16	：2		－X1	：12	
	51		－K16	：3		－X1	：13	

②以端子为主的格式　将需要连接的元件及其端子在表中依次列出，并对应列出与端子相接的连接线，包括参照代号、导线电缆和电缆芯线号等。每个要连接的元件应与其端子一起依次列出，对每个端子应示出与之有关的连接线。

2）元件应采用参照代号表示。

3）端子应采用标志在元件上的端子代号表示　若生产厂未给定元件端子代号，则应设定任意的端子代号。此时应在接线表或相关文件中给予说明。同一端子在所有出现该端子代号的相关文件中应使用相同的端子代号。如端子代号存在图形符号或颜色的形式，则可采用标准文字符号代替，如用 PE 代替“保护接地导体”的图形符号，用 BU 代替“蓝色”。

4）导线的表示可用参照代号、实际连线的标记或颜色、任意设定的标识号及连接的端子组中的一种或多种方法表示。

2. 单元接线图/表

（1）功能　单元接线图和单元接线表应提供一个结构单元或单元组内部连接所需的全部信息。单元之间外部连接的信息无须包括在内，但可提供相应互连接线图或互连接线表的参照代号。

（2）表示方法　单位接线图中元件符号的排列，应选最能清晰表示出各个元件的端子和连接的视图。当一个视图不能清楚地表示出多面布线时，可采用一个以上的视图。端子无须示出，其排列应与实际元件上的相同。当元件叠成几层时，为便于识图，在图中可用翻转、旋转或移开方法示出这些元件，并加注说明。

（3）示例　图4-16是以连续线表示导线的接线图示例；图4-17是同一单元，以中断线表示导线的接线图示例；表4-8是同一单元，以连接线为主格式的接线表示例。

3. 互连接线图/表

（1）功能　互连接线图和互连接线表应提供设备或装置不同结构单元之间连接所需信息。无须包括单元内部连接的信息，但可提供适当的检索标记，如参考单元接线图或单元接线图，或者用参照代号作为内部元件的检索标记。

（2）表示方法　元件和连接线应绘制在同一平面内。示例可见：

1）图4-18a所示为采用多线表示法的互连接线图，图中－W109电缆末端的信息补充了远端的参照代号。

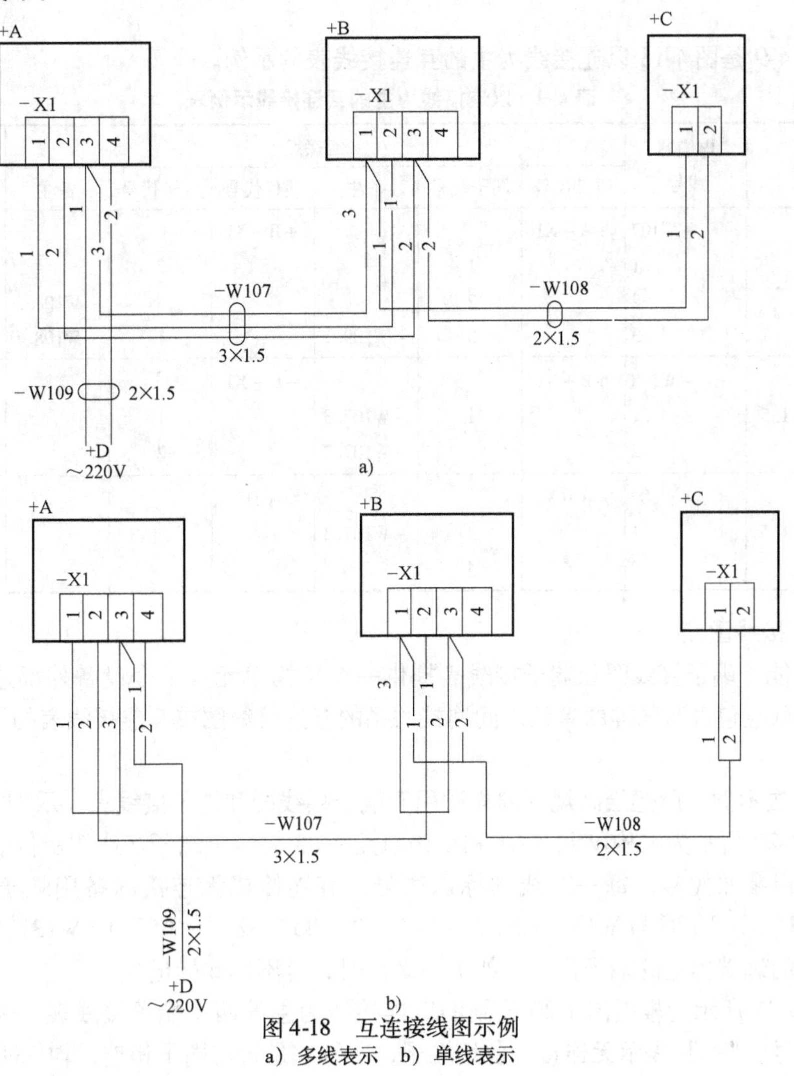

图4-18　互连接线图示例
a）多线表示　b）单线表示

2）图 4-19a 所示亦为采用多线表示法的互连接线图，它的每端配有连接器的预制电缆 – W3。

3）图 4-18b 所示为采用单线表示法的互连接线图示例，与图 4-18a 为同一设备。

4）图 4-19b 所示亦为采用单线表示法的互连接线图示例，与图 4-19a 为同一设备，另外图中每一根连接线还补充了电压种类的信息。

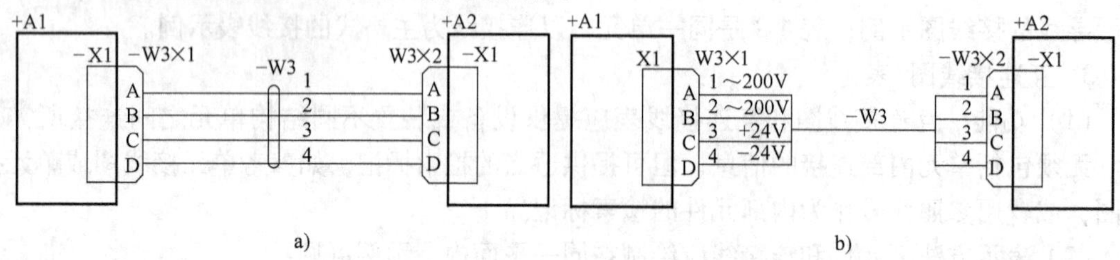

图 4-19　配有电缆连接器的互连接线图示例

a）多线表示　b）单线表示

（3）表 4-9 是图 4-18 以连接线为主的互连接线表的示例。

表 4-9　以连接线为主的互连接线示例表

电缆型号	电缆芯线号	连接点						备　注
		项目代号	端子代号	备注	项目代号	端子代号	备注	
	– W107	+ A – X1			+ B – X1			
HO5VV – U3 × 1.5	.1		1			2		
	.2		2			3	– W108.2	
	.3		3	– W109.1		1	– W108.1	
	– W108	+ B – X1			+ C – X1			
HO5VV – U2 × 1.5	.1		1	– W107.3		1		
	.2		3	– W107.2		2		
	– W109	+ A – X1			+ D			
HO5VV – U2 × 1.5	.1		3	– W107.3				辅助电源电压 AC 220V
	.2		4					

4. 端子接线图/表

（1）功能　端子接线图和端子接线表提供一个结构单元或一个设备外部连接的所需信息。这些信息应包含与同样的单元之间连接关系的互连接线图或互连接线表的同一形式的相同信息。

（2）方法示例　所述绘制规则同样适用于端子接线图和端子接线表。示例如下：

1）图 4-20 所示为结构单元 + A4 和结构单元 + B5 的两个端子接线图示例。图中每一电缆末端均标以参照代号，每一芯线均标以线号，有连接或无连接的备用端子均标明“备用”。“ + A4”中 W136 与 W137 末的“ – B4”、“ – B5”及“ + B5”中 W137 末的“ + A4”为补充标注的远端标记的端子代号。如果不必需时，可不作此标记。

2）图 4-21 所示为根据图 4-20 编制的以连接线为主的两个端子接线表。表中列出了远端的端子代号，“—”表示无连接。备用端子，不管它是否与端子相连，均标明“备用”。

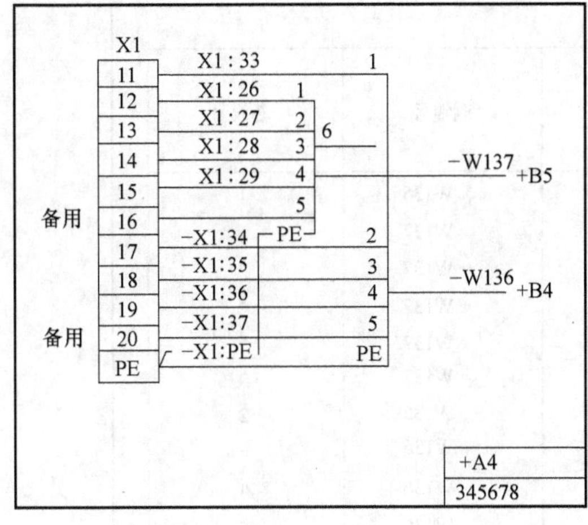

a)

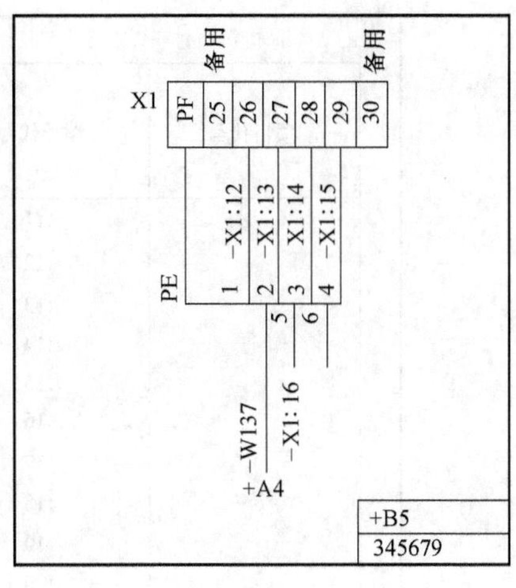

b)

图 4-20　两个端子的端子接线图示例

a）无远端标记的端子代号　b）补充了远端标记的端子代号

电缆号	芯线号	端子代号	远端标记	备注
−W136			+B4	
	PE	−X1:PE	−X1:PE	
	1	−X1:11	−X1:33	
	2	−X1:17	−X1:34	
	3	−X1:18	X1:35	
	4	−X1:19	−X1:36	
	5	−X1:20	−X1:37	备注
−W137			+B5	
	PE	−X1:PE	−X1:PE	
	1	−X1:12	−X1:26	
	2	−X1:13	−X1:27	
	3	−X1:14	−X1:28	
	4	−X1:15	−X1:29	
	5	−X1:16	—	备注
	6	—	—	备注

+A4

234567

电缆号	芯线号	端子代号	远端标记	备注
−W137			+A4	
	PE	−X1:PE	−X1:PE	
	1	−X1:26	−X1:12	
	2	−X1:27	X1:13	
	3	−X1:28	−X1:14	
	4	−X1:29	−X1:15	
	5	—	−X1:16	备用
	6	—	—	备用

+B5

234567

图 4-21　有远端标记的以连接线为主的两个端子接线表示例

3）图4-22所示为根据图4-20中单元+A4端子接线图编制的以端子为主的端子接线表。

项目代号	端子代号	电缆号	芯线号
-X1	:11	W136	1
	:12	W137	1
	:13	-W137	2
	:14	-W137	3
	:15	W137	4
	:16	-W137	5
	:17	W136	2
	:18	W136	3
	:19	W136	4
	:20	W136	5
	:PE	W136	PE
	:PE	W137	PE
	备用	-W137	6

+A4
345778

图4-22　以端子为主的端子接线表示例

5. 电缆图/表

(1) 功能　电缆图和电缆表提供设备或装置的结构单元之间铺设电缆所需的全部信息，必要时包含电缆路径的信息。电缆组可以采用单线表示法表示，并加注电缆的参照代号。

(2) 作法示例

1）图4-23a所示是图4-18a所示系统的电缆图示例。

2）图4-23b所示是配有连接线的预制电缆的电缆图示例。图中包含-A1、-A2和-A3三个单元。其中，单元-A1和-A2间的五芯屏蔽电缆-W1通过各自配有的插头-X1互连。单元-A1和-A3，由自-A3引出的九芯屏蔽线通过-A1配有的插头-X2互连。另外，-A1和-A2通过配有的-X9插座引出-W9/-W10引入电源，而-A3通过自身直接引出的-W2接入电源。

3）图4-23c所示为单线表示电缆组的电缆图示例。

4）表4-10为图4-23a（即4-18a）所示系统的电缆表示例。

四、明细表及说明文件

按表1-4“电气技术文件种类表”的分类，在电气工程中常接触到的仅有“主要设备材料表”及“设计施工说明”。前者应归于“明细表文件”中的“设备、元件表”，后者应归介于“说明文件”中“安装说明”及“其他文件”之间。

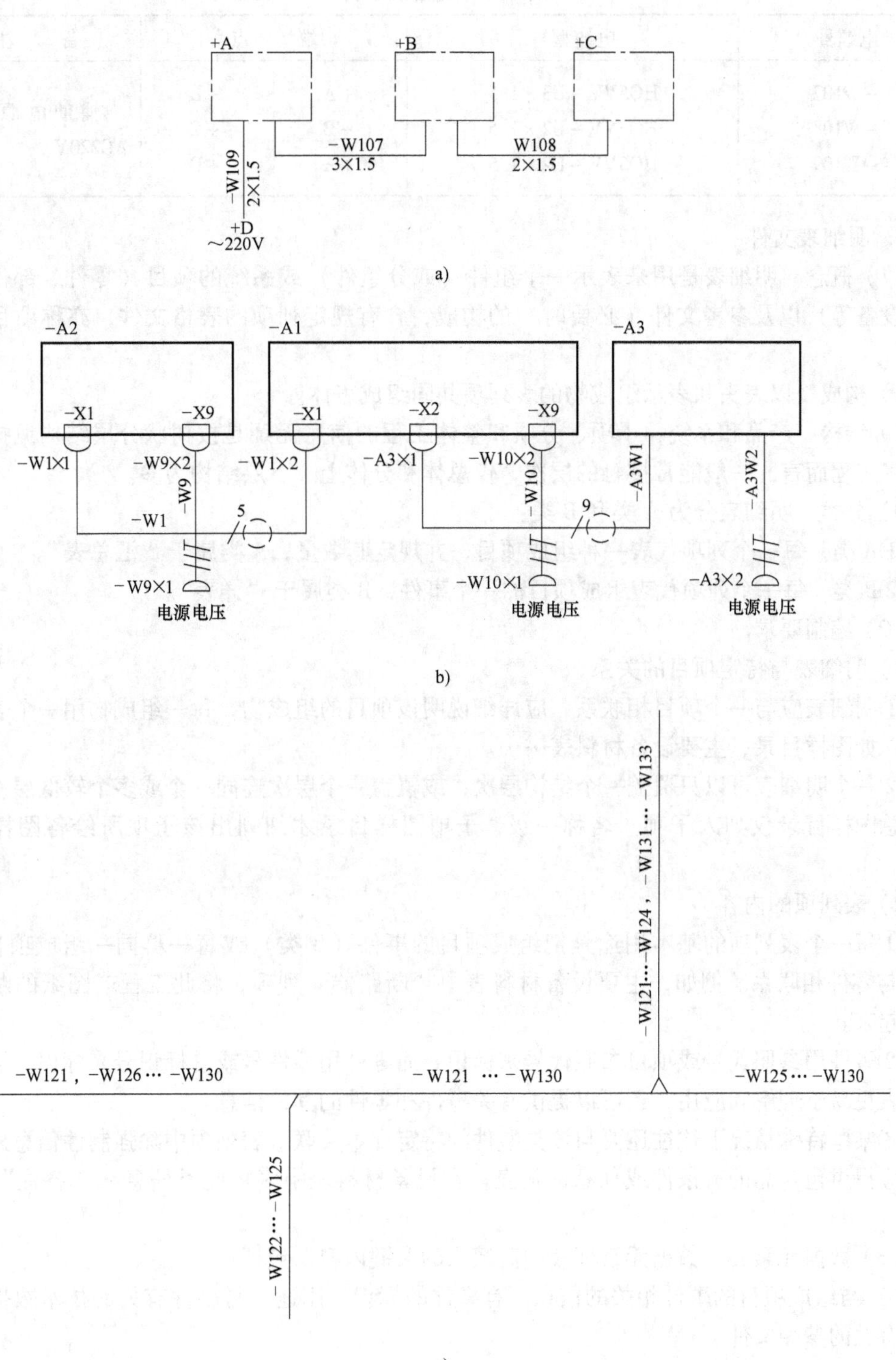

图 4-23　电缆图示例

a）单元互连　b）单元间以配连接器控制电缆互连　c）用单线表示的电缆组互连

表 4-10　电缆表示例

电缆号	电缆型号	端　点		备　注
－W107	HO5VV－U3×1.5	＋A	＋B	辅助电源电压 AC220V
－W108	HO5VV－U2×1.5	＋B	＋C	
－W109	HO5VV－U2×1.5	＋A	＋D	

1. 明细表文件

（1）概念　明细表是用来表示一个组件（或分组件）或系统的项目（零件、部件、软件、设备等）以及参考文件（必要时）的构成，含有规定列项的表格文件，亦称项目表文件。

1）构成　以表头和表示组成物的表列项共同组成表体。

2）结构　产品和系统，子项、分项和整体工程的信息无疑是按树状分层结构编排，但就电气工程而言，一般能常接触的层次，仅总体和分体上、下层结构为多。

3）分类　明细表分为 A 类和 B 类：

①A 类　每一个列项代表一种组成项目，并规定其数量，A 类属于“汇总表”。

②B 类　每一个列项代表组成项目的一个事件，B 类属于“详表”。

（2）编制要求

1）明细表与特定项目的关系

①明细表应与一个项目相联系，应详细说明该项目的组成物，每一组成物用一个表列项表示，如图样目录、主要设备材料表……。

②一个明细表可以只覆盖一个结构层次，或覆盖一个层次连同一个或多个较低层次。例如，总图样目录仅列入子项、名称一级，子项图样目录才细列出该子项所绘各图样名称……。

2）表列项的内容

①每一个表列项的基本用途是把组成项目的事件（B 类）或每一群同一组成项目（A 类）与零件相联系。例如，主要设备材料表中“断路器”列项，将此工程或图纸的断路器联系起来。

②事件用参照代号或项目参照代号来标识，而零件用零件号或总标识号来标识。为了使明细表更易于理解和应用，还可以提供有关事件和零件的其他信息。

③某些特殊情况下往往还要与该类参件的特定样本关联。表列项中除强制性信息外，同时还应提供包含总的有条件或任意的信息。在设备材料表中多将此类信息在“备注”栏列出。

（3）数据元素类　数据元素即表中需填入的关键内容，包括：

1）与组成项目的事件相关的信息，有事件的标识、用途、与事件有关的技术数据及与事件有关的参照文件。

2）与数量和尺寸相关的信息。

3）与组成项目类型相关的信息，有类型标识、类型说明及与类型有关的参照文件。

2. 说明文件

GB/T 19678—2005“说明书的编制构成、内容和表示方法”等同采用 IEC62079：2001，为了适应从单一产品到复杂的大型工业成套设备，其叙述在工程电气中颇难操作。在电气工程中说明书文件主要是“设计施工说明”，在三个不同的设计阶段要求各不相同。

（1）方案设计阶段的设计说明书

1）相对分量　在“图样”、“计算书”及“说明文件”这工程设计文件三大组成中，说明文件占最大比重。方案设计，亦称方案论证，往往是以“方案论证报告”为代表。这报告中除必附极少量图样外，便是设计方案的说明文件。

2）内容　方案设计阶段应包括七方面内容：

①征得主管部门同意的电源设施及外部条件、供电负荷等级、供电设施。

②列表说明全厂装机容量、用电负荷、负荷等级和供电参数。根据使用要求和工艺设计，汇总整理有关资料，提出设备容量及总容量各种数据。

③总变/配电所布局和位置，建所规模，确定负荷的大小。

④全厂供电系统选择，到配电箱为止的干线敷设方式。大型公共建筑与建筑专业配合布置灯位并提供灯具形式。

⑤防雷等级及措施、环境保护、节能。

⑥列表说明主要设备选型及进度。

⑦需要时对不同方案提出必要的经济概算指标对比。

（2）初步设计阶段的设计说明书

1）相对分量　此时用“图样”表现，在“图样、计算书及设计说明”三大构成中比重相对降低，但绝对分量上却增加。此时一般是将所需的比“方案设计”多，又大大少于“施工图设计”的图样，单独另行以正式图样提供。而设计说明书则以纯文本方式独册提交。

2）内容　初步设计阶段包括五项内容。

①设计依据　摘录设计总说明所列批准文件和依据性资料中与本专业设计有关内容、其他专业的本工程设计的条件等。

②设计范围　根据设计任务书要求和有关设计资料，说明本专业设计的内容和分工（当有其他单位共同设计时）。如果为扩建或改建工程，则需表明系统与新建系统的相互关系、内容和分工。

③设计技术方案　不同类型工程不同，下面具体叙述。

④待解决的问题　需提请在设计批审时确定的主要问题。

⑤主要设备及材料表　按子项列出主要设备、材料的名称、型号、规格、单位和数量。

（3）施工图设计阶段的说明性文件

1）相对分量　此时在设计文件三大组成中所占相对比例很小，多编在图样首页提供。但作为指导施工执行的具体文件，在这称为“设计施工说明”的图样首页中，要明确各项具体内容。

2）内容　由于地域及行业的差异，至今尚无全国性标准，基本内容如下：

①工程概况及设计依据　包括建筑概况、有关职能部门对工程设计的批复及建筑方提出的方案的要求。

②设计范围　包括电气专业的设计内容、根据设计深度要求应同步设计的项目（若有缺项，需阐述原因，合作设计的工程应明确分工范围）。

③负荷级别及电源　包括电力负荷的级别（应分别列出一、二级负荷）、外供电源（路数、电压等级、专用线或非专用线、低压供电的是内部变压器还是公用变压器）、自备发电机（容量，起动方式）。

④变配电所　包括高、低压系统（主接线形式及运行方式）、继电保护装置（种类及选择原则、操作电源的装置情况）、应急电源（含与正常电源防止并列运行的措施）、计量方式（高供高计、高供低计、低供低计、集中电表、三表远传）及无功功率的补偿方式。

⑤线路敷设　包括配电线路（敷设方式、导线导管要求、根数与管径的选择）、电线、电缆（含金属线槽、电缆在桥架内敷设的要求）、配电线路（含穿越楼层、穿防火分区隔墙的防火封堵、防火隔断的要求，高层建筑的电缆穿越变形缝时的防火措施）、消防配电线路（含防火措施）及爆炸和火灾危险环境线路的敷设要求。

⑥设备安装　包括变配电所（含变压器、高低压柜的安装）、照明控制（开关、插座、灯具及配电箱的选型、安装方式、安装高度、特殊场所电气设备的防护等级要求）及大型灯具（含安装要求）。

⑦防雷　包括建筑物防雷类别、建筑物防直击雷、侵入雷及雷击电磁脉冲的措施、第一二类建筑防雷措施、防雷装置（接闪器、引下线、接地装置的材料和敷设要求）及防雷接地电阻值的要求。

⑧接地　包括低压配电系统的接地形式（含接地装置电阻值要求）、接地要求（含电源进线的 PE、PEN 线的重复接地，不间断电源输出端的中性线、金属电缆桥架、电缆沟内金属支架及灯具的接地要求，弱电系统的接地要求）及总等电位联结（含总等电位、局部等电位的设置要求）。

⑨人防　包括人防电力负荷（等级、备用电源来源）、配电线路（敷设、穿越防护密闭墙的处理要求）及人防区域电源的重复接地要求。

⑩火灾自动报警系统　包括系统保护对象（等级、消防控制室位置）、消防联动及监控要求、火灾应急广播（含主、备用扩音机容量，与背景音乐广播的关系）、消防专用电话的设置要求、系统设备（安装位置、安装高度）消防控制、通信和报警（线路的选型、敷设方式及防火措施）。

⑪有线电视系统　包括用户终端配置（标准、输出电平值）、线路（选型、敷设方式）、设备（安装方式、高度）。

⑫电话系统　包括用户终端（配置标准、电话机房位置）、线路（选型、敷设方式）、设备（安装方式、安装高度）。

⑬综合布线系统　包括综合布线系统设计标准、配线间（楼层配线间位置、总配线间位置）、线缆（选型、敷设方式）、设备（选型、安装方式、安装高度）。

⑭闭路监视电路系统　包括闭路监视电路系统的配置标准、线路（选型、敷设方式）、设备（安装方式、安装高度）。

⑮保安对讲系统　包括对讲系统的配置标准、线路（选型、敷设方式）、设备、（安装方式、安装高度）。

⑯总体设计说明　包括总用量（电量、电讯容量、电视终端容量）、电气线路及敷设方式（含线路、管沟与其他专业管线管沟并行、交叉时的最小间距要求，线路在车道下敷设的保护措施）、室外水下照明（含音乐喷泉、水泵配电、安全保护接地）、公共照明（道路照

明、庭院照明、泛光照明等室外照明的管线选择、敷设和接地要求）及电力电缆沟内支架的接地要求。

⑰其他　施工时应严格按国家有关施工质量验收规范、施工技术操作规程执行，及其他需要说明的内容。

⑱附注　本说明要求适用于新建、改建、扩建的民用及一般工业建筑工程的电气专业设计施工图文件，可根据工程性质选用与工程相符的条款，其中第⑦、⑧、⑩条若已在设计系统图、平面图中表达，说明时可简述。

练　习　题

1. 以初入某建筑设计单位新工作人员身份，列出开展 CAD 作电气专业图的条件申请。
2. 针对开展电气专业设计，归纳 Auto CAD2010 的要领。
3. 从第六至十四章工程实例图中选择一张，阐述“识图要领”的运用。
4. 从第六至十四章工程实例图中选择一张，阐述“绘图要领”的运用。

第五章 设计的实施——画图以外的工作

电气工程设计作为工程设计的一个专业分支，它的实施是一项包含设计（画图）的综合系统工程。本章接着前面已讲述的设计（画图）工作基础知识，仅对此内容以外的工作，以时间为轴线分八节讲述。

第一节 任务的承接

设计任务的承接又称为设计立项，是整个设计过程的开始。一方面，在实行市场经济体制的今天，任务的承接要考虑工程的效益；另一方面，在法制社会的当代，承接任务意味着要承担相应的责任和义务。所以这是一个既慎重、周密又关键、严肃的事项。它主要解决5W1H。

一、与委托单位洽谈

通常情况下设计的委托方就是建设单位。对于电气工程设计，也有工程设计方总承包下来后再与电专业合作的。尤以建筑电气为多，特别是装修工程之建筑电气、智能化工程。

洽谈中要充分明了设计任务的具体内容、要求、进度和双方责、权、利。相当于解决5W1H中的Why（必要性）、What（目的性）、Where（界限性）、When（时间性）四方面问题。双方分别作出是否委托设计与是否承接设计的决定。

二、接受设计委任书

此委任书是由具有批准项目建议书权限的主管部门及相应独立法人作出的。承接大的设计项目时，在当前设计市场竞争的条件下，还须清醒意识到这一点：在设计执行及款项交付有争议时，委任书（或称委托书）是具法律效力的文件，设计内容必须在设计委托书上写清楚。有时建设单位经办人对电气专业不太熟悉时，特别容易表达不确切。有时工程为多子项、多单位合作，又易造成漏项、彼此脱节。

另一个易被忽视的问题是，按相应规章、规范需设置，而建设方无异议的倒不必一一写明。而是按规程、规范需设置，建设方因种种原因，而不与委托设计时，必须写明。同时还得写明原由，并有其主管部门批复正式文件方可。

三、任命设计项目负责人

设计单位普遍实行项目责任制。为此项目负责人便是这一设计任务执行和实施的独立负责人，直接决定整个项目的进展、质量和效益，至关重要。

四、组织设计班子及专业负责人

根据任务的内容配齐相应的专业人员，根据任务各子项的轻重，慎选关键专业的专业负责人。确定各专业负责人、参与此项设计工作各专业人员，就组成了设计班子。三、四两项解决了Who（责任人）的问题。

五、签订设计合同

由项目负责人主持以专业负责人为首的全体专业人员即整个设计班子，举行共同会议，协商分工，协调配合的时间和内容，开展的步骤，即落实了设计进展，也就解决了 How（实施措施）的问题。

第二节　设计前期——收资、调研、选址

一、收资

收集第一章第四节一“基本依据”1～8 介绍的内容中的资料，有些资料还必须向有关部门索取，如当地的气象资料、规划资料。

二、调研

一方面是细化委托方对工程建设的具体要求及了解过去的条件、当地同类的水准。另一方面是向提供外围配套服务的部门协商，甚至办理相关合同手续。

三、选址

工程地址即厂址或楼址待定的需选址。尤其是某些行业的厂址选定极为复杂，综合因素多，涉及面广，关系重大。

第三节　设计中期——专业间的互提条件、三环节管理

一、专业间的互提条件

专业间的协调配合是在相互理解的基础上，从互提条件的书面方式开始的。“专业间互提条件”是相互配合协调完成设计的基础，其互提条件的深度分以下两个方面。

1. 他专业→电气

（1）工艺专业

1）初步设计阶段

①车间设备及电机一览表。

②各工种布置平、剖面图。

③工艺性设计资料。

④照明提资表。

⑤特殊照明提资表。

⑥弱电信号资料。

2）施工图设计阶段

①设备及电机一览表。要区别出长期运转及短期、断续运行及备用设备。

②各种设备布置图。标明供电位置及坐标，并考虑相关因素。

③工艺及特征。

④照明提资表（要注明电源、照度、开关及配合动作的特殊要求）。

⑤防潮、防爆、防尘。

⑥设备联锁。

（2）土建专业

1）初步设计阶段

①建筑平、立、剖、屋面图。

②全厂建、构筑物一览表。

③有关提资说明。

2）施工图设计阶段

①所有建筑物平面、立面、剖面和屋面图。

②全厂建、构筑物一览表。

③各层模板图（及厚度）、梁柱的位置（不必太细）。

④平面结构布置。

⑤基础。

（3）总图规划专业

1）初步设计阶段

①位置图。

②厂区总平面及竖向布置图（1∶1000）。

③生活区平面及竖向布置图（1∶1000）。

④厂区各场地、道路等的照明要求。

2）施工图设计阶段　同初步设计阶段，唯有比例为1∶500。

（4）热力专业

1）初步设计阶段　类似工艺专业。

2）施工图设计阶段

①锅炉房平面布置。

②热力系统图。

③控制、信号、报警、联锁要求。

④用电设备。

⑤弱电设备。

（5）暖通、制冷专业

1）初步设计阶段　类似工艺专业。

2）施工图设计阶段

①各房间的名称、设备及布置图。

②采暖通风，空调提资表。

③设备电热容量及分组方式的明暗方式。其余同热力专业。

④设备表，散热量及冬、夏运行台数。

（6）给排水专业

1）初步设计阶段　类似工艺专业。

2）施工图设计阶段

①各级各类泵房资料（各种泵的位置、型号、功率；泵与水塔、水池、净水构筑物间的自控及联络要求）。

②各类辅助建筑（用电负荷、位置、特殊要求、防雷报警及自控）。

③各类构筑物（池、塔、箱）的水位控制要求（其余同上）。

④取水及深井布置（同上）。

⑤主要给水排水设施及控制。

(7) 设备、机修专业

1) 初步设计阶段

①机修平面的各种电动机布置。

②工种分配。

③特殊照明要求及位置。

2) 施工图设计阶段

①用电设备（含预留位置）。

②弱电设备。

③局部和特殊照明。

④插座要求、电器环境。

(8) 自控、仪修、化验专业

1) 初步设计阶段

①工种布置。

②特殊照明。

③用电量、电压等级。

2) 施工图设计阶段

①用电设备。

②仪表室照度。

③局部照明、事故照明、特殊照明、插座提资。

④电加热设备。

2. 电专业→他专业

(1) 工艺专业

1) 初步设计阶段——总用电负荷。

2) 施工图设计阶段

①工艺厂房内附变/配电所平面尺寸大小及高度要求。

②动力配电室平面位置布局。

(2) 土建专业

1) 初步设计阶段——变/配电平面要求。

2) 施工图设计阶段

①车间或工段布置图，房间要求，楼面上的直径大于300mm、墙面上的直径大于400mm（单边）以上开孔，设备位置标高、重量、吊车吨位、地沟。

②总降压，变电所平剖面。

③高配、低配、电修、电话、广播室平面布置。

④发电机小室、走廊、中央控制室、室外升压电气装置平剖面图。

⑤对本专业构筑物的设防要求（防火、防腐、防水、防雨雪、防小动物等）。

⑥对本专业构筑物的尺寸要求（面积、层高、标高、门窗、孔洞、沟井、基础等）。

⑦变压器、电容器、开关柜等对本专业设备荷重、通风要求。

⑧预留孔、预埋件。

⑨ 建筑物、设备机泵特征。

⑩ 防雷接地及设备荷载的要求。

(3) 给水排水专业

1) 初步设计阶段

①各工种布置。

②消防要求。

2) 施工图设计阶段

①自备电站、变/配电所、电修用水及排水资料。

②消防要求。

(4) 自控仪表专业

1) 初步设计阶段——电气/自控共盘布置说明。

2) 施工图设计阶段

①共盘布置说明（开关、按钮、仪表等的型号、规格、生产厂家）。

②信号、检修、报警相关要求。

(5) 概算（预算）专业

①车间电气设备及电动机一览表。

②设备安装工程概算表。

③材料表。

(6) 技术经济分析专业　初步设计阶段——定员表。

(7) 暖通空调专业　各发电站、变/配电所、电修对通风、空调要求。

二、设计的三环节管理

设计管理是由如下三阶段组成，又称“三环节管理”。

1. 事先指导

(1) 作用

1) 充分发挥各级的指导作用，防患于未然，预防为主，主动进行质量控制。

2) 设计各阶段开始之初、构思之际，对控制设计成品最为有力。

3) 贯彻执行国家有关方针、政策、法规，执行国家各部委规程、规范、标准及地方、单位的规定要求。

(2) 内容　控制5W1H。

1) 必要性（Why）

①上级机关审批文件。

②设计依据。

③方针、政策和各项规定。

2) 目的（What）

①设计内容及深度。

②应达到的技术水平，经济、社会及环境效益。

③主导专业具体要求。

④攻关、创优、科研、节能等相关课题。

⑤建设、施工、安装单位的要求。

3) 地点（Where）

①设计界限及分工。

②联系及配合的要求。

③会签要求。

4）期限（When）

①开工工期，设计总工时。

②中间审查时间。

③互提资料时间。

④完工时间。

5）执行人（Who）

①确定设计的项目负责人。

②确定设计的专业负责人。

③确定设计的主要设计人员、校审人员及工地代表。

6）方法（How）

①最佳技术方案。

②专业间统一的技术规定。

③出图张数。

④设备、材料、行业方面的情报。

⑤常见毛病、多发毛病及有关质量等信息。

（3）各阶段的要点

1）设计前期　设计前期工作可分为编制项目建议书、可行性研究报告、设计任务书及厂址选择。指导内容为：建设规模、产品方案、生产方式的预测，投资费用及经济效益的预算，厂址选择及设计方案的筛选。

2）初步设计阶段　指导内容主要是针对项目特点的具体设计思想，各专业方案的配合和衔接，项目整体的先进性和实用性，以及三废治理和节能降耗的技术措施。

3）施工图设计阶段　总体设计方案的指导在于初级审批文件的贯彻落实，专业设计方案的指导在于实施方案的技术标准统一，常见和多发毛病的纠正。

（4）作法　除会议布置研讨外，一般反映在专业任务书中。其专业设计任务书见表5-1。

2. 中间检查

（1）作用

1）承上启下，检查“事先指导”的落实，规范下一步工作的开展。

2）对设计过程新出现问题进行补充指导。

3）根据项目层次的不同，执行具体的检查方案。

4）电专业的中间检查一般安排在向其他专业提供或返回条件时，以专业负责人员及相关人员讨论方式进行。

（2）内容

1）“事先指导”执行情况。

2）方案的可行性、经济性及先进性。

3）规程、规范及相关安全、环保、节能等规定的符合情况。

表 5-1　专业设计任务书

专 业 设 计 任 务 书

编制人：　　审查人：　　开工日期：　年　月　日
（专业负责人）（专业主任工程师）出手时间：　年　月　日
（项目负责人）

项目名称		项目编号			
专业名称					
计划/实耗工作（日）					
计划/实施出图张数（A1、页）					
设计人		校核人		审核人	
设计依据及主要设计原则					
设计内容深度要求分工界限					
互提设计条件时间和会签要求					

攻关创优课题	
选用的质量信息及克服毛病措施	
记事	
归档资料项目	1. 专业设计任务书　4. 勘察设计文件校审记录卡 2. 计算书　5. 其他资料 3. 设计条件

4）综合配合、布置选型，以及是否存在遗留问题。

（3）作法　主要工程、关键问题、技术疑难需及时组织“方案、关键技术问题讨论”，并作下记录，中间检查记录单见表 5-2。

表 5-2　中间检查记录单

年　月　日

项目名称		单位名称	
专业		主持人	
参加人员：			
事先指导各项原则执行情况			
主要内容的决定			
遗留问题			

注：本单由主持人委托项目负责人或专业负责人填写，一式三份，项目负责人一份，专业负责人一份，总师室一份。

3. 成品校审

成品校审是“三环节”中最为重要的终结环节，是以“校审、会签”制度进行（此段中各级人员称谓，不同体制设计单位不同，以此类推）。

(1) 校审　必须按逐级校审原则进行，小型项目按二级校审，大、中型项目一般按三级校审进行。

1）分级校审

①三级校审：大、中型项目。

组——校核、审核；

室（项目）——审查；

院——审定、批准。

②两级校审：小型项目。

组——校核、审核；

室——审查、审定。

③所有项目发送建设单位前，须经院技术主管部门规格化审查，并由院负责，以院名义和署名向外发送。

2）资格

校核——专业负责人或组长指定人担任；

审核——组长、专业室主任指定人担任；

审查——专业主任工程师、项目工程师担任，负责本专业技术原则和整个项目的协调统一；

审定——总工、副总（大项目）、室主任、主任工程师（小项目）；

批准——院长（大项目）、室主任（小项目）。

设计人则不得兼校审，各级校审不得兼审。

3）范围　大、中型项目设计文件电专业校审签署范围见表5-3。

表5-3　大、中型项目设计文件电专业校审签署范围表

设计内容	符号范围	设计	校核	审核	审查	审定	批准
初步设计阶段	全厂高压供电系统图	△	△	△	△	△	
	总变（配）电所设备布置图	△	△	△	△	△	
	各车间变（配）电所供电系统图	△	△	△	△		
施工图设计阶段	全厂高压供电系统图	△	△	△	△	△	
	总变（配）电所设备布置图	△	△	△	△		
	各车间变（配）电所供电系统图	△	△	△	△		
	自控信号联锁原理图	△	△	△	△	△	
	大型复杂控制布置图	△	△	△	△		

4）程序及职责

①设计　自校、签名、附上原始资料及调查报告、设计文件及计算书。

②校核　图形符号、投影尺寸、文字、数据、计量单位、计算方法以及规范校核。

●是否违背国家、有关部门的相关规程、规范。

●校核设备位置尺寸是否正确、与建筑结构是否一致，安装设备处是否进行了结构处理。轴线位置与设备之间尺寸有否差错。

●管线布置及管径是否与地面、楼面垫层厚度相符。管线距地面保护层厚度是否符合设计规范要求，管线走向和交叉是否影响结构强度及超越垫层厚度。

●线缆位置和箱柜间距是否合理。配管走向和引上、引下及分支、交接、管径大小标注是否清楚。系统图与平面图之间的管、线是否一致。

●负荷计算是否准确，容量统计有否漏项，计算系数是否正确，线缆、设备规格选型是否合理，运行、维护是否方便。

●设计说明是否详尽，标准图、复用图选用是否合理，原理图、系统图是否正确，技术数据是否完整。

●横向各专业间有无错、漏、碰、缺。

③审核　对“设计原则意见”及“项目设计技术统一规定”符合性、完整性和专业技术相互协调性以及主任工程师未审的范围的技术经济合理性负责。

●校对中的问题是否解决。

●贯彻执行国家有关方针、政策、法规情况。

●复查全套设计文件及入库存档材料的完整性。

●检查整个设计是否达到应有深度，是否满足施工需要。

●推广应用新技术、新设备根据是否充分。

以上各部分可能是校核工作未到位的内容。

④审查　是否符合“设计原则意见”及“事先指导意见”，复核“审核意见”及“修改情况”处理校核、审核中出现的分歧意见。重点审查各专业协调统一，组织会签。

⑤审定　终审是否符合“项目建议书”、“设计任务书”、“初设审批意见”、“事先指导意见”、“项目中审查意见”。审定人根据各级校审意见和质量评定等级，进行最终质量评定。其校审程序见图5-1。

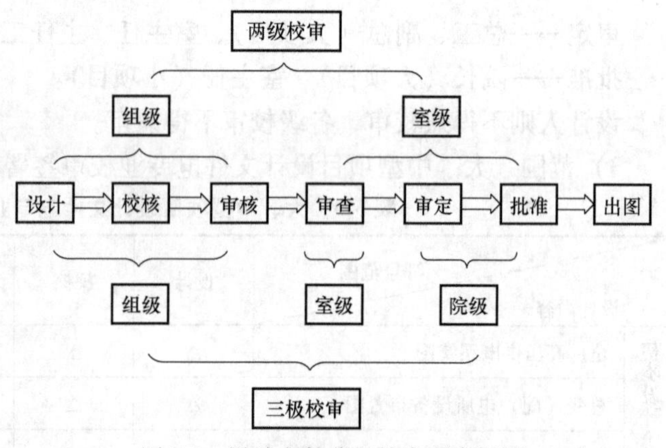

图5-1　设计文件分级校审程序框图

5）作法　填写“校审记录卡”，见表5-4。

（2）会签　会签是保证专业间的协调统一，不可或缺的重要环节。各专业会签电专业图时主要考虑以下内容：

1）工艺专业→电专业

①设备运行、检修对供电的要求。

②照明、插座、开关的设置。

③信号设置满足工艺操作的情况。

④设备位置、编号、容量及要求。

表 5-4　勘察设计文件校审记录卡

勘察设计文件校审记录卡　　年　月　日					
室	专业	设计人：			
项目名称		子项名称		图号	
采用新技术情况					
定额工日		估工工日		定耗工日	
图样　张	其中套用　张	说明　页		计算　页	
采用信息　条		改进设计　项			
校　审　意　见				设计人意见	
校核人：　评分：					

校　审　意　见	设计人意见
审核人：　评分：	
审核人：　评分：	

⑤线路与设备管道的调协。

⑥防雷要求。

2）土建专业→电专业

①电力设施安装对土建的影响。

②土建对供电要求。

③防雷接地等特殊要求。

3）总图专业→电专业

①供电设施、线路、室外照明与综合管网关系。

②跨越交通干道的电线满足交通要求的情况。

4）排水专业→电专业

①信号联系要求。

②供电、照明、防雷要求。

5）暖通专业→电专业

①设备运行对供电、照明、信号的要求。

②设施间安全距离。

6）动力专业→电专业

①室内动力管道与线路空间协调。

②对电源的要求，电缆进出建筑物位置及标高。

③室内变电所位置、门的方向及高度、电缆沟的走向。

④检修和临时用电设施等要求。

⑤照明、防雷、安全指示信号的要求。

⑥外网协助。

电专业会签各专业时，则主要考虑以下内容：

1）电专业→土建专业

①车间附设变电所位置、尺寸。

②建筑平面轴线尺寸、剖面层高、朝向及门的开启方向。

③支架、孔洞预埋件位置、尺寸、标高。

④埋地线、管的地坪高、缆沟走向、屋面防雷设施对建筑物沉降缝的要求。

⑤变配电所控制室对自然通风、采光、隔热、地坪的要求。

⑥大型电气设备安装。

⑦室内变电所电缆沟防潮。

2）电专业→总图专业

①全厂建、构筑物的位置、名称、朝向及坐标。

②埋地缆线、供电线路与室外综合管网有无矛盾。

3）电专业→暖通专业

①通风设备及管道位置、标高与照明灯具、电气设备和线路相冲突否。

②室内变电所、控制室对通风、标高之要求。

4）电专业→给水排水专业

①给排水管进车间平面位置、标高与电气设备线路相冲突否。

②室内变电所、控制室对给排水管及其标高之要求。

5）电专业→动力专业

①动力管道进车间位置、标高与电气设备线路相冲突否。

②乙炔、煤气等易燃、易爆气体的用气点与电气设备安全距离。

会签由项目负责人组织，主导专业负责人提出，各专业负责人签署在相应图样会签栏，表示认可同意。

第四节 设计后期——技术交底、工地代表及修改通知

一、技术交底

1. 时间

施工图设计完成后，开始施工前，且各相关人员已认真阅读施工图后。

2. 对象

施工、制造及安装、加工队伍及监理单位的行政及技术负责人。往往此时建设方也把消防、环保、规划及上级主管部门邀请来共同审计图样，故有时也把此称为会审。

3. 内容

1）介绍设计指导思想，充分说明设计主要意图。

2）设备选型、布置、安装的技术要求。

3）结构标准件选用及说明。

4）制造材料性能要求及质量要求。

5）施工、制造、安装的相应关键质量点。

6）步骤、方法的建议，强调施工中应注意的事项。

7）局部构造，薄弱环节的细部构造。

8）新工艺、新材料、新技术的相应要求。

9）补充修改设计文件中的遗漏和错误，并解答施工单位提出的技术疑问。

10）作出会审记录，并归档。

4. 作法

设计人员就施工及监理单位对施工图的一些问题作出解答，设计需修改、变动的应及时写成纪要，由设计人员出具变更通知，甚至画出变更图样，根据进度及需要可分段多次进行。

通常是由建设单位主持，按下列步骤进行：

1）设计方各专业人员介绍。

2）各到来单位质疑，并提问及讨论。

3）设计方分专业解答，研讨所提内容。

4）对未能解决而遗留的问题归于会审纪要，安排逐项解决。会审纪要需归入技术档案。

二、工地代表

1. 设计方工地代表

设计方工地代表是设计单位根据工程项目的施工、安装、试生产及与设计衔接的需要，派驻现场代表设计单位全权处理设计问题的，在工程施工、安装、试生产期间进行技术服务工作的人员。工地代表应派专业知识面广，具有设计及现场经验，参加过本工程某专业设计的技术人员担当。

2. 工作要点

1）施工过程中负责解释设计内容、意图和要求，解答疑难点，参加联合调度会及有关解决施工、安装问题的会议。

2）扼要记录现场各种技术会议内容、技术决定、质量状况、设计修改始末，以及重要建、构筑物的隐蔽工程施工情况，以备归档。

3）因设计方原因修改设计时，须填发修改通知单，正式通知建设单位。其文字、附图必须清晰，竣工后需要归档。

4）现场发现施工、安装不符合原设计或相关规范要求时，应及时提出意见，要求纠正，重要问题要书面记录。

5）建设、施工方涉及变更原设计要求的决定，若有不同意见，应向对方说明理由，要求更正。若意见不被接受，保留意见时，要向项目工程师报告并做好记录。

6）施工、安装方为条件限制等原因要求修改设计时，如影响质量、费用、其他专业施工进度时，不应接受修改要求。若确有必要修改，则应请示项目工程师按设计程序处理。

7）参加主要建筑、重要设备和管线安装的质检时，发现问题应通知有关方处理，并做好记录及汇报。

8）注意隐蔽工程的施工情况，参加施工前后的检查及记录工作。若修改，应现场作修改图，并归档。

9）供应原因改变重要结构、设备时，要与有关方单位协商，必要时请示项目工程师，并由各方代表签署更改通知、归档。

10）难以处理的重大疑难问题，应立即请示项目负责人派人员解决。

11）负有设计质量信息反馈职责，按本单位程序，如实、及时地反馈给技术管理部门。

12）应定期向技术管理部门、项目工程师汇报现场工作。

三、修改通知

凡是改动均应以书面形式发出“修改通知”。修改人可以是原设计人，也可以不是，但原设计人要签字，尔后专业负责人及项目负责人均要签字。“修改通知”中必须写明修改原因，修改内容要简单、明确，必要时要配合出修改图，此时还应指明替代作废的原图图号。

第五节　设计收尾——竣工验收、技术文件归档及试生产

“竣工验收”及“工程技术文件归档”（工程界简称“归档”）一般是在整个工程施工结束后进行，而“归档”也可以自设计任务开始后逐件、即时、分批进行。

一、竣工验收

1. 准备工作

验收前施工方及建设方应做下列工作，设计方应予以配合。

1）整理施工、安装中重大技术问题及隐蔽工程修改资料。

2）核对工程相对“计划任务”（含补充文件）的变更内容，并说明其原因。实事求是地合理解决有争议问题。

3）核查建设方试生产指标及产品情况与原设计是否有差异，并阐明原因。

4）“三废”排放是否达标。

5）工程决算情况。

6）凡设计有改变且不宜在原图上修改、补充者，应重新绘制改变后的竣工图。设计原因造成，设计方绘制；其他原因造成，施工方绘制。

2. 隐蔽工程验收

往往以施工、安装单位召集设计人员、建设单位及有关部门共同进行。

1）检查施工及安装是否达到设计（含设计修改）的全部要求。电气设备、材料选型是否满足设计要求。

2）查阅各种施工记录及工地现场，判别施工安装是否分别达到各专业、国家或相关部门的现行验收标准。

3）查阅隐蔽工程的施工、安装记录及竣工图样，查看隐蔽部分、更改部分是否达到相关规定。

4）检查电气安全措施、指标是否达到要求。必要时甚至要复测（如对地绝缘电阻、接地电阻）、送“检”（个别有重大安全隐患嫌疑之元器件或设备送质检部门）以及“挖”（掘开土层，看隐蔽工程）、“剖”（剖开设备、拆检关键元器件）。

5）特殊工程还需检查调试记录、试运行（试车）报告，以及有关技术指标，以了解各

系统运行是否正常。

6）检查结果逐项写入验收报告，提出需完善、改进和修改的意见。在主管部门主持下，工程设计人员应在验收报告上签字表示同意验收（如有重大不符设计及验收规范问题，设计人员可不同意验收，拒绝签字）。

7）全面鉴定设计、施工质量，恰如其分地作出工程质量评价。讨论后由建设方主笔，设计方协助编写“竣工验收报告”。其中要对工程未了、设计遗留事项提出解决方法。

二、技术文件归档

工程文档管理是一门新兴、严肃而极为重要的工作。这里仅从设计角度在工程建设方面的技术性文档作介绍。

设计文件在设计完成、经技术管理部门质量工程师检查、办理入库归档手续后，方算完成设计。其归档范围为：

1）有关来往的公文函件、设计依据性文件、任务书、批文、合同、会议纪要、谈判记录、设计委托、审查意见等。

2）设计基础资料：方案研究、咨询报价、收资选址勘测报告、气象、水文、交通、热电、给水排水、规划、环境评价报告、新设备及引进产品的产品样本手册、说明书等。

3）初步设计图样、概算，有关的设计证书、方案对比及技术总结。

4）施工图、预算及有关设计计算书。

5）施工交底、现场代表、质量检查、技术总结等施工技术资料。

6）竣工验收、试生产、投产后回访的报告。

7）优秀工程、创优评选、获奖资料。

8）合作设计时其他合作方的项目资料。

归档资料参考表5-5后部“归档资料”栏。

三、试生产

1）大、中型项目的试生产由技术管理部门指派项目负责人组织有关专业设计负责人，组成试生产小组参加。小型、零星项目需要时，应临时派员参加。

2）试生产前，协同建设、施工方进行工程质量全面检查，参加制订“空运转”和“投料试生产”计划，协助拟订操作规程，确定工序的技术参数，确定测试、投料程序，明确试生产前必须解决的问题。

3）协同建设、施工及制造、安装单位解决“空运转”及“试生产”中的问题，记录相应资料。

4）一般工业工程试生产为连续三个24h即72h，并作“试生产测试记录及总结报告”，存入技术档案。

四、其他收尾工作

整个设计实施工作的最后结束收尾工作还包括以下四方面内容。

1. 回访

回访是设计单位从实践中检查设计及服务质量取得外部质量信息、提高设计水平的重要手段之一。回访时，要深入实际，广泛地向建设、施工、制造及安装方，尤其是具体操作人员征询意见，收集整理成“回访报告”归档。

2. 信息反馈的整理

凡收集的“设计质量信息”须经过鉴别，剔除无价值、重复的内容，整理归档。以待新项目承接时供查找、使用。

3. 设计总结

设计总结包括以下内容：

1）工程及设计概况。

2）各专业设计特点。

3）投产建成后的实际效果。

4）设计工作的优缺点和体会。

4. 质量评定

根据以下五方面内容对设计质量作出综合评定，给出等级。

1）符合规范和技术规定，采用技术先进，注意节能、环保。

2）供配电安全、可靠，动力、照明配电设备布置合理，计算书齐全、正确，满足使用要求。

3）线路布局经济合理，便于施工、管理和维修。

4）设备选型合理、选材恰当，各种仪表装置齐备。

5）图样符号正确、设计达到深度、图面清晰，表达正确，校审认真，坚持会签，减少错、漏、碰、缺。

第六节　全面质量管理

显然这里所讨论的设计工作的全面质量管理，仅针对“设计”，并不涉及其后继实施的施工、制造、安装等方面。

一、基本含义

全面质量管理就是全体设计人员及相关部门同心协力把专业技术、系统管理、数理统计和思想教育结合起来，建立起设计工作全过程的质量体系，从而有效地利用脑力、物力、财力、信息等资源，提供出符合现实要求和建设期望的设计服务，简称为设计工作的TQC。

二、基本组成

基本组成包括下列四方面。

1. 一个过程——系统管理

2. 四个阶段

P——计划、预测。

D——实施、执行。

C——核对、比较、检查。

A——处理、总结。

“PDCA”四个阶段构成循环，大循环套小循环螺旋上升，参见图5-2。

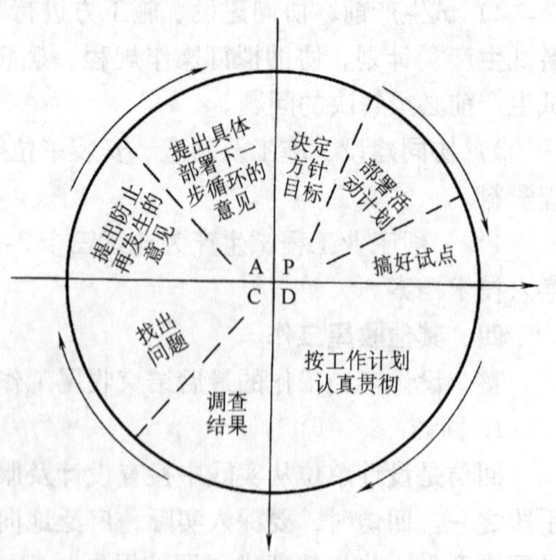

图5-2　全面质量管理的PDCA循环图

3. 八个步骤

1）分析现状。找出问题，确定方针和目标。

2）分析各种影响因素，包括4M1E：

MAN——人（执行者）。

MACHINE——机（设备）。

MATERIAL——料（材料）。

MATHOD——法（方法）。

ENVIRONMENT——环（境）。

3）分析主要影响因素，确定主要矛盾。

4）提出措施，包括行动计划和预期效果。计划中包括5W1H：

WHY——为什么。

WHAT——达何目的。

WHERE——在何处执行。

WHO——谁执行。

WHEN——何时执行。

HOW——执行具体作法。

5）执行即实施。

6）检查即实际与计划对比。

7）标准化是将成功的经验加以标准化，以防止“旧病重犯”。

8）遗留问题输入下一步计划。

4. 七种工具

七种数理统计方法，常用2）、3）两种。

1）分层法。

2）排列图法。

3）因果分析图法（俗称鱼刺图法）。

4）直方图法。

5）控制图法。

6）相关分析图法。

7）检查表法。

三、质量检查点的设置

初步设计阶段全质管理质量检查点的设置见图5-3“初步设计阶段设计流程及全质管理图”，图中※号为全质管理质量检查点。

四、设计全过程的全质管理

设计全过程的全质管理见表5-5“施工图设计阶段设计工作流程及归档资料表”。

五、设计工作过程中的资料归档

设计工作过程中的资料归档见第五节二“技术文件归档”及表5-5“施工图设计阶段设计工作流程及归档资料表”中“归档资料”栏。

图5-2及表5-5均取自某行业甲级设计院拟定的全质管理方案。具体工业和民用建筑电气工程设计的流程及质量检查、归档及相关管理，可借鉴、参考此图、表，依据具体情况拟定。

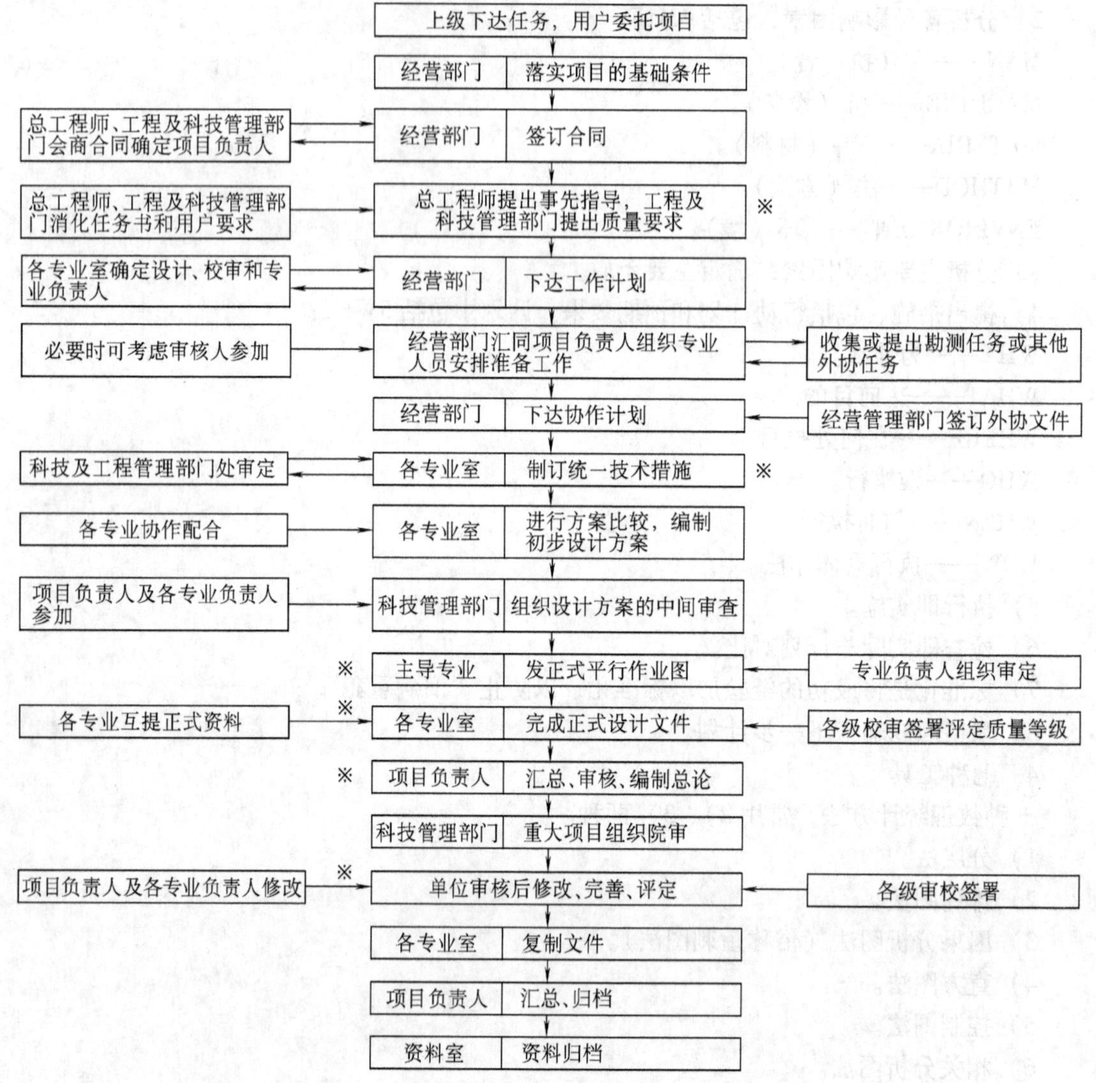

图 5-3　初步设计阶段设计流程及全质管理图

注：※表示质量管理点。

第七节　设计水平的提高

一、提高设计质量的关键

工程实际质量的高低极大程度上取决于自审、审核和审定这三级校审。而其中至关重要的还是设计者本人的自审，在于设计者本人的自我把关，以及对别人校审意见的认真处理、重视和对待。所以提高设计质量的关键在于设计者本人。

往往施工图设计阶段，周期紧、图样量大、互提资料不及时以及其他客观因素使得在加班赶图时常出现下述共性问题。

1. 设计深度不够

不同阶段设计的深度要求，标准有明确规定。但仍然出现不少漏缺及深度达不到要求的现象。变、配电所缺必要的剖面图，变电所至配电柜母线少标高和吊杆，配电柜下电缆夹层又往往少安装尺寸。

配电系统图，又称干线系统图，有的工程以简单为由省略此图，实际工作中则难以理顺柜、箱间关系。而有的系统图中又未标明 N 及 PE 线，开关柜各断路器参数表达不全，如漏电保护未标动作电流，进线断路器未标分断能力、整定电流。

电缆桥架及密集式母线往往标注不够注意，如标高及转换、支撑及配件、穿墙过户的处理等。

强、弱电竖井本身是层楼间缆线纵向联系的关键部位，往往缺排列图、剖面图，支撑安装未表示，防火措施未到位。

保护、控制、联锁有时既不标明所选标准图的二次图号，又不画非标的二次原理图，个别甚至连自锁、联动及互锁的要求也未表明。

2. 规范、标准执行不认真

虽然规范条文众多，但针对每一项工程涉及的方面并不多，且有规律可循。作每类工程设计之前，应首先熟悉所涉及的规范条文及要求。

变配电室维护，运行通道的尺寸大小，电缆沟的布置要求，门的开向及通风、散热、防小动物进入、防积水、防雨溅等措施及要求常被忽略。

系统构成有时未充分考虑互相备用切换的不间断时间要求，干线系统构成的安全性及彼此免干扰性、大电动机起动的冲击性、备用发电机配套的指标要求。

应急、疏导、安全电压照明设置及布局的合理性，电梯照明的特殊要求，生活居住建筑的公共照明节能措施往往漏此缺彼。

弱电布置中往往忽视紧急广播在建筑边沿布置时的电平高低，消防检测布局要考虑的灵敏度问题，以及宽带传输距离对信号衰减的限制。

防雷网络尺寸要求及防雷接地散流布局应远离人员交通出入口，防止雷电波从架空的强、弱电线路以侵入雷的方式造成破坏，这类要求也常被忽视。

3. 计算取值常有错误

出现问题最多的是不注意单相负荷应尽量均匀地分配在三相线路中，以及单相负荷等效为三相负荷时的计算错误。层层积累造成总负荷计算不准，直接影响导线截面及开关元件规格的选取偏小，危及安全。

功率因数及需要系数直接关系到相应计算电流的计算，但取值常不合理。大量使用气体放电类光源，又未采取任何补偿措施，元件型号上也未选定特殊产品，功率因数却选取得很大。需要系数选取也显随意性，连末端照明支路也盲目选取比 1 小许多的值，致使计算不合理。

4. 选型常不合理

电动机降压起动随便采用，采用软起动器成癖，铜电缆首选、铝电缆弃之不用，大量采用塑壳开关，熔断器弃之不用，中性线、保护线偏大，漏电断路器过量使用。

比较突出的是断路器未区分负荷的“照明特性”还是“电动机特性”，经常出现以电动机使用为主的插座回路选取照明特性，无法避开电动机起动冲击。

导线及断路器规格选取上有“大比小好”的错误趋向，致使断路器保护不了相应回路导线。上、下级断路器参数设定未考虑“选择性动作”原则。楼层出线断路器与每户进线同规格，前者负误差，后者正误差时，过负荷先动作的不是户内而是楼层配电箱。

5. 未充分考虑施工

首先要考虑施工的可能与方便，更要考虑是否影响其他专业。比如是否多管多叠时影响到板、墙、柱、梁的强度，强弱电管线是否与热力、化工管线毗邻，彼此尺寸是否矛盾，同时是否影响材料老化、绝缘等问题。

要充分考虑必要的保护措施。强、弱电线缆引入建筑物时多已考虑穿管保护，但对穿管长度，埋地深度往往忽略要求；过道路的架空线要考虑垂直安全要求距离；埋地线要考虑承受一定压力及拉力；导线过伸缩缝，要考虑防止各部位沉降不同的伸缩装置。这些常被忽视。

电气连接既包括防雷接地这种大电流高电压的冲击负荷，又包括宽带，多媒体之类高速、细微、数字信号的传递。要充分考虑施工中针对不同情况的连接要求：一可靠，二绝缘，三屏蔽、抗干扰，四防腐、抗破坏。

二、设计水平提高的方向

“电”是自工业革命以来，世界各地区、全球各行业最基本的能源。这足以说明“电”应用的广泛性。当今是信息时代，而楼宇却是信息高速通道的驿站。“信息”最终是以“电”的形式传递的。这些足以表明“电”的新颖性。因此从事电气工程设计的人员必须不断提高知识的综合性、实践性及更新性，从而不断提高设计水平。

1. 综合性

扩展专业知识综合性是方向。

1）工业、民用、公共工程三大类彼此是渗透的。工业工程中往往有宿舍、食堂，或者还有办公楼、综合楼，甚至个别还有招待所、多用厅。民用小区中难免会有变配电及供排水系统。高层楼宇智能化后必然会有类似工业中控室的消防、安保及BAS监控中心。

2）“电气”、“智能化”是电专业两大分工。“电气”又可分为“电力及变配电”、“动力及照明”；“智能化”也又可再分为“通信、声像及智能综合布线”。但实际执行中往往彼此交融，特别是从专业负责人的角度，必须一专多能。

3）实际工程中往往把水与电专业联系在一起，一并作为“水电专业”来考虑子项工作。

4）计算机无处不用的今天，搞好专业设计还必须熟练CAD使用技巧。

5）“电气工程概、预算”的知识，“技术经济分析的能力”也是作为一名优秀电设计师需掌握的。

2. 实践性

电气工程设计是工科领域一门极具实践性的应用学科，它要求电气工程设计师做到：

（1）掌握施工现状　施工一线是设计文件的实施者，通过使用，对图样反馈意见最具权威。

（2）熟悉安装、调试　施工工作中的困难或许就是设计造成的。他们的创新、改变或许对下一次设计是一个极好的启示。

（3）了解制造加工　制造加工企业的新产品或许就是下次设计此类产品的替代。

3. 更新性

技术在发展，更何况“电”这个前沿。更新知识途径为：

（1）通过专业杂志了解国内外同行动态及水平　如《建筑电气》、《建筑电气设计通讯》、《电工技术杂志》、《电工技术》、《电气工程应用》、《工程设计》及《工厂建设与设计》、《供用电》、《智能建筑》、《智能建筑与电气CAD》、《邮电设计技术》等，还有不少有电气工程专业的大学学报能适合不同读者的需要。

（2）参加学术交流　能交流信息，相互取长补短。电气是一个在工程设计领域易被忽视为次要地位，却技术含量高，知识更新快的专业。主动积极参加下述适合自己的交流团体。以建筑设计为主体的全国、省、市建筑电气情报网是开展活动很不错的组织。中国电工技术学会是遍布电气电工各领域、多分会的高层学术团体。土木建筑学会电气分会就既有建筑电气也包括工业电气工程范围。国际铜业协会（中国）也给广大普通电气设计人员提供了电气工程技术的讨论园地。

（3）自我提高　主要是两个方面：

1）工程总结　自己经历过的工程的长处、不足、优点、缺点及感想应逐工程总结归纳，既可为自己最好教材，也是写文章的素材。

2）资料积累　以上所有的收资、调研及平时的学术交流、参观，资料的收集、筛选、分类、整理，必要时是最为得心应手的工具性资料手册。

三、设计文件审查制

1. 由来

2000年2月建设部41号文指出“施工图审查是政府主管部门对建筑工程勘察设计质量监督管理的重要环节，是基本建设必不可少的程序”。

2. 工程建设强制性标准

2000年8月建设部81号文《实施工程建设强制性标准监督规定》的第一条指出：“为保证建设工程质量，保障人民生命、财产安全，维护社会公共利益而制定。”

3. 范围

国内一切新建、扩建、改建工程建设活动都在执行之列。

4. 审查内容

2000年2月建设部41号文件第七条规定：

1）建筑物的稳定性、安全性审查，包括地基基础和主体结构体系是否安全、可靠。

2）是否符合消防、节能、环保、抗震、卫生、人防等有关强制性标准、规范。

3）是否达到规定的深度要求。

4）是否损害公众利益。

5. 审查机构

（1）级别　2000年5月建设部勘察设计司发出建设技（2000）21号文中指出审查机构分为甲、乙、丙三个级别。

（2）职责　承担技术审查。行政审查由建设行政主管部门承担。

（3）审查重点　对施工图文件中涉及安全、公众利益和强制性标准、规范的内容进行审查。

6. 审查依据条文

《中华人民共和国工程建筑标准强制性条文》包括城乡规划、城市建设、房屋建筑、工业建筑、水利工程、电力工程、信息工程、水运工程、公路工程、铁道工程、石油和化工建设工程、矿山工程、人防工程、广播电影电视工程和民航机场工程等部分。其中我们接触多的是"房屋建筑"、"工业建筑"，尤以前者为多。有的省还专门编制了颇具操作性的"省级建筑工程电气施工图设计文件审查工作标准"。电专业的各规程、规范便是我们审查电专业施工图的依据。

四、注册电气工程师制

"注册电气工程师制"是早已经过考证、审查、评定，即将普遍实行的本专业从业准入制。

1. 注册电气工程师的权利

1）注册电气工程师有权以注册电气工程师的名义从事规定的专业活动。

2）在电气专业工程设计、咨询及相关业务工作中形成的主要技术文件，应当由注册电气工程师签字盖章后生效。

3）任何单位和个人修改注册电气工程师签字盖章的技术文件，须征得该注册电气工程师同意；因特殊情况不能征得其同意的，可由其他注册电气工程师签字盖章并承担相应责任。

2. 注册电气工程师的义务

1）遵守法律、法规和职业道德，维护社会公众利益。

2）保证执业工作的质量，并在其负责的技术文件上签字盖章。

3）保守在执业中知悉的商业技术秘密。

4）不得同时受聘于两个及以上单位执业。

5）不得准许他人以本人名执业。

第八节 涉外设计

随着改革开放的，世界涌入中国，中国也迈向世界，于是"涉外设计"日渐频繁地出现在设计领域。因此，我们有必要了解和把握电气工程的涉外设计，同时也可把它作为国内设计的借鉴。

合作设计是涉外设计常采用的设计形式。其分工、范围、内容、程序及进度都以合同形式加以确定。其合同分为正本和附件。

一、合同正本的内容

1）合同主题。

2）价格。

3）支付与支付条件。

4）设计分工与联络。

5）图样与技术文件的交付。

6）设备的交货与交货条件。

7）标准与检验。

8）安装、试车及验收。

9）保证、索赔及罚款。

10）保险。

11）保密。

12）不可抗力。

13）税务。

14）仲裁。

15）合同的生效与终止。

16）其他。

二、合同附件内容

它是对正本有关条款的扩展、说明和详细论述。

1）界区。

2）设计标准与设计基础。

3）工艺说明。

4）卖方的供货清单（包括详细规格和单价）。

5）买方的供货范围。

6）设计及图样技术元件。

7）技术性能保证、考核及罚款。

8）考察及人员培训。

9）技术服务。

10）合同工厂（车间）的进度表。

11）双方银行出具的不可撤销的保函（信用证）的格式。

三、注意事项

1. 原则

“以我为主，为我所用，积极慎重，量力而行，择优选择”。

2. 目的

提高我国的科技设计水平，而不是削弱、抑制自己能力，注意防止盲目、重复引进。

3. 选择引进和合作对象

从国家立场协助建设单元，当好技术参谋，使建设项目先进、经济、实用、可靠。

以上内容针对技术引进类涉外设计而言。至于另一类涉外设计——援外设计，总的精神是：这是代表我们国家，代表我们中华民族，对发展中国家的一种技术援助。虽然是一项技术工作，或者商业行为，但更应当认识到它是一项光荣的政治任务。因为这项工程不是代表每个设计、施工人员，或者他们所在的单位，而是代表中华人民共和国与他们的友谊，无形中都会刻上 CHINA 的标徽。

练　习　题

1. 按第一节内容结合图 5-3，试述“（电气）项目负责人”在承接项目阶段应做的工作。

2. 从第二节所列工程中选一个，试以“电气专业负责人”角度列出“专业间互提条件”中“应接受”和“应提交”的条件清单。

3. 参照表 5-5，试述上述工程的“施工图设计阶段”从前期直到后期、收尾的三环节全质管理作法。

4. 试按上述工程，填写表 5-1 ~ 表 5-4，并叙述“技术交底”、“工地代表”及“竣工验收”的作法及注意事项。

表 5-5　施工图设计阶段设计工作流程及归档资料表

环节	设计流程	质量标准及有关制度	归档资料	资料提交人
一、设计准备阶段（P）	1. 承接任务和签订设计合同 1）与委托单位洽谈任务的具体内容、要求、进度和双方的权益和义务，明确设计条件、基础资料条件名称和提供日期 2）确定项目管理级别 3）任命项目负责人 4）签订设计合同 5）设计合同进行会签 6）列入单位年度计划	1）单位“工程设计管理办法” 2）单位“合同管理办法” 3）单位“项目负责人工作条例” 4）国家计委计设（83）1477 号文“基本建设设计工作管理暂行办法” 5）单位“勘察设计‘三环节’管理有关规定” 6）单位“设计工序管理实施规定” 7）批准的“初设文件”及其批文	1）批准的“初步设计文件”及其批文 2）“初步设计审查会纪要”等有关文件和资料 3）各种设计基础资料、协议和条件 4）项目负责人审批任命文件 5）设计合同 6）项目通知单 7）有关洽谈接待会议记录	计划管理部门 项目负责人 项目负责人 总工程师办公室 计划管理部门 计划管理部门 计划和设计管理部门
	2. 下达设计任务、组织设计文件编制班子 1）下达设计任务 2）组织人员 3）编制项目进度计划	单位“计划管理办法”	1）计划任务书 2）专业负责人、设计、校审人员、质检工程师、工地代表人选名单 3）项目进度计划表	计划管理部门 综合管理部门 项目负责人
	3. 编制“专业工序管理及计划进度表” 1）项目负责人组织设计人员领会初步设计文件和上级机关批文精神 2）进一步落实设计条件、基础资料、协助委托单位取得各种协议 3）各专业进一步研究设计方案提出问题，开展调查收资工作 4）确定主要设计原则和生产方法 5）进一步落实创优规划 6）项目及专业负责人估算工程量，编制项目及专业“工序管理及计划进度表”、“专业协作进度表”	1）单位“工程设计管理办法” 2）批准的“初步设计文件”及其批文 3）单位“施工图设计内容深度统一规定” 4）国家计委计设（83）1477 号“基本建设工作管理暂行办法” 5）单位“计划管理办法” 6）单位“勘测设计质量信息管理办法” 7）单位“原始资料收集提纲” 8）单位“设计工作出差管理办法” 9）单位“勘测设计‘三环节’管理有关规定” 10）单位“设计工序管理实施规定”	1）开展施工图设计工作会议记录 2）原始资料收集提纲 3）新落实的各种设计条件、基础资料和协议 4）与建设单位等洽谈的各种文件记录 5）方案、关键技术问题讨论记录表 6）项目及专业使用的质量信息 7）项目及专业“工序管理及计划进度表”（找准管理点） 8）专业协作进度表 9）创优规划	项目负责人 专业负责人 项目及专业负责人 项目及专业负责人 项目及专业负责人 项目及专业负责人 项目及专业负责人 项目负责人 项目负责人

（续）

环节	设计流程	质量标准及有关制度	归档资料	资料提交人
一、设计准备阶段（P）	4. “开工报告”和开工 1）项目负责人撰写“开工报告” 2）审批“开工报告” 3）项目负责人作开工报告	1）单位“工程设计管理办法” 2）单位“勘测设计‘三环节’管理有关规定” 3）单位“设计工序管理实施规定”	1）项目“开工报告” 2）项目开工审查表 3）各专业设计大纲 4）各专业设计任务书	项目负责人 总工程师办公室 专业负责人 专业负责人
二、文件编制（D）	5. 编制设计文件 1）进一步确定各专业主要设计方案 2）主导专业向相关专业提供设计条件 3）有关专业根据设计条件进行设计，并根据需要返回设计条件 4）进行“中间检查” 5）根据“中间检查”意见，各专业进行设计修改工作 6）各专业完成设计文件编制工作	1）经审批实施的“开工报告” 2）单位“施工图设计文件内容深度规定” 3）单位“勘测设计‘三环节’管理有关规定” 4）单位“设计工序管理实施规定” 5）单位“专业间互提设计条件的规定” 6）单位“专业间设计分工规定” 7）单位“制图比例的选用及图幅利用率的规定” 8）单位“设计制图统一规定” 9）国家、部（省）有关设计标准规程、规范	1）校审齐全的各专业条件（图样和表格） 2）校审齐全的各专业计算书 3）项目“中间审查会记录单” 4）各专业“中间检查记录单” 5）质量信息反馈卡 6）来往函电 7）技术会议及技术接待原始记录 8）重大设计变更报批资料	专业负责人 项目负责人 项目负责人 及 专业负责人
三、成果审评（C）	6. 校审设计文件和质量评定 1）校审、签署设计文件 2）设计文件会签 3）设计文件的质量评定 4）项目负责人编制“图样总目录” 5）质量工程师对设计文件进行入库前检查	1）单位“施工图设计内容深度规定” 2）单位“设计文件格式及图号编制规定” 3）单位“勘测设计‘三环节’管理有关规定” 4）单位“设计工序管理实施规定” 5）单位“设计成品质量评定办法”	1）校审记录卡 2）质量信息反馈卡 3）各专业质量评分表 4）工序管理点实施检查表 5）图样总目录 6）勘测设计文件入库前检查记录单 7）设计质量综合评分表	专业负责人 项目及专业负责人 项目负责人 设计部办公室 专业负责人 总工程师办公室

（续）

环节	设计流程	质量标准及有关制度	归档资料	资料提交人
四、文件归档和工作总结（A）	7. 设计文件归档、复制及发送 1）设计文件入库 2）设计文件复制、发送 3）设计基础资料、重要设计条件来往函电等原始资料整理归档 4）工时统计	1）单位“设计文件复制办法” 2）单位“科技档案管理办法” 3）单位“勘测设计统计管理办法”	1）勘测设计资料入库验收单 2）设计文件、资料归档评分表 3）设计计划进度综合评分表 4）项目完工报告表 5）项目工时统计表	专业负责人 资料管理部门 计划管理部门 项目负责人 项目及专业负责人
	8. 参加技术交底 1）准备工作 2）参加技术交底 3）设计小结	1）单位“工程设计管理办法” 2）单位“质量信息管理办法”	1）质量信息反馈卡 2）技术交底会议纪要 3）设计变更通知 4）设计小结	项目负责人 项目及专业负责人 项目及专业负责人
五、配合施工和设计回访	9. 配合施工和试车 1）派驻工地代表 2）处理施工中出现的问题 3）工地代表工作总结 4）试车准备 5）参加试车	1）单位“工地代表工作制度” 2）单位“质量信息管理办法” 3）单位“工程设计管理办法”	1）工代记事簿 2）工地各种会议记录 3）现场计算书 4）现场更改通知单 5）来往函电 6）工代工作总结 7）试车准备会记录 8）试车组织及试车方案 9）试车运行记录 10）试车小结 11）质量信息反馈卡	工地代表 工地代表 工地代表 工地代表 工地代表 工地代表 项目负责人 项目负责人 项目负责人 项目负责人 工地代表
	10. 设计回访 1）回访计划及组织 2）设计回访 3）回访小结	1）单位“设计回访管理制度” 2）单位“质量信息管理办法” 3）单位“工程设计管理办法”	1）回访计划 2）回访人员名单 3）信息反馈卡 4）回访登记表 5）回访总结报告	管理部门办公室 管理部门办公室 项目负责人 项目负责人 项目负责人

应 用 部 分

第六章 变配电工程设计

一般的工业和民用电气工程多为从电力网的中压（35/10kV）系统获取电能，以低压（220/380V）系统供给终端用电。

第一节 变配电系统

一、概述

1. 供电电源及供电电压

（1）供电电源 在确定供电电源时，应结合建筑物的负荷级别、用电容量、用电单位的电源和电力系统的供电情况等因素确定供电电源，以保证供电的可靠性和经济合理性。

根据有关规范规定，一级负荷应由双重电源（即一个电源出现故障时，另一电源仍能不中断供电的两个互相独立的电源）供电。在一级负荷容量较大或有高压用电设备时应采用两路高压电源；一级负荷容量不大、仅为照明类负荷时，可采用蓄电池组作备用电源。而应急电源可以是独立于正常电源的发电机组、供电网络中有效地独立于正常电源的专门馈电线路或蓄电池。

二级负荷的供电系统应做到，当发生电力变压器故障或线路常见故障时，不致中断供电或中断后能迅速恢复供电。有条件时宜由双回线路供电；负荷较小或地区供电条件困难时，亦可由一回6kV及以上专用架空线路供电；采用电缆线路时，应由两根电缆组成电缆段，且每段电缆应能承受二级负荷的100%，并互为热备用。

当正常电源断电时，由于非安全原因用来维持电气装置或某些部分所需的电源为备用电源；为保证健康安全、环境安全、设备安全所需的电源为应急电源，又称安全设施电源。

（2）供电电压 应根据用电容量、用电设备特性、供电距离、供电线路的回路数、当地公共电网现状及其发展规划等因素，经技术经济比较后确定用电单位的供电电压。

对于需要双回电源线路供电的用户，宜采用同级电压，以提高设备的利用率。但根据各级负荷的不同需要及地区供电条件，如能满足一、二级负荷的用电要求，亦可采用不同等级的电压供电。

如果一个用户的用电设备容量在100kW及以下或变压器容量在50kV·A及以下时，则可采用220/380V的低压供电系统。

当采用高压供电时，一般供电电压为10kV。如果用电负荷很大（如特大型高层建筑、超高层建筑、大型企业等），在通过技术经济比较后，亦可用35kV及以上的供电电压，但应与当地供电部门协商。

低压配电电压宜采用220/380V，工矿企业也可采用660V。

2. 常用的供电方案

（1）0.22/0.38kV低压电源供电　此方案多用于用户电力负荷较小、可靠性要求稍低的情况。

（2）一路10(6) kV高压电源供电　此方案主要用于三级负荷的用户，仅有照明类少量的一级负荷时，采用蓄电池组作为备用电源。

（3）一路10(6) kV高压电源、一路0.22/0.38kV低压电源供电　此方案用于取得第二路高压电源较困难或不经济的情况。

（4）两路10(6) kV电源供电　此方案用于负荷容量较大、供电可靠性要求较高，有较多一、二级的负荷的用户，是最常用的供电方式之一。

（5）两路10(6) kV电源供电、自备发电机组备用　此方案用于负荷容量大、供电可靠性要求高，有大量一级负荷的用户，如星级宾馆、《高层民用建筑设计防火规范》中规定的一类高层建筑等。这种供电方式也是最常用的供电方式。

（6）两路35kV电源供电、自备发电机组备用　此方案用于对负荷容量特别大的用户，如大型企业、超高层建筑或高层建筑群等。

3. 高压电气主接线

（1）一路电源进线的单母线接线　见图6-1（图中斜线为断路器简略符号，后同），此接线方式适用于负荷不大、可靠性要求稍低的场合。当没有其他备用电源时，一般只用于三级负荷的供电。当进线电源为专用架空线或满足二级负荷供电条件的电缆线路时，则可用于二级负荷的供电。

（2）两路电源进线的单母线接线　见图6-2，此接线方式两路10kV电源一用一备，一般也都用于二级负荷的供电。

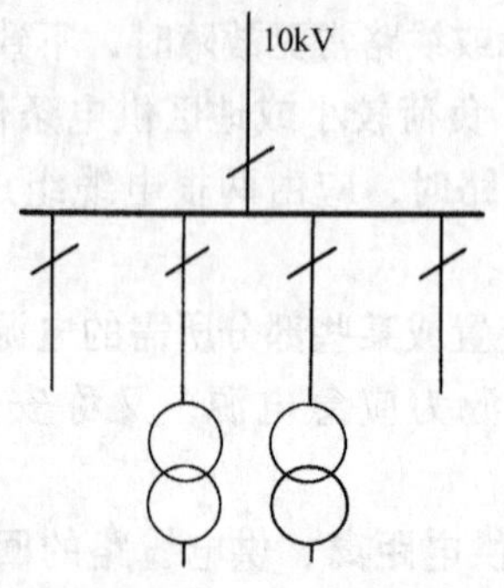

图6-1　一路电源进线的单母线接线

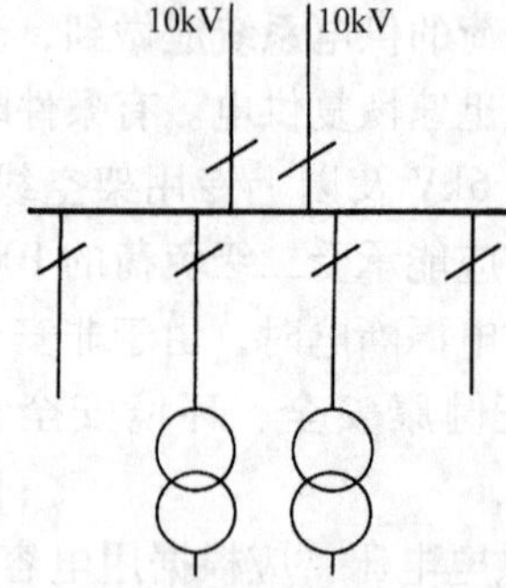

图6-2　两路电源进线的单母线接线

（3）无联络的分段单母线接线　见图6-3，此接线方式两路10kV电源进线，两段高压母线无联络，一般采用互为备用的工作方式，多用于负荷不太大的二级负荷的场合。

（4）母线联络的分段单母线接线　见图6-4，两路电源同时供电、互为备用，通常母联开关为断路器，可以手动切换、也可以自动切换，适用于一、二级负荷的供电，这是最常用的高压主接线形式。

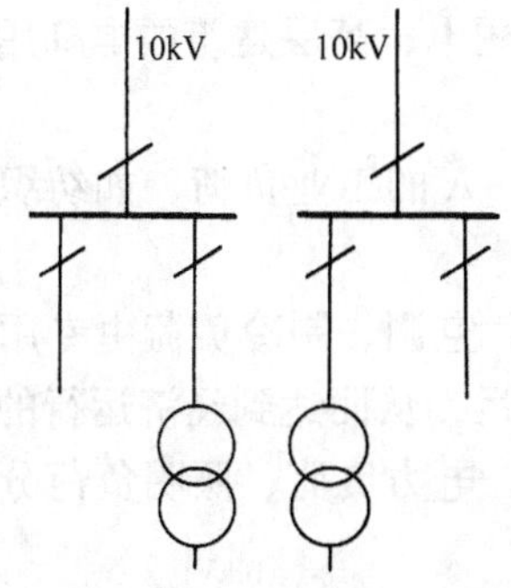

图 6-3　无联络的分段单母线接线

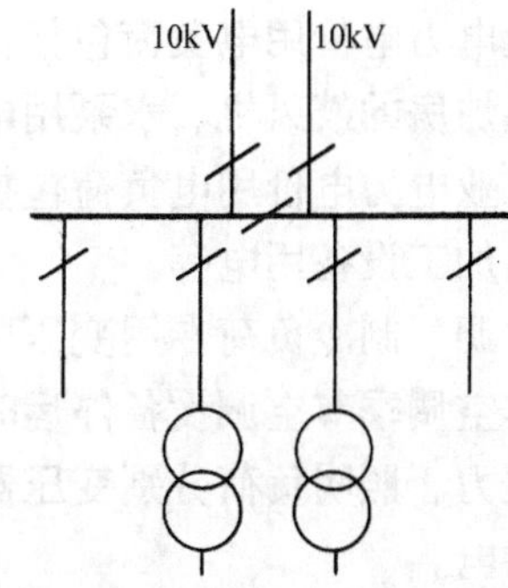

图 6-4　母线联络的分段单母线接线

4．低压电气主接线

10kV 配变电所的低压电气主接线一般采用单母线接线和分段单母线接线两种方式。对于分段单母线接线，两段母线互为备用，母联开关手动或自动切换。由建筑物外引入的配电线路，应在室内分界点便于操作维护的地方装设隔离电器。低压配电级数不宜多于三级。由地区公共低压电网供电的 220V 负荷，线路电流小于等于 60A 时，可采用 220V 单相供电；大于 60A 时，宜以 220/380V 三相四线制供电。

根据变压器台数和电力负荷的分组情况，对于两台及以上的变压器，可以有以下几种常见的低压主接线形式：

（1）电力和照明负荷共用变压器供电　见图 6-5，对于此接线方式，为便于电力和照明负荷分别计量，主接线设计时应将电力电价负荷和照明电价负荷分别集中。

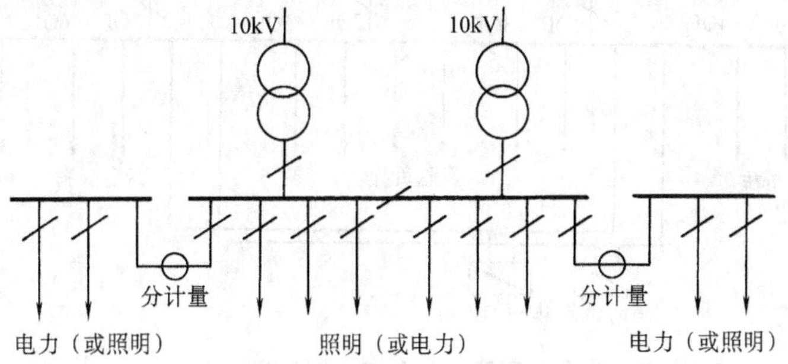

图 6-5　电力和照明负荷共用变压器供电的低压电气主接线

照明电价用电负荷包括：民用及非工业用户或普通工业用户的生活和生产照明用电（霓虹灯、家用电器、普通插座包含在内）；理发吹风、电剪、电烫等用电；电灶、烘焙、电热取暖、电热水器、电热水蒸气浴、电吸尘器等用电；空调设备用电（包括窗式空调器、立柜式空调机、冷冻机组及其配套的附属设备）；供给照明用的整流器用电；总容量不足 3kW 的晒图机、医用 X 光机、太阳灯、电热消毒等用电；总容量不足 3kW 的非工业用电力、电热用电，而又无其他工业用电者；总容量不足 1kW 的工业用单相电动机，或不足 2kW 的工业用单相电热，而又无其他工业用电者；大宗工业用户（受电变压器容量在 315kV · A 及以上）内的生活区或厂区里的办公楼、食堂、实验室的照明用电（车间照明除外）。

非工业电力电价用电负荷包括：服务行业的炊事电器用电；高层建筑的电梯用电；民用建筑采暖锅炉房的鼓风机、水泵用电等。

普通工业电力电价用电负荷包括：总容量不足320kV·A的工业负荷，如纺织合线设备用电、食品加工设备用电等。

(2) 空调、制冷负荷专用变压器供电　见图6-6左图，空调、制冷负荷由专用变压器供电，当在非空调季节空调设备停运时，可将专用变压器停运，从而达到经济运行的目的。

(3) 电力、照明负荷分别变压器供电　见图6-6右图，电力负荷、照明负荷分别由不同的变压器供电。

(4) 为满足消防负荷的供电可靠性要求，在采用备用电源时，变电所的低压电气主接线　如图6-7和图6-8所示（注：两图未考虑不同电价负荷的分别计量）。图6-7所示为两台变压器加一路备用电源（可以是自备发电机组，也可以是低压备用市电）的方案。图6-8所示为一台变压器加一路备用电源的方案。

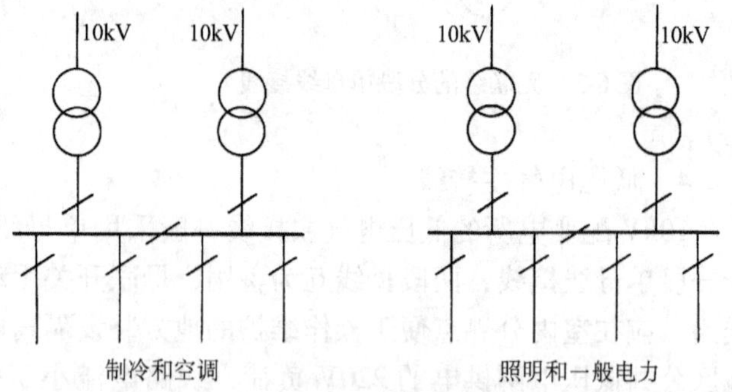

图6-6　空调、制冷负荷专用变压器供电的低压电气主接线

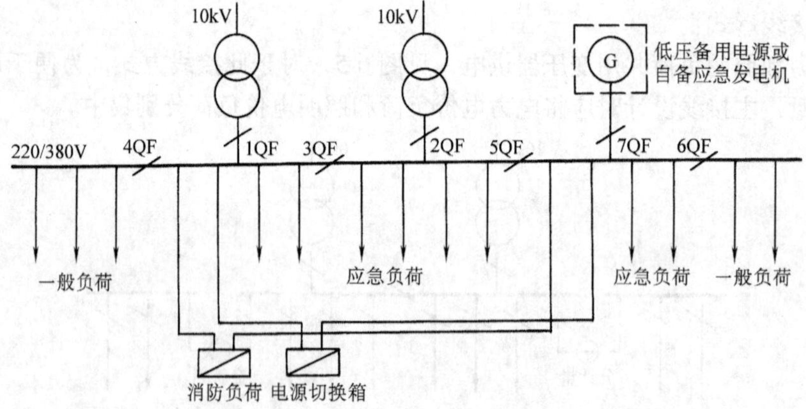

图6-7　两台变压器一路备用电源的低压电气主接线

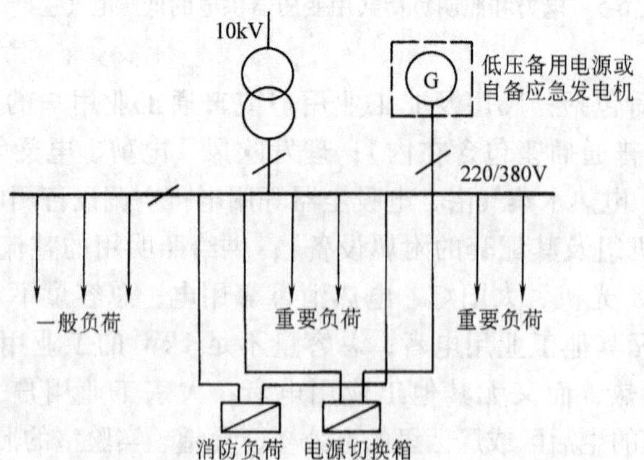

图6-8　一台变压器一路备用电源的低压电气主接线

5. 设备选择

(1) 变压器选择　一般根据负荷特点、用电容量和运行方式等条件综合确定变压器的台数。当有大量一级或二级负荷，或季节性负荷变化较大（如空调制冷负荷），或集中负荷较大的情况，一般宜有两台及以上的变压器。

变压器的容量应按计算负荷来选择。对于两台变压器供电的低压单母线系统，当两台变压器采用一用一备的工作方式时，每台变压器的容量按低压母线上的全部计算负荷来确定；当两台变压器采用互为备用工作方式时，正常时每台变压器负担总负荷的一半左右，一台变压器故障时，另一变压器应承担全部负荷中的一、二级负荷，以保证对一、二级负荷的供电可靠性要求。

低压为0.4kV的配电变压器单台容量一般不宜大于1250kV·A，当技术经济合理时，也可选用1600kV·A变压器。

对于多层或高层主体建筑内的变电所，以及防火要求高的车间内的变电所，应选用不燃或难燃型变压器。常用的有环氧树脂浇注干式变压器，也可以选六氟化硫变压器、硅油变压器和空气绝缘干式变压器。

(2) 高压配电设备选择　选择电气设备时应符合正常运行、检修、短路和过电压等情况的要求。对于高层建筑中的变电所，为安全起见，断路器的遮断能力宜提高一挡选用。对于多层或高层主体建筑内的变电所，以及防火要求高的车间内的变电所，为了满足防火要求，高压开关设备一般选真空断路器、SF6断路器、负荷开关加高压熔断器；当高压配电室不在地下室时，如果布局能达到防火要求，也可采用优良性能的少油断路器。高压成套配电装置一般选用手车式。

(3) 低压配电设备　低压配电设备的选择应满足工作电压、电流、频率、准确等级和使用环境的要求，应尽量满足短路条件下的动、热稳定性，对断开短路电流的电器应校验其短路条件下的通断能力。有多项可选而需唯一确定的规格应确定：

1) 低压塑壳断路器　有哪些附件，如过电流脱扣器、短路脱扣器、辅助开关等，电动机专用的要特别提出来。

2) 低压框架式断路器　有哪些附件，除上述外还有分励脱扣器（电压、交直流）。不仅要注明电动合闸，是储能式还是电动机式、电磁式（电压），还要注明断流能力（kA）。

3) 中间继电器、接触器、电压式信号继电器、电笛、电铃要注明线圈电压、交直流。

二、工程实例

【实例6-1】

1. 设计条件

某公司一期建设1号综合楼，建筑总面积12840m^2，总高度28.2m。各层基本数据见表6-1，用电负荷见表6-2。另分期建设2号和3号综合楼，及5幢宿舍楼。

表6-1　某公司1号综合楼各层基本数据

层　数	面　积/m^2	层　高/m	主要功能
B1	1840	3.20，4.20	汽车库，泵房，水池，变电所
1	1520	3.80	营业大厅，办公
2	1540	3.50	餐厅，办公

（续）

层　数	面　积/m²	层　高/m	主要功能
3	1540	3.50	办公
4~7	1540	3.20	办公
RF	240	—	机房

表6-2　某公司1号综合楼用电负荷

回路编号	回路名称	设备功率/kW	回路编号	回路名称	设备功率/kW
WP1	消防泵	30	WL9	一层空调	14
WP2	生活泵	4	WL10	二层空调	25.5
WP3	电梯	6.75	WL11	三层空调	24.0
WP4	电梯	6.75	WL12	四层空调	24.0
WP5	消防增压泵	5.7	WL13	五层空调	24.0
WP6	送排风机	22	WL14	六层空调	22.5
WP7	潜污泵	6.6	WL15	七层空调	22.5
WL1	地下层照明	6.6	WL16	一层空调	6.0
WL2	一层照明	30.2	WL17	二层空调	26.0
WL3	二层照明	33.4	WL18	三层空调	24.0
WL4	三层照明	34.9	WL19	四层空调	27.5
WL5	四层照明	33.9	WL20	五层空调	27.5
WL6	五层照明	33.9	WL21	六层空调	27.5
WL7	六层照明	33.4	WL22	七层空调	27.5
WL8	七层、屋顶层照明	35.0	WL23	一层空调	21.0

2. 设计方案

（1）供电电源及供电电压　根据有关规范的规定，本工程按三级负荷供电。一期建设的1号综合楼总设备容量为630kW。根据业主要求，变压器按终装容量考虑，为800kV·A。由城市电力网引来一路10kV电源，电缆型号为YJV22-10kV-3×95。

（2）变电所电气主接线　变电所电气主接线为单电源单台变压器高供高计低压母线不分段系统。

（3）设备选择　高压开关柜为KYN-10型户内交流金属铠装移开式开关柜，低压配电柜为GCL型低压抽出式成套开关设备。因变电所设在地下层，故采用SC8型环氧树脂浇注干式变压器。

低压配电柜抽出单元布置时，模数大的抽屉置于柜体的下部，模数小的抽屉置于柜体的上部。本工程AL2、AL4~AL6柜的抽屉位数已用满，但AL3柜尚有空，留有一定数量的备用单元位置。

3. 主接线

1）高压系统概略图（原名高压系统图）见图6-9。

2）低压系统概略图（原名低压系统图）见图6-10。

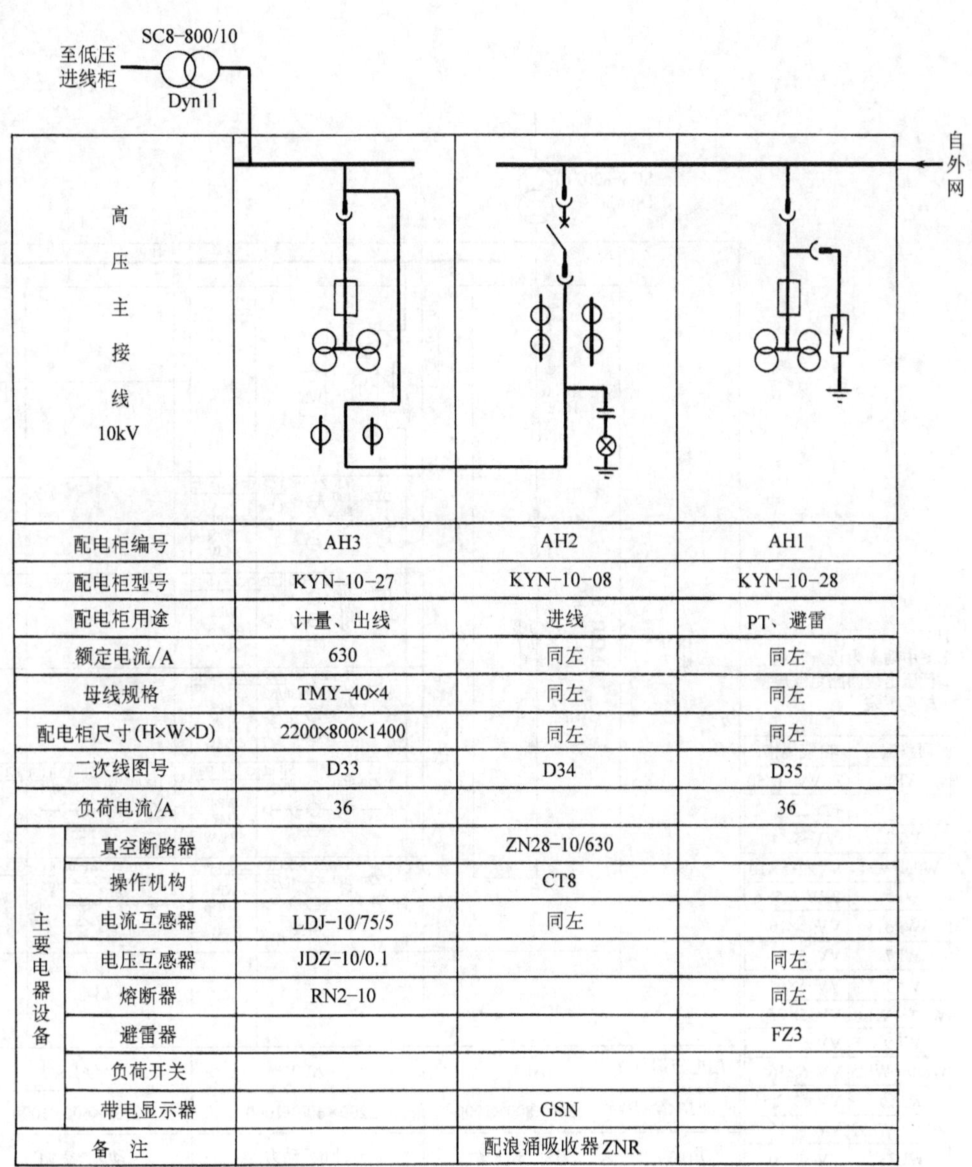

		AH3	AH2	AH1
高压主接线 10kV				
配电柜编号		AH3	AH2	AH1
配电柜型号		KYN-10-27	KYN-10-08	KYN-10-28
配电柜用途		计量、出线	进线	PT、避雷
额定电流/A		630	同左	同左
母线规格		TMY-40×4	同左	同左
配电柜尺寸(H×W×D)		2200×800×1400	同左	同左
二次线图号		D33	D34	D35
负荷电流/A		36		36
主要电器设备	真空断路器		ZN28-10/630	
	操作机构		CT8	
	电流互感器	LDJ-10/75/5	同左	
	电压互感器	JDZ-10/0.1		同左
	熔断器	RN2-10		同左
	避雷器			FZ3
	负荷开关			
	带电显示器		GSN	
备　注			配浪涌吸收器ZNR	

图 6-9　实例 6-1 的高压系统概略图

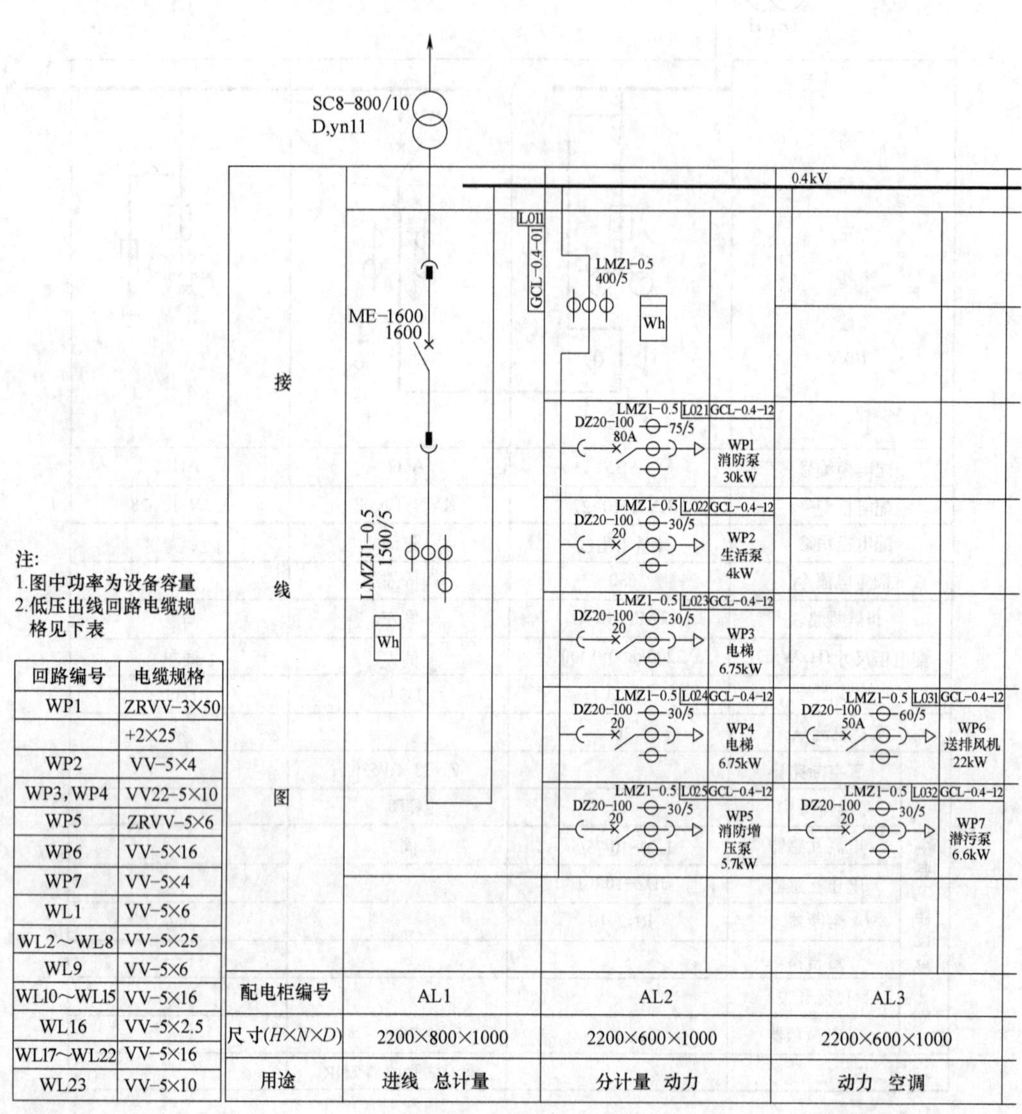

配电柜编号	AL1	AL2	AL3
尺寸(*H*×*N*×*D*)	2200×800×1000	2200×600×1000	2200×600×1000
用途	进线 总计量	分计量 动力	动力 空调

回路编号	电缆规格
WP1	ZRVV−3×50
	+2×25
WP2	VV−5×4
WP3, WP4	VV22−5×10
WP5	ZRVV−5×6
WP6	VV−5×16
WP7	VV−5×4
WL1	VV−5×6
WL2～WL8	VV−5×25
WL9	VV−5×6
WL10～WL15	VV−5×16
WL16	VV−5×2.5
WL17～WL22	VV−5×16
WL23	VV−5×10

图 6-10 实例 6-1

AL4	AL5	AL6	AL7	AL8
DZ20-100 25; LMZ1-0.5 30/5; L041 GCL-0.4-62; WL1 地下层照明 6.616kW	DZ20-100 20; LMZ1-0.5 30/5; L051 GCL-0.4-62; WL9 一层空调 14kW	DZ20-100 32; LMZ1-0.5 50/5; L061 GCL-0.4-62; WL17 二层空调 24kW	JKL1A; QSA-400; L071 GCL-04-55; LMZ1-0.5 200/5; CJ20-25; T45; 15kvar; 共8组	QSA-400; L081 GCL-04-55; LMZ1-0.5 200/5; CJ20-25; T45; 15kvar; 共8组
DZ20-100 60; LMZ1-0.5 75/5; L042 GCL-0.4-62; WL2 一层照明 30.186kW	DZ20-100 32; LMZ1-0.5 50/5; L052 GCL-0.4-62; WL10 二层空调 25.5kW	DZ20-100 32; LMZ1-0.5 50/5; L062 GCL-0.4-62; WL18 三层空调 27.5kW		
DZ20-100 60; LMZ1-0.5 75/5; L043 GCL-0.4-62; WL3 二层照明 33.366kW	DZ20-100 32; LMZ1-0.5 50/5; L053 GCL-0.4-62; WL11 三层空调 24kW	DZ20-100 32; LMZ1-0.5 50/5; L063 GCL-0.4-62; WL19 四层空调 27.5kW		
DZ20-100 60; LMZ1-0.5 75/5; L044 GCL-0.4-62; WL4 三层照明 33.886kW	DZ20-100 32; LMZ1-0.5 50/5; L054 GCL-0.4-62; WL12 四层空调 24kW	DZ20-100 32; LMZ1-0.5 50/5; L064 GCL-0.4-62; WL20 五层空调 27.5kW		
DZ20-100 60; LMZ1-0.5 75/5; L045 GCL-0.4-62; WL5 四层照明 33.926kW	DZ20-100 32; LMZ1-0.5 50/5; L055 GCL-0.4-62; WL13 五层空调 24kW	DZ20-100 32; LMZ1-0.5 50/5; L065 GCL-0.4-62; WL21 六层空调 27.5kW		
DZ20-100 60; LMZ1-0.5 75/5; L046 GCL-0.4-62; WL6 五层照明 33.926kW	DZ20-100 32; LMZ1-0.5 50/5; L056 GCL-0.4-62; WL14 六层空调 22.5kW	DZ20-100 32; LMZ1-0.5 50/5; L066 GCL-0.4-62; WL22 七层空调 27.5kW		
DZ20-100 100; LMZ1-0.5 100/5; L047 GCL-0.4-62; WL7 六层照明 33.446kW	DZ20-100 32; LMZ1-0.5 50/5; L057 GCL-0.4-62; WL15 七层空调 22.5kW	DZ20-100 25; LMZ1-0.5 30/5; L067 GCL-0.4-62; WL23 一层空调 21kW		
DZ20-100 100; LMZ1-0.5 100/5; L048 GCL-0.4-62; WL8 七层照明 34.95kW	DZ20-100 20; LMZ1-0.5 30/5; L058 GCL-0.4-62; WL16 一层空调 6kW	DZ20-100 100; LMZ1-0.5 100/5; L068 GCL-0.4-62; 备用		
AL4	AL5	AL6	AL7	AL8
2200×600×1000	2200×600×1000	2200×600×1000	2200×800×1000	2200×800×1000
照明	照明	照明	电容补偿	电容补偿

的低压系统概略图

第二节　平立面布置

一、概述

1. 变电所的位置

变电所位置的选择应从安全运行的角度出发，需根据下列要求经技术经济比较后确定：

1）接近负荷中心。

2）进出线方便。

3）接近电源侧。

4）设备运输方便。

5）不应设在有剧烈振动或高温的场所。

6）不宜设在多尘或有腐蚀性气体的场所，当无法远离时，不应设在污染源盛行风向的下风侧。

7）不应设在厕所、浴室或其他经常积水场所的（相邻层）正下方，且不宜与之相贴邻。

8）不应设在有爆炸危险环境的（相邻层）正上方或正下方，且不宜设在有火灾危险环境的（相邻层）正上方或正下方。当与有爆炸或火灾危险环境的建筑物毗邻时，应按爆炸和火灾危险环境的有关规定执行。

9）不应设在地势低洼和可能积水的场所。

上述9条要求中，第5）~9）条是必须要满足的，第1）~4）条是要根据具体工程综合考虑的，因为它们之间有时是相互矛盾的。

现代的民用建筑（尤其是高层建筑），常将变电所设置在地下层。这时更需注意进出线的方便，尤其要注意与电气竖井的联系。

2. 变电所的型式

变电所的型式需根据用电负荷的状况和周围环境情况确定，应符合下列规定：

1）负荷较大的车间和站房，变电所宜设为附设式或半露天式。

2）负荷较大的多跨厂房，负荷中心在厂房中部且环境许可时，变电所宜设为车间内式或预装式。

3）高层或大型民用建筑内，变电所宜设为室内式或预装式。

4）负荷小而分散的工业企业和大中城市的居民区，变电所宜设为独立式，有条件时也可设计成附设式或户外预装式。

5）环境允许的中小城镇居民区和工厂的生活区，当变压器容量在315kV · A及以下时，变电所宜设为杆上式或高台式。

需要指出的是，上述要求乃有关规范的规定。随着我国社会生产力的进步，国家综合实力的提高，城市化进程的加快，以人为本的社会环境的逐步形成，新建变电所中半露天变电所、杆上式变电所及高台式变电所已不多见，而室内预装式和户外预装式变电站的应用则是越来越多。

3. 变电所的布置

配变电装置的布置必须遵循安全、可靠、适用和经济的原则，并应便于安装、操作、搬运、检修、试验和监测。布置应符合《10kV 及以下变电所设计规范》（GB 50053—1994）、《低压配电设计规范》（GB 50054—1995）等规范的规定。在配变电装置布置时，一般需考虑的基本内容为：

（1）便于进出线、运行及管理　适当安排建筑物内各房间的相对位置，使配电室的位置便于进出线。低压配电室应靠近变压器室，电容器室宜与低压配电室相毗连，控制室、值班室和辅助房间的位置应便于运行人员工作和管理。

（2）利于消防　带可燃性油的高压配电装置，宜装设在单独的高压配电室内。当高压开关柜的数量为 6 台及以下时，可与低压配电柜设置在同一房间内。不带可燃性油的高、低压配电装置和非油浸的电力变压器，可设置在同一房间内。由同一配电所供给一级负荷用电时，母线分段处应设防火隔板或有门洞的隔墙。供给一级负荷用电的两路电缆不应通过同一电缆沟，当无法分开时，该电缆沟内的两路电缆应采用阻燃性电缆，且应分别敷设在电缆沟两侧的支架上。

（3）采光、通风与节能　尽量利用自然采光和自然通风。变压器室和电容器室尽量避免西晒，控制室尽可能朝南。

（4）吊装及未来扩展　10kV 变电所宜单层布置，当采用双层布置时，变压器室应设在底层，设于二层的配电室应留有吊运设备的吊装孔或吊装平台。高低压配电室内宜留有适当数量的配电装置的备用位置。

二、工程实例

【实例 6-2】

工程实例 6-1 的变电所平、剖面布置图见图 6-11。

（1）变电所位置　变电所设置在地下层，其位置靠北侧便于进线，与设于地下层的水泵房位置较近，靠近大容量设备及重要负荷。

（2）设备选用　考虑到变电所在建筑主体的地下室，且受面积的限制，变压器选用环氧树脂绝缘干式变压器，故将变压器和高低压配电装置并排布置。配电柜的防护等级为 IP3X。高压断路器为真空断路器。

（3）左上图　表达其平面布置，高压柜、干式变压器和低压柜一字并列排布，干式变压器一方为三个高压柜，另一方为八个低压柜，后方为维护通道，前方为运行通道。运行通道两侧均设外开门，一为单门，另为双门。标高 -4.2m，地下层，故无窗。尺寸见图中标注。

（4）右上图　表达电缆桥架布置，600mm × 100mm 在配电柜上方成 L 形布置，另有 400mm × 100mm 及 200mm × 100mm 两段接入。图中还标注了桥架穿墙洞的尺寸、位置。

（5）左中图　表达 1-1 剖面的立面布置，反映了配电柜的安装及桥架穿墙洞的作法。

（6）右中图　表达 2-2 剖面的立面布置，反映了配电柜的正面安装、桥架安装及从另一角度的桥架穿墙洞作法。

（7）下表　主要设备材料表，反映了主要设备材料的名称、型号及规格、单位及数量等。

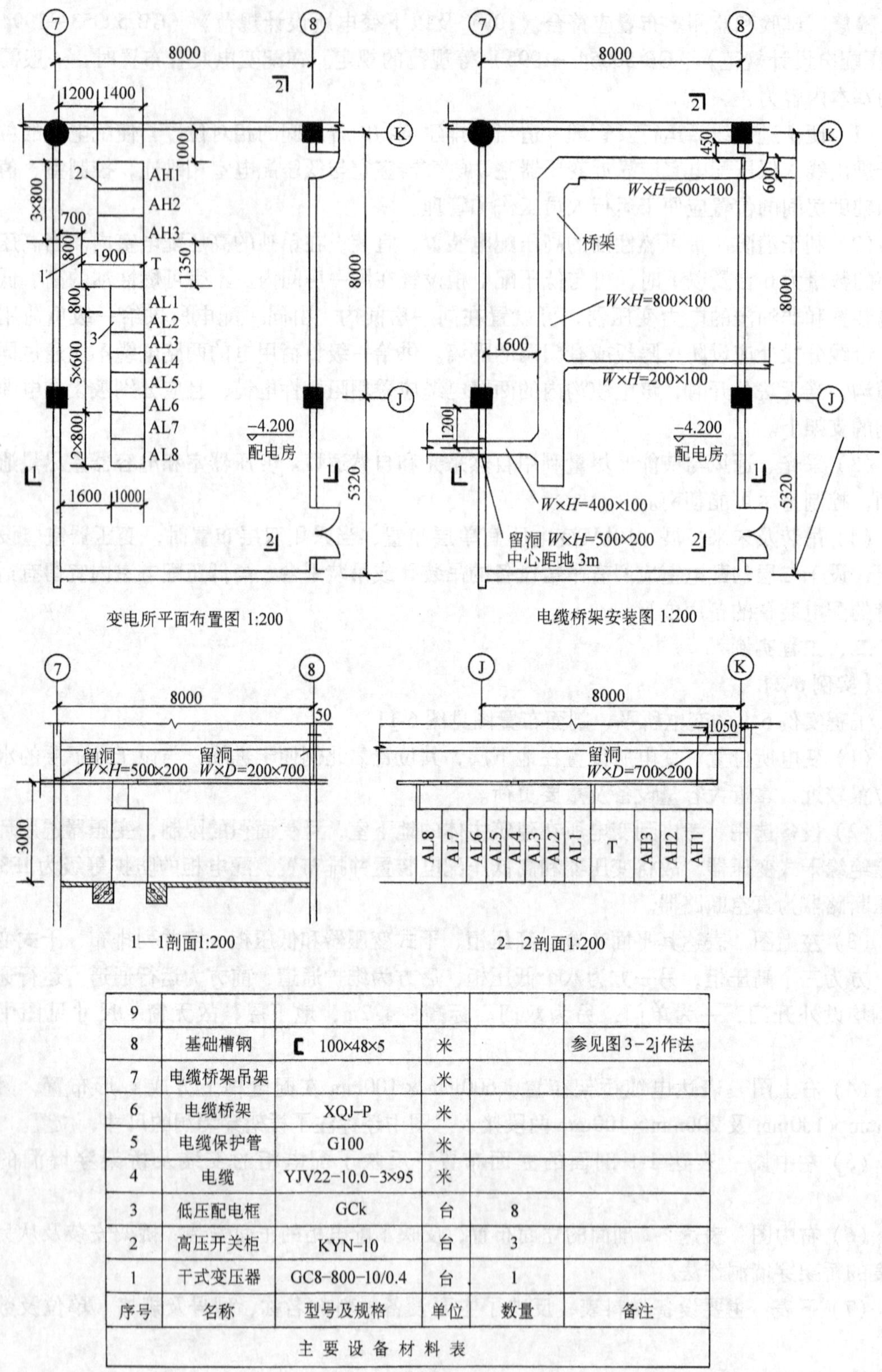

序号	名称	型号及规格	单位	数量	备注
9					
8	基础槽钢	[100×48×5	米		参见图3-2j作法
7	电缆桥架吊架		米		
6	电缆桥架	XQJ-P	米		
5	电缆保护管	G100	米		
4	电缆	YJV22-10.0-3×95	米		
3	低压配电柜	GCk	台	8	
2	高压开关柜	KYN-10	台	3	
1	干式变压器	GC8-800-10/0.4	台	1	

主要设备材料表

图6-11　实例6-1的变电所平、剖面布置图

第三节　二 次 电 路

一、概述

1. 操作电源与所用电源

（1）操作电源　变配电所的操作电源应根据断路器操动机构的形式、供电负荷等级、继电保护要求、出线回路数等因素来考虑。

1）断路器的操动机构　主要有电磁操动机构和弹簧储能操动机构两种。电磁操动机构采用直流操作；弹簧储能操动机构既可直流操作又可交流操作，所需合闸功率小，且在无电源时还可以手动储能，所以弹簧储能操动机构是发展方向。但弹簧储能操动机构结构较复杂、零件多、维护调试的技术要求高，价格上比电磁操动机构贵。当然，就目前而言，有些地区对选用何种操动机构也还有一定的规定。

2）交流操作　具有投资少、建设快、二次接线简单、运行维护方便等优点。但在采用交流操作保护装置时，电压互感器二次负荷增加，有时不能满足要求。且交流继电器不配套也使交流操作的使用受到限制。因此，交流操作只用于能满足继电保护要求、出线回路少的小型配变电所。

3）直流操作电源　对于用电负荷较多、一级负荷容量较大、继电保护要求严格的变电所，为了满足可靠性和继电保护等的高要求，一般采用直流操作电源。常用的直流操作电源有镉镍蓄电池组、智能式充电装置、高频开关式调压装置。与酸性蓄电池相比，由镉镍蓄电池组成的直流屏优点为：体积小、重量轻，可组装于屏内，也可与其他设备同置于控制室内，从而减少占地面积；成套性强，镉镍直流屏内有电池、充电和浮充电设备以及直流馈出回路三大部分，另外还装有绝缘监察、电压监视、闪光回路、电压调节、过电流过电压保护等装置；安装方便，电缆沟和基础型钢可与其他并列屏一并考虑；维护简单，只需定期检查电池液面，每半年进行一次充放电循环以活化电池；镉镍电池在运行中不散发有害气体、无爆炸危险，对周围环境、设备和人体健康无影响；对充电要求不高，它的内阻小，放电倍率可达 10 ~20 倍；使用寿命长，一般可达 20 年或 500 个放电循环。镉镍电池与硅整流电源相比，价格高，但可靠性也高。目前比镉镍蓄电池应用更为广泛（尤其电力行业）的是免维护密闭式铅酸蓄电池，其有着独特的优点，但缺点是所选容量约是镉镍的三倍（镉镍的放电倍率大），价格较高。

（2）所用电源　变配电所的所用电源应根据变配电所的规模、电压等级、供电负荷等级、操作电源种类等因素来确定。

1）35kV 变电所　一般装设两台容量相同可互为备用的所用变压器，直流母线采用分段单母线接线，并装设备用电源自动投入装置，蓄电池应能切换至任一段母线。

2）10kV 变电所　若负荷级别较高时，一般宜设所用变压器。当负荷级别稍低、采用交流操作时，供给操作、控制、保护、信号等的所用电源，可引自低压互感器。

2. 继电保护配置

（1）继电保护的一般原则

1）要求　继电保护和自动装置应满足可靠性、选择性、灵敏性和速动性的要求。电力设备和线路短路故障的保护应有主保护和后备保护，必要时可增设辅助保护。

2）继电保护的时限特性　继电保护装置应根据所在地供电部门的要求采用定时限或反时限特性的继电器。

3）联锁　正常电源与应急发电机电源间应设电气闭锁或双投开关。

（2）10kV 线路的继电保护配置　10kV 线路的继电保护配置　见表 6-3。

表 6-3　10kV 线路的继电保护配置

被保护线路	保护装置名称				备注
	无时限电流速断保护	带时限电流速断保护	过电流保护	单相接地保护	
单侧电源放射式单回线路	自重要配电所引出的线路装设	当无时限电流速断保护不能满足选择性动作时装设	装设	中性点经小电阻接地的系统应装设，并应动作于跳闸	当过电流保护的动作时限不大于 0.5～0.7s，且无保护配合上的要求时，可不装设电流速断保护

（3）变压器的继电保护配置　变压器的继电保护配置见表 6-4。

表 6-4　电力变压器的继电保护配置

变压器容量/kV·A	保护装置名称							备注
	带时限过电流保护①	电流速断保护	纵联差动保护	单相低压侧接地保护②	过负荷保护	瓦斯保护④	温度保护	
<400	—	—	—	—	—	≥315kV·A 的车间内油浸变压器	—	一般用高压熔断器保护
400～630	高压侧采用断路器时装设	高压侧采用断路器且过电流保护时限 > 0.5s 时装设	—	装设	并列运行或单独运行并作为其他负荷的备用电源时，应根据可能过负荷的情况装设③	车间内变压器装设	—	一般采用 GL 型继电器兼作过电流及电流速断保护
800			—			装设	—	
1000～1600	装设	过电流保护时限 > 0.5s 时装设	—				装设	
>1600			当电流速断保护不能满足灵敏性要求时装设	—				—

① 当带时限过电流保护不能满足灵敏性要求时，应采用低电压闭锁的带时限过电流保护。

② 对于 400kV·A 及以上的 Yyn0 联结的低压中性点直接接地的变压器，可利用高压侧三相式过电流保护兼作，或用接于低压侧中性线上的零序电流保护，或用接于低压侧的三相电流保护；对于一次电压为 10kV 及以下、容量为 400kV·A 及以上的 Dyn11 联结的低压中性点直接接地的变压器，当灵敏性符合要求时，可利用高压侧三相式过电流保护兼作。单相低压侧接地保护装置带时限动作于跳闸。

③ 低压电压为 230/400V 的变压器，当低压侧出线断路器带有过负荷保护时，可不装设专用的过负荷保护。过负荷保护采用单相式，一般带时限动作于信号，在无经常值班人员的变电所可动作于跳闸或断开部分负荷。

④ 重瓦斯动作于跳闸（当电源侧无断路器或短路开关时可作用于信号），轻瓦斯作用于信号。

（4）10kV 母线分段断路器的继电保护配置　10kV 母线分段断路器的继电保护配置　见表 6-5。

表 6-5　10kV 母线分段断路器的继电保护配置

被保护设备	保护装置名称		备　注
	电流速断保护	过电流保护	
不并列运行的分段母线	仅在分段断路器合闸瞬间投入，合闸后自动解除	装　设	采用反时限过电流保护时，继电器瞬动部分应解除 对出线不多的二、三级负荷供电的配电所母线分段断路器可不设保护装置

3. 断路器的控制、信号回路

（1）分类　控制、信号回路一般分为控制保护回路、合闸回路、事故信号回路、预告信号回路、隔离开关与断路器闭锁回路。

（2）电源　控制、信号回路电源取决于操动机构的形式和控制电源的种类。断路器一般采用电磁或弹簧操动机构。弹簧操动机构的控制电源可用直流或交流，电磁操动机构的控制电源用直流。

（3）监视方式　控制、信号回路接线可采用灯光监视或音响监视。工业企业变电所一般采用灯光监视。

（4）控制、信号回路的接线要求

1）应能监视电源保护装置（熔断器或低压断路器）及跳、合闸回路的完整性（在合闸线圈及合闸接触器线圈上不允许并接电阻）。

2）应能指示断路器合闸与跳闸的位置状态，自动合闸或跳闸时应有明显信号。

3）有防止断路器跳跃的闭锁装置。

4）合闸或跳闸完成后应使命令脉冲自动解除。

5）接线应简单可靠，使用电缆芯数最少。

（5）事故跳闸的信号回路接线　应采用不对应原理。

（6）事故信号、预告信号　应能使中央信号装置发出音响及灯光信号，并用信号继电器直接指示故障性质。

4. 电气测量与电能计量

10kV 变电所测量与计量仪表的装设见表 6-6。

表 6-6　10kV 变电所测量与计量仪表的装设

线路名称	装设的表计数量					
	电流表	电压表	有功功率表	无功功率表	有功电能表	无功电能表
10kV 进线	1	—	—	—	1①	1①
10kV 母线（每段）	—	4②	—	—	—	—
10kV 联络线	1	—	1	—	2③	—
10kV 出线	1	—	—	—	1	1④
变压器高压侧	1	—	—	—	1	1④
变压器低压侧	3	—	—	—	1⑤	—

（续）

线路名称	装设的表计数量					
	电流表	电压表	有功功率表	无功功率表	有功电能表	无功电能表
低压母线（每段）	—	1	—	—	—	—
出线（>100A）	1⑥	—	—	—	1④	—

① 在树干式线路供电或由电力系统供电的变电所装设。

② 一只测线电压，其余三只作母线绝缘监视（在母线配出回路较少时可不装）。

③ 电能表只装在线路的一端，并有逆止器。

④ 不送往经济独立核算单位的可不装。

⑤ 在高压侧未装电能表时装设。

⑥ 三相不平衡线路应装三只电流表。

5. 中央信号装置

（1）组成　变、配电所在控制室或值班室内一般设中央信号装置，由事故信号和预告信号组成。

（2）功能

1）中央事故信号装置　应保证在任何断路器事故跳闸时，能瞬时发出音响信号，在控制屏或配电装置上应有相应的灯光或其他指示信号。

2）中央预告信号装置　应保证在任何回路发生故障时，能及时发出音响信号，并有显示故障性质和地点的指示信号（灯光或信号继电器）。

3）音响装置　一般事故音响信号用电笛，预告音响信号用电铃。

（3）复归与重复动作

1）中央信号装置在发出音响信号后，应能手动或自动复归音响，而灯光或指示信号仍应保持，直至处理后故障消除时为止。

2）企业变电所的中央信号装置一般采用重复动作的信号装置。如果变电所接线简单，中央事故信号可不重复动作。

二、工程实例

【实例 6-3】

工程实例 6-1 的变电所的二次电路图见图 6-12 ~ 图 6-16。

1）图 6-12 为高压柜 AH1 的二次电路图，AH1 为 PT 和避雷器 10kV 配电柜。避雷器防过电压，电压互感器二次侧有电源母线线电压测量。因工程用电设备为三级负荷，且是较小型的变电所，故采用交流操作电源，引自电压互感器二次侧。

2）图 6-13、图 6-14 为高压柜 AH2 的二次电路图，AH2 为 10kV 进线柜。断路器作为变压器的保护电器，操动机构为 CT8 型电动机储能弹簧操动机构。保护配置：采用 GL 型继电器构成带反时限特性的过电流保护和电流速断保护，去分流跳闸方式；因高压侧过电流保护接线方式为两相两继电器的 V 形接线，故在变压器低压侧中性线上装设零序过电流保护，作用于信号；因变压器为干式，故装设温度保护，作用于信号。AH2 柜与计量柜 AH3 联锁，若计量柜不在运行位置，则断路器无法合闸；若计量柜从运行位置抽出，则断路器自动跳闸。

3）图 6-15 为高压柜 AH3 的二次电路图，AH3 为 10kV 计量兼出线柜。装设有功电能表和无功电能表。电压互感器和电流互感器均为 V 形接线。计量柜与主进柜 AH2 联锁，并设计为手车可动指示，当断路器分闸，计量手车方可抽出。

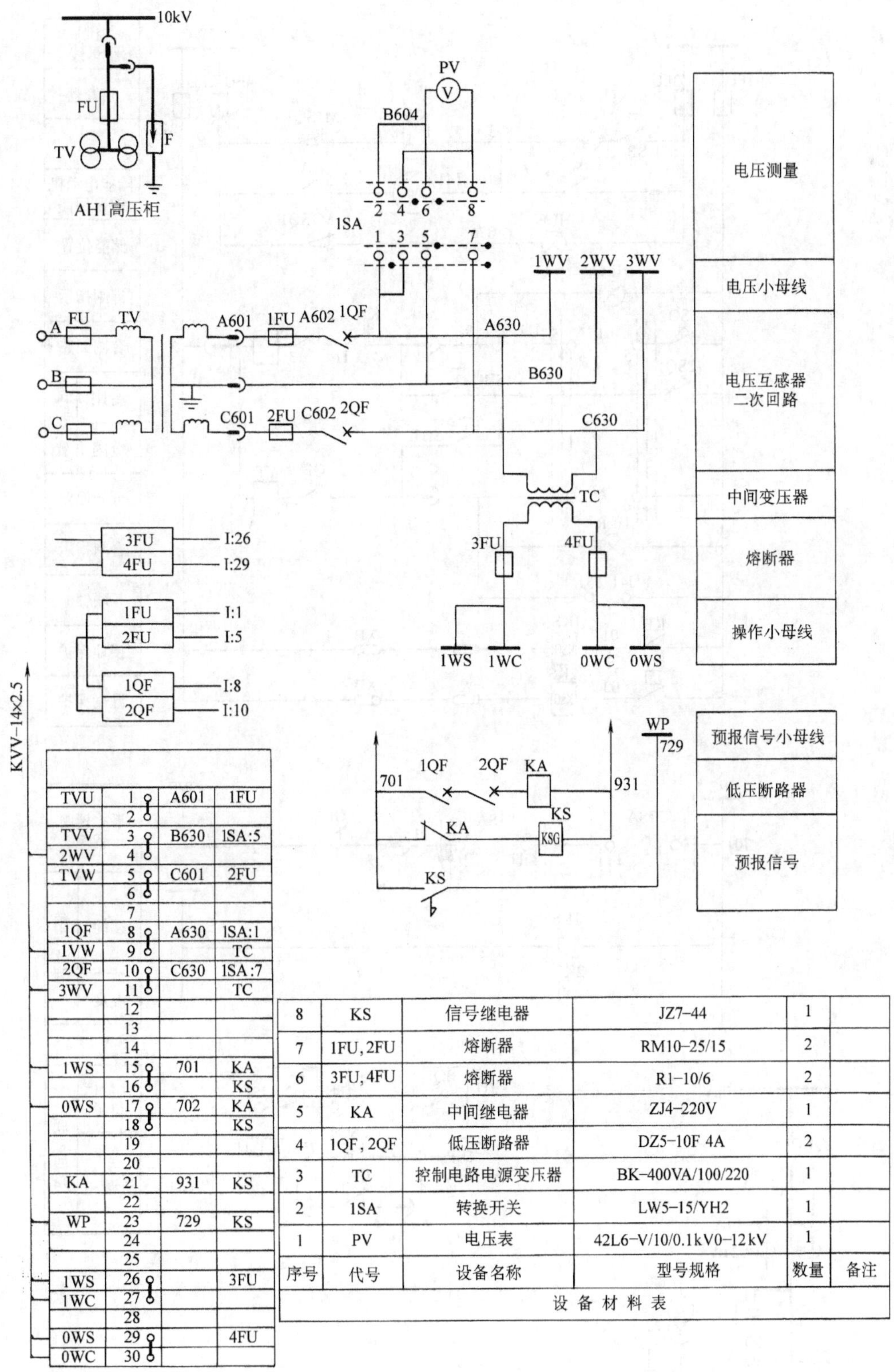

TVU	1	A601	1FU
	2		
TVV	3	B630	1SA:5
2WV	4		
TVW	5	C601	2FU
	6		
	7		
1QF	8	A630	1SA:1
1VW	9		TC
2QF	10	C630	1SA:7
3WV	11		TC
	12		
	13		
	14		
1WS	15	701	KA
	16		KS
0WS	17	702	KA
	18		KS
	19		
	20		
KA	21	931	KS
	22		
WP	23	729	KS
	24		
	25		
1WS	26		3FU
1WC	27		
	28		
0WS	29		4FU
0WC	30		

序号	代号	设备名称	型号规格	数量	备注
8	KS	信号继电器	JZ7-44	1	
7	1FU, 2FU	熔断器	RM10-25/15	2	
6	3FU, 4FU	熔断器	R1-10/6	2	
5	KA	中间继电器	ZJ4-220V	1	
4	1QF, 2QF	低压断路器	DZ5-10F 4A	2	
3	TC	控制电路电源变压器	BK-400VA/100/220	1	
2	1SA	转换开关	LW5-15/YH2	1	
1	PV	电压表	42L6-V/10/0.1kV0-12kV	1	

设备材料表

图 6-12　实例 6-1 的高压柜 AH1 的二次电路图

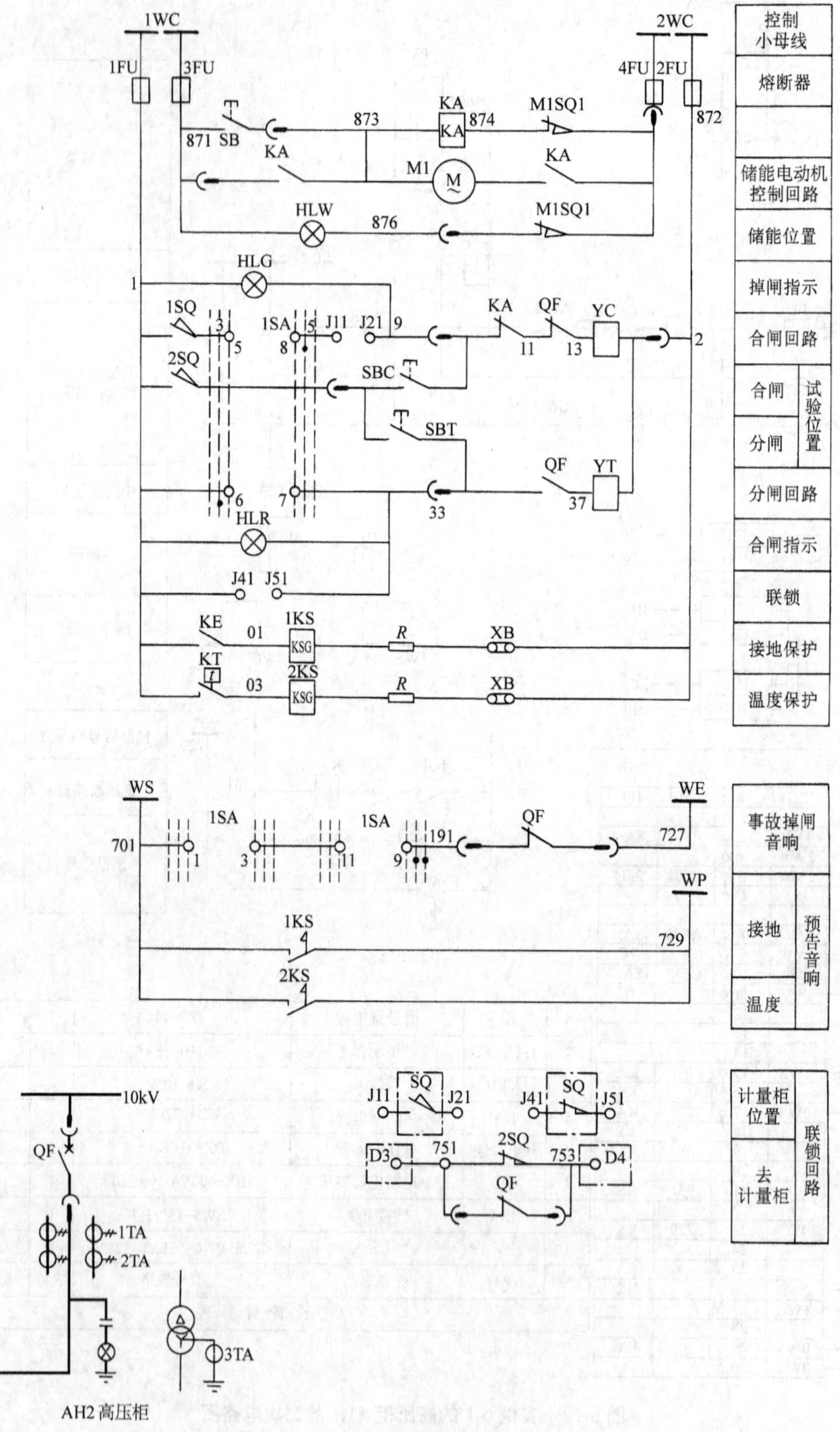

图 6-13　实例 6-1 的高压柜 AH2 的二次电路图

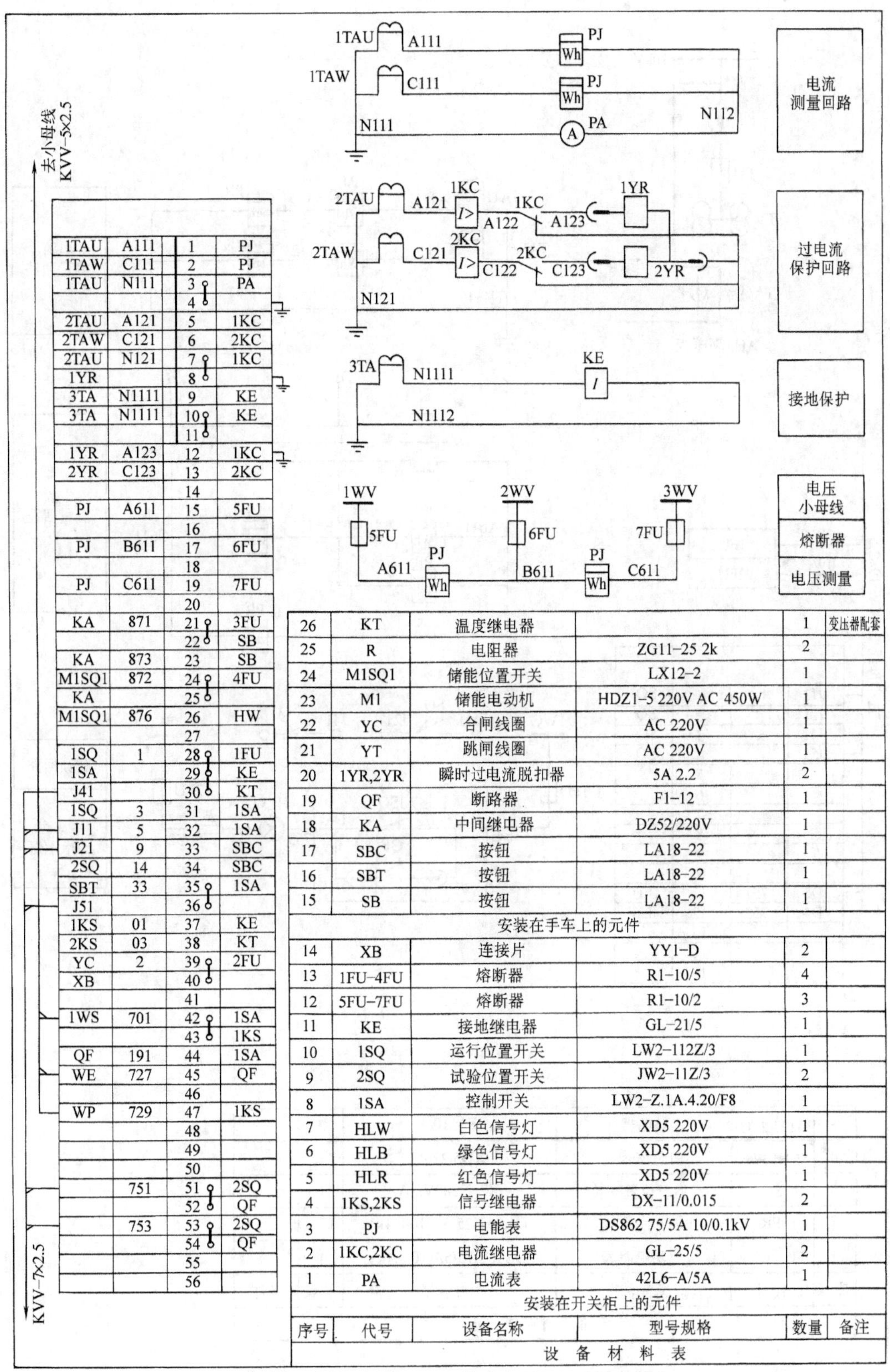

1TAU	A111	1	PJ
1TAW	C111	2	PJ
1TAU	N111	3	PA
		4	
2TAU	A121	5	1KC
2TAW	C121	6	2KC
2TAU	N121	7	1KC
1YR		8	
3TA	N1111	9	KE
3TA	N1111	10	KE
		11	
1YR	A123	12	1KC
2YR	C123	13	2KC
		14	
PJ	A611	15	5FU
		16	
PJ	B611	17	6FU
		18	
PJ	C611	19	7FU
		20	
KA	871	21	3FU
		22	SB
KA	873	23	SB
M1SQ1	872	24	4FU
KA		25	
M1SQ1	876	26	HW
		27	
1SQ	1	28	1FU
1SA		29	KE
J41		30	KT
1SQ	3	31	1SA
J11	5	32	1SA
J21	9	33	SBC
2SQ	14	34	SBC
SBT	33	35	1SA
J51		36	
1KS	01	37	KE
2KS	03	38	KT
YC	2	39	2FU
XB		40	
		41	
1WS	701	42	1SA
		43	1KS
QF	191	44	1SA
WE	727	45	QF
		46	
WP	729	47	1KS
		48	
		49	
		50	
	751	51	2SQ
		52	QF
	753	53	2SQ
		54	QF
		55	
		56	

序号	代号	设备名称	型号规格	数量	备注
26	KT	温度继电器		1	变压器配套
25	R	电阻器	ZG11-25 2k	2	
24	M1SQ1	储能位置开关	LX12-2	1	
23	M1	储能电动机	HDZ1-5 220V AC 450W	1	
22	YC	合闸线圈	AC 220V	1	
21	YT	跳闸线圈	AC 220V	1	
20	1YR,2YR	瞬时过电流脱扣器	5A 2.2	2	
19	QF	断路器	F1-12	1	
18	KA	中间继电器	DZ52/220V	1	
17	SBC	按钮	LA18-22	1	
16	SBT	按钮	LA18-22	1	
15	SB	按钮	LA18-22	1	
安装在手车上的元件					
14	XB	连接片	YY1-D	2	
13	1FU-4FU	熔断器	R1-10/5	4	
12	5FU-7FU	熔断器	R1-10/2	3	
11	KE	接地继电器	GL-21/5	1	
10	1SQ	运行位置开关	LW2-112Z/3	1	
9	2SQ	试验位置开关	JW2-11Z/3	2	
8	1SA	控制开关	LW2-Z.1A.4.20/F8	1	
7	HLW	白色信号灯	XD5 220V	1	
6	HLB	绿色信号灯	XD5 220V	1	
5	HLR	红色信号灯	XD5 220V	1	
4	1KS,2KS	信号继电器	DX-11/0.015	2	
3	PJ	电能表	DS862 75/5A 10/0.1kV	1	
2	1KC,2KC	电流继电器	GL-25/5	2	
1	PA	电流表	42L6-A/5A	1	
安装在开关柜上的元件					
设备材料表					

图 6-14　实例 6-1 的高压柜 AH2 的二次电路图

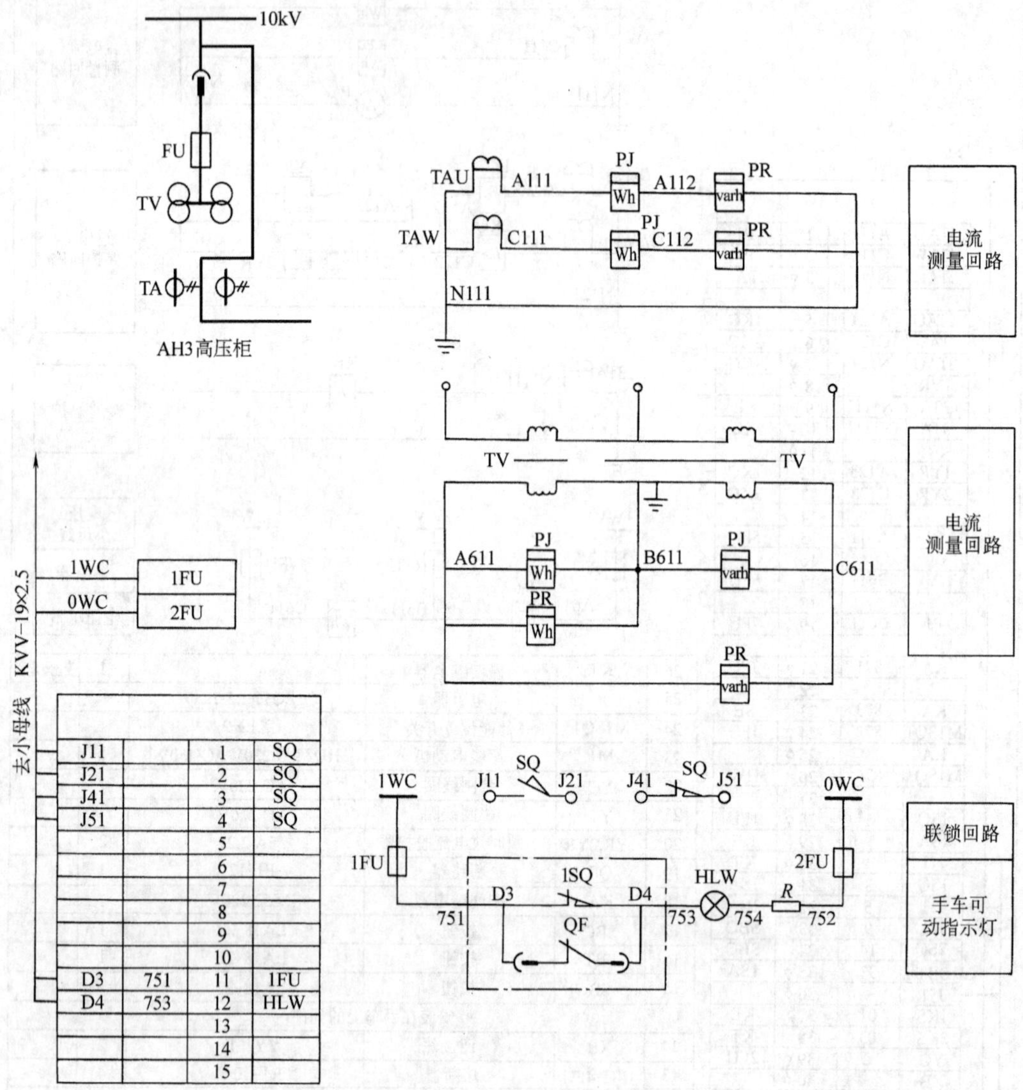

序号	代号	设备名称	型号规格	数量	备注
5	1FU,2FU	熔断器	R1-10/4	2	
4	HLW	白色信号灯	XD5 220V	1	
3	SQ	运行位置开关	X2-N380V/3A	1	
2	PR	无功电能表	DX862 75/5A 10/0.1kV	1	
1	PJ	有功电能表	DS862 75/5A 10.0.1kV	1	
设 备 材 料 表					

图 6-15　实例 6-1 的高压柜 AH3 的二次电路图

4）图6-16为中央信号装置布置及二次电路图。中央信号装置因变电所主接线简单，故采用中央复归不重复动作的中央事故信号和中央预告信号。

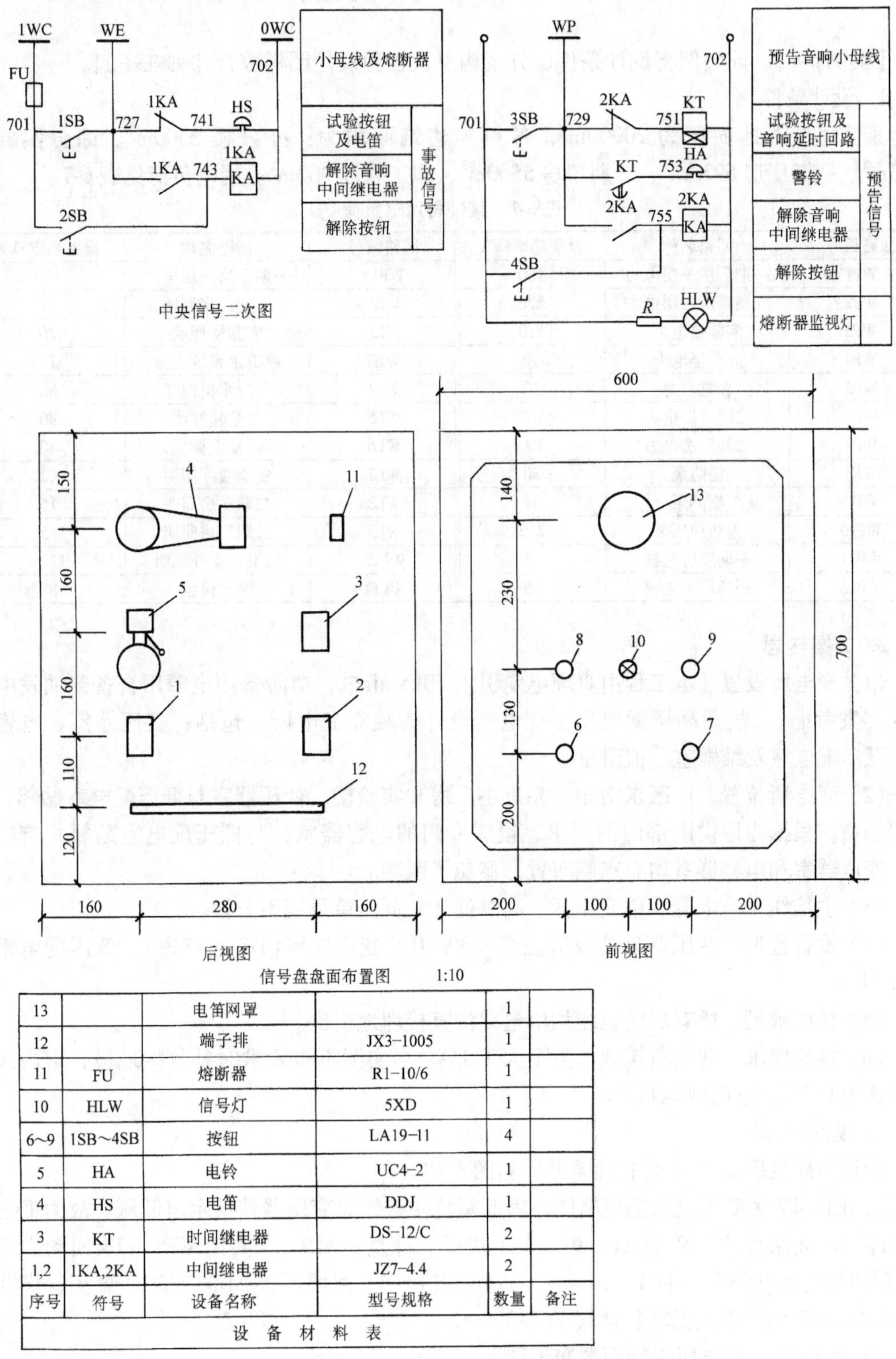

序号	符号	设备名称	型号规格	数量	备注
13		电笛网罩		1	
12		端子排	JX3−1005	1	
11	FU	熔断器	R1−10/6	1	
10	HLW	信号灯	5XD	1	
6~9	1SB~4SB	按钮	LA19−11	4	
5	HA	电铃	UC4−2	1	
4	HS	电笛	DDJ	1	
3	KT	时间继电器	DS−12/C	2	
1,2	1KA,2KA	中间继电器	JZ7−4.4	2	

设 备 材 料 表

图6-16　实例6-1的中央信号装置布置及二次电路图

第四节　综 合 实 例

【实例6-4】　此实例将设计条件、方案构思及各种设计图样综合并列在一起。

1. 设计条件

某公司总占地面积为20000m²，各单体建筑面积为：办公楼3500m²、综合实验楼2000m²、一期厂房6920m²、二期厂房5500m²、职工餐厅900m²。用电负荷见表6-7。

表6-7　某公司用电负荷

回路编号	回路名称	设备功率/kW	回路编号	回路名称	设备功率/kW
WP1	一期厂房一层电力	150	WP13	一期厂房三层电力	100
WP2	一期厂房二层电力	220	WL1	一期厂房照明	38
WP3	实验楼电力	110	WL2	实验楼照明	20
WP4	办公楼电力	30	WL3	冷冻水泵等电力	51.3
WP5	食堂电力	30	WL4	冷水机组	88
WP6	二期厂房电力	100	WL5	办公楼照明	40
WP7	二期厂房电力	100	WL6	办公楼空调电力	40
WP8	消防泵	30	WL7	食堂餐厅照明	42
WP9	喷淋泵	47	WL8	二期厂房照明	15
WP10	消防加压泵	2.2	WL9	二期厂房照明	15
WP11	一期厂房电梯	15	WL10	门卫、室外照明	13.4
WP12	一期厂房电梯	15	WL11	冷水机组	88

2. 方案构思

（1）变电所设置　本工程由直埋电缆引入10kV市电，消防备用电源用自备柴油发电机组（另案考虑），故无高压配电室。变电所设计为独立变电所，包括：变压器室、电容器室、低压配电室及维修室、值班室。

（2）变电所位置　厂区东南角，靠近主厂房和实验楼。变压器室与低压配电室贴邻，并有门相通。根据当地供电部门的要求，设置专门的电容器室，与低压配电室贴邻并有门相通。变压器室和电容器室均靠东侧布置，避免了西晒。

（3）主结线　单电源、单变压器、高供低计、低压单母线不分段。

（4）设备选型　变压器为油浸节能S7-630/10（变压器室内高式布置），低压配电柜为GCL型。

（5）缆线敷设　所有出线电缆均由电缆沟直接埋地引出。

（6）接地要求　变电所接地电阻不大于1Ω，当实测不符要求时补打接地极，室内接地干线离地0.3m，过门埋地0.2m。

3. 设计图样

设计图样见图6-17（见书后插页）和图6-18。

1）图6-17为变配电系统概略图，因此系统主接线除变压器外仅示出低压，故为低压系统概略图。此系统共用9面GCL柜：AL1进线、计量；AL2～5共馈WP1～14回动力用电（含预留及就地补偿各一回）；AL5～7共馈WL1～11回照明类用电（含空调及电梯共五回）；AL8～9为集中式无功补偿（共240kvar）。

2）图6-18为变电所平剖面图布置图。

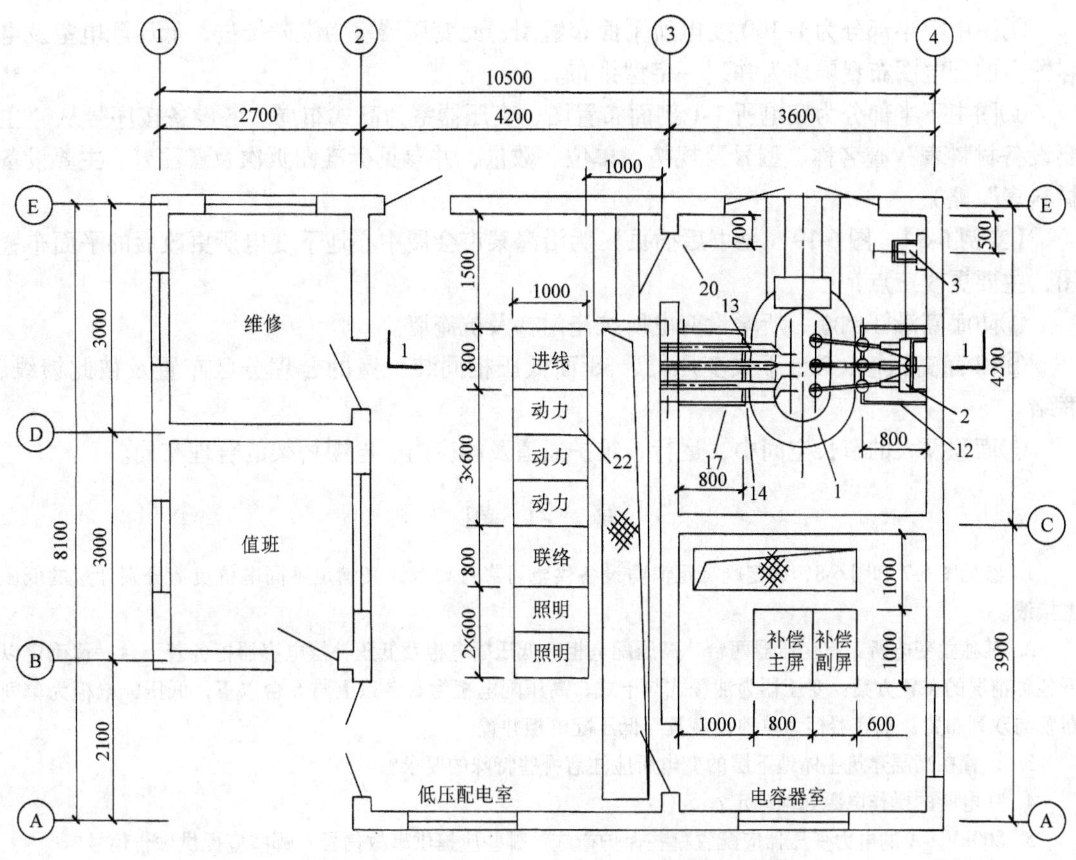

变电所平面布置图1:100

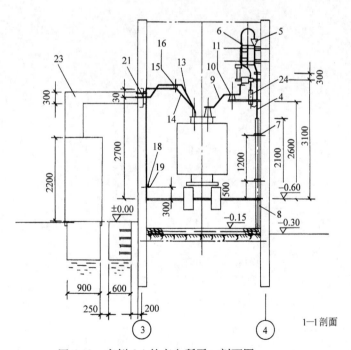

1—1剖面

图 6-18　实例 6-4 的变电所平、剖面图

①图中上半部分为1∶100变电所平面布置图，此变压器室为纵向推进，低压配电室及电容器室的配电图布置屏均为并列一字型排布。

②图中下半部分为变电所1-1剖面布置图，变压器室为高式布局。各设备按序号从“主要设备材料表”查名称、型号及规格、单位、数量，并参见标准图页次及备注（“主要设备材料表”略）。

【实例6-5】 图6-19（见书后插页）为沿海某市会展中心地下变电所更改后的平面布置图，主要更改三点：

①防海潮沿江倒灌，所增设变电所抗淹门梯及抗淹墙。

②12面高压柜、5台干式变压器、38面低压柜同装一室的合理分区布置及彼此馈线、联络。

③面积硕大的窄长空间中，运行、维护通道及相应门、电缆桥架的合理布局。

练 习 题

1. 参见图6-7和图6-8，确定既满足消防设备供电可靠性要求，又满足不同电价负荷分别计量的低压主接线。

2. 某独立变电所，有变压器两台、高压配电柜、低压配电柜及低压补偿电容器柜各若干台。请确定以下各种情况的布置方案：变压器为油浸式与干式；高压配电柜为6台以上与6台以下；低压配电柜为单列布置与双列布置；电容器柜为单独设室及与低压配电柜并置。

3. 设置在高层建筑主体地下层的变电所应注意哪些特殊的要求？

4. 变电所的操作电源如何确定？

5. 800kV·A的电力变压器应配置哪些保护措施？哪些应提供事故信号？哪些应提供预告信号？

6. 变电所配置微机综合保护时，设备选择应考虑哪些问题？

第七章 配电线路设计

变配电系统的中压引入、低压引出，以及配电系统的电能分配，均由配电线路来实现。它的正确设计是电气工程设计和施工不可或缺的重要部分，本章以低压配电线路为重心分三节讲述。

第一节 线路用线缆

一、线路用线缆型式的选择

供配电线路中使用的导线主要有电线和电缆，正确地选用这些电线和电缆，不仅对于保证供配电系统的安全、可靠、经济、合理的运行有着十分重要的意义，而且对节约有色金属亦很重要。

1. 线缆导体的材料

从经济因素出发，除考虑价格外，还应注意节约短缺的材料，如优先用铝，以节约用铜；尽量用塑料绝缘电线，以节省橡胶。室外线路的电线、电缆一般多用铝线，架空线路用裸铝绞线（LJ）。当架空线路的挡距较长、杆位高差较大时，宜采用钢芯铝绞线（LGJ）。对于有盐雾或其他化学侵蚀气体的地区，宜采用防腐铝绞线或铜绞线（TJ）。电缆线路一般采用铝芯电缆，在震动剧烈和有特殊要求的场所，采用铜芯电缆。

配电线路在下述场合，由于经久耐用和安全的需要，应采用铜芯导线。

1）特等建筑，如具有重大纪念、历史性或国际意义的各类建筑。

2）重要的公共建筑和居住建筑。

3）重要的资料室（包括档案室、书房等）、重要的库房（如银行金库）。

4）影剧院、体育馆、车站、商场等人员密集的场所。

5）移动用或敷设在有剧烈震动的场所。

6）特别潮湿和对铝材质有严重腐蚀性的场所。

7）易燃、易爆的场所。

8）有其他特殊要求的场所。

2. 线缆常用的型式

（1）常用的电线

1）BLV、BV 塑料绝缘铝芯、铜芯布电线。

2）BLVV、BVV 塑料绝缘塑料护套铝芯、铜芯布电线（单芯及多芯）。

3）BLXF、BXF、BLXY、BXY 橡皮绝缘、氯丁橡胶护套或聚乙烯护套铝芯、铜芯布电线。

（2）常用的电缆

1）VLV、VV 聚氯乙烯绝缘聚氯乙烯护套铝芯、铜芯电力电缆，俗称全塑电缆。

2）YJLV、YJV 交联聚乙烯绝缘聚氯乙烯护套铝芯、铜芯电力电缆。

3）XLV、XV　橡皮绝缘聚氯氯乙烯护套铝芯、铜芯电缆。

4）ZLQ、ZQ　油浸纸绝缘裸铅套铝芯、铜芯电力电缆。

5）ZLL、ZL　油浸纸绝缘裸铝套铝芯、铜芯电力电缆。

3. 电线、电缆型式的选用

常用电线型号及敷设方法按环境条件、使用场所的不同可以有多种选择。

（1）常用绝缘导线　常用绝缘导线的型号及用途和敷设方式见表7-1、表7-2。

表7-1　常用绝缘导线的型号及用途

型　号	名　称	主要用途
BV	聚氯乙烯绝缘铜芯电线	用于交流500V及直流1000V及以下的线路中，供穿钢管或PVC管明敷或暗敷用
BLV	聚氯乙烯绝缘铝芯电线	
BVV	聚氯乙烯绝缘聚氯乙烯护套铜芯电线	用于交流500V及直流1000V及以下的线路中，供沿墙、沿平顶卡钉明敷用
BLVV	聚氯乙烯绝缘聚氯乙烯护套铝芯电线	
BVR	聚氯乙烯铜芯软线	与BV同，安装要求柔软时使用
RV	聚氯乙烯绝缘铜芯软线	用于交流250V及以下各种移动电气接线用，大部分用于电话、广播、火灾报警等，前二者常用RVS绞线
RVS	聚氯乙烯绝缘绞形铜芯软线	
BXF	氯丁橡皮绝缘铜芯电线	具有良好的耐老化性和不延燃性，并具有一定的耐油、耐腐蚀性能，适用于户外敷设
BLXF	氯丁橡皮绝缘铝芯电线	
BV-105	耐105°聚氯乙烯绝缘铜芯电线	供交流500V及直流1000V及以下电力、照明、电工仪表、电信电子设备等温度较高的场所使用
BLV-105	耐105°聚氯乙烯绝缘铝芯电线	
RV-105	耐105°聚氯乙烯绝缘铜芯软线	供交流250V及以下各种移动式电气设备及温度较高的场所使用

表7-2　按使用环境选择导线型号和敷设方式

导线型号	敷设方法	房间或场所的性质													
		干燥	潮湿	腐蚀	多尘	高温	火灾危险			爆炸危险					屋外沿墙
							21区	22区	23区	0区	1区	2区	10区	11区	
BLVV	直敷布线（铅皮轧头固定）	0	-	-	-	-									-
BLVV	直敷布线（塑料轧头固定）	0	+	+	0	-	+		+						-
BLX、BLV	瓷夹布线	0		-	-	-									-
BLX、BLV	鼓形绝缘子布线	0	+	-	+	0	+		+						+
BLX、BLV	针式绝缘子布线	0	0	+	+	0	+		+						0
BLX	钢管明布线	+	+	+	0	+	0	0	0	0	0	0	0	0	+
BLX	钢管暗布线	+	0	+	0	0	0	0	0	-	-	+	-	+	+
BLX	电线管明布线	+	+		+	+	+	+	+						+
BLX、BLV	硬塑料管明布线	+	0	0	0	-	+	+	+						-
BLX、BLV	硬塑料管暗布线	+	0	0	0	-	-	-	-						+
BLVV	板孔暗布线	0	+	+	+	-									
VLV、XLV	电缆明敷	+	+	+	+	-	+	+	+	+	+	+	+	+	-
BLX、BLV	半硬塑料管暗布线	0	+	+	+										

注：1. “0”推荐使用，“+”可采用，“-”不宜用，“空白”不允许采用。

2. 导线型号第二位字母“L”代表铝芯线，若是铜芯线，则此字母去掉。

（2）塑料绝缘电力电缆　塑料绝缘电力电缆的型号及用途见表 7-3。

表 7-3　塑料绝缘电力电缆的型号及用途

型号		名　称	主要用途
铜芯	铝芯		
VV	VLV	铜（铝）芯聚氯乙烯绝缘聚氯乙烯护套电力电缆	适用于室内、电缆沟内、电缆托架上和穿管敷设，电缆不能承受压力和拉力
VY	VLY	铜（铝）芯聚氯乙烯绝缘聚乙烯护套电力电缆	
VV_{22}	VLV_{22}	铜（铝）芯聚氯乙烯绝缘内钢带铠装聚氯乙烯护套电力电缆	适用于直接埋地敷设，能承受一定的正压力，但电缆不能承受拉力
VV_{23}	VLV_{23}	铜（铝）芯聚氯乙烯绝缘内钢带铠装聚乙烯护套电力电缆	
VV_{32}	VLV_{32}	铜（铝）芯聚氯乙烯绝缘内细钢带铠装聚氯乙烯护套电力电缆	适用于大落差及垂直敷设，也可直埋敷设，能承受一定的正压力及拉力
VV_{33}	VLV_{33}	铜（铝）芯聚氯乙烯绝缘内细钢带铠装聚乙烯护套电力电缆	
VV_{42}	VLV_{42}	铜（铝）芯聚氯乙烯绝缘内粗钢带铠装聚氯乙烯护套电力电缆	适用于垂直敷设，并可敷设在水中、海底，能承受较大的正压力及拉力
VV_{43}	VLV_{43}	铜（铝）芯聚氯乙烯绝缘内粗钢带铠装聚乙烯护套电力电缆	
YJV	YJLV	铜（铝）芯交联聚乙烯绝缘聚氯乙烯护套电力电缆	敷设在室内、沟道中、管子内，也可埋设在土壤中，不能承受机械外力作用，但可承受一定的敷设牵引
YJVF	YJLVF	铜（铝）芯交联聚乙烯绝缘、分相聚氯乙烯护套电力电缆	
YJV_{22}	$YJLV_{22}$	铜（铝）芯交联聚乙烯绝缘聚氯乙烯护套内钢带铠装电力电缆	敷设于土壤中，能承受机械外力作用，但不能承受大的拉力
YJV_{32}	$YJLV_{32}$	铜（铝）芯交联聚乙烯绝缘聚氯乙烯护套内细钢带铠装电力电缆	敷设于水中或落差较大的土壤中，能承受相当的拉力
YJV_{42}	$YJLV_{42}$	铜（铝）芯交联聚乙烯绝缘聚氯乙烯护套内粗钢带铠装电力电缆	敷设于水中，能承受较大的拉力

二、线路用线缆截面的选择

电线、电缆的截面一般根据下列条件选择。

1．按载流量选择

即按导线的允许温升选择。在最大允许连续负荷电流通过的情况下，导线发热不超过线芯所允许的温度，导线不会因过热而引起绝缘损坏或加速老化。选用时导线的允许载流量必须大于或等于线路中的计算电流值。

导线的允许载流量是通过实验得到的数据。不同规格的电线（绝缘导线及裸导线）、电缆的载流量和不同环境温度、不同敷设方式、不同负荷特性的校正系数等可查阅设计手册。

2. 按电压损失选择

导线上的电压损失应低于最大允许值，以保证供电质量。对于电力线路，电压损失一般不能超过额定电压的10%，对于照明线路一般不能超过5%。

电压损失是指线路的始端电压与终端电压有效值的代数差，即 $\Delta U = U_1 - U_2$。由于电气设备的端电压偏移有一定的允许范围，所以要求线路的电压损失也有一定的允许值。为了保证电压损失在允许值范围内，可以通过增大导线或电缆的截面来解决。

3. 按机械强度选择

在正常工作状态下，导线应有足够的机械强度以防断线，保证安全可靠运行。绝缘导线按机械强度要求的最小允许截面见表7-4。

表7-4　绝缘导线最小允许截面　（单位：mm^2）

用途及敷设方式		线芯的最小截面		
		铜芯软线	铜线	铝线
照明用灯头线	屋内	0.4	1.0	2.5
	屋外	1.0	1.0	2.5
移动式用电设备	生活用	0.75	—	—
	生产用	1.0	—	—
绝缘导线敷设于绝缘子上，支点间距 L/m	屋内≤2	—	1.0	2.5
	屋外≤2	—	1.5	2.5
	≤6	—	2.5	4
	≤15	—	4	6
	≤25	—	6	10
穿管敷设的绝缘导线		1.0	1.0	2.5
塑料护套线沿墙明敷设		—	1.0	2.5
板孔穿线敷设的导线		—	1.5	2.5

4. 与线路保护设备配合选择

当导线中的电流过大时，由于导线温升过高，会对其绝缘、接头、端子或导体周围的物质造成损害。温升过高或线路短路时，还可能引起着火，因此电气线路必须设置过载和短路保护。为了在线路短路或过负荷时，保护设备能对导线起保护作用，两者之间必须有适当的配合。

5. 热稳定校验

由于电缆结构紧凑、散热条件差，为使其在短路电流通过时不致于由于导线温升超过允许值而损坏，还须校验其热稳定性。

选择的导线、电缆截面必须同时满足上述各项要求，通常可先按允许载流量选择，然后再按其他条件校验，若不能满足要求，则应加大截面。

6. 低压中性点接地系统中的中性线、保护线截面的选择

（1）中性线、中性保护线（N、PEN）

1）三相负荷接近平衡的供电线路，N（PEN）线的截面取相线截面的1/2。

2）当负荷大部分为单相负荷时，如照明供电回路，N（PEN）线的截面应与相线截面

相同。

3）采用晶闸管调光的配电回路，或大面积采用电子整流器的荧光灯供电线路，由于三次谐波大量增加，则N线的截面应为相线截面的2倍，否则中性线会过热，引起供电回路的故障增多。

（2）保护线（PE）

1）在TN系统中PE线是通过短路电流的，为使保护装置有足够的灵敏度，应减小PE线阻抗，所以PE线截面不宜过小，在一般情况下，其支、干线的截面应与相应的N线截面相等。

2）若采用单芯导线作固定装置的PE干线时，其截面为铜芯时不小于$10mm^2$，为铝芯时不小于$16mm^2$。

3）PE线所用的材质与相线相同时，按热稳定要求，截面不应小于规定值（见表7-5）。

表7-5　PE线的最小截面　（单位：mm^2）

装置的相线截面S	PE线的最小截面
$S \leqslant 16$	S
$16 < S \leqslant 35$	16
$S > 35$	$S/2$

第二节　架空线路

架空线路优点是成本低、投资少、易安装、维修和检修方便、易于发现和排除故障，所以架空线路在室外配电线路中（如城市居住区和工厂生活区）应用相当广泛。但架空线路直接受大气影响，易受雷击和污秽空气危害，且架空线路要占用一定的地面和空间，有碍交通和观瞻，因此受到一定的限制。本节重点讲述经常采用的1kV的低压架空线路，母线槽亦为架空敷设，故本节一并讲述母线槽中最常用的密集式母线的布线。

一、低压架空线路的要求

1．使用条件

低压架空线路的使用受到一定的客观条件制约，只有当下列条件同时具备时，才使用，亦可同时解决路灯的架设。

1）配电线路的路径有足够的宽度。

2）周围的环境无严重污染和强腐蚀性气体。

3）电气设备对防雷无特殊的要求，或采用防雷措施后能符合规范要求。

4）地下管网不复杂，不影响埋设电杆。

2．路径要求

低压架空线路的路径要根据建筑总图布置和地形特点，并满足规程所规定的与各种设施间最小安全距离的要求。低压架空线路与各种设施间的最小距离见表7-6。

表7-6　低压架空线路与各种设施间的最小距离

序　号	线路经过地区或架设条件	最小距离/m
1	线路跨越建筑物的垂直距离	2.5

（续）

序　号	线路经过地区或架设条件	最小距离/m
2	线路边线与建筑物的水平距离	1.0
3	线路跨越道路、树木弧垂最大时的最小垂直距离	1.0
4	线路边线在最大风偏时与道路、树木的最小水平距离	1.0
5	低压接户线对地最小垂直距离	2.7
6	低压接户线在跨越道路时至通车路面中心最小垂直距离	6.0
7	低压接户线在跨越道路时至人行道路面中心的最小垂直距离	3.0
8	低压接户线与下方窗户间的垂直距离	0.3
9	低压接户线与上方窗户或阳台间的垂直距离/与阳台间的水平距离	0.8/0.75
10	低压接户线与墙壁、构架之间距离	0.05
11	线路与街道绿化树木之间的最小距离（含垂直和水平距离）	1.0
12	线路与居民区地面最小距离	6.0

除上述最小距离外，低压架空线路路径还应注意避免对弱电的干扰，并要综合考虑运行、施工、交通等条件，使线路尽量与道路平行架设，避免通过起重机械频繁活动的地区和各种露天堆场，应尽量减少与其他设施的交叉和跨越。线路路径与爆炸物和可燃液（气）体的仓库、贮罐等物的距离应大于电杆高度的1.5倍。低压架空线路的杆位，要考虑运输、施工的交通条件等要求。在城区，电杆之间的距离（俗称挡距）为30~45m，在乡村一般为40~60m。

二、架空线路的结构

1. 结构

常用的架空线路的形式可分为：6~10kV高压三相三线线路、220/380V低压三相四线线路、220V低压单相两线线路、高低压同杆架空线路与路灯线同杆架空线路。一般低压架空线路主要结构为：

（1）电杆　电杆作为支持导线的支柱，是架空线路的重要组成部分。对电杆的要求，主要是要有足够的机械强度，尽可能经久耐用、价廉、便于搬运和安装。按其采用的材料分为木杆、水泥杆和铁塔三种。为节约木材，木杆现已被淘汰。高压线路由于要求更高的机械强度和支持高度，所以采用铁塔。水泥杆在低压户外线路中应用最为普遍，可节约大量木材和钢材，且经久耐用，维护简单，也较经济。电杆按其在架空线路中的功能和地位分有：直线杆、分段杆、转角杆、终端杆、跨越杆和分歧杆等形式。低压架空线路各杆型的应用见图7-1。

（2）横担　横担安装在电杆上部，用以安装绝缘子来架设导线。横担有木横担、铁横担和瓷横担三种，现在普遍采用的是铁横担和瓷横担。其中，瓷横担为我国独创，仅用在6（10）kV。低压架空线路常用镀锌角铁横担。横担固定在电杆的顶部，距顶部一般为150mm。

（3）拉线　拉线是为了平衡电杆各方面的作用力，并抵抗风压防止电杆倾倒，而设置在终端杆、转角杆、分段杆等处。按形状分，有普通拉线、水平拉线及Y形、V形及弓形拉线。

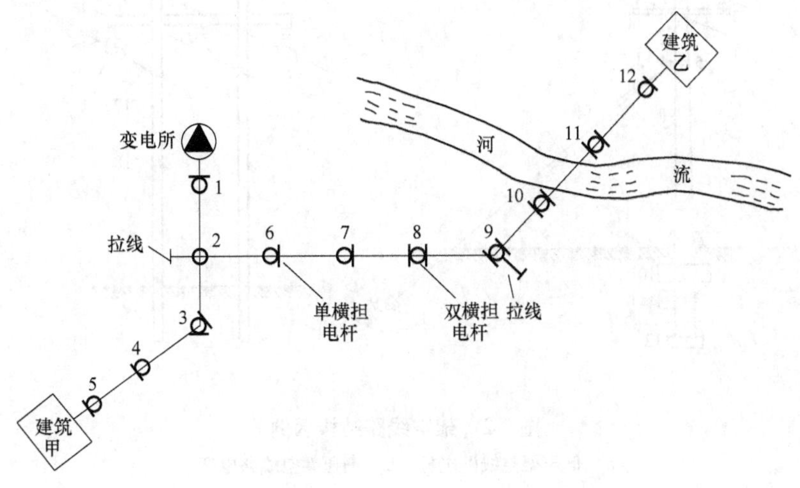

图 7-1 低压架空线路上杆型应用示例
1、5、12—终端杆 2—分歧杆 3、9—转角杆 4、6、7—直线杆（中间杆）
8—分段杆（耐张杆） 10、11—跨越杆

（4）绝缘子 绝缘子又称瓷瓶，它被固定在横担上，用来使导线之间、导线与横担之间保持绝缘，同时也承受导线的垂直荷重和水平拉力。对于绝缘子主要要求有足够的电气绝缘强度和机械强度，对化学腐蚀有足够的防护能力，不受温度急剧变化的影响和水分渗入等特性。按电压高低分为高压绝缘子和低压绝缘子两类。低压架空线路的绝缘子主要有针式和蝶式两种，耐压试验电压均为 2kV。目前已广泛采用瓷横担，它具有横担和绝缘子的双重作用。

（5）金具 金具是用于固定导线、绝缘子、横担及组装架空线路的各种金属零件的总称。常用的有以下几种：

1）悬垂线夹 将导线固定在直线杆塔的悬垂绝缘子串上或将避雷线固定在非直线杆塔上。

2）耐张线夹 将导线固定在非直线杆塔的耐张绝缘子串上或将避雷线固定在直线杆塔上。

3）接续金具 用于导线或避雷线两个终端的连接处，有压接管、钳接管等。

4）连接金具 将绝缘子组装成串或将线夹、绝缘子串、杆塔、横担互相连接。

5）保护金具

①防振保护金具 用于防止因风引起的导线或避雷线周期性振动而造成导线、避雷线、绝缘子传至杆塔的损害，有护线条、防振锤、阻尼线等。护线条是加强导线抗震能力的，防振锤、阻尼线则是在导线振动时产生与导线振动方向相反的阻力，以削弱导线振动。

②绝缘保护金具 有悬重锤，用于减少悬垂绝缘子的偏移，防止其过分靠近杆塔。

架空线路各结构的配搭组合见图 7-2。

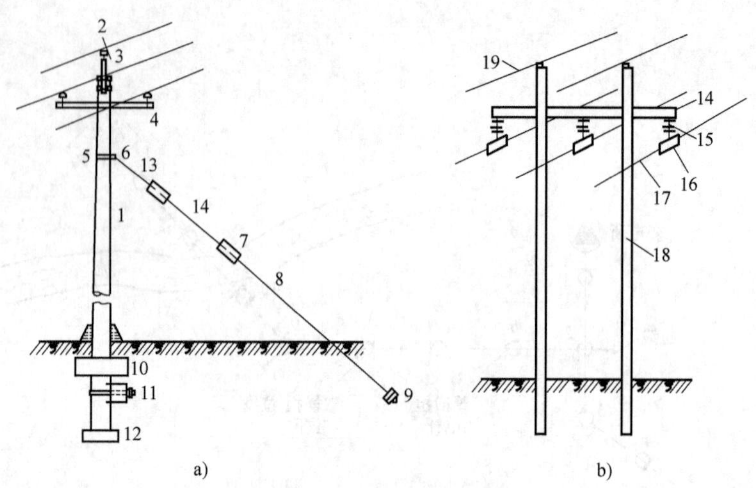

图 7-2　架空线路结构示例

a）低压架空线路电杆　b）高压架空线路电杆

1—低压电杆　2—低压导线　3—针式绝缘子　4—铁横担　5—拉线抱箍　6—楔形线夹　7—可调式 U 形线夹　8—拉线底把　9—拉线盘　10—卡盘　11—卡盘　12—底盘　13—拉线上把　14—拉线腰把　15—高压悬式绝缘子串　16—线夹　17—高压导线　18—高压电杆　19—避雷线

三、架空线路的截面选择

1. 一般架空线

架空线的截面按载流量初选截面，经电压损失校验合格后的导线截面，一般都能满足机械强度最小截面的要求。因此，一般只校验前者，可不校验后者，同时还应满足与过负荷保护装置整定电流的匹配，低压线路中 TN 系统还应检验线路末端单相接地短路的保护灵敏度，满足不了要求可加大导线截面。按上述条件选定的导线截面不应小于架空线按机械强度要求的最小截面，见表 7-7。但 1kV 及以下线路与铁路交叉跨越栏处，铝绞线最小截面积为 $35mm^2$。有中性线的低压线路，其中性线截面不应小于表 7-8 的值。

表 7-7　架空配电线路按机械强度要求的最小截面积　（单位：mm^2）

导线种类	高压线路		低压线路
	居民区	非居民区	
铝绞线或铝合金绞线	35	25	16
钢芯铝绞线	25	16	16
铜绞线	16	16	10

表 7-8　低压架空线的中性线最小截面积　（单位：mm^2）

导线种类	相线截面积	中性线截面积
铝绞线或铝合金绞线	≤50	与相线截面相同
	≥70	不小于相线截面的 1/2，但不小于 $50mm^2$
铜绞线	≤35	与相线截面相同
	≥50	不小于相线截面的 1/2，但不小于 $35mm^2$

2. 接户线及进户线

（1）接户线　由高、低压最末一根电杆引入建筑物的线路称接户线。高压接户线的距离不宜大于40m，低压接户线的距离不宜大于25m，当超过上述长度时应加接户电杆。低压接户线应采用绝缘导线。

一栋建筑物应设一组接户线，当建筑较长、容量较大时，特别是住宅建筑可能设几处或每个单元设一组接户线。纯照明60A及以下的用单相接户线，超过60A的用三相接户线，接户线应按载流量选择，并应考虑预期发展的可能性，但所选的导线截面积不应小于按机械强度要求的接户线最小截面积，见表7-9。

表7-9　接户线按机械强度要求的最小截面积

电压等级	档距/m	最小截面积/mm^2	
		绝缘铝线	绝缘铜线
1kV以下低压接户线	≤10	4	2.5
	10～25	10	6
6～10kV高压接户线	≤40	铝绞线	25
		铜绞线	16

（2）进户线　自接户线引入建筑物内第一个配电箱的线路称进户线。进户线的线路不能太长，因为接户线是靠架空线路始端保护设备进行保护的。距离短时，由于短路电流不会减少太多而能得到保护；距离长时，由于短路电流减少太多而成保护死区，有可能会使这段线路过热走火而保护装置不会动作。因此在选择用户点时，应接近室内配电设施，使进户线尽可能缩短，以达到安全供电。

四、低压架空线路的敷设

1. 敷设过程

低压架空线路敷设（即施工）的主要过程是：电杆测位和挖坑、立杆、组装横担、导线架设、安装接户线。首先应根据设计图样和现场情况，确定线路走向，然后立杆并可靠固定，再进行横担和金具组装，最后进行导线的架设和接户线的安装。敷设架空线路应严格按照有关技术规程进行，确保安全和质量要求。

导线的排列顺序：

（1）城镇　三相四线制供电方式靠建筑物一侧向马路侧一次为L1、L2、L3，二线供电方式中性线安装在靠建筑物一侧。

（2）野外　一般面向负荷侧从左向右一次排列为L1、L2、L3、N（N线不应高于L线）。

2. 工程实例

【实例7-1】　线路工程敷设平面图的实例如图7-3所示，它为敷设380V低压架空电力线路的工程平面图，是在一个建筑工地的施工总平面图上绘制的施工用电总平面图。图中右上角是一个小山坡，待建建筑上标有建筑面积和用电量。

（1）电源进线　电源进线为10kV架空线，使用LJ-3×25（三根导线截面面积为25mm^2的铝绞线）从场外引至1号杆。1号杆处有两台变压器：2×SL7-250kV·A（额定容量为250kV·A的七系列三相油浸自冷式铝绕组变压器）。

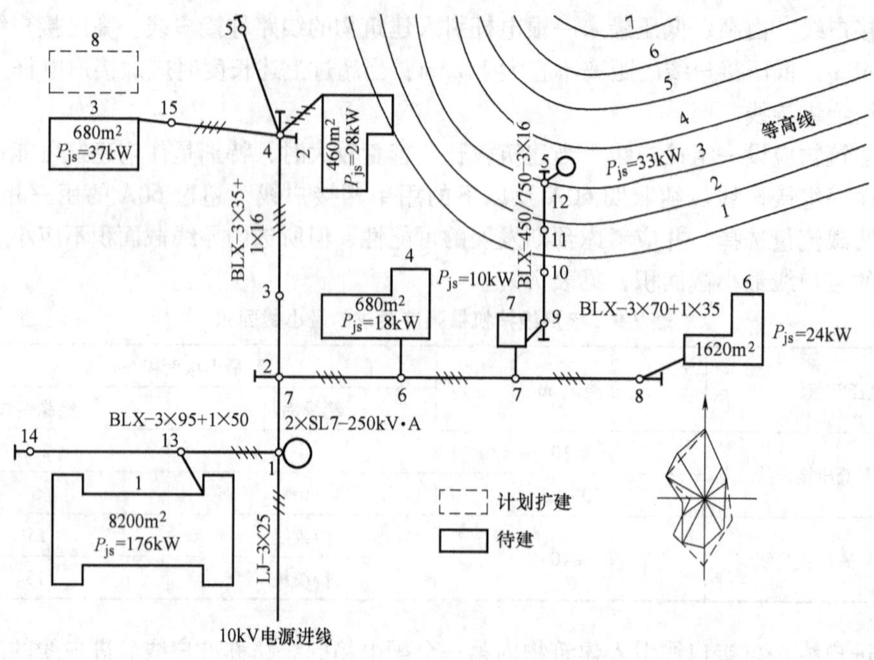

图 7-3　实例 7-1 某 380V 架空线路工程平面图

注：图中当时变压器用 SL7，今已属非节能产品。

（2）配电线路　配电线路为 380V 低压电力线路，各段线路的导线根数和截面积均不同。

1）1 号杆到 14 号杆　为 BLX-3 ×95 +1 ×50（三根导线截面积为 95mm^2、一根导线截面积为 50 mm^2 的橡皮绝缘铝导线）。14 号杆为终端杆，装一根拉线。从 13 号杆向 1 号建筑作架空接户线。

2）1 号杆到 2 号杆　为两层线路，共用一根中性线（在 2 号杆处分为两根中性线），故共七根线。2 号杆为分歧杆，装两组拉线，5 号杆、8 号杆为终端杆各加装一组拉线。此两层线路为：

①2 号杆到 5 号杆 BLX-3 ×35 +1 ×16（三根导线截面积为 35 mm^2、一根导线截面积为 16mm^2 的 BLX 型导线）。

②2 号杆到 8 号杆 BLX-3 ×70 +1 ×35（三根导线截面积为 70 mm^2、一根导线截面积为 35mm^2 的 BLX 型导线），其中，6 号杆、7 号杆和 8 号杆处均作接户线；9 号杆到 12 号杆是给 5 号设备供电的专用动力线路 BLX-450/750-3 ×16（三根导线截面积为 16mm^2 的 BLX 型导线），电源取自 7 号建筑物。

3）4 号杆分为三路

①第一路到 5 号杆。

②第二路到 2 号建筑物，作 1 条接户线。

③最后一路经 15 号杆接入终端，同样安装拉线。

第三节 非架空线路

由进户线至室内各用电设备之间的线路称为室内线路，它包括进户线（由接户线至室内第一个配电设备的一段不长的线路）和户内线（从配电设备至各用电设备的线路）。除少数高压负荷外，室内线路大都为低压线路，基本上也大都为非架空方式敷设。不像架空敷设都是明敷，非架空方式分为两种敷设大类：

（1）明敷 导线直接或在管子、线槽保护体内，以及敷于墙壁、顶棚的表面及桁架、支架等处，外露、可视。

（2）暗敷 导线直接或在管子、线槽保护体内，以及敷于墙壁、顶棚、地坪、楼板等内部，或混凝土板孔内，隐蔽、不可视。

其共同要求是：

（1）布线位置及敷设方式 应根据建筑物性质、要求和用电设备的分布及环境特征等因素确定。

（2）线路敷设的路径

1）尽可能避开热源，必须平行或跨越敷设时，应不小于规范要求的距离。

2）尽量避开有机械振动或易受机械冲击的场所，如柴油发电机的下方，电梯修理坑的下方不宜布线。

3）尽量避开有腐蚀或污染的场所，如线路尽量不穿越卫生间、热交换间、开水间、厨房等。

4）经过建筑物的伸缩缝及沉降缝时，应按规范要求进行处理。

室内低压线路的材质一般采用绝缘导线、电缆和母线槽，下面分述其敷设。

一、绝缘导线的敷设

1. 瓷（塑料）线夹、鼓形绝缘子及针式绝缘子敷线

潮湿、多尘的小型加工厂房中，其支线才用瓷夹或塑料线夹敷设，干线采用鼓形绝缘子或针式绝缘子敷设。民用建筑中这种敷线方式已很少采用。其间距要求：

1）导线离地最小距离。水平敷设：不小于2.5m，垂直敷设：不小于1.8m。

2）室内沿墙、沿顶棚敷设，其支点间距、导线允许最小截面积、线间距离及离墙距离见表7-10。

表7-10 绝缘子敷线的各类安装间距

敷设方式	绝缘导线截面积/mm^2	固定点最大间距/m	导线最小间距/m	导线距建筑物最小距离/m
瓷（塑料）线夹明敷	1~4	0.6	—	—
	6~10	0.8	—	—
鼓形绝缘子明敷	1~4	1.5	50	50
	6~10	2.0	75	50
	16~25	3.0	100	50
针式绝缘子明敷	16~25	6及以下	100	50
	35及以上	10及以下	150	50

3）明敷在有高温辐射或对绝缘有腐蚀的场所，则线间间距及导线至建筑物表面的距离见表7-11。

表7-11　高温或有腐蚀场所的线间间距及导线至建筑物表面的净距

导线固定点间距/m	≤2	2~4	4~6	6~10
最小净距/m	75	100	150	200

2．直敷布线

直敷布线一般适用于正常环境的室内场所和房屋挑檐下的室外场所，常采用塑料绝缘护套线沿墙、沿平顶及构件的表面用卡钉明敷。卡钉有铝皮卡钉，用木扦及铁钉固定；也可采用标准的二芯、三芯的塑料卡钉，将护套线扣入塑料卡钉，卡钉的另一端用钢钉直接打入混凝土或砖墙上固定。卡钉固定的间距不大于300mm。要求如下：

1）严禁直敷于顶棚内，也不得将塑料绝缘护套线直接埋入墙壁和顶棚的抹灰层内，以免绝缘老化、开裂造成电线走火伤人的严重后果。

2）照明支线集中敷设的场合，常用塑料绝缘护套线安装在带盖明敷的钢线槽中，每个线槽中的载流导线不宜超过30根，导线包括外护层的总截面积不超过线槽截面积的20%。此线槽可安装在建筑物的吊顶内，但沿线槽路径部位的顶棚，应可自由开启，便于线路维修。自线槽中应以护套线穿管敷设引出，至第一个灯后才可改用绝缘线穿管敷设。

3）塑料绝缘护套线卡钉明敷，主要用在装修要求不高的照明布线中，水平敷设离地不小于2.5m，垂直敷设离地不小于1.8m，低于1.8m时应改用穿管敷设。

4）塑料护套线与接地线及不发热的管道贴近交叉时，应加绝缘管保护，敷设在易受机械损伤的场所应用钢管保护。

3．穿（金属、塑料）管敷设

穿金属、塑料管敷设适用于室内、外场所，可在室内沿墙、沿平顶或沿电气竖井明敷，也可沿地坪、沿墙、沿吊顶暗敷。它是民用建筑中最常见的一种敷线方式。要求如下：

1）明敷于潮湿场所（如浴室、厨房等处），或埋地敷设的穿管线路，宜采用焊接钢管（又称普通黑钢管，简称钢管）；明敷在干燥场所可用电线钢管（又称薄黑钢管，简称电线管）；有酸碱盐腐蚀的环境，应采用硬聚氯乙烯管（简称塑料管）；在建筑物吊顶内敷设时，应采用难燃或阻燃的塑料管，常用的为阻燃型PVC管；在多层建筑及住宅建筑中的照明、弱电线路可采用塑料绝缘线穿PVC管敷设；爆炸危险场所应采用镀锌钢管。

2）导线穿管的根数要求

①同一回路的相线及中性线，应穿入同一根管中。

②同一回路的相线、中性线及无抗干扰要求的控制线，亦可穿入同一根管中。

③电压低于50V的线路，即使不同回路，亦可穿入同一根管中。

④同类的照明回路，可穿入同一根管中，但穿入的导线根数不应多于八根。

⑤穿入管中的导线总截面（包括外护层）不应超过管子内截面的40%，穿两根导线时，管内径不应小于两根导线总外径之和的1.35倍（立管可取1.25倍）。

绝缘导线不同截面根数穿管管径的选择，见表7-12。

表 7-12　单芯橡皮、塑料绝缘导线穿管管径表

导线截面积/mm²	管内导线根数														
	2	3	4	5	6	2	3	4	5	6	2	3	4	5	6
	钢管管径/mm					电线管管径/mm					塑料管管径/mm				
1	15	15	15	15	15	15	15	15	15	15	15	15	15	15	15
1.5	15	15	15	15	15	15	15	15	20	20	15	15	15	20	20
2.5	15	15	15	15	20	15	15	20	20	25	15	15	15	20	20
4	15	15	15	20	20	15	15	20	25	25	15	15	20	20	25
6	15	15	20	20	20	15	20	25	25	25	15	20	20	25	25
10	20	25	25	32	32	25	25	32	32	40	20	25	32	32	40
16	20	25	32	50	40	40	32	40	40	50	25	32	40	40	40
25	32	40	50	70	70	50	50	70	70	70	40	50	50	70	70
35	40	50	70	—	70	70	70	70	70	—	50	50	70	80	80
50	40	—	70	—	—	70	70	—	—	—	50	70	80	100	100
70	70	—	—	—	—	—	—	—	—	—	70	80	100	100	—
95	70	—	—	—	—	—	—	—	—	—	—	100	—	—	—
120	—	—	—	—	—	—	—	—	—	—	—	100	—	—	—

3）穿管明敷的固定点间距要求：不应大于表 7-13 的数值。

表 7-13　明敷管线固定点最大间距　　（单位：m）

管类	标称管径/mm				
	15～20	25～32	40	50	63～100
水煤气钢管	1.5	2	2	2.5	3.5
电线管	1	1.5	2	2	—
塑料管	1	1.5	1.5	2	2

4）电线管路与热水管、蒸汽管同侧敷设的要求：应敷在热水管与蒸汽管的下面。有困难时，可敷设在其上面，相互间的净距应不小于下列数值：当管线敷设在蒸汽管下面为 0.5m，上面为 1.0m；当管线敷设在热水管下面为 0.2m，上面为 0.3m；如不能满足要求时，应采取隔热措施。

5）穿管线路明敷或暗敷，线路较长或有弯头的要求：在选择路径时，尽可能减少弯头。有弯头，应适当加装拉线盒，以便于穿线及换线。拉线盒间距要求：直线管路，不超过 30m；有一个弯头，不超过 20m；有两个弯头，不超过 15m；有三个弯头，不超过 8m。当设置拉线盒有困难时，也可适当加大管径。在地坪内暗敷时，拉线盒可设在墙边或柱边距地 0.3m 的地方。

6）管线暗敷于地下的要求：管线不应穿过设备基础，穿过建筑物基础时应加套管保护。穿管线路过建筑物的伸缩缝及沉降缝时，应采取措施，以防建筑物在此处变形而损坏管线。

4. 线槽布线

室内线路较多时常采用绝缘导线穿金属或塑料线槽布线，适用于正常环境下的室内敷

设。可将带盖的金属或塑料线槽暗敷于建筑物吊顶内，但沿着线槽路径的顶棚可以自由打开，以便检查和维修线路。

（1）线槽布线的一般要求

1）同一回路的所有相线和中性线应敷设在同一线槽中。同一路径无防干扰要求的线路，亦可敷设于同一线槽中。强、弱电线路应分槽敷设。线槽中的线路总截面积（包括导线外护层）不应超过线槽内截面的20%，载流体不宜超过30根。凡是三根以上载流导线在同一线槽内敷设，其载流量应按电缆在托架上敷设时的校正系数进行校正。控制信号等线路在线槽中敷设时，其根数不限，但所有线路的总截面积（包括外护层）不超过线槽内总截面的20%。

2）线槽内不宜有电缆及电线的接头，但可以开槽检修维护时，可允许线槽内设分接头，这时接头与线缆的总面积（包括导线外护层）不超过该点线槽内截面的75%。从线槽中引出的线路可穿金属管或塑料管敷设，金属管和塑料管在线槽上除应有的敲落孔外，还应有相应的管卡，以便穿线管与线槽光滑地固定，便于穿线。金属线槽的分支、转角、终端及其接头在设计中应相应配合选用。线槽的接头不得设在穿过楼板或穿过墙壁处。

3）线槽垂直或倾斜敷设时，将线束在1.5～2.0m的间距上用线卡及螺钉固定在线槽上，以防导线或电缆在线槽内移动或因自重下垂。

4）线槽敷设时，支点间距可以根据线槽规格及具体条件而定。

（2）地面内暗装金属线槽的要求　此方法适用于正常环境下的大空间、隔断变化多、用电设备移动性大，且敷有多种功能线路的场所。暗敷于现浇混凝土地面、楼板或楼板垫层内，如大型商场、大面积电玩世界、大型计算机房等设备线路都可用这种布线。它是线路或各种终端插座结合在一起的敷线设备，适应性强，可按需要灵活多变，是目前大型公共建筑常用的布线方式之一。其一般要求如下：

1）同一回路的所有导线，同一路径无防干扰的线路都可敷设在同一线槽内。槽内电线或电缆的总截面（包括外护层）的总面积不超过线槽内截面的40%。强、弱电线路应分槽敷设。线路交叉处应设置有屏蔽分线板的分线盒，以防相互干扰。

2）在线槽中不得有接线头，接线头应设在分线盒或线槽出线盒内。线槽在交叉、转弯、分支处及直线长度超过6m时设置分线盒，分线盒可与各类电源插座及弱电终端插座相结合。

3）由配电箱、电话分线箱及接线端子箱等引至线槽的线路，应采用金属管穿管暗敷，再与地面的分线盒相连接，或以终端连接直接引至线槽。

4）线槽出口及分线盒不得突出地面，线槽出口及分线盒应做好防水密封处理。

二、电缆的敷设

电缆线路不受外界自然条件的影响，运行可靠，通过居民区时不会发生高压触电危险，且节约用地，不破坏市容，便于管理，日常维护量小。但其一次性投资为架空线路的5～6倍，施工工期长，敷设后不易更改，不易增加分支线路，不易发现故障，检修技术复杂。它多用于对环境要求较高的城市供电线路、大型现代民用建筑、重要的用电负荷、繁华的建筑群、风景区的室外供电线路，相当多的工业建筑往往采用电缆线路。

1. 电缆的结构

电缆是一种特殊的导线，它将一根或数根绝缘导线组合成线芯，外面加上密闭的包扎层，如铅、橡皮、塑料等加以保护。电缆线路包括电缆、电缆中间接头以及电缆终端头。电缆线路的主体是电缆，种类很多，按其所用的绝缘材料不同，电力电缆可分为：

(1) 油浸纸绝缘电缆　最常用的是油浸纸绝缘铅包电力电缆，它的优点是：使用寿命长、耐压强度高、热稳定性好，缺点是制造工艺复杂、浸渍剂容易流淌。因此使用油浸电缆时要把最高允许温升限得很低，把敷设的水平差限得很小，在大型民用建筑和高层民用建筑中不能采用它。新研制的不滴流浸渍型电缆，不但解决了浸渍剂的流淌问题，且允许工作温度提高，抗老化和稳定性也提高了，此电缆特别适于垂直敷设和在热带地区使用。

(2) 塑料绝缘电缆　最常用的是聚氯乙烯（简称全塑）和交联聚乙烯绝缘的电力电缆。它们的制造工艺简单，没有敷设落差的限制，工作温度可提高，电缆的敷设、维护、接续较简便，又有较好的抗腐蚀性和一定的机械强度，目前已广泛应用于低压电力线路中。

(3) 橡皮绝缘电缆　最常用的是橡皮绝缘聚氯乙烯护套电力电缆，较多适用于交流500V以下的线路，和全塑电力电缆相比，它的允许工作温度低些，但柔软性好些。

为了使电缆能承受一定的机械外力和较大的拉力，在电缆保护层外面加上各种形式的金属铠装时，电缆型号后面还有下标，表示其铠装层的情况。例如，VV表示聚氯乙烯绝缘聚氯乙烯护套内钢带铠装电力电缆，当该电缆埋在地下时，能承受机械外力作用，但不能承受大的拉力；当下标为32时则表示细钢丝铠装，当该电缆埋在地下时，能承受拉力作用，但不能承受大的机械外力。

在220/380V的三相四线制线路中，使用的是耐压为0.6/1kV和0.45/0.75kV的四芯（即三根相线L1、L2、L3和一根中性线N或保护中性线PEN）或五芯（即三根相线L1、L2、L3、一根中性线N和保护线PE）的电力电缆。

由于电缆本身结构的特点，使用中要求弯曲半径较大，支撑点间的距离较小，防止受压、受拉等机械损伤，因此这些在敷设电缆线路时必须注意。

2. 室外电缆线路的敷设

(1) 敷设方式

敷设方法的选择应根据电缆线路的长度、电缆的数量、周围环境条件以及多方面因素而定。采用何种敷设方式，应从节省投资、方便施工、运行安全、易于维修和散热等方面考虑，参照选择的电缆型式，确定敷设方式。一般情况下应首先考虑直接埋地的敷设方式。

1）直接埋地敷设　直接埋地敷设的基本要求是：

①电缆埋深不小于0.7m，寒带应在冻土层以下，电缆上下左右应有砂、土保护，并覆盖保护板。

②电缆通过有震动和承受压力的地段，如道路、建筑物基础等，应穿管加以保护。

③电缆线路与各种地下设施平行、交叉时的净距离，应符合有关规定的要求。

④电缆的弯曲半径应符合有关规定。

2）电缆沟敷设　当电缆数量在8根以上，18根以下，沿同一路径敷设时，应选用地沟敷设，以便于维修。对电缆沟的基本要求是：

①电缆沟的路径应尽量沿着规划马路或小区干道，并便于接入建筑物，使进出线方便，应以最短距离为佳，同时应尽量减少与其他管网交叉或穿越马路。

②室外电缆沟的盖板宜高出地面100mm，以减少地面积水进入电缆沟，当影响交通或电缆沟穿越车辆及人行的地段时，盖板可以与地面齐平，或者采用钢盖板。电缆沟一般采用

混凝土盖板。

③室外电缆沟允许进水，但不能长期泡水，因此应有排水措施，电缆沟底部应有不小于0.5%～1%的坡度，坡向室外排水沟。

④当电缆在电缆沟支架上敷设时，电缆支架间或其固定点之间的距离应符合规定要求。电缆水平最小净距为35mm，但不得小于电缆外径；电缆支架的层间间距最小净距为150mm。但为了不过多地减少电缆载流量，电缆间水平净距应为100mm，电缆支架的层间间距应为250～300mm。

⑤电缆沟室内外相通时，在进入建筑物处应设立防火隔墙，电缆穿过防火墙应采用钢套管，套管与电缆之间空隙用耐火丝状物堵严，防火墙可用钢筋混凝土墙或预留洞后用铁夹板加防火材料堵实。室内外电缆沟不相通，仅是室外电缆引入室内，则用混凝土或砖墙上预埋钢套管，钢套的内径应大于电缆直径1.5倍，但不小于100mm，使套管与基础结合严密不渗水，电缆与套管之间在室外用黄麻沥青或其他止水物堵严，以防水渗入室内。

3）排管敷设　当电缆数量不超过12根，并与各种管道及道路交叉又多，路径又比较拥挤，又不宜采用直埋或电缆沟敷设时，可采用电缆在排管中敷设。在排管内敷设的电缆可用塑料外护套电缆或裸铠装电缆。排管可采用石棉水泥管或混凝土管。

①排管应一次预留足备用管孔，当无法预计时，除考虑散热孔外，可预留10%备用孔，但不少于1～2孔。

②排管孔的内径不应小于电缆外径的1.5倍，安装电力电缆的孔径不应小于90mm。

③当地面均匀负载超过10t/m^{2}或排管通过铁路时，必须采取加固措施，以防排管受机械损伤。

④电缆排管安装时，应将沟底垫平夯实，并铺设不小于80mm厚的混凝土底板，管顶距地面不小于0.7m。排管安装时，应有倾向人孔井侧不小于0.5%的排水坡度，并在人孔井内设集水坑，用钢管通向排水沟自然排水，或用水泵排至排水沟。

（2）敷设要求

1）一般要求

①宜选最短路径、以减少线路功率损耗及沿线电压损失，提高供电质量。结合已有的和拟建的建筑物位置，尽量避开规划中建筑工程需要开掘的地方，以防电缆受到机械损伤和不必要的搬迁。并应尽量避开或减少穿越公路、铁路、通信电缆及地下各种管道（热力管道、上下水管道、煤气管道等）。

②按电缆敷设处的环境条件、电缆的数量和类型及载流量大小的经济比较决定敷设方式。若规划已就绪，土方开挖的可能性很小，对已建或预建的建筑物供电已有较为明确的规划，沿路有较开阔的敷设地段，又没有特殊污染的场所，电缆数量又不多时，宜采用直接埋地敷设；另外，由于负载大而选用载流量较大的电缆线型，为防电缆间相互加热而过多地减少电缆载流量，也宜采用直接埋地敷设；当电缆线路多，且按规划沿此路径的电缆线路时有增加时，为使用及施工方便，应采用电缆沟敷设；当电缆数量相当多，采用电缆沟安装不下时，以及中小城市城区供电，新建的经济开发区、占地面积达几十公顷的生活小区供电，应采用电缆隧道敷设；路径较窄不宜直接埋地敷设的地段，宜采用电缆在排管内敷设。

③电缆不论何种敷设方式，引入建筑物内部或引出地面都应采用电缆穿管保护，以防电缆受到机械损伤。

2）数值要求

①与道路、铁路交叉，电缆所穿的保护管两端应伸出路基1m。

②电缆引入建筑物时，所穿的保护管应超过建筑散水坡100mm。

③电缆引出地面高2m，至地下0.2m处，以防行人触及或受外力损伤，也应穿管保护。

④电缆保护管的直径应大于电缆直径的1.5倍，但在跨越铁路、公路、城市马路时的保护管管径不得小于100mm。

⑤保护管的直角弯头不得多于2个，采用直接埋地的保护钢管，其表面应作防腐处理；埋入混凝土中的保护钢管可不作防腐处理，表面不用涂防腐漆。

⑥低压配出线中的中性线，宜与相线合用四芯电缆，不应将中性线采用单芯电缆，以防长距离平行敷设，线路不平衡时，中性线四周产生的电磁波，引起其他线路的工频干扰。

⑦在路的转角、起端、始端及分支端应设电缆人孔井，在直线段上，为便于拉引电缆，也应每隔150m设置一个人孔井。人孔井的净高不宜小于1.8m，且其上部的直径不应小于0.7m，以便使人进入井内拉线安装。

（3）工程实例

【实例7-2】 电缆线路工程图是表示电缆敷设、安装、连接的具体方法及工艺要求的简图，一般用平面布置图表示。图7-4所示为某10kV电缆线路敷设工程的工程平面图，图中标出电缆线路的走向、敷设方法、各段路的长度及局部处理方法。

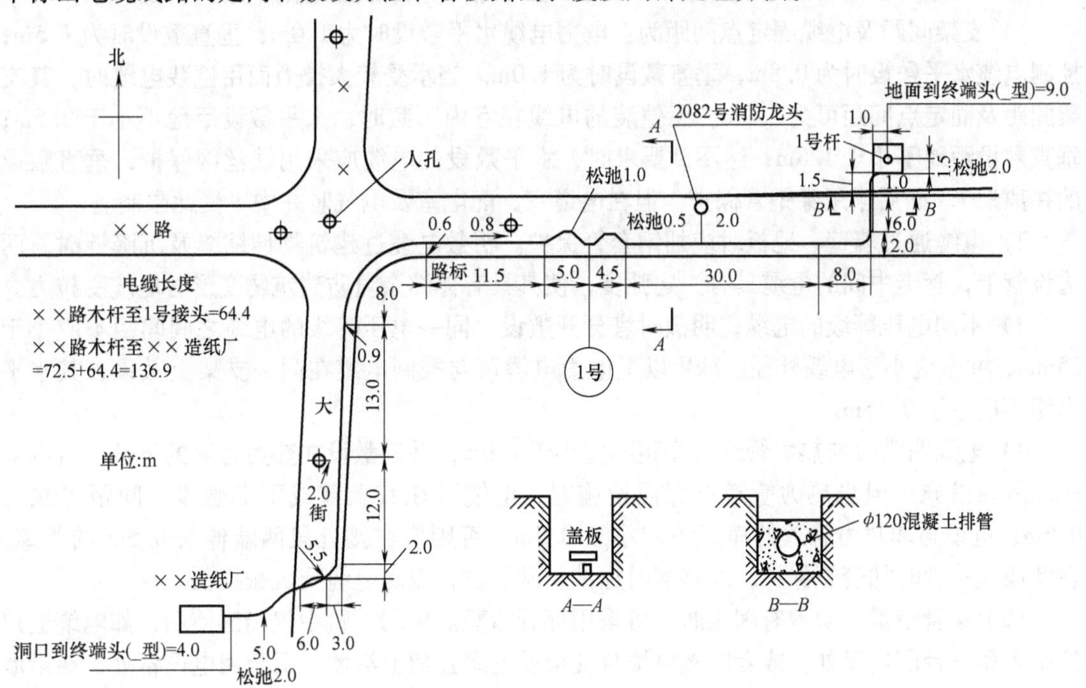

图7-4 实例7-2某10kV电缆线路工程平面图

电缆采用直接埋地敷设，全长136.9m，其中包含了在电缆两端和电缆中间接头处必须预留的松弛长度。电缆从右上角的1号电杆引下，穿过道路沿路南侧敷设，到十字路口转向南，沿××大街东侧敷设，终点为造纸厂，在造纸厂处穿过大街，按规范要求在穿过道路的位置要装混凝土排管保护。

图右下角为电缆敷设的断面图。剖面图 $A—A$ 为整条电缆埋地敷设的情况，采用铺砂盖保护板的敷设方法，剖切位置在图中1号位置右侧。剖面图 $B—B$ 为电缆穿过道路时加保护管的情况，剖切位置在电缆刚引下1号杆向南穿过路面处。这里电缆横穿道路时使用的是直径120mm的混凝土保护管，每段管长6m，在图右上角电缆起点处和左下角电缆终点处各有一根保护管。

图中部1号圈位置为电缆中间接头，1号点向右直线长度4.5m内作了一段弧线，有松弛量0.5m，为将来此处电缆头损坏修复时所需要的长度。向右直线段30m+8m=38m；转向穿过公路，路宽2m+6m=8m，电杆距路边1.5m+1.5m=3m，这里有两段松弛量共2m（两段弧线）。电缆终端头距地面为9m。电缆敷设时距路边0.6m，这段电缆总长度为64.4m。

从1号位置向左5m内作一段弧线，松弛量为1m。再向左经11.5m直线段进入转弯向下，弯长8m。向下直线段13m+12m+2m=27m后，穿过大街，街宽9m。造纸厂距路边5m，留有2m松弛量，进厂后到终端头长度为4m，这一段电缆总长为72.5m，电缆敷设距路边的0.9m与穿过道路的斜向增加长度相抵不再计算。

3. 室内电缆线路的敷设

（1）明敷　室内明敷电缆可用VV、YJV型电缆，沿墙沿柱支架敷设。作法要点：

1）支架间距及电缆固定点间距为：电力电缆水平敷设时为1.0m，垂直敷设时为1.5m；控制电缆水平敷设时为0.8m，垂直敷设时为1.0m。当承受较大拉力而用铠装电缆时，其支架间距及固定点间距可为3.0m。无铠装的电缆在室内明敷时，水平敷设距地不小于2.5m；垂直敷设距地不小于1.8m；达不到要求时，水平敷设的电缆应采用铁丝网保护，垂直敷设的在离地1.8m后采用穿钢管保护。但在电缆室、配电室及电气竖井中不受此限制。

2）电缆通过墙壁、地板时应加钢套管保护。明敷电缆过建筑物伸缩缝及沉降缝时，两边设管卡，管卡中间的电缆具有一定弛度，使其具有伸缩余量防建筑物变形时电缆受拉力。

3）不同电压等级的电缆，明敷时宜分开敷设。同一电压等级的电缆之间间距不应小于35mm，并不应小于电缆外径。1kV以下电力电缆可与控制电缆在同一支架上敷设，其水平净距不应小于0.15m。

4）电缆明敷时与热力管道的净距不应小于1.0m，并应敷设在热力管道的下部，否则应采取隔热措施；但当热力管道有保温设施时，电缆可在其上部或下部敷设，间距可减为0.5m；电缆与非热力管道的净距不应小于0.5m。否则应在接近段两端伸长0.5m的距离，在此段线路少时加套管保护，线路多时加铁丝网保护，以防电缆受机械损伤。

（2）穿管暗敷　明敷有困难时，可采用穿管暗敷。民用建筑中仅局部使用，如电缆进户线引入第一台配电箱处，或者明敷电缆自支架或电缆托架上沿墙下引至用电设备处，在沿墙离地1.8m处至设备段电缆。穿管沿墙明敷及埋地暗敷的长度一般不超过15m，否则应在适当位置改用绝缘线穿管敷设。

（3）电缆沟　民用建筑中室内电缆沟大部分位于变配电所内，在配电屏下部及屏后的副沟中。在副沟中设电缆支架，配电屏出线电缆按引出的先后次序排列在副沟的电缆支架上。沟宽、支架长度、维护通道宽度、支架支点间距、上下支架间距都与室外电缆沟相同。

1）多层及一般建筑的变配电所大都设在一层，变配电所的地坪与其他房间一样高，在配电室内开电缆沟，电缆沟应采用严格防水措施，以防沟壁及沟底渗水。

2）高层建筑由于其变配电所大部分设在地下室、转换层及避难层，设电缆沟会影响下一层布局，因此大部分采用抬高地坪的做法，变配电所的室内地坪比外面其他用途的房间地坪高1.0～1.2m，在这高差的夹层中设电缆沟，高层中电缆沟不存在排水问题。

3）一层、地下室的电缆沟应设0.5%～1%的坡度，电缆沟最低点设集水井。沟不长时，积水可用人工淘、或临时泵抽；沟长时在集水井中设潜水泵，将积水排至室外下水道，潜水泵可设水位自动控制或人工定时开泵。

（4）电缆托架　电缆托架又称桥架、托盘，它运用于电缆数量较多，又比较集中的场所，如变配电所引向各电气竖井、水泵房、空调机房的线路。在托架、托盘中的电缆应具有不延燃的外护层，如聚乙烯护套电缆，在潮湿及有腐蚀场所也应选用聚乙烯护套电缆。

1）水平敷设时离地不应小于2.5m；垂直敷设时离地1.8m以下应采用金属盖板加以保护，在配电室可用铁丝网保护，在电气竖井及电缆室中可以不加任何保护。

2）水平敷设时支点间距为1.5～3m；垂直敷设时固定点间距不应大于2m。电缆应在下列部位与托架托盘相固定：垂直敷设时每隔1.5～2m固定一次；水平敷设时，在电缆首端、终端、转弯及直线段每隔1.5～2m处进行固定。

3）托架、托盘双层敷设时，层间间距控制电缆应不小于0.2m；电力电缆应不小于0.3m，弱电与强电电缆之间不小于0.5m，如有屏蔽盖板时可减小到0.3m；托架上部距顶棚或其他障碍物不应小于0.3m。

4）不同电压等级、不同用途的电缆，不宜在同一层托架敷设（如高压及低压电缆、同一路径向一级负荷供电的双回路电缆、应急照明和其他照明电缆、强电和弱电电缆）。除受条件限制而不得不在同一层上敷设时，高低压之间、弱电和强电之间应用隔板隔开。弱电中不同类别的电缆（如通信、电视电缆、火灾报警、BAS等的电线电缆）用托盘敷设时应选用具有钢板相互隔开的托盘敷设，但没有抗干扰要求的控制电缆可以与低压电力电缆在同一托盘或托架上敷设。

5）电缆托架、托盘不宜敷设在腐蚀性气体管道及热力管道的上方，也不应敷设在腐蚀性液体管道的下方，否则应用石棉板或其他防腐板进行防腐隔热处理。电缆托架、托盘与各种管道平行及交叉时的最小净距应符合表7-14的要求。

表7-14　电缆托架、托盘与各种管道的最小净距

管道类别		平行净距/m	交叉净距/m
一般工艺管道		0.4	0.3
具有腐蚀性液体（气体）管道		0.5	0.5
热力管道	有保温层	0.5	0.5
	无保温层	1.0	1.0

6）向一级负荷供电的两路电源及应急照明的电缆采用阻燃型电缆。托架和托盘穿过防火墙及防火楼板时，应采取防火堵墙。过防火墙及楼板处按穿过托架多少开孔，开孔的墙两边及楼板下方固定钢板，在托架及电缆穿过处用防火堵料堵严，做法同竖井。

（5）预制式分支电缆　根据设计要求，把主电缆及到各层的分支电缆预先在工厂生产时整体加工好，到现场仅安装，这是电缆敷设的新方向。其优点是可靠性高、不用各层设分接箱、明显降低配电成本、对安装环境要求低、施工方便，最大缺点是缺乏灵活性，即当所供负荷的大小、位置和数量发生变化时，预制式分支电缆不能作相应改变。

预制式分支电缆装置的垂直主电缆和分支电缆之间采用模压分支连接，电缆的 PVC 外套和注塑的 PVC 分支连接件接合在一起形成气密和防水，以保证安全。图 7-5 为预分支电缆装置的施工示意图。

(6) 绝缘穿刺线夹（IPC）分支电缆　这是一种很灵活的电缆分支方式。穿刺式线夹的外部绝缘，中间有两个一大一小带金属穿刺的孔，将大孔夹在干线电缆上，小孔夹在分支线电缆上，上紧线夹螺栓，孔内的金属刺穿透电缆的绝缘层紧压线芯，分支电缆即连接上干线电缆（甚至可带电作业）。用 IPC 作电缆分支的最大优点是安装简便，无须截断主电缆和剥去电缆的绝缘外皮，只需使用普通扳手即可在任意部位完成电缆分支，接头处完全密封绝缘。

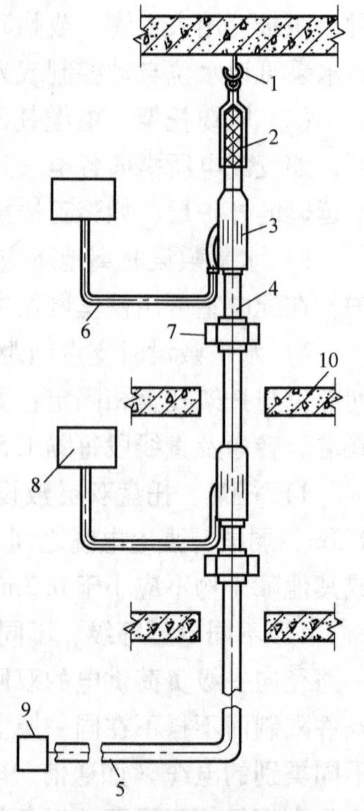

图 7-5　预分支电缆装置穿过楼板安装的示意图

1——吊钩　2—上端支承　3—模压分支接头　4—垂直主干电缆　5—水平主干电缆　6—分支电缆　7—固定夹　8—配电盘　9—电源　10—楼板

(7) 竖井布线　在高层的民用建筑中，电气垂直供电线路常采用竖井。竖井一般与小配电间相结合，在小配电间中除电气竖井外，尚有此区域的各类配电箱。

1）要求

①一般要求竖井自上而下贯通，以便敷线，也可经转换层或避难层后换位置。且要使照明、电力支线的长度在一定范围内，使支线压降不超过允许值，又要防止低压线路倒送。故竖井位置常顺着变配电所供电方向，选在靠近电梯、消防梯、空调机房旁（但不能与电梯井、管道井共用一个竖井）。一般一个防火分区设 1 ~ 2 个竖井，约 2000 ~ 3000m^2 设置一个带竖井的配电小间。

②竖井的井壁应为耐火极限不低于 1h 的非燃烧体。竖井必须带配电小间，小间的门应开向公共走道，门的耐火等级不低于丙级。竖井楼层间的地板孔，应防火封堵隔离，密集母线、电缆垂直托架、金属线槽穿过楼板孔处用金属隔板及防火堵料，或用防火隔板及防火堵料堵严。电缆及绝缘穿管线路，在过楼板处预埋套管、电缆及管线穿过套管后，套管两端管口的空隙用防火堵料或石棉丝堵严。

③配电小间内强、弱电应分开，若弱电线路不多时，可以与强电合用一个配电小间及竖井；强弱电分开设置小配电室时，小间一侧安装配电箱，配电箱与另一侧墙面的操作间距不小于 0.8m，则小室的最小宽度可取 1.5m；若小间中设紧密母线，由密集母线插接箱供每层照明、空调、电开水箱用电时，应另外按供电区域设置 1 ~ 3 个照明箱，一个备用照明箱，这时配电小室的长度可取 3 ~ 3.5m；配电小间中的设备也可采用双面布置，长度可减小，但宽度应加大，中间的操作走道不应小于 1.2m。

④竖井能安装双层托架的宽度及厚度，同时又能装下密集母线及其插接箱，故常在配电小间窄面端部开最小净宽为 1500mm × 600mm 的地板孔，上下贯通作供电竖井；弱电竖井的

井道考虑各种弱电的垂直敷线，常设置具有隔板的金属线槽，使广播、电话、消防、BAS 的干线分别安装在线槽的分隔位置中，以防干扰；竖井的最小开孔尺寸可为 1000mm×600mm；配电小室中可安装各类分支、操作站的设备时，小室的最小尺寸为 2000mm×1500mm，位置可靠近强电竖井，亦应在一个防火分区中设 1～2 配电小室。

⑤强、弱电竖井及小室合用时，则竖井设在小室一端，强、弱电干线应分别设在竖井的两侧，此时弱电应采用密闭式分隔线槽，并带密封盖板，以防干扰；强、弱电设备应安装在小室的两侧，中间的走道不应小于 1m；在小室另一头设通向公共走道的向外开的门。

2）作法

强电竖井和弱电竖井分开设置的竖井布线的作法如图 7-6 所示。图中 D 表示强电井，RD 表示弱电井。该图示出了强电竖井中的动力配电箱、照明配电箱、事故照明配电箱、密集母线插接箱等的具体位置，以及总等电位盘和 PE 线用铜排的位置和走向等。其中，上图为平面布置图，下图为两个不同方向的剖面布置。

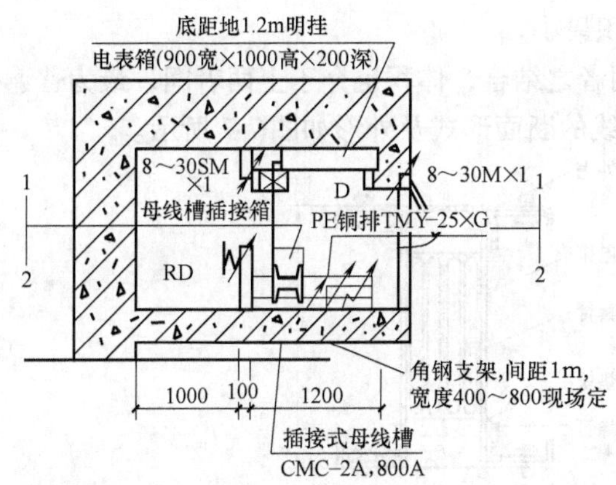

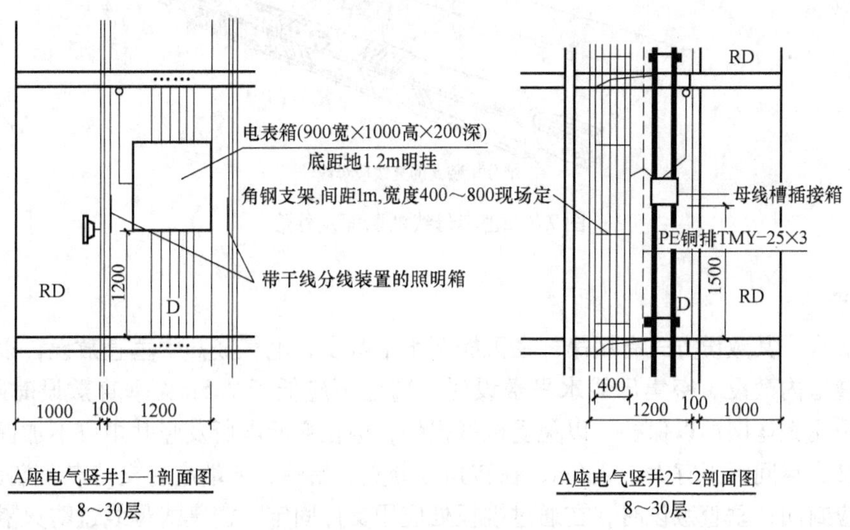

图 7-6　强、弱电竖井分开设置的竖井布线的作法示意图

三、母线槽的敷设

它由三条、四条或五条矩形母线用绝缘材料作相间和相对地绝缘、紧凑、并排安装在密封接地的槽型金属外壳内构成，故名母线槽。槽对外封闭，又名封闭式母线。紧凑密集，故又名密集式母线。使用于50/60Hz，电压660V，工作电流100～4000A的供配电线路。它体积小、输送电流大、安装灵活、配电施工方便、互不干扰、还可按需要在预定位置留插接口，形成插接式母线。带插口的母线槽内带断路器，某层线路发生故障时断路器动作，维修时可将本层的分接箱拉下，使之脱离母线，进行停电检修，而不影响其他层用电。它可通过插接开关箱方便地引出分支，通常作干线使用或向大容量设备提供电源，在电柜到系统的干线与支干线回路使用。

1. 母线槽

（1）分类　按绝缘方式可将其分为以下三种：

1）空气绝缘式：由固定母线的绝缘框架保持每相、相与N间的一定距离的空间绝缘。

2）密集式：由高电气性能的热合套管罩于母线上，各相、相与N间以密集安装的母线间的绝缘套管为绝缘，体积最小。

3）复合绝缘式：上两者之结合，体积也介于上两者间，最为普遍使用。

（2）结构　密集式母线的断面形式及外形如图7-7所示。

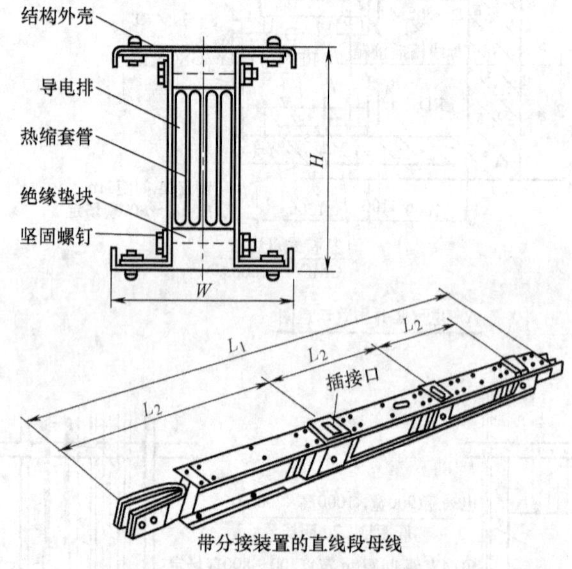

图7-7　密集母线的断面及外形

2. 敷设

（1）要求　其敷设方式有用吊杆在天棚下水平敷设，电气竖井中垂直敷设，以及在电缆沟或电缆隧道内敷设。密集母线水平敷设时，离地不应低于2.5m；垂直敷设时距地1.8m以下，应采用钢丝网加以保护，以免受机械损伤，但在变配电所及竖井中可不加保护；水平敷设时，其支点间距不宜大于2.0m，在转角、分支、始端、末端应有支持点，端头无引出、引入线时应封闭；垂直敷设时，在通过楼板处应用支件固定。密集式母线过防火隔墙及地板应做防火封堵，跨过建筑物的伸缩及沉降缝时，在其两边的密集母线上加装伸缩接头，使其有 5～12mm 的伸缩余地，以应付建筑物的沉降错位。

（2）作法　高层建筑插接式母线槽的作法如图 7-8 所示。

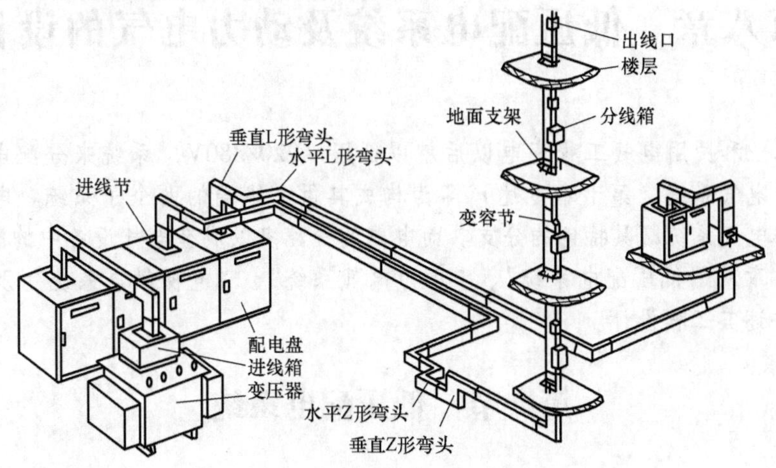

图 7-8　高层建筑插接式母线槽的作法示意图

练　习　题

1. 现实生活中常见到的室外低压配电线路是哪几种？对比其特点和作法。
2. 现实生活中常见到的室内低压配电线路是哪几种？对比其特点和作法。

第八章　低压配电系统及动力电气的设计

一般的工业和民用电气工程变电以后就以低压（220/380V）系统来分配电能，动力电气系统与照明电气系统（第十章专述）即为构成其供电终端的两个子系统。电梯供电系统又是各类动力电气系统颇具特色的分支。而电能的分配多以成套电气设备中的配电柜、箱来实现。故此本章从“低压配电系统”、“动力电气系统”、“电梯供电系统”及“低压配电箱”四方面讲述其工程设计。

第一节　低压配电系统

低压配电系统指从终端降压变电所的低压侧到低压用电设备的电力线路，其电压一般为220/380V，由配电装置（配电柜或箱）和配电网络组成。低压配电网络又由馈电线、干线和分支线组成，其馈电线是将电能从变电所低压配电柜送至配电箱（盘）的线路，接着将电能从总配电箱送至各个分配电箱的线路是干线，由干线再分出至分配电箱或各个用电终端设备的线路便是分支线，见图8-1。

一、共同要求

工程内用电设备多为低压设备，低压配电系统是建筑内的主要配电方式，它必须保障各用电设备的正常运行，因此低压配电系统的设计应根据工程规模、设备布置、负荷性质及用电容量等条件确定。

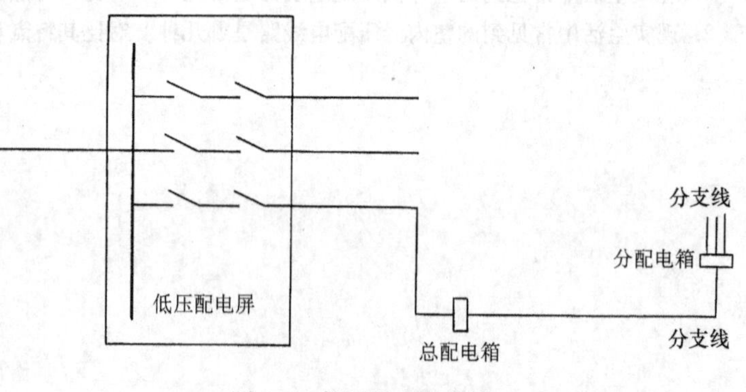

图8-1　低压配电网络图

（1）供电可靠性　低压配电线路首先应当满足工程所必需的供电可靠性的要求，保证用电设备的正常运行，杜绝或减少因事故停电造成政治上、经济上的损失。供电的可靠性由供电电源、供电方式和供电线路共同决定，故应根据不同建筑对供电的可靠性要求和用电负荷的等级确定此三项。

（2）电能质量　电能质量主要是指电压、频率和波形质量，主要指标为电压偏移、电压波动和闪变、频率偏差、谐波等。低压配电线路应满足工程对用电质量的要求，不同类用电设备的配电线路的设计应合理，必须考虑线路的电压损失（如一般情况下低压供电半径不宜超过250m）。照明、动力线路的设计应考虑电力负荷所引起的电压波动不超过照明或其他用电设施对电压质量的要求。

（3）用电负荷发展　低压配电线路还应能适应用电负荷发展的需要。近年来各类用电设备的发展非常迅速，因此在设计时应该调查研究，参照当地现行有关规定，适当考虑发展的要求。同时，配电设备（如低压配电柜或低压配电箱）应根据发展需要留有适当的备用回路。

（4）其他要求　低压配电系统还应满足下列要求：

1）线路应当力求接线简单，并具有一定的灵活性。

2）系统的电压等级一般不宜超过两级。

3）操作安全、维修方便。

4）单相用电设备配置时力求达到三相负荷平衡。

5）节省有色金属消耗，减少电能损耗，降低运行费用。

二、分类要求

低压配电系统在不同的建筑和使用场合要求各不相同，低压配电系统的设计应满足不同使用功能的需要。

1. 居住小区和住宅

1）为提高小区配电系统的供电可靠性，应合理采用放射式和树干式或两者相结合的方式，亦可采用环形网络配电。小区配电系统的设计，应考虑由于发展需要增加出线回路和某些回路增容的可能性。

2）小区内的多层建筑群宜采用树干或环形方式配电，其照明与电力负荷宜采用同一回路供电。但当电力负荷引起的电压波动超过照明等用电设备允许的波动范围时，其电力负荷应由专用回路供电。小区内的高层建筑则宜采用放射式配电，照明和电力负荷宜以不同回路分别供电。

3）小区内路灯照明应与城市规划相协调，宜以专用变压器或专用回路供电。

2. 多层建筑

1）应满足计量、维护管理、供电安全和可靠性要求，应将照明与电力负荷分成不同配电系统。

2）多层住宅的低压配电系统及计量方式应符合当地供电部门的要求，应一户一表计量，如分户计量表全部集中于首层（或中间某层）电表间内，配电支线以放射式配电至各户。其公用走道、楼梯间照明及其他公用设备用电计量可采取：

①公用电能表计量用电，分户均摊。

②设功率均分器分配至各户电能表。

3）一般多层建筑

①对于较大的集中负荷或较重要的负荷应从配电室以放射式配电；对于向各层配电间或配电箱的配电，宜采用树干式和分区树干式。每个树干式回路的配电范围，应从用电负荷的密度、性质、维护管理及防火分区等条件综合考虑确定。

②由层配电间或层配电箱至各分配电箱的配电，宜采用放射式或与树干式相结合的方式。

③照明和电力负荷亦应分别设表计量。

3. 高层建筑

1）高层建筑低压配电系统的确定，应满足计量、维护管理、供电安全及可靠性的要求。应将照明与电力负荷分成不同的配电系统，消防及其他防灾用电设施的配电宜自成体系。

2）对于容量较大的集中负荷或重要负荷，宜从配电室以放射式配电。

3）对各层配电间的配电宜采用下列方式之一。

①工作电源采用分区树干式，备用电源也采用分区树干式或由首层到顶层垂直干线的方式。

②工作电源和备用电源都采用由首层到顶层垂直干线的方式。

③工作电源采用分区树干式，备用电源取自应急照明等电源干线。

4）应急照明、消防、其他防灾及其他重要用电负荷的工作电源与备用电源应在末端自动切换。

5）配电箱设置和配电回路划分，应根据负荷的性质、密度、防火分区、维护管理等条件综合确定。

6）旅馆、饭店、公寓等建筑物自楼层配电箱至客房的分支回路：

①宜采用每套房间设一分配电箱的树干式配电，每套房间内根据负荷性质再设若干支路。

②亦可采用对几套房间按不同用电类别，以几路分别配电的方式。

③对贵宾间则宜采取专用分支回路供电。

三、配电方式

配电方式的选择对提高用电的可靠性和节省投资有着重要意义。

1．基本方式

低压配电线路的基本配电方式（也叫做基本接线方式）有放射式、树干式和环形式三种，见图 8-2。

（1）放射式接线　如图 8-2a 所示。其优点是配电线相对独立，发生故障时影响停电的范围较小，供电可靠性较高；配电设备比较集中，便于维修。但采用的导线较多，大多数情况下有色金属消耗量增加；同时也占用较多的低压配电盘回路，从而将使配电盘投资增加。下列情况宜采用放射式接线：

1）容量大、负荷集中或重要的用电设备。

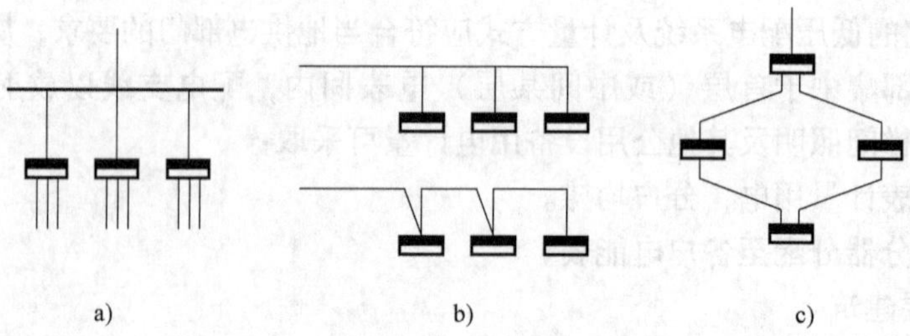

图 8-2　低压配电线路的基本配电方式
a）放射式　b）树干式　c）环形式

2）每台设备的负荷虽不大，但位于变电所的不同方向。

3）需要集中联锁起动或停止的设备。

4）有腐蚀介质或有爆炸危险的场所，其配电及保护起动设备不宜放在现场，必须由与之相隔离的房间馈出线路。

（2）树干式接线　如图 8-2b 所示。它不需要在变电所低压侧设置配电盘，而是从变电所低压侧的引出线经过［低压］断路器或隔离开关直接引至室内。这种配电方式使变压所低压侧结构简单，减少电气设备需用量，有色金属损耗小，系统灵活性较好。

（3）环形式接线　如图 8-2c 所示。这种接线又分为闭环和开环两种运行状态，图 8-2c 是闭环状态。从接线图中可以看出，当闭环运行时，任一段线路发生故障或停电检修时，都可以由另一侧线路继续供电，可见闭环运行供电可靠性较高，电能损失和电压损失也较小。但闭环运行状态的保护整定相当复杂，若配合不当，容易发生保护误动作，使事故停电范围扩大。因此在正常情况下一般不用闭环运行，而用开环运行，但开环情况下发生故障会中断供电，所以环形配电线路一般只适用于对二、三级负荷供电。

2. 其他配电方式

除上述三种基本接线方式外，还有链式接线和混合式接线，图 8-2b 所示即为链式接线。这种接线方式是树干式接线的特殊形式，故特点与树干式相似。它适用于距离配电盘较远而彼此相距又较近的不重要的小容量用电设备，链式接线所链设备一般不超过 3 ~4 台。由于链式线路只设置一组总的保护，可靠性较差，所以目前很少采用，但在住宅建筑照明线路中仍是经常被采用的。

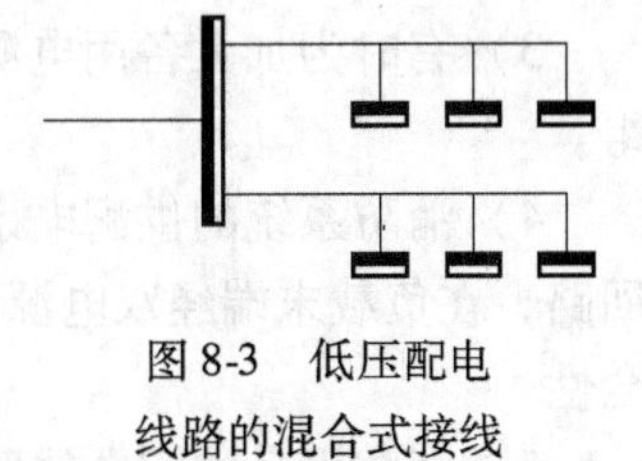

图 8-3　低压配电线路的混合式接线

在实际应用中,放射式和树干式应用较广泛,纯树干式也极少采用,往往是树干式与放射式的混合使用,即混合式,见图 8-3。这种供电方式可根据配电盘分散的位置、容量、线路走向综合考虑,故这种方式往往使用较多。放射式、树干式和环形式三种方式,其本身形式也不是单一的,如将它们再混合交替使用,形式更是多种多样,这里不一一列举。在实际线路设计中,应按照安全可靠、经济合理的原则进行优化组合。

第二节　动力电气系统

一、概述

1. 动力设备

动力设备种类繁多，既有一般动力设备，如电梯、生活水泵、消防水泵、防排烟风机、正压风机等，又有专用动力设备，如空调专用就有制冷机组、冷冻水泵、冷却塔风机、新风机组等。按使用性质可分为建筑设备机械（如水泵、通风机等）、建筑机械（如电梯、卷帘门等）、专用机械（如炊事、制冷、医疗设备）等。按电价分为非工业电力电价和照明电价两种。动力设备的总负荷容量大，其中空调负荷的容量可占到建筑总负荷容量的一半左右，单台动力设备的容量大小也参差不齐，空调机组可达到 500kW 以上，而有些动力设备只有几百瓦至几千瓦的功率。对于不同的动力设备，其供电可靠性的要求也是不一样的。因此在进行动力设备的配电设计时，应根据设备容量的大小、供电可靠性要求的高低，结合电源情况、设备位置，并注意接线简单、操作维护安全等因素综合考虑来确定其配电方式。一般先按使用性质和电价归类，再按容量及方位分路，对负荷集中的场所（水泵房、锅炉房、厨房的动力负荷）采用放射式配电，对负荷分散的场所（医疗设备、空调机等）应采用树干式配电，依次连接各个动力分配电箱，而电梯设备的配电则由变电所专用电梯配电回路采用放射式直接引至屋顶电梯机房，且系统的层次不宜超过两级。对于用电设备容量大或负荷性质重要的动力设备宜采用放射式配电方式，对于用电设备容量不大和供电可靠性要求不高的各楼层配电点宜采用分区树干式配电。

2. 各类设备的配电要求

（1）消防用电类设备　消防动力包括消火栓泵、喷淋泵、正压送风机、防排烟机、消防电梯、防火卷帘门等。由于消防系统应用上的特殊性，要求它的供电系统要绝对安全可靠、便于操作与维护。根据我国消防法规规定，消防系统供电电源应分为工作电源及备用电源，并按不同的建筑等级和电力系统有关规定确定供电负荷等级。

1）一类高层建筑（如高级旅馆、大型医院、科研楼等重要场所） 消防用电按一级负荷处理，即由不同高压母线的不同电网供电，形成一主一备电源供电方式。

2）二类高层建筑（如办公楼、教学楼等） 消防用电应按二级负荷处理，即由同一电网的双回路供电，形成一主一备的供电方式。

3）有时为加大备用电源容量，确保消防系统不受停电事故影响，还应配备柴油发电机组。

4）消防系统的供配电系统应由变电所的独立回路和备用电源（柴油发电机组）的独立回路，在负载末端经双电源自动切换装置供电，以确保消防动力电源的可靠性、连续性和安全性。

5）消防设备的配电线路采用普通电线电缆时，应穿金属管、阻燃塑料管或金属线槽敷设。配电线路无论是明敷还是暗敷，都要采取必要的防火耐热措施。

（2）空调动力类设备 在高层建筑的动力设备中，空调设备是容量最大的一类动力设备。这类设备不仅容量大，而且种类多，包括空调制冷机组（或冷水机组、热泵）、冷却水泵、冷冻水泵、冷却塔风机、空调机、新风机、风机盘管等。

1）空调制冷机组（或冷水机组、热泵） 功率很大，大多在200kW以上，有的超过500kW。因此，其配电可采用从变电所低压母线直接引电源到机组控制柜。

2）冷却水泵、冷冻水泵 台数较多，且留有备用，单台设备容量在几十千瓦，多数采用减压起动。对其配电一般采用两级放射式配电方式，从变电所低压母线引来一路或几路电源到泵房动力配电箱，再由动力配电箱引出线至各个泵的起动控制柜。

3）空调机、新风机 功率大小不一，分布范围比较大，可采用多级放射式配电，在容量较小时亦可采用链式配电方式或混合式配电方式，应根据具体情况灵活考虑。

4）盘管风机 为220V单相用电设备，数量多、单机功率小，只有几十瓦到一百多瓦，一般可以采用类似照明灯具的配电方式，一个支路可以接若干个盘管风机或由插座供电。

（3）给水排水类设备 建筑内除了消防水泵外，还有生活水泵、排水泵及循环泵等。

1）生活水泵 大都集中于泵房设置，一般从变电所低压出线引单独电源送至泵房动力配电箱，再以放射式配电至各泵控制设备。

2）排水泵 位置比较分散，可采用放射式或链式接线至各泵控制设备。

（4）电梯类设备 电梯类设备见后专述。

二、系统概略图（原名系统图）

1. 概述

动力配电系统设计时，应分别绘制动力配电系统图、电动机控制原理图和动力配电平面图。动力配电系统一般采用放射式配线，一台电动机一个独立回路。在动力配电系统图中标注配电方式、开关、熔断器、交流接触器、热继电器等电气元件，还应有导线型号、截面积、配管及敷设方式等，在系统中也可附材料表和说明。对小容量（小于7kW）的异步电动机可采用刀开关或空气断路器直接起动。一般异步电动机均采用交流接触器控制电路。根据动力设备的控制要求设计异步电动机的控制原理图（如异步电动机连续运行、两地控制电路、正反转控制电路、多台顺序起动等控制电路）。

【实例 8-1】 图 8-4 所示为某工程空调系统水泵房动力配电系统概略图，以作为动力配电系统概略图示例。

（1）动力设备　共 16 台，包括：

1）八台泵在室内　22.0kW 的消防水泵三台，两用一备供消防用水；18.5kW 的生活水泵三台，两用一备供生活用水；2.5kW 的给水泵两台，视用水情况投一台还是两台。

2）其他室内设备六台　11.0kW 的自动给水装置两台；5.75kW 的制冷机一台；3.0kW 的减温器一台；0.75kW 的电子除垢器两台。

3）5.5kW 的冷却塔风机两台，安在屋顶（室外）。

（2）动力配电系统　由 AP1 ~ AP4 四个 XL52 系列的动力配电柜构成，AP1 为进线柜、AP2 ~ AP4 为馈电柜，组成 AP1 对 AP2 ~ AP4 的放射式配线系统：

1）进线柜 AP1　由宽、厚、高依次为 700mm、500mm、1800mm 的 XL52-02 承担。它接受 VV22-3 × 150 + 2 × 95 钢带铠装铜芯全塑电力电缆自室外引来的 102.5kW/196.6A 的电能，由熔断器式刀开关 QSA-250 作隔离和短路保护（AP1 为下进线，故图中应与断路器上下互换位），以低压断路器 3VL250-200A 作控制及保护（接线时需注意断路器是上端进线，下端负荷），以三只 LMZJ6-600/5 的电流互感器取样供测量与计度，送到贯联 AP2 ~ AP4 的母线排上。

2）馈电柜 AP2　由宽、厚、高依次为 500mm、700mm、1800mm 的 XL52-17（改）承担。它自母排取电，由熔断器式刀开关 QSA-250 作本箱进线总开关，再分为九路馈出：WP1 回路供给两台自动给水装置共用的动力配电箱 AL3，功率 11.0kW × 2；WP2 回路供给制冷机用动力配电箱 AL2，功率为 5.75kW；WP3 回路供给两台给水泵共用的动力箱 AL4，功率为 2.5kW × 2；WP4 回路供给减温器用动力箱 AL1，功率为 3.0kW；WP5/WP6 回路分别直接供给冷却塔（风机）用电，功率均为 5.5kW；WP13/WP14 直接以单相供给两台电子除垢器（另一相备用），功率分别为 0.75kW。其中，保护控制元件 WP1 及 WP2 为 5SPD 系列、WP3 ~ WP5 为 5SXD 系列、WP13 ~ WP15 为 5SXC 系列低压断路器。WP1 ~ WP6 以 VV 五芯或四芯全塑铜芯电缆、WP13 与 WP14 用三根 BV 聚氯乙烯布电线以单相三线方式（L、N、PE）馈出。

3）馈电柜 AP3/AP4　由宽、厚、高依次为 800mm、500mm、1800mm 的 XL52-14（改）承担。取电、进线总开关同 AP2，各分为三路馈出：AP3 的 WP7 ~ WP9 分别供给两用一备的三台 22.0kW 消防水泵用电，AP4 的 WP10 ~ WP12 亦分别供给两用一备的三台 18.5kW 生活水泵用电。此六台水泵均为自耦减压起动，其保护控制元件断路器为 5SPD 系列、热继电器为 JR16 系列，WP7 ~ WP12 以 VV 四芯全塑铜芯电缆馈出。

4）各回路负荷功率由设备装机累积计算得出，尔后按：$I = P/(\sqrt{3}U\eta\cos\varphi)$ 及 $I = P/(U\eta\cos\varphi)$ 分别计算三相及单相负载的“计算电流”（式中，P 以 kW 计，见设备标牌或查表；U 以 kV 计，三相取 0.38、单相取 0.22；η 负载效率及 $\cos\varphi$ 功率因数见设备标牌或查表；计算出的 I 的单位为 A）。以计算得出的电流值查表，选取各元器件参数及导线截面，见图标注。

三、安装简图（原名平面布置图）

动力系统安装简图中应表达出：供电对象——动力设备；供控装置——动力箱、控制箱；供电电源——引入线缆；供电回路——引出线缆及保护体系。

配电柜代号	AP4			AP3			AP2									AP1
一次回路	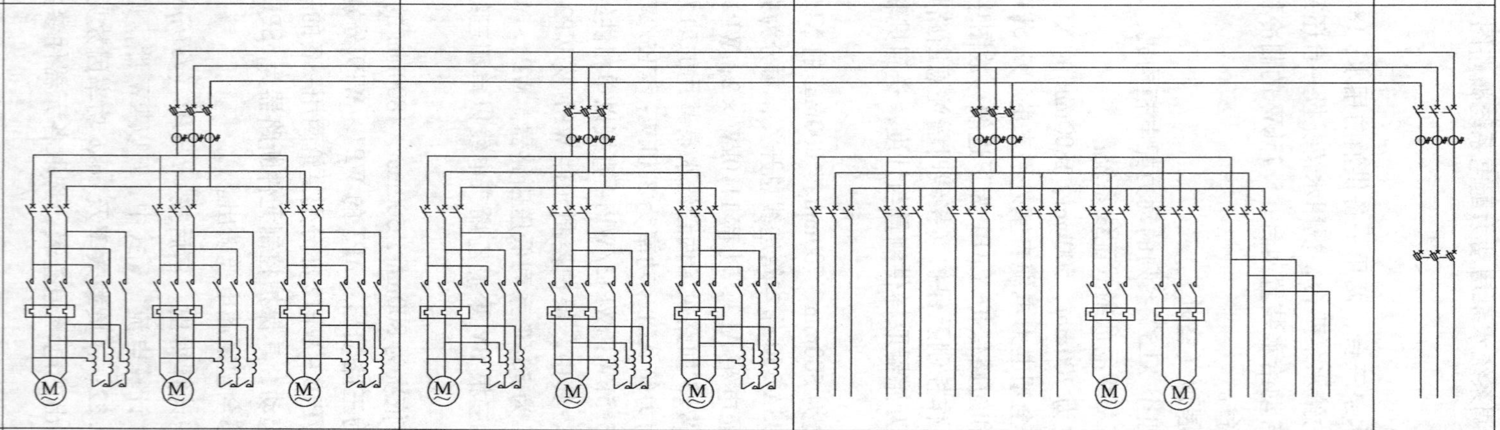															
配电柜型号	XL52-14(改)			XL52-14(改)			XL52-17(改)									XL50-02
回路编号	WP10	WP11	WP12	WP7	WP8	WP9	WP1	WP2	WP3	WP4	WP5	WP6	WP13	WP14	WP15	
负荷名称	水泵	水泵	水泵	水泵	水泵	水泵	自动给水装置	制冷机	给水泵	减温器	冷却塔	冷却塔	电子除垢器		备用	
功率/kW	18.5	18.5	18.5	22.0	22.0	22.0	2×11	5.75	2×1.5	3.0	5.5	5.5	0.75	0.75		102.5
计算电波/A	36.5	36.5	36.5	42.8	42.8	42.8	42.8	13.8	3.0	6.2	11.8	11.8	5.2	5.2		196.6
熔断器式刀开关	QSA-250			QSA-250			QSA-250									QSA-250
低压断路器	5SPD50/3P	5SPD50/3P	5SPD50/3P	5SPD50/3P	5SPD63/3P	5SPD63/3P	5SPD80/3P	5SPD25/3P	5SXD16/3P	5SXD16/3P	5SXD25/3P	5SXD25/3P	3×(5S×C16/1P+N)			3VL250-200A
交流接触器	3×(B45)	3×(B45)	3×(B45)	3×(B65)	3×(B65)	3×(B65)					3×(B25)	3×(B25)				
热继电器	JR16-60(40)	JR16-60(40)	JR16-60(40)	JR16-60(50)	JR16-60(50)	JR16-60(50)					JR16-20(16)	JR16-20(16)				
电流互感器																3×(LMZJ6-600/5)
导线(电缆)	VV-4×16	VV-4×16	VV-4×16	VV-3×25+1×16	VV-3×25+1×16	VV-3×25+1×16		VV-5×6	VV-5×4	VV-5×4	VV-4×6	VV-4×6	BV-3×25			VV22-3×150+2×95
用电负荷	生活水泵(自耦降压起动)			消防泵(自耦降压起动)			AL3	AL2	AL4	AL1	去屋顶		直供			
线缆	两用一备出线(800×1800×500)			两用一备出线(800×1800×500)			出线(700×1800×500)									进线(700×1800×500)

图 8-4　动力配电系统概略图

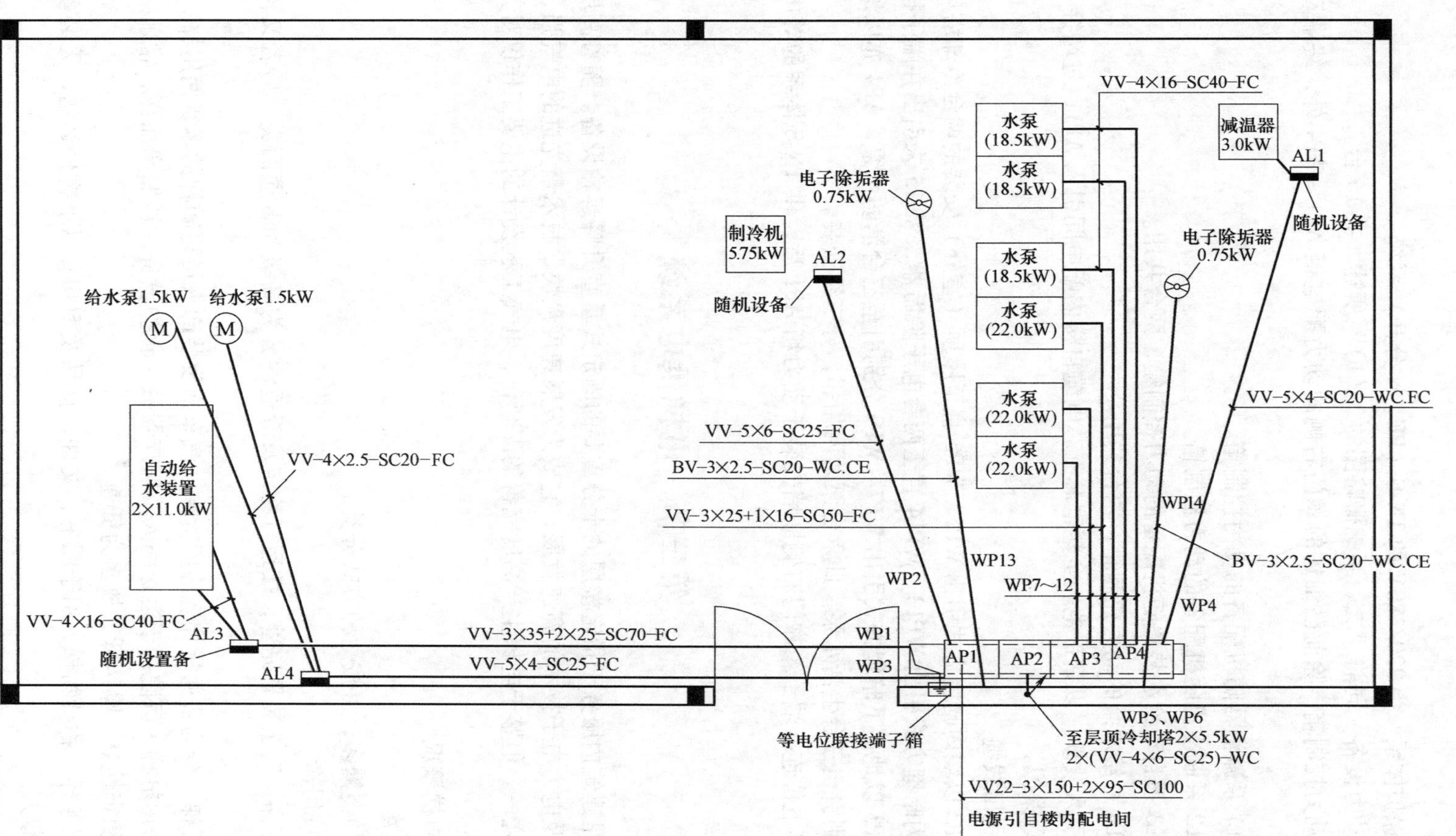

图 8-5 实例 8-1 的动力系统平面布置图

【实例8-2】 图8-5所示为实例8-1的动力系统平面布置图，以作为动力系统平面布置图的示例。

（1）保护体系　为220/380V的TN-S（PE、N分开）系统。

（2）动力设备　同前“二、系统概略图的2（1）”所述，共16台。

（3）动力控制箱　除前已细述的靠门右侧的动力配电柜AP1～AP4外，终端动力控制箱有：

1）AL1系减温器随机配备的动力控制箱。

2）AL2系制冷机随机配备的动力控制箱。

3）AL3系自动给水装置随机配备的动力控制箱，两台共用。

4）AL4系给水泵的动力控制箱，两台共用。

（4）引入线缆　以钢带铠装全塑铜芯五芯电缆自楼内配电间引入AP1，过墙穿口径100的焊接钢管保护。

（5）引出线缆

1）AP2以墙内暗埋方式引出WP5、WP6直至屋顶（室外）安装的两台冷却塔风机，以墙、顶棚内暗埋方式引出WP13、WP14直至两台电子除垢器，WP15未引出在端子排备用。

2）AP3以地面下暗埋方式引出WP7～WP9分别引至三台消防水泵，AP4亦以地面下暗埋方式分别引至三台生活水泵。此六台泵两两相邻，分三组安装。

3）等电位连接端子箱靠门右侧嵌墙安装于动力箱AP1后，供TN-S体系的等电位保护连接。

第三节　电梯供电系统

电梯是建筑内服务于指定楼层的十分重要的固定式垂直升降运输设备。随着高层建筑的蓬勃发展及电力电子技术的高速发展，它成为发展速度最快、技术最先进的电气强、弱电技术的集成之一。但鉴于电梯生产高度完善的配套化，电气工程设计的主要工作仅对其作供配电的设计。

一、电梯概况

1. 分类

电梯种类繁多，可按七种方式分类。

（1）按用途

1）客梯　安全装置完善，按运行稳定及舒适性分为高级和普通两类，后者又称作住宅客梯。

2）货梯　分为普通货梯、冷库货梯、汽车梯及装卸人员可随梯的客货两用梯。

3）医用电梯　医院用于运送病人及医疗器械、救护设备，轿厢窄而深，常前后贯通开门，要求稳定性好、噪声低，故多为低速。

4）服务梯　称杂物梯，用于图书、文件、食品及500kg以下物件运送，无必备安全装置，不准载人。

5）专用电梯　建筑施工人员及材料提升的工程梯、轿厢部分透明的观光梯、矿井专用的矿井梯（有时还需防爆措施）等。

6）自动扶梯　相邻楼层间的板式运输用，输送能力为轿厢十几倍，特别适合大量连续客流的运输。

（2）按运行速度

1）低速（丙类）　速度为15m/min、30m/min、45m/min、60m/min，常用于10层以下的建筑，多为货梯或客货两用梯。

2）快速（乙类）　速度为90m/min、105m/min，以住宅梯为主。

3）高速（甲类）　速度为120m/min、150m/min、180m/min，用于16层及以上建筑的客梯。

4）超高速　速度为210m/min、240m/min、300m/min、360m/min、420m/min、480m/min、600m/min，用于16层以上及高度超过50m建筑的客梯。

（3）按拖动方式

1）直流梯　曳引机为直流电动机，性能优良，高速、超高速使用。

①F-D系列　直流发电机-电动机系列。

②SCR-D系列　即晶闸管整流器-直流电动机系列。

2）交流梯　曳引机为交流电动机。

①单速　速度多在0.5m/s以下，常称AV-1。

②双速　高、低两速，速度在1m/s以下，常称AV-2。

③三速　高、中、低三速，速度在1m/s以下，常称AV-3。

④调速　起动和停止时减速，有开环及闭环控制两种。

⑤调压调速　起、停都闭环控制，又称ACVV。

⑥调频调压　用微机、逆变器、PWM控制器及速度电流反馈系统，性能佳、安全、可靠，速度可达6m/s，又称VVVF。

3）液压梯　以电动机产生液压，再用液压传动的电梯。又以液压柱塞直接在下顶撑、柱塞置井道侧通过曳引绳升降，而分为柱塞直顶、柱塞侧置两式。

4）齿轮、齿条梯　以装于轿厢的电动机-齿轮，用构架齿条爬行啮合升降的电梯，多为工程梯。

5）直线电动机驱动梯　动力源为最新的直线电动机驱动。

（4）按操纵、控制

1）SS及SZ系列　轿厢内操纵手柄开关，自动平层，手动开关门，多为货梯。

2）AS及AZ系列　轿厢内按钮选层，自动平层，手动开门，多为货梯。

3）TS系列　各楼层厅门口按钮操纵，多用于服务梯及层站少的货梯。

4）信号控制系列　将层门上下召唤信号、轿厢内选层信号和其他专用信号综合分析，由电梯操纵人员操纵运行，控制较自动，常用于客梯和客货两用梯。

5）集选控制系列　将厅门外召唤外指令、轿内操纵内指令及其他专用信号综合、自动决定上下行及顺序应答，通常无操纵人员运行（人流高峰为保安全运行，亦可实现有操纵人员操纵）。

6）下（或上）集选控制系列　乘客只能截停下行梯到下面各层或下行直到基层，再上行到原层之上的某层（上行集选反之），常用于住宅梯。

7）并控系列　2～3台电梯控制线路并接，共用厅门召唤信号，按规定顺序逻辑控制、自动调度，确定其运行状态。

8）群控系列　多台集中排列，共用厅外召唤信号，按规定程序集中调度和控制。

9）智能控制系列　实现数据采集、交换、存储，并进行分析、筛选、报告，运行状态不仅显示，且根据它优选运行控制方案，使其运行分配合理、节能、高效。

（5）按电梯操纵人员设置

1）有操纵人员　有专职操纵人员操纵。

2）无操纵人员　不设专职操纵人员操纵，由乘客自操纵，具有集选功能。

3）有/无操纵人员系列　平时乘客由自己操纵，客流大时由操纵人员操纵。

（6）按机房位置

1）上置式　机房于电梯井道上部。

2）下置式　机房于电梯井道下部，液压柱塞直撑式即此种情况。

（7）按曳引机

1）有齿曳引　曳引机配齿轮减速器，用于交流及直流电梯。

2）无齿曳引　曳引机直接带动曳引轮，无减速箱，用于直流电梯。

2. 系统构成

电梯是一个机电高度一体化的综合体，种类繁多。现以广泛应用的曳引轮摩擦曳引式电梯为例，基本构造见图 8-6。

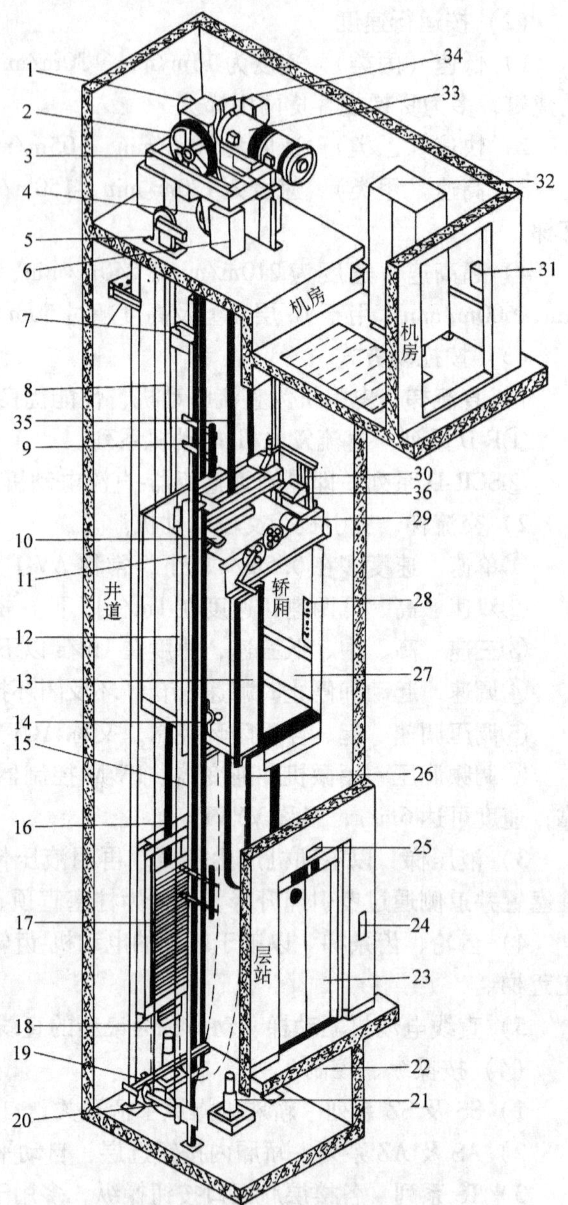

图 8-6　电梯系统的基本构造

1—减速箱　2—曳引轮　3—曳引机底座　4—导向轮　5—限速器　6—机座　7—导轨支架　8—曳引钢丝绳　9—开关铁门　10—紧急终端开关　11—导靴　12—轿架　13—轿门　14—安全钳　15—导轨　16—绳头组合　17—对重　18—补偿链　19—补偿链导轮　20—张紧装置　21—缓冲器　22—底坑　23—层门　24—呼梯盒　25—层楼指示灯　26—随行电缆　27—轿壁　28—轿内操纵箱　29—自动门机　30—井道传感器　31—动力配电箱　32—控制柜　33—曳引电动机　34—制动器　35—曳引钢丝绳　36—平层感应器

（1）曳引系统

（2）控制系统

（3）电气保安系统

其中 31～33 为电气系统，见后述。

（4）轿厢系统

1）轿厢体　载人与物的封闭载体，以轿厢门开闭控制人、物出入，以空间与承载量为服务指标。

2）轿厢架　轿厢的承重物体。

（5）门系统

1）轿厢门　实行电气联锁，只有门密闭时才可起动，若门开启，运动的轿厢将立即停车。

2）厅门　联锁使电梯停在母层的层门处时才可开启，此门闭，电梯才可起动。

3）门锁　是机电联锁的安全装置，位于厅门上部，关闭时将门锁紧，并接通电路，分撞击式与非撞击式两种。

（6）导向系统　导引轿厢与对重严格作垂直升降，且与井壁保持合理间隔。

1）导轨架　安于井道壁支承导轨构件。

2）导轨　固定在导轨架上，以确定井道中轿厢与对重的运动导向。

3）导靴　装于轿厢上、下梁两侧，使轿厢滚动滑行于导轨间。

（7）重量平衡系统　平衡轿厢及承重，改善曳引性能。

1）对重　固定平衡轿厢及0.4~0.5倍载重的重物，以平衡重量。

2）补偿装置　修正补偿电梯运行中缆绳变化等引起的自重变化。

（8）机械安全保护系统　除电气外的安全保护系统，主要有四种。

1）限速器　电梯超速下降时在发出报警及控制电信号的同时，卡住绳轮，制止缆绳移动。

2）安全钳　上述异常时限速器操纵安全钳，以机械方式将轿厢制动在导轨上。

3）限位器　防电梯超越上、下端站的保护行程开关。

4）缓冲器　当轿厢或对重失控高速坠落时，防止撞底或冲顶的吸能装置，是机械保护的最后防线。

3. 使用性能

（1）使用要求

1）运行性能　频繁起动、减速、停止、换向均平稳，运行噪声低、振动小，轿厢尺寸、载重开门形式均满足使用要求。

2）操作性能　方便、可靠、自动平层（上、下行停靠同一层）均准确。

3）安全性能　安全保护措施完善，运行、停靠、门开启各方面均准确、可靠，维护方便。

（2）型号　我国建设部标准规定电梯型号编制含义如下：

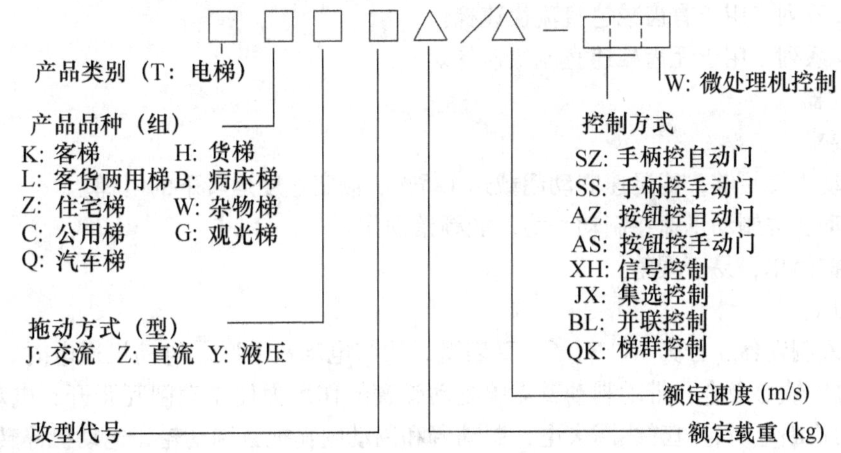

二、电梯的电气设备

1. 曳引电动机

曳引电动机是电梯最核心的动力设备。

(1) 要求

1) 起动转矩大，满载顺利起动。起动迅速，无滞后感。

2) 起动电流不致引起系统电压波动。

3) 机械特性硬，不因载重量的变化而引起运行速度的过大变化。

4) 能承受频繁反复的起、停、正、反向运转。

5) 能利用电动机的发电制动特征，限制空载上行、满载下行之速度。

6) 调速梯的电动机具有良好调速性能。

7) 运行平稳，噪声小，维护、调整简易。

(2) 类型

1) 交流电动机

①单速笼型异步电动机　单一转速，起动串阻抗，多用于简易电梯。

②双速双绕组笼型异步电动机　高速，用于起动、运行；低速，用于减速和检修。减速时，高速转入低速，电动机制动。

③双速双绕组绕线转子异步电动机　发热小，效率高，起动和减速时转子电路串入阻抗。

④交流调速异步电动机　换速光滑，减速舒适。

2) 直流电动机　多用晶闸管励磁电动机-发电机组供电方式，其晶闸管整流供电系统正开发中。

①ZTF 系列　他励式发电机与交流电动机同轴，分卧式和立式两种。

②ZTD 系列　通过涡轮、涡杆变速及通过晶闸管励磁，改变发电机输出供给曳引电动机的电压而调速。

③ZTDD 系列　低速直流电动机与曳引轮、制动器组合成无级变速箱曳引机构，用于高速电梯。

2. 励磁装置

励磁装置是以晶闸管励磁作为机组发电机励磁绕组的直流电源。

(1) K 系列　用于有齿减速直流快速梯。

(2) G 系列　用于无齿减速直流快速梯。

3. 制动器

(1) 要求

1) 制动力矩足够，能迅速制动超载达 125%、额定速度运转下的电梯。

2) 制动及去制动迅速，制动平稳，能频繁动作。

3) 结构简单，易于调整。

(2) 分类

1) 电磁制动器　分为 A、B、C、D 四型，均与电动机并联。电动机通电时，电磁线圈通电，电磁铁铁心吸合，带动制动臂克服制动弹簧的作用力使制动闸瓦张开，电动机运行。反之，电动机断电时，电磁线圈失电，制动臂和制动闸瓦抱紧制动轮，电动机停转。

2) 涡流制动器　由电枢和定子两种组成的涡流制动器与电动机二者转子同轴。电梯减速时电动机断电，同轴涡流制动器定子却被加上直流电源，生成静止直流磁场，进而产生与转轴转动方向相反的涡流制动转矩，使电梯受控减速。

4. 楼层指示器

楼层指示器用以指示电梯停靠楼层及运行方向，其电路多样。

5. 平层装置

当电梯应在某层停车时，装在每层井道的遮磁板即对插入其间的装于轿厢顶部的磁感应器起隔磁作用，从而发出平层信号。

6. 选层器

选层器用以反映轿厢位置、选层、消号及动力方向，是发出减速信号的器件。

（1）机械式。

（2）电动式　立式电动机带动螺母，模拟轿厢运行。

（3）继电器式　应用磁感应原理使干簧管切换。

（4）电气式　由逻辑电路构成。

（5）电子式　数字脉冲微处理计数方式。

7. 超载装置

轿厢自动称重，当载重量达额定量110%，强行控制电梯不能起动，并发出相应信号的安全装置。

三、电梯的电气系统

（1）电力拖动系统　为电梯提供动力，并对其速度实施控制的系统。包括：

1）曳引系统。

2）供电系统。

3）速度反馈系统。

4）调速系统　最重要的环节。

（2）电气控制系统　对电梯空间距离、位置、时间、起停等逻辑关系进行综合处理的系统，它决定了电梯的自动化程度。

1）自动门机系统　自动开关门控制。

2）内外呼梯系统　以内外呼梯信号决定电梯上、下行方向，并作必要数据处理的系统。

3）运行方向控制系统　以内外呼梯及电梯所处位置确定运行方向的定向环节。

4）制动、减速控制系统　到达目的层一定距离前电梯自行减速，逐渐增加减速量，直到运行达目的层时速度减为零，这全过程的减速信号是重要的控制信号。

5）平层停车控制系统　适时、准确发出停车信号，使电梯准确停靠目的层平面。

6）选层、定向功能系统　当有若干内外呼梯信号时，根据电梯目前位置及运行方向，优先选择最合理运行及停靠方案。

7）指示功能系统　在轿箱及各厅站指示电梯位置，并及时消除已响应按钮的记忆。

8）检修控制系统　控制电梯在检修时以检修方式运行，便于检修人员在机房、轿厢或井内工作。

（3）电气保护系统

1）超速保护　电梯超速时在限速器机械动作前或同时，超速开关即切除供电，使电梯停止运行。

2）过载保护　曳引电动机过载一定时间，热继电器或热敏电阻引起控制回路动作，切除电动机供电。

3）短路保护　短路时剧增的短路电流使熔断器熔断，切除供电。

4）断相及错相保护　缺相造成其他相电流增大，错相使电动机转向相反。一旦发生此类危险时，控制电路迅速切除供电。

5）电气互锁保护　当控制回路使某方向电路工作时，另一方向电路仅在原回路停止工作、失磁后，方可吸合通电。这种防止短路的电气制约措施就是电气互锁保护。

6）紧急报警装置　异常情况时轿厢内可及时有效向外求援的电铃、对讲、电话等设施。

四、电梯配电系统的设计

电气工程设计不界入电梯的设计与制造，但订货、选型常需掌握其不同于通常电动机负荷的下列特殊性能。

1. 曳引机功率

（1）交流电梯

$$P_d = \frac{KQv}{102\eta} \tag{8-1}$$

式中，P_d 为曳引机额定功率，单位为 kW；K 为平衡重系数（0.6～0.5），客梯为 0.55，客货两用梯为 0.5；Q 为额定载重，单位为 kg；v 为额定速度，单位为 m/s；η 为曳引机效率，与曳引机结构形式有关。

（2）直流电梯、交流电动机-直流发电机拖动

1）直流发电机

$$P_f = \frac{CP_d}{\eta_d} \tag{8-2}$$

式中，P_f 为发电机功率，单位为 kW，连续工作制；C 为持续率折算系数（P_d 为 0.5h 制时为 0.6，P_d 为 1h 制时为 0.55）；η_d 为曳引机效率。

2）交流电动机

$$P_j = \frac{P_f + P_e}{\eta_f} \tag{8-3}$$

式中，P_j 为交流电动机功率，单位为 kW；P_e 为励磁功率，一般取 3～5kW，晶闸管励磁时可取小值；η_f 为发电机效率，取 0.85～0.90。

3）多台电梯

$$P = \sum_{i=1}^{n} K_x n P_i \tag{8-4}$$

式中，P 为多台电动机总功率，单位为 kW；n 为某类电梯台数；P_i 为单台电动机功率，单位为 kW；K_x 为同时系数，电动机台数为 1、2、3、4、5、6 时相应依次取 1、0.91、0.85、0.80、0.76、0.72。

2. 电梯强电

（1）动力电源容量　由于电梯起动频繁、负载波动大、加减速迅捷，均产生较大冲击电流，使电压波动剧烈。故此供电梯动力电源容量不直接用曳引机功率或电动发电机的交流

电动机的功率，而是与电梯载重、速度有关。

$$S = KL_e V_e \tag{8-5}$$

式中，S 为电源容量，单位为 kV·A；L_e 为电梯稳定载重，单位为 kg；V_e 为电梯稳定速度，单位为 m/s；K 为综合系数（交流单速、交流双速、直流有齿、直流无齿型电梯依次取：0.035、0.030、0.021、0.015）。

实际应用中，还可参考一些规定值。日本标准的规定数值见表 8-1，供使用时参考。

表 8-1 电梯电源容量选取的日本标准 （单位：kV·A）

驱动	交流单速	交流双速		直流有齿		直流无齿					
速度/(m/s) 载重/kg	0.5	0.75	1.0	1.5	1.75	2.0	2.5	3.0	3.5	4.0	5.0
400	7.5	10	15	—	—	—	—	—	—	—	—
500	10	15	15	—	—	—	—	—	—	—	—
600	10	15	20	20	—	—	—	—	—	—	—
750	15	15	20	25	30	—	—	—	—	—	—
900	—	20	25	30	40	40	40	—	—	—	—
1000	—	—	25	30	40	40	50	50	75	—	—
1150	—	—	—	40	50	50	50	50	75	—	—
1350	—	—	—	40	50	50	75	75	100	100	150
1600	—	—	—	—	—	75	75	75	100	150	150

（2）照明及其他负荷

1）一般负荷　轿厢、厅站指层器及轿厢架上部照明，底坑、机房检查用电，机房、轿厢公共用电，每台电梯 1～2kV·A，供电到机房。

2）轿厢内应急照明　每台电梯电动机的功率为 40W，应急供电时间不少于 30min。

（3）应急动力负荷　停电时的应急备用发电机对电梯供电，解除电梯困人危机。其额定容量应满足电梯满载运行所需，还能承受 5～10s 瞬时起动容量。

（4）火灾、地震时电梯应急操作　普通电梯分批依次短时送电，以使其返回指定层，放出乘客，关门停运。应急时应在几分钟内断开所有普通电梯的电源，消防梯则连续供电。

3. 电梯弱电

（1）通信系统　轿厢与机房及值班室间应急电铃及应急电话，保持紧急、特殊情况下彼此联系。

（2）闭路监视系统　现在不少电梯在轿厢顶角安装的广角摄影机作闭路监视，为安保措施之一。

（3）事故运行操纵系统　有多台电梯的大建筑物里设操纵盘，监视电梯异常和实施紧急操作。

4. 相关规范

轿厢和电源设备在不同的地点，虽单台电梯的功率不大，但为确保电梯的安全及相互不影响，根据规范要求：每台电梯应由专用回路以放射式方式配电并各自装设单独的控制、保护电器。其轿厢照明电源、轿顶电源插座和报警装置的电源，可从电梯的动力电源隔离电器前取得，但应另装设控制、保护电器。电梯机房及滑轮间、电梯井道及底坑的照明和插座线路，应与电梯分别配电。

对于电梯的负荷等级，应符合现行《民用建筑电气设计规范》、《供配电系统设计规范》及其他有关规范的规定，并按负荷分级确定电源及配电方式，电梯的电源一般引至机房电源箱，自动扶梯的电源一般引至高端地坑的扶梯控制箱，消防电梯应符合消防设备的配电要求。

国家工程建设标准强制性条文中与电梯供电有关的规定有如下两方面。

（1）有关设计的条文

1）电梯电源应专用，并应由建筑物配电间直接送到机房。

2）机房照明电源与电梯电源分开，并应在机房内靠近入口处设置照明开关。

3）每台电梯均应设置能切断该电梯最大负荷电流的主开关。

4）主开关不应切断轿厢、机房、隔层和井道照明，以及机房、轿厢和底坑电源插座及通风、报警供电。

5）主开关应设置在机房入口，方便迅速接近处。

6）同机房多台电梯时，各电梯主开关操作机构设识别标志。

7）采用三相四线供电的 TN 系统时，严禁电梯设备单独接地。

8）机房和井道内配线应使用电线管或电线槽保护，严禁用可燃材料的管、槽。

9）动力线与控制线隔离敷设。

10）具有消防功能的电梯，须在基站或撤离层设置消防开关。

（2）有关电气安装的条文　共十六条，详见工程建设标准强制性条文。

5. 配电成套性

正如前面所述，电梯制造的高度配套，使设计人员的工作基于上述有关基本知识的条件，一作线缆敷设，设备布置；二作选择或设计配套的下列内容。

（1）控制柜　柜内装各种控制电器，组成了对电梯的各项控制信号及保护。控制柜大多装在电梯机房内，电源由机房电源引来。一路控制线用管、槽保护引入井道，再以随梯软缆（防纽绞，长度适当）引到轿厢操作盘。另一路由控制柜引至曳引机。其余控制线、信号线还分别引至选层器、井道各层接线盒，从而构成电梯的整个控制系统。

早期以继电器为控制核心，后从电子逻辑电路，发展到单板机、单片机。现在多为 PLC（可编程序控制器）及微机（单机或多机）控制。目前已有智能型产品出现。电梯控制柜绝大多数已与电梯配套供应，设计人员连选型亦不必作。

（2）配电柜

与通常动力配电箱区别不大，多由电气工程设计人员设计。

1）设计时综合考虑的因素

①电梯用途及配电等级。

②电梯每台容量及综合容量。

③井道照明，另加单相变压器以 36V 安全电压供电。

④轿厢照明，按规定与动力分路送电。

⑤控制屏电源供给的要求。

2）设计时异于常规动力配电箱的地方

①单台交流梯按连续工作制时的电流选导线载流量，即铭牌连续额定电流的140%或0.5h（1h）工作制额定电流的90%。

②单台直流梯亦按连续工作决定载流量，应大于交流变流器的连续工作制输入电流140%。

③电动机端子处的电压不得低于铭牌电压90%。

④断路器电磁脱扣器瞬动电流大于电动机起动冲击电流值。

⑤熔断器应留1.25倍裕度，以免电梯电动机在起动时间间隔因大电流散热不及而动作。

3）馈电主开关　作为电梯配电柜的关键元件，它既要能切断该电梯正常运行的最大电流，又不切断厢内、轿顶、机房、井道照明、通风及检修插座供电，还应符合电梯电动机的负载特性，有效避开起动电流冲击。表8-2给出了对应电动机容量的［低压］断路器额定值推荐表，供使用时参考。

表8-2　电梯动力主开关额定电流选值参考表（$U=400V$）　　（单位：A）

方式	交流单速	交流双速		直流有齿		直流无齿					
速度/(m/s) 载重/kg	0.5	0.75	1.0	1.5	1.75	2.0	2.5	3.0	3.5	4.0	5.0
400	30	30	50	—	—	—	—	—	—	—	—
500	30	30	50	—	—	—	—	—	—	—	—
600	30	50	50	50	—	—	—	—	—	—	—
750	30	50	50	50	75	—	—	—	—	—	—
900	—	50	50	50	75	75	100	—	—	—	—
1000	—	—	75	75	75	100	100	100	125	—	—
1150	—	—	—	75	100	100	100	125	125	—	—
1350	—	—	—	100	100	100	125	125	150	175	200
1600	—	—	—	—	—	125	125	150	175	200	250

第四节　低压配电箱

一、概述

低压配电箱是工作在交流电压1200V及以下或直流电压1500V及以下的电路中对电能的接受、分配、计度，并直接对设备用电实施控制的电气设备，在供配电系统中是配电屏（或称配电柜）后一级的成套电气设备，是本章所述动力工程及第十章中照明工程的电气控制、保护的关键设备。

1. 分类

（1）按功能　动力（往往又称电力）、照明、计量和控制。

（2）按制造标准　标准和非标准。

（3）按安装方式　明装（又称挂墙或悬挂式）、暗装（又称嵌入式）及落地（往往又称配电柜）。

（4）按安装地点　户内及户外。

（5）按装配结构　板式、箱式及柜式。其中板式又分铁板和木板，后者因其安全绝缘性能差，几乎不用。板式仅在施工时现场临时用电场合出现。而箱式和柜式主要在于容量（即内部元件规格）大小之别。一般动力配电箱以柜式为主，照明配电箱几乎都是箱式。柜式安装方式自然是落地安装。又分为前维护、后维护及前后两面维护，这涉及安装尺寸及布置。

2. 构成

（1）壳体

1）钢壳　为薄钢板冲压、焊接而成。其中个别还要用到型材。钢壳的表面处理一定要良好，然后分电镀及涂料两种。电镀多为镀锌，且为彩色镀锌（不是镀亮锌）。涂料现有喷漆和烘漆两种，但都要先漆防腐漆，再漆多遍面漆。色彩随工程定。

2）塑壳　多用工程热塑材料一次成型。壳体为不透明材料，板面翻盖有用透明材料的。

（2）导体

1）金属母线　容量大者为金属母线，现铝母线多为铜母线取代。

2）单芯铜芯线　电流量小的单芯铜芯线为主干。其截面必须符合容量要求，颜色按前述规定。线束走线要整齐，往往用线槽归整。

（3）接线端子　进出缆线多接以相应的接线端子，且排列要与各低压电器相对应。而TN-C系统的PEN，TN-S系统的N及PE多做成接线端子排或板以便多缆线接入，通常TN-S系统之PE和N分置两侧。箱体内还应专门设置与本箱金属外壳良好电气连接的重复接地端子（也可与上述PEN、PE、N共用），且需在箱内明确标注。

（4）进出线孔　箱的所有进出线必须经预制孔引出、引入。进出孔应做成使用时便于敲掉，不使用的孔仍保留密封的结构。为了防止壳体钢边缘破坏导线绝缘，进、出导线穿过钢壳需在孔内装橡皮护圈。如果穿管安装，又以钢管为接地系统时，还要注意钢管与壳体焊接时既电气联通又密封。

（5）电器元件　作为整个配电箱的核心，为保证配电箱功能的可靠，应选用定型、合格的电气元器件。

1）全型号形式　低压电器的全型号形式如下：

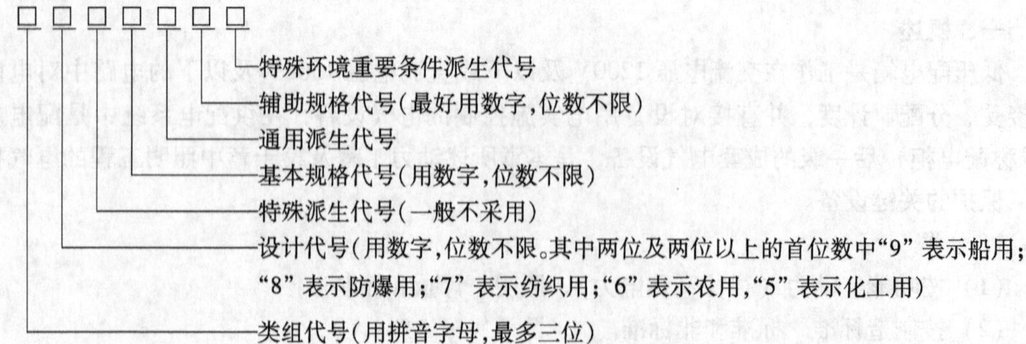

其中，类组代号见表8-3，派生代号见表8-4，环境条件派生代号见表8-5。

表 8-3　低压电器类组代号

代号	名称	A		C	D	G	H	J	K	L	M	P	Q	R	S	T	V	W	X	Y	Z
H	刀开关和刀形转换开关				刀开关(单投)	熔断器或隔离器	封闭负荷开关		开启负荷开关					熔断器式刀开关	刀形转换开关(双头)					其他	组合开关
R	熔断器			插入式			汇流排式			螺旋式	密闭管式				快速	有管填料式			限流信号	其他	
D	[低压]断路器									照明	灭磁				快速			框架式	限流	其他	塑壳式
K	控制器					鼓形						平面				凸轮				其他	
C	接触器					高压		交流	真空		灭磁	中频			时间	通用				其他	直流
Q	起动器	按钮		磁力				减压							手动		油浸	无触点	星-三角式	其他	综合
J	控制继电器				漏电					电流		频率		热	时间	通用		温度		其他	中间
L	主令电器	按钮						接近开关	主命令控制器						主令开关	脚踏开关	旋钮	万能转换开关	行程开关	其他	
Z	电阻器		板形元件	冲片元件	铁铬铝带元件	管形元件		锯齿电阻元件						非线性电力电阻	烧结元件	铸铁元件			电阻器	其他	
B	变阻器			旋臂式						励磁		频敏	起动		石墨	起动调速	油浸起动	液体起动	滑线式	其他	
T	调整器				电压																
M	电磁铁												牵引					起重			制动
A	其他		保护器	插销	信号灯		接线盒	交流接触器节电器		电铃											

注：本表系按目前已有的低压电器产品编制，随着新产品的开发，表内所列汉语拼音大写字母将相应增加。

表 8-4　通用派生代号表

派生代号	代　表　意　义
A、B、C、D、E、…	结构设计稍有改进或变化
C	插入式、抽屉式
D	达标验证攻关
E	电子式
J	交流、防溅式、较高通断能力型、节电型

（续）

派生代号	代　表　意　义
Z	直流、防震、正向、重任务、自动复位、组合式、中性接线柱式
W	失压、无极性、外销用、无灭弧装置
N	可逆、逆向
S	三相、双线圈、防水式、手动复位、三电源、有锁住机构、塑料熔管式、保持式
P	单相、电压的、防滴式、电磁复位、两个电源、电动机操作
K	开启式
H	保护式、带缓冲装置
M	灭磁、母线式、密封式
Q	防尘式、手车式、柜式
L	电流的、摺板式、漏电保护、单独安装式
F	高返回、带分励脱扣、多纵缝灭弧结构式、防护盖式
X	限流
G	高电感、高通断能力型
TH	湿热带产品代号
TA	干热带产品代号

表 8-5　特殊使用环境派生代号

派生字母	说　明	派生字母	说　明
T	按临时措施制造	G	高原
TH	湿热带	H	船用
TA	干热带	F	防腐

2）分类　根据低压电器在线路中作用，可分为两大类：

①低压配电电器　指在低压配电系统或动力装置中用来进行电能分配、接通和分断，以及对配电系统进行保护的电器。主要有刀开关、熔断器和［低压］断路器等。

②低压控制电器　用于电力拖动及自动控制系统。主要有接触器、起动器、主令电器、继电器、变阻器、控制器及电磁铁等。

③用途　低压电器的用途见表 8-6。

表 8-6　低压电器产品分类及用途

分类	产品名称	主要品种	用　途	适用的标准号
配电电器	断路器	万能式断路器 塑料外壳断路器 限流式断路器 直流快速断路器 灭磁断路器 漏电保护断路器	用于线路过载、短路或欠电压保护，也可用于不频繁接通和分断电路，漏电保护用于人身及设备漏电保护	GB/T 14048. 2—2001 GB13955—2005

（续）

分类	产品名称	主要品种	用途	适用的标准号
配电电器	熔断器	有填料封闭管式熔断器 无填料熔断器 保护半导体器件熔断器 自复式熔断器	用于线路和设备的短路和过载保护	GB/T 13539.1～3.5—1992、1999
	刀开关	熔断器式刀开关 大电流刀开关 负荷开关	用于电路隔离，也能接通、分断额定电流	GB/T 14048.3.5—1993
	转换开关	组合开关 换向开关	主要作为两种及两种以上电源或负载的转换和通断电路之用	GB/T 14048.3.5—1993
控制电器	接触器	交流接触器 直流接触器 真空接触器 半导体接触器	主要用于频繁起动交直流电动机的远距离控制，也用于接通、分断正常工作的主电路和控制电路	GB/T 14048.5—2001
	起动器	电磁起动器 自耦减压起动器 手动起动器 星-三角起动器	用于交流电动机的起动和正反向控制	GB/T 14048.4—2003
	控制继电器	电压继电器 电流继电器 时间继电器 热过载继电器 中间继电器 温度继电器	在控制系统中，作控制其他电器或用于主电路的保护	GB/T 14048.5—2001
	控制器	凸轮控制器 平面控制器	用于电气控制设备中转换主回路或励磁回路的接法，达到实现电动机起动、换向和调速的目的	GB/T 14048.5—2001
	主令电器	按钮 万能转换开关 微动开关 限位开关	用于接通、分断电路，以发布命令或控制程序	GB/T 14048.5—2001
	电阻器	铁基合金电阻器	用于改变电路参数或变电能为热能	
	变阻器	频敏变阻器 起动变阻器 励磁变阻器	用于发电机调压以及电动机的平滑起动和调速	
	电磁铁	牵引电磁铁 起重电磁铁 制动电磁铁	用于起重或操纵、牵引机械装置	

3. 低压配电箱的使用条件及要求

设计时需明确使用条件，便于设备订货及制造时执行。

（1）正常使用

1）温度　周围空气温度不超过+40℃，也不低于－5℃且24h内平均温度不超过+35℃。

2）湿度　相对湿度在最高温+40℃时不超过50%，当温度较低时允许有较高湿度（如+20℃时为90%）。但要考虑温度变化偶然产生的适度凝露。

3）海拔高度　安装海拔高度不得超2000m。

（2）特殊场所使用　设计时必须作相应交代。

1）多尘场所　以空气中灰尘浓度（mg/m^3）或沉降量（$mg/(m^2 \cdot d)$）衡量。灰尘沉积在绝缘表面吸潮会降低绝缘性能，形成漏电短路、触头烧坏及金属间腐蚀。应选用防尘，甚至密封型。

2）腐蚀场所　空气中存在的氯、氯化氢、二氧化硫、氧化氮、氨、硫化氢等气体达到一定浓度时，必须使用防腐型。

3）高海拔地区　气压、气温、湿度及空气含量随海拔高度而减小。连续工作的大发热元件的散热特性，元器件额定耐压及热继电器、熔断器动作特性均变化，应使用高原型元件及箱体。

4）热带地区　一天内12h以上气温不低于20℃，相对湿度不低于80%的天数为全年累计多于两个月者为湿热地区（高温伴高湿）。最高气温40℃以上，长期低湿者（高温伴低湿，多为强日照，又多沙尘）为干热地区，应分别选用湿热（TH）或干热（TA）类产品。

5）爆炸、火灾危险场所　可燃气体、易燃液体、闪点不大于环境温度的可燃液体的蒸气、悬浮状可燃粉尘或可燃纤维与空气形成的爆炸性混合物的场所，按《爆炸和火灾危险环境电力装置设计规范》选用。

（3）安全要求

1）外壳防护等级　配电箱按使用条件要有相应的防护等级，最少应达IP2X。具体防护等级详见GB 4942.2—1985《低压电器外壳防护等级》。

2）防触电措施　间隔挡板、隔离、带电时机械自锁、漏电自动保护、触电联锁及报警等，可随条件要求而采用相应的措施。

二、常用的配电箱

国家集中力量依据国家的标准和规范，按实际使用需要统一归类、设计，全国范围内统一型号、规格的配电箱为标准配电箱。此外为非标准配电箱。其中企业参照国标及相应标准设计制造在某局部地区、行业使用，经过有关部门鉴定认可的配电箱，则为非标定型配电箱。仅动力配电箱有标准产品，其余配电箱尚未规范。

1. 动力箱

（1）XL-10　内装RL6、RT16熔断器，组合开关手柄露在箱外。电流分为15A、35A及60A，回路分为1、2、3及4路。虽为老产品，但作为工厂维修备用电源供给，仍不失为一种常用的选择。

（2）XL-21　靠墙安装，屏前检修，封闭结构，户内安装。进线分断开关为HR5（原为HR3）系列刀熔开关，操作手柄装在箱前右柱上部。箱前上部装一只电压表。指示汇流排电压，另装有指示灯及操作按钮。中下部有单扇左手门，打开后全部元器件敞露，极易检修维护。门可做成密封式结构。箱顶盖板开有进线孔，但建议尽可能利用下部进出线。一次方案有80种之多，因制造厂不同有别。

（3）EDL　其结构、元器件及电路构成类同XL-21，但型号更新。由于其尺寸更大，方案号多达百种以上，更为方便选型使用。

2. 照明箱

照明箱用于TN-C、TN-S及TN-C-S系统，交流50Hz、380V三相与220V单相照明供电的非频繁操作，往往兼有过载、短路保护。鉴于其特点未作统一设计，仅要求审查和鉴定的标准统一，故照明配电箱产品均为企业自行研制并制定的型号，并无标准型号。较流行者为：

（1）XM-7及XMR-7　XM-7为悬挂式安装，XMR-7为嵌入式安装。以薄钢板及角钢制成防护型壳体，以组合开关HZ20（原为HZ10）系列作电源通断控制，以旋塞式熔断器RL6（原为RL1）作保护。箱正门可开启，供检修。箱右侧壁下部M8螺栓，供外壳接地用。箱上、下部分别设有进、出线孔。目前在要求不高、节约设备投资情况下使用，共有15种线路方案供选用。

（2）XXM/XRM101/102系列　第二位字母X表示悬挂式安装，R表示嵌入式安装。型号末段数字101表示竖式排布，102表示横式排布。此箱主要是以DZ12-60及DZ20（原为DZ10）-100［低压］断路器作控制及保护元件。101有50种，102有35种线路方案供选用。

（3）XXM/XRM301/302系列　第二位字母X表示悬挂式安装，R表示嵌入式安装。型号末段数字301表示竖式，302表示横式排布。此箱主要以NC100及C65N（原为C45N）型断路器作控制及保护元件。301有10种，302有10种方案供选用。301/302是101/102及7之替代系列。

3. 计度箱

在上述照明配电箱上增加相应的三相四线或单相电能表就构成了以电能表为核心的计度箱。

（1）XRM/XXB95及XRM/XXB98系列　第二、三位字母为RM表示嵌入式安装，为XB表示悬挂式安装。使用时要与配电箱XRM98/XXM98配套使用。它们使用的电能表分别是DD862及DD862-4型四倍过载电能表，高低负荷时均准确。

（2）预付费及远传收费计度箱　现在使用的如DDY102磁卡式预付电费的卡式电能表及使用BEC2三表（水、电、燃气）远传收费系统的计度箱发展很快，类型很多。

4. 插座箱

箱内集中安装了多个单相、三相或既有单相，又有三相的插座，主要供实验室、控制室及工业单位使用。建筑电气近年来由于开关板式插座有多个集成在一起的形式，不再使用插座箱。至于移动式插座箱也仅在计算机配电，维修、施工时用电使用外，由于其安全难以保障，一般也不宜使用。常以3~6个86mm×86mm单元组合，还可加装控制、信号、指示、漏电保护元件。

5. 剩余电流保护箱

在配电箱进线或出线回路添加剩余电流保护装置就构成了对应的带剩余电流保护功能的

配电箱。通常在对应型号上加注“L”，即表示有此功能。

6. 控制箱

随着民用电气要求的增高，过去仅用于工业供电的控制箱，在建筑电气中也普遍起来。种类繁多的控制箱有五类：

（1）电源　包括电源滤波及不间断供电两类。

（2）双电源自动切换　工作电源因故断电时，自动切换为备用电源。工作电源恢复后，又自动恢复，实现双电源供电的自动切换。

（3）双设备自动切换　关键设备在关键时间内使用时不能停机，多配置同型号双设备，一个作“工作设备”，另一个作“备用设备”。当工作设备因故停机时，就自动将电源切换到备用设备，以“备用”代替“工作”。当“工作”恢复正常，又返回到原状态。与（2）相类似，不过（2）是首端切换，这是终端切换（如 SFK 系列消防泵控制箱）。

（4）电动机起动　消除起动电流冲击的不良影响，用于电动机的 Y-Δ、变阻、变频、自耦减压等起动的控制箱。自耦减压等起动用得最多，且以电流转换的 JJ1 系列逐渐取代时间转换的 XJ01 系列。

（5）自控联动　与自控接触点组联合作用（如起动、锁定、切换等）构成另一类控制箱。例如，YK 系列液位控制及消防、互投、液位组合控制箱即此。

7. 非标配电箱

目前工程上实际是把国家统一设计及已经广为运用的系列以外均视为非标。一种是因工程实际情况的需要，将标准箱的线路、结构作某些特定的变动修改的标准配电箱，设计时必须对变动部分作详细的设计及交代。制造、订货和收费时将按非标处理。另一种是内部按非标设计的通用标准结构箱，除控制台（如 JT1 ~ JT9）不在此范围外，主要有：

（1）JX1/2　机旁配电按钮箱类型。

（2）JX3　挂墙安装类型。

（3）JX4　嵌入安装类型。

（4）JX11-17　落地安装类型，有单、双门及独立、并列安装各类。

（5）X5、X6　户外安装类型。

以上均可分为保护式和防护式，且各有不同规格、尺寸系列，供选择使用。

8. 整体非标箱

从外部尺寸结构到内部线路均为非标设计。近年来，建筑电气发展特别迅速，再加上小型断路器品种不断更新，照明类配电、计度及漏保箱各企业自行开发、设计种类繁多。分薄钢板外壳及塑壳两类，民用小尺寸照明配电箱基本上以塑壳为主。

三、配电箱的设计、制造及安装

1. 设计

配电箱是仅次于配电柜的电气工程的核心。虽然图样、文字上的表述不多，但技术含量相对较高。

（1）选型

1）尽可能用标准型，其次通用型，不得已才用非标型。一则是前者成熟、完善，经过理论和实践验证，二则是成本及相应备件均有优势。再就是非标型，自身设计工作量将增加。

2）要适用。一方面是对短期内确有可能，且必需使用的新功能、新用途才予考虑，另一方面对使用环境条件的适用性应重于建设方多强调的美观、华丽。

3）要安全、可靠。对初次使用的产品、初次配合的厂家的企业规范、标准，特别是鉴定、验收、试验资料，须慎作分析。

（2）系统构架

1）配电箱数量取决于系统构成　用电量小时集中于少数配电箱，便于操作及保护；用电量大、供电面积广、设备控制复杂时，则分设多个配电箱，甚至采用多级方式。

2）供电范围　线路压损不能超标，因此通常供电半径不大于30m。

3）馈出线路　保护控制不宜分支过多，为此配电箱出线宜6～9个支路。

4）元件选用　应考虑控制元件的易操作性，保护元件与线路的配合性，多级保护上、下级间的选择性。电气元件的额定值由动力负荷的容量选定，配电箱的尺寸根据这些电气元件的大小来确定。

5）系统安全性　应该设置的保护必须设置，如整个配电箱及其多出线分支回路的过载、短路保护，以及人可触及平时不带电而故障时可能带电的漏电保护。

6）三相负荷的均匀性　以三相供给各分支为单相负荷的配电箱中应充分考虑将各单相分配均匀，减少中性线不平衡电流。支路数尽可能为三之倍数，便于分配。

7）零线的通断　零线的通断一般是由三相四极、单相双极开关控制，不能设单极开关。

2. 制造

配电箱制造厂必须按相应的标准进行制造。其标准中必须明确：

（1）电气元器件的选择及包装要求。

（2）电气间隙及电气元器件的配电距离。

（3）外接导线端子。

（4）外壳防护等级。

（5）各部位允许温升。

（6）触电防护措施。

（7）短路保护及器件间配合。

（8）总体综合要求。

3. 安装

（1）安装位置　选择不当不仅影响设备投资费用，电能损耗，也影响供电质量，还会给维修带来不便。

1）用电多，用电量大的场合，要尽可能接近电气负荷的几何中心位置　比如高层建筑往往在中间层设配电控制措施。

2）多层建筑的各层布局位置尽可能一致　同方向、同位置、同型号，便于施工、安装及今后维护管理。

3）充分考虑操作方便、检修容易　与建筑等专业配合，建筑专业重于美观、风格、艺术效果，而我们重于技术角度。比如民用建筑的门厅、楼梯、走廊、管缆井均是不同配电箱的设置之处，特殊情况甚至专设房间。

4）不妨碍美观整体的前提下，配电箱应设在干燥、通风及采光良好之处　如变配电所不能设于卫生间、盥洗间下方。

(2) 安装要求

1) 安装方式　动力负荷容量大或台数较多时，应采用落地式配电柜或控制台，并在柜底下留沟槽或用槽钢支起以便管路的敷设连接。配电柜有柜前操作和维护、靠墙设立，也有柜前操作柜后维护，一般要求柜前有大于1.8m的操作通道，柜后应有0.8m的维修通道。

2) 安装高度　为方便操作，配电箱底口离地面距离：暗装箱1.4m、明装箱1.2m、计度箱电表1.8m。

3) 预安装　由土建预埋以木、砖、铁件先于电气预安装。嵌入式的预留孔洞也先于电气，由土建预留。需做好专业协调。而悬挂式现多用膨胀螺栓固定，可由电气现场一并处理，但进出管线必先按规定位置预埋。

4) 安装牢固　嵌墙安装时，后壁用10mm厚石棉板及直径2mm铅丝制成孔洞为10mm×10mm的铅丝网钉牢，再用1:2水泥砂浆抹平，防止开裂、松动。暗装箱与墙的吻合及防锈要认真处理。

5) 导线穿过箱面的保护，配套管的颜色按要求。

(3) 验证

1) 使用新型号产品，看其“型式试验”及相应报告　一般包括：温升、介电强度、短路温度、保护连续性、耐冲击强度及耐锈、耐热试验等。

2) 首次使用新厂家产品，看“出厂试验”及相应报告　内容主要在于“介电强度”及“保护电路连续性”。

3) 施工安装是否按相应施工、竣工验收标准进行　除目测的内容外，尚需检测的主要是：导线绝缘电阻及交流耐压，两项均以仪器测定相间及相与壳（地）间参数判断是否达到要求。

练　习　题

1. 列举接触到的低压配电系统及低压配电动力箱的应用实例，并介绍其特色。
2. 物色真实的动力电气系统，按本章所述方式予剖析。
3. 你所见过的电梯是何类型？如何供电和控制？能否作改进？是哪几方面，又如何改进？

第九章　电气控制设计

第一节　双电源自动转换

一、自备电源

为了保证生产和社会生活不间断地进行，对具有一级负荷或重要的二级负荷的建筑物，需设置自备电源，以提高供电的可靠性。在正常情况下由外部电网供电，在电网发生故障或限负荷的情况下，由其自备电源供电。

自备电源可采用柴油发电机组，即由柴油发电机带动交流同步发电机，电网故障时由发电机给重要负荷供电。备用电源也可采用由两个独立电源供电，当其中的一个电源不论何种原因失电断开时，另一个电源能及时投入恢复供电，这样的备用电源比自备发电机组投资节省，也方便管理。对于一些小容量的重要负荷（如不可断电的计算机、应急照明等），也可采用 UPS、EPS 及蓄电池组供电。UPS、EPS 均基于市电整流充电于蓄电池组，再逆变成交流供电。自然蓄电池组供电成本最低，但不自动，已少用。新出现的 EPS 应急电源有别于 UPS 处在于：平时逆变器不工作，市电断电时采用接触器约 0.1 ~0.2s 自动转换投入，最小容量一般为 0.5kW，价格比 UPS 便宜得多。

二、双电源自动转换电路

为使备用电源及时投入供电，常采用备用电源自动切换装置 APD，现介绍低压备用电源的自动切换控制电路。

1. 变配电所低压屏双电源自动互投

（1）APD 装在备用进线断路器上　如图 9-1 所示，电源（一）设为工作电源，电源（二）设为备用电源，自动投入装置 APD 装在备用电源进线的断路器上。正常运行时备用线路断开（2QF 断），当工作线路出现故障或因其他原因切除（1QF 断）时，APD 合 2QF，备用电源自动投入。

（2）APD 装在母线分段断路器上　如图 9-2 所示，两电源（一）、（二）分别供电给单母线左、右两个分段，自动投入装置 APD 装在母线分段断路器（3QF）上。正常运行时母联断路器 3QF 断开，两路电源分别供电给两段母线（1QF、2QF 均合）。当两路电源中有一路发生故障切除时（1QF、2QF 之一断），备用电源自动投入装置将母联断路器（3QF）合上，由未切除电源同时供电给单母线左、右两个分段（此时两个分段可退运行一般负荷，仅保留重要负荷）。

2. 双电源末端自动切换

民用建筑的消防泵、事故照明等一级供电负荷，需双电源供电，并需要在末端实现自动切换，常有以下两种形式。

（1）用接触器实现　如图 9-3 所示，两电源一主一备，当主电源断电时，备用电源自动投入。继电器 KA 承担主、备电源的切换。它接在主电源开关 1QF 的后面，目的是为了在主电源虽然有电，而当开关1QF设过载保护，且因过载而跳闸时，备用电源也可自投，提高供电可靠性。如果开关1QF不设保护，则继电器KA也可设在1QF前。当主电源恢复供电后，备用电源在继电器KA的控制下自动断电。

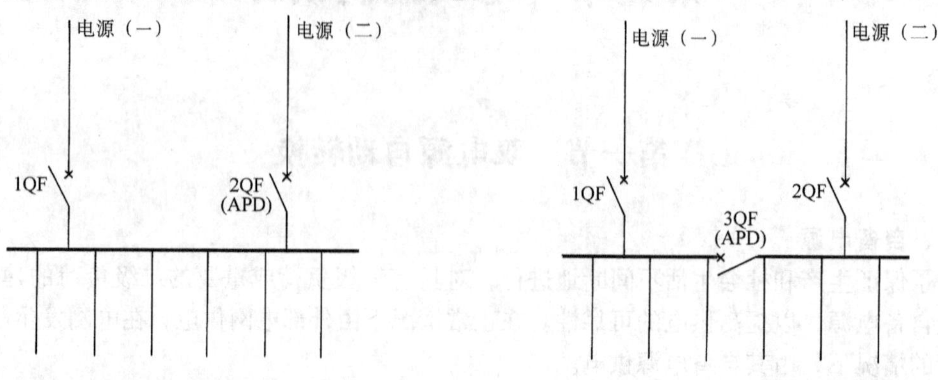

图9-1　APD装在备用进线断路器上　　图9-2　APD装在母线分段断路器上

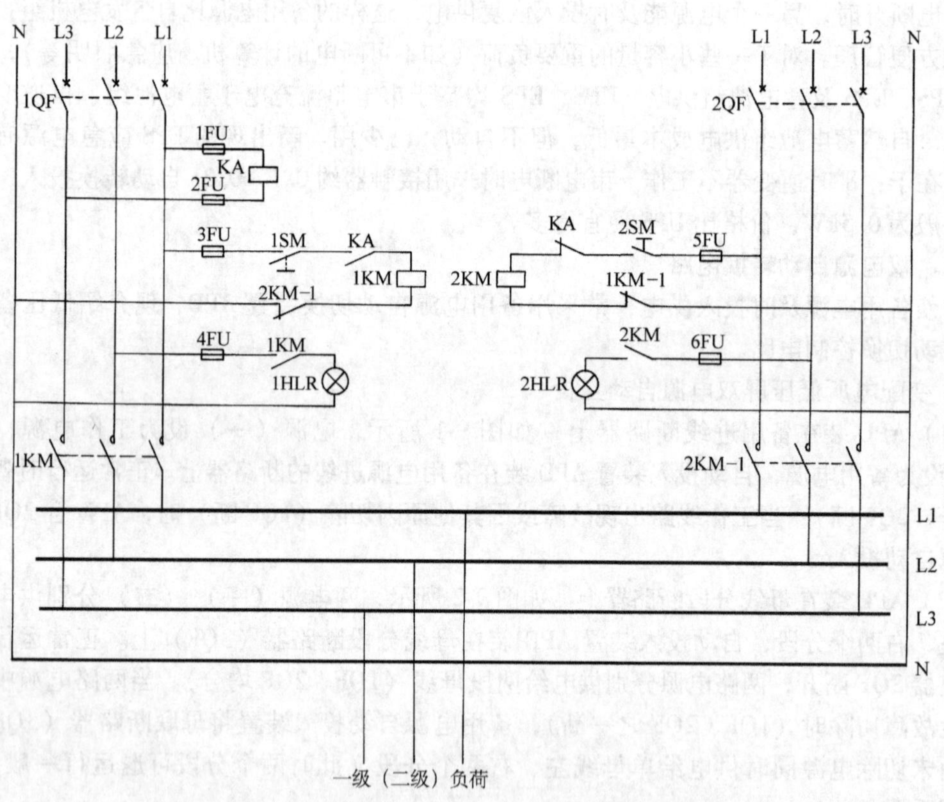

图9-3　利用接触器实现双电源末端自动切换的控制电路

（2）用ATS实现　双电源自动切换电路在很多场合使用，许多场合其工作要求必须安全、可靠，其结构要求体积小、功能全、一体化，于是便产生了双电源转换开关即ATS。ATS装置方便了系统设计和施工，在工程中已被广泛使用，其表示方法见图9-4。常用的ATS装置有以下几种：

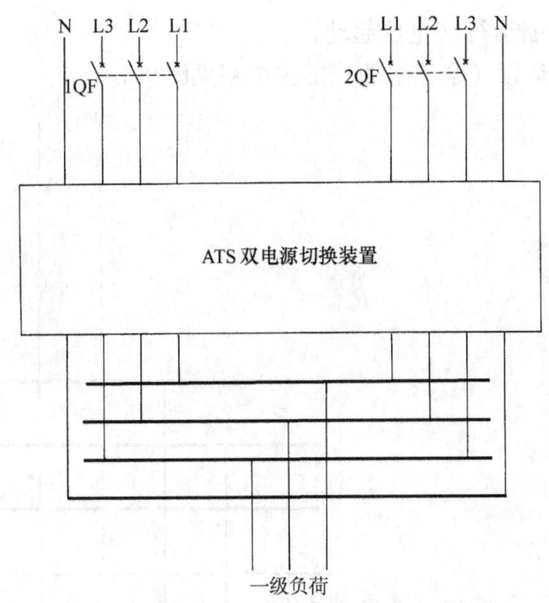

图 9-4 利用 ATS 实现双电源末端自动切换的控制电路

1）采用接触器和一些联锁装置及外围控制回路组成，类似图 9-3 所示图形，但产品已一体化。

2）采用断路器和一些联锁装置及外围控制回路组成。

3）采用负荷开关和内置联锁装置一体化组成。

4）采用微电子控制技术，智能检测主、备电源的状态，分析、处理，并通过机械机构实现快速、可靠地切换。

上述 ATS 结构和动作方式各有特点，但功能基本相似：都可带载分、合闸，有些还具有过载、短路等保护功能。

第二节　水 泵 控 制

建筑物内的水泵可分为生活给水泵、消防水泵、排水泵及循环水泵等。生活水泵又分为生活给水泵和排水泵。由于供排水可靠性的要求，水位、水压及电源情况的不同，生活水泵有多种组合形式，如单台工作、两台一用一备工作、两台自动轮换工作、三台两用一备交替工作等。按水泵的起动方式可分为全压起动与减压起动。

一、水泵控制的主电路

水泵的工作及控制方式多样，但主电路不外乎下述几种，在工程应用中应根据水泵所选用电动机的容量大小及供电电源情况选择。水泵电动机功率相对于电源容量大时不能全压起动，其减压起动方式有星-三角变换、转子串电阻及软起动等方式，根据实际工程应用情况选用，此不专述。

1. 单台水泵运行（全压起动）

单台水泵运行（全压起动）的主电路见图 9-5。

2. 两台水泵一用一备运行（全压起动）

两台水泵一用一备运行（全压起动）的主电路见图9-6。

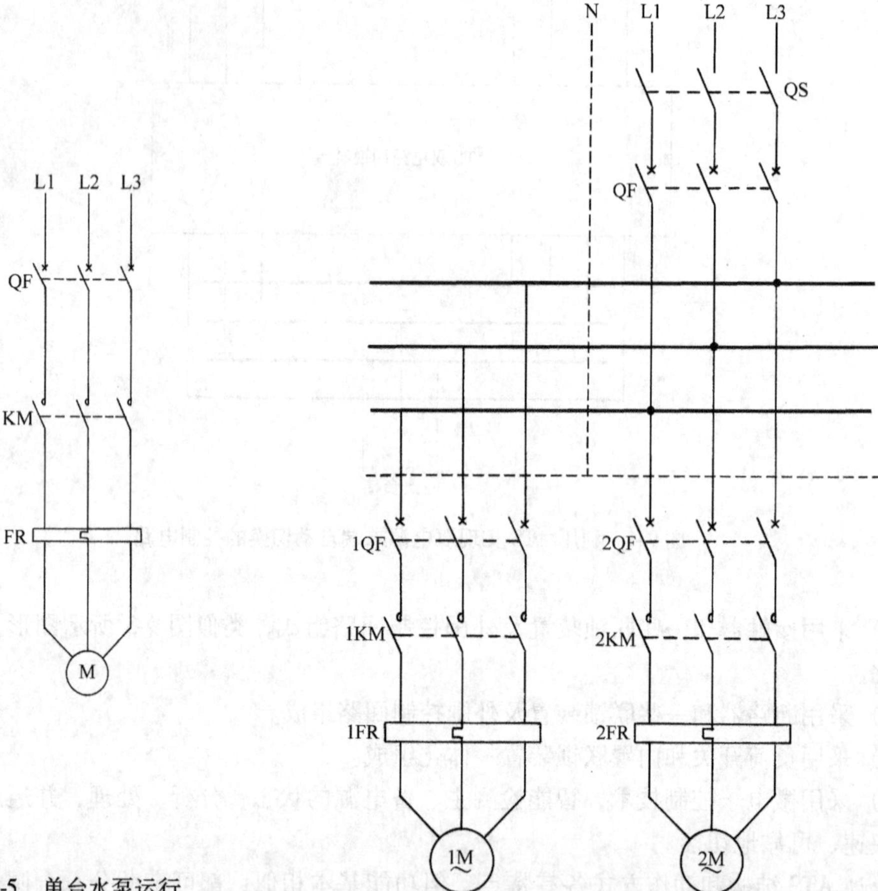

图9-5　单台水泵运行（全压起动）的主电路

图9-6　两台水泵一用一备运行（全压起动）的主电路

3. 两台水泵自动轮换运行（自耦减压起动）

两台水泵自动轮换运行（自耦降压起动）的主电路见图9-7。

4. 三台水泵两用一备或两用一备交替运行（全压起动）

三台水泵两用一备或两用一备交替运行（全压起动）的主电路见图9-8。

二、生活给水泵的控制电路

1. 单台生活给水泵

单台生活给水泵的控制比较简单，且与排水泵的控制电路几乎没有多大的区别。一般情况下，可以用类似的排水泵控制电路与控制箱代替。只要将排水泵控制箱引到集水池液位器的线路改引到屋顶水箱，将排水泵的“高水位起泵、低水位停泵”改接为生活给水泵的“低水位起泵、高水位停泵”。其主电路见图9-5，控制电路见图9-16。

2. 两台给水泵一用一备

这是常见的形式之一，一般受屋顶水箱的水位控制，“低水位起泵、高水位停泵”。工作泵故障时，备用泵延时自投，并发出故障报警。其主电路见图9-6，控制电路见图9-9。

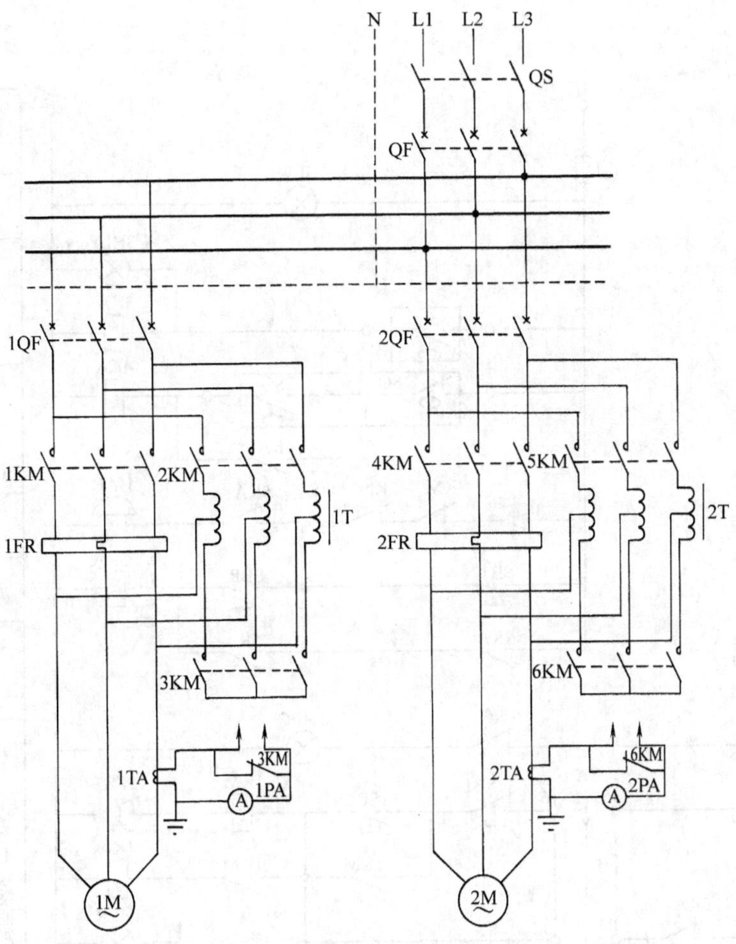

图 9-7　两台水泵自动轮换运行（自耦减压起动）的主电路

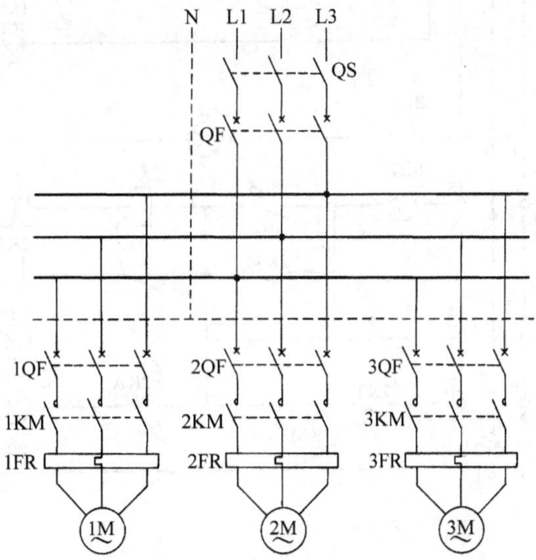

图 9-8　三台水泵两用一备或两用一备交替运行（全压起动）的主电路

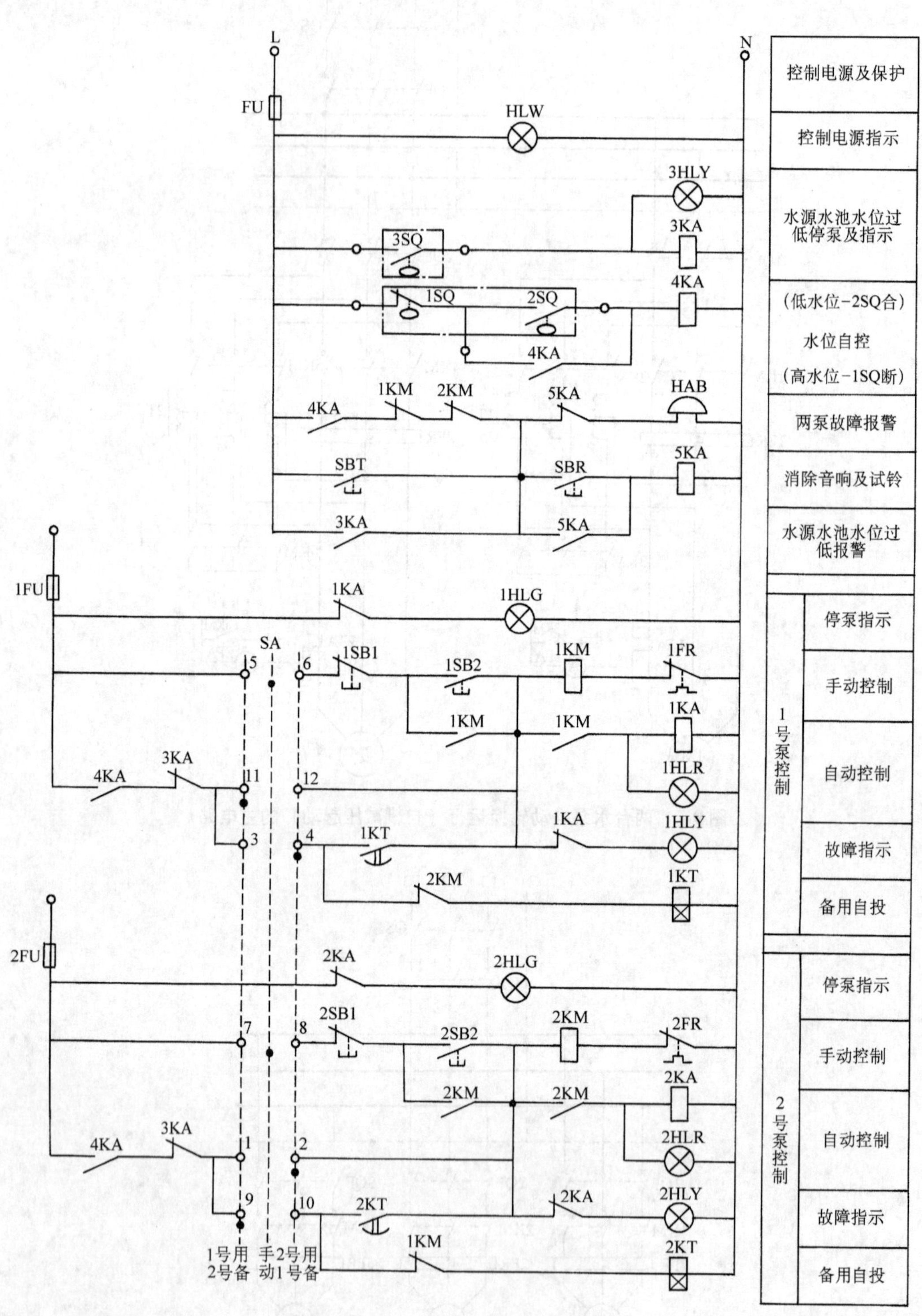

图 9-9　两台给水泵一用一备的控制电路

图中两台泵互为备用，工作泵故障，其主电路接触器跳闸，备用泵通过时间继电器 1KT 或 2KT 延时后自动投入运行。水泵受屋顶水箱液位器 1SQ、2SQ 控制，低水位时 2SQ 接通，继电器 4KA 通电吸合并自保，工作泵起动供水；高水位时 1SQ 断开，继电器 4KA 断电释放，主工作泵停止运行；当水源水池（一般在地下室）水位过低，达到消防预留水位时，液位器 3SQ 接通，继电器 3KA 通电吸合，其常闭触点使水泵自控回路断电，正在运转的水泵自动停泵。水泵工作状态通过选择开关 SA 使水泵处于“1 号用 2 号备”、“2 号用 1 号备”或“手动”状态。两台泵故障或水源水池水位过低，均可发出声光报警：警铃 HAB 声报警，光报警靠接在各台泵控制回路中的 1HLY、2HLY 及与继电器 3KA 并联的 3HLY。

生活给水泵一般安装在地下室的水泵房内，而受屋顶水箱的控制。为在水泵房控制箱上观察屋顶水箱的水位，可设置水位传示仪，将屋顶水箱的水位传到水泵控制箱上。水位传示仪利用安装在屋顶水箱中的浮球带动一个多圈电位器，将水位变化转换成电阻值的变化，用设在水泵房内水泵控制箱上的动圈仪表，测量出随水位变化的电阻值，通过调整动圈仪表的指针刻度，将电阻值刻成水位高度，在动圈仪表上便可直接读出屋顶水箱上的水位，目前多用数字式仪表来读取水位数据。

3. 两台给水泵一用一备自动轮换工作

生活给水泵是常起停、常运行的水泵，常设计成两台一用一备，备用延时自投自动轮换工作的互为备用方式。其主电路见图 9-6，控制电路见图 9-10。

在 1 号泵控制回路中，当选择开关 SA 置于“自动”位置，而屋顶水箱的水位过低，液位器 3SQ 接通，使继电器 2KA 通电吸合并自保持。若水源水池有水，液位器 1SQ 不接通，继电器 1KA 的常闭触点接通，继电器 3KA 的常闭触点接通，接触器 2KM 的常闭触点接通，这时接触器 1KM 通电吸合，1 号泵起动。时间继电器 1KT 通电吸合，瞬动常开触点接通自保持，其延时动作的常开触点延时后闭合，使继电器 3KA 通电吸合。继电器 3KA 是使两台泵轮换工作的主要元件，其吸合与否，决定两台泵中哪台先工作。

1 号泵起动后，待继电器 3KA 吸合并自保持，下次再需要供水时，就是 2 号泵先起动。如果 1 号泵起动时发生故障，接触器 1KM 刚通电便跳闸或未吸合，则作为备用的 2 号泵经时间继电器 1KT 延时后，使继电器 3KA 吸合，接触器 2KM 才通电吸合，2 号泵起动，相当于备用延时自投。如果 1 号泵的故障是发生在运行一段时间后，时间继电器 1KT 的延时已到，继电器 3KA 已经吸合，此时 1 号泵的接触器一旦故障跳闸，2 号泵会立即起动。

这种工作方式若需读取屋顶水箱的水位数据，也可设置水位传示仪在水泵房内读取水位数据。

4. 变频调速恒压供水的工作模式

生活给水泵一般分两种工作模式：非匹配式——水泵的供水量总大于系统的用水量，设蓄水设备（如水塔、高位水箱等）。当水至低水位时启泵上水，而达到高水位时则停泵。前述均属此类。匹配式——水泵的供水量随用水量的变化而变化，无多余水量，不设蓄水设备。变频调速恒压供水就属此类。它通过计算机控制，改变水泵电动机的供电频率，调节水泵的转速，自动控制水泵的供水量，确保用水量变化时，供水量随之变化，从而维持水系统的压力不变，实现了供水量和用水量的相互匹配。它具有节省建筑面积、节能等优点。但停电即停水，故电源必须可靠，且设备造价高。变频调速恒压供水有单台、两台、三台和四台泵的不同组合，此以两台泵为例。其主电路见图 9-11，控制电路见图 9-12。

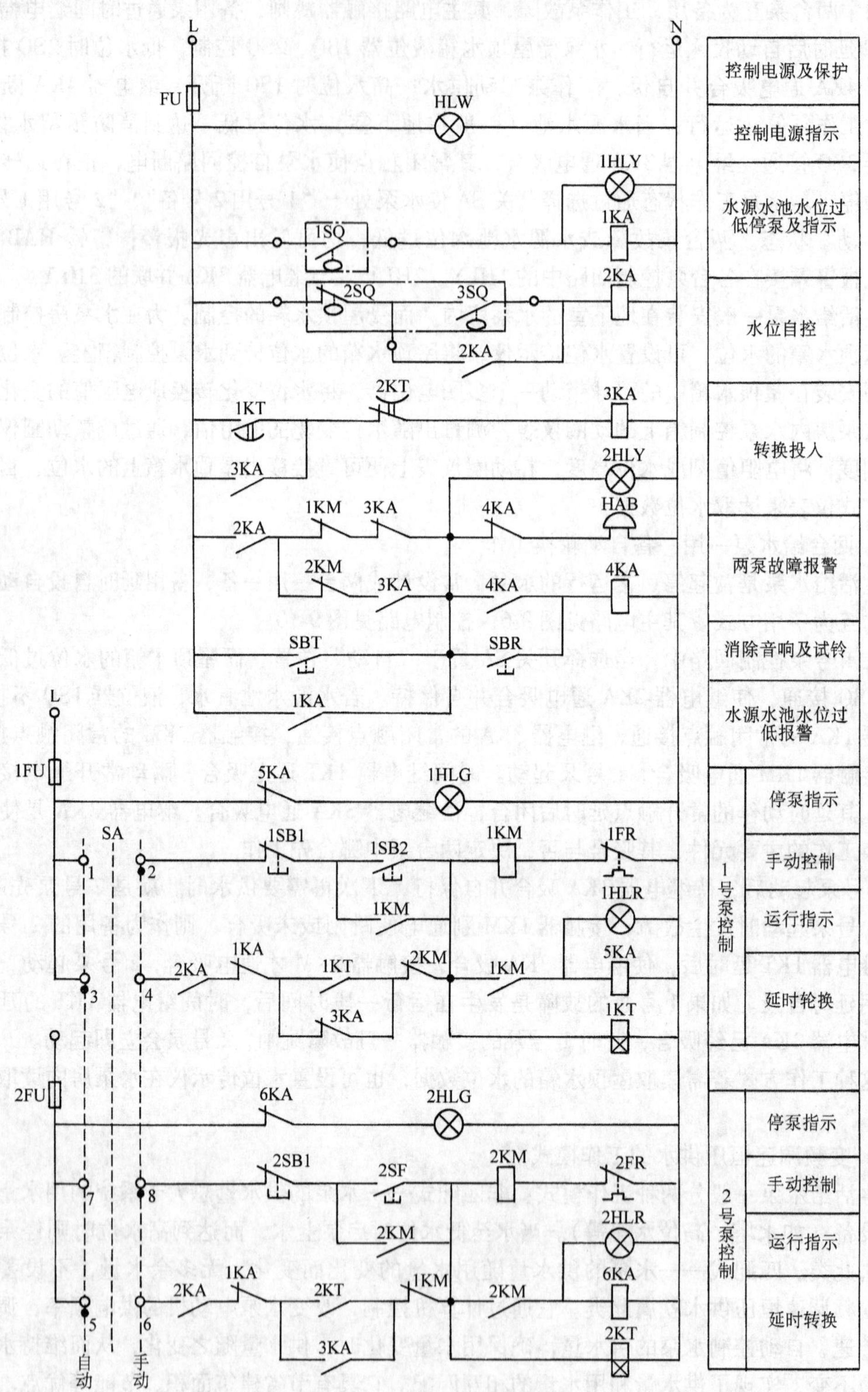

图 9-10　两台给水泵一用一备自动轮换工作的控制电路

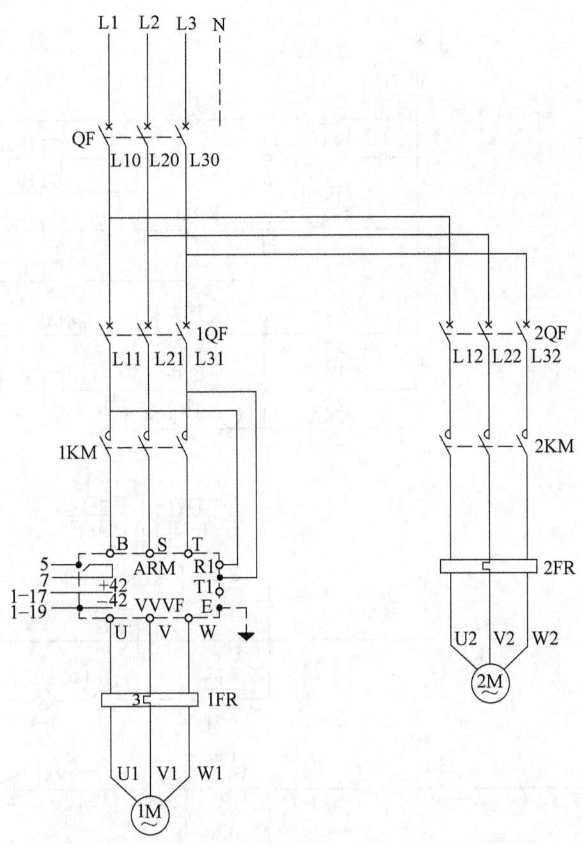

图 9-11　两台生活泵变频调速恒压供水的主电路

其主电路中一台泵为由变频器 VVVF 供电的变速泵，一台为全压供电的定速泵，另有控制器 KGS 及前述两台泵的相关器件。控制电路的工作原理如下：

（1）将转换开关置于“自动”位置，其触头 3-4、5-6 闭合，合上自动开关 1QF、2QF，恒压供水控制器 KGS 和时间继电器 1KT 同时通电，1KT 触点延时闭合，接触器 1KM 线圈通电，其触头动作，使变速泵 1M 起动运行，恒压供水。水压信号经水压变送器送到控制器 KGS，KGS 控制变频器 VVVF 的输出频率，从而控制水泵的转速。当系统用水量增大时，水压欲降，控制器 KGS 提高变频器 VVVF 的输出频率，水泵加速运转，以实现需水量与供水量的匹配。当系统用水量少时，水压上升，控制器 KGS 使变频器 VVVF 的输出频率降低，水泵减速运转。如此根据用水量的大小，水压的变化，通过改变 VVVF 的频率实现对水泵电动机的调整，维持了系统水压基本不变。

（2）变速泵故障状态　一旦在工作过程中变速泵 1M 出现故障，变频器中的电接点 ARM 闭合，使中间继电器 2KA 线圈通电吸合并自锁，警铃 HA 响，同时时间继电器 3KT 通电，经延时 3KT 闭合，使接触器 2KM 线圈通电吸合，定速泵电动机 2M 起动运转。

（3）用水量大时，两泵同时运行　变速泵起动后，随着用水量增加，变速泵不断加速，若仍无法满足用水量要求，控制器 KGS 使 2 号泵控制回路中的 2-11 与 2-17 号线接通（即控制器 KGS 的触点此时闭合），使时间继电器 2KT 线圈通电，延时后其触头使时间继电器 4KT 通电，于是接触器 2KM 通电动作，使定速泵 2M 起动运转以提高供水量。

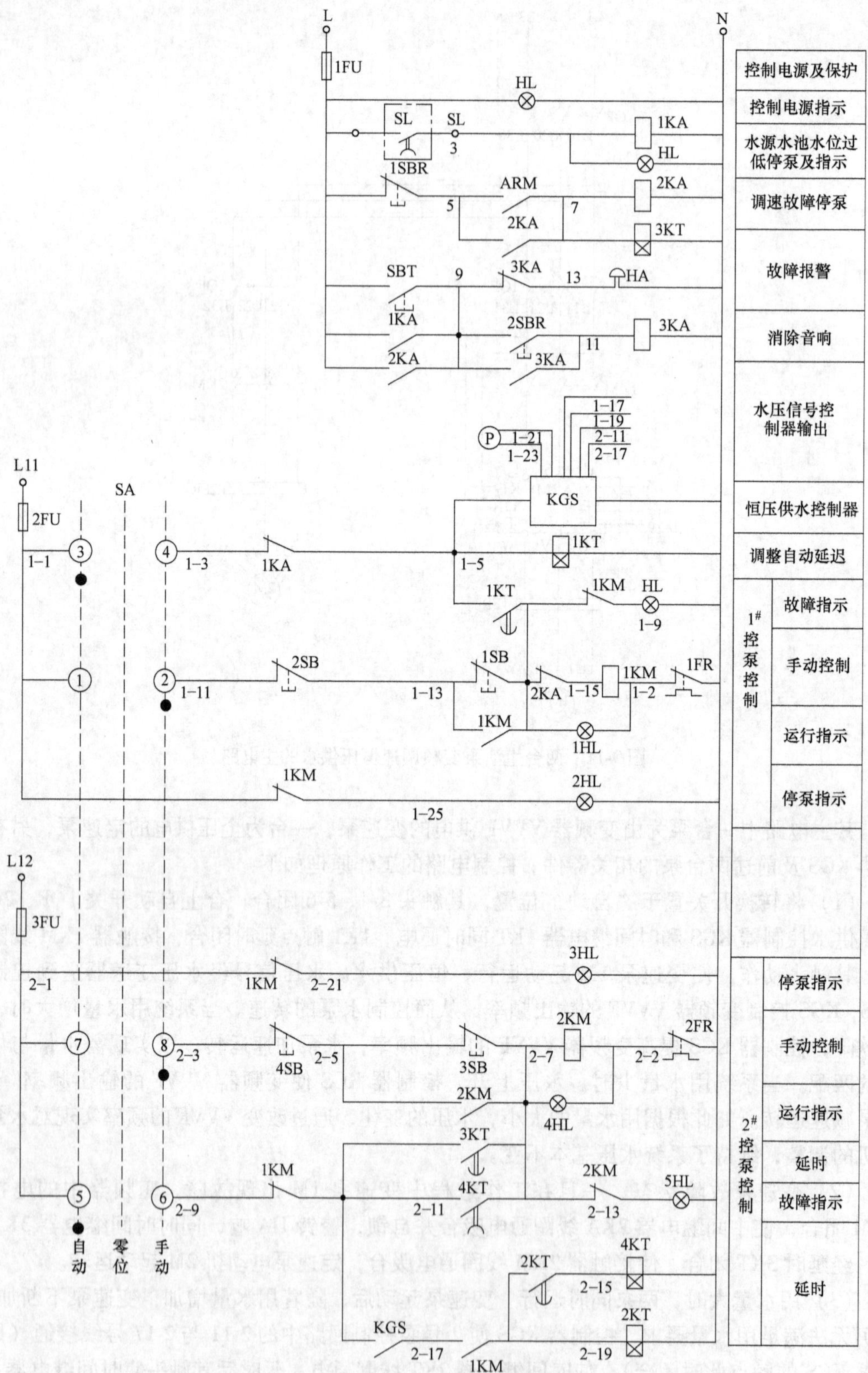

图 9-12　两台生活泵变频调速恒压供水的控制电路

（4）用水量减小，定速泵停止　当系统用水量减小到一定值时，KGS 触点断开，使 2KT、4KT 失电释放，4KT 延时断开后，2KM 失电，定速泵 2M 停止。

三、热水循环泵温度自控的控制电路

民用建筑中常需热水（如洗澡、洗脸、洗衣及食堂洗涤用水），使用温度各不相同，一般为 30～60℃之间。热水的供水温度要高于用水点的使用温度，尤其是要满足最不利配水点的水温要求，故供水出口的温度要比用水点温度至少高 5℃，即供水出口的温度应不低于 65～55℃。但为了防止烫伤、减少热损失、减少结垢和腐蚀，也为了便于使用，供水温度又不宜过高，一般为 65～70℃。所以，民用热水循环泵的工作温度，一般设定为 55℃起泵，65℃停泵。工业用热水循环泵的工作温度，则按工艺要求定。二者控制电路图基本相同，仅测量温度的敏感元件及变送器不同。

1. 单台泵

热水循环泵一般安装在热水系统的管道上，要求压头小、扬程低，水泵电动机的功率较小。如果只设一台热水循环泵，其主电路见图 9-5，控制电路见图 9-13。

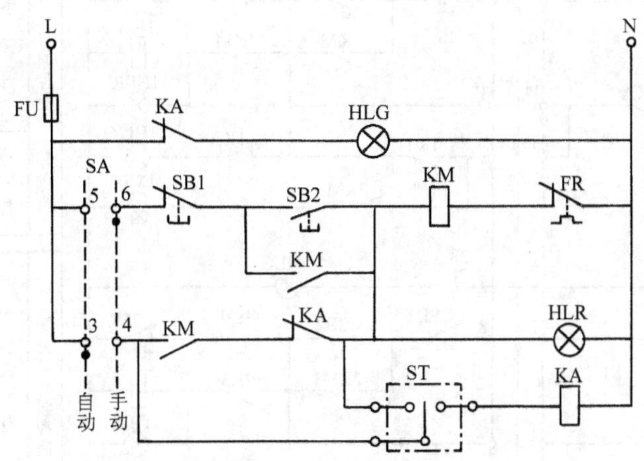

图 9-13　单台热水循环泵温度自控的控制电路

注：ST→L→KM 得电（ST→H-KM 失电）

热水循环泵受安装在热水回水管上的电接点温度计控制，水温降低到一定值时起泵，水温达到要求的上限值时停泵。电接点温度计的型号规格，水泵起、停的温度整定值（多在 50～70℃），由给水排水专业的设计人员选定。

控制电路中工作状态开关 SA 选择温度“自控”或“手动按钮控制”：在水系统正常工作情况下，一般选择为“自动”；在水泵安装、检修试验时，采用“手动”。

2. 两台泵一用一备温度自控

民用建筑，尤其是重要的民用建筑中的热水循环泵，多数设计为两台泵一用一备形式。其主电路见图 9-6，控制电路见图 9-14。

图中两台泵互为备用，当工作泵发生故障，其接触器跳闸后，备用泵延时自动投入。两台泵均受安装在回水管上的同一个电接点温度计、BAS 系统（楼宇自动化系统）或空调 DDC 系统（计算机数字直接自控系统）控制。

电路中设有水泵工作状态开关 SA 选择：两台水泵“1 号用 2 号备”、“2 号用 1 号备”

或“手动”。另外，还设有水泵故障指示灯 1HLY、2HLY。

电路中如选择开关 SM 向下，则中间继电器 3KA、4KA 受电接点温度计 ST 控制，由继电器 3KA 的通断决定两台泵的起、停。若将选择开关 SM 向上，则中间继电器 3KA 不再受电接点温度计 ST 的控制，而由 BAS 或 DDC 系统的控制。

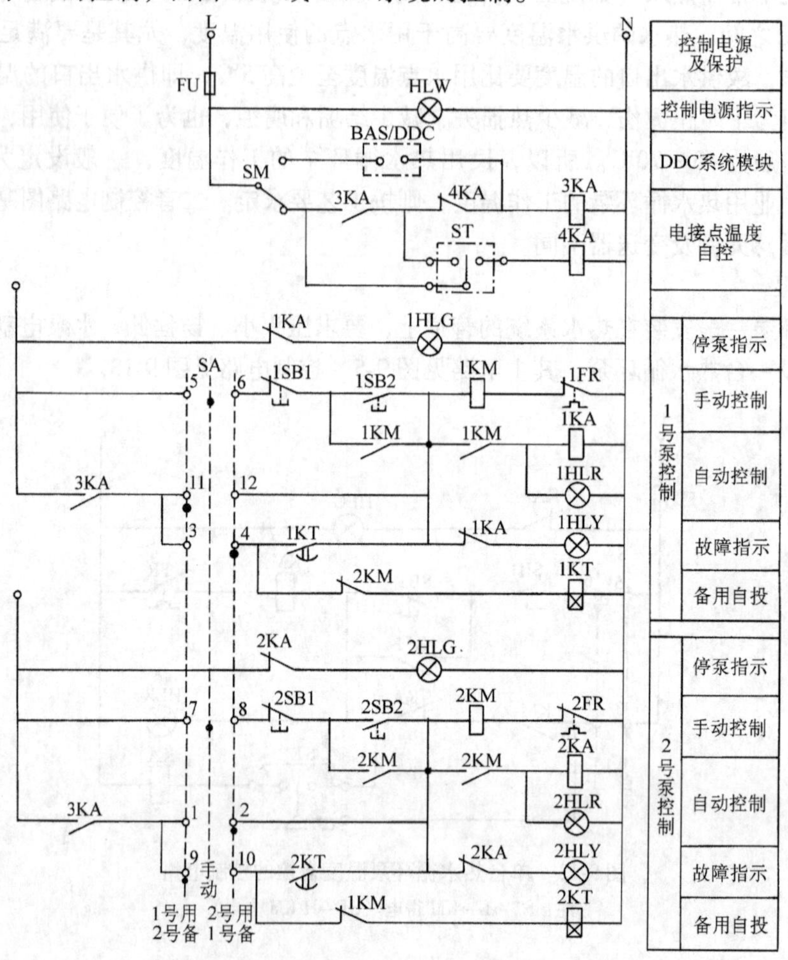

图 9-14 两台热水循环泵一用一备温度自控的控制电路

3. 两台泵一用一备自动轮换工作

热水循环泵也属于常起停、常运行的水泵，所以一般设计为两泵互为备用自动轮换工作的方式，其主电路见图 9-6，控制电路见图 9-15。电路中两台泵互为备用，均受电接点温度计 ST 控制，当温度低于给定值时，继电器 1KA 通电吸合，1 号泵的接触器 1KM 通电吸合，1 号泵起动运转。同时，时间继电器 1KT 通电，经延时，其延时闭合的常开触点闭合，继电器 3KA 通电吸合，为下次再起动时先起动 2 号泵做好了准备。当温度上升到限定值时，电接点温度计 ST 使继电器 2KA 通电吸合，使继电器 1KA 断电释放，水泵停止运转；当水温再降低到给定值，电接点温度计 ST 又使继电器 1KA 通电吸合，这时 2 号泵的接触器 2KM 通电吸合，2 号泵先通电运转。同时，时间继电器 2KT 通电，经延时，其延时打开的常闭触电断开，使继电器 3KA 断电，为下次再起泵时先起 1 号泵做好了准备，完成了第一次轮换运转。电路中设有转换开关SM，以便使循环泵纳入BAS或DDC系统的控制。另外，还设有水泵工作状态选择开关SA，可使水泵处于“自动”、“零位”或“手动”状态。

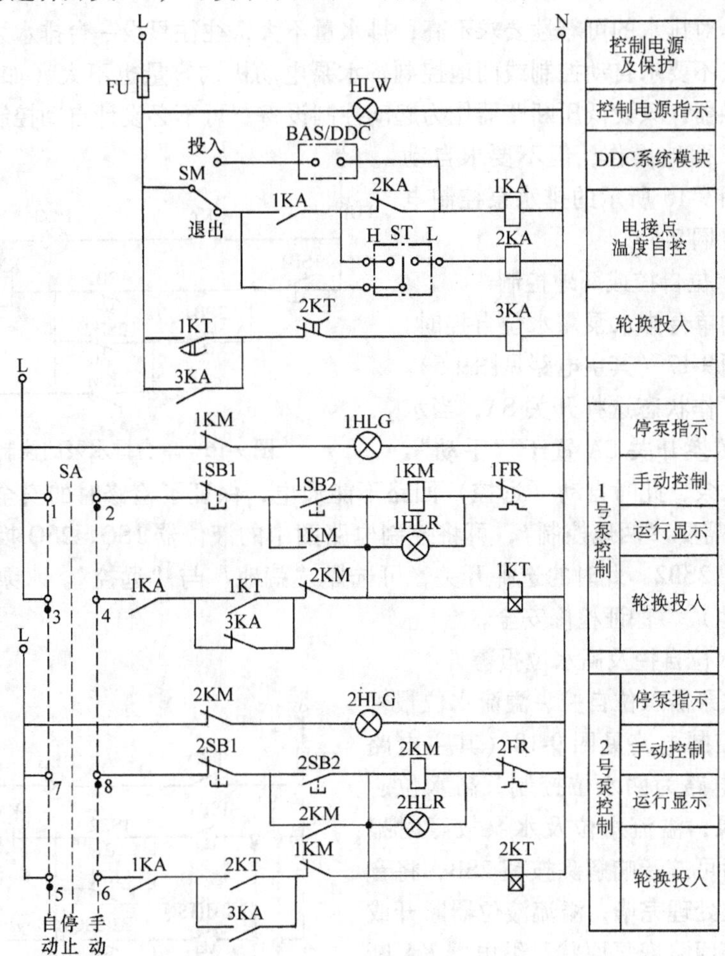

图9-15　两台热水循环泵一用一备温度自控自动轮换工作的控制电路

四、排水泵的控制电路

大多数民用建筑的地下室排水都很困难，一般都需要设置排水泵。工业建筑中用排水泵的场所更多，所以排水泵的类型众多，用途广泛。根据排水泵的不同类型及不同使用情况，为适应各种不同要求，以民用建筑排水泵控制为主，设计了多种不同的控制电路与控制箱。这些电路也可用于要求相同的工业排水系统中。

民用建筑的排水，主要是排除生活废水、溢水、漏水、雨水和消防废水等。一般生活废水的排水量大体上可以预测，而雨水的排水量变化范围大，预测较难，所以雨水排水泵电路多设计为两台泵一用一备，当水量过大时两台泵能同时运行的方式。对于平时排水量较小，偶尔排水量较大的其他场所，也可采用此运行方式。

排水泵大多数采用潜水泵，开泵前不用预先灌水或抽气，操作方便。对于地下室或人防工程排除生活粪便污水，或者排除其他带有纤维及悬浮物的污水，一般采用液下立式泵，在集水池内设水位控制。又因集水池的深度一般不太深，多半为0.5m左右，液位器一般设计为两水位控制。

1. 单台

一般场所，对排水的可靠性要求不高，排水量不大，往往只设一台排水泵。当排水泵的起动不频繁，又不要求自动控制或两地控制，水泵电动机的容量也不大（如4kW及以下），这时可不设接触器，只设低压断路器作为起动控制设备，可不必设计自动控制电路。

当水泵要求两地操作，但不要求自动控制，可采用图9-16所示的排水泵控制电路（其主电路见图9-5）。

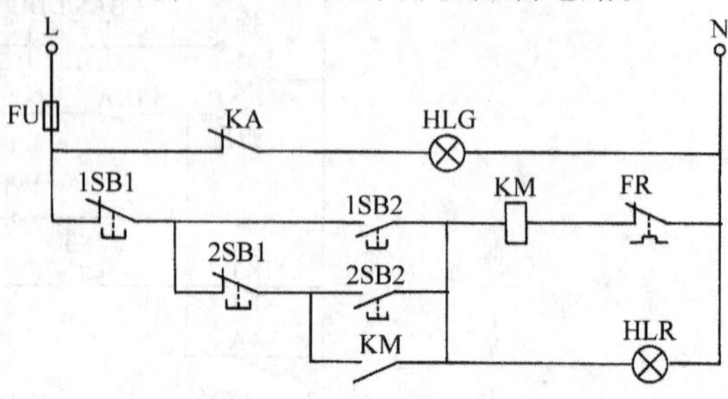

图9-16 单台排水泵的控制电路

2. 排水泵水位自控或两地控制

要求不高的单台排水泵需水位自控时，其控制电路见图9-17（其主电路见图9-5）。电路中采用了工作状态选择开关SA，当水泵检修时，将转换开关SA置于“手动”，可用按钮起停试泵，此时自动（远控）回路不能通电，保证了检修时的安全。如水泵不要求“自控”，而需要“两地控制”，可将控制电路图中的液位器1SQ、2SQ换为远程控制的起停按钮2SB1、2SB2，此时的选择开关，可选择“就地”与“远控”。水泵检修时将其置于“手动（就地）”，保证检修安全。

3. 排水泵水位自控及高水位报警

当单台排水泵需水位自控、溢流水位报警时，其排水泵控制电路见图9-18（其主电路见图9-5）。该电路为两水位控制，高水位起泵，低水位停泵，溢流水位及水泵故障时报警。发现报警后可按音响解除按钮2SB，将音响解除。待事故处理完毕，溢流液位器断开或水泵正常，报警回路恢复原状，继电器KA断电，为下次报警做好准备。

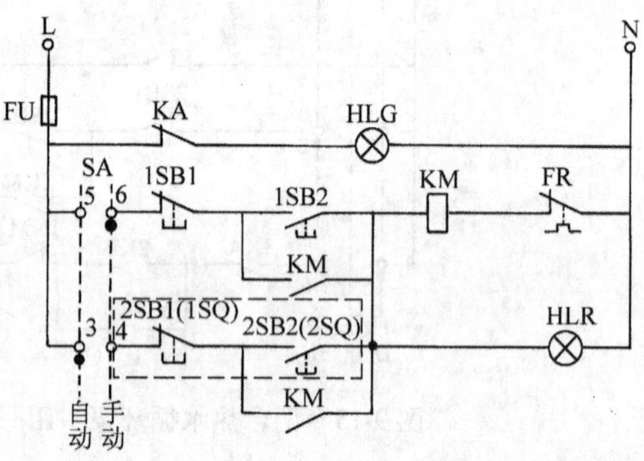

图9-17 排水泵水位或两地控制的控制电路

4. 两台排水泵一用一备的控制电路

较重要的建筑中，对排水的可靠性要求较高，常设计为两台排水泵一用一备，互为备用，水位自控。高水位起泵，低水位停泵，溢流水位及水泵故障时报警。工作泵故障跳闸时备用泵延时自投运行，同时发出声光报警。其主电路见图9-6，控制电路见图9-19。图9-19中，两台泵设有一个工作状态选择开关SA，可使两台泵分别处在“1号用2号备”或“2号用1号备”的状态，也可使两台泵都处在“手动”位置，此位置主要是在水泵检修试泵时使用。当集水池内水位升高，达到需要排水的水位时，液位继电器2SQ接通，使继电器3KA线圈通电，此时若工作状态选择开关SA处在“1号用、2号备”位置，则接触器1KM线圈通电吸合，1号泵起动运转。同时中间继电器1KA的线圈通电吸合，其常闭触点断开1号泵的停泵指示灯1HLG及故障指示灯1HLY。假若此时1号泵发生故障，接触器1KM跳闸，其常闭触点闭合使2号泵控制回路中的时间继电器2KT线圈通电，经延时后，2KT的常开延时闭合触点接通，使接触器2KM的线圈通电吸合，2号泵起动运转。同时中间继电器2KA线圈通电吸合，其常闭触点断开，2号泵的停泵指示灯 2HLG 及故障指示灯 2HLY 不亮。由于接触器 2KM 的常闭接点断开了报警回路，使警铃自动停止报警，此时检修人员知道 1 号泵（工作泵）故障，而 2 号泵（备用泵）已投入运行，并应对 1 号泵进行检查修理。

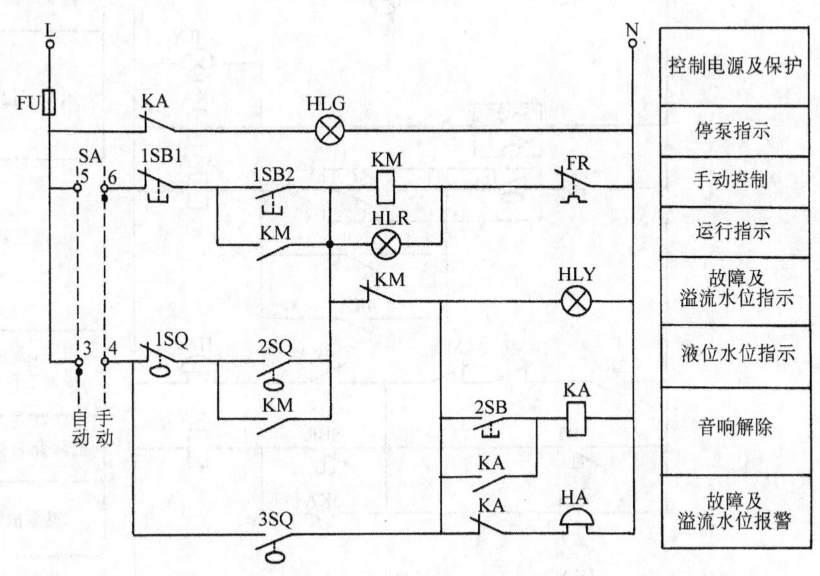

图 9-18　排水泵水位自控、高水位报警的控制电路

当水泵将集水池中的水排完，低水位液位器 1SQ 断开，使继电器 3KA 线圈断电释放，它所对应的常开触点使两台水泵的自动控制回路均断开，水泵停止运转。

假若两台泵同时发生故障，而集水池的水位高，使继电器 3KA 通电吸合，而接触器 1KM、2KM 均未吸合，则继电器 3KA 的常开触点与接触器 1KM、2KM 的常闭触点均接通，使双泵故障报警回路中的电铃 HA 通电，发出音响报警信号。检修人员听到报警后，可略等片刻，使报警时间超过备用泵自动投入的时间，警铃仍不自动停止报警，检修人员便知两台泵均发生故障，需对两台泵进行检修。此时先按下音响解除按钮，使警铃停响。并将工作状态选择开关 SA 切换至手动位置，便可进行水泵或电动机检查、修理及试运转。其故障切换过程可归纳如下：

1 号泵故障：1KM 断电→1KM-1 合→2KT 用电→(延时)2KT-1 合→2KM 用电→(自锁)2 号泵运行；

2 号泵故障：2KM 断电→2KM-1 合→1KT 用电→(延时)1KT-1 合→1KM 用电→(自锁)1 号泵运行。

5. 两台排水泵一用一备自动轮换工作

用于生活废水的排水泵，常运转，常起泵停泵。为使两台泵轮流使用，控制电路常常设计为两台水泵互为备用，自动轮换的控制方式。这样可使两台泵磨损均匀，减少受潮，运行更为可靠。其控制电路见图 9-20，主电路见图 9-6。

电路中两台泵互为备用，当工作泵故障后，备用泵延时自动投入，水位自控，高水位起泵，低水位停泵，溢流水位报警并起泵。

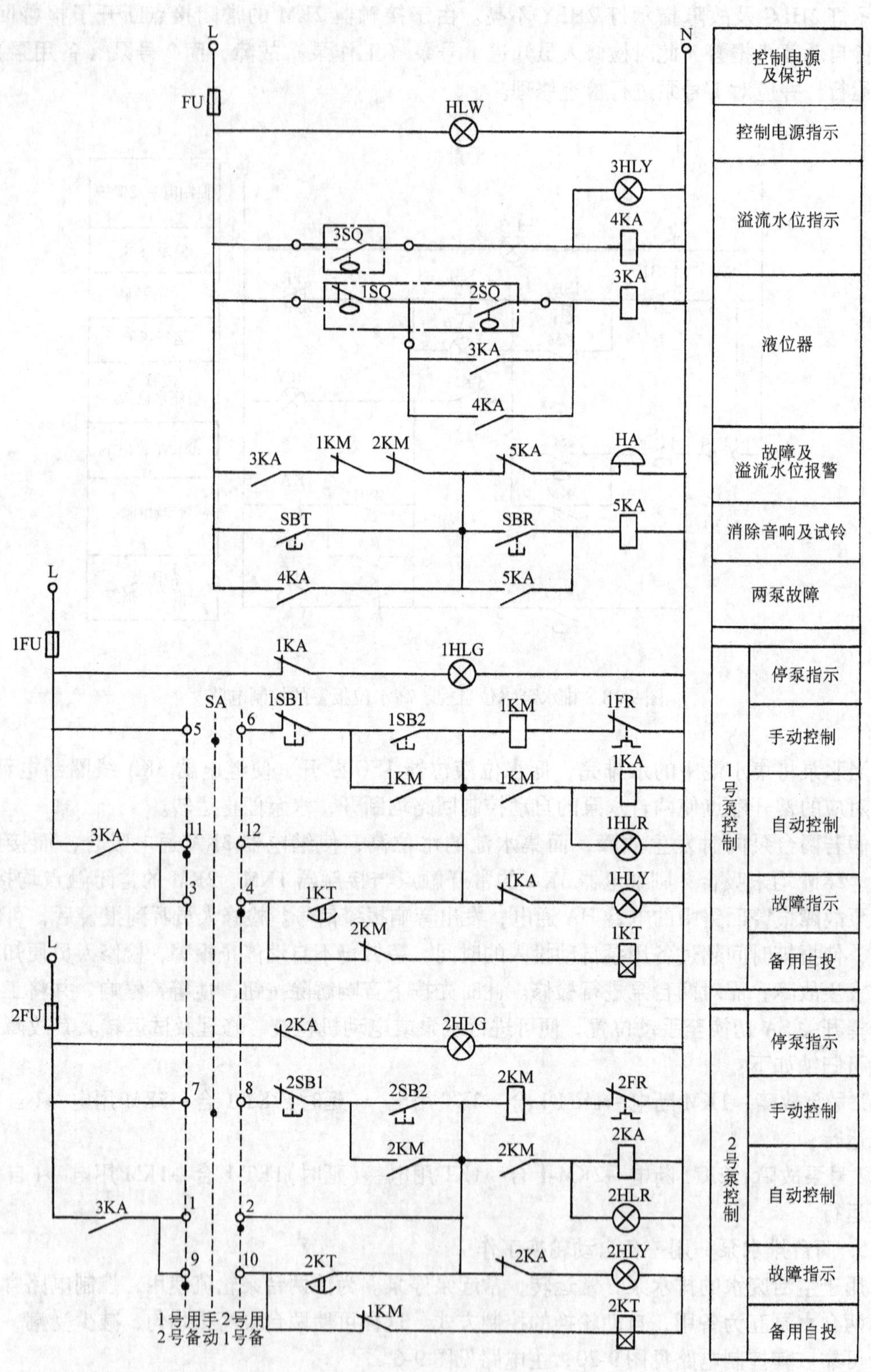

图 9-19　两台排水泵一用一备的控制电路

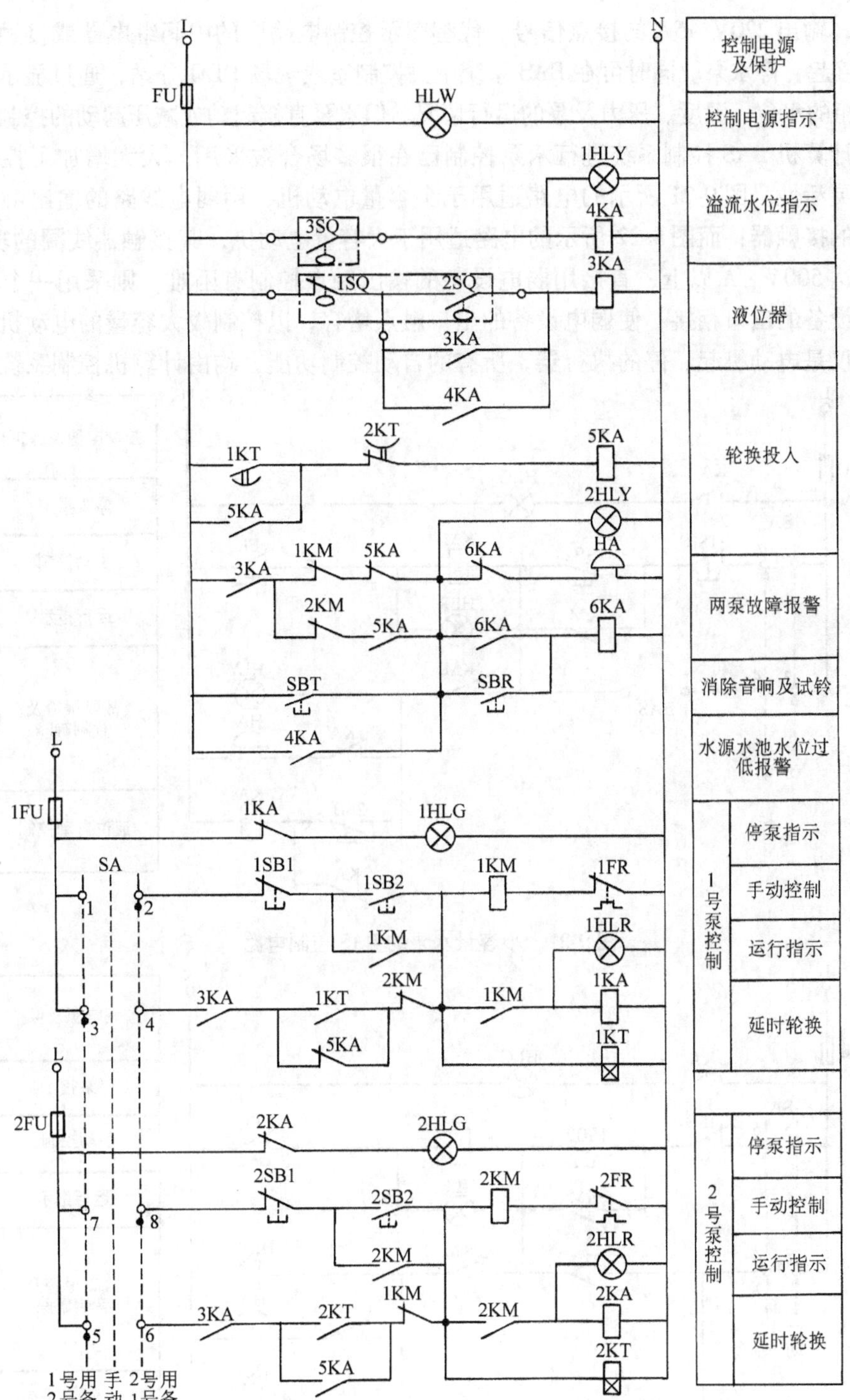

图 9-20　两台排水泵一用一备自动轮换工作的控制电路

五、生活水泵的计算机控制电路

大型民用建筑中设有 BAS 自动化管理系统时，可将水泵控制纳入 BAS 系统。将各类水位信号、温度信号以及压力信号等以数字（接点）或模拟量（0～20mA）送入 DDC 站。由它处理后，输出220V、5A的接点信号，代替图示控制电路中的中间继电器或接触器接点信号，可直接起、停水泵。同时可在BAS系统中央控制室或现场DDC分站，通过显示屏显示各水池、水箱的水位、温度、压力及泵的运行情况。但水泵直接起动或减压起动的控制不变。

采用计算机BAS控制系统进行水泵控制已在很多场合被采用，大大增加了控制系统的可靠性和灵活性。图9-21所示的电路适用于小容量电动机，用弱电线路的输出触点直接控制电动机的接触器；而图9-22所示的电路适用于大容量电动机，其接触器线圈的功率较大，吸合功率达500V·A以上，直接用弱电设备的输出触点控制有困难，则采用一个中间继电器与弱电设备的出口相接，使弱电设备的出口触点增容，以控制较大容量的电动机。这两个电路都仅仅是电动机起、停的执行器，所有的自动控制功能，均由计算机控制系统来完成。

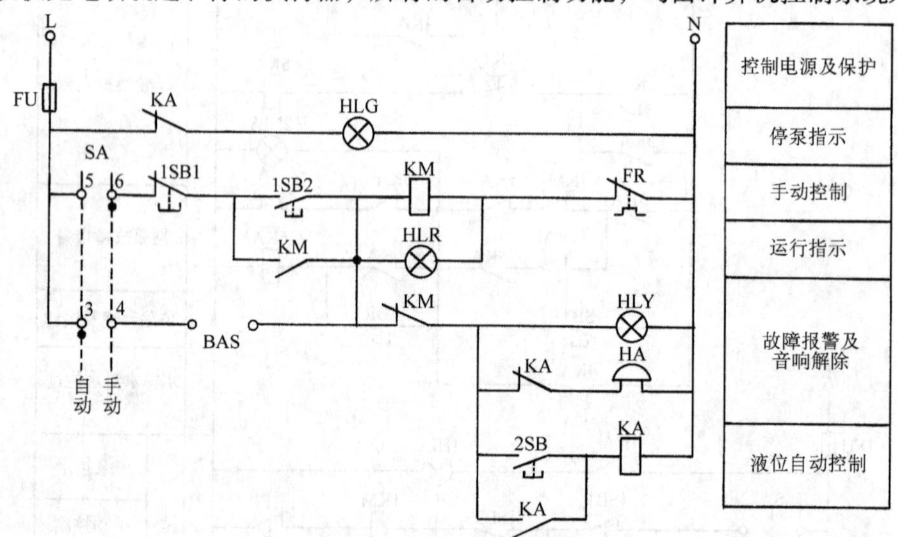

图9-21　小容量水泵的BAS控制电路

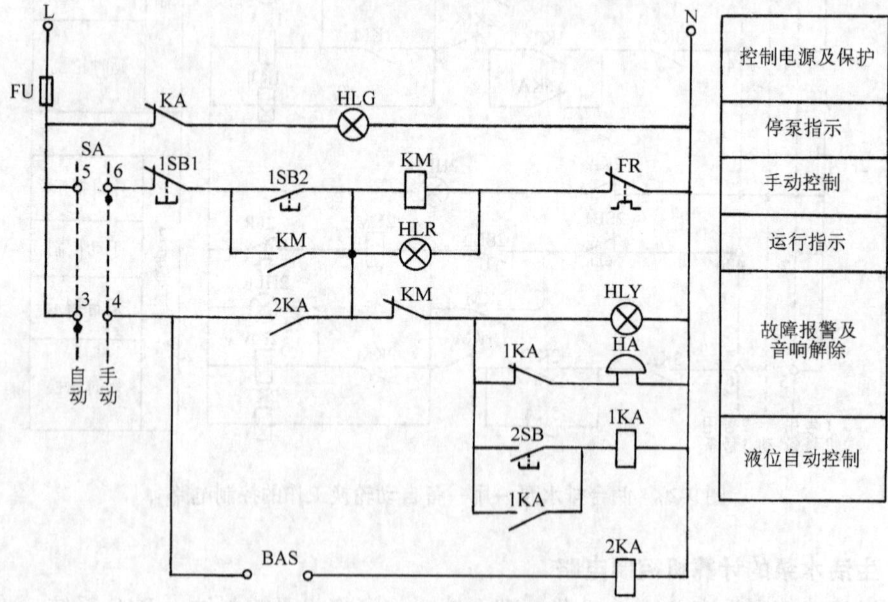

图9-22　大容量水泵的BAS控制电路

第三节　消防泵控制

消防水泵的容量按建筑物的功能和规模而定，一般为 15 ~ 95kW，采用直接起动或自耦变压器或电动机软起动器等方式减压起动。消防水泵按运行方式分，有两台一用一备或三台两用一备的方式，备用泵在工作泵故障时自投，自投延时在 0 ~ 5s 内可调，其主电路见图 9-6 ~ 图 9-8。当消防水泵属于一级供电负荷时，应采用本章第一节所述的双电源自动切换供电。消防泵分为消火栓用消防泵、自动喷洒（淋）用消防泵、补压用消防泵三类，下面逐类分析。

一、消火栓用消防泵的控制电路

消火栓是建筑物的基础性防火设施，如果城市公用管网的水压或流量不够，就必须采用消防泵以满足消火栓灭火所需要的水压。火警时，由消防人员或火警发现者，打碎消火栓按钮盒的玻璃，使压住的按钮复位起动消防水泵，或由消防中心起动消防水泵。

1. 一用一备两泵的控制电路

两台泵一用一备，互为备用，工作泵因故障跳闸则备用泵延时自动投入是常用的形式，互为备用指的是两台泵中任意一台都既可作为工作泵，也可作为备用泵。当工作泵发生故障时，备用泵延时自动投入运行。其主电路见图 9-6，控制电路见图 9-23。

图中 1SE ~ nSE 是设在消火栓箱内的消防泵专用控制按钮，按钮上带有水泵运行指示灯。消防泵专用按钮（SE）平时由玻璃片压着，其常开触点闭合，使中间继电器 4KA 的线圈通电；其常闭触点断开，使时间继电器 3KT 的线圈不通电，水泵不运转。发生火灾时，打碎消火栓箱内任一消防专用按钮的玻璃，该按钮的常开触点复位断开，使中间继电器 4KA 的线圈断电，其常闭触点复位闭合，使时间继电器 3KT 线圈通电，经延时后，其延时闭合的常开触点闭合，使中间继电器 5KA 线圈通电吸合并自保持。此时，若选择开关 SA 置于“1 号用、2 号备”的位置，则 1 号泵的接触器 1KM 线圈通电，1 号泵起动。如果 1 号泵发生故障，接触器 1KM 跳闸，则时间继电器 2KT 线圈通电，经延时 2KT 常开触点闭合，接触器 2KM 线圈通电吸合，作为备用的 2 号泵起动。若选择开关 SA 置于“2 号用、1 号备”的位置，则 2 号泵先工作，1 号泵备用，动作过程与前过程类似，此处不再赘述。

图中 a 与 b 及 c 与 d 之间分别接入消防控制系统控制模块的两个常开输入信号，则两泵均受消防中心集中控制其起停。液位器触点 SQ 当水源水池无水时闭合，中间继电器 3KA 线圈通电，其常闭触点断开，使两台水泵的接触器均不能通电，未起动的水泵不能起动，正在运转的水泵也停止运转。故障指示灯 1HLY 或 2HLY 点亮，分别指示 1 号泵或 2 号泵是否处于故障状态。

备用泵的自动投入还可以靠水压控制自动投入，即在水路管网中设置压力继电器或电接点压力表，通过检测水路管网中的水压，作为备用泵自动投入的条件，此控制电路可在图 9-23 的基础上增加压力继电器的触点实现。

2. 自耦变压器减压起动的消火栓用消防泵一用一备的控制电路

当消防泵的电动机功率较大，不符合全压起动条件时，应采用减压起动。自耦变压器减压起动方式既灵活，又有较好的起动性能，在工程中被广泛采用。它的主电路见图 9-7，其控制电路见图 9-24 及图 9-25。

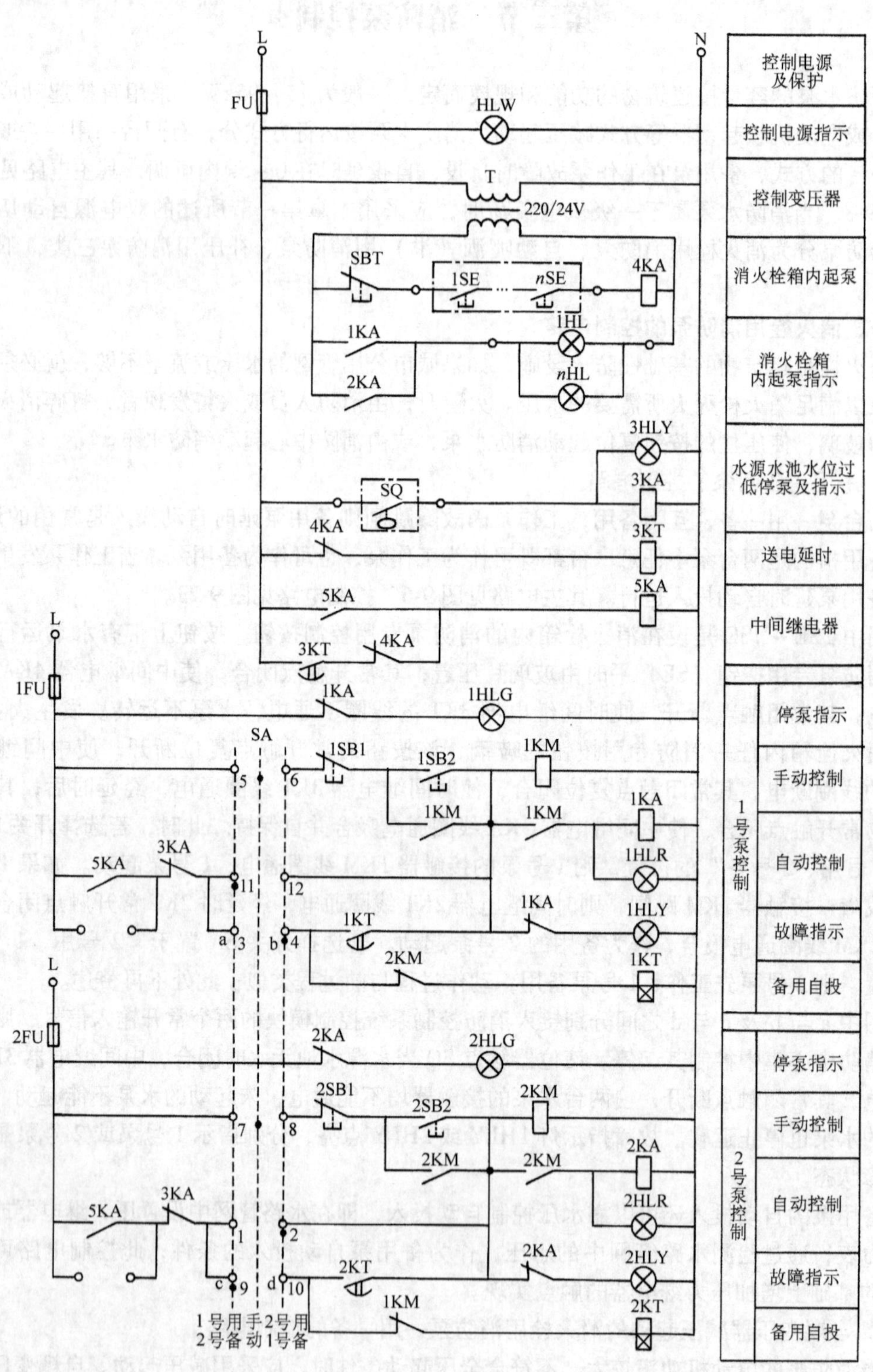

图9-23　两台消火栓泵一用一备的控制电路

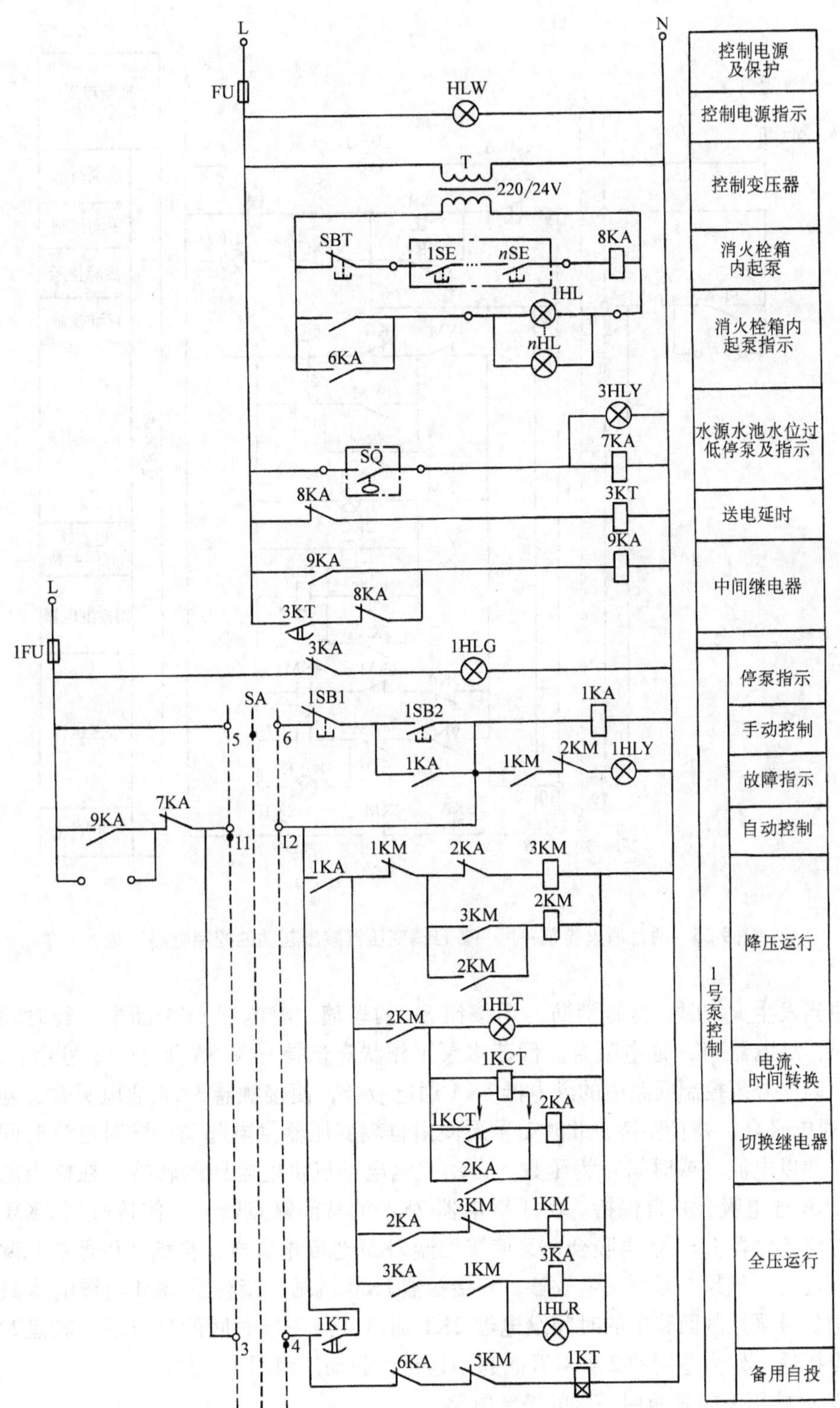

图 9-24　两台消火栓泵一用一备自耦变压器减压起动的控制电路

注：1KCT 引出的两个箭头引自图 9-7 的 1TA。

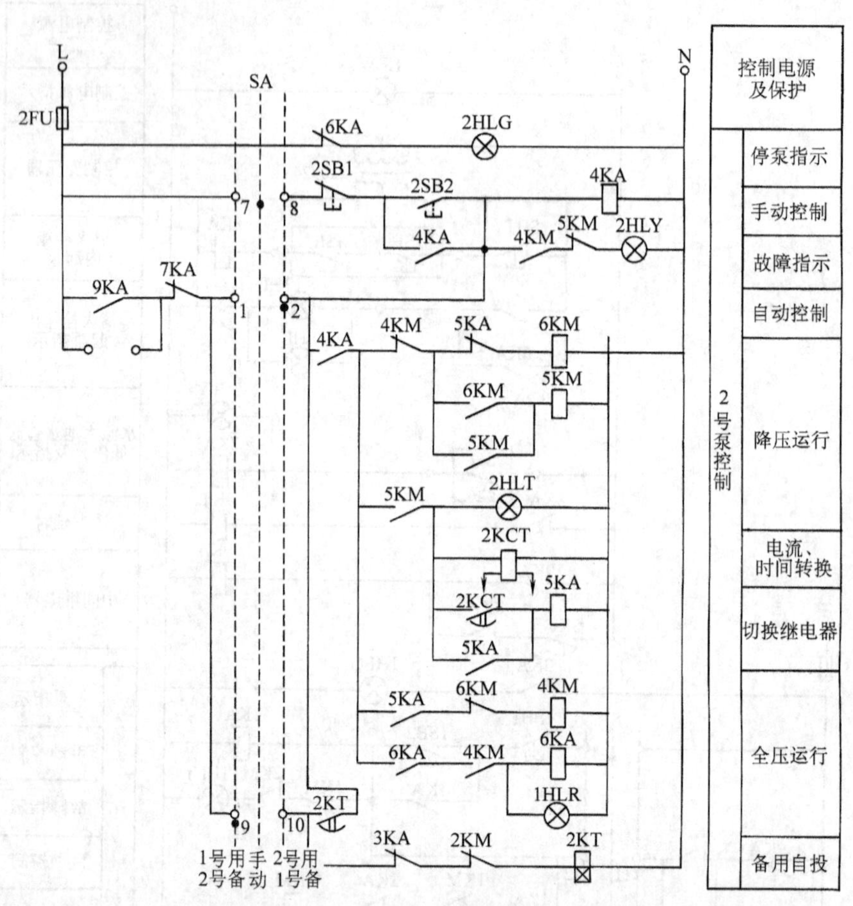

图 9-25　两台消火栓泵一用一备自耦变压器减压起动的控制电路（续）

图中当发生火灾时，打碎消防专用按钮 SE 的玻璃，继电器 8KA 断电，经时间继电器 3KT 延时，继电器 9KA 通电吸合。假若水泵工作状态选择开关 SA 置于“1 号用、2 号备”的位置，则 1 号泵控制回路中的继电器 1KA 通电吸合，使接触器 3KM 通电吸合，随即接触器 2KM 通电吸合，并自保持，此时 1 号泵便由自耦变压器供电起动；同时电流时间转换器也通电，并以电流（或时间）为函数，自动控制电动机供电电压的转换，在恰当的时机使继电器 2KA 通电吸合并自保持。由于继电器 2KA 的常闭触点断开，使接触器 3KM 断电释放，同时使接触器 1KM 通电吸合，又使接触器 2KM 也断电释放，自耦变压器被切除，水泵开始全压运行。如果 1 号泵发生故障，其接触器 1KM 跳闸，接触器 2KM 与继电器 3KA 均未吸合，则 2 号泵控制回路中的时间继电器 2KT 通电，经一定时间的延时后，其延时闭合的常开触点接通，作为备用的 2 号泵开始起动运行，起动过程同 1 号泵。

3. 消火栓用消防泵两用一备的控制电路

专家认为：三台泵两用一备形式优于两台泵一用一备。其主电路见图 9-8，其控制电路见图 9-26 与图 9-27。

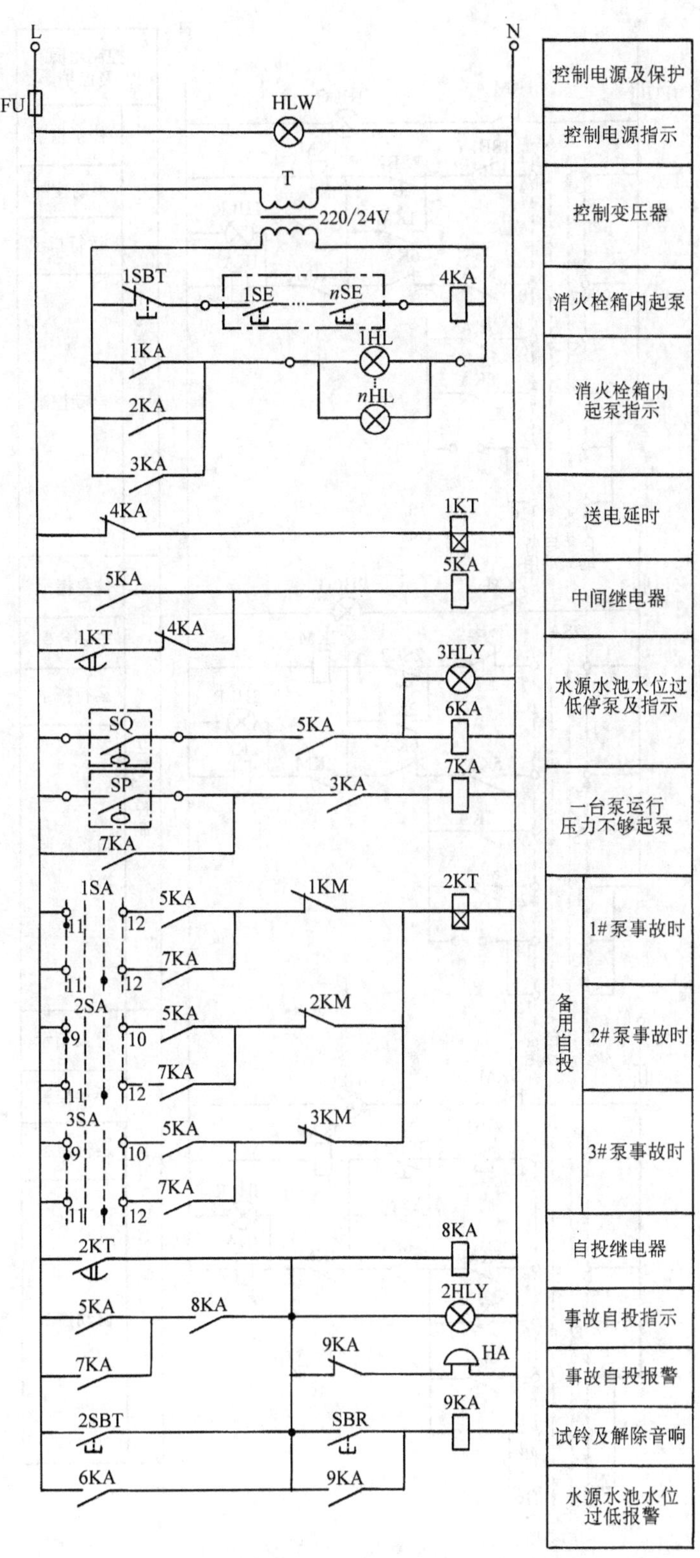

图 9-26　消火栓泵两用一备的控制电路

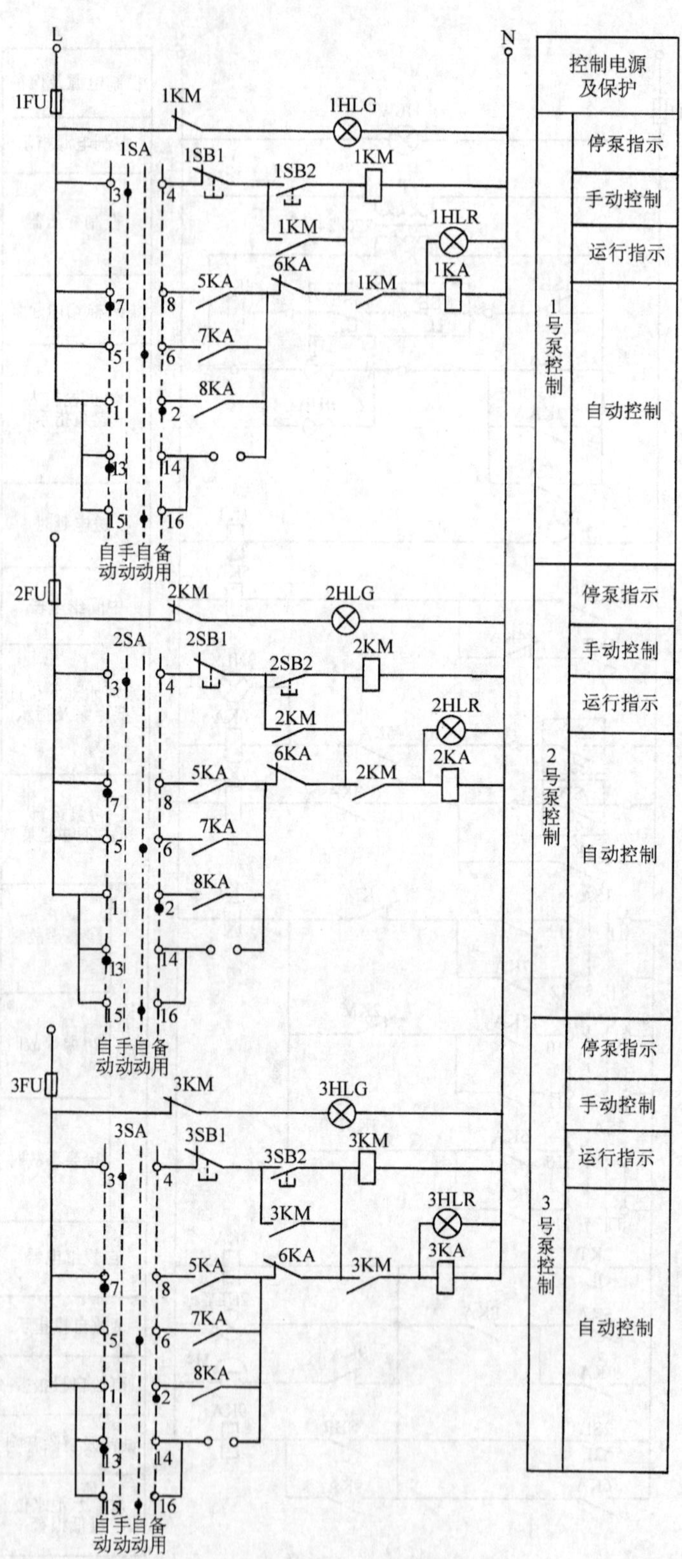

图 9-27　消火栓泵两用一备的控制电路（续）

二、自动喷洒用消防泵的控制电路

自动喷洒系统是自动水灭火系统，自动喷洒用消防泵受水路系统的压力开关或水流指示（继电）器直接控制，延时起泵，或者由消防中心控制起停泵。

1. 自动喷洒用消防泵一用一备的控制电路

自动喷洒用消防泵一般设计为两台泵一用一备，互为备用，工作泵故障时，备用泵延时自动投入运行的形式，其自动喷洒用消防泵主电路见图9-6，其控制电路见图9-28。控制电

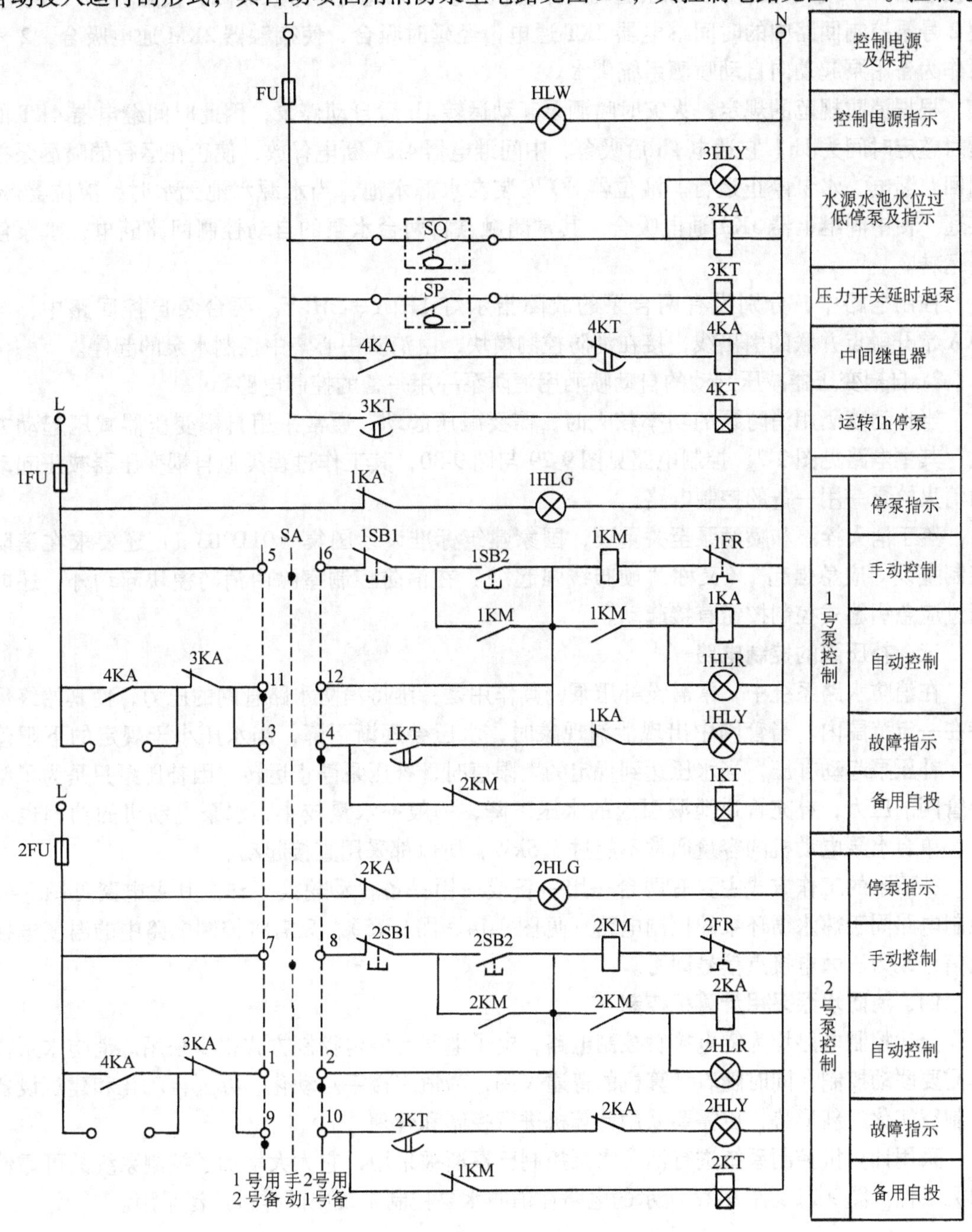

图9-28　自动喷洒泵一用一备的控制电路

路中设有水泵工作状态选择开关，可使两台泵分别处在“1号用、2号备”、“2号用、1号备”或“两台泵均手动”的工作状态。

图中，当发生火灾时，喷洒系统的喷头自动喷水，设在主立管上的压力继电器（或接在防火分区水平干管上的水流继电器）SP接通，时间继电器3KT通电，经延时（3～5s）后，中间继电器4KA通电吸合，假若选择开关SA置于“1号用、2号备”位置，则1号泵的接触器1KM通电吸合，1号泵起动向系统供水。如果此时1号泵故障，接触器1KM跳闸，使2号泵控制回路中的时间继电器2KT通电，经延时吸合，使接触器2KM通电吸合，2号泵作为备用泵起动向自动喷洒系统供水。

根据消防规范的规定：火灾时喷洒泵起动运转1h后自动停泵，因此时间继电器4KT的延时整定时间为1h。它通电1h后吸合，中间继电器4KA断电释放，使正在运行的喷洒泵控制回路断电，水泵停止运行。液位器SQ安装在水源水池，当水源水池无水时，液位器SQ接通，使中间继电器3KA通电吸合，其常闭触点将两台水泵的自动控制回路断电，水泵停止运转。

控制电路中，分别设有两台泵的故障指示灯1HLY、2HLY。两台泵自控回路中，与4KA常开触点并联的引出线，接在消防控制模块，由消防中心集中控制水泵的起停。

2. 自耦变压器减压起动的自动喷洒用消防泵一用一备的控制电路

当自动喷洒用消防泵的功率较大时，需要减压起动，通常采用自耦变压器减压起动方式，其主电路见图9-7，控制电路见图9-29与图9-30，其工作过程类似自耦变压器减压起动的消火栓泵一用一备的控制电路。

鉴于消火栓泵和喷洒泵至关重要，国家建筑标准设计图集（01D303-3）还要求在消防控制室设“应急强起”（又称“硬布线强起”）：在消防控制室除由消防模块起动外，还能通过应急钥匙式控制按钮直接起动。

三、补压泵的控制电路

在消防水路系统中，常需设补压泵，其作用是：维持消防水路管网的压力，使其始终保持在一定范围内。当管网中出现泄漏现象时，水压会逐渐下降，当水压小于规定的下限值时，补压泵起动补压，当水压达到规定的上限值时，补压泵停止运转。因补压泵只是为了维持管网的压力，补充管道泄漏引起的水压下降，一般补水量较小，水泵电动机的功率也不大，单台水泵电动机的容量通常不超过5.5kW，所以都采用直接起动。

补压泵的工作方式主要有两台一用一备或一用一备自动轮换工作。其主电路见图9-6，控制电路同于热水循环泵的控制电路（见图9-14、图9-15），只需将控制电路中的温度电接点信号改为压力电接点信号即可。

四、消防水泵采用计算机控制

上述控制电路均为继电接触控制电路，电子电路等弱电控制方式很少采用。消防水泵往往需要联动控制，同时随着计算机的普遍采用，为适应楼宇自动化、办公自动化和建筑设备控制智能化的新形势，更需要采用计算机进行控制和管理。

采用计算机控制系统进行消防水泵控制已逐渐被采用，它大大增加了控制系统的可靠性和灵活性。图9-21、图9-22所示的电路在消防水泵控制系统中同样被广泛采用。

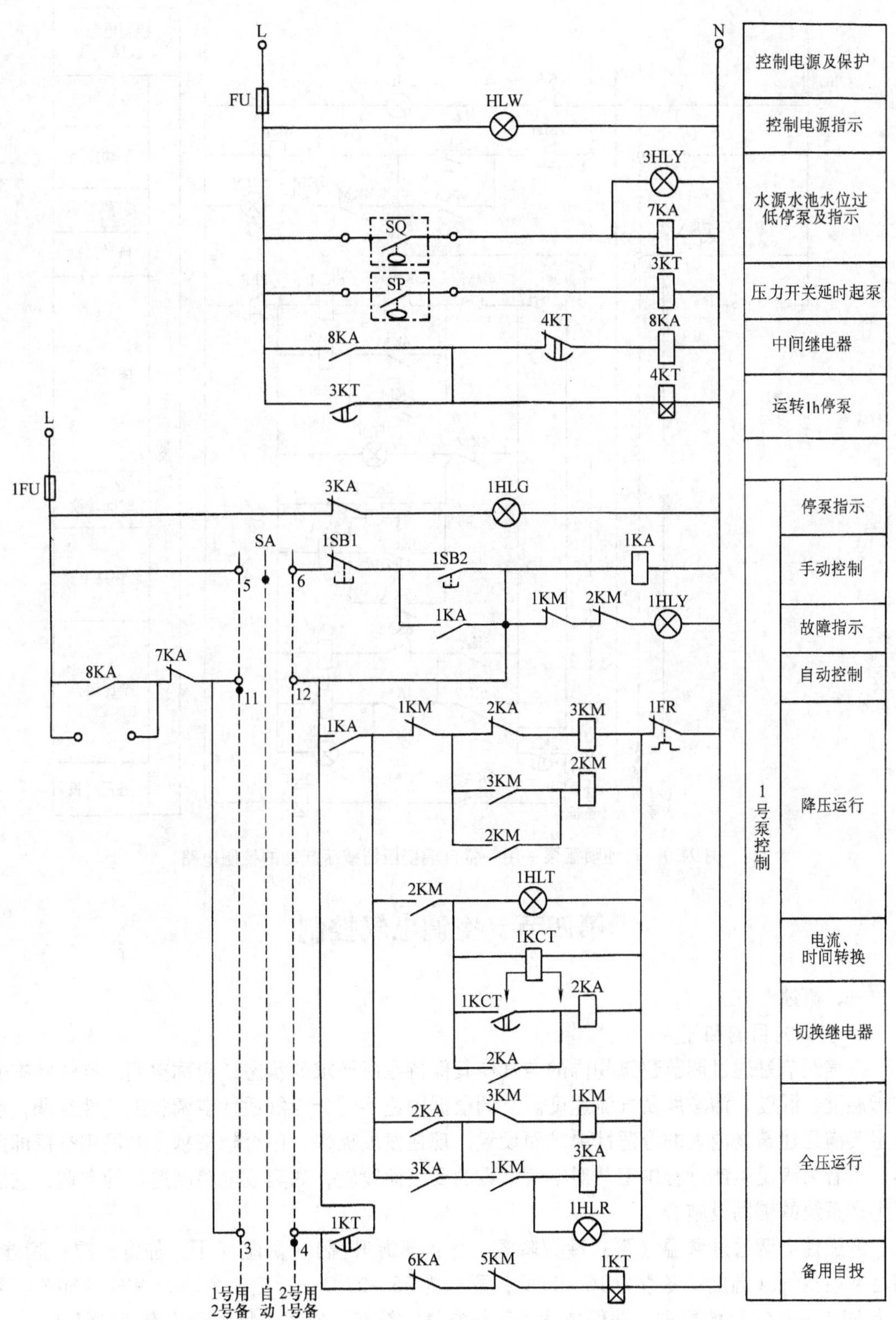

图 9-29　自动喷洒泵一用一备自耦变压器减压起动的控制电路

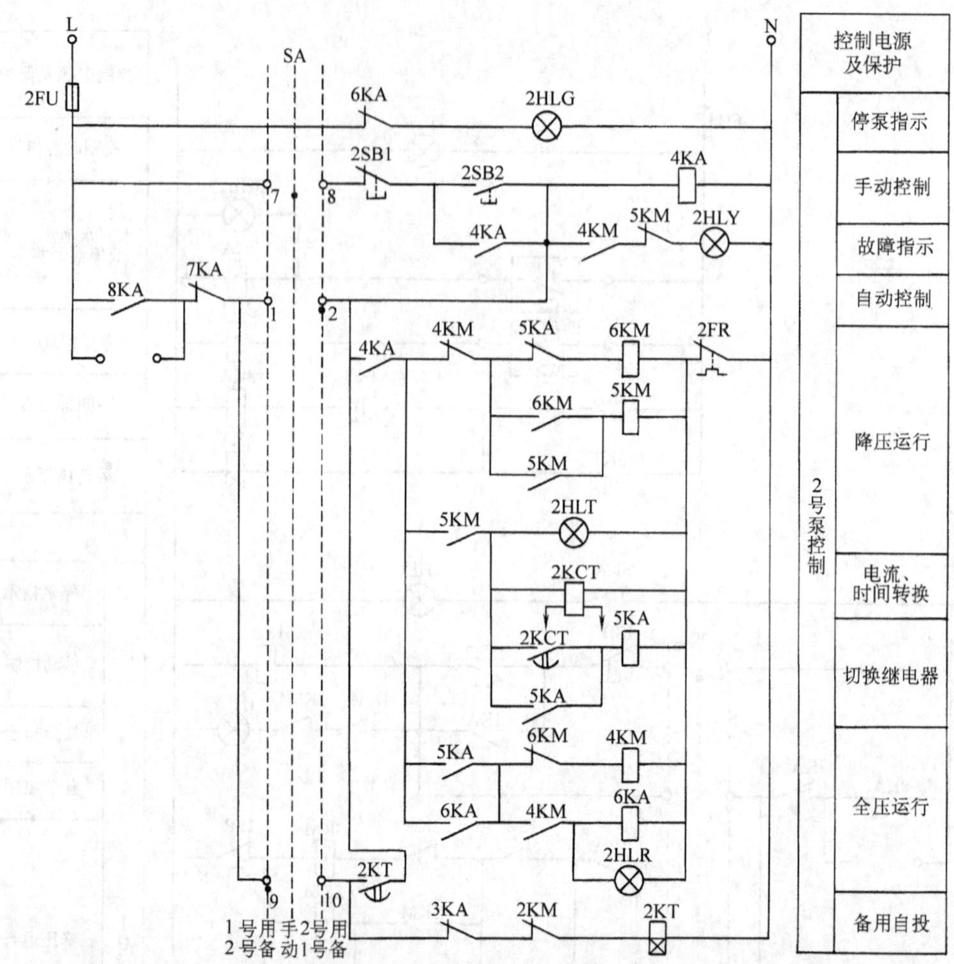

图 9-30　自动喷洒泵一用一备自耦变压器减压起动的控制电路

第四节　空调电气控制

一、概述

1. 空调的目的和任务

空气调节是通过调节建筑物内的空气使其保持在所要求的状态，简称空调。空气状态通常指温度、湿度、洁净度及气流速度。空调根据用途不同分为舒适性空调和工艺性空调，前者主要满足建筑物内人的舒适性要求而设置，现在发展极快，用得越来越多的民用空调即此类；后者为满足生产过程中工艺对空气参数的要求而设置，如集成电路制造厂的空调，它属于生产系统的辅助设施。

舒适性空调通过调温（夏：冷源降温；冬：热源升温）、调湿（干：加湿；湿：除湿）满足室内空气（温度：冬季为 16 ~ 17℃，夏季为 26 ~ 27℃；湿度：冬季为 40% ~60%，夏季为 50% ~70%）的要求，并保持适当新鲜空气的补充，使建筑物内居住者感到舒适。

2. 分类

空气的调节可以集中，也可以分散就地进行。根据空调设备的分布和处理通常分为以下三类。

(1) 集中式系统　将热源——锅炉集中于锅炉房；将冷源——制冷机集中于制冷机房(往往二者毗邻)；空调机置于空调机房；仅风机盘管分散在各个房间，这种关键设备集中放置的系统即为集中式空调系统，俗称中央空调。它的设备相对集中、便于管理；噪声大的设备远离现场，但占用面积大、投资高。大型公共建筑、高档宾馆及工艺空调多用此种系统。

(2) 简化的集中式系统　将集中空调系统增加末端调节装置，使室内空调器能根据不同需要单独调节。此系统制冷及锅炉房不分设，甚至空调机房亦省，故比集中式系统更简单、工程量小，施工周期更短。但空调机房内兼有制冷机、通风机，难于控制噪声。办公楼及商业楼多用此种系统。

(3) 分散式系统　将小型空调机直接装在需空调的建筑物内的局部空调系统。常见的是窗式（老式）及分体式（新式)。分体式由室外机及室内机组成，室内机有壁挂式、顶棚悬吊式、顶棚嵌入式（可接风管）及落地式四种。

新型的 VRV 空调系统即将电动机变频调速技术用于空调压缩机，而称之为变频调速系统。为此自控调节方便，可按需供冷，节约电能。

3. 空调系统的控制

根据功能要求分为以下两类控制体系：

(1) 热工控制　空调系统实质上是一个热工系统，对其温湿度的调节、空气质量的监测、新风及回风的比例控制即为热工控制，又称空调的自动控制。它是建筑设备自动化系统（BAS）的重要构成，详见第十二章的第三节。

(2) 电气控制　空调系统的电气控制系指对空调系统的供电电源及主要用电负载（泵、风机）的控制。空调系统用电为二级负荷，因此它的不间断供电及节约用电是相提并论的。空调系统用电负荷大，在建筑电气中甚至能高达60%。且单台电动机功率又大，起动对系统影响大。工艺对系统各设备运行又有严格的先后顺序及延时要求，故空调供电系统的电源切换、负载的保护及控制十分重要，常用以下三种方式实现控制：

1) 继电器控制：最简单、但故障率较高。空调系统电动机继电控制箱 XD2 为其示例，其控制电路见图 9-31。

2) 模块化控制：见实例 9-1 对图 9-32 ~ 图 9-34 的分析。

3) PLC 可编程序控制器控制：先进、装置复杂，用户安装维修困难。

4) 微机综合控制：详见第十二章第三节的 BAS 系统分析。

二、工程实例

【实例 9-1】 下面的工程实例是用控制模块来实现中央空调的电气控制的示例，共包括图 9-32 ~ 图 9-34。

1. 工程概况

该工程大楼共 17 层，空调机组设在地下层。空调机组组成为：

(1) 制冷机　两台

(2) 外部设备

1) 冷却塔　四台，风机功率为 5.5kW。

2) 冷却水泵　三台。

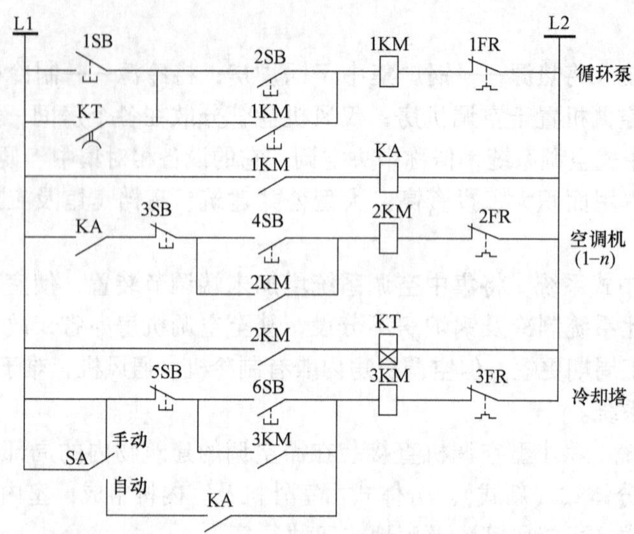

图 9-31　空调设备电动机继电控制箱 XD2 的控制电路

3）冷冻水泵　三台，冷却水泵和冷冻水泵均按“两台工作，一台备用”配置，电动机功率均为 30kW。

2. 配电系统构成

由于空调机组中的主机（即制冷机）已带有起动控制设备，所以两台主机只要由低压配电柜直接供电即可。根据工艺要求，只有当冷却塔、冷却水泵、冷冻水泵，依次起动运行一段时间后才能起动主机。因此要求在主机电源控制回路中加设电气联锁。主机的外部设备冷却塔、冷却水泵、冷冻水泵的一次线路见图 9-32，它由三台控制柜组成，控制柜电源由低压配电盘引入。

（1）冷却塔控制　由冷却塔控制柜负责，冷却塔风机的保护线路由断路器 QF、接触器 KM 和热继电器 KH 组成。断路器采用 DZ20 系列，它的瞬动功能可防止电动机的短路；接触器采用 CJ20 系列，用来起、停电机；热继电器采用 JR16 系列，以防电动机的过载。

（2）冷却水泵、冷冻水泵的控制　分别由冷却泵控制柜和冷冻泵控制柜负责。由于冷却及冷冻水泵共六台电动机（四用两备）全为 30kW，根据电源系统容量直接全压起动会引起配电系统的电压骤降，因此采用自耦减压起动，以免因起动电流过大造成越级跳闸。

3. 控制及保护的要求

中央空调机组的控制要求分自动和手动两种控制方式。

（1）手动控制　主机与各外部设备以及外部设备间无电气联锁关系，各设备均可单独起动或停止。主机由内部保护电路进行保护，此种状态主要是为了机组的调试和维修。

（2）自动控制　主机与外部设备之间有电气联锁，机组的起动、停止均按暖通专业的工艺要求进行，只要按下自动工作按钮，即可按设定的系统开机程序完成。停机也只要按下自动停止按钮，即可按停机程序完成。

1）空调机组的起动　起动顺序为：冷却塔风机→冷却水泵→冷冻水泵→主机。

首先起动冷却塔风机，经延时一段时间后，起动冷却水泵；再经 30s 左右延时，冷却水泵稳定运行，再按顺序起动冷冻水泵；延时 30s 后，冷冻水泵起动完毕，延时 5min 左右，接通主机电源。并由冷冻水泵的联锁触点和主机的起动回路接通，主机按其内部控制逻辑起动，至此空调机组起动完毕。

2）空调机组的停机　停机顺序与起动顺序相反，主机停机经延时 15min 左右，冷冻水泵停机，然后按停机顺序每隔 10s 依次停止相应的外部设备。

4. 电气系统构成

（1）一次线路　见图 9-32。

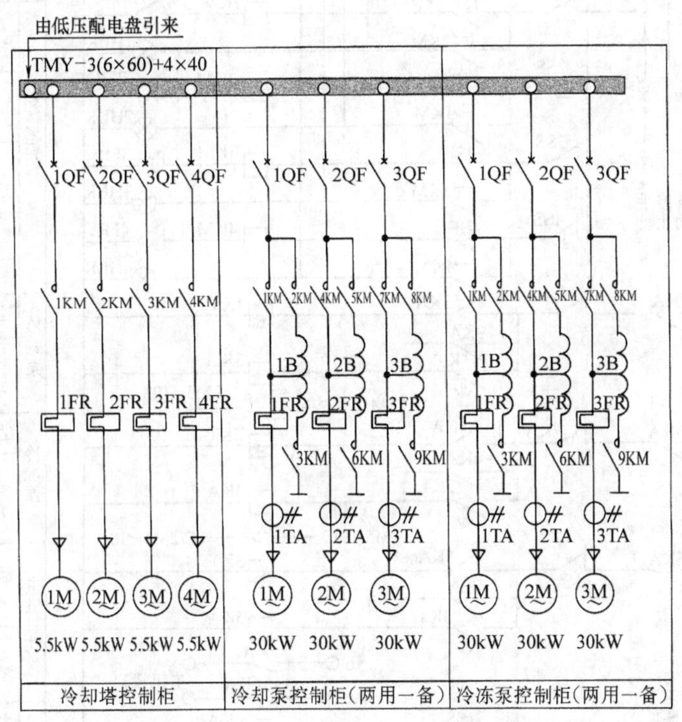

图 9-32　空调系统图一次系统概略图

（2）二次线路　见图 9-33，控制系统的“手动”和“自动”控制方式，由万能转换开关 SA 来转换。左 45°为“自动”，右 45°为“手动”，中间位置为“停止”。冷却水泵和冷冻水泵的二次回路电源也由转换开关 SA 引入，这样便于系统集中控制。当系统处于手动状态时，四台冷却塔风机可任意起动或停止；三台冷却水泵和三台冷冻水泵也可任意起动或停止。

（3）模块控制系统线路　见图 9-34，冷却水泵和冷冻水泵起动柜的中心控制部分各由五只控制模块组成：

1）信号模块　信号模块 M4 为底座八脚的轨道式插座，其模块可接收水位、压力等信号，经处理后由中间继电器 4KA 发出“可起动”指令。

2）起动模块　起动模块 M1、M2、M3 均为底座八脚的轨道式插座，模块内部结构类似于单片机。当模块接收主控模块 M5 的起动信号后，6#脚和 8#脚输出电压，两只接触器吸合，实现 60% 降压；经延时电器延时后，6#脚失电，7#脚输出电压，主接触器吸合，从而实现闭式起动；再延时 2s 后 8#脚失电，此时转入全压工作，减压起动过程完毕。

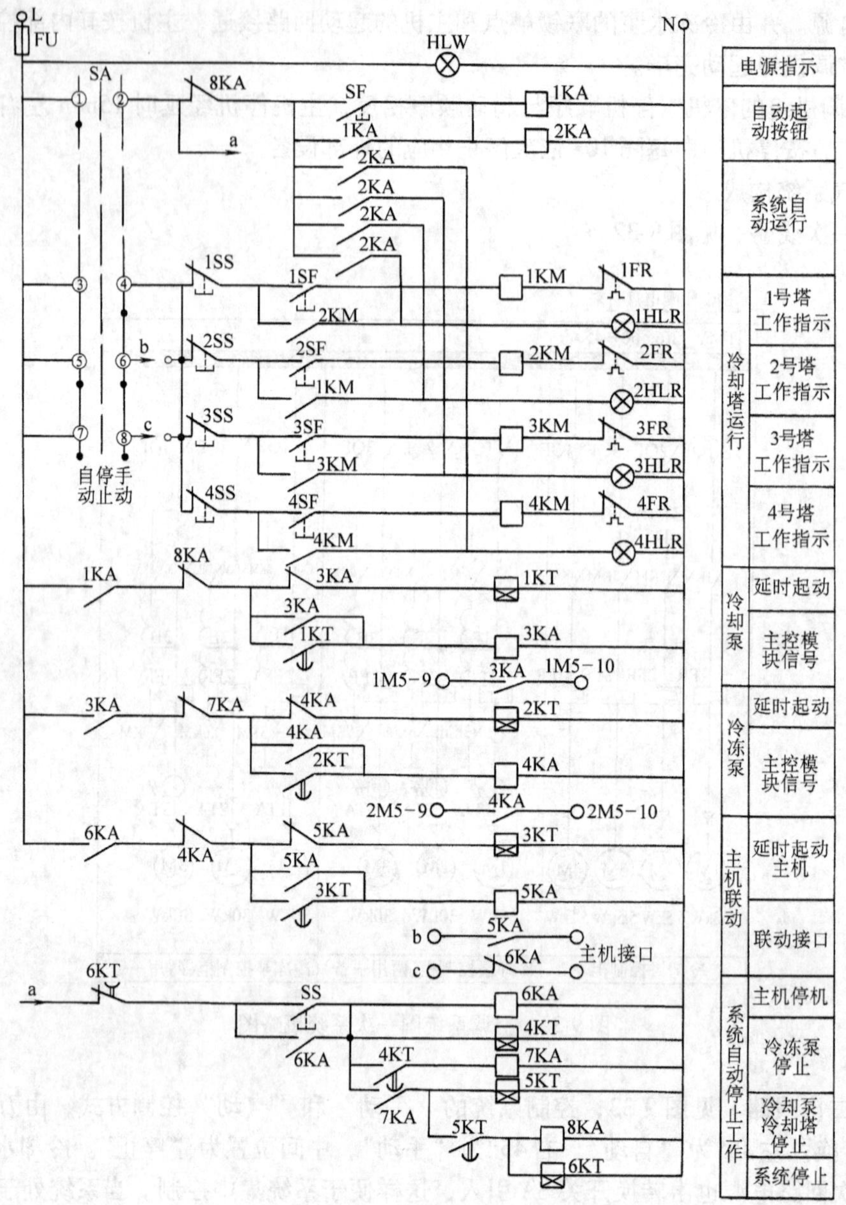

图9-33 空调系统二次电路图

3）主控模块 主控模块M5为面板式，安装于冷却水泵、冷冻水泵控制柜的面板上。面板设置有：

①“手动”和“自动”的转换开关。

②“工况选择”按钮一只，可根据实际需要选择工况：“1、2工作，3备用”、“1、3工作，2备用”及“2、3工作，1备用”。相对应有三台泵的工况数码显示。

③三台泵的“起动”、“停止”按钮各两只及对应工作指示灯各一只。

5. 动作原理

（1）手动 转换开关SA置为右45°，（手动）时，可直接按动M5面板按钮来起动或停止任何一台水泵。如需 1 号泵工作，按下 1 号泵工作按钮，主控模块 M5 输出开关信号，中间继电器 1KA 工作，起动模块 M1 得电工作，此时 2KM、3KM 线圈得电，由自耦变压器实施 60% 降压；经模块 M1 延时电路延时后，3KM 失电，1KM 线圈得电工作；再延时 2s 后 2KM 失电，从而实现到全压工作状态的切换，相对应的工作指示灯亮，至此 1 号泵起动结束。其他水泵起动的过程亦如此。

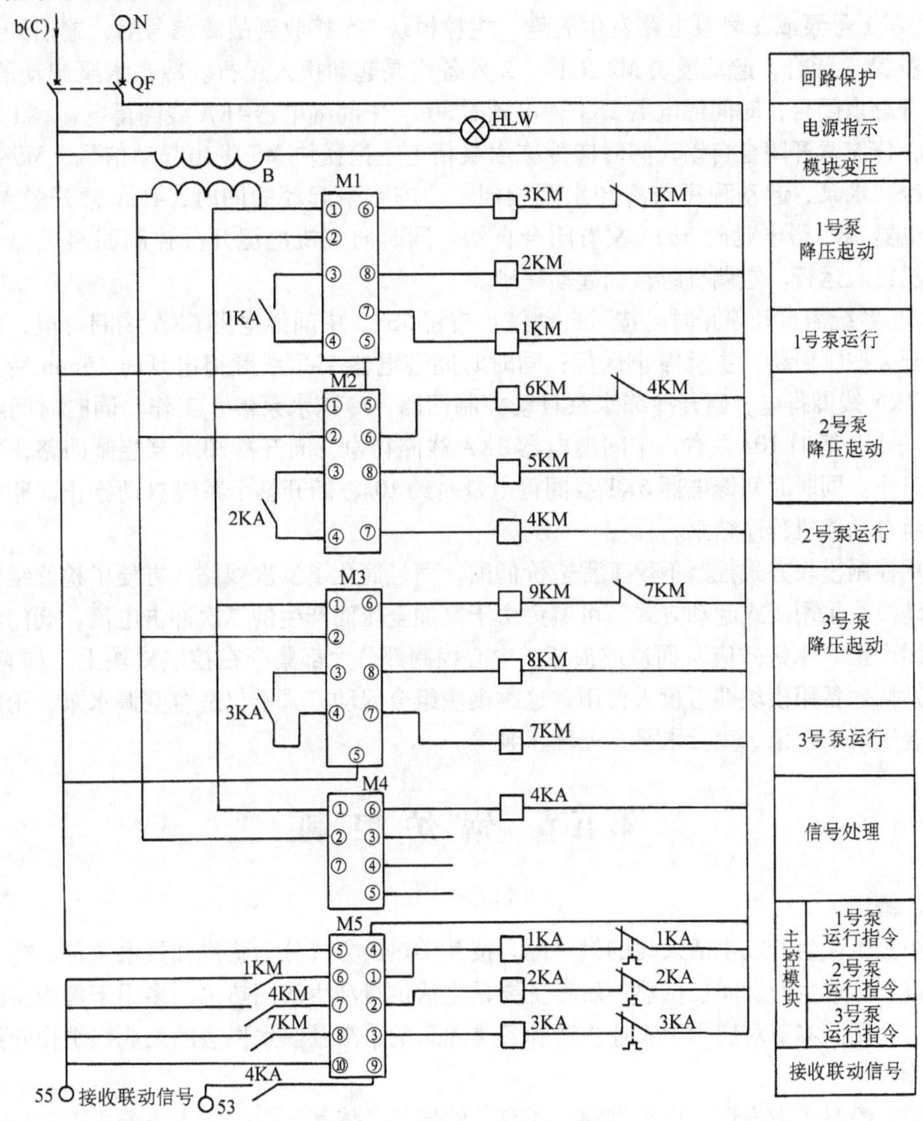

图 9-34　模块控制系统线路图

（2）自动　即转换开关 SA 置为左 45°（自动）时，冷却水泵、冷冻水泵的主控模块 M5 也需在“自动”位置。这时按下自动起动按钮 SF，继电器 1KA、2KA 得电，四对常开触点闭合，1KM ~ 4KM 线圈同时得电，1# ~ 4# 冷却塔风机工作；同时 1KA 常开触点闭合，1KT 线圈得电延时约 30s 左右闭合，继电器 3KA 得电，常开触点闭合，送出冷却水泵可起动信号；冷却水泵柜上主控模块 M5 接此信号后，根据所选择的工况输出相应的开关信号，由执行继电器1KA、2KA、3KA输出起动信号到起动模块M1～M3。

1）若工况选择为“1、3工作，2备用”　则主控模块M5输出的开关信号，使1KA、3KA线圈得电，起动模块M1、M3得电工作，2KM、3KM、8KM、9KM线圈得电，1号泵、3号泵减压起动，经起动模块延时后，2KM、3KM、8KM、9KM线圈失电，1KM、7KM线圈得电吸合，此时1号泵、3号泵全压工作。

2）若1号泵或3号泵电路发生故障　主控模块M5接收到故障信号后，输出开关信号使继电器2KA闭合，起动模块M2工作，2号备用泵起动投入运行。冷却水泵起动的同时，3KA常开触点闭合，时间继电器2KT得电延时30s，中间继电器4KA线圈得电，2KT线圈断电退出，4KA常开闭合自锁，同时向冷冻水泵柜上主控模块M5发出起动信号，M5接收信号起动冷冻水泵，起动程序与冷却水泵相同。冷冻水泵起动的同时，4KA常开触点闭合，时间继电器3KT得电延时5min左右闭合自锁。同时向主机电源开关控制回路发出合闸信号，主机投入运行。空调机组自动起动完毕。

3）当系统需自动停止时　按下自动停止按钮5SS，中间继电器6KA线圈得电，断开主机电源开关控制回路，主机停止运行；同时时间继电器4KT线圈得电延时15min后，中间继电器7KA线圈得电，断开冷冻水泵自动控制回路，冷冻水泵停止工作。同时时间继电器的5KT得电，延时10s左右，中间继电器8KA线圈得电，断开冷却水泵控制回路，冷却水泵停止工作。同时时间继电器6KT线圈得电延时约10s，断开整个系统自动停止回路。至此空调机组自动停机程序结束。

采用控制模块方式控制不仅工程造价低廉，而且简化了二次线路，方便了检修维护。特别是起动模块采用闭式起动方式，可避免由于突加全压而产生的二次冲击电流，阀门和水泵也不会因产生“水锤效应”而造成损坏。中心控制部分大都集中在控制模块上，如有故障，只需重新插入备用模块即可投入使用。这种模块组合起动方式不仅适合空调水泵，稍加改动后还适合于消防水泵、生活水泵、循环水泵等。

第五节　锅炉控制

一、概述

锅炉是工业生产或生活采暖的供热源，按其供热的方式分为蒸汽和热水两种。前者主要用于发电、工业生产及间接供热；后者主要是生活供暖和生活用热水，多用于集中供暖地区及宾馆、饭店。本节对应用于工业生产和各类建筑的采暖及热水供应的工业锅炉作介绍。

1. 分类

锅炉的燃料多为燃煤，也有燃油，还有天然气等。依其蒸发能力大小分为以下三类：

（1）小型锅炉　蒸发量在10t/h及以下，多用于工业生产及采暖。主要是火筒、火筒-烟管组合及小型水管式。

（2）中型锅炉　蒸发量在10～75t/h间，也多用于工业生产及采暖，国内生产多为“D”型。

（3）大型锅炉　蒸发量大于75t/h，除了工业生产及采暖，也用于发电厂，国内生产多为“∩”型。

2. 设备的组成

（1）锅炉本体　一般由汽锅、燃烧炉、蒸汽过热器、省煤器和空气预热器五部分组成。

（2）辅助设备　锅炉的辅助设备是保证锅炉本体正常运行必备的附属设备，由以下四个系统组成。

1）运煤、除灰系统　作用是保证为锅炉运入燃料和送出灰渣。

2）送引风系统　由引风机、（一、二次）送风机和除尘器等组成。引风机将炉膛中燃料燃烧后的烟气吸出，通过烟囱排到大气中去；送风机供给锅炉燃料燃烧所需的空气，以帮助燃烧；除尘器清除烟气中的灰渣，以改善环境卫生和减少烟尘污染。为了防倒烟，其控制要求是：起动时先起动引风机，经 10s 后再开送风机和炉排电机；停止时，先停鼓风机和链条炉排机，经过 20s 后再停止引风机。

3）水、汽系统　包括排污系统。

4）仪表及控制系统。

3. 运行工况

（1）燃料燃烧过程　燃煤锅炉为：燃烧煤加到煤斗中借助自重下落到炉排上，炉排由电动机经变速齿轮箱变速的链轮来带动，将燃料煤带入炉内。燃料一边燃烧，一边向炉后移动。燃烧所需的空气由风机送入炉排腹中风仓。

（2）烟气向水、汽的传热过程　在炉膛的四周墙面上布置一排水管，俗称水冷管。高温烟气与水冷壁进行强烈的辐射换热，将热量传递给管内工质。

（3）水的受热和汽化过程　此即蒸汽的产生过程，主要包括水循环和汽化分离两过程。经过处理的水由泵加压，先经省煤器而得到预热，然后进入汽锅。

4. 锅炉的自动控制

锅炉是以热能的产生和转换为目的的设备，它的自动控制就是热工参数的检测、调节和控制，故锅炉的自动控制又称热工自动化。一般锅炉的设备及其自动化系统的组成示意图见图 9-35。

（1）工作内容

1）自动检测　锅炉的工作是根据负荷的要求，产生达到预定参数（压力、温度）的蒸汽。为满足负荷设备的要求，保证锅炉正常运行和给锅炉自动调节提供必要的数据，锅炉房内必须安装相关的热工检测仪表，以显示、记录和变送锅炉运行的各种参数（如温度、压力、流量、水位、气体成分、汽水品质、转速、热膨胀等），并随时提供给操作者和自动化装置。大型锅炉机组常采用巡回检测方式对各种运行参数和设备状态进行巡测，以便进行显示、报警、工况计算以及制表打印。

2）自动调节　为确保锅炉安全、经济的运行，必须使一些能够决定锅炉工况的关键参数维持在规定的数值范围内或按一定的规律变化。锅炉自动调节主要包括给水、燃烧和过热蒸汽温度三个系统的自动调节，是锅炉自动化的主要组成部件。目前应用较广的链条炉排工业锅炉的自控装备见表 9-1。

从表中可见锅炉的自控概况。热工检测和控制仪表是一门内容极为丰富的专业学科，由于篇幅所限，我们仅对控制部分进行介绍。

3）程序控制　程序控制室根据设备的具体情况和运行要求，按一定的条件和步骤，靠程序控制装置来实现对一台或一组锅炉进行自动操作。它必须具备必要的逻辑判断能力和联锁保护功能，即当设备完成每一步操作后，它必须能够判断此操作已经实现，并在具备下一步操作条件时，允许设备自动进行下一步操作，否则中断程序并进行报警。程序控制的优点是提高锅炉的自动化水平，减轻劳动强度，并避免误操作。

表 9-1　链条炉排工业锅炉的自控装备表

蒸发量/(t/h)	检　测	调　节	报警和保护	其　他
1～4	A：1. 锅筒水位；2. 蒸汽压力；3. 给水压力；4. 排烟温度；5. 炉膛负压；6. 省煤器进出口温度 B：7. 煤量积算；8. 排烟含量测定；9. 蒸汽流量指示积算；10. 给水流量积算	A：位式或连续给水自控；其他辅机配开关控制 B：鼓风、引风风门挡板遥控；炉排位式或无级调速	A：水位过低、过高指示报警和极限水位过低保护；蒸汽超压指示报警和保护	A：鼓风、引风机和炉排起停顺序控制和联锁 B：如调节作用推荐，应设鼓风、引风风门开度指示
6～10	A：1、2、3、4、5、6 同上，并增加 B 中的 9、10 及 11. 除尘器进出口负压，对过热锅炉增加和 12. 过热蒸汽温度指示 B：7、8 同上，增加“13. 炉膛出口烟温”	A：连续给水自控；鼓风、引风风门挡板遥控；炉排无级调速；过热锅炉增加减温水调节 B：燃烧自控	A：同上，增炉排事故停转指示和报警，过热锅炉增加过热蒸汽温度过高、过低指示	A：同上 A B：过热锅炉增加减温、给水阀位开度指示

4）自动保护　自动保护的任务是当锅炉运行发生异常现象或某些参数超过允许值时，进行报警或进行必要的动作，以避免设备发生事故，保证人身和设备安全。锅炉运行中的主要保护项目有：灭火、高低水位、超温、超压等自动保护。

5）计算机控制　计算机控制功能齐全，不仅具备自动检测、自动调节、程序控制及自动保护功能，而且还具有提供正常运行和启停过程中的有用数据、分析故障原因、给出处理意见、追忆并打印供分析用的事故发生前的参数、分析主要参数的变化趋势、监视操作程序等。

（2）锅炉的自动调节

1）给水系统的自动调节　锅炉汽包水位的高度关系着汽水分离的速度和生产蒸汽的质量，也是确保安全生产的重要参数，因此“汽包水位”是一个十分重要的被调参数。锅炉的自动控制是从给水自动调节开始，给水自动调节是以“汽包水位调节”为重心。

锅炉给水系统自动调节类型有位式和连续调节两种。位式调节是针对锅筒水位的“高水位”和“低水位”两个位置进行控制，低水位时调节系统接通水泵电源，向锅炉上水；达到高水位时，调节系统切断水泵电源，停止上水。常用的位式调节有电极式和浮子式两种。调节装置动作的冲量可以是锅筒水位、蒸汽流量和给水流量，根据取用的冲量不同，分为单冲量、双冲量和三冲量调节三种类型。

2）蒸汽过热系统的自动调节

①任务　维持过热器出口蒸汽温度在允许范围之内，并保护过热器的壁温不超过允许的温度。“过热蒸汽温度”是按生产工艺确定的重要参数，过高会烧坏过热器水管，对负荷设备的安全运行极为不利，超温严重会使汽轮机或其他负荷设备膨胀过大，使汽轮机的轴向位移增大而发生事故；蒸汽温度过低会直接影响负荷设备的使用，影响汽轮机的效率，因此要稳定蒸汽的温度。

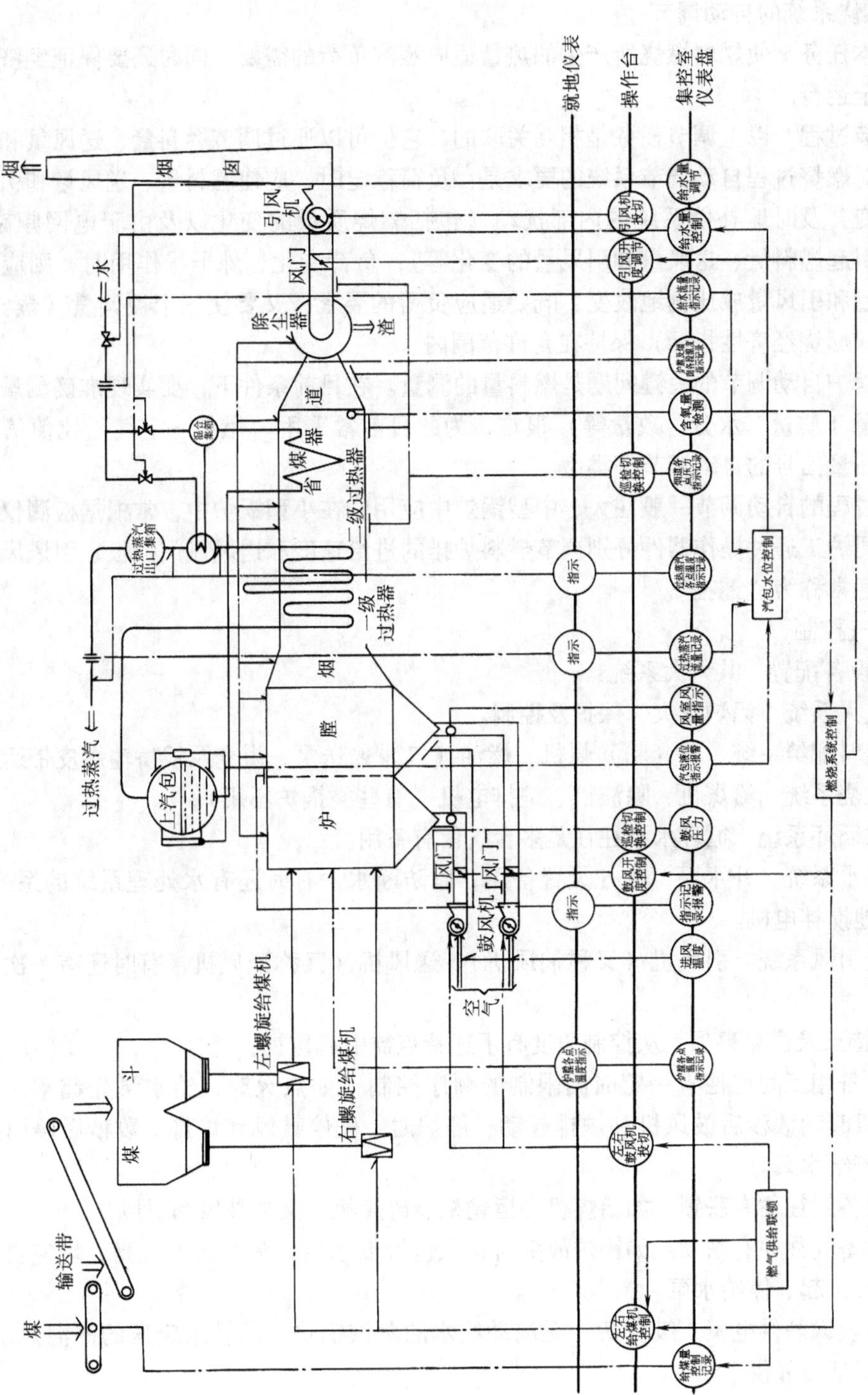

图 9-35 锅炉设备及其自动化系统组成示意图

②温度调节类型　主要有两种：改变烟气量（或烟气温度）的调节和改变减温水量的调节，其中改变减温水水量的调节应用较多。

3）燃烧系统的自动调节

①基本任务　使燃料燃烧所产生的热量适应蒸汽负荷的需要，同时还要保证经济燃烧和锅炉的安全运行。

②调节过程　以上调节任务是相互关联的，它们可以通过调节燃料量、送风量和引风量来实现。对燃烧过程自动调节系统的要求是：负荷稳定时，应使燃料量、送风量和引风量各自保持不变，及时地补偿系统的内部扰动（包括燃烧质量的变化以及由于电网频率变化、电压变化引起燃料量、送风量和引风量的变化等）；负荷变化、外干扰作用时，则应使燃料量、送风量和引风量成比例地改变，既要适应负荷的要求，又要使三个被调量（蒸汽压力、炉膛负压和燃烧经济性指标）保持在允许范围内。

燃煤锅炉自动调节的关键问题是燃料量的测量。在目前条件下，要实现准确测量进入炉膛的燃料量（质量、水分、数量等）很难，为此目前常采用“燃料—空气”比值信号的自动调节、热量信号的自动调节等类型。

燃烧过程的自动调节一般在大、中型锅炉中应用。在小型锅炉中，常根据检测仪表的指示值，由司炉工通过操作器件分别调节燃料炉排的进给速度和送风风门挡板、引风风门挡板的开度，通常称为“遥控”。

5. 电气控制

（1）设备配置　共六大系统：

1）点火系统　锅炉点火、保护及控制。

2）燃料配给系统　碎（粉）煤机、燃油（气）输送泵、煤仓及栈桥输煤皮带运输机。

3）燃烧系统　给煤机、除渣机、炉排电机（有些类锅炉不用）。

4）水循环系统　循环水泵往往是多台，留有备用。

5）补水系统　补水泵，往往设置备用，以防断水。有时还有水处理系统的系列水泵，如水处理池搅拌电机。

6）送引风系统　引风机（又称抽风机）、送风机（又称配风机，有时还有一次、二次送风之分）。

（2）特点及注意事项　从控制角度有下述特点需引起重视：

1）设备相互间往往有一定时间限制的顺序控制　如点火时，给水泵先起动，然后除渣，引风机起动数秒后鼓风机和炉排起动；停炉时，先停鼓风和炉排，数秒后停引风和除渣，最后停给水泵。

2）设备间往往有联锁　如给煤机和运输机、碎煤机，又如鼓风和引风。

3）设备间往往有联动　如锅炉故障时，汽包极低水位、蒸汽压力过高，均应自动停止排风、炉排，起、停给水泵。

4）一般锅炉供电属二级负荷　无汽动给水的蒸汽锅炉、以补水定压的高温热水锅炉，给水泵应保证可靠供电。

5）配电宜以锅炉机组为单元放射式配电　6.5t/h 及以上锅炉宜设低压配电室，锅炉房内就地配电，起动设备宜用防护、防水、防尘型。

6）每台锅炉宜单独设置控制屏　宜与锅炉配套供应，宜设集控室，并将其置于室内。

7）线缆宜穿金属管及金属桥架　必须注意敷设时与高温设备的间距。

8）锅炉间、除氧间、顶层料仓、水处理和风机间的检修照明　宜用12V安全电压。对就地指示仪表，宜设局部照明。

二、锅炉电气控制的工程实例

【实例9-2】　以KZL4-B型4t快装锅炉为示例，图9-36为其电气控制系统概略图、图9-37为其电气控制系统电路图、图9-38为其水位自动调节与报警系统电路图（部分）。

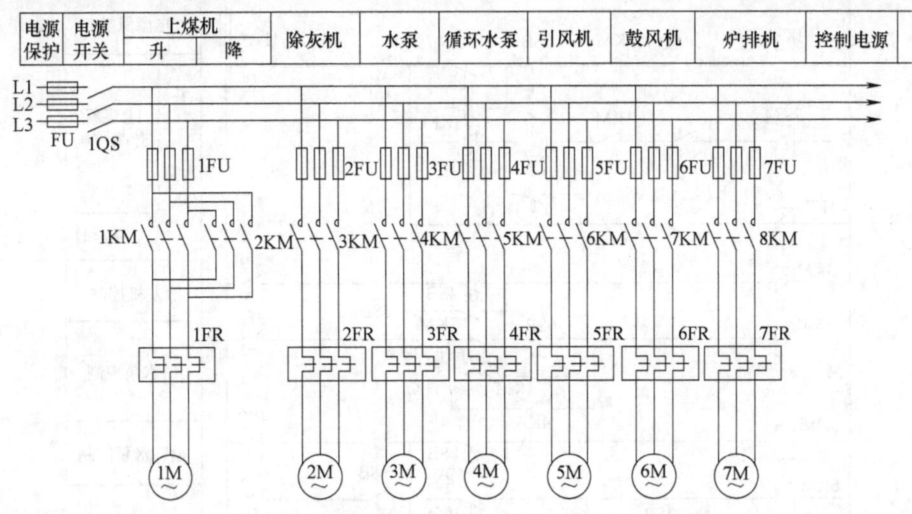

图9-36　KZL4-B型4t快装锅炉电气控制系统概略图

（1）系统的控制对象

七台电动机：上煤机M1、除灰机M2、水泵电动机M3、循环水泵M4、引风机M5，鼓风机M6、炉排电动机M7，以及水位控制。

（2）控制过程

1）锅炉点火前的检查和准备

①对锅炉内、外部，各附件，阀门进行检查，向锅炉内进水。进水速度不应太快，水温不宜太高，进水时间夏季不少于1h，冬季不少于2h，进水温度夏季不高于90℃，冬天不高于60℃。

②当锅炉进水达到锅炉最低水位时，停止进水。停水后，应检查水位是否有变动：当水位逐渐上升，说明给水阀关不严，应进行修理和更换；当水位逐渐降低，说明锅炉排污阀关不严，应查明原因，予以消除。

③新安装、长期停用和大修后的锅炉应按规定做好水压试验、烘炉和煮炉工作。

④确认送、引风等都合格后，打开烟道挡板和风门进行通风，并起动引风机5min，以排出烟道中可能残存的可燃体或沉淀物。

⑤合上电源开关1QS，将转换开关4SA转至“自动”位，做好点火前的准备。

2）水位自动调节与报警

①汽包水位的自动调节　由电极式水位控制器中的晶体管VT_1、灵敏继电器4KA和水位电极Ⅱ、Ⅲ完成，水位电极Ⅱ、Ⅲ的间距为水位允许的波动范围。当锅炉水位低于“低水位”时，晶体管VT_1的基极电$I_B=0$，$I_C=0$，VT_1截止，4KA的线圈无电，控制支路的

4KA 常闭触点闭合，使接触器 4KM 线圈通电，水泵电动机 M3 起动；水位逐渐上升，当水位达到高“水位”时，VT_1 导通，4KA 线圈通电，其触头动作，4KM 线圈失电释放，水泵电动机 M3 停止。水位下降到低水位时，重新起动水泵，如此按“双位调节规律”保持汽包水位在一定的波动范围内。

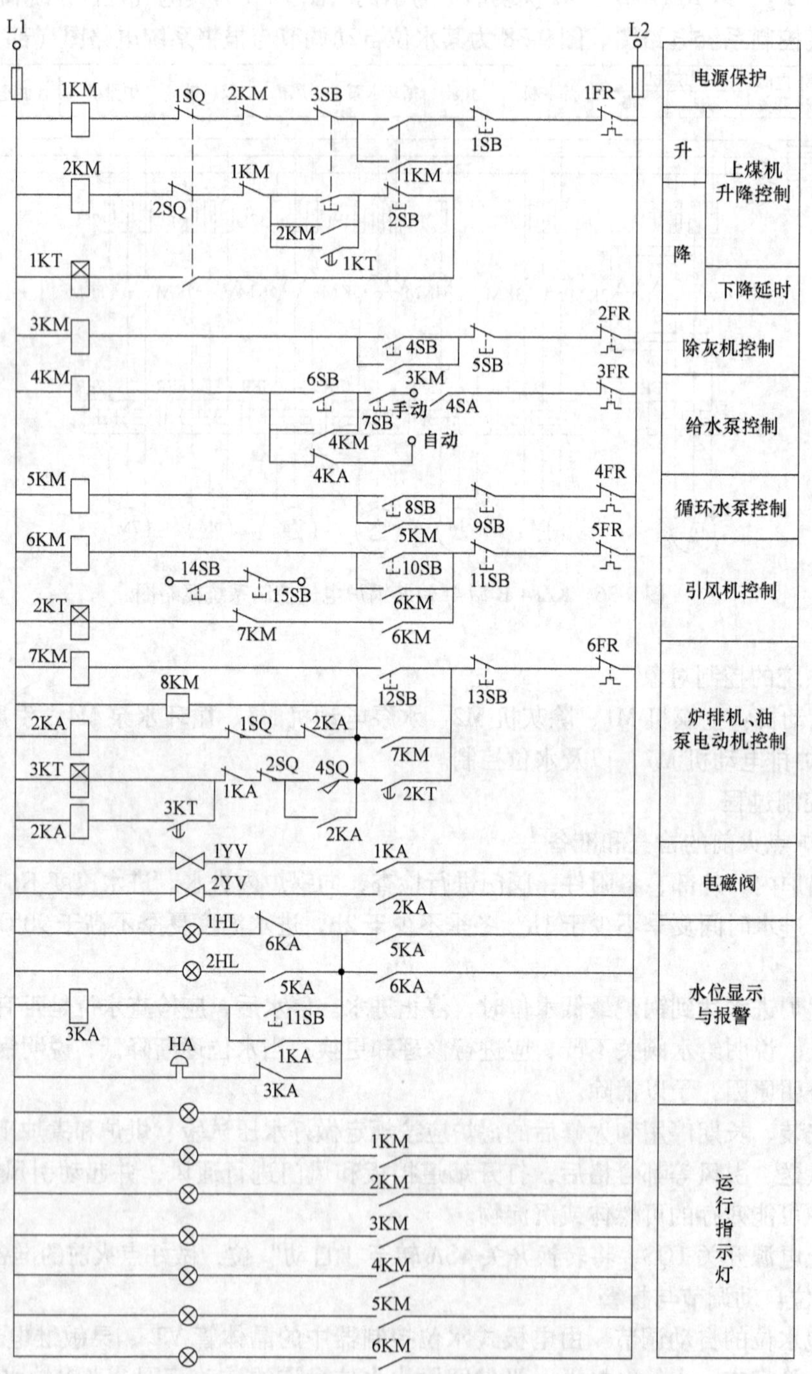

图 9-37　KZL4-B 型 4t 快装锅炉电气控制系统电路图

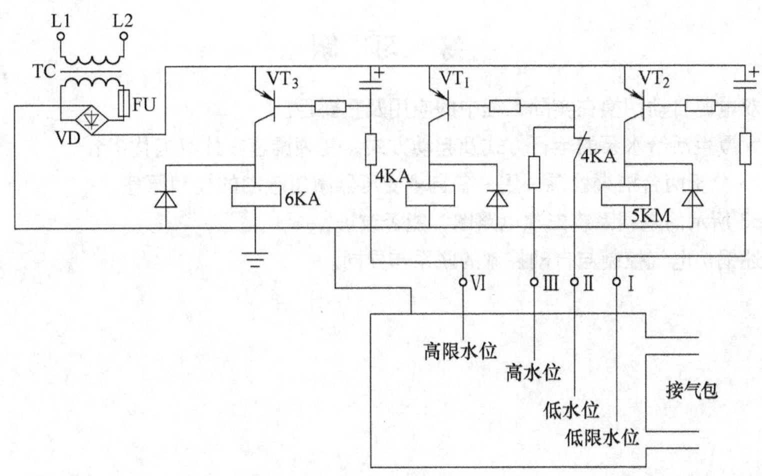

图 9-38　KZL4-B 型 4t 快装锅炉水位自动调节与报警系统电路图

②水位报警　当水位降至“低限水位”（电极Ⅰ以下）时，5KA 线圈失电，其触头复位，6KA 线圈也失电，其触头复位，于是图 9-37 中的报警信号灯 1HL 亮，同时警铃 HA 响，当值班人员接到通知后，可按下解除按钮 SBH，使继电器 3KA 线圈通电，HA 停响；水位升到“高限水位”（电极Ⅳ以上）时，5KA 线圈通电，3KA 线圈失电，6KA 线圈通电，于是 2HL 亮的同时 HA 响，发出高水位声光报警信号。另外循环水泵控制采用按钮 8SB、9SB、5KM 便可进行控制。

3）运煤除灰系统

①上煤机控制　需上煤时，按下起动按钮 2SB，接触器 1KM 线圈通电，电动机 M1 正转。小车在电动机 M1 的拖动下到达炉顶，小车碰撞上升限位开关 1SQ，其触点动作，1KM 线圈失电释放，同时时间继电器 1KT 线圈通电，M1 停止。机械装置使小车倾斜一个角度，使煤斗的煤进入炉膛。当煤全卸完时，1KT 延时闭合，使接触器 2KM 线圈通电，M1 反转。使小车下降返回，当到达地面时，小车又碰下降限位开关 2SQ，其触头动作，2KM 失电释放，M1 停止。

②除灰（渣）机控制　起动与停止用 SB4 和 SB5 便可实现，何时起停由灰渣的具体情况决定。

4）鼓风、引风机系统　采用按钮手动控制，应保证其连锁关系的实现。起动时，按下 10SB，接触器 6KM 线圈通电，引风机 M5 起动运转，快速排烟；过一段时间再按下 12SB，接触器 7KM 线圈通电，鼓风机 M6 起动运转，有助煤的燃烧。因为 M5 功率大，需用减压起动，图中 14SB，15SB 装在它的成套设备中。

5）炉排液压传动系统　当按下 12SB 后，由于 7KM 通电，8KM 线圈通电，油泵电动机 M7 起动，中间继电器 1KA 线圈通电，使电磁阀 1YV 通电，活塞开始动作，做推动炉排的准备工作。当活塞到达一定位置时，碰撞行程开关 1SQ，其触头动作，使 1KA 失电释放，同时使时间继电器 3KT 线圈通电，延时后，中间继电器 2KA 线圈通电，电磁阀 2YV 通电，通过液压传动系统使炉排推进。当移动到一定位置时碰撞 2SQ，使 2KA 线圈失电释放，2YV 失电，炉排停止推进。同时 1SQ 不受碰撞复位，于是 1KA 线圈又重新通电，炉排又重复推进前的准备。

练 习 题

1. 举例说明双电源自动切换在实际工程中的应用及重要性。
2. 讲述所见大厦生活给水泵的运行方式及起动方式，变频调速在此有何优劣？
3. 试以图 9-25 分析两台消火栓泵一用一备自耦变压器减压起动的控制原理。
4. 评价图 9-33 所示的空调系统二次电路图，能否改进？
5. 以实例阐述锅炉电气控制与自动控制的联系与异同。

第十章 照明电气设计

第一节 概 述

电气照明是现代人工照明的极其重要的手段，是现代建筑中不可缺少的部分，在现代建筑中发挥了重要的作用。它不仅能满足人们对照明采光的基本需要，保证人们正常的工作、生活和学习等，还能创造优美、理想的光照环境，美化人们的生活环境，因此正确进行电气照明设计非常重要。

一、电气照明基础

为了搞好民用建筑的电气照明设计，首先必须熟悉照明技术的一些基本概念。

1. 光

（1）可见光　所有物体分子的热运动都辐射电磁波，通常把电磁波中紫外线、可见光和红外线统称为“光”。而“可见光”又是能直接引起视觉反应的电磁波，一般波长为380~780nm（$1nm=10^{-9}m$），产生这种可见光辐射的物体即“光源”。

（2）光的度量

1）光通量　单位时间内辐射的光量的量值，用符号Φ表示。光通量的单位为流明(lm)，1lm是发光强度为1cd的均匀点光源在1sr（单位立体角，或称1球面度）内发出的光通量。

2）光强　光源在给定方向单位立体角内（单位球面度内）所发出的光通量为光源在该方向上的发光强度，简称光强，符号为I，单位为坎德拉（cd）。光强常用于说明光源或灯具发出的光通量在空间各方向或在选定方向上的分布密度。对于各个方向均匀辐射光通量的光源，它在各方向的光强均等，其值为

$$I \xlongequal{\text{def}} \frac{\Phi}{\Omega} \tag{10-1}$$

式中，Φ为光源在立体角Ω所辐射的总光通量；空间立体角$\Omega=A/r^2$，其中r为球的半径，A为与Ω相对应的球面积。

3）照度　物体单位被照面积上的光通量称为照度，符号为E，单位为勒克斯（lx）。如果光通量Φ均匀地投射在面积为S的表面上，则该表面的照度值为

$$E \xlongequal{\text{def}} \frac{\Phi}{S} \tag{10-2}$$

照度是评价照明质量的重要指标，必须按照工业与民用建筑照明设计相应标准确定、设计或校验。附录B即为摘自“建筑照明设计标准”的照明标准值。

4）亮度　人眼由可见光引起的明亮感觉的程度即亮度。通常以发光体（直接发光体及反射光通量的间接发光体）在视线方向单位投影面上的发光强度来度量，符号为L，单位为cd/m^2（每平方米坎德拉）。如图10-1所示，设发光体表面法线方向的发光强度为I，与发

光体表面法线成 α 角的人眼视线方向的发光强度 $I_\alpha = I\cos\alpha$，而视线方向的投影面积 $A_\alpha = A\cos\alpha$，由此可得发光体的亮度为

$$L \stackrel{\text{def}}{=\!=} \frac{I_\alpha}{A_\alpha} = \frac{I\cos\alpha}{A\cos\alpha} = \frac{I}{A} \tag{10-3}$$

（3）光源的特性

1）色温　光源的发光颜色与温度有关，色温即光源与黑体（能吸收全部光辐射，即不反射也不透射的理想物体）所发光的色度相同时，黑体的温度。符号为 T_c，单位为开尔文（K）。

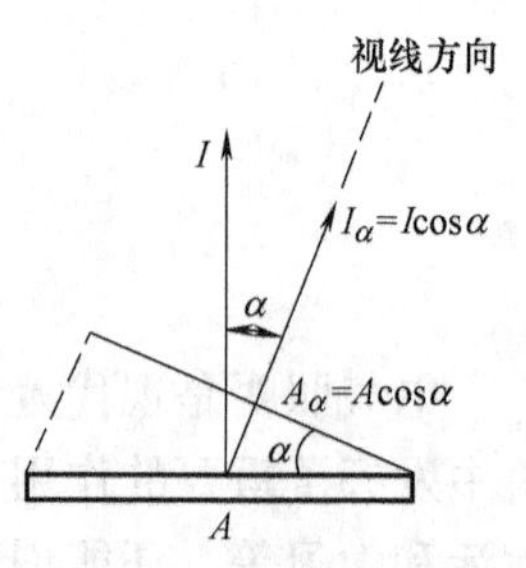

图 10-1　亮度的度量

2）显色性　可见光与阳光照射物体显现的色彩不完全一样，存在失真度。光源的显色性即指不同光谱的光源照射在同一颜色的物体上时，所显现出不同颜色的特性。通常用显色指数（R_a）来度量光源的显色性，指数越高，显色性就越好。一般而言，$R_a < 50$ 表示显色性较差，$R_a = 50 \sim 79$ 表示显色性一般，$R_a = 80 \sim 100$ 表示显色性优良，与参照光源完全相同时 $R_a = 100$。常见光源的色温及显色指数见表 10-1。

表 10-1　常见光源的色温及显色指数

光　源	色温 T_c/K	显色指数 R_a
钨丝白炽灯（50W）	2900	95 ~ 100
荧光灯（日光色 40W）	6500	70 ~ 80
荧光高压汞灯	5500	30 ~ 40
镝灯	4300	85 ~ 95
普通型高压钠灯	2000	20 ~ 25

（4）物体的光照性能　光通量 Φ 投射到物体上，一部分光通量 Φ_ρ 从物体表面反射，一部分光通量 Φ_α 被物体吸收，余下的光通量 Φ_τ 则透过物体，见图 10-2。

表征物体的光照性能的三个参数为：

1）反射比　反射光的光通量 Φ_ρ 与总投射光通量 Φ 之比，又称反射系数：

$$\rho \stackrel{\text{def}}{=\!=} \frac{\Phi_\rho}{\Phi} \tag{10-4}$$

2）吸收比　吸收光的光通量 Φ_α 与总投射光通量 Φ 之比，又称吸收系数：

$$\alpha \stackrel{\text{def}}{=\!=} \frac{\Phi_\alpha}{\Phi} \tag{10-5}$$

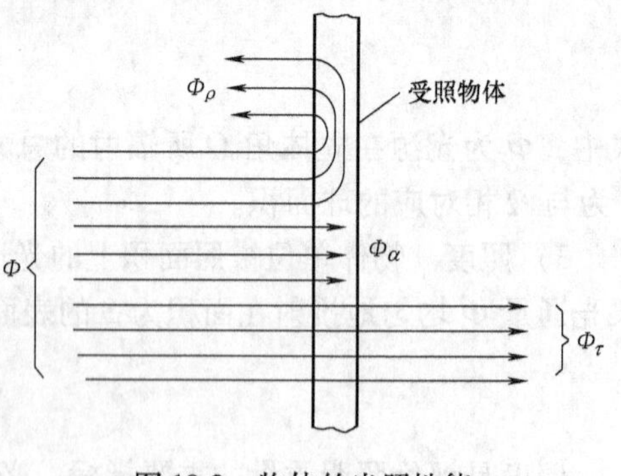

图 10-2　物体的光照性能

3）透射比　透射光的光通量 Φ_τ 与总投射光通量 Φ 之比，又称透射系数：

$$\tau \stackrel{\text{def}}{=\!=} \frac{\Phi_\tau}{\Phi} \tag{10-6}$$

以上三个参数存在的关系为 $\rho+\alpha+\tau=1$ (10-7)

一般特别重视反射比这个参数，因为它与照明设计直接相关。

2. 电气照明的种类

（1）正常照明　正常生产和生活情况下所需的替代日光和辅助日光的照明。

1）按照明方式分类

①一般照明　与位置几乎没有关系的全区域均等照明。

②局部照明　满足特定位置高照度需要设置的照明。

③混合照明　两者叠加、混合。

2）按工作场所分类

①厂房照明　要注意特定工艺要求、特殊环境条件，如潮湿、粉尘、腐化、爆炸及火灾危险等。还要注意灯具配光曲线、布灯与设备的冲突、控制与维护的方便。

②办公照明　要注意通道与室内、办公区域与工作位置的不同照度要求，以及办公、空调、会议、投影设施用电插座的合理布设。

③教学照明　要注意荧光灯长轴垂直于黑板、黑板灯设置的防光幕反射及眩光、理化及电化教室的教学、实验及通风的电源插座等特殊要求，还须注意未成年人用电的特殊安全措施。以课桌面与讲课黑板为照度计算的依据。

④医院照明　要注意门诊、病房、手术，按照不同的要求，尤以手术无影照明及不间断供电为重要。同时病房医患监测及联系也是关键点。

⑤图书、博展照明　应区分图书陈设、平面、立体及活动展示的不同需要，采用一般、陈列及投射照明。还要考虑显色性、紫外线伤害及图书的安保配置。

⑥居住照明　单元住宅及宿舍照明是照明量最大、也最普通，但突出“以人为本”，满足共同需求的同时，装修时顾及居室主人个性。

⑦高层建筑　除上述各点外，尚需注意垂直交通——电梯、应急照明、消防及安控、备用电源的设置。干线多走管缆井，且预分支电缆及密集式母线已逐渐被广泛使用。

⑧宾馆照明　既要满足视觉功能需求，也要满足疏导人流、划分空间、营造气氛、强化建筑美学等功能的要求，包括客房、厅堂、台吧、廊梯、立面及应急等的照明。

⑨商业照明　分店前、门厅、橱窗、店内及外观照明。既要注意营业品种分区，又要突出商品特色，激发购买欲望的同时还要节能、安全。

⑩影剧院、体育场　首先保证进出及体育主场馆的照度、无眩光及满足实况转播的要求，同时亦兼顾辅助用房（门厅、休息厅、化妆、更衣）的个性化要求、大面积强照度下限制眩光及广告声响、图像的特殊需求。

⑪道路照明　要保证路面照度达到车、人行交通安全的指标，同时不可忽视路灯外形对市容的烘衬作用。

⑫露天照明　广场、停车场多用高强气体放电灯作高杆照明，此时要一并考虑维护的条件。

⑬立面照明　建筑物泛光照明及节日彩灯、广告霓虹灯的照明。其中泛光照明又称景观照明，主照面的色调及艺术效果是其要点，形式上分为：外照光（投照光）、轮廓光、窗透光及装饰光四种。

（2）应急照明　正常照明因故失电熄灭后，为人员疏散、保证安全及关键工作提供的应急措施，又称事故照明。应急照明光源应为瞬间燃点型，疏散照明的维持时间不小于20/30min，疏散及备用照明的转换时间不大于15s，安全照明则不大于0.5s。分三种：

1）疏散照明　人员密集的公共场所，紧急情况下使人员准确无误疏散、撤离的照明。其在疏散道中心线上平均照度不能低于0.5lx。

2）安全照明　事故紧急情况下，确保处于潜在危险的人员的安全而设置。避免恐慌导致危险，照度在正常工作区不低于5%，特危区不低于10%，医院手术台应保持正常照度。

3）备用照明　事故紧急情况下保证关键工作继续和暂时继续的照明。一般场所照度不低于正常10%，重要场所（消防中心，发电机房，总机室）不低于正常照度。

（3）警卫值班照明　重要的值班和警卫场所的照明，宜利用单独控制的正常照明或事故照明。

（4）障碍照明　房屋顶端为飞行障碍、航道为水运障碍设置的标志照明。按有关部门规定应装设能透雾的红灯，最好用单闪或联闪。

二、照明节能

1. 照明功率密度值

随着城市建设、房地产市场的飞速发展，我国照明用电量约占发电量的10%～12%。电气照明又以低效照明为主，且照明用电又大都同时集中于高峰时段，所以照明节能具有既节约能源又缓解高峰用电的双重作用。新的《建筑照明设计标准》GB50034—2004特点之一：适应当前生产、工作、学习和生活的需要，较大幅度的提高照度水平；特点之二：规定了照度标准值，此值是指作业面照度要求，对作业面以外0.5m范围的邻近区域的照度允许适当降低；特点之三：提出了照明功率密度，规定了各类建筑（不包含住宅）的最常用的房间或场所的功率密度最大限幅，强制了建筑领域照明系统的节能。

（1）LPD含义　LPD即照明功率密度值，又称w。它是标准规定设计中实际使用的建筑场所或房间照明功率密度的最大允许上限值，计算式如下：

$$w = \frac{\sum P}{S} = \frac{\sum (P_L + P_B)}{S} \tag{10-8}$$

式中，P为单个光源的输入功率（含配套镇流器或变压器等附件功耗），单位为W；P_L为单个光源的额定功率，单位为W；P_B为光源配套附件（含镇流器或变压器）的功耗，单位为W；S为建筑场所或房间的面积，单位为m^2。

（2）LPD典型值　表10-2～表10-7列出了最常见民用建筑的LPD值，工业照明的LPD值见相关行业标准。

表10-2　居住建筑每户照明功率密度值（LPD）

场所名称	照明功率密度/（W/m²）		对应照度/lx
	现行值	目标值	
起居室	7	6	100
卧室			75
餐厅			150
厨房			100
卫生间			100

表 10-3　办公建筑照明功率密度值（LPD）

场所名称	照明功率密度/(W/m²)		对应照度/lx
	现行值	目标值	
普通办公室	11	9	300
高档办公室、设计室	18	15	500
会议室	11	9	300
营业厅	13	11	300
文件整理、复印、发行室	11	9	300
档案室	8	7	200

表 10-4　医院建筑照明功率密度值（LPD）

场所名称	照明功率密度/(W/m²)		对应照度/lx
	现行值	目标值	
治疗室、诊室	11	9	300
化验室	18	15	500
手术室	30	25	750
候诊室、挂号厅	8	7	200
病房	6	5	100
护士站	11	9	300
药房	20	17	500
重症监护室	11	9	300

表 10-5　旅馆建筑照明功率密度值（LPD）

场所名称	照明功率密度/(W/m²)		对应照度/lx
	现行值	目标值	
客房	15	13	—
中餐厅	13	11	200
多功能厅	18	15	300
客房层走廊	5	4	50
门厅	15	13	300

表 10-6　商业建筑照明功率密度值（LPD）

场所名称	照明功率密度/(W/m²)		对应照度/lx
	现行值	目标值	
一般商店营业厅	12	10	300
高档商店营业厅	19	16	500
一般超市营业厅	13	11	300
高档超市营业厅	20	17	500

表 10-7　学校建筑照明功率密度值（LPD）

场所名称	照明功率密度/(W/m²)		对应照度/lx
	现行值	目标值	
教室、阅览室	11	9	300
实验室	11	9	300
美术教室	18	15	500
多媒体教室	11	9	300

2. 设计中的节能措施

照明节能设计就是在保证不降低作业面视觉要求、不降低照明质量的前提下，最大限度地利用光量，力求减少照明系统中光量的损失。这是一项系统工程，首先要从提高整个照明系统的效率来考虑，对组成系统的各个因素从节能角度加以分析，从而提出具体的节能措施与方法：

（1）提高功率因数　首先尽量选用自然功率因数高的设备。在功率因数达不到要求时，常采用补偿电容集中改善，而补偿电容宜装设在消耗无功功率大的地方。一般气体放电灯的功率因数仅为0.45～0.5，宜就地无功功率补偿，即在镇流器的输入端接入适当容量的电容器。

（2）供电布局　为减少低压大电流的损耗，高压供电系统应尽可能深入负荷中心。

（3）充分采用自然光　电气照明设计人员主动与建筑专业配合，充分合理利用自然光，尽可能节约电气照明。

（4）照明电气

1）合理确定照度标准值　设计中计算照度尽量控制在标准值，不要超过110%。

2）提高电光源的光效 η，包括降低附件功耗，灯具效率不宜低于0.7，有遮光栅格则不小于0.55。

3）尽量用高效电光源　灯具悬挂较低的场所（住宅、办公、商业）除特殊情况外一般情况下，室内外照明不采用普通白炽灯，宜用高效发光的荧光灯（如T5、T8管）及紧凑型荧光灯；高大车间、厂房及体育馆场的室外照明等一般照明宜采用高压钠灯、金属卤化物灯等高效气体放电光源；要求显色性时，选三基色荧光灯。

4）推广使用低能耗性能优的光源用电附件，如电子镇流器、节能型电感镇流器、电子触发器以及电子变压器等，公共建筑场所内的荧光灯宜选用带有无功补偿的灯具，气体放电灯宜采用电子触发器。

5）合理采用混光照明　大面积、视觉要求高、均匀度要求不高的大厂房，尽可能采用。

6）提高利用系数 U　选用效率高和与房间室形相适应的灯具，并注意合理提高房间顶棚、墙壁的反射比。

7）合理选择照明控制方式　根据照明使用特点可采取各种类型的节电开关或装置（如定时开关、感应开关、智能开关）；灯光分区控制或适当增加照明开关点；宾馆客房采用节电钥匙开关；公共场所及室外照明可采用程序控制或光电、声控开关；走道、楼梯等人员短暂停留的公共场所可采用节能自熄开关。

8）照明用电监测　配置相应的测量和计量仪表定期测量电压、照度和考核用电量。

电光源及灯具的节能细节见后述。

第二节　电光源与灯具

一、电光源

1. 分类

电光源的分类见表10-8。

表10-8　电光源的分类

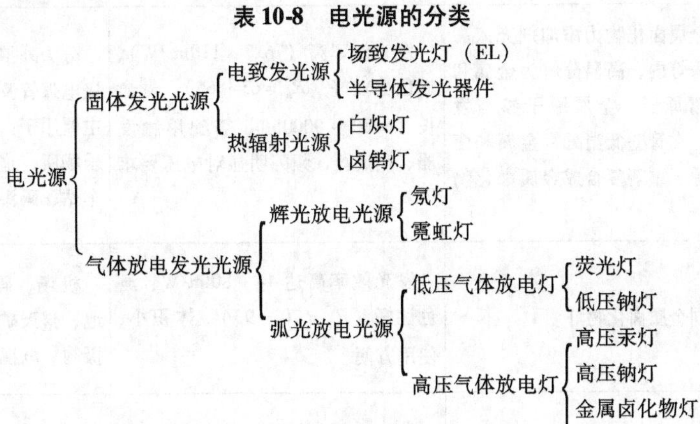

2. 特性

电光源的特性决定了它的应用场所，详见表10-9。

表10-9　常用电光源特性及应用

序号	名称	发光原理	特　征	应用场所
1	白炽灯	是利用钨丝通过电流时被加热而发光的一种热辐射光源	结构简单、成本低、显色性好（R_a=95～99）、使用方便、有良好的调光性能、光电转换率低、发热量大、瞬时点燃	原生活照明，以及工矿企业、剧院、舞台普通及应急照明广为使用。因不节能，现仅限工地、农村、二次及特殊照明使用
2	卤钨灯	白炽灯内充入含有微量卤族元素或卤化物的气体，利用卤钨循环原理来提高发光效率	体积小、光线集中、显色性好（R_a=95～99）、使用方便、较长寿	剧院、电视播放、摄影用，冷光束卤钨灯是商橱、舞厅、宾馆、博览的装饰用新光源
3	荧光灯	汞蒸气放电，发出可见光和紫外线，紫外线又激活管壁上的荧光粉发出接近日光的混合光	发光效率高（粗、细管分别为26.7～57.1lm/W，58.3～83.3lm/W），显色性较好（R_a=70～80），寿命长达1500～8000h，需配用辉光启动器、镇流器，电感镇流器有频闪、功率因数低	住宅、学校、商业楼、办公室、设计室、医院、图书馆等民用建筑广为应用。可瞬起、重起、无频闪的无极荧光灯为新型高效节能光源
4	紧凑型高效节能荧光灯	同荧光灯，但采用稀土三基色荧光粉	集中白炽灯和荧光灯的优点，发光效率高达35～81.1lm/W、寿命长达1000～5000h、显色性好（R_a=80）、体积小、使用方便、配合电子镇流器性能更佳、价偏高	民用建筑中推荐用于住宅、商业楼、宾馆等照明

（续）

序号	名称	发光原理	特　征	应用场所
5	荧光高压汞灯	同荧光灯，不需预热灯丝	发光效率较白炽灯高、寿命长达3500～6000h、耐振性较好、燃点需要起动时间	道路、广场、车站、码头、工地和高大建筑的室内外照明
6	自镇流高压汞灯	同荧光高压汞灯，但不需镇流器	发光效率较白炽灯高、耐振性较好、省去镇流器、使用方便	原用于广场、车间、工地等不便维修处，现因效率低，已限制使用
7	金属卤化物灯	金属卤化物为添加剂充入高压汞灯内，高温分解为金属和卤素原子，金属原子参与发光。在管壁低温处，金属和卤素原子重新复合成金属卤化物分子	发光效率高（76.7～110lm/W）、显色性较好（R_a=63～65）、寿命长（6000～9000h）、需配用触发器、镇流器，频闪明显对电压要求严	分为外带玻壳、不带玻壳、陶瓷电弧管及球形中短弧四种。其主要用于：剧院、体育场馆、娱乐场所、道路、广场、停车场、车站、码头、工厂等
8	管形镝灯	同金属卤化物灯	发光效率高达44～80lm/W、显色性好（R_a=70～90）、体积小、使用方便	机场、码头、车站、建筑工地、露天矿、体育场及电影外景摄制、电视（彩色）转播等
9	钪钠灯	同金属卤化物灯	发光效率高达60～80lm/W、显色性好（R_a=55～65）、体积小、使用方便	工矿企业、体育场馆、车站、码头、机场、建筑工地、电视（彩色）转播
10	普通高压钠灯	它是一种高压钠蒸气放电的灯泡，其放电管采用抗钠腐蚀的半透明多晶氧化铝陶瓷管制成，工作时发出金白色光	发光效率最高达64.3～140lm/W、寿命长达12000～24000h、透雾性好、显色性差、频闪明显、点燃需要起动时间	道路、机场、码头、车站、广场、体育馆及工矿企业、特殊摄影及光学仪器光源，不宜用于繁华市区道路照明
11	中、高显色高压钠灯	在普通高压灯基础上，适当提高电弧管内的钠分子，从而使平均显色指数和相关色温指数得到提高	发光效率最高达72～95lm/W、显色性好（R_a=60）、寿命长、使用方便	高大厂房、商业楼、游泳池、体育馆、娱乐场所等室内照明
12	管形氙灯	电离的氙气激发而发光	功率大、发光效率高（20～30lm/W）、触发时间短、不需镇流器、使用方便、俗称“小太阳”，紫外线强	广场、港口机场、体育馆等和老化实验等要求有一定紫外线辐射的场所
13	LED光源	半导体芯片两端加电压，半导体截流子发生复合，发出过剩能量，引起光子发射出可见光	发光效率达30lm/W、辐射颜色为多元色彩、寿命达数万小时、半导体材料不同可发各色光。附件简单、结构紧凑、可控性好、色彩丰富纯正、高亮点、防潮防振、节能环保	采用陈列等结构形成照明灯，在显示技术标志灯及带色彩装饰照明方面应用

3. 选用

（1）电光源的选用以节能优先　当前常用电光源主要性能参数对比于表10-10，按下述九点选用。

表10-10　常用电光源主要性能参数

光源种类	额定功率/W	发光效率/(lm/W)	显色指数 R_a	色温/K	平均寿命/h
普通照明白炽灯	10~1500	>10	95~99	2400~2900	1000~2000
卤钨灯	60~5000	>20	95~99	2800~3300	1500~2000
普通直管型荧光灯	4~200	>70	60~72	全系列	6000~8000
三基色荧光灯	28~32	>90	80~98	全系列	12000~15000
紧凑型荧光灯	5~55	>60	80~85	全系列	5000~8000
荧光高压汞灯	50~1000	>40	35~40	3300~4300	5000~10000
金属卤化物灯	35~3500	>75	65~92	3000/4500/5600	5000~10000
高压钠灯	35~1000	>100	23/60/85	1950/2200/2500	12000~24000
高频无极灯	55~85	>60	85	3000~4000	40000~80000

1）白炽灯　属第一代光源、光效低、寿命短，将逐渐地被紧凑型荧光灯（节能灯）取代，一般情况室内外照明不应采用。但白炽灯无电磁干扰、易调节、适合频繁开关，故局部照明、事故照明、投光照明、信号指示尚可使用。

2）卤钨灯　卤钨灯和白炽灯同属热辐射光源，但光效和寿命比普通白炽灯高一倍以上，在许多要求显色性高、高档冷光或聚光的特殊场合（如商业橱窗、展览展示以及影视照明等），可用各种结构形式不同的卤钨灯取代白炽灯，既节约能源又提高了照明质量。与紧凑型荧光灯相比，紧凑型卤钨灯的光效相对较低、寿命也相对较短，但颜色好、易实现调光。一般在对光束输出要求严格时，只能采用反射式紧凑型卤钨灯。

3）紧凑型荧光灯、节能灯　它每瓦产生的光通量是白炽灯的3~4倍以上，其额定寿命是白炽灯的10倍，显色指数可以达到80左右，故推荐采用紧凑型荧光灯取代白炽灯。紧凑型荧光灯可和镇流器（电感式或电子式）组成一体化的整体型灯，采用E27灯头，与普通白炽灯直接替换，十分方便。同时也可以做成分离的组合式灯，灯管更换三次或四次而不必更换镇流器。另外近年市场推出了大功率节能灯，规格有：185W、215W、245W、3×185W、3×215W、3×245W等多种，其光效、功率因数、显色指数均优于紧凑型荧光灯，可广泛地应用于工业建筑和民用公共建筑中。

4）推荐采用三基色T8、T5直管荧光灯　直管型荧光灯玻璃管直径应细型化，ϕ16mm为标准管型，其内壁优质荧光粉能够承受较大的辐射负载。T8、T5直管荧光灯的光效和寿命均为普通白炽灯的5倍以上，是取代普通白炽灯的最佳灯种之一。应用直管荧光灯时提倡以细代粗。直管荧光灯是除钠灯外光效最高、性价比最优的光源，也是应用最广泛的光源。新标准明确规定管径越细，光效更高。

5）推荐采用钠灯和金属卤化物灯　高压钠灯和金属卤化物灯同属高强度气体放电灯，各种规格的高压钠灯和金属卤化物灯由于具有高光效和寿命长的特点，分别广泛应用于各种环境条件室内外照明，如机场、港口、码头、道路、城市街道、体育场馆、大型工业车间、庭院、展览展示大厅、地铁等场所。新设计中可选用金卤灯。金卤灯是在汞灯基础上发展起来的，其光效比汞灯约提高60%（以400W为例），显色指数高，寿命更长。

6）应淘汰碘钨灯　它光效低、寿命短，属高能耗产品，推广应用LED灯及其他节能光源替代。

7）针对性选用特种灯　高度较高的场所（高大工业厂房、户外场地）首选金卤灯，也可用中显色高压钠灯；显色性要求高的场所，可用陶瓷金卤灯（$R_a>80$）；无显色性要求的场所，可用光效更高、寿命更长的高压钠灯（$R_a>20$）；安装高度高、不易维护的场所（高厅堂、烟囱障碍灯、航标灯、桥的悬索灯），宜选用高频无极荧光灯（寿命长达50000～60000h、光效高达60～70lm/W、显色性 R_a 达80、起动快捷、可靠）。

8）多用荧光灯　高度较低的场所（办公室、商场、高度在4.5m内的厂房），用荧光灯（包括直管荧光灯和紧凑型荧光灯CFL）；除有装饰性要求场所外，一般情况下（如办公、教室、阅览室、生产车间等）都应选用直管荧光灯，直管荧光灯中又提倡细管；住宅、旅馆、走廊等普通室内照明，用紧凑型荧光灯既节能又美观。

9）对显色或光源颜色有要求的场所要从光源的显色指数及发光颜色中选用，表10-11、表10-12分别列出了光源的显色性、颜色及其适用场所。

表10-11　光源的显色组别及其适用场所

光源的显色组别	一般显色指数 R_a	光源示例	适用场所举例
Ⅰ	$R_a \geqslant 80$	白炽灯、卤钨灯、稀土节能荧光灯、三基色荧光灯、高显色高压钠灯	美术展厅、化妆室、客厅、餐厅、多功能厅、高级商店营业厅等
Ⅱ	$60 \leqslant R_a < 80$	荧光灯、金属卤化物灯	教室、办公室、会议室、阅览室、候车室、自选商店等
Ⅲ	$40 \leqslant R_a < 60$	荧光高压汞灯	行李房、库房等
Ⅳ	$R_a < 40$	高压钠灯	颜色要求不高的库房、室外道路照明等

表10-12　光源的颜色分类及其适用场所

光源的颜色分类	相关色温/K	颜色特征	适用场所举例
Ⅰ	<3300	暖	居室、餐厅、酒吧、陈列室等
Ⅱ	3300～5300	中间	教室、办公室、会议室、阅览室等
Ⅲ	>5300	冷	设计室、计算机房

（2）镇流器的选择以节能优先　节能光源多为气体放电型，均需镇流器才能工作。普通电感式镇流器功耗大、光闪烁严重。节能镇流器主要从低功耗节能型及高频电子型两方面发展，国产荧光灯所用镇流器的性能对比见表10-13。

镇流器配用对LPD值的影响极大（如T8荧光灯（36W）用高品质低损耗电子镇流器相比普通电感镇流器LPD值下降20%；用超低损耗电感镇流器相比普通电感镇流器LPD值可降8.9%），镇流器选择的总原则是安全、可靠、功耗低、能效高，《照明设计标准》规定了照明设计时选择镇流器的配用原则：

表 10-13 镇流器性能对比表

比较对象	自身功耗/W	系统光效比	价格比较	重量比	寿命/h	可靠性	电磁干扰	灯光闪烁度	系统功率因数
普通电感镇流器	8~9	1	低	1	30000	较好	较小	有	无补偿：0.4~0.6
节能型电感镇流器	5.5	1	中	1	60000	好	较小	有	无补偿：0.4~0.6 有补偿：0.9~0.93
电子镇流器	3~5	1.2	较高	1.2	18000	一般	允许范围内	无	0.9以上

1）连续紧张的视觉作业场所、视觉条件要求高的场所（如设计、绘图、打字等）、要求特别安静的场所（如病房、诊室、教室、阅览室等）和自镇流荧光灯（如紧凑型荧光灯）应配用电子镇流器。

2）T8 直管型荧光灯　应配用节能型电感镇流器或电子镇流器，不宜配用功耗大的传统电感镇流器。

3）T5 直管型荧光灯　功率大于 14W 应采用电子镇流器。

4）高压钠灯、金属卤化物灯　应配用节能型电感镇流器，功率较小者（≤150W）可配用电子镇流器。使用中注意此两类灯一般功率较大，电子镇流器制造难度大，还要有一个稳定提高过程，尚需试验改进，目前仍以节能电感镇流器为主。

5）自镇流荧光灯　自带紧凑型镇流器，且小功率（<25W）灯居多。目前我国产品几乎无选择地配套的是电子镇流器。但相关标准对 25W 以下产品的谐波限值很宽（规定三次谐波不超 86%），当产品满足限值要求，又临近限值时，使用量大时其谐波必将对中性线产生很大危害。

（3）其他附件的选用

1）推荐采用深抛物面型灯光灯具　普通标准荧光灯灯具光输出效率为 65%，而深抛物面型灯具光输出效率达 84%。

2）反射式、折射式、折反组合式灯具　除正确选择材料、工艺、提高光量利用率的光学设计外，尚需结合考虑眩光、光污染等其他方面的问题。

3）注意选用与光源相匹配的高效节能电器附件　多数情况下低压卤钨灯需附变压器，气体放电灯需附加镇流器、起动器、触发器等附件。

4）补偿电容器　气体放电灯电流和电压间有相位差，加之串接的镇流器多为电感性，所以照明电路的功率因数较低（一般为 0.35~0.55）。为提高电路的功率因数，减少电路损耗，利用单灯补偿更为有效。措施是在镇流器的输入端接入一个适当容量的电容器，可将单灯功率因数提高到 0.85~0.9。

二、灯具

照明灯具是包括光源在内的所有照明附件所组成的装置，它能透光、分配和改变光源的光分布。它的作用是将光源发出的光通量进行合理的再分配，满足照明的需要，提高光源的利用效率，避免由光源引起的眩光，同时可以固定和保护光源，并起到装饰、安全、美化环境的功能。光源必须配各种灯具，才能体现其实用价值。

1. 灯具的特性

（1）眩光　由于视野中的亮度分布、亮度范围或极端的亮度对比引起的视觉不适或视觉下降感觉的现象。它分为直射眩光和反射眩光两种。直射眩光是在观察方向上或附近存在亮的发光体所引起的眩光；反射眩光是在观察方向上或附近由亮的发光体的镜面反射所引起的眩光。眩光对视觉有极不利的影响，所以现代人工照明对眩光的治理很重视。

（2）遮光角　发光体边缘和灯具出光边界的连线，与通过光源中心的水平线，其间的夹角为遮光角，又称保护角。在遮光角范围内看不到光源，避免了直射眩光。遮光角越大，眩光作用越小，但灯具效率越低，一般取15°～30°间，见图10-3。其计算式为

$$\tan\gamma = \frac{2h}{D+d} \tag{10-9}$$

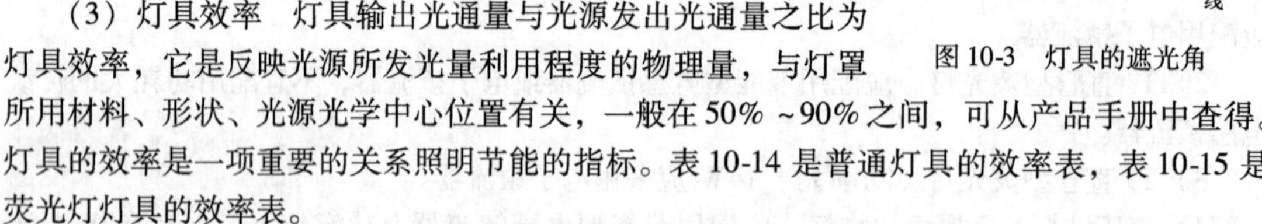

图10-3　灯具的遮光角

（3）灯具效率　灯具输出光通量与光源发出光通量之比为灯具效率，它是反映光源所发光量利用程度的物理量，与灯罩所用材料、形状、光源光学中心位置有关，一般在50%～90%之间，可从产品手册中查得。灯具的效率是一项重要的关系照明节能的指标。表10-14是普通灯具的效率表，表10-15是荧光灯灯具的效率表。

表10-14　普通灯具的效率

灯具类型	格栅式	蝠翼式	嵌入式	筒式	铝合金拼装式	筒灯	吸顶式
效率	54.1%	82%	63.3%	84.2%	74.8%	57.8%	55.7%

表10-15　荧光灯灯具的效率

灯具出光口形式	开敞式	保护罩（玻璃或塑料）		格栅	高强度气体放电灯灯具	
		透明	磨砂、棱镜		开敞式	格栅或透光罩
灯具效率	75%	65%	55%	60%	75%	60%

可见在满足眩光限制的要求下，应选择直接型灯具，宽配光灯具的效率约为75%～85%，窄配光灯具的效率约为60%～75%。室内灯具的效率不宜低于70%，尽量少采用格栅式灯具和带保护罩的灯具，且选择光通量维持率好（如涂二氧化硅保护膜、防尘密封式）及利用系数高的灯具。

（4）配光特性　指灯具在空间各方向的发光强度的分布特性，简称“光分布”，常以配光曲线来表现。配光曲线见图10-4，是通过光源对称轴的一个平面上光源发光强度与对称轴之间角度α以光强矢量的端点连线构成的函数曲线。这里的光源为实用光源，为单纯电光源与灯具的组合，常称照明灯具。绘制配光曲线时，所有照明灯具，其光源换算为1000lm的统一光通。一般灯具将其配光曲线绘在极坐标上；投光灯具（如聚光灯）则将其配光曲线绘在直角坐标上。

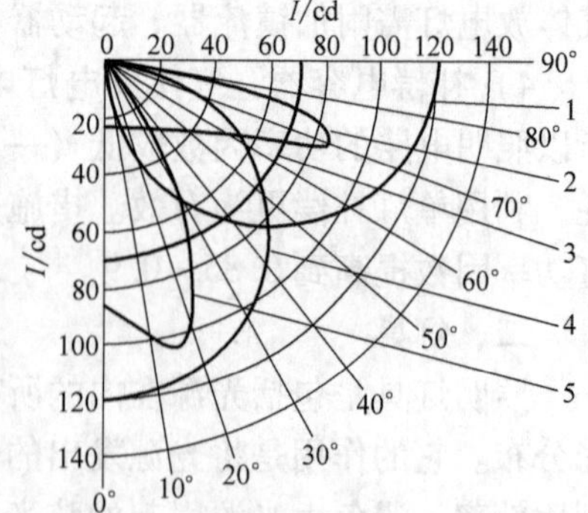

图10-4　灯具按配光曲线的分类

1—正弦分布型　2—广照型　3—漫射型　4—配照型　5—深照型

2. 灯具的分类

（1）按配光曲线

1）正弦分布型　发光强度是角度的正弦函数，在 $\theta=0°$ 时（水平方向）发光强度最大，如 GC15-A/B-1 散照防水防尘灯。

2）广照型　发光强度分布在较广的角度，可在较广的面积上形成较为均匀的照度，如 GC3-A/B-1 广照型工厂灯。

3）漫射型　各个角度（方向）的发光强度基本一致，如球形玻璃庭院灯。

4）配照型　发光强度是角度的余弦函数，$\theta=0°$ 时（垂直向下方向）发光强度最大，如 GC1-A/B-1 配照型工厂灯。

5）深照型　光通量和最大发光强度集中在 0°～30°的狭小立体角内，如商店、住宅用的筒灯。

（2）按上、下空间光通量分布

国际照明学会 CIE 以此方法分类，见表 10-16。

表 10-16　灯具按上、下空间光通量分布的分类表

类　型		直接型	半直接型	漫射型	半间接型	间接型
光通量分布特性（占照明器总光通量）	上半球	0%～10%	10%～40%	40%～60%	60%～90%	90%～100%
	下半球	100%～90%	90%～60%	60%～40%	40%～10%	10%～0%
特点		光线集中，工作面上可获得充分照度	光线能集中在工作面上，空间也能得到适当照度。比直接型眩光小	空间各个方向光强基本一致，可达到无眩光	增加了反射光的作用，使光线比较均匀柔和	扩散性好，光线柔和均匀，避免了眩光，但光的利用率低
配光曲线形状示意		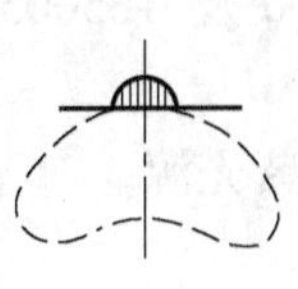			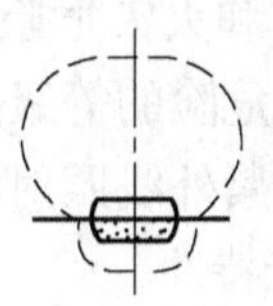	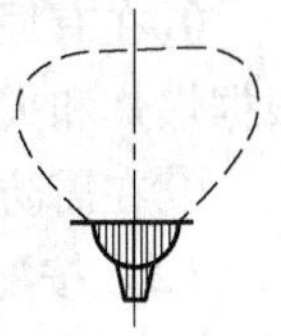

（3）按灯具结构分

1）开启式　即无灯罩的光源，电光源与灯具外界的空间直接相通，散热、通风好，不防尘。一般的配照灯、广照灯和深照灯均属此。

2）闭合式　光源被透明灯罩包合，但内外空气仍能自由流通，如圆球灯、双罩灯和吸顶灯等。

3）封闭型　灯罩固定处加以一般封闭，内外空气仍可作有限流通，如投光灯。

4）密闭型　光源被透明罩密封，内外空气不能对流，如防潮灯、防水防尘灯等。

5）防爆型　分为两种：

①增安型　光源被高强度透明罩密封，灯具能承受足够的压力，能安全应用在有爆炸性危险介质的场所。

②隔爆型　其光源被高强度透明罩密封，但不是靠其密封性来防爆，而是在灯座与灯罩的法兰之间有一隔爆间隙。当气体在灯罩内部爆炸时，高温气体经过隔爆间隙被充分冷却，从而不致引起外部爆炸性混合气体爆炸，因此隔爆型灯亦能安全地应用在有爆炸危险介质的场所。

3. 灯具的选用

照明灯具的选用在满足照明质量、环境条件和防触电保护的前提下，应尽量选用节能高效、长寿命、安装维护方便的灯具，以降低运行费用。此外还应注意与建筑相协调。

（1）按使用环境

1）普通环境　无特殊防尘、防潮等要求的一般环境，优先选用配光合理、效率较高的灯具。室内开启式灯具的效率不宜低于70%；带有包合式灯罩的灯具的效率不宜低于55%；带格栅灯具的效率不宜低于50%。

2）特殊环境　特殊环境是有特殊要求的场合，要使用专门防护结构及外壳的防护式灯具。如：

①在潮湿的场所，应采用防潮灯具或带防水灯头的开敞式灯具。

②在有腐蚀性气体或蒸汽的场所，宜采用防腐蚀性密闭式灯具或有防腐蚀或防水措施的开敞式灯具。

③在高温场所，宜采用带有散热孔的开启式灯具。

④在有灰尘的场所，应按防尘的保护等级分类来选择合适的灯具。

⑤在振动、摆动较大场所，应选用有防震措施和保护网的灯具，防止灯泡自行松脱与掉下。

⑥在易受机械损伤、光源脱落可能造成人员伤害或财物损失的场所，灯具应有相应防护措施。

⑦在有洁净要求的场所，应采用不易积灰、易于擦拭的洁净灯具。

⑧在有爆炸和火灾危险场所，应遵循GB3638.1—2000及GB50058—1992的有关规定，根据爆炸和火灾危险的等级选择相应的灯具。

⑨在需防止紫外线照射的场所，应采用隔紫灯具或无紫光源。

（2）按配光特性

1）窄配光类（深照型）　光线在较小立体角内分布，保护角大，不易产生眩光，发出的光通量最大限度地直接落在被照面上，利用率高。像体育馆、企业的高大厂房、高速公路等，灯具悬挂高，照度要求较高的地方可采用。但灯具必须高密度排列，才能保证照度均匀。

2）中配光类（中照型）　光线在中等立体角内分布，配光曲线要宽一些，直接照射面积较大，灯具高度和布局合理可以抑制眩光，适合用于中等照度的一般室内照明。

3）宽配光类（广照型）　光线在较大立体角内分布，适用于照明面积大，灯具悬挂低，照度要求低的场所。

4）漫射类（漫照型）　要求顶棚和墙壁反射性能好。

（3）按高效节能原则

1）处理好装饰效果与照明效率的关系　不片面追求灯具的装饰效果，兼顾灯具照明效率和光的利用系数。尤其要注意墙、顶棚颜色越深，反射比越低。

2）尽可能考虑灯具材质及表面　选用反射面、漫射面、保护罩、格栅等材质及表面处理易清扫、耐腐蚀、不易积尘措施的灯具，以提高其效率及保持光通量的维护率。

（4）其他要求

1）灯具选用还应充分适应建筑环境与安装条件的要求。

2）悬高确定后应根据限制眩光的要求选用灯具。

3）灯具必须与光源种类和功率大小完全配套。

4）按经济性原则选择时，主要考虑投资和年运行费。

三、布灯

1. 要求

1）安全第一，并方便使用及维护。

2）满足工作场所规定照度、保证工作面照度均匀、使生活活动区亮度分布合理。

3）光线照射方向适当，有效控制眩光、阴影。

4）尽可能减小安装容量，以减少投资及节能。

5）整齐、美观，与建筑空间协调一致。

2. 布置方式

（1）室内

1）均匀布置　室内灯具作一般照明时，大部分（如教室、实验室、会议室等）采用均匀布置的方式。均匀布置指灯具间距离按一定规律进行均匀（如正方形、矩形、菱形等）形式分布，可使整个被照面获得较均匀的照度。示例见图 10-5，图中 h、l_1、l_2、l'、l''依次为灯距工作面、灯间长向、灯间宽向、灯与墙边长向及灯与墙边宽向的距离。

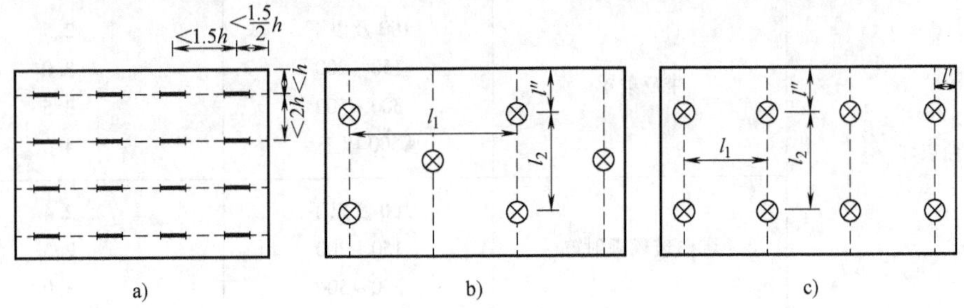

图 10-5　灯具均匀布置的示例

a）条形光源均匀布置　b）点形光源菱形布置　c）点形光源矩形布置

①直管型荧光灯条形光源均匀布置　如图 10-5a 所示，大空间办公室用直管荧光灯具宜采用多管组合灯具连续布灯，这是高照度的要求，同时也是创造整洁的办公环境所必需的。布灯时应注意避免将其布置在柱网轴线位上，且为了充分利用天然光效果，改善对比，灯具布置宜平行于外窗。也可按办公室基本单元布灯，但同一朝向的同类房间的布灯宜一致。

②点形光源菱形布置　如图 10-5b 所示，采用纵横两向均方根值 $l_{av}=\sqrt{l_1 l_2}$，作为下面将介绍照明器布置距高比 l/h 值计算的 l。为使整个房间照度均匀，$l_1=\sqrt{3}l_2$；与墙边距 l'、l''为：靠墙有工作面时为（0.2～0.3）l_2；靠墙为通道时为（0.4～0.5）l_2。等边三角形的菱形布置照度最均匀。

③点形光源矩形布局图　如图 10-5c 所示，此时尽量使灯具 l_1 和 l_2 接近。

另外，连续工作的应急照明时其主工作面应保持 20% ~30% 的原有照度。一般做法：两列布置——应急灯、工作灯各一列相间布置；三列布置——中间列为应急灯、旁边两列为工作灯。

2）选择性布置　选择性布置是指满足局部要求的一种布灯方式，适用于设备、家具分布不均匀、高大而复杂、均匀布置达不到要求照度的场所。布置位置与工作面位置有关，大多对称于工作面，以最有利于工作面光通量，并最大限度地减少工作面阴影。

（2）室外灯具　常用灯杆、灯柱、灯塔或利用附近的高建筑物来装设照明灯具。道路照明应与环境绿化、美化统一规划，设置灯杆或灯柱。对于一般道路可采用单侧布置，但对于主要干道可采用双侧布置。灯杆的间距一般为 25 ~50m。室内灯具的布置安装高度还跟光源有很大的关系，如 100W 以下的白炽灯最低悬挂高度为 2.5m，而 150W 以下的金属卤化物灯最低悬挂高度为 4.5m。布灯方式分三种：

1）集中布置。

2）分散布置。

3）集中与分散相结合。

3. 布灯尺寸

（1）照明器的悬挂高度　室内照明器的悬挂高度不应过高或过低，过高则为保证工作面一定照度需要加大电源功率，不经济，且也不便维修；过低则不安全。一般以不发生眩光为限，表 10-17 给出了悬挂高度的最小值。

表 10-17　室内一般照明灯具距地面的最低悬挂高度

光源种类	灯具型式	灯光容量/W	离地悬挂高度不应超过值/m
白炽灯	带反射罩	100 及以下	2.5
		150 ~200	3.0
		300 ~500	3.5
		500 以上	4.0
	乳白玻璃漫射罩	100 及以下	2.4
		150 ~200	2.5
		300 ~500	3.0
荧光灯	无罩	40 及以下	2.4
高压汞灯	带反射罩	250 及以下	5.5
		400 及以上	6.0
高压钠灯	带反射罩	250	6.0
		400	7.0
卤钨灯	带反射罩	500	6.0
		100 ~2000	7.0
金属卤化物灯	带反射罩	400	6.0
		1000 及以上	14.0

注：表中 1000W 金属卤化物灯有防紫外线措施时，悬高可酌降。

（2）照明器间距　灯具间距离 l 与灯具距工作面的计算高度 h 的比值为 l/h，将其称为距高比，它应满足灯具最大允许值才足以保证照度的均匀。表 10-18 为距高比的推荐值，表中第一个数字为最适宜值，第二个数字为允许值，可视具体情况选择。如图 10-5c 所示，照明器均匀布置为矩形排列时，应尽量使 l' 接近 l，靠墙边一列距墙的距离为 $l''=\sqrt{l\times l'}$。还有工作面时，宜取 $l''=(0.25\sim0.3)\,l$；当靠墙为通道时，宜取 $l''=(0.4\sim0.5)\,l$。

表 10-18　各种照明器布置的距高比值

照明器类型	l/h 值		单行布置时房间最大宽度/m
	多行布置	单行布置	
配照型、广照型、广照配照型工厂灯	1.8～2.5	1.8～2.0	1.2h
防爆灯、圆球灯、吸顶灯、防水防尘灯、防潮灯	2.3～3.2	1.9	1.3h
深照型、镜面深照型灯、乳白玻璃罩吊灯	1.6～1.8	1.5～1.8	1.0h
荧光灯	1.4～1.5		

第三节　照 度 计 算

一、方法

1. 利用系数法

（1）基本公式　建筑物内的平均照度 E 为

$$E_{av}=\frac{N\Phi U}{SK}\tag{10-10}$$

式中，N 为照明灯具数，由布灯方案确定或计算安排；Φ 为每个照明灯具的光通量，单位为 lm，查表 10-19 或计算；S 为被照建筑、被照水平工作面积，单位为 m^2；K 为考虑灯具使用自身衰减及环境污染因素的照度补偿系数，查表 10-20；U 为利用系数，取决于灯具自身结构形式、房间室空间比（RCR）及表面反射系数（ρ）（查表 10-21）。灯具制造厂应提供对应不同的 RCR 和不同的反射系数每型灯具的利用系数 U 表，部分灯具的利用系数 U 见附录 D。

表 10-19　常用光源光通量推荐值

光通量/lm　光源额定功率/W　光源类型	30	40	60	100	125	150	200	250	300	400	500	1000	2000
白炽灯	—	350	580	1140	—	1880	2700	—	4270	—	7680	—	—
卤钨灯	—	—	—	—	—	—	—	—	—	—	8200	18000	38000
荧光灯	1550	2400	—	5500	—	—	—	—	—	—	—	—	—
荧光高压汞灯	—	—	—	—	4750	—	—	10500	—	20000	—	50000	—

表 10-20　照度补偿系数

环境类别	照度补偿系数 K		灯具擦洗次数
	白炽灯，荧光灯，荧光高压汞灯	卤钨灯	
清洁	1.3	1.2	每月一次
一般	1.4	1.3	每月一次

（续）

环境类别	照度补偿系数 K		灯具擦洗次数
	白炽灯，荧光灯，荧光高压汞灯	卤钨灯	
污染严重	1.5	1.3	每月两次
室外	1.4	1.3	每月一次

（2）相关公式

1）室空间三项系数　图 10-6 所示为照明的室空间分配。

室空间比　$$\mathrm{RCR}=\frac{5h_{\mathrm{RC}}(A+B)}{AB} \tag{10-11}$$

顶棚空间比　$$\mathrm{CCR}=\frac{5h_{\mathrm{CC}}(A+B)}{AB} \tag{10-12}$$

地板空间比　$$\mathrm{FCR}=\frac{5h_{\mathrm{FC}}(A+B)}{AB} \tag{10-13}$$

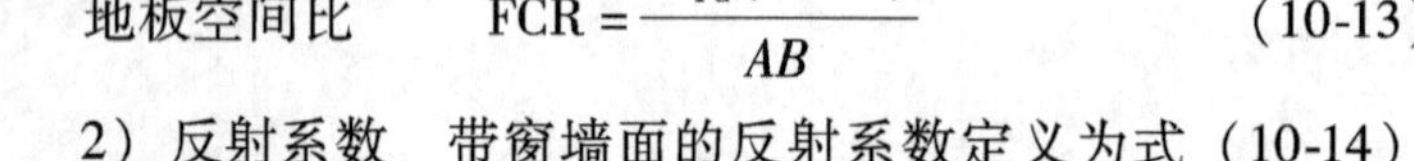

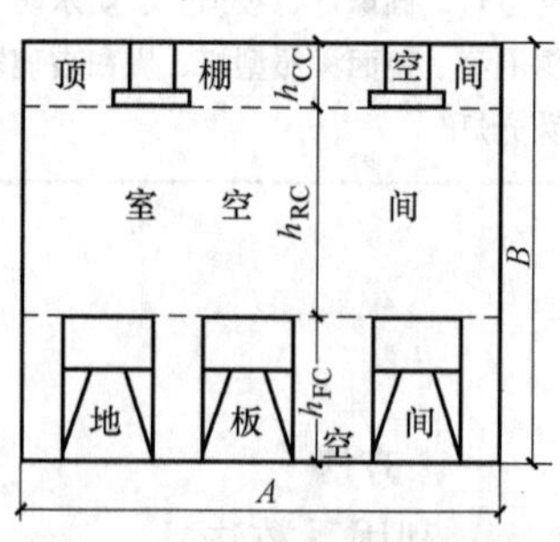

图 10-6　照明的室空间分配

2）反射系数　带窗墙面的反射系数定义为式（10-14），参考值可查表 10-21。

$$\rho_{\mathrm{W}}=\frac{\rho_{\mathrm{q}}S_{\mathrm{g}}+\rho_{\mathrm{g}}S_{\mathrm{q}}}{S_{\mathrm{g}}+S_{\mathrm{Q}}} \tag{10-14}$$

式中，带窗墙面反射系数 ρ_{W}；墙面反射系数 ρ_{q}；玻璃反射系数 ρ_{g}；S_{g} 窗面积（m^2）；S_{q} 内墙面面积（m^2）。

表 10-21　墙面和顶棚反射系数（ρ_{q}，ρ_{t}）参考值

反 射 面 情 况	反射系数(%)
墙壁和顶棚刷白，窗子装有白色窗帘	70
墙壁刷白，但窗子未挂窗帘，或挂深色窗帘，有刷白的顶棚，但房间潮湿或墙壁、顶棚虽未刷白，但干净光亮	50
有窗子的水泥墙壁，水泥顶棚；或木墙壁，木顶棚；糊有浅色纸的墙壁、顶棚	30
一般混凝土地面	20 ~ 30
有大量深色灰尘的墙壁和顶棚，无窗帘遮蔽的玻璃窗；未粉刷的砖墙；糊有深色纸的墙壁、顶棚	10
玻璃	9

3）最小照度　手册上照度标准常以最低照度 $E_{\min}$ 给出，需按下式换算得到平均照度 E_{av}：

$$E_{\mathrm{av}}=E_{\min}Z \tag{10-15}$$

式中，Z 为最小照度系数，见附录 C。

2. 单位容量法

单位容量法又称比功率法，按下式计算：

$$P_{\Sigma}=\omega S \tag{10-16}$$

$$N = \frac{P_\Sigma}{P_i} \tag{10-17}$$

式中，P_Σ 为不计镇流器损耗的总照明功率，单位为 W；S 为房间面积，一般指建筑面积，单位为 m^2；P_i 为不计镇流器损耗的单套灯具功率，单位为 W；N 为规定照度下所需灯具数；ω 为规定照度下单位面积安装功率，见表 10-22。

表 10-22　荧光灯均匀照明单位容量值 ω　（单位：W/m^2）

计算高度 h/m	E/lx S/m^2	30W、40W 带罩						30W、40W 不带罩					
		30	50	75	100	150	200	30	50	75	100	150	200
2~3	10~15	2.5	4.2	6.2	8.3	12.5	16.7	2.8	4.7	7.1	9.5	14.3	19.0
	15~25	2.1	3.6	5.4	7.2	10.9	14.5	2.5	4.2	6.3	8.3	12.5	16.7
	25~50	1.8	3.1	4.8	6.4	9.5	12.7	2.1	3.5	5.4	7.2	10.9	14.5
	50~150	1.7	2.8	4.3	5.7	8.6	11.5	1.9	3.1	4.7	6.3	9.5	12.7
	150~300	1.6	2.6	3.9	5.2	7.8	10.4	1.7	2.9	4.3	5.7	8.6	11.5
	>300	1.5	2.4	3.2	4.9	7.3	9.7	1.6	2.8	4.2	5.6	8.4	11.2
3~4	10~15	3.7	6.2	9.3	12.3	18.5	24.7	4.3	7.1	10.6	14.2	21.2	28.2
	15~20	3.0	5.0	7.5	10.0	15.0	20.0	3.4	5.7	8.6	11.5	17.1	22.9
	20~30	2.5	4.2	6.2	8.3	12.5	16.7	2.8	4.7	7.1	9.5	14.3	19.0
	30~50	2.1	3.6	5.4	7.2	10.9	14.5	2.5	4.2	6.3	8.3	12.5	16.7
	50~120	1.8	3.1	4.8	6.4	9.5	12.7	2.1	3.5	5.4	7.2	10.9	14.5
	120~300	1.7	2.8	4.3	5.7	8.6	11.5	1.9	3.1	4.7	6.3	9.5	12.7
	>300	1.6	2.7	3.9	5.3	7.8	10.5	1.7	2.9	4.3	5.7	8.6	11.5
>4	10~17	5.5	9.2	13.4	18.3	27.5	36.6	6.3	10.5	15.7	20.9	31.4	41.9
	17~25	4.0	6.7	9.9	13.3	19.9	26.5	4.6	7.6	11.4	15.2	22.9	30.4
	25~35	3.3	5.5	8.2	11.0	16.5	22.0	3.8	6.4	9.5	12.7	19.0	25.4
	35~50	2.6	4.5	6.6	8.8	13.3	17.7	3.1	5.1	7.6	10.1	15.2	20.2
	50~80	2.3	3.9	5.7	7.7	11.5	15.5	2.6	4.4	6.6	8.8	13.3	17.7
	80~150	2.0	3.4	5.1	6.9	10.1	13.5	2.3	3.9	5.7	7.7	11.5	15.5
	150~400	1.8	3.0	4.4	6.0	9	11.9	2.0	3.4	5.1	6.9	10.1	13.5
	>400	1.6	2.7	4.0	5.4	8	11.0	1.8	3.0	4.5	6.0	90.0	12.0

注：对应的照度标准为 E_{min}，若照度标准为 E_{av} 时，按式(10-15) 计算。

一般地，在这两种工程常用方法中，进行照度计算和验算时用利用系数法，确定灯具个数时用比功率法更为方便。另外还有逐点计算法和计算图表法，前者是在对局部照明具体指定点进行照度计算时用；后者是利用厂家提供的灯具的概率曲线、图表进行照度计算，工程上使用较少。

二、计算实例

【实例 10-1】

1. 说明

此实例是对同一民用建筑用两种方式进行计算照度，在掌握两种方式运算步骤及方法的同时应作对比。

2. 条件

某中学计算机室长 12m，宽 5m，装修后顶棚高 3.8m，台面高 0.8m，拟采用 YG6-2×40W 荧光灯吸顶安装，灯具的效率为 86%，假定墙面反射系数 ρ_q 为 0.6，顶棚反射系数 ρ_t 为 0.7。确定房间内的灯具数及计算机桌面最低照度。

3. 解

（1）采用利用系数法计算

需逐一求得式（10-10）中各需知条件：

1）求 E_{av}　根据专业规范，参照附录 5 按电子计算机房的中值，取 200lx。

2）求 Φ　查表 10-19，40W 荧光灯光通量为 2400lm，两支并用，则为

$$\Phi = 2 \times 2400\text{lm} = 4800\text{lm}$$

3）求 U　由题意知 $A = 12\text{m}$、$B = 5\text{m}$、$h_{RC} = 3.8\text{m} - 0.8\text{m} = 3.0\text{m}$，故按式（10-11），室空间比为

$$\text{RCR} = \frac{5 \times 3 \times (12 + 5)}{12 \times 5} = 4.25$$

由于附录 D 中无法直接查到 $\rho_t = 0.7$、$\rho_q = 0.6$，且 RCR = 4.25 的 U 值，需经过两次插入计算方可得到。

①第一次插入　在 $\rho_t = 0.7$，RCR = 4 情况下，根据 $\rho_q = 0.5$、$\rho_q = 0.7$ 的 $U_{q0.5}$（0.52）、$U_{q0.7}$（0.62），求 $\rho_q = 0.6$ 的 U_{RCR4} 和 U_{RCR5}：

$$U_{RCR4} = 0.52 + (0.62 - 0.52) \times 0.5 = 0.57$$

$$U_{RCR5} = 0.46 + (0.56 - 0.46) \times 0.5 = 0.51$$

式中 0.5 是插入比例，$(0.6 - 0.5)/(0.7 - 0.5) = 0.5$，$U$ 随 ρ_q 增大而增大。

②第二次插入　在 $\rho_t = 0.7$、$\rho_q = 0.6$ 情况下，根据 U_{RCR4}（0.57）、U_{RCR5}（0.51），求 $U_{RCR4.25}$：

$$U_{RCR4.25} = 0.57 + (0.51 - 0.57) \times 0.25 = 0.555$$

式中 0.25 是插入比例，$(4.25 - 4.0)/(5.0 - 4.0) = 0.25$，$U$ 随 RCR 增大而减小。

计算结果见下表：

$\rho_q(\%)$		70	60	50
$\rho_d(\%)$			20	
RCR	4	0.62	0.57	0.52
	4.25		0.555	
	5	0.56	0.51	0.46

4）求 S 及 K

①由 A、B 值得　$S = AB = 12 \times 5\text{m}^2 = 60\text{m}^2$

②按“清洁”条件，由表 10-20 查照度补偿系数 $K = 1.3$。

5）求灯数 N　将以上值代入式（10-10）的推出式，得

$$N=\frac{E_{av}SK}{U\Phi}=\frac{200\times60\times1.3}{4800\times0.555}=5.86$$

根据计算值，结果取6套。

6）求 E_{min} 根据 A、B 尺寸6套灯具拟两排，每排三支，则

$$l=\frac{12}{4}\text{m}=3.0\text{m}$$

$$h=h_{RC}=3.0\text{m}$$

由此得距高比：$l/h=3.0/3.0=1.0$，查附录C最小照度系数 Z 为1.33。

所以由式（10-15）推得

$$E_{min}=\frac{E_{av}}{Z}=\frac{200}{1.33}\text{lx}=150.4\text{lx}$$

根据计算值，结果取150lx。

（2）采用比功率法

1）查 ω 按题意查表10-22得11.5，但此表对应 E_{av}。

2）代入式（10-16）及式（10-17），得

$$N=\frac{P_{\Sigma}}{P_i}=\frac{\omega S}{ZP_i}=\frac{11.5\times(12\times5)}{1.33\times2\times40}=6.48$$

根据计算值，结果取6套。

由此可见两种方法结果一致。

第四节 电气照明的工程设计

一、作法

1. 主要内容

电气照明的工程设计主要是根据土建设计所提供的建筑空间尺寸或道路、场地的环境状况，结合使用要求，按照明设计的有关规范、规程和标准进行。主要内容有：确定合理的照明种类和照明方式；选择照明光源及灯具；确定灯具布置方案；进行必要的照度计算和供电系统的负荷计算；选择（有时要通过计算）照明电气设备与线路；最终绘制出照明系统的供电概略图（原称“系统图”）及对应的系统安装图（原称“布置图”）。

2. 步骤

①充分了解建筑方要求、投资水平、建筑期望值，参照国家、行业相关规定、规范定出设计水准。

②分析土建专业条件：建筑平、立面，结构及空间，环境及外在条件，以及当地电力等相关环境条件，参照有关技术资料，定出初步方案。

③初步方案返回建筑方认可。复杂大型工程尚需作方案对比，评价技术、经济情况，再确定最佳方案。

④对需照明的大面积区域、重要地段进行照度计算，参照产品资料选用光源、灯具（相应计算书存档备查）。

⑤拟出屏、箱、柜的接线方案，对重要设备、线缆作选型、计算，进而作出支线和干线

系统概略图。

⑥考虑设备、器件及线缆的布局安装及敷设，同时要注意土建孔、洞、槽、沟的预制，作出安装图。必要时还要绘制安装详图（原称“大样图”）。

⑦编制材料设备表及设计施工说明，送交校审及工程概、预算等后续处理。

3. 电气照明设计的普通性原则

（1）安全供电　防止与正常带电体接触而遭电击的保护，称为直接接触保护（正常工作时的电击保护）。其主要措施是设置使人体不能与带电部分接触的绝缘、必需的遮拦等或采用安全电压。预防与正常时不带电，而异常时带电的金属结构（如灯具外壳）的接触而采取的保护，称为间接接触保护（故障情况下的电击保护）。其主要方法是将电源自动切断、采用双重绝缘的电气产品，使人不致触及不同电压的两点或采用等电位连接等。在照明系统中正常工作时和故障情况下的防触电保护采取下列措施：

1）照明电网的保护体系　多采用系统中性点直接接地的 TN 系统，设备发生故障时（绝缘损坏）能形成较大的短路电流，从而使线路保护装置很快动作、切断电源。为此：

①照明装置及线路的外露可导电部分必须与保护地线（PE 线）或保护中性线（PEN 线）实行电气连接。

②Ⅰ类灯具均须敷专用的保护线（PE 线）。

③TN 系统中灯具的外壳应以单独的保护线（PE 线）与保护中性线（PEN 线）相连，不允许将灯具的外壳与工作中性线（N 线）相连。

④TN-C 系统中 PEN 线严禁接入开关设备（TN-C 系统的安全水平较低，已少用）。

2）采用剩余电流保护装置　在 TN 及 TT 系统中，当过电流保护不能满足切断电源的要求时（灵敏度不够或时间过长），可采用剩余电流保护 RCD（保护装置主回路各极电流的矢量和称为剩余电流）。正常工作时，剩余电流值为零；但人接触到带电体或所保护的线路及设备绝缘损坏时，呈现剩余电流，对于直接接触保护，采用 30mA 及以下的数值作为剩余电流保护装置的动作电流；对于间接接触保护，则采用通称的人体接触电压极限值——50V，除以接地电阻所得的商，作为该装置的动作电流。

3）控制及保护措施

①照明的控制方式及开关的安装位置主要是在安全的前提下，便于使用、管理和维修。

②照明配电装置应靠近供电的负荷中心，略偏向电源侧，一般宜用二级控制。

③电源进户应装设带有保护装置的总开关，道路照明除回路应有保护装置外，每个灯具应装设单独保护装置。

④大空间场所（如大型商场、厂房等）照明，可采用分组在分配电箱内控制，但在出入口应装部分开关。

⑤一般房间照明开关装于入口处门侧墙上内侧，偶尔出入的房间开关宜装于室外。

⑥各独立工作地段或场所的室外照明，由于用途和使用时间不同，应采用就地单独控制的供电方式。除每个回路应有保护设施外，每个照明装置还应设单独的熔断器保护。

（2）可靠供电

1）供电电源　照明系统可采用放射式、树干式和混合式等接线方式。根据建筑物的结构特点，合理确定照明负荷等级，并正确地选择供电方案：

①室内正常照明一般是由动力与照明共用的，二次侧电压为 220/380V 的电力变压器供

电。如果动力负荷会引起对照明不容许的电压偏移或波动，在技术经济合理的情况下，对照明可采用有载自动调压电力变压器、调压器，或照明专用变压器供电；在照明负荷较大的情况下，照明也可采用单独的变压器供电（如高照度的多层厂房、大型体育设施等）。在电力负荷稳定的生产厂房、辅助生产厂房以及远离变电所的建筑物和构筑物中（如公共和一般的住宅建筑），可采用动力与照明合用供电线路的方式，但应在电源进户处将动力、照明线路分开。当建筑物内设低压配电屏，低压侧采用放射式配电系统时，照明电源一般可接在低压配电屏的照明专用线上。

②室外照明线路应与室内照明线路分开供电；道路照明、警卫照明的电源宜接自有人值班的变电所低压配电屏的专用回路上：负荷小时，可采用单相、两相供电；负荷大时，可采用三相供电，并应注意各相负荷分配均衡；当室外照明的供电距离较远时，可采用由不同地区的变电所分区供电的方式。

③照明线路一般采用单相交流 220V 供电，当负荷电流超过 60A 时，应采用三相供电，此时应尽可能三相负荷平衡。

④室内照明线路每一单相分支回路的电流，一般情况下不应超过 15A，所接灯头数不宜超过 25 个，但花灯、彩灯、多管荧光灯除外，插座宜单独设置分支回路。

⑤用高强气体放电灯的照明每一单相分支回路的电流不宜超过 30A，并应按起动及再起动特性，选择保护电器和验算线路的电压损失值。对气体放电灯供电的三相四线照明线路，其中性线截面应按最大一相电流选择。

⑥必要时采用安全电压（如手提灯及电缆隧道中的照明等都采用 36V 安全电压），此时电源变压器（220/36V）的一、二次绕组间须有接地屏蔽层或采用双重绝缘，二次回路中的带电部分必须与其他电压回路的导体、大地等隔离。

2）合理设置应急、备用电源

①对于特别重要的照明负荷，宜在负荷末级配电盘采用自动切换电源的方式，也可采用由两个专用回路各带约 50% 的照明灯具的配电方式。当无第二路电源时，可采用自备快速起动发电机作为备用电源，某些情况下也可采用蓄电池作备用电源。近年来又有 EPS 应急电源问世，它不同于 UPS：平时逆变器不工作，市电断电时才自动投入，采用接触器转换，切换时间约为 0.1 ~ 0.2s，最小容量一般为 0.5kW，价格比 UPS 便宜得多。

②备用照明应接于与正常照明不同的电源上。为了减少和节省照明线，一般可从整个照明中分出一部分作为备用照明。此时工作照明和备用照明同时使用，但其配电线路及控制开关应分开装设。若备用照明不作为正常照明的一部分同时使用，则当正常照明因故障停电时，备用照明电源应自动投入。

③备用照明可采用以下供电方式：仅装设一台变压器时，与正常照明在变电所低压配电屏上或母线上分开；装设两台及以上变压器时，宜与正常照明分别接于不同的变压器；建筑物内不设变压器时，应与正常照明在进户线后分开；当供电条件不具备两个电源或两个回路时，可采用蓄电池组或带有直流逆变器的应急照明灯。

④应急照明的电源应区别于正常照明的电源。不同用途的应急照明电源，应采用不同的切换时间和连续供电时间（如地下室、电梯间、楼梯间、公共通道和主要出入口等场所设应急疏散指示照明及楼层指示灯均自带蓄电池、应急时间不少于 30min）。

⑤地下室、电梯间、办公室、餐厅、变配电所、发电机房、消防控制室、水泵房、电梯

机房、避难层、电话站等场所均设应急照明并兼工作照明用，应急照明分别占工作照明的25%～100%。

(3) 高质供电 应能满足各种电光源正常工作时对电源电压质量等的要求。

1) 电压偏移 照明灯具端电压的允许偏移量不得高于额定电压的5%，亦不宜低于额定电压的下列数值：

①对视觉要求较高的室内照明为2.5%。

②一般工作场所的室内照明、室外照明为5%，但极少数远离变电所的场所，允许降低到10%。

③事故照明、道路照明、警卫照明及电压12～36V的照明，允许降为10%。

2) 电压波动 电压波动是指电压的快速变化，当照明供电网络中存在冲击性负荷会引起电压波动，电压波动进而引起光源光通量的波动，从而引起被照物体的照度、亮度的波动，进而影响视觉，所以电力电压波动必须限制。

①正常照明一般可与其他电力负荷共用变压器供电，但不宜与供给较大冲击性负荷的变压器合用供电，必要时（如照明负荷较大）照明用电与动力用电线路分开供电，甚至设照明专用变压器供电。

②在气体放电灯的频闪效应对视觉作业有影响的场所，其同一或不同一灯具的相邻灯管（灯泡），宜分别接在不同相位的线路上。

(4) 准确计算

1) 一般工程可采用单位面积耗电法进行估算，即根据工程的性质和要求，查有关手册选取照明装置单位面积的耗电量，再乘以相应的面积，即可得到所需照明供电负荷估算值。若需进行准确计算，则应根据实际安装或设计负荷汇总，并考虑一定的照明负荷的同时系数，计算确定照明的计算负荷。

2) 照明负荷约占建筑总用电量30%左右，设计时按照度标准来推算照明负荷。但因装修时往往只考虑使用功能和环境设置的要求，故应预留足照明电源，以便将来装修单位的具体设计；另外选用的光源和灯具不一样，用电量的大小会有很大的差别。因此一般情况下对于局部照明区域尽量按大一级的照度负荷密度作估算，而对整个大楼的照明负荷再考虑一个同期系数。

3) 在无具体设备连接的情况下，民用建筑中的每个插座，可按100W计算。气体放电灯宜采用电容补偿，以提高功率因数。

4. 住宅照明设计的要点

(1) 负荷及计量 参见表10-23。

表10-23 住宅照明用电负荷标准及电能表规格（使用面积均未包括阳台面积）

套型	居住空间个数/个	使用面积/m^2	用电负荷标准/kW	电能表规格/A
一类	2	34	2.5	5(20)
二类	3	45	2.5	5(20)
三类	3	56	4.0	10(40)
四类	4	68	4.0	10(40)

（2）照度水平

1）照度水平对室内气氛有着显著影响，照度选择与光源色温的合理配合有利于创造舒适感。

2）不必强调房间内照度的均匀，居住功能需在房间内创造一个照明的中心感。

3）为满足不同需要，住宅的起居室、卧室等宜选用具有调光控制功能的开关。

4）住宅一般照明的照度水平见表10-24。

表10-24 住宅建筑照明的照度值

房间名称	参考平面及其高度	建议照度值/lx	国标设计标准/lx
卧室	0.75m水平面	50-75-100	20-30-50/75-100-150
起居室(厅)、书房	0.75m水平面	150-200-300	20-30-50/150-200-300
餐厅	0.75m水平面	50-75-100	20-30-50
厨房	0.75m水平面	75-100-150	20-30-50
健身房	地面	30-50-75	
卫生间	0.75m水平面	50-75-100	10-15-20
车房	0.75m水平面	20-30-50	—

注：1. 国标设计标准一栏中，分子指一般活动区，分母指书写阅读（床头阅读）。

2. 起居室、书房、卧室宜另配有落地灯、台灯局部照明。

3. 阳台如设照明时，照度值宜为20-30-50lx。

4. 设有洗衣机的卫生间，且卫生间无天然采光窗时，照度值宜取100-150-200lx。

5. 配合防范系统的照明，其照度值宜不低于2lx，但采用特殊低照度摄像机时可不受此限制。

（3）光源选择

1）主要房间的照明宜选用色温不高于3300K、显色指数大于80的节能型光源（如紧凑型荧光灯、三基色圆管荧光灯等）。

2）眩光限制质量等级，不应低于Ⅱ级。

3）应选用可立即点燃的光源以利于安全。

4）为协调室内生态环境，可选用冷光束光源。

（4）不同房间的不同要求

1）起居厅

①灯具造型、布局活泼，以体现个性。

②以房间净高定布灯方式：净高为2.7m及以上可用贴顶或吊灯；低于2.3m宜用檐口照明；吊装灯具应装在餐桌、茶几上方，人碰不到处。

③灯具简洁易修、突出艺术性。

④宜采用可调光控制。

2）卧室

①照明宜设在床具靠脚边缘上方。

②灯具宜深藏型，以防眩光。

③供床上阅读，应用冷光源，根据不同需要选用壁灯或台灯。

④除特殊需要外不设一般照明。如设一般照明，宜遥控，且宜平滑调光。

3）卫生间

①避免在便器上方或背后布灯。

②以镜面灯照明，宜布在镜前上部壁装或顶装。

③布灯应避免映出人影及视觉反差。

④开关、插座及灯具应注意防潮。

4）插座配置

①位置设置要方便使用。非照明使用的电源插座（包括专用电源插座）或通信系统、电视共用天线、安全防范等专用连接插件近旁，有布灯可能或设置电源要求时，应增加配置电源插座。不要被柜、桌、沙发等物遮挡，影响使用。

②数量充足。除空调制冷机、电采暖、电厨器具、电灶、电热水器等应按设备所在位置设置专用电源插座外，一般在每墙面上的数量不宜少于2组，每组由单相二孔和单相三孔插座面板各一只组成。

③插座之间的间距　两组电源插座的间距不应超过2～2.5m，距墙边不应超过0.5m。

④电源插座皆应选用安全型，一般可采用10A。

（5）电气安全

1）电源进线处设总等电位连接，住宅卫生间宜作局部等电位连接。

2）配电干、支线适当位置应设预防电气火灾的RCD。其动作电流为0.3～0.5A，动作时间为0.15～0.5s。

3）每套住宅设有可同时通、断相线与中性线的电源总开关。

4）每套住宅的照明与空调制冷机用电源插座、电采暖用电源插座、厨房电器具、电灶电源插座、电热水器电源插座以及一般电源插座等应分路设计。

5）每套住宅的电源插座电路应设置动作电流为30mA、动作时间为0.1s的RCD。

6）卫生间的照明、排气扇控制开关面板，宜设置在卫生间外。灯具、电源插座等电器的安装选型，应符合特殊场所（潮湿场所）的安全防护要求。

7）合理配线。住宅照明灯具及电源插座回路，应单相三线（即带有保护线）。分支回路导线截面不宜小于2.5mm^2铜芯绝缘导线。

5. 办公照明设计的要点

1）光源选择　色温在3300～5300K（宜选用4000～4600K）范围内的T8或T5直管型荧光灯，照明光源的显色指数应在60～80（宜为80），灯具截光角应控制在50°以内，宜选用直接型、蝠翼式配光荧光灯具。

2）照度水平　相对更高、限制眩光、以获取视觉舒适感，条件允许时应由一般照明获得必要的照度水平。推荐照度值见表10-25。

表10-25　办公建筑照明的照度值

房间名称	参考平面及其高度	建议照度值/lx	国标设计标准/lx
办公室	0.75m水平面	500-750-1000	100-150-200(150-200-300)
大会议室	0.75m水平面	200-300-500	—
会议室	0.75m水平面	150-200-300	100-150-200
设计室	0.75m水平面	200-300-500	200-300-500

（续）

房间名称	参考平面及其高度	建议照度值/lx	国标设计标准/lx
多功能厅	0.75m 水平面	150-200-300	100-150-200
档案、复印、传真室	0.75m 水平面	100-150-200	75-100-150

注：1. 一般办公室照度值可为200-300-500lx。

2. 办公室通道照明照度值宜为办公室照度值的1/5～1/10。

3. 办公室、会议室的垂直照度值不宜低于水平照度值的1/2。

4. 表中括号内照度值系指有视觉显示屏作业的办公室。

3）布灯方案关系到限制直接眩光和反射眩光，灯具的布置排列一定要与工作人员的工作位置联系起来考虑。为此应将灯具布在工作台的两侧，并使荧光灯具的纵轴与水平视线相平行。当难于确定工作位置时，可选用发光面积大、亮度低的双向蝠翼式配光灯具。

4）照明插座数量不应少于工作位置或人员数量。信息电子设备应配置的电源专用插座数量应符合相关规定标准。办公室的供电质量应予以重视。

二、工程实例

【实例10-2】 办公建筑电气照明施工图

（1）电气照明配电系统概略图　图10-7所示为某三层办公建筑的底层照明配电系统概略图，图中主要表明：

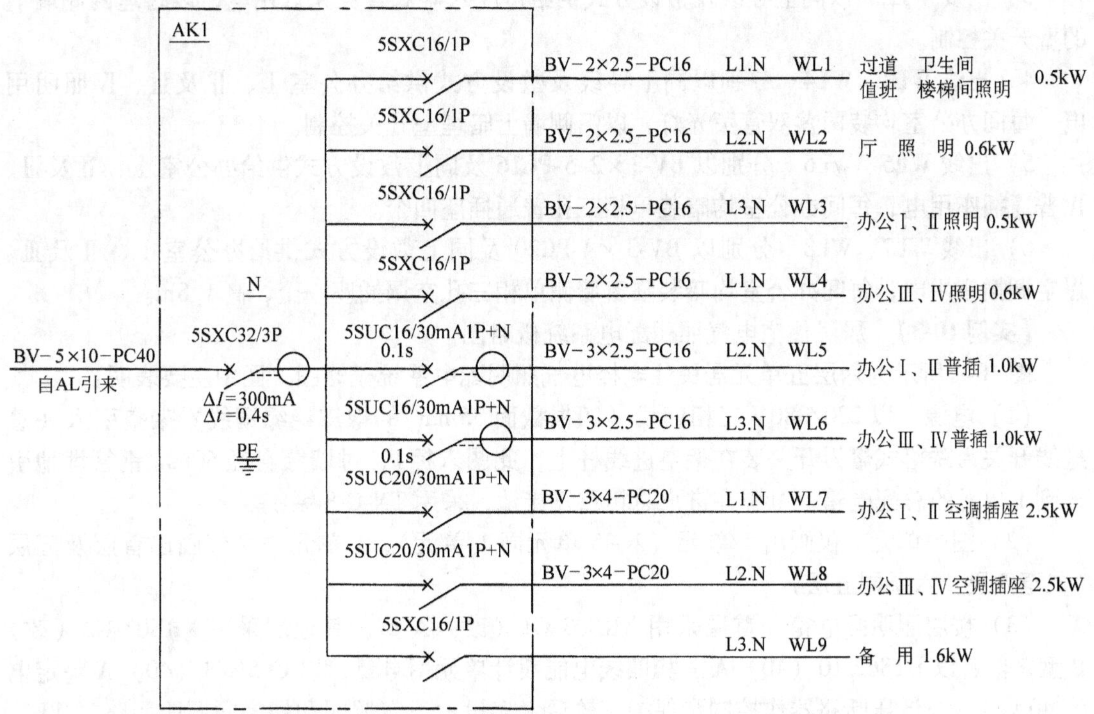

图10-7　实例10-2某三层办公建筑的底层照明配电系统概略图

1）该层照明配电系统的核心是照明配电箱AK1，它有一路进线，九路出线，依次均分L1～L3相。配电体系为TN-S系统，箱内除L1～L3相外尚有N、PE接线端口。

2）进线自上级配电箱 AL 以五根截面为 10mm^2 的聚氯乙烯绝缘布电线穿直径 40mm 的塑料管（本案导线均穿塑料管保护，仅直径异）引来，用三极额定电流为 32A 的带 RCD 的 5SXC 系列断路器控制和保护。RCD 的动作电流 300mA，动作时间 0.4s（楼层消防保护）。

3）出线 WL1 ~ WL4 供照明，用电负载见图，功率依次为 0.5kW、0.6kW、0.5kW、0.6kW，控制、保护用断路器系列同上，单极 16A，引线型号同上，四路均为两根截面 2.5mm^2。

4）出线 WL5 ~ WL8 供插座，用电负载见图，功率依次为 1.0kW、1.0kW、2.5kW、2.5kW，控制、保护用断路器系列同上，双极（L、N）16A，带动作电流 30mA 的 RCD（人身触电保护），引线型号同上，前两路 2.5mm^2、后两路 4mm^2。

5）-SC70 备用出线回路 WL9，功率 1.6kW，断路器单极 16A。

（2）电气照明平面安装图　图 10-8 所示为三层办公楼的底层照明平面布置图，图中主要表明：

1）该建筑用相线、中性线截面均为 35mm^2 的聚氯乙烯绝缘聚氯乙烯护套钢带铠装铜芯四线电缆将 220/380V 电源引至楼栋配电箱 AL。AL 一路出线供该层照明配电箱 AK1，另以两组 BV-5 ×16-PC40 分别上引至二、三层照明配电箱 AK2、AK3。

2）出线 WL1　以 BV-2 ×2.5-PC16 地下暗敷供给过道、卫生间及楼梯间值班室七盏吸顶灯用电，以暗埋壁开关控制。

3）出线 WL2　以同上导线及敷设方式供给过厅六盏双管荧光灯用电，以暗埋两侧墙上的壁开关控制。

4）出线 WL3、WL4　分别以同上导线及敷设方式供给办公室Ⅰ、Ⅱ及Ⅲ、Ⅳ照明用电，每间办公室均装两盏双管荧光灯，以门侧墙上暗埋壁开关控制。

5）出线 WL5、WL6　分别以 BV-3 ×2.5-PC16 及同上敷设方式供给办公室Ⅰ、Ⅱ及Ⅲ、Ⅳ普通插座用电，每间办公室均暗装单相三孔普通插座四个。

6）出线 WL7、WL8　分别以 BV-3 ×4-PC20 及同上敷设方式供给办公室Ⅰ、Ⅱ及Ⅲ、Ⅳ空调插座用电，每间办公室均暗装临窗墙侧单相三孔空调插座一个，高 1.8m。

【实例 10-3】 居民住宅电气照明配电系统概略图

图 10-9 所示为六层五单元居民住宅楼电气照明配电系统概略图，图中主要表明：

（1）电源　以 220/380V 三相四线（四根截面 35mm^2 的橡皮绝缘铜线）架空引入（总进线开关为跌落式熔刀开关装在架空进线杆上，此图未标），过墙穿直径 50mm 钢管埋地引入到 1 单元的总配电箱，电源在进户总箱重复接地，采用 TN-C-S 系统。

（2）图中单元　仅画出 1 单元（2 ~5 单元同 1 单元），1 单元中又仅画出首层及五层（二至四层及六层同五层）。

（3）楼层照明配电箱　首层采用 XRB03-G1（改）A 型，其他层采用 XRB03-G2（改）B 型，前者以 DT862-10（40）A 三相四线电能表计单元用电量，以 C65N/3（40）A 整定电流 40A 的三极低压断路器作控制和保护，较后者多设地下室照明和楼梯间照明回路（WL7、WL8），由单元计度。

（4）配电箱分两路　分别供电给本楼层对称两户（WL1 ~ WL3 及 WL4 ~ WL6 各一户），每户配备 DD862-5（20）A 单相电能表计度。尔后分三个支路，分别供照明、客厅、卧室插座及厨房、卫生间插座。

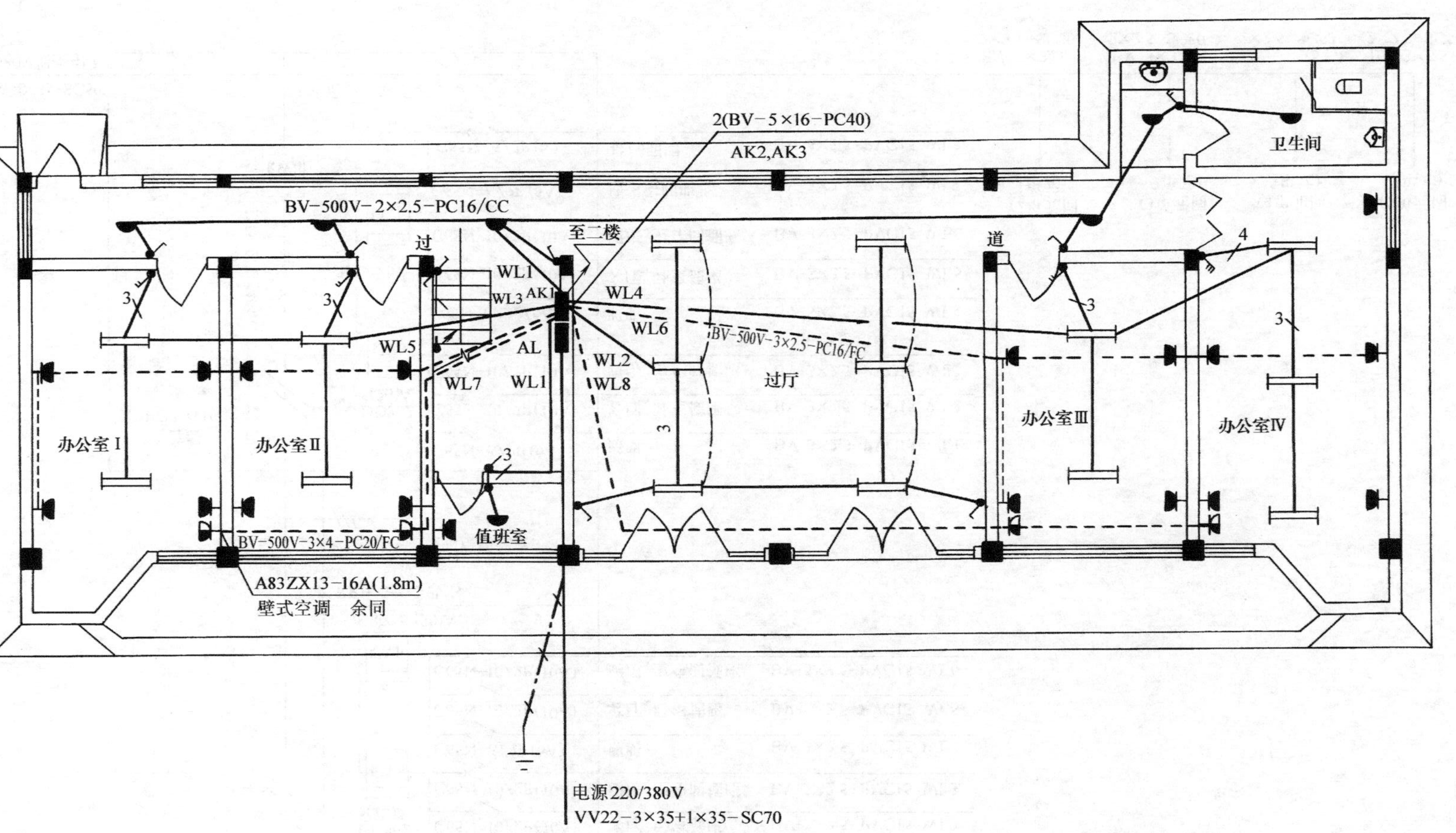

图 10-8　实例 10-2 某三层办公建筑照明系统的平面安装图

注：图中灯具型号、数量、功率、安装高度标注略。

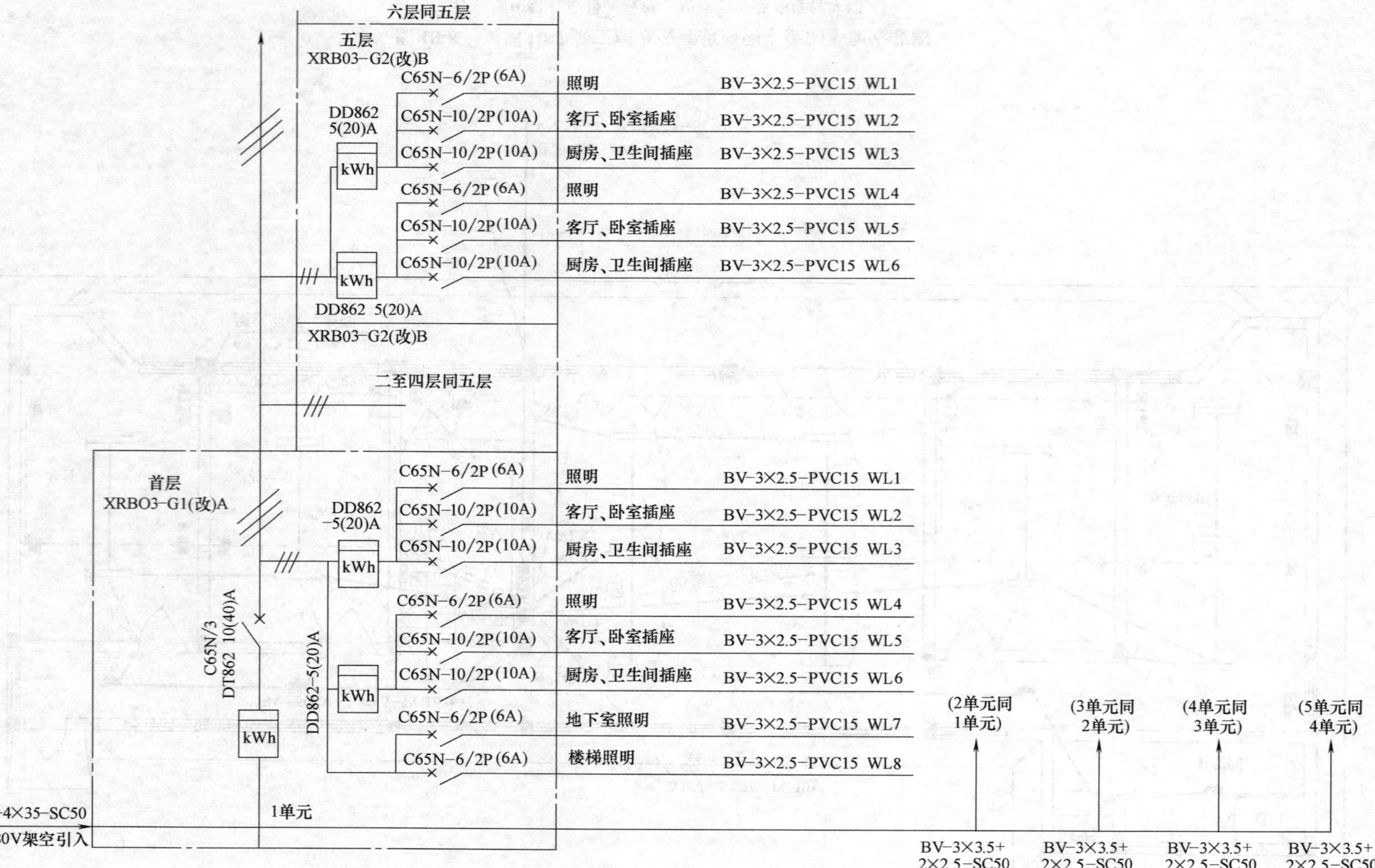

图 10-9 实例 10-3 某六层五单元居民住宅楼电气照明配电系统概略图

(5) 照明支路　设 C65N-6/2P，额定电流 6A 双极低压断路器作控制和保护。

(6) 插座支路　设 C65NL-10/2P，额定电流 10A 带 RCD 双极低压断路器作控制和保护。

(7) 导线　各单元住户均六层，1～2、3～4、5～6 每两层分配一相。因此进户线四根（L1、L2、L3、PEN），至首层照明配电箱后为五根（L1、L2、L3、N 及 PE），自二层出到三层竖直管径内四根（L2、L3、N 及 PE），自四层出到五层竖直管径内三根（L3、N 及 PE）。

【实例 10-4】 居民住宅电气照明平面安装图

图 10-10 所示为居民普通单元住宅楼标准层的电气照明平面安装图，图中主要表明：

1）标准层共两个楼梯，三户户型各异，以右边户为代表叙述。右边户共设主卧、普卧、书房及客厅、饭厅及一个厨房，两个卫生间（一个带盥洗室）为俗称的“三室二厅二卫型”。

2）电源　以五根单芯尼龙护套聚氯乙烯绝缘铜芯 $10mm^2$ 电线，自下向上沿楼梯间墙暗敷引入到每套的用户带漏电保护的配电箱。

3）此套房间供电为六路：

①插座电路　穿 PVC 管埋地暗敷供室内 18 个普通插座用电。

②空调插座电路　共两回，按①方式敷设，分别供客厅和主卧空调用（主卧空调线为沿墙板暗敷）。

③厨房插座回路　按①方式敷设，供给厨房三个插座用电。

④照明回路　穿 PVC 管，沿墙板暗敷供以下照明用电——客厅两个双管荧光灯，厨房、饭厅及书房各一只单管荧光灯，两个阳台、两个卫生间、盥洗间、两卧室进门区各一盏、过道共两盏吸顶灯，主卧两个、卧室一个待接线灯头引线。

⑤热水器电路　按④方式敷设供公共卫生间热水器用电。

⑥两卫生间照明电路，还各供一换气风扇用电。

4）所有灯具以单联、双联暗装面板开关控制其亮/熄。

5）插座按使用功能及安装位置分类：

①厨房插座　供电炊具及抽油烟机用，防溅式，安装高度便于使用。

②卫生间插座　供电热水器，高位防溅。

③空调插座　供分体空调用电，大功率，高位便于与空调连用。

④普通插座　双孔及三孔组合式面板插座（俗称“二加三”）低位安装，方便使用。

【实例 10-5】 照明配电箱概略图

图 10-11 所示为某单身宿舍照明配电箱概略图，作为照明配电箱概略图的示例。此图为竖式表达，前两实例的图 10-7、图 10-9 为横式表达。图 10-11 表达了如下内容：

(1) 配电箱　编号为 5AL1，型号为 XRM302-04-1B/HB1128，电路方案为一进（线）、四出（线）。

(2) 核心元件　主要以 C65N 系列微型断路器为保护、控制元件，各断路器的参数：

1）进线回路　为两极，额定电流 25A。

2）出线回路 N1～N4　均为单极，除 N3 额定电流为 16A 外，余均为 10A。

3）N3、N4 回路共用以一个两极带 RCD 的微型断路器作控制、保护，额定电流为 20A，RCD 动作电流为 30mA，动作时间为 0.1s。

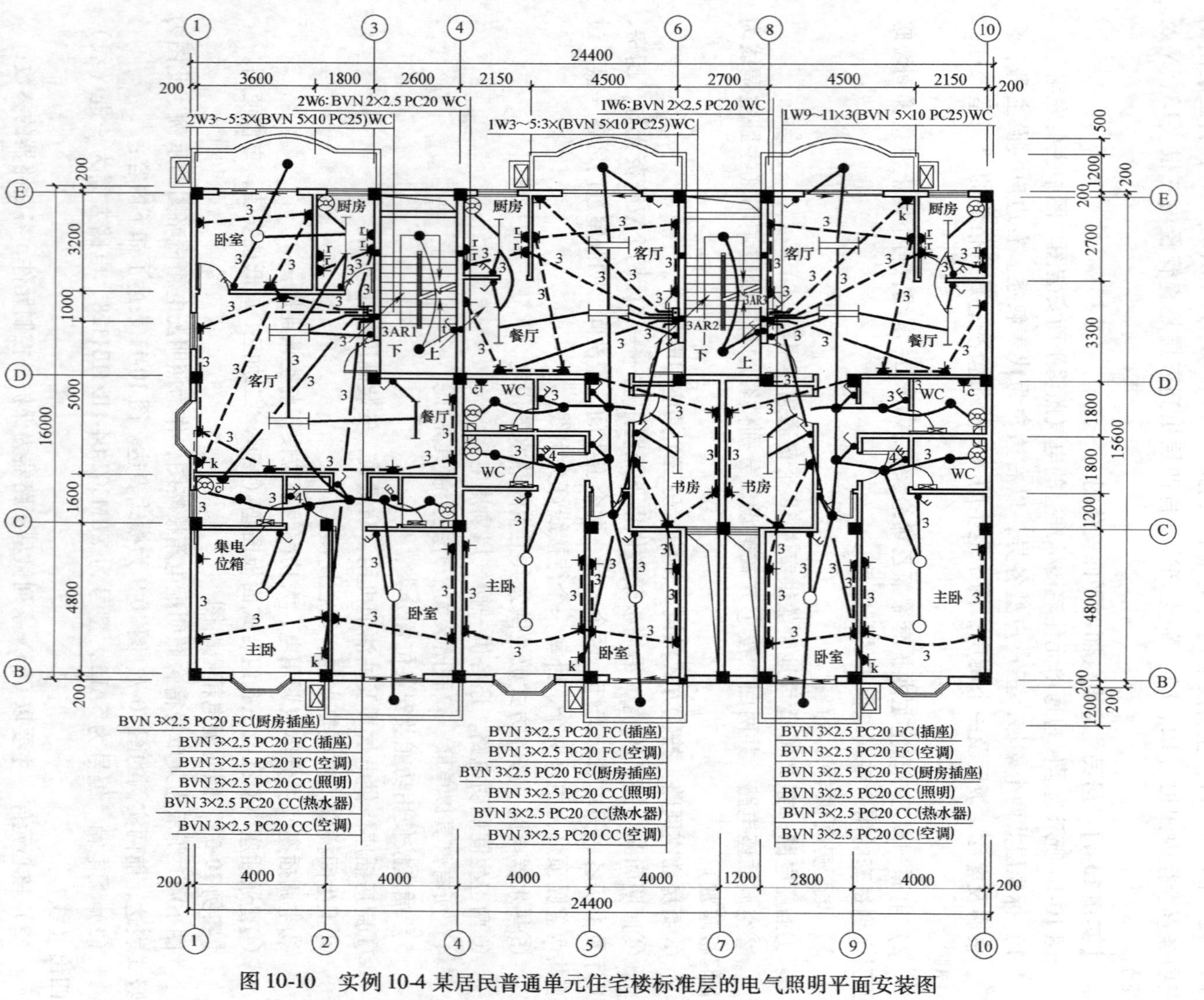

图 10-10 实例 10-4 某居民普通单元住宅楼标准层的电气照明平面安装图

主线路 P_e=3.5kW K_e=1.0 $\cos\varphi$=0.8 I_{js}=19.8A	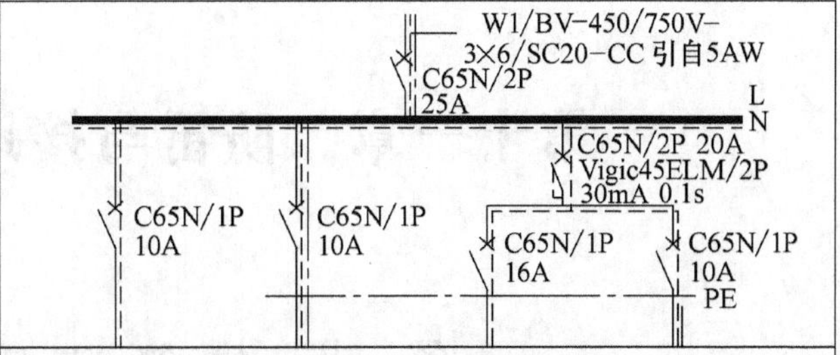 W1/BV-450/750V-3×6/SC20-CC 引自5AW C65N/2P 25A L N C65N/2P 20A Vigic45ELM/2P 30mA 0.1s C65N/1P 10A C65N/1P 10A C65N/1P 16A C65N/1P 10A PE			
配电箱编号/型号	5AL1/XRM302-04-1B/HB1128(宿舍配电箱)			
回路编号	N1	N2	N3	N4
设备容量	0.5	1.0	1.5	0.5
计算电流	4.5	5.7	8.5	2.8
相序	L.N	L.N.PE	L.N.PE	L.N.PE
敷设线型BV-500V	2×2.5	3×2.5	3×2.5	3×2.5
敷设方式	SC15-CC	SC15-CC	SC15-CC	SC15-FC
用电名称	照明	空调	热水器	插座

图10-11　实例10-5某单身宿舍照明配电箱概略图

（3）主要参数　此配电箱用电负荷总功率3.5kW、需要系数1.0、功率因数0.8、计算电流19.8A。

（4）线缆　5AL1的进出线均为BV-450/750聚氯乙烯绝缘布电线，敷设方式均为CC（暗敷在屋面内或顶板内）：

1）进线　三根（L、N、PE各一），每根截面为6mm^2，穿水煤气钢管SC20。

2）出线除N1为两根外，其余均为三根，每根截面2.5mm^2，穿管SC15。

（5）供电回路　如下四路：N1供照明；N2供空调；N3供热水器；N4供插座。

电气照明工程设计的施工图样，除上述系统概略图和平面安装图外，还有总平面安装图、构件安装详图等，此外还有图样目录、材料表、图样说明。

练　习　题

1. 请举出电气照明节能的实例，分析其特点。
2. 介绍你家电气照明的电光源及灯具使用状况及尚可改进处。
3. 试用利用系数法和单位容量法计算你家中住房的电气照明照度，并将两计算结果作对比。
4. 试画出你上课楼层电气照明配电系统的概略图。
5. 试画出你在校宿舍房间的电气照明平面安装图及照明配电箱概略图。
6. 实例10-1的荧光灯40W属已不推出使用的T12，试改用T8荧光灯（3350lm，300lx）再作计算。

第十一章　防雷与接地设计

第一节　建 筑 防 雷

一、防雷的等级

1. 按建筑物整体

根据《建筑物防雷设计规范》GB50057—2010 的规定，建筑物根据其重要性、使用性质、发生雷电事故的可能性和后果，按防雷要求分为三类。

（1）划为第一类防雷建筑物

1）制造、使用或贮存火药、炸药及其制品的危险建筑物，因电火花而引起爆炸，会造成巨大破坏和人身伤亡者。

2）具有 0 区或 20 区爆炸危险场所的建筑物。

3）具有 1 区或 21 区爆炸危险场所的建筑物，因电火花而引起爆炸，会造成巨大破坏和人身伤亡者。

（2）划为第二类防雷建筑物

1）国家级重点文物保护的建筑物。

2）国家级的会堂、办公建筑物、大型展览和博览建筑物、大型火车站、国宾馆、国家级档案馆、大型城市的重要给水水泵房等特别重要的建筑物。

3）国家级计算中心、国际通信枢纽等对国民经济有重要意义的建筑物。

4）国家特级和甲级大型体育馆。

5）制造、使用或贮存火药、炸药及其制品的危险建筑物，且电火花不易引起爆炸或不致造成巨大破坏和人身伤亡者。

6）具有 1 区或 21 区爆炸危险场所的建筑物，且电火花不易引起爆炸或不致造成巨大破坏和人身伤亡者。

7）具有 2 区或 22 区爆炸危险环境的建筑物。

8）有爆炸危险的露天钢质封闭气罐。

9）预计雷击次数大于 0.05 次/年的部、省级办公建筑物及其他重要或人员密集的公共建筑物以及火灾危险场所。

10）预计雷击次数大于 0.25 次/年的住宅、办公楼等一般性民用建筑物或一般性工业建筑物。

（3）划为第三类防雷建筑物

1）省级重点文物保护的建筑物及省级档案馆。

2）预计雷击次数大于或等于 0.01 次/年，且小于或等于 0.05 次/年的部、省级办公建筑物及其他重要或人员密集的公共建筑物以及火灾危险场所。

3）预计雷击次数大于或等于 0.05 次/年，且小于或等于 0.25 次/年的住宅、办公楼等一般性民用建筑物或一般性工业建筑物。

4）在平均雷暴日大于15日/年的地区，高度在15m及以上的烟囱、水塔等孤立的高耸建筑物；在平均雷暴日小于或等于15日/年的地区，高度在20m及以上的烟囱、水塔等孤立的高耸建筑物。

2. 按建筑物部位

雷电危害除对人、建筑物以外，主要是雷电电磁脉冲（LEMP）对建筑物内电气和电子系统的危害。根据《建筑物电子信息系统防雷设计规范》GB50343—2004的规定，建筑物防护分区（LPZ）分为五类，其示意图见图11-1。

（1）直击雷非防护区 $LPZ0_A$ 电磁场没有衰减，各类物体都可能遭到直接雷击，属完全暴露的不设防区。

（2）直击雷防护区 $LPZ0_B$ 电磁场没有衰减，各类物体很少遭到直接雷击，属充分暴露的直击雷防护区。

（3）第一防护区 LPZ1 由于建筑物的屏蔽措施，流经各类导体的雷电流比直击雷防护区 $LPZ0_B$ 减小，电磁场得到初步衰减，各类物体不可能遭到直接雷击。

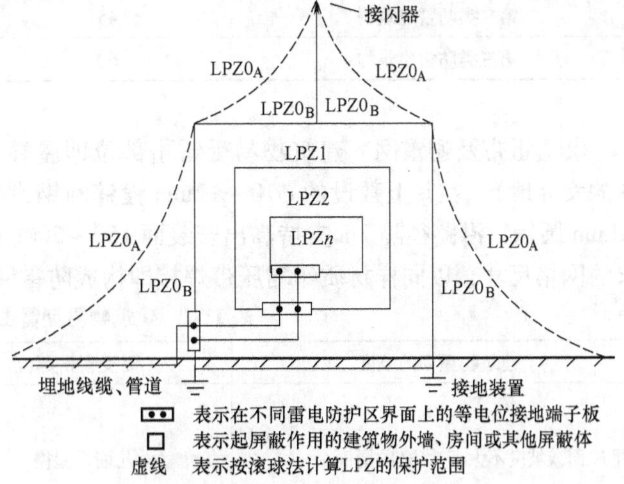

图11-1　建筑物防雷电防护分区（LPZ）划分示意图

（4）第二防护区 LPZ2　进一步减小所导引的雷电流或电磁场而引入的后续防护区。

（5）后续防护区 LPZ*n*　需进一步减小雷电电磁脉冲，以保护敏感度水平高的设备的后续防护区。

二、防雷措施

1. 按建筑物整体

即按建筑物防雷三个类级的防雷措施。各类防雷建筑均应设防直击雷的外部防雷装置，并应采取防闪电电涌侵入的措施。第一类和部分第二类防雷建筑物尚应采取防雷电感应的措施。各类防雷建筑物的防雷措施具体细节详见《建筑物防雷设计规范》GB50057—2010。

2. 按建筑物部位

雷电危害的防护应采用雷电电磁脉冲防护系统（LEMS）综合防护，它包括：

（1）外部防雷措施　外部防雷体系由接闪器（或避雷器）、引下线和接地体三部分组成。

1）接闪器　接闪器是用来接受直接雷击的金属物体，多为针、网、带、线。接闪器的功能实质是引雷，都是利用其高出被保护物的突出地位，当雷电先导临近地面时，把雷电引向自身，使雷电场畸变，改变雷电先导的通道方向，然后经与其相连的引下线和接地装置将雷电流泄放到大地，从而使被保护的线路、设备、建筑物免受雷击。

将金属杆做的接闪器称作避雷针，主要用于保护露天变配电设备及建筑物；将金属线做的接闪器称作避雷线，主要用于保护输电线路；将金属带做的接闪器称作避雷带；避雷带连成防雷金属网称为避雷网，建筑物主要用此保护。金属屋面和金属构件也可作接闪器。

①避雷针　国家标准采用“滚球法”来确定避雷针防护直击雷的有效保护范围。它是将雷体理想化为一个半径为 h_r（滚球半径）的滚球，沿需要防护直击雷的部分滚动。雷球在接闪器或接闪器与地面限制下不能触及需要保护的部分即此接闪器的保护范围。滚球半径按建筑物防雷类别确定，见表 11-1。

表 11-1　各类防雷建筑物的滚球半径和避雷网格尺寸

建筑物防雷类别	滚球半径 h_r/m	避雷网格尺寸/m×m
第一类防雷建筑物	30	≤5×5 或≤6×4
第二类防雷建筑物	45	≤10×10 或≤12×8
第三类防雷建筑物	60	≤20×20 或≤24×16

②避雷带及避雷网　建筑物易受雷击部位即屋脊、屋角、屋檐和屋面（含平顶屋面四周的女儿墙）。在其上敷设的 ϕ10～12mm 镀锌圆钢或 25mm×4mm 镀锌扁钢（多以 ϕ6mm、ϕ8mm 圆钢，沿路径隔 1m 支持高出安装面 150～200mm）即为避雷带。中间再按表 11-1 要求的网格尺寸，以同样材质作均压带焊接即构成防雷网。建筑物易受雷击部位见表 11-2。

表 11-2　建筑物易受雷击部位

建筑物屋面的坡度	易受雷击部位	示　意　图
平屋面或坡度不大于 1/10 的屋面	檐角、女儿墙、屋檐	平屋顶　坡度≤1/10
坡度大于 1/10，且小于 1/2 的屋面	屋角、屋脊、檐角、屋檐	1/10<坡度<1/2
坡度不小于 1/2 的屋面	屋角、屋脊、檐角	坡度≥1/2

注：屋面坡度为 a/b，a 为屋脊高出屋檐的距离，单位为 m；b 为房屋的宽度，单位为 m。

2）引下线　以不小于 ϕ8mm 圆钢，截面不小于 48mm^2、厚度不小于 4mm 扁钢，将接闪器接到的雷电可靠地引到接地体泄放电流的通道即引下线。常用做法是利用建筑物钢筋混凝土中钢筋，其要求为 ϕ16mm 及以上，两根主筋（ϕ10mm 时则要求四根）可靠焊接组成。

3）接地体　即将引来的雷电流安全无害地泄放到大地的埋地构件，工程中优先利用建筑物钢筋混凝土基础内的钢筋兼作此用。有地梁时，应将地梁内钢筋连成环形接地装置。无地梁时，可在建筑物周边无钢筋的闭合条形混凝土基础内用 40mm×4mm 镀锌扁钢直接敷设在槽坑外沿，形成环形接地。规范要求的接地电阻达不到时，在其四周地下焊出散流体以增强泄流能力，工程上多按屋面网格的大小采用均压带连成网格。

为提高可靠性和安全性，便于雷电流的流散以及减少流经引下线的雷电流，所有避雷针、避雷带、突出屋面的排放无爆炸危险气体的风管、烟囱等金属体应相互连接，构成共用接地系统。且引下线应充分利用建筑物外廓各角上的柱筋，不少于两根，沿建筑物四周均匀或对称布置，其间距及每根引下线的冲击接地电阻最大值见表11-3。当仅利用建筑物四周的钢柱或柱内钢筋作引下线时，引下线可按跨度设置，但其平均间距亦应符合表11-3；防雷装置各部件的最小尺寸见表11-4。

表11-3　建筑物外部防雷措施的尺寸要求

防雷建筑物类别	避雷网格/m×m	引下线间距/m	接地电阻/Ω
第一类防雷建筑物	≤5×5 或≤6×4	≤12	≤10
第二类防雷建筑物	≤10×10 或≤12×8	≤18	≤20
第三类防雷建筑物	≤20×20 或≤24×16	≤25	≤30

表11-4　防雷装置各部件的最小尺寸

防雷装置的部件	圆钢直径/mm	钢管直径或厚度/mm	扁钢截面	角钢厚度
避雷针(长1m以下)	12	直径20		
避雷针(长1~2m)	16	直径25		
避雷带和避雷网	8		$48mm^2$ 厚4mm	
引下线	8		$48mm^2$ 厚4mm	
垂直接地体	10	厚3.5		厚4mm
水平接地体	10		$100mm^2$ 厚4mm	

（2）内部防雷措施

1）安装浪涌保护器　其英文名缩写为SPD，它具有非线性特性：低于限制值时为高阻、低漏流；高于限定值时为低阻、瞬时泄放大电流。随着建筑电气的智能化程度的提高，持续时间微秒量级的LEMP浪涌电压对大量感性、容性的电气元件，对工作电压伏特量级的高速数字敏感芯片的破坏越来越大，使得反应时间以纳秒量级计的SPD在内部防雷中的作用越显突出。它按原理分为：间隙型、限压型；按连接方式分为：并联型、串联型；按用途分为：电源类、信号类、天馈类。

2）合理布线

3）屏蔽（或隔离）　以电磁材料（多为钢铁）构成雷电电磁脉冲（LEMP）的屏蔽空间，将保护对象置于其中隔离。

4）等电位连接　这是最终构成共用接地系统的最常用、最简单、最有效的作法，见后述。

三、工程实例

【实例11-1】　一般民用及工业建筑随防雷要求的严峻程度用三策：首先是将钢筋混凝土结构中的部分钢筋（包括屋面/柱/基础/圈梁），焊接成电气连通的防雷笼（网格尺寸按防雷等级定），防直击雷。高层建筑的外露的高层金属窗/门/阳台栏杆/防护栏网与此防雷笼也焊成电气连通，以防侧击雷；进而将屋内大的金属构件、尤其是外露/高耸的金属构件（含钢筋混凝土件的钢筋）、由外引入的金属管件及电缆金属外皮与防雷笼网焊通，构成（等电位体）共用接地系统防雷电感应；由于电子、数字设备的广泛应用，更严格时采取的防侵入雷措施——装SPD。图11-2为仅就LEMS系统防雷笼网的屋面防雷工程示例。

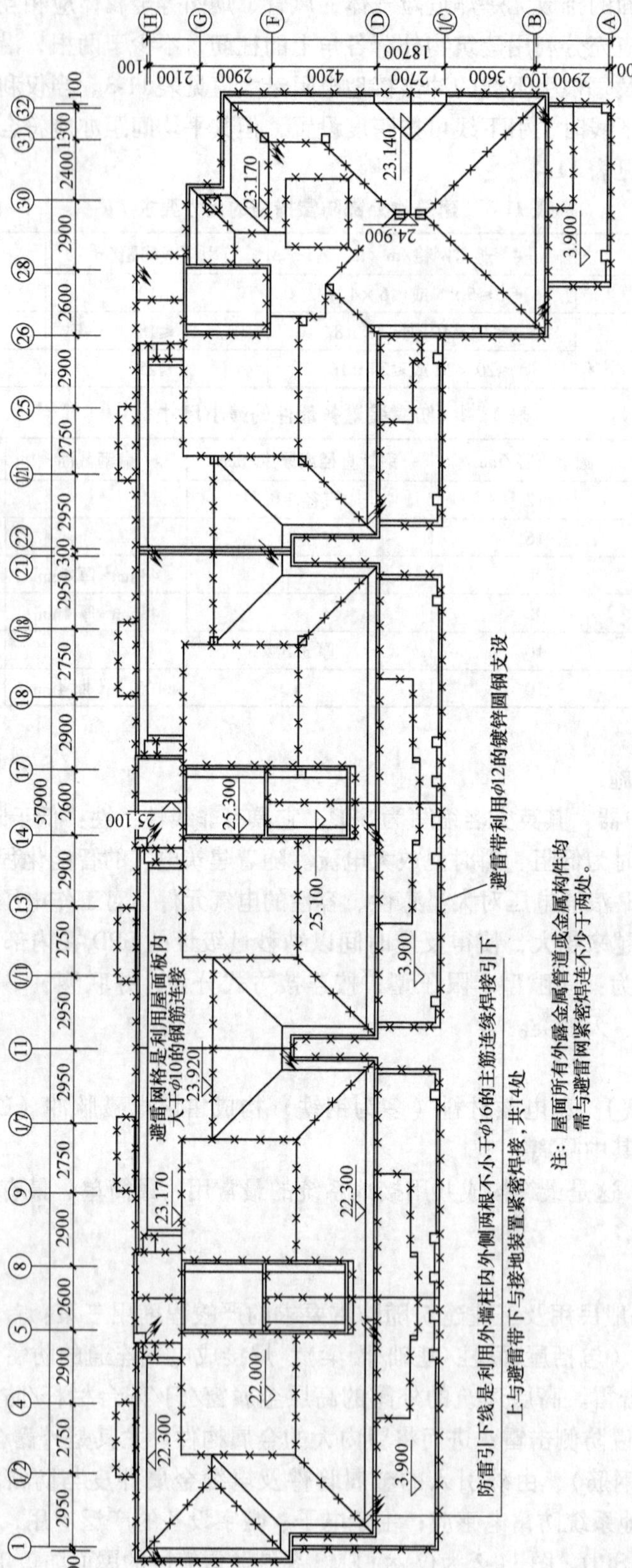
避雷网格是利用屋面板内大于φ10的钢筋连接
防雷引下线是利用外墙柱内外侧两根不小于φ16的主筋连续焊接引下
上与避雷带下与接地装置紧密焊接，共14处
避雷带利用φ12的镀锌圆钢支设
注：屋面所有外露金属管道或金属构件均需与避雷网紧密焊接不少于两处。

图 11-2 实例 11-1 某建筑防雷安装简图

1. 工程概况

（1）本建筑屋面分三部分　第一部分（1/H—11/H—11/D—1/D）与第二部分（11/H—21/H—21/D—11/D）相同，第三部分（22/H—32/H—32/A—22/D）与第一/第二部分同，第一/第二与第三部分有沉降缝。

（2）第一/二部分有25.3/25.1/20.0/3.9四层平屋面和23.92/23.17/22.3三根屋脊。

（3）第三部分多24.9/23.17两根屋脊。

2. 剖析

（1）以ϕ12mm镀锌圆钢支设在各屋脊及屋面周边，辅以屋面板内大于ϕ10mm的钢筋焊通构成的屋面防雷网。此网格尺寸小于该类防雷网格尺寸要求。

（2）在1/H、1/D、5/H、5/D、11/H、11/F、14/H、14/D、21/H、21/F、22/D、28/H、26/B、31/F及32/B轴点处共14根主柱内，利用外墙柱内外侧两根不小于ϕ16mm主钢筋，自上而下焊通直达接地装置作防雷引下线。

3. 注意事项

（1）建筑虽不大，但屋面层次多，应做好不同层高间的电气焊通，亦要做好第二、第三部分沉降缝间的柔性连接，还要注意引下线两根主筋的水平连通。

（2）屋面所有外露金属管道、金属构件均与此网络电气联通，形成等位体。

第二节　系 统 接 地

一、工程接地的种类

电气系统（包括电力装置和电子设备）的接地分为功能性接地和保护性接地。功能性接地包括：工作接地（电力系统中性点接地）、屏蔽接地、逻辑接地及信号接地；保护性接地包括：防雷接地、保护接地、重复接地、防静电接地及防电蚀接地。从电气工程角度涉及以下接地类型：

（1）防雷接地　构成上述的防雷体系。

（2）系统接地　电源系统的功能接地，多为发电机组、电力变压器等中性点的接地，亦称作“系统工作接地”。除为220/380V系统提供单相供电的中性线回路外，其主要目的为：

1）为大气或操作过电压提供对地泄放的回路——避免电气设备绝缘被击穿。

2）提供接地故障电流回路——当发生接地故障时，产生较大的接地故障电流迅速切断故障回路。

3）当中性点不接地或经消弧线圈接地系统发生单相接地故障时，非故障相的电压升高达1.73倍相电压的数值。此系统中的设备及线路绝缘均要求更低，节省投资费用。

（3）保护接地　它是对电气装置平时不带电，故障时可能带电的外露导电部分起保护作用的接地，主要目的为：

1）降低预期接触电压。

2）提供工频或高频泄放回路。

3）为过电压保护装置提供回路。

4）等电位连接。

二、接地装置

接地装置包括接地体、接地线和接地母排。

（1）接地装置的设置　接地电阻值应能始终满足工作接地和保护接地规定值的要求，应能安全地通过正常泄漏电流和接地故障电流，选用的材质及其规格在其所在环境内应具备相当的抗机械损伤、腐蚀和其他有害影响的能力。

应充分利用自然接地体（如水管、基础钢筋、电缆金属外皮等），但应注意：选用的自然接地体应满足热稳定的条件；应保证接地装置的可靠性，不致因自然接地体变动而受影响，采用至少两种以上方式接地（如利用水管，同时还利用基础钢筋），可燃液体或气体以及供暖管道禁止用作保护接地体。

应用人工接地体可采用水平敷设的圆钢或扁钢，垂直敷设的角钢、钢管或圆钢，也可采用金属接地板。人工接地体一般宜优先采用水平敷设方式。人工接地体常用材料规格：镀锌圆钢 d20，镀锌钢管 SC40，镀锌角钢 50×50×5，镀锌扁钢 40×4（腐蚀性较强或重要场所 50×5），铜板 1000×1000×10 或 1500×1500×10。

（2）建筑物的接地电阻值

1）仅用于高压电力设备　≤10Ω。

2）低压电力设备 TN-C 系统中电缆和架空线在建筑物的引入处（PEN 线应重复接地）≤10Ω。

3）高压与低压电力设备共用接地装置　≤4Ω。

4）当电子装置及系统、火灾自动报警系统与电力设备共用接地装置　≤1Ω。

设计中防雷接地、变压器中性点接地、电气安全接地以及其他需要接地设备的接地多共用接地装置，此时接地电阻取其中最小值。

三、低压配电网的保护接地体系

1. 表达形式

低压配电网保护接地体系的表达形式如下：

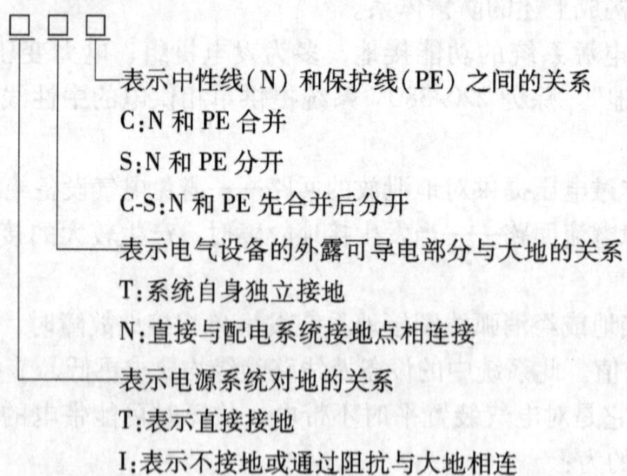

2. 各系统特点

（1）IT 系统　即中性点不接地的三相三线制系统，见图 11-3a。系统中将电气设备正常情况下不带电的外露可导电部分（金属外壳和构架）独自接地，当设备单相碰壳、外壳带电、人触及时，因分流作用流经人体电流大减，危险降低。此方式供电可靠性高，安全性好。一般用于严格要求连续供电及不允许停电的场所（如电炉炼钢、大医院手术室、地下矿井等）。

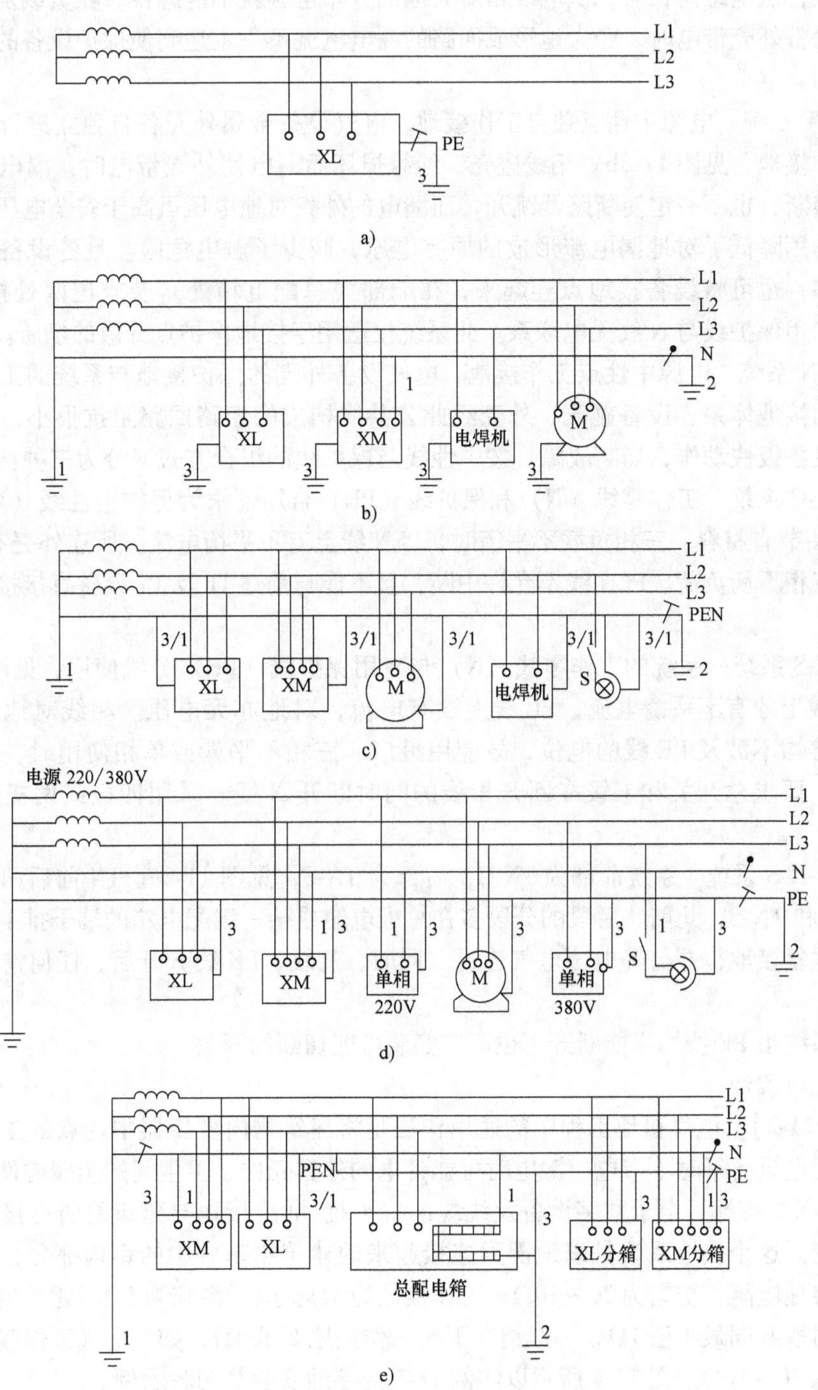

图 11-3　低压配电保护系统中用电设备接法示意图

a）IT 系统　b）TT 系统　c）TN-C 系统　d）TN-S 系统　e）TN-C-S 系统

1—工作接地　2—重复接地　3—保护接地

XL—动力配电箱　XM—照明配电箱　M—电动机　S—台灯开关

此系统供电距离不长时，发生接地故障时的接地故障电压不会超过 50V，不会引起间接电击的危险；供电距离长时，供电线路对大地的分布电容就不能忽视，在负载发生短路故障或漏电使设备外壳带电时，经大地形成回路的漏电电流不一定达到使保护设备的动作值，则极危险。

（2）TT 系统　电源中性点独自工作接地，电气设备金属外壳各自独立进行与工作接地无关的保护接地，见图 11-3b。相线碰壳、绝缘损坏而漏电使外壳带电时，漏电流不一定能使熔断器熔断，也不一定使断路器跳开，而漏电的外壳对地电压虽高于安全电压，但接地系统的分压作用降低了对地漏电流形成的原有电压，减少了触电危险。且各设备各自独立接地，耗材多，也可将设备接地点连起来，在端部（总配电箱处）及末尾两处接地成为 PE 线，但此专用保护线与 N 线无电联系。此系统仅适用于接地保护点分散的场所。

（3）TN 系统　电源中性点工作接地，电气设备外壳的保护接地与系统的工作接地连成一起构成的接地体系。设备碰壳、外壳经此公共线构成的短路回路阻抗很小，短路电流很大，保护设备极快动作，切断故障。按中性线与保护线的组合方式又分为三种：

1）TN-C 系统　工作零线（N）和保护线（PE）合用一根为保护中性线（PEN），见图 11-3c。共用节省材料，三相负载不平衡时，PEN 线上有不平衡电流，所连外壳有一定电压，仅适用于三相平衡负荷。PEN 线不允许中断，且不能与前述 IT 及 TT 设备直接接地保护系统混用。

2）TN-S 系统　系统的工作零线（N）与专用保护线（PE）分线使用，见图 11-3d。正常时仅 N 线上才有不平衡电流，PE 线上没有电流，对地亦无电压。相线对地短路，中性线电位偏移均不波及 PE 线的电位，故应用最广。三相不平衡或单相使用时，N 线上可出现高电位，要求总开关和末级在断开相线的同时断开 N 线。采用四极或两极开关，投资增加。

3）TN-C-S 系统　系统前部为 TN-C，后部为 TN-S，见图 11-3e。TN 前后两段特点分别同于 TN-C 和 TN-S，此前、后段的分段多在总配电箱或某一级配电箱的端子排上进行，此端子排应作重复接地，并与等电位电气连通。同时，N 线、PE 线分开后，任何情况下都不能再合并。

上述系统中 PE 线均不能断开，也不应安装可能切断的开关。

四、工程实例

【实例 11-2】　电气接地工程中的通用作法是将建筑物内变压器中性点的工作接地、电梯轨道、用电设备平时不带电，漏电时可能带电的外露壳件、卫生间的金属构件及供电系统的 PE 线的保护接地、电子数字设备及线缆的抗干扰/屏蔽接地与建筑的防雷接地共用同一个接地系统。这个接地系统是以地圈梁连接起来的建筑物基础中的钢构部分，必要时再外延。系统接地电阻：防雷为 30 ~ 10Ω；工作接地为 4Ω；电子系统为 1Ω。建筑内电子系统多且要求高时取共同最小值 1Ω，一般情况下按工作接地要求 4Ω，如无电气工作接地则按建筑防雷等级取 30 ~ 10Ω。图 11-4 所示以实例 11-1 的接地安装简图为示例。

1. 工程概况

图 11-4 所示为图 11-2 屋面对应的基础平面。

2. 剖析

1）对应图 11-2 自上引下共 14 根防雷引下线。

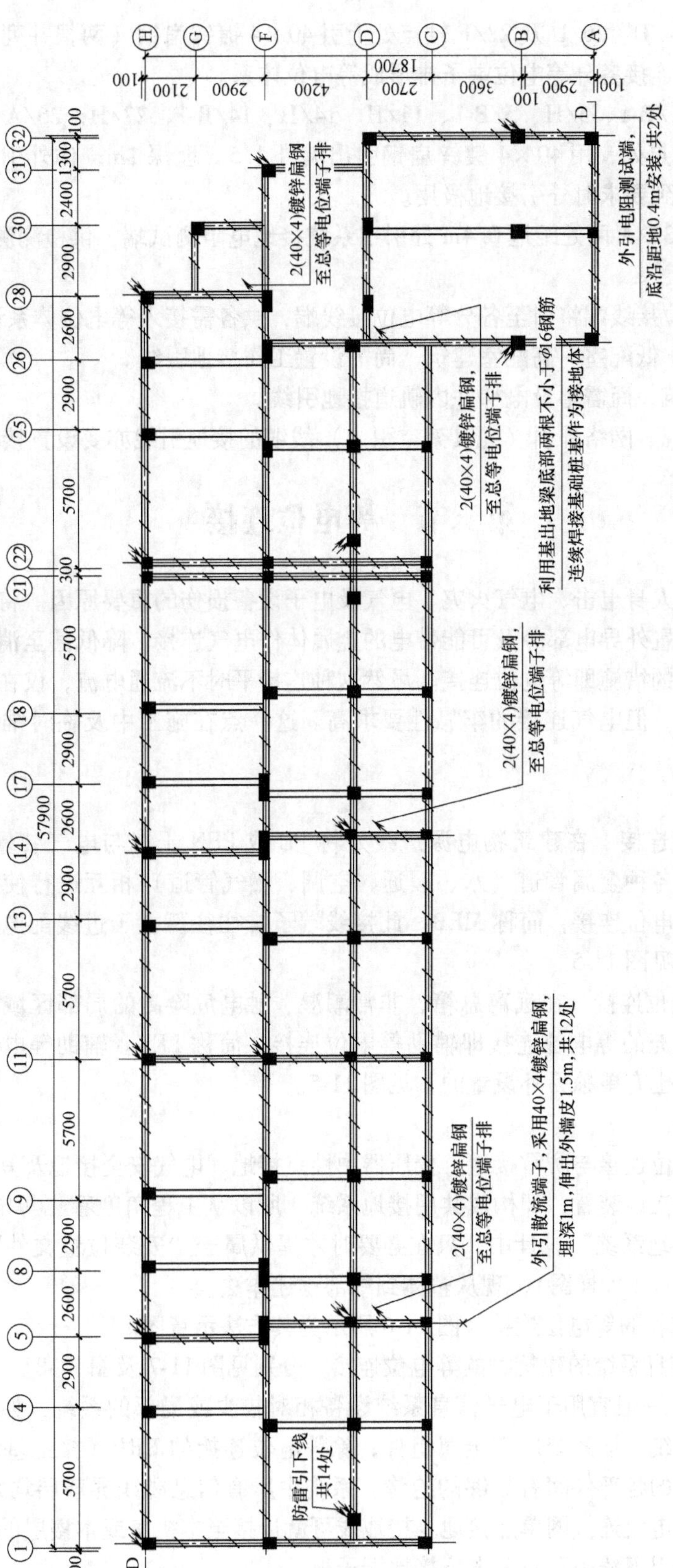

图11-4 实例11-1的接地安装简图

2）在 5/D、14/D、26/D 及 28/F 轴点处上引 40×4 镀锌扁钢（两根并列）至各单元总等电位端子排，供连接各分等电位端子排形成等电位体系。

3）在 1/H、1/B-1、5/H、5/B-1、11/H、14/H、14/B-1、22/H、26/A、28/H、31/F 及 32/A 共 12 个轴点处，用 40×4 镀锌扁钢引出墙外 1.5m 埋深 1m，作外引散流端子，以备接地电阻值达不到要求时外引接地极用。

4）在 1/H 及 32/A 两处距地 0.4m 处引出系统接地电阻测试端，供检测测量接线用。

3. 讨论

1）此总等电位接线端将引至各分等电位接线端，供各需接入等电位体系设备接入用。

2）有变压器、低配室、高配室建筑，尚需设置工作接地引线。

3）有电梯建筑，尚需增设电梯井内轨道接地引线。

4）电话、电视、网络外引（尤其架空引入）线缆的接地引线亦要设置接线端。

第三节　等电位连接

电位差是造成人身电击、电气火灾、电气及电子设备损伤的重要原因。将电气装置各外露可导电部分、装置外导电部分及可能带电的金属体作电气连接，降低甚至消除电位差以保持人身、设备安全的措施即等电位连接。虽然这种连接平时不流通电流，仅在发生故障时才通过部分故障电流，但电气连接的牢靠性要求高。这一点在施工中及临时维修时应尤为注意。

一、分类

（1）总等电位连接　在建筑物电源进线处将 PE 或 PEN 干线与电气装置的接地干线、建筑物金属物体及各种金属管道（水、暖通、空调、燃气管道）相互进行使彼此电位相等的电气连接即总等电位连接，简称 MEB。此接线端子排往往孤立于进线配电箱，另设一处或另装一个箱内，见图 11-5。

（2）辅助等电位连接　在远离总箱、非常潮湿、触电危险高的局部区域（如浴室、游泳池）作辅助、补充的等电位连接即辅助等电位连接，简称 LEB。辅助等电位端子排有设于分配电箱内的，也有单独另外设置的，见图 11-5。

二、工程作法

工程中将等电位连接与防雷接地、变压器中性点接地、电气安全接地及其他需要接地设备的接地共用一个接地装置，即构成共用接地系统。所以从工程角度看“等电位连接设计”是融入到“共用接地系统”设计中，只在必要时才提供属于“安装位置文件”的“安装简图”或“安装详图”（大样图），现从整体到细部逐述作法：

（1）一般建筑物的等电位连接　图 11-6 所示为其作法示意图。

（2）有电子信息系统的建筑物的等电位连接　分别见图 11-7 及图 11-8。

1）S 型结构　一般宜用于电子信息系统设备相对较少或局部的系统，如消防、建筑设备监控及扩声等系统。该系统所有金属组件，除等电位连接的 ERP（接地基准点）外，均应与共用接地系统的各部件间有足够的绝缘。系统中所有信息缆线屏蔽层均须经 ERP 进入信息系统，即此等电位连接网单点接地。接地线可就近接至本机房或本楼层的等电位接地端子板，不必设专用引下线引至总等电位接地端子板。

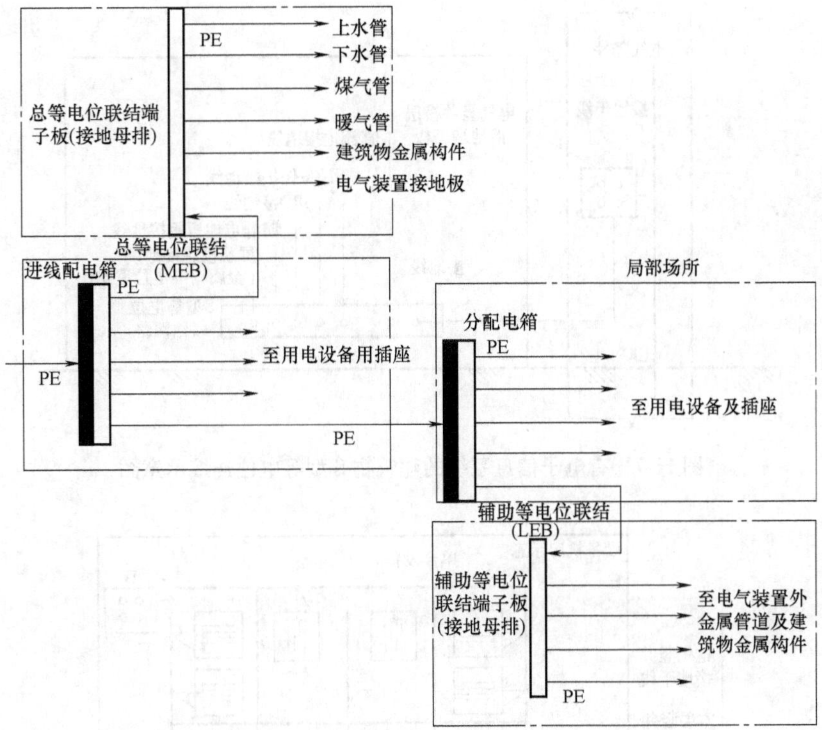

图 11-5　总等电位联结与辅助等电位连接示意图

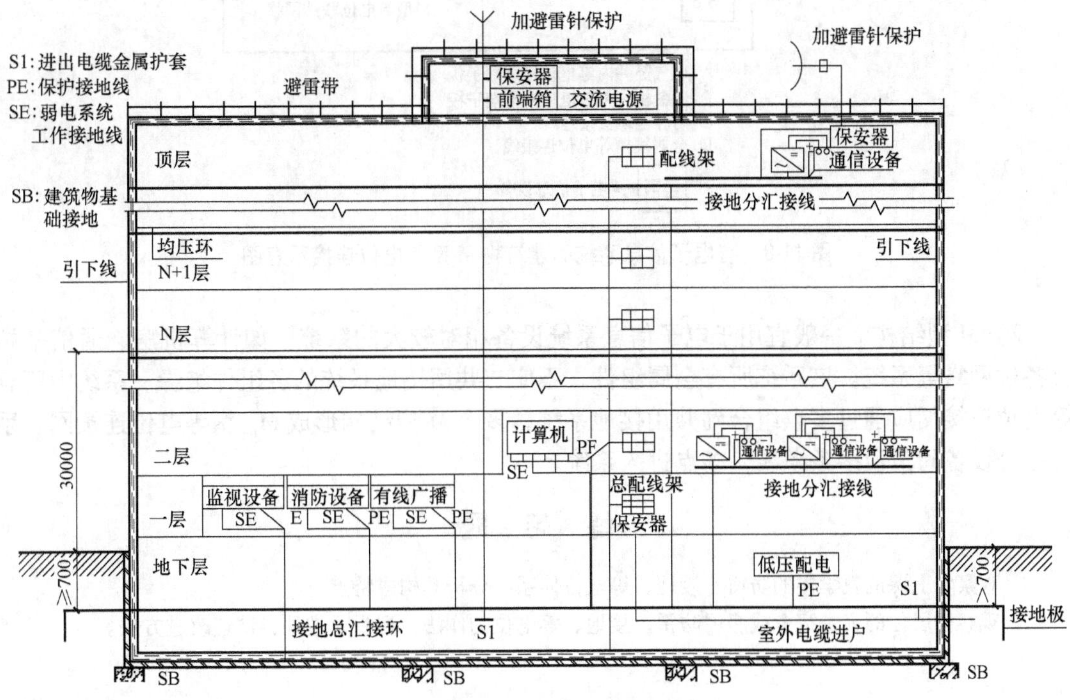

图 11-6　一般建筑物的等电位连接示意图

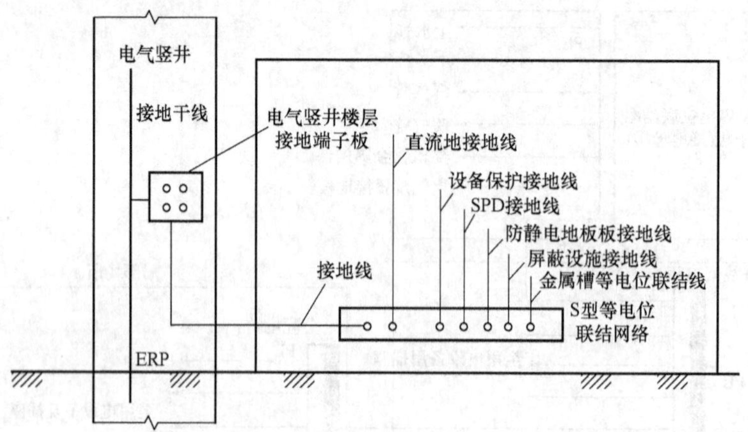

图 11-7 有电子信息系统的建筑物 S 型等电位连接示意图

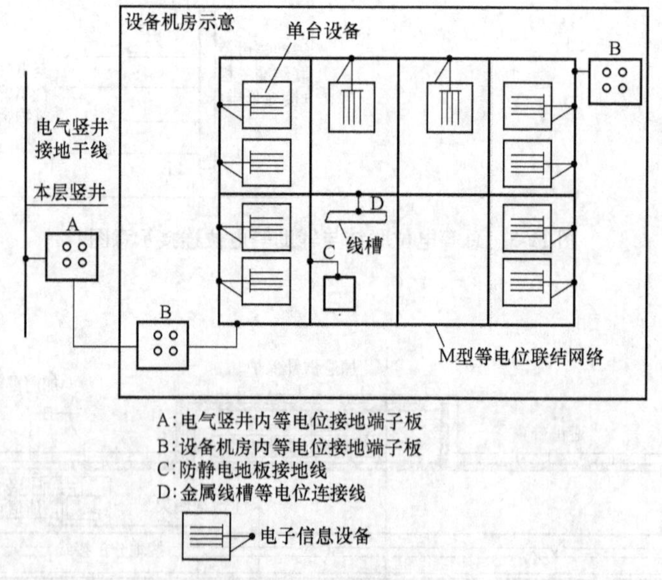

图 11-8 有电子信息系统的建筑物 M 型等电位连接示意图

2）M 型结构　一般宜用于电子信息系统设备相对较大的系统，如计算机房、通信基站及各种网络等系统。该系统所有金属组件，不应与共用接地系统的各组件绝缘。系统中所有等电位连接网应通过多点组合到共用接地系统，多个 M 型结构形成 M_m 型等电位连接网。系统各分设备间敷设多条缆线，多点进入系统。

练 习 题

1. 观察你上课的教学楼的防雷、接地、等电位体系，分析其构成特点。
2. 观察你居住的家中宿舍或房屋防雷、接地、等电位的作法，列举改进处，试述改进方法。

第十二章　楼宇自动化设计

楼宇自动化系统从专业角度主要包括三个并列的分支：消防报警与联动、安全技术防范及建筑设备监控。

第一节　消防报警与联动

消防监控工程是建筑物、建筑群以及在其中生活、工作的人群对火灾这一重大灾害产生的尽早预知、及时扑灭，安全逃生的至为关键的技术保障。本节仅针对一般的工业与民用建筑物（含使用或生产可燃气体和可燃液体蒸气的建筑物），重点是民用建筑物进行了讨论。不适用于生产和贮存火药、炸药、弹药、火工品等场所。

一、设计要点

1. 遵循规程

必须严格遵循各项现行的相关规程、规范，尤其是《建筑设计防火规范》GB 50016—2006、《高层民用建筑设计防火规范》GB 50045—1995 及《火灾自动报警系统设计规范》GB 50116—1998。

2. 确立等级、选定体系

根据建筑使用性质、火灾危险性及扩散、扑救程度，按规定确立火灾自动报警与联动系统（以后简称消控系统）保护对象的等级，再根据此选定符合要求的消防体系，参见表 12-1。

表 12-1　消控系统保护对象的等级

等级	保护对象	
特级	建筑高度超过 100m 的高层民用建筑	
一级	建筑高度不超过 100m 的高层民用建筑	一类建筑
	建筑高度不超过 24m 的民用建筑及建筑高度超过 24m 的单层公共建筑	①200 床及以上的病房楼，每层建筑面积为 $1000m^2$ 及以上的门诊楼；②每层建筑面积超过 $3000m^2$ 的百货楼、商场、展览楼、高级旅馆、财贸金融楼、电信楼、高级办公楼；③藏书超过 100 万册的图书馆、书库；④超过 3000 座位的体育馆；⑤重要的科研楼、资料档案楼；⑥省级的邮政楼、广播电视楼、电力调度楼、防灾指挥调度楼；⑦重点文物保护场所；⑧大型以上的影剧院、会堂、礼堂
	工业建筑	①甲、乙类生产厂房；②甲、乙类物品库房；③占地面积或总建筑面积超过 $1000m^2$ 的丙类物品库房；④总建筑面积超过 $1000m^2$ 的地下丙、丁类生产车间及物品库房
	地下民用建筑	①地下铁道、车站；②地下电影院、礼堂；③使用面积超过 $1000m^2$ 的地下商场、医院、旅馆、展览厅及其他商业或公共活动场所；④重要的实验室、图书、资料、档案库

（续）

等级	保护对象	
二级	建筑高度不超过 100m 的高层民用建筑	二类建筑
	建筑高度不超过 24m 的民用建筑	①设有空气调节系统的或每层建筑面积超过 $2000m^2$，但不超过 $3000m^2$ 的商业楼、财贸金融楼、电信楼、展览楼、旅馆、办公楼、车站、海河客运站、航空港等公共建筑及其他商业或公共活动场所；②市、县级的邮政楼、广播电视楼、电力调度楼、防灾指挥调度楼；③中型以下的影剧院；④高级住宅；⑤图书馆、书库、档案楼
	工业建筑	①丙类生产厂房；②建筑面积大于 $50m^2$，但不超过 $1000m^2$ 的丙类物品库房；③总建筑面积大于 $50m^2$，但不超过 $1000m^2$ 的地下丙、丁类生产车间及地下物品库房
	地下民用建筑	①长度超过 500m 的城市隧道；②使用面积不超过 $1000m^2$ 的地下商场、医院、旅馆、展览厅及其他商业或公共活动场所

3. 火灾探测器的设置

火灾初期探测、感知灵敏及初始灭火的及时，尤其取决于火灾探测器、火灾手动报警按钮及消火栓配套的紧急按钮及电话。要慎重确定这三种设备的探测部位、数量、类型及布局。

（1）种类　根据探测区域内可能发生的初期火灾的形成和发展特征、房间高度、环境条件以及可能引起误报的原因等，选择火灾探测器的种类：

火灾初期有阴燃阶段，产生大量的烟和少量的热，很少或没有火焰辐射的场所，应选感烟探测器。

对火灾发展迅速，可产生大量热、烟和火焰辐射的场所，可选感温探测器、感烟探测器、火焰探测器或其组合。

对火灾发展迅速，有强烈的火焰辐射和少量的烟、热的场所，应选火焰探测器。

对火灾形成特征不可预料的场所，根据模拟试验的结果选探测器。

对使用、生产或聚集可燃气体或可燃液体、可燃蒸气的场所，应选可燃气体探测器。

（2）布局　火灾探测器在建筑物中的设置部位应与保护对象的等级相适应，具体设置部位见《火灾自动报警系统设计规范》GB 50116—1998。

火灾探测器的设置数量应考虑满足探测器的保护面积和保护半径的规定，安装间距不应超过规范所提供的极限曲线规定的范围；在有梁的顶棚上设置感烟探测器、感温探测器时，对于突出顶棚的高度在 200mm 及以上的、梁间净距在 1m 及以上的梁，应考虑其对探测器保护面积的影响。

对于点型火灾探测器而言，探测区域内的每个房间至少应设置一只火灾探测器。

手动火灾报警按钮宜设置在公共活动场所的出入口处，应设置在明显的和便于操作的部位。每个防火分区应至少设置一个，从一个防火分区内的任何位置到最邻近的按钮的距离不应大于 30m。

4. 系统的设计

（1）构成

1）探测器和控制器　火灾探测器和控制器是构成消防体系的决定性因素，消防体系的设计应根据保护对象的分级规定、功能要求和消防管理体制等因素综合考虑确定，有以下三种基本形式：

①区域报警系统　主要由探测器和区域火灾报警控制器（或火灾报警控制器）构成，宜用于二级保护对象。当用一台区域火灾报警控制器或火灾报警控制器警戒多个楼层时，应在每个楼层的楼梯口或消防电梯前室等明显部位，设置识别着火楼层的灯光显示装置（即火警显示灯）。区域报警系统可设置消防联动控制设备，可不设置专门的消防值班室，但区域火灾报警控制器或火灾报警控制器应设置在昼夜有人值班的房间或场所（如保卫值班室、配电室、传达室等）。

②集中报警系统　主要由探测器、区域火灾报警控制器（或楼层显示器）和集中火灾报警控制器构成，或由探测器、楼层显示器和火灾报警控制器构成，宜用于一级和二级保护对象。楼层报警显示器可装设在各楼层消防电梯前室，集中报警控制器应设在专用的消防控制室或消防值班室内。集中报警系统应设置消防联动控制。

③控制中心报警系统　主要由探测器、区域报警控制器（或楼层显示器）、集中报警控制器（或火灾报警控制器）和专用消防联动控制设备构成，宜用于特级和一级保护对象。在管理体制允许的情况下，可与建筑设备自动化系统联网或作为其一个子系统。

2）消防报警

①火灾警报装置　未设置火灾应急广播的火灾自动报警系统，应设置火灾警报装置。每个防火分区至少应设一个火灾警报装置，其位置宜设在各楼层走道靠近楼梯出口处。警报装置宜采用手动或自动控制方式。在环境噪声大于 60dB 的场所设置火灾警报装置时，其声警报器的声压级应高于背景噪声 15dB。

②火灾应急广播　集中报警系统宜设置火灾应急广播，控制中心系统应设置火灾应急广播。在走道、大厅、餐厅等公共场所，应急扬声器的设置应保证从一个防火分区内的任何部位到最近一个扬声器的距离不大于 25m。在走道的交叉、拐弯等处均应布置扬声器，走道末端最后一个扬声器距走道末端不大于 12.5m。走道、大厅、餐厅等公共场所装设的扬声器的额定功率不小于 3W，宾馆客房内扬声器的额定功率不小于 1W。对于空调机房、通风机房、洗衣机房、文娱场所和车库等有环境噪声干扰的场所，当环境噪声大于 60dB 时，应使扬声器在其播放范围内最远点的播放声压级高于背景噪声 15dB。火灾应急广播系统的扩音机的容量一般按应急扬声器计算容量的 1.3 倍来确定，所谓计算容量是指相邻三层应急扬声器容量之和中的最大值。

可利用建筑物内的公共广播系统兼作火灾应急广播，系统应具有火灾广播的优先权，发生火灾时应能在消防控制室进行控制，强制转入火灾应急广播状态。此外还应设置火灾应急广播的备用扩音机，其容量应按应急扬声器计算容量的 1.5 倍来确定。公共广播系统兼作火灾应急广播有两种方式：一是火灾应急广播系统仅利用公共广播系统的扬声器和馈电线路，而应急广播的扩音机等装置是专用的；二是火灾应急广播系统全部利用公共广播系统的扩音机、扬声器和馈电线路等装置，在消防控制室只设紧急播送装置。两种方式都应注意使扬声器不管处于关闭或播放状态，都应能紧急开启火灾应急广播。特别应注意在扬声器设有开关或音量调节器时，应能强制切换到紧急广播状态。

3）消防通信

①消防专用电话　消防专用电话网络应为独立的消防通信系统，不能利用一般电话线路或综合布线网络代替。建筑物内的消防泵房、通风机房、主要配变电室、电梯机房、区域报警控制器、卤代烷等管网灭火系统应急操作装置处，以及消防值班、保卫办公用房等处均应设置消防专用电话分机。手动火灾报警按钮、消火栓按钮等处宜设置电话塞孔。

②消防直拨电话　消防控制室除有消防专用通信的总机外，还应专设一条直拨“119”火警电话的电话线和话机。

4）消防设备的联动　消防联动控制对象包括：灭火设施、防排烟设施、防火卷帘、防火门、水幕、电梯、非消防电源的断电控制等。根据工程规模、管理体制、功能要求，消防联动控制方式可以采用集中控制方式或分散与集中相结合的控制方式。

在采用分散与集中相结合的控制方式时，一般将消防水泵、送排风机、排烟防烟风机、部分卷帘门和自动灭火控制装置等在消防控制室集中控制、统一管理。对于像防排烟阀、防火门释放器等大量而又分散的被控对象，则采用现场分散控制，但控制反馈信号应送至消防控制室集中显示、统一管理。需要注意，对于电梯、非消防电源、火警铃或火警电子音响警报装置等，为避免动作不当造成混乱，应将这些被控对象由消防控制室集中控制。在大楼未设置计算机控制的建筑设备自动化管理系统时，各种非消防电源的切除以及电梯的迫降等应通过消防控制室遥控或用火警电话通知相关的配电室或电梯机房手动控制。

5）消控中心（亦称消防控制室）　消控中心平时是监控中心，火灾时是指挥中心，其位置、布置、设施的安装需基于此两个中心的作用来考虑：

①位置　消控中心应设置在建筑物的首层或地下层，距通往室外的出入口不应大于20m，且在发生火灾时不延燃。其出口位置宜一目了然地看清建筑物通往室外的出入口，在通往室外出入口的路上不宜拐弯过多和有障碍物。消控中心不应设在厕所、锅炉房、浴室、汽车库、变压器室等的隔壁和上下层相对应的位置。在有条件时宜与防火监控、广播、通信设施等用房相邻近。如有可能尚应考虑长期值班人员的居住。

②面积与布置　消控中心除应有足够的面积来布置火灾报警控制器、各种灭火系统的控制装置、火灾广播和通信装置以及其他联动控制装置外，也应有值班、操作和维护工作所必需的空间，故面积不宜小于15m^2。根据工程规模大小，还应考虑维修、电源、值班办公和休息等辅助用房。消控中心的门应向疏散方向开启，且控制室入口处应设有明显的标志。

在布置消防控制设备时，单列布置时盘前操作距离不小于1.5m，双列布置时不小于2m；在人员经常工作的一面，控制屏（台）到墙的距离不宜小于3m，盘后维修距离不宜小于1m；当控制盘的排列长度大于4m时，盘的两端应设置宽度不小于1m的通道。

③系统的接地　火灾自动报警系统的接地装置一般尽量采用专用接地装置，其接地电阻值不应大于4Ω。如无法做到专用，则可与其他系统共用接地装置，接地电阻值不应大于1Ω。

应在消控中心设置专用接地板，并应由专用接地干线引至接地极。专用接地干线应采用线芯截面不小于25mm^{2}的铜芯绝缘线（一般为多股铜芯线），宜穿硬质塑料管暗敷。当利用基础钢筋作接地体时，专用接地干线应引至基础钢筋。由消控中心接地板引至各消防电子设备的专用接地线（即接地支线）应采用线芯截面不小于4mm^{2}的铜芯绝缘线。

交流供电的消防电子设备，其金属外壳和金属支架等应作保护接地。

④其他　消控中心尚应设置系统应急供电及应急照明装置。

（2）线路及敷设　要保证做到：初次报警即可传达可靠的信息，灾害时能维持消防开展、确保联动部位的正常运作。

1）导线选择

①线材　火灾自动报警与消防联动控制系统的布线应采用铜芯绝缘电线或铜芯电缆。

②耐压　火灾自动报警系统的传输线路和采用50V以下电压供电的控制线路，所选导

线的电压等级不应低于交流250V；当线路的额定工作电压超过50V时，所选导线的电压等级不应低于交流500V。

③不同类型建筑线缆要求有异：

超高层建筑内的电力、照明、自控等线路应采用阻燃型电线和电缆，且重要消防设备（如消防水泵，消防电梯，防、排烟风机等）的供电回路应采用耐火型电缆。

一类高低层建筑内的电力、照明、自控等线路宜采用阻燃型电线和电缆，对于重要消防设备（如消防水泵，消防电梯，防、排烟风机等）的供电回路，在有条件时可采用耐火型电缆或采用其他防火措施以达到耐火配线的要求。

二类高低层建筑内的消防用电设备，宜采用阻燃型电线和电缆。但是，从目前对消防用电设备配电线路的具体做法来看，大多数建筑都采用普通电线电缆穿金属管或阻燃塑料管敷设在不燃烧体结构内，这是一种比较经济、安全可靠的敷设方法。

④保护管、槽　对于消防用电设备配电线路，若采用普通电线电缆，则应穿金属管或阻燃塑料管保护，在暗敷设时应敷设在不燃烧体结构内，且保护层厚度不宜小于30mm，在明敷设时应采用金属管或金属线槽上涂防火涂料保护；对于竖井内敷设的线路，当采用绝缘和护套为不延燃材料的电缆时，可不穿金属管保护。

2）线路敷设　消防用电设备的线路敷设方式可按下列原则确定。

①火灾探测器的传输线路可按一般配线方式敷设　火灾探测器的传输线路主要用作早期报警，而火灾初期阴燃阶段以烟雾为主，当火灾发展到燃烧阶段时，火灾探测器的传输线路已完成使命，由于报警控制器的火警记忆作用，即便传输线路损坏，也不影响报警和部位显示。所以，传输线路不作耐热或耐火要求。

②连接手动报警器（包括起泵按钮）、消防设备起动控制装置、电气控制回路、运行状态反馈信号、灭火系统中的电控阀门、水流指示器、应急广播等线路宜采用耐热配线。

③由应急电源引至第一设备（如应急配电装置、报警控制器等）以及从应急配电装置至消防泵、喷淋泵、送风机、排烟风机、消防电梯、防火卷帘门、疏散照明等的配电线路，宜采用耐火配线。

④消防设备的耐热耐火配线包含两方面的含义：导线选择和敷设要求。即在需耐热耐火配线的场合，不必一味追求导线的耐热耐火，而要根据敷设方式合理确定。

3）耐热耐火配线措施概括为：

①暗敷设时　可用普通电线电缆穿金属管或阻燃塑料管保护，敷设在不燃烧体结构内，且保护层厚度不宜小于30mm。

②明敷设时　应采用金属管或金属线槽上涂防火涂料保护。

③竖井内敷设时　采用绝缘和护套为不延燃材料的电缆，不穿金属管保护。

④建筑物顶棚内敷设时　一般用金属管或金属线槽布线，如吊顶为难燃型材料，可采用阻燃塑料管（线槽）布线。

二、设计步骤

火灾自动报警与消防联动控制系统的设计可按如下步骤进行（注：并非唯一）：

1）确定系统保护对象等级。

2）确定消防控制室的位置和面积。

3）确定火灾探测器的设置部位，并根据不同部位的要求确定火灾探测器的种类。

4）对每个探测区域进行探测器数量计算和布置。

5）设置手动火灾报警按钮。

6）选择系统形式。

7）消防联动控制设计。

8）火灾应急广播或火灾警报装置设置。

9）设置消防电话。

10）系统布线，完成各层平面图。

11）消防控制室设备布置。

12）绘制系统概略图。

三、工程实例

【实例 12-1】 某大学留学生宿舍楼，建筑总面积 6735m^2，总高度 30.10m，其中主体檐口至地面高度 23.90m。这是一幢地下一层、地上八层带餐饮等综合服务，消防等级为二级的宿舍类建筑。各层数据见表 12-2。

表 12-2　某大学留学生宿舍楼各层基本数据

层　数	面积/mm^2	层高/m	主 要 功 能
B1	915	3.00、3.40	汽车库、泵房、水池、配电室
1	935	3.80	大堂、服务、接待
2	1040	4.00	餐饮
3~5	750	2.90	客房
6	725	2.90	客房、会议室
7	700	3.00	客房、会议室
RF	170	4.60	机房

（1）保护等级　本建筑火灾自动报警系统保护对象为二级。

（2）消防控制室　消防控制室与广播音响控制室合用，位于一层，并有直通室外的门。

（3）设备选择与设置　地下汽车库、泵房和楼顶冷冻机房选用感温探测器，其他场所选用感烟探测器。客房层火灾显示盘设置在楼层服务间，一层火灾显示盘设置在总服务台，二层火灾显示盘设置在电梯前室。

（4）联动控制要求　消防泵、喷淋泵和消防电梯为多线联动，其余设备为总线联动。

（5）火灾应急广播与消防电话　火灾应急广播与背景音乐系统共用，火灾时强切至消防广播状态，平面图中竖井内 1825 模块即为扬声器切换模块。

消防控制室设消防专用电话，消防泵房、配电室、电梯机房设固定式消防对讲电话、手动报警按钮带电话塞孔。

（6）设备安装　火灾报警控制器为柜式结构。火灾显示盘底边距地 1.5m 挂墙安装，探测器吸顶安装，消防电话和手动报警按钮中心距地 1.4m 暗装，消火栓按钮设置在消火栓内，控制模块安装在被控设备控制柜内或与其上边平行的近旁。火灾应急扬声器与背景音乐系统共用，火灾时强切。

（7）线路选择与敷设　消防用电设备的供电线路采用阻燃电线电缆沿阻燃桥架敷设，火灾自动报警系统传输线路、联动控制线路、通信线路和应急照明线路为 BV 线穿钢管沿墙、地和楼板暗敷。

消防监控系统概略图见图 12-1，左部为报警系统，中部为控制、显示系统，右部为联动系统。

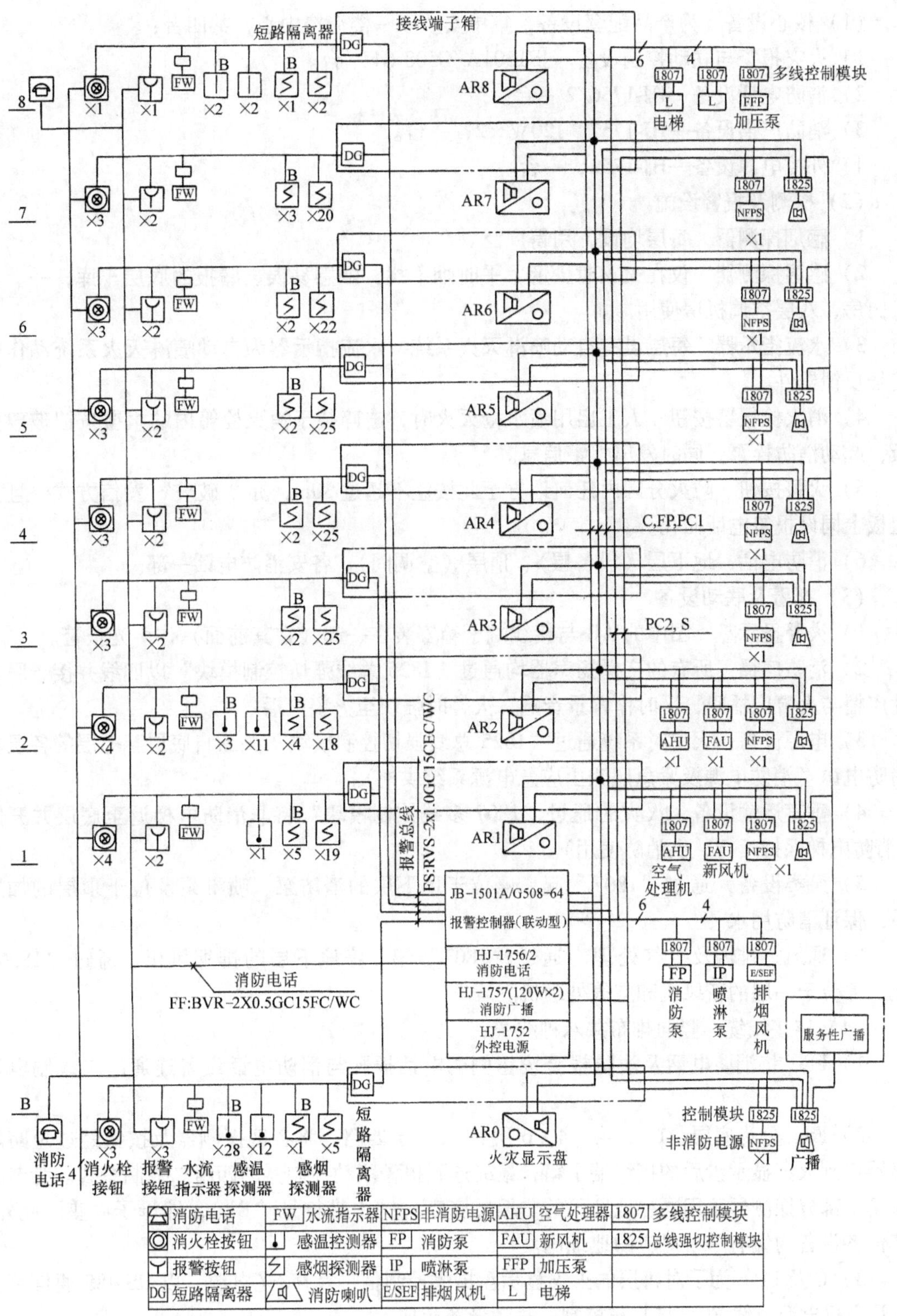

消防电话	FW 水流指示器	NFPS 非消防电源	AHU 空气处理器	1807 多线控制模块
消火栓按钮	感温控测器	FP 消防泵	FAU 新风机	1825 总线强切控制模块
报警按钮	感烟探测器	IP 喷淋泵	FFP 加压泵	
DG 短路隔离器	消防喇叭	E/SEF 排烟风机	L 电梯	

WDC：去直接起泵 BV-4×1.5GC20WC/FC/CEC　FC1：联动控制总线 BV-2×1.0GC15WC/FC/CEC　S：消防广播线 BV-2×1.5GC15WC/CEC　C：RS-485 通信总线。BV-2×1.0GC15WC/FC/CEC　FC2：多线联动控制线 BV-2×1.5GC20WC/FC/CEC　FP：主机电源总线 24VDC BV-2×4.0SC15WC/FC/CEC

图 12-1　实例 12-1 消防监控系统概略图

（1）核心设备　为产品配套设备，集中安放于一楼消控中心，共四台：

1）火灾报警与联动控制设备—JB1501A/G508-64 一台。

2）消防电话设备—HJ-1756/2 一台。

3）消防广播设备—HJ-1757　120W×2，一台。

4）外控电源设备—HJ-1752，一台。

（2）探测及报警设施

1）感烟探测器　每层均设，用得广泛。

2）感温探测器　仅在火灾时少烟，平时烟干扰，烟感易误、漏报的底层车库，一、二层厨房，八层空调机房使用。

3）水流指示器　每层设有自动喷淋灭火系统，水流指示器为自动喷淋灭火系统动作的信号反馈器件。

4）消火栓报警按钮　人工启用喷水枪灭火时，击碎装于消火栓箱内的报警按钮玻璃面板，起动消防栓泵，同时发出报警信息。

5）火警按钮　防火分区内任何地方至此按钮不超过30m，亦“破玻”发信方式，且按钮板上同设报警电话插孔。

6）消防电话　地下层（设备层）、顶层（空调间），各安消防电话一部。

（3）报警及联动设备

1）火警显示盘　图中的AR与接线端子箱安装在一起（在其前面）作声光报警。

2）消防广播　所有的广播扬声器均通过“1825总线强切控制模块”以四线并接于服务性广播与火警广播间，平时作背景音响，火警时强切至火警广播。

3）电源设备　火灾时系统通过“1825总线强切控制模块”关断自底层至七层的各层非消防电源（消防电源及紧急照明由应急电源系统供电）。

4）垂直运输设备　火灾时通过“1807多线控制模块”将非消防电梯返至底层并开门（消防电梯保持运行，供消防使用）。

5）泵类设备　通过“1807”起、停位于地下层的消防泵、喷淋泵及位于顶层的加压泵，保证消防用水。

6）通风、排烟及空气处理　通过“1807”起、停地下层的排烟风机，通过“1825”起、停位于一层的新风机和空气处理机。

（4）连接线缆　竖向排布共八种线缆：

1）FF　将消防电话及消防报警按钮侧的电话插孔与消防电话设备连通的二线制电话线。

2）FS　分为底层、1~3层、4~6层、7~8层四路，将各区探测器及按钮经过短路隔离器接到火灾显示盘后的接线端子箱，最终连到报警联动控制器的四组二线制总线。为节省起见，部分探测器采用同一地址码的非编址底座（图中带符号“B”），即母子底座。此外，其他各设备均编有一一对应的地址码。

3）C及FP　为了对每层的火灾显示盘提供控制信号及声/光电源，以RS-485通信总线C及主机电源总线FP，将其与控制、联动设备相连。

4）FC1　二线型控制总线FC1将报警控制中心通过“1825总线强切控制模块”与各编有地址码的总线制设备相连。

5）FC2　联动控制线 FC2 将报警控制中心与“多线控制模块 1807”连接，再连到相应设备，FC2 的线对数（每对两根）随设备数递增。

6）S　前述消防广播线，二线组成。

7）WDC　将消火栓报警按钮不经消防控制中心，直接与消防泵相连的直接起泵线。

3. 消防监控平面布置图

这是与图 12-1 所示同一工程的消防监控平面布置图，与图 12-1 对应。

（1）地下层　地下层是车库兼设备层，其消防监控平面布置见图 12-2。

1）本层以位于 1/D-2/D 的车库管理室为中心，各探测器连成带分支的环状结构，探测器除两个楼梯间、配电间及车库管理间为感烟型外，均为感温型。

2）其人工报警有报警按钮、消防栓按钮及消防电话分别为三处、三处及一处。

3）联动设备为五处：

①FP　位于图 12-2 的 10/E 附近的消防泵。

②IP　位于图 12-2 的 11/E 附近的喷淋泵。

③E/SEF　位于图 12-2 的 1/D 附近的排烟风机。

④NFPS　位于图 12-2 的 2/D 附近的非消防电源箱。

⑤位于车库管理间的火灾显示盘及广播喇叭。

4）上引线路共五处：

①2/E 附近　上引 FS、FC1/2、FP、C、S。

②2/D 附近　上引 WDC。

③9/D 附近　上引 WDC。

④10/E 附近　上引 FC2。

⑤9/C 附近　上引 FF。

5）图中文字符号前缀含义　ST—感温探测器、SS—感烟探测器、SF—消防栓报警按钮、SB—火灾报警按钮；后缀为一字线后加数字（设备标有 B），该数字为与母底座有同一编码的子底座的序号。

（2）一层　一层是含大堂、服务台、吧厅、商务及接待的服务层，其消防监控平面布置见图 12-3。

1）自下向上引入线缆五处及本层的检测控制线以四路集中位于 3/F-4/F-4/E-3/E 的消防及广播值班室，以此为中心形成树状放射结构。

2）本层引上线共五处：

①在 2/D 附近　继续上引 WDC。

②在 2/D 附近　新引 FF。

③在 4/D 附近　新引 FS、FC1/2、FP、C、S。

④9/D 附近　移位，继续上引 WDC。

⑤9/C 附近　继续上引 FF。

3）联动设备共四台：

①AHU　在 9/C 附近空气处理机一台。

②FAU　在 10/A 附近新风机一台。

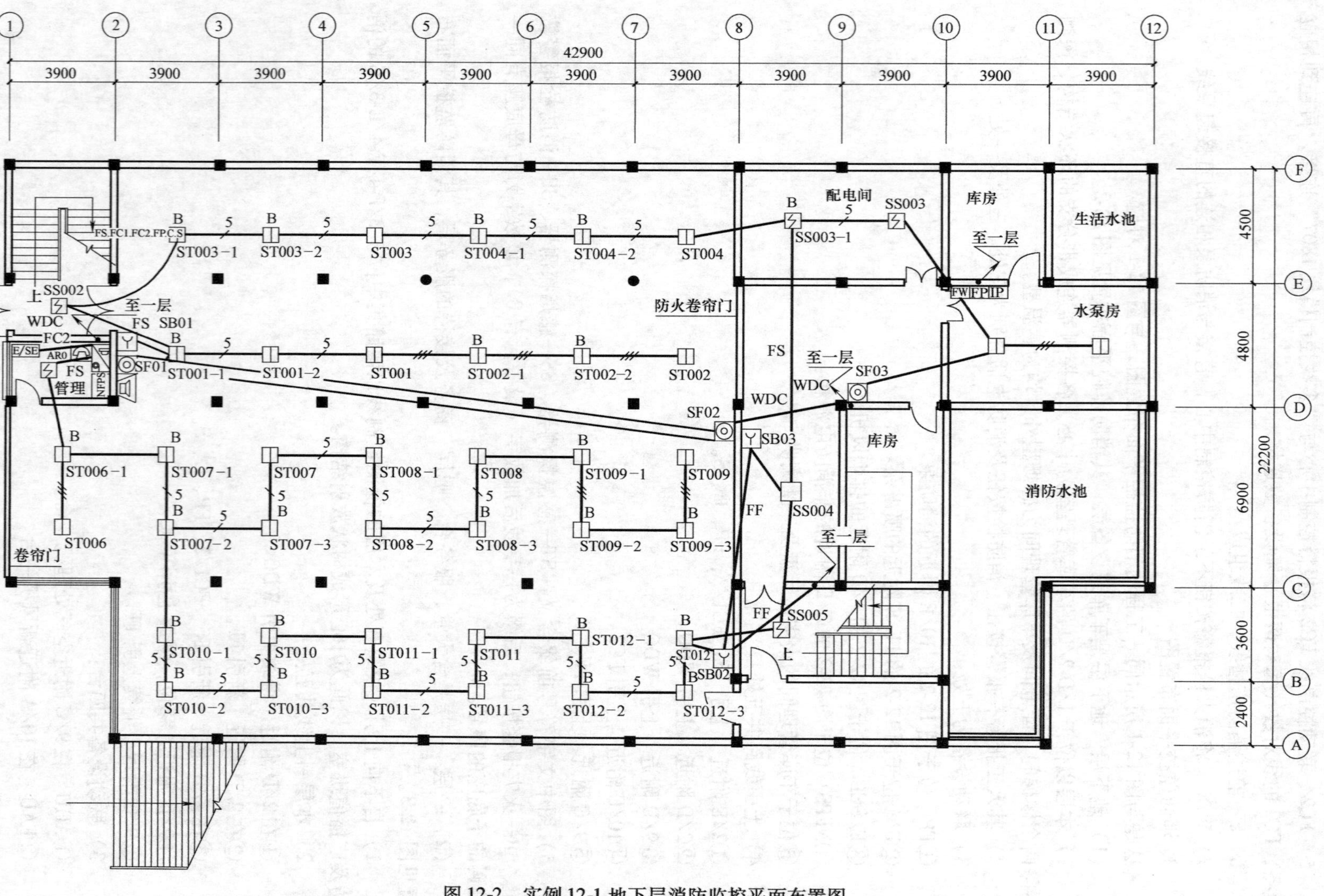

图 12-2 实例 12-1 地下层消防监控平面布置图

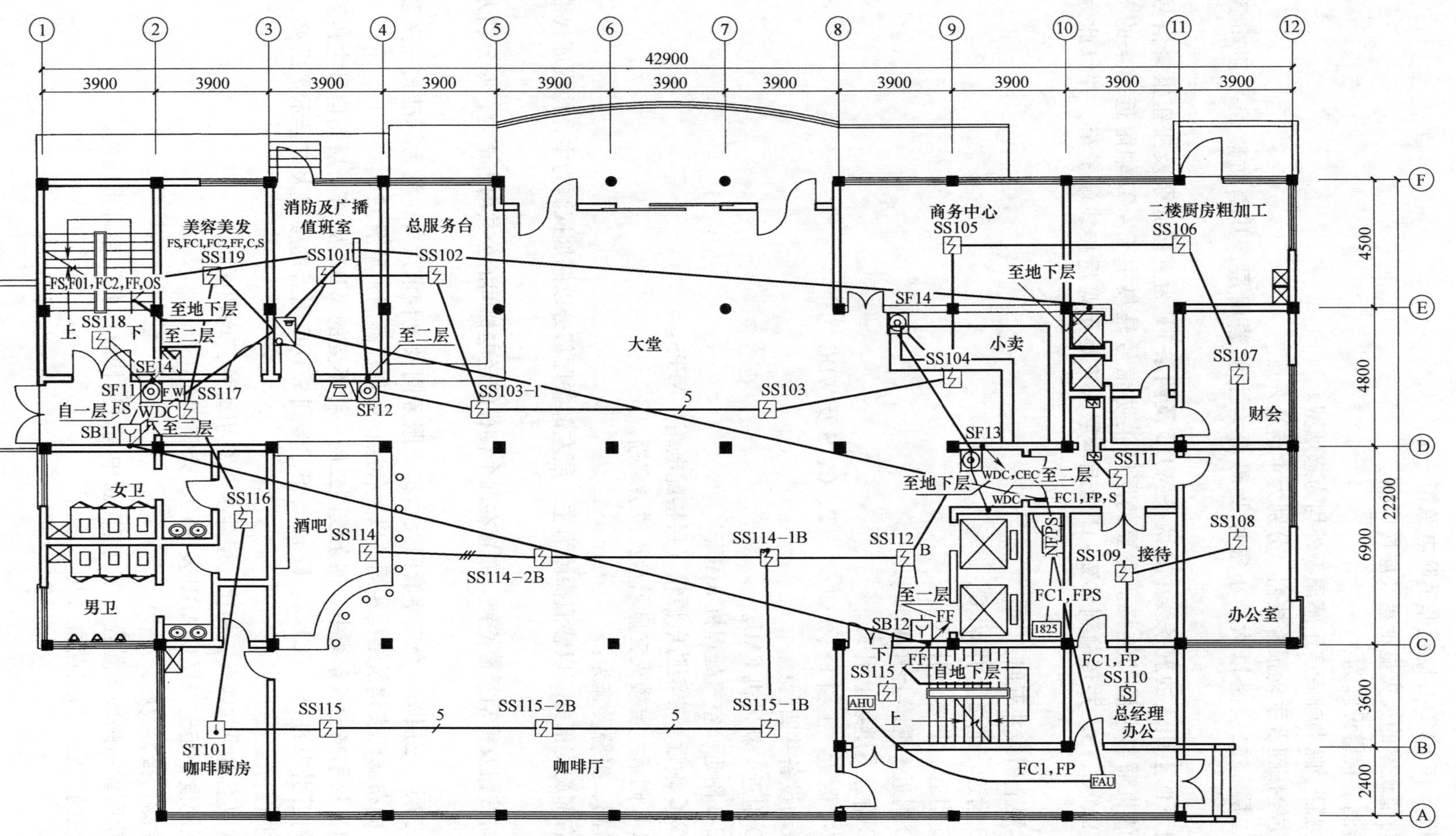

图 12-3　实例 12-1 一层消防监控平面布置图

③NFPS　在10/D-C附近非消防电源箱一个。

④消防值班室的火灾显示盘及层楼广播。

4）检测、报警设施为：

①探测器　除咖啡厨房用感温型外均为感烟型。

②消防栓按钮及手动报警按钮　分别为4点及2点。

（3）二层　二层是以大、小餐厅及厨房为主的餐厨层，其消防监控平面布置见图12-4。

1）自下向上引入的五条线中有两条WDC及两条FF为直接起泵及按钮报警信号的从下至上的贯通与本层的连接。主要的层间消防信号是集中于4/D轴附近引来的FS、FC1/2、FD、C、S，并传输到8/2－C附近本层火灾显示盘后接线端子箱，并以此为中心。

2）本层上引线共五回：

①2/D附近　继续上引WDC。

②2/D附近　继续上引FF。

③9/D附近　继续上引WDC。

④9/C附近　继续上引FF。

⑤8/2-C附近　上引FS、FC1/2、FP、C、S及WDC。

3）联动设备共四台：

①1/D附近　新风机FAU。

②8/C-B附近　空气处理机AHU。

③10/2-C附近　非消防电源箱（层楼配电箱）NFPS。

④8/2-C附近　层楼火灾显示盘及楼层广播。

4）检测、报警设施为：

①层右部厨房部分　以感温探测为主，层左部餐厅部分以感烟探测为主，构成环状带分支结构。

②消防按钮及手动报警按钮　布置在两个楼梯间经电梯间的公共内走道内，亦分别为四点及二点。

（4）三层　三层除一个二室套间及电梯、服务间及电梯前厅外，均为标准式一室客房共18间。此布局代表建筑结构相同的以上各层，俗称标准层，见图12-5。

1）自二层引来的五条线中，四条线同二层一样不变的WDC及FF，层间信号主传渠道为8/3-C附近引来的FS、FC1/2、FP、C、S，传到9/D-C附近的楼层火灾显示盘后接线端子处形成中心。

2）本层上引线共四条，相比二层除少9/C引线外，均相同。

3）联动设备相比二层少AHU及FAU，余相同。

4）检测、报警设施：

①各房间设一感烟探测器　北、南向及中间过道构成“日”字环形结构。

②按钮同二层　为三点加二点。

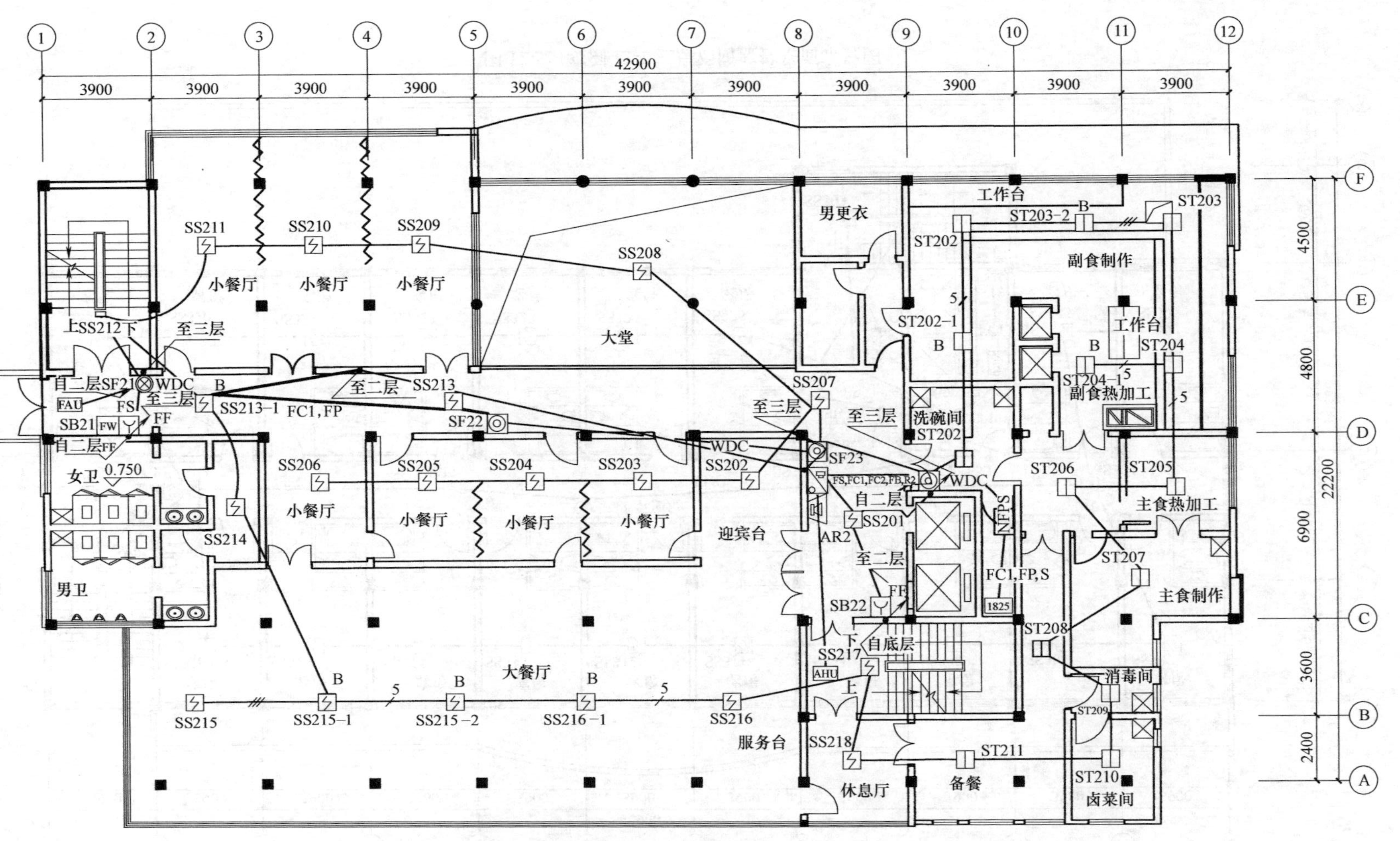

图 12-4 实例 12-1 二层消防监控平面布置图

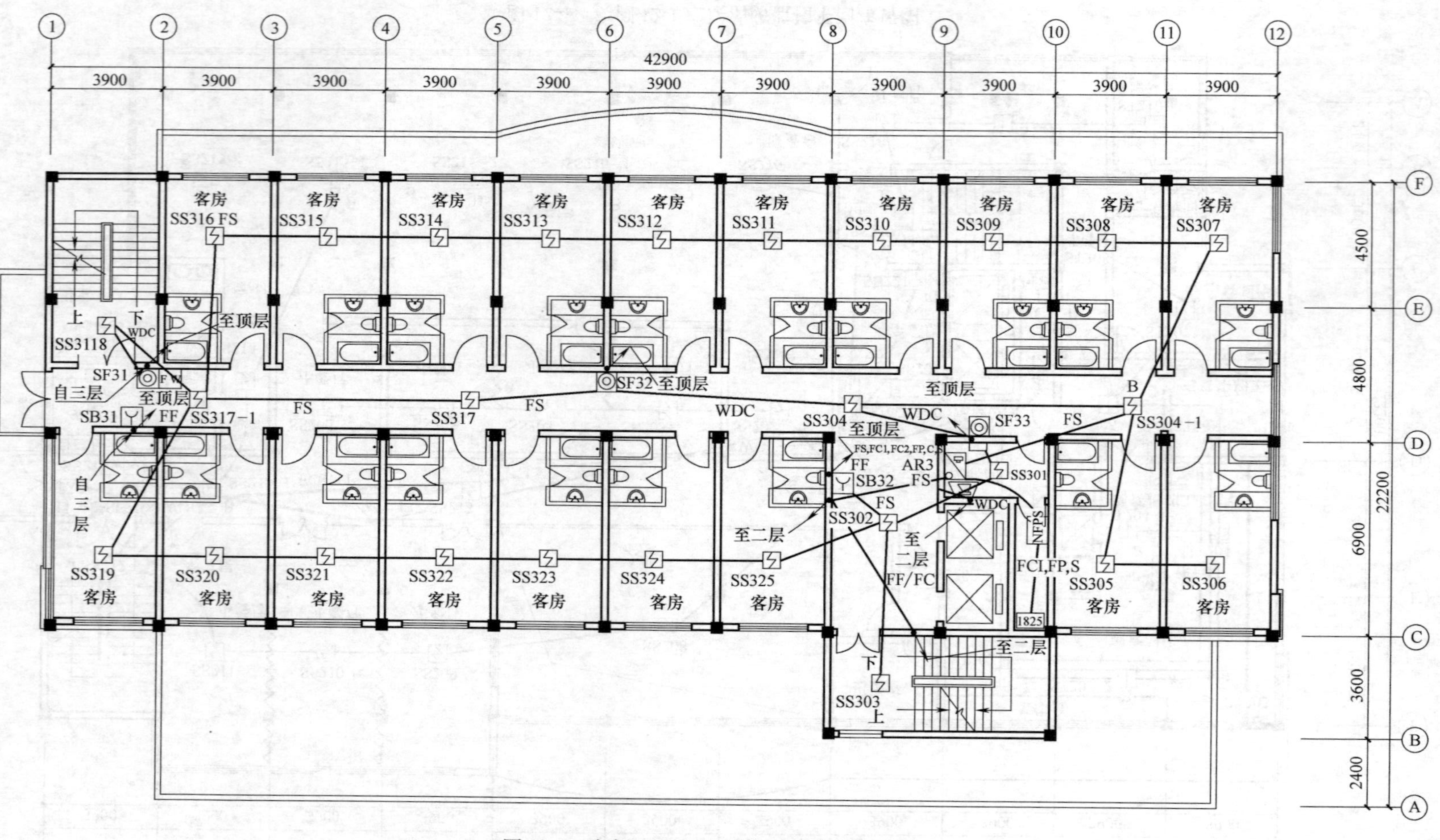

图 12-5　实例 12-1 三层消防监控平面布置图

第二节　安全技术防范

一、设计要点

安全技术防范系统设计应根据建筑物的使用功能、建设标准及安全防范管理的需要、被保护对象的风险等级，确定相应的防护级别，满足整体纵深防护和局部纵深防护的设计要求，以达到所要求的安全防范水平。安全防范系统按结构模式分为：集成式、综合式和组合式三种。下面按安全防范系统的各子系统分类进行介绍。

1. 电视监控系统

（1）一般原则　电视监控系统（闭路电视监视系统）宜采用黑白电视系统，当需要观察色彩信息时方采用彩色电视系统。电视监控系统的基本控制方式有：直接控制方式、间接控制方式和数据编码微机控制方式等三种。

1）直接控制方式　适用于摄像机台数较少的小型系统（一般摄像机台数在10台以下），摄像机控制项目较少，基本采用定焦距镜头、自动光圈控制及采用固定支架，传输距离较近（一般不超过100m），系统基本无增容及控制项目扩展的要求。

2）间接控制方式　适用于摄像机台数较多的中型系统（摄像机台数为10～50台），传输距离一般不超过200m。

3）数据编码微机控制方式　适用于摄像机台数较多的大中型系统，摄像机控制项目较多，传输距离较远，需要实行多级控制，系统需要根据使用性质及要求的变化考虑进一步扩容及调整。

（2）摄像部分

1）监视点的确定　需要监视的部位有：建筑物出入口、楼梯口及通向室外的主要出入口的通道；电梯前室、电梯轿厢内及上下自动扶梯处；重要的通信广播中心、计算机机房及有大量现金、有价证券存放的财会室；银行金库、保险柜存放处、证券交易大厅、外汇交易大厅及银行营业柜台、现金支付及清点部位；商场营业大厅、自选商场、黄金珠宝饰品柜台、收款台及重要的商品库房；旅客候车厅、候机大厅、安全检查通道；宾馆饭店的总服务台、外币兑换处；展览大厅、博物馆的陈列室、展厅。

2）摄像机的选择与安装　一般采用的摄像机为体积小、重量轻、便于安装与检修的电荷耦合器件（CCD）型摄像机。应根据监视目标的照度选择不同灵敏度的摄像机，监视目标的最低环境照度应高于摄像机最低照度的10倍。

摄像机镜头选择：摄取固定监视目标时可用定焦距镜头；当视距较小而视角较大时用广角镜头；当视距较大时用望远镜头（长焦距镜头）；当视角变化或视角范围较大时用变焦距镜头；若摄取的监视目标是连续移动的，或者监视区域空间范围较大、而监视目标的位置及距离不确定且不需同时监视多个目标，或者既需在平时拥有很大的监视范围，又要求在根据情况看清局部范围内监视目标的细部特征时，选用带遥控全方位电动云台变焦距镜头摄像机。

一般摄像机的监视距离可按25～40m选定。

摄像机应安装在监视目标附近不易受外界损伤的地方，其位置不应影响现场设备运行和人员正常活动，安装高度为：室内距地2.5～5m；室外距地3.5～10m，并不低于3.5m。

电梯轿厢内的摄像机应安装在电梯操作器对角处的轿厢顶部，应能监视轿厢内全景。一般摄像机的光轴与轿厢内两侧壁及与轿厢顶均成45°俯角。根据轿厢大小选择水平视场角70°及以上的广角镜头。

摄像机镜头应避免强光直射，一般应顺光源方向对准监视目标。当必须作逆光安装时，应降低监视区域的对比度，或采用三可变（光圈、焦距、倍数）自动光圈镜头。

（3）传输部分

1）传输方式

①图像信号传输方式　传输距离小于2.5km时，宜采用同轴电缆传输视频基带信号的视频传输方式（400m以上距离加线路补偿放大器）；传输距离较远，监视点分布范围广，或需进有线电视网时，宜采用同轴电缆传输射频调制信号的射频传输方式；长距离传输或需要避免强电磁场干扰的传输，宜采用传输光调制信号的光缆传输方式。

②控制信号传输方式　多芯线直接传输；遥控信号经数字编码用电（光）缆传输；与视频信号实现一线多传。

2）线路敷设　对于小型系统，线路少，采用金属管或金属线槽敷设；对于大型系统，线路多，用电缆桥架敷设，并加金属盖板保护。

电源线、图像信号线和控制信号线等应分管敷设，且不与其他系统的管路、线槽、桥架或电缆合用。

信号传输线与低压电力线的平行及交叉间距不小于0.3m，与通信线平行及交叉间距不小于0.1m。

（4）监控室

1）监控室的位置及工艺要求　监控室的位置宜在建筑物首层、环境噪声小的场所，有条件时，可与消防控制室、广播通信室合用或邻近；不应设在厕所、浴室、锅炉房、变配电室、热力交换站等相邻部位及其上下层相对应的位置。

监控室的面积应根据系统设备数量及尺寸大小和监视器屏幕尺寸的大小确定，一般为12～50m²。

监控室宜采用防静电架空活动地板，架空高度不宜小于200mm。监控室净高不宜小于2.5m，门宽不应小于0.9m，门高不应小于2.1m。

监控室室内照明宜采用格栅灯具，监视器显像管面上的照度不宜大于100lx。室内温度宜为16～30℃，相对湿度宜为30%～75%。

2）设备布置　监视器及机柜的位置应使屏幕避免外来光直射，且不宜在有阳光直射的采光窗的后面。

控制台正面与墙的净距不应小于1.2m；侧面与墙或其他设备的净距，在主要走道不应小于1.5m，次要走道不应小于0.8m。机架背面和侧面距离墙的净距不应小于0.8m。

3）监视器的选择　宜采用屏幕尺寸为23～51cm的监视器，监视人距监视器的最大距离约为屏幕尺寸的1/10。监视重点部位的监视器的屏幕尺寸应略大于其他监视器。

黑白监视器的清晰度应不低于600线，彩色监视器的清晰度应不低于350线，且监视器的清晰度应略高于系统摄像机的清晰度。

在射频传输方式中，可采用电视接收机作监视器。有特殊要求时，可采用大屏幕监视器或投影电视。

4）录像机的选择　在同一系统中，录像机的制式和磁带规格宜一致。录像机输入、输出信号，视、音频指标均应与整个系统的技术指标相适应。

需作长时间监视目标记录时，应采用低速录像机或具有多种速度选择的长时间记录的录像机。

（5）供电、接地与安全防护　电视监控系统应设置专用的统一供电电源，为220V/50Hz单相交流电源，在监控室设专用配电箱（宜为双电源自动切换配电箱）。当电压偏移超出+5%～-10%范围时，应设置稳压电源装置，稳压电源装置的标称功率不得小于系统使用功率的1.5倍。

摄像机宜由监控室配电箱引出专线经隔离变压器统一供电。当远端摄像机集中供电有困难时，可就近从事故照明配电箱引专用回路供电，但所引回路必须与监控室电源配电箱同相位，并应由监控室操作通断。

电视监控系统的接地宜采用一点接地方式，接地母线应采用铜芯导线，接地线不得形成封闭回路，采用专用接地装置时的接地电阻不大于4Ω，采用联合接地网时接地电阻不大于1Ω。

室外敷设的线路及进出建筑物的线路应考虑防雷措施。

2. 入侵报警系统

（1）一般原则　应设置入侵报警系统的建筑物有：银行及金融大厦；省（市）及以上级博物馆、展览馆、档案馆；重要的政府部门以及其他的办公建筑；印钞工厂、黄金及贵重金属生产车间、珠宝首饰生产车间以及相关库房等。

宜设置入侵报警系统的建筑物有：大型百货商场及自选商场；省（市）及以上级图书馆、高等学校规模较大的图书馆内的珍藏书籍室、陈列室；有贵重物品存放的仓库；高档写字楼等。

装设入侵报警装置的部位：大楼出入口；各层楼梯间出入口及通向楼梯间的走道、上下自动扶梯出入口；金库、财务及金融档案用房，及存有大量现金、有价证券、黄金及珍宝的保险柜的房间；银行营业柜台、出纳、财会等现金存放、支付清点部位；计算机房、机要档案库；有贵重物品、展品及贵重文物存放的陈列室、展览大厅、仓库；商场的营业大厅及仓库等。

入侵报警系统的警戒触发装置应设有自动报警器和紧急手动报警两种方式，在建筑物内安装时应注意隐蔽和保密性。

入侵报警系统应至少有两种以上报警手段，在重要场所及部位应设置三种以上报警手段。控制键盘的系统编程可对每个防区按时间进行设防或撤防或24h连续设防，可进行防区旁路设置。

系统的状态设置，在任何时间段可进行设防或撤防（必须熟悉系统的密码）；并可设置延时，系统密码可根据需要修改。

周界防越系统的设计应无盲区，周界的实际距离与红外探测距离之比应满足规范要求，系统的设计与设备的选择应尽量满足无漏报、无误报警，红外探测器安装必须交叉，以满足周界布防的连续性。

（2）报警探测器的选择与安装

1）报警探测器的选择　入侵报警探测器应根据使用场所的环境情况、安装条件及各种入侵报警探测器所具有的不同功能特性及探测原理来选择。常用的几种入侵报警探测器的性能如表 12-3 所示。一般宜选择双鉴报警器。

表 12-3　常用的入侵报警探测器的基本性能

报警器名称	主要特性	适用场合	不适用场合
微波报警器	灵敏度高、隐蔽性好,对建筑构件、材料有一定的穿透能力,利于伪装,对空气扰动、温度变化及噪声均不敏感	有热源、光源、流动空气的室内,可安装在木制家具或墙壁里	有大动作物体的场所;有电磁反射及电磁干扰的场所;室外场所
被动红外报警器	能探测物体运动(包括缓慢运动)和温度变化,对一般材料无穿透能力	静态背景下的室内且探测区内无变化的冷热源装置	探测区内有热源及红外线辐射变化;有冷热气流及电磁干扰的场所;室外场所
微波被动红外双鉴报警器	只在两种不同类型探测器同时感应到入侵者的体温及移动时才发出报警,误报率低,抗干扰能力强	其他类型报警器不适用的室内场所	有强电磁干扰;室外场所
双技术玻璃破碎报警器	只在短时间内顺序收到撞击玻璃时,玻璃变形产生的低频信号和玻璃破碎时产生的高频信号才发出报警,误报率低	可感应到不同型号、厚度及大小的玻璃破碎,能在有人活动的室内环境中工作	室外场所
磁控开关报警器	点控型报警器,价格低、寿命长,结构简单,误报率低	门、窗、卷帘门	

2）报警器的安装　双鉴报警器贴顶（嵌入）式安装时，安装高度不宜低于 2.4m，且不高于 5m。墙壁上安装时，安装高度不宜低于 2.3m，距顶不宜小于 0.3m。

微波被动红外双鉴报警器在室内走廊、通道及室内周边防范时，宜采用窄视角、长距离型墙壁上安装。在房间内宜贴顶（嵌入）安装，探测范围 360°，或用广角型墙壁上安装。

广角型双鉴报警器墙壁上安装时，宜旋转在墙角或墙角附近。当靠近窗户安装时，应向房间内转一定角度以避免阳光直射。

被动红外报警器在室内安装时，不宜正对热源及有日照的外窗，在无法避免安装在热源附近时，相互间的距离应大于 1.5m。

(3) 电源与线路敷设　报警控制室应设专用双电源自动切换配电箱，并自带蓄电池组作为应急电源，且蓄电池组应能保证入侵报警系统正常工作时间大于 60h。

系统宜采用钢管暗敷设，如明敷设时应注意隐蔽。管线敷设不与其他系统合用管路、线槽等。

3. 出入口控制系统

出入口控制系统（或称门禁系统）一般由三部分组成：出入口对象（人、物）识别装置（即读卡器），出入口信息处理、控制和通信装置（管理计算机、控制器等），出入口控制执行机构（门磁开关、出门按钮、门锁等）。

系统应有防止一卡出多人或一卡入多人的防范措施，应有防止同类设备非法复制的密码系统，且密码系统应能修改。

常用的读卡器有：普通型读卡器、带密码键盘的读卡器、带指纹识别的读卡器、带掌形识别的读卡器等。

常用卡片有磁卡（用于接触式读卡器）、感应卡（用于感应式读卡器）和 IC 卡。磁卡价廉、可改写、使用方便，但易消磁、磨损。感应卡防水、防污，操作方便、寿命长，不易被仿制。IC 卡防伪功能强，使用寿命长。有条件时可使用双界面的 CPU 卡，它可兼容接触和非接触两种读卡器。

控制器一般安装在离读卡器较近的地方（亦与出入口近，相互间连线方便），或被控的多个读卡器的中心位置。控制器附近应设电源插座。一个控制器可控制 2 门、4 门、8 门等。

4. 电子巡更系统

常用的巡更系统有三种：有线巡更系统、无线巡更系统、纳入入侵报警系统的巡更系统。

有线巡更系统由计算机、网络收发器、前端控制器和巡更点开关等组成。巡更时，保安人员按规定路线及时间到达各巡更点，触动巡更点开关，将信号经前端控制器及网络收发器送至计算机，自动记录各种巡更信息，并可随时打印。

无线巡更系统由计算机、传送单元、手持读取器及编码片等组成。编码片安装在巡更点，巡更时，保安人员按规定路线及时间到达各巡更点，用手持读取器读取编码片资料，巡更结束后将手持读取器插入传送单元，使手持读取器所存信息输入计算机。

纳入入侵报警系统的巡更系统，在巡更点设置微波红外双鉴探测器。

二、工程实例

此部分仅画出各系统概略图剖析，平面安装布置图略去。

【实例 12-2】 图 12-6 所示为某法院的庭审闭路监视系统概略图。

（1）结构布局　这是一个多头（摄像点）多尾（监视器），按自下而上递减式结构布局；此建筑六层，共设三类探测器件：

1）扩音器四个　用 RVV 3 ×1.0 软聚氯乙烯绝缘、聚氯乙烯护套线四根分别连接各扩音器。

2）彩转黑（又称“日夜转换”）摄像机两台　用两种线路联系；输出的视频摄像信号线 SYV 75-5 两根；供给 12V 电源的电源线 RVV3 ×1.5 两台公用。

3）一体化快速球形（简称快球）摄像机三台　用三种线路联系；视频线路同 2）彩转黑摄像机；供给 24V 电源的电源线络 RVV3 ×1.5，三台共用；控制线路的屏蔽软线 RVVP 3 ×1.5 共三根。

（2）第三层　共三种监视器件，线型两层对应相同：

1）扩音器 12 个；

2）彩转黑摄像机四台。

3）一体化快球摄像机四台。

（3）第二层　线型与三层对应相同，共三种监视器件：

1）拾音器三个。

2）彩转黑摄像机两台。

3）一体化快球摄像机两台。

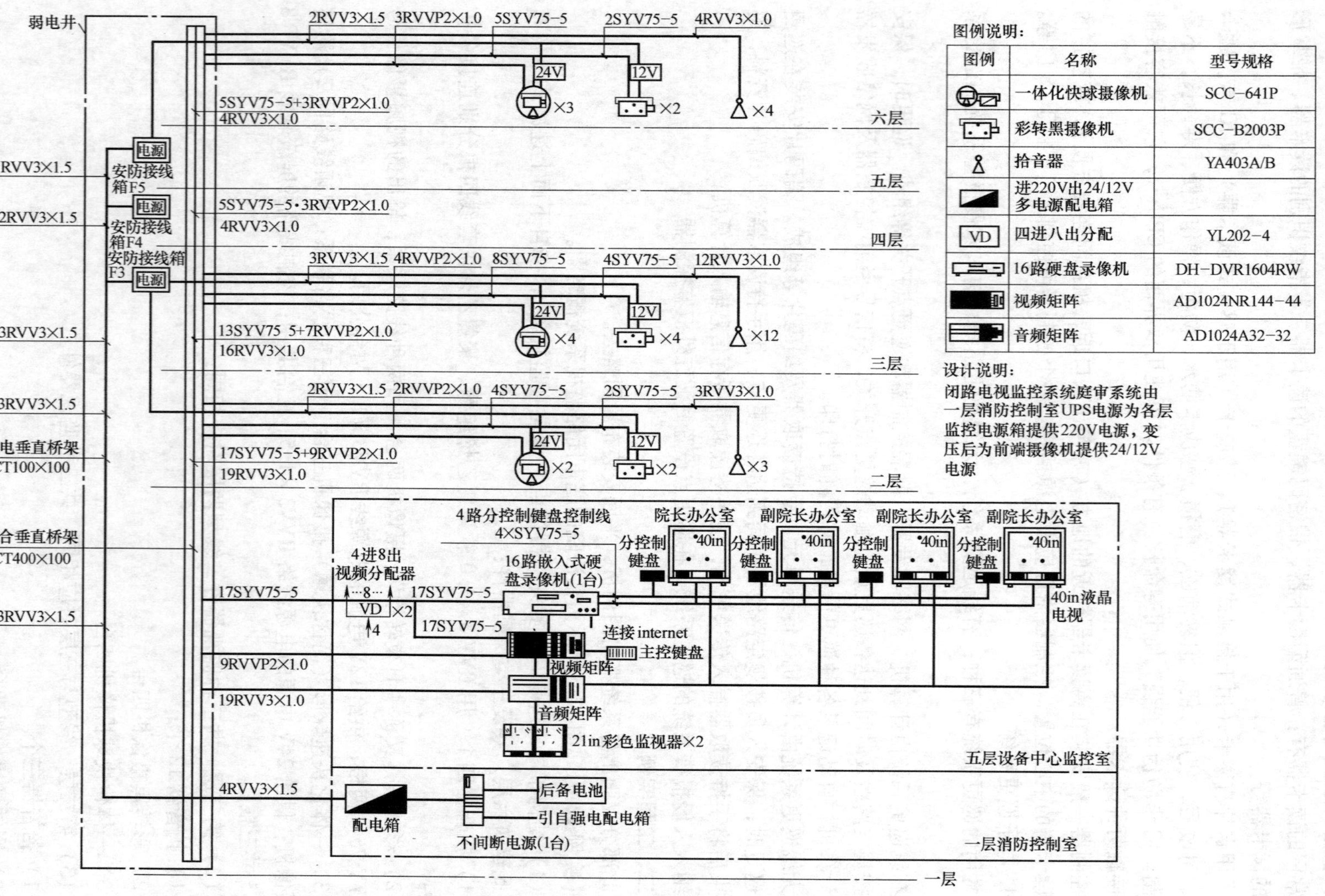

图 12-6　实例 12-2 的闭路监视系统概略图

（4）第一层　整个监控中心在此。

1）中心监控室　共安四进八出视频分配器两台、视频/音频矩阵各一台、主键盘及16路硬盘录像机各一台、21in彩色监视器两台。

2）消防控制室　由其强电配电箱及后备电池供UPS不间断电源，再由它经多电源配电箱供给闭路监视电视的12/24V两种电源。

3）由中心监控室引出四路　分别供一个院长办公室及三个副院长办公室，各室配40′彩色监视器及分控键盘各一台。

（5）整楼各层的竖向线路　均经电气竖井：

1）强电垂直桥架CT100×100　按层递减穿供六/三/二各层电源线：RVV3×1.5（24/12V共一根线）至各层安防接线箱，再至各设备端。

2）弱电垂直桥架CT400×100　按层递减穿供六/三/二各层视频信号线SYV75-5、音频信线RVV及快球摄像机控制线RVVP，至各设备端。

【实例12-3】　图12-7所示为实例12-2的入侵报警系统概略图，它的监视中心设在一层消防控制室内，自下向上沿弱电井放射式布置：

1）六/四/三层均设紧急按钮，视量多少分别经双/八/八防区报警模块，以RVV线送至监视中心。

2）五/二/一层均设紧急呼叫按钮及被动红外探测器两种方式探测，经八/二防区报警模块以RVV送至监控中心。

3）一层消防控制室内设此监视中心：

①探测信号进入报警主机、接口模块、管理计算机、控制键盘、警号及报警联动器组成的系统作报警、记录及接闭路电视监控系统、录像主机联动。

②以强电配电箱及后备电池双回供UPS不间断电源，再经配电箱以DC12V经竖井中层楼安防接线箱F2/3/4供二/三/四层、F5供五/六层此系统用电。一层由配电箱直供（不经竖井）至F1供电。

此系统与闭路电视系统配合共同完成安全技防，此竖井内强/弱电桥架亦与闭路电视监视系统共用，此部分布线与闭路电视监控系统一样要防止人为有意破坏。

【实例12-4】　图12-8所示为某住宅小区周界防越系统概略图。

1）1～8共八个室外防区均设置室外红外对射探头（均由发射/接收两部分配对构成）各一路。

2）监测信号送入监视中心，由主机、键盘、显示的电子地图、声光报警设备（警号、警灯）及不间断供电电源组成。

3）报警处理流程见图左上部分、显示这里是一个联动系统。

4）此系统布线每防区均用RVV6×2.5穿水煤气管、沿墙及地面暗敷，同时还要注意防破坏的隐蔽。

【实例12-5】

1）图12-9所示为实例12-2法院建筑大厅的门禁管理系统概略图，此系统由设于一层消控室的门禁管理中心管理、控制，它由类似上述的电源系统及发卡器、内置多媒体门禁管理软件的管理计算机，通过八口交换机与各层楼分两路联系：

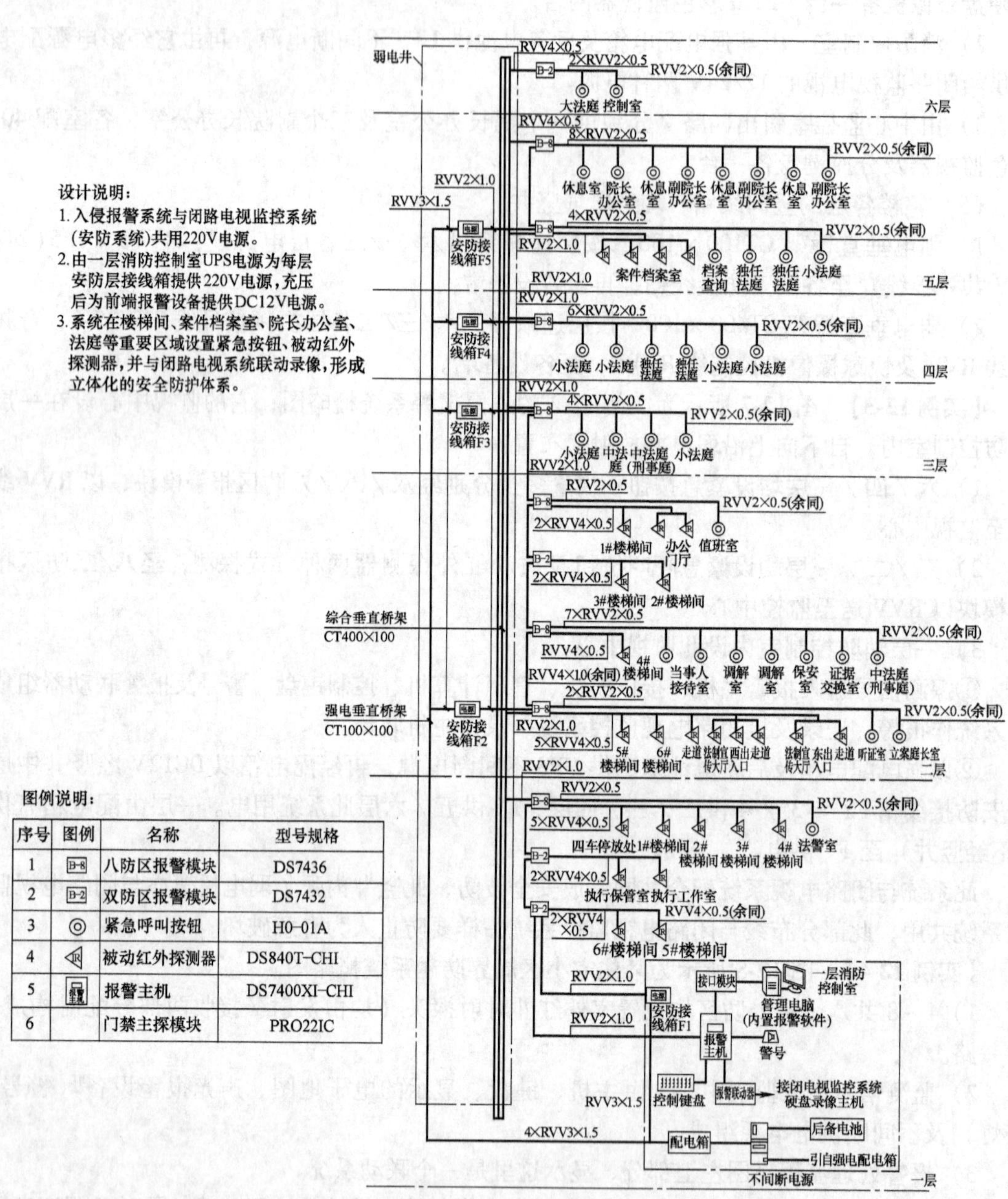

图例说明：

序号	图例	名称	型号规格
1	B-8	八防区报警模块	DS7436
2	B-2	双防区报警模块	DS7432
3	◎	紧急呼叫按钮	H0-01A
4	◁	被动红外探测器	DS840T-CHI
5	报警主机	报警主机	DS7400XI-CHI
6		门禁主探模块	PRO22IC

图 12-7　实例 12-2 的入侵报警系统概略图

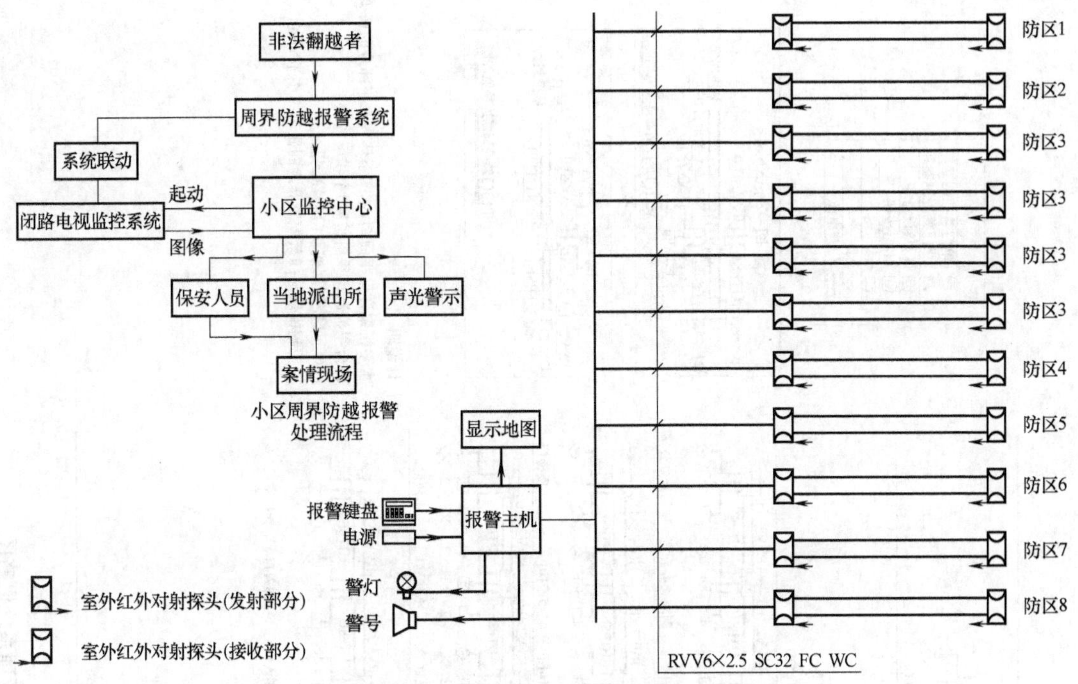

图 12-8　实例 12-4 的周界防越系统概略图

①电源　六路 RVV3×1.5 电源线，分别经位于电缆竖井的各层楼门禁电源箱，至一～六层各门禁设备箱。

②信号　六路五类 UTP 双绞线分别经位于电缆竖井的各层楼主控模块，至一～六层各门禁设备箱。

2）各层根据该层门的类型和数量，设置单／双门禁控制箱及相应数量。各门禁控制模块均由入门读卡器及出门按钮，控制电锁开／闭。其连接原理图右部“接线原理图”。

3）此部分竖井布置及防破坏、隐蔽要求同前。

4）主控模块与门禁控制器间距限制了它的有效水平的使用范围。在较宽大的建筑内，主控模块应置于建筑中心，以此向周围延伸，使有效面积最大。

【实例 12-6】　图 12-10 所示为某住宅小区可视对讲系统概略图，每幢楼内布线设置略，特色内容如下：

1）此系统增设小区主入口围墙机一处，其小区监控中心设在位于小区中心位置的物业管理内。

2）布线　每幢楼内布线分为三种：

①SYV75-5　传输视频信号，非可视对讲系统则不用。

②RVV2×1.0　为电源线路，供各分机／主机及电控锁用电。

③RVV5×0.75 及 RVV6×0.75 为系统／分系统及分机间信号传输。

3）此系统可与三表远传、小区内信息流及一卡通共用。

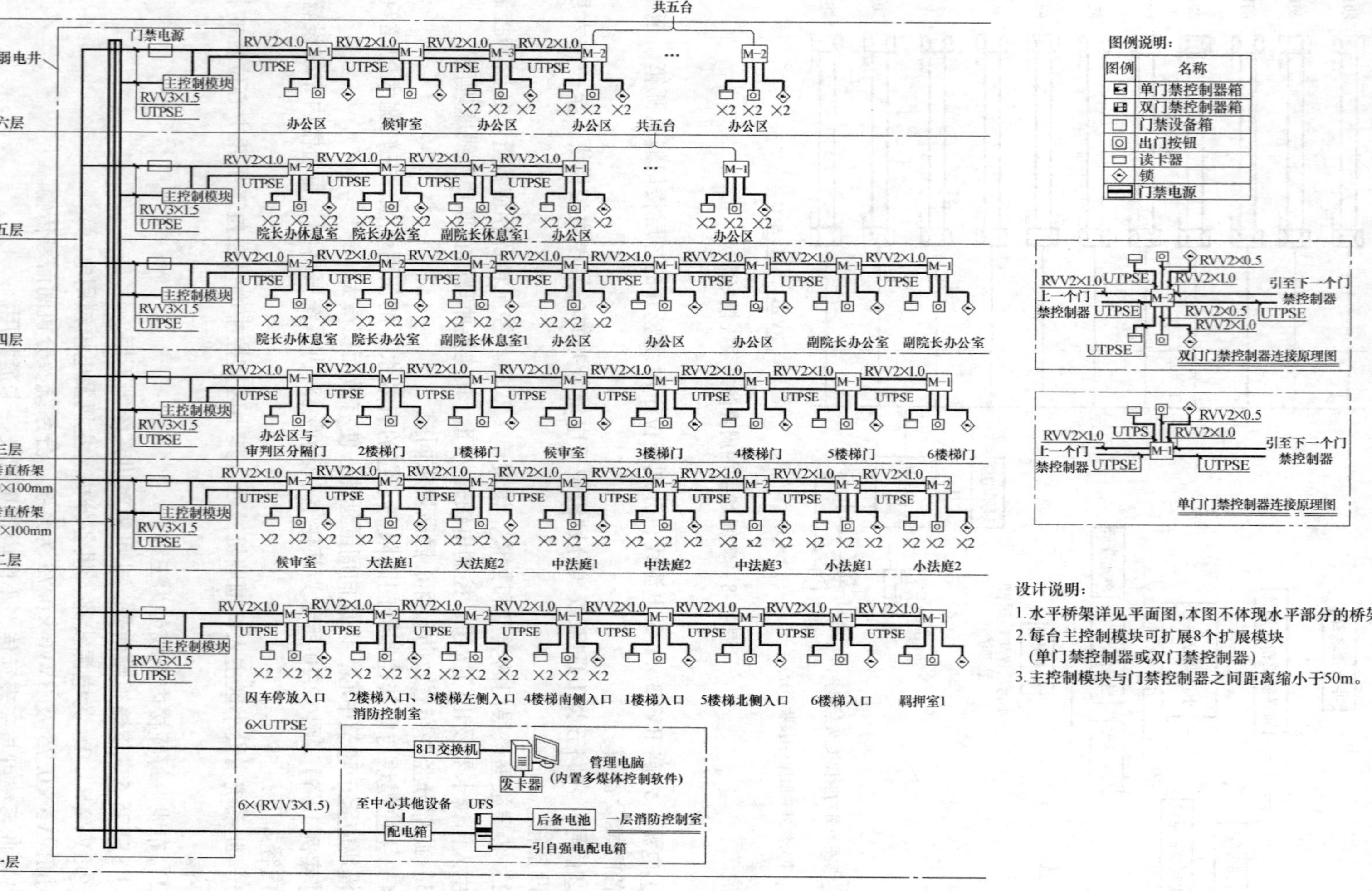

图 12-9 实例 12-2 的大厅门禁管理系统概略图

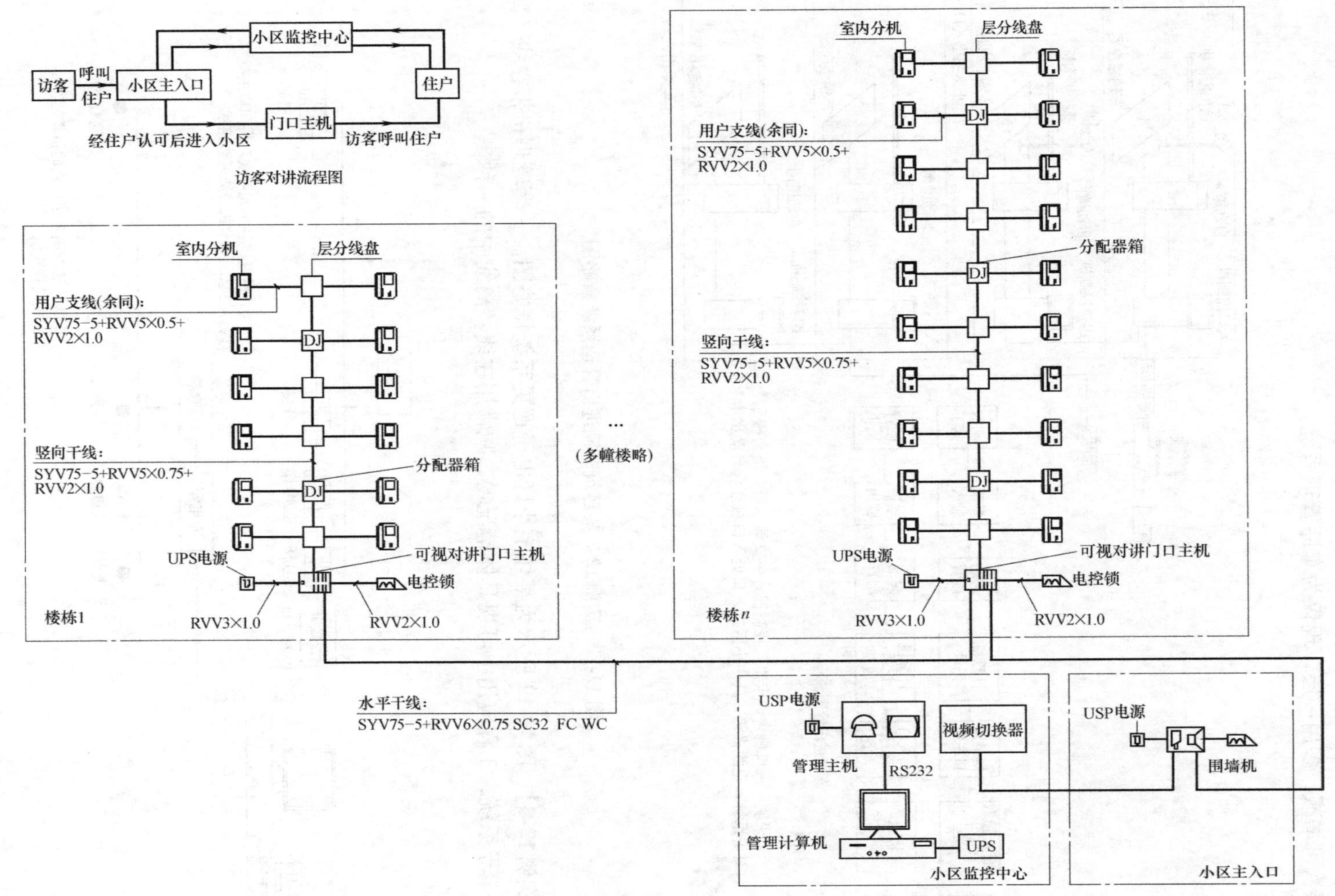

图 12-10　实例 12-6 的可视对讲系统概略图

【实例 12-7】 图 12-11 所示为某建筑车辆进出管理系统概略图，由车库出入口及小区主出入口的两层车辆进出管理系统构成，左图为其流程图。此系统由一套管理系统管理，所设管理层次可增减，多用一层，现仅为车库管理系统。

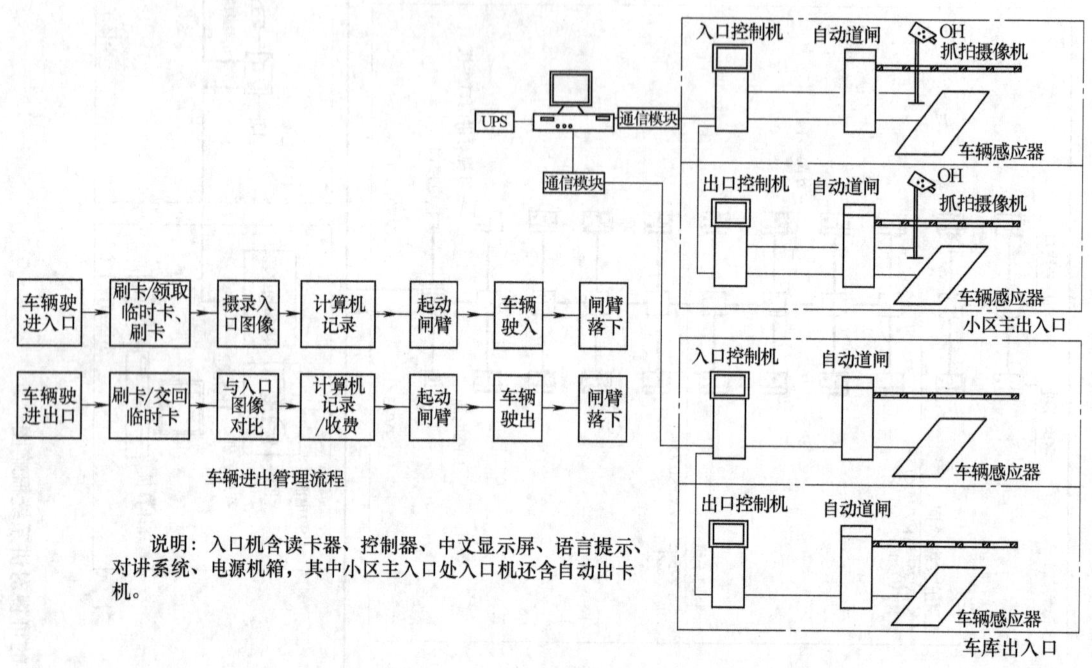

图 12-11　实例 12-7 某建筑车辆进出管理系统概略图

【实例 12-8】 图 12-12 所示为某住宅小区电子巡更系统概略图。一套管理机带在线 / 离线各一套子系统，工程应用中可视具体情况增、减常用在线 / 离线中的一种。

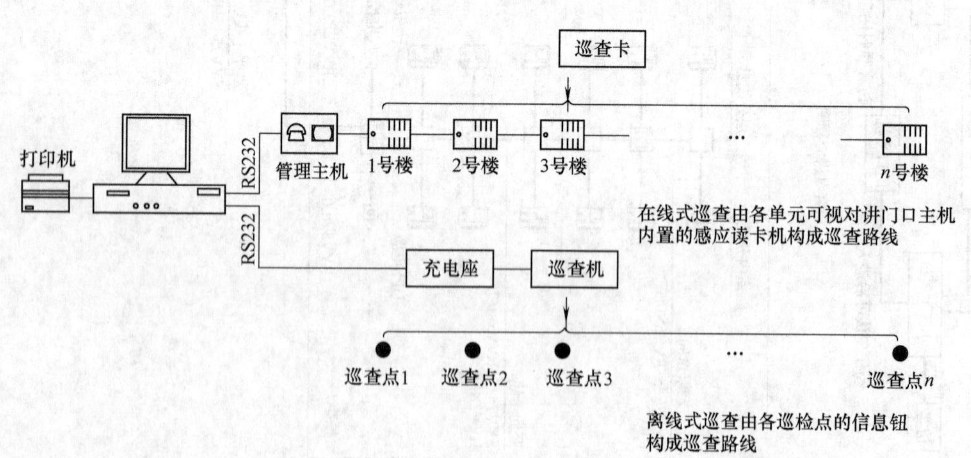

图 12-12　实例 12-8 某住宅小区电子巡更系统概略图

第三节 建筑设备监控

一、特点

建筑设备监控系统即当前技术条件下的建筑设备自动化系统，简称 BAS。它与办公自动化系统 OAS、通信网络系统 CNS，由综合布线 PDS 及系统集成 SI 构建成建筑智能化系统。BAS 的设计与一般建筑电气系统的设计有明显的区别：

一般建筑电气系统的设计围绕施工图进行，主要任务是对其工程进行设备选型、位置安装和管线敷设的设计，选定几乎所有设备，使系统合理运行并指导工程安装。

BAS 系统在设计前所有水、电、暖设备的设计都已完成（包括设备选型、位置安装、管线敷设），它设计的主要任务是：

（1）施工图设计　给这些水、电、暖设备配置硬件控点，即在这些设备的施工图上按相应控制原理设计传感器、执行器类主要器件。尽管 BAS 系统施工图上的许多内容并不属于其设计内容，却给安装人员提供指导其施工的图样。

（2）控制方案设计　为硬件控点设计其检测、执行的控制方案原则，给 BAS 系统制造商提供指导其软件编程控制方案的要求。

二、设计步骤及要点

1. 充分了解外部条件

开始 BAS 设计前不仅要了解其建筑物的面积、高度、地理位置、用途、造价、内部设备的概况，还要预测此建筑的未来，以及掌握建筑配置的水、暖、电设备及系统的工作原理和技术参数。以此才能对 BAS 的规模、现场设备合理选型和配置。

2. 方案设计

确定 BAS 系统的方案是整个设计中重要的环节，包括：

（1）网络系统设计　BAS 系统是构筑在计算机局域网基础上的实时过程控制系统。此网络系统的设计主要指：BAS 系统的网络硬件拓扑结构形式、网络软件结构和网络设备的设计。

1）网络硬件拓扑结构形式设计的要点

①满足集中监控的需要。

②与系统规模相适应。

③尽量减少故障波及面。

④减少初投资。

⑤便于增容。

⑥尽量缩短管线总长。

2）网络软件层次结构设计的要点

①良好的开放性。

②良好的安全性。

③良好的容错性。

④良好的二次开发环境。

3）网络设备设计的要点

①根据系统级别和规模确定服务器、工作站机型，且人机交换界面好、容错性好、易扩展。

②根据用户对 BAS 系统管理需求确定服务器、工作站的数量。

③按安全可靠、便于管理的原则确定服务器、工作站机的安装位置，通常是：服务器设在 BAS 系统监控室内（也可将其与消防、安保系统共室）；工作站设在有人值班地（如变配电房），值班者从工作站屏幕便直观、清楚地观察相应数据，对系统进行相应的辅助管理。

④根据系统“测量点”和“控制点”的控制要求确定 DDC（直接数字控制器）的机型，并符合可靠性高、响应快、易维修三原则。

⑤根据 BAS 系统“测量点”和“控制点”的数量确定 DDC 的数量。

⑥DDC 安装位置设定除安全、便于管理外，还应尽量缩短它和建筑物内“测量点”和“控制点”的管线长度（必要时增加 DDC 数量）。

（2）与“一般设备”的硬件接口设计　系统中大多数设备是内部不含控制系统的“一般设备”，它们只与外部 BAS 系统构成“测控”关系，BAS 系统与“一般设备”的硬件设计内容是：

①规定接口的连接要求。

②规定接口的容量。

③设计控制柜。

（3）与“智能设备”的软件接口设计　系统中有些设备是内部含有单片机或 PLC 为核心的内部控制器的“智能设备”（如蓄冰制冷系统、基载制冷系统、锅炉系统、变配电系统、电梯、柴油发电机等）。其中一类“智能设备”（如变配电系统、锅炉系统、电梯、柴油发动机）的内部控制器的监控参数全在设备内部，只引出一组通信线和 BAS 系统连接；另一类“智能设备”如蓄冰制冷系统、基载制冷（蓄冰制冷系统中仅制冷不制冰）系统，内部控制器的一部分测控参数在设备内部，另一部分测控参数在设备外部的管路上。这类设备除引出一组通信线外，还要引出若干路测控线与设备外部的管路上的测控元器件（如水泵、阀门、传感器等）连接。

目前很多厂家既生产“一般设备”又生产“智能设备”。对出厂的“智能设备”厂家配置了串行通信接口，并提供给用户相应的和 BAS 系统服务器通信的通信协议。这些设备与 BAS 系统间除有一路通信线的硬件连接外，还需设计“通信软件”，俗称“软接口”。一般“软接口”的安装是由 BAS 系统厂家完成。在设计“软接口”时需向生产“智能设备”的厂家提供以下内容：

①该设备的控制系统通信联网方案及系统图。

②该设备的控制器技术资料及其通信接口的技术资料及接线图。

③通信接口的控制方式。

④详细的接口通信协议内容、格式和访问权限。

（4）BAS 各子系统的“监控方案”设计　各现场设备的监控方案分别根据其工作原理和监控要求设计，为实现相应的监控方案需对各设备配置监控点：

①根据各设备的工作原理和控制要求设计对各设备的监控方案，设计出各子系统的控制原理图。

②根据不同的控制参数确定其调节规律。

③设计 BAS 对相应子系统的控制功能或 BAS 系统与智能设备的总体控制功能。

④根据监控方案在相应的设备和管道上配置“测量点”（即安装传感器）和配置“控制点”（即安装执行器），并对这些元件进行选型。

⑤BAS 与智能设备间配置串行通信接口线（通常称为软线口）。

3. 施工图设计

它的主要内容是设计和画出一套 BAS 的施工图，包括：施工说明、材料表、网络系统图、施工平面图、DDC 控制箱安装图、DDC 控制箱电源接线图、DDC 控制端与系统中测控器件的接线图、DDC 测控点分布图、BAS 设备测控点数总表、其他（施工设备材料表、应用模块的引脚说明和技术参数）。

（1）设计目标

1）施工人员照图即能按设计意图安装此实际系统。

2）管理人员在系统初始化过程中，能对软件界面上菜单进行选项。

3）维修人员照图能了解设备的安装地点、安装方式和调试方法。

（2）设计步骤

1）确定系统的网络结构，画出网络系统图。

2）画出各子系统的控制原理图。

3）编制 DDC 测控点数表（分表）。

4）编制 BAS 系统设备监控点数表（总表）。

5）设计 DDC 控制箱内部结构图和端子排接线图。

6）确定中央站硬件组态、设计监控中心（含供电电源、监控中心用房面积、环境条件、监控中心设备布置）。

7）画出各层 BAS 施工平面图（含线路敷设、分站位置、中央站位置、监控点位类型）。

注意：

①以上七步主要是从硬件角度提出，而软件设置亦不能忽视。可在上述 3）、5）两步时考虑，亦可集中提出软件设置要求。

②每一步内容内并无明确的层次，应兼顾考虑相互间的关联。

③此七步的顺序并非唯一，前后反复不可避免，往往也是必需的。

（3）I/O 设备　即“输入/输出设备”，在“施工图设计”中是测控器件、传感器和阀门。

1）传感器的选择　主要考虑“量程”和“精度”间的矛盾。一般“量程”范围越大，其测量“精度”越低。设计中在满足被测物物理量范围的条件下尽量选择量程小的传感器。传感器的最大量程一般确定为被测物物理量范围最大值的 1.3 倍。

2）阀门选择　根据设计最终确定的表面冷却器和热水加热盘管的设计流量和压差值（由水、暖专业提供此技术参数）进行计算，计算出设计的 C（调节阀的流量系数）值，再根据 C 值选出最匹配的阀门。

（4）设计流程　BAS 施工图设计的流程见图 12-13。

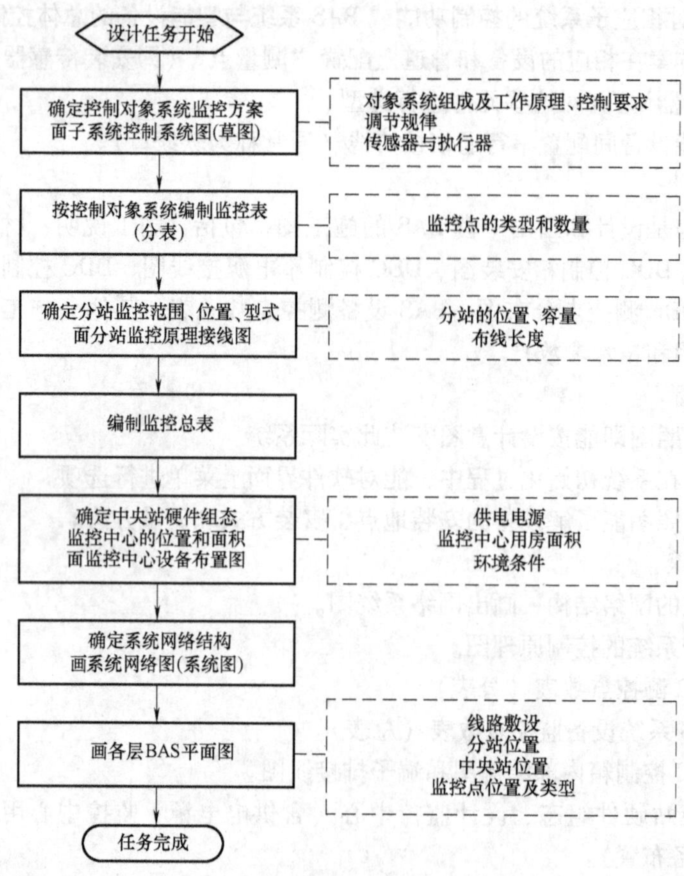

图 12-13 BAS 施工图设计的流程

三、工程实例

此部分仅提供了关键且难度大的总系统、子系统方案概略图，以及监控表，其余部分略去。

【实例 12-9】 某 BAS 工程总方案。

图 12-14 所示为××水电公司××基地业务大楼工程的楼宇自控系统概略图，作为 BAS 施工图设计的总方案示例。

系统采用中央操作站、分布式智能分站（DDC）及设备监控站的三级结构。在楼宇自控系统 BMA 的管理下，系统对冷/热源、空调、通风、变配电、给/排水、电梯等进行监控、实时记录及报表打印。

中央操作站设于一层值班室，室内设监控工作站一台、图形显示系统、备用电源、打印机等设备各一套。DDC 分站各楼层弱电井内，设备监控站装在各设备现场。

右下图为此楼宇自控系统的供电系统概略图。强弱电间转换采用继电器来实现，供电控制箱还需提供与此系统相关的中间继电器、热继电器、接触器以及万能转换开关。系统的逻辑控制功能及编址应由系统集成商根据本系统设计说明要求及现场情况进行编制。

【实例 12-10】 某 BAS 工程各子系统方案。

图 12-15、图 12-16 所示为实例 12-9 同一 BAS 工程的部分子系统的监控系统概略图，作为 BAS 施工图设计的子系统方案示例。图 12-15 所示为制冷系统，图 12-16 所示为空气处理、风机、水泵、变配电系统。整个系统及各子系统的功能为：

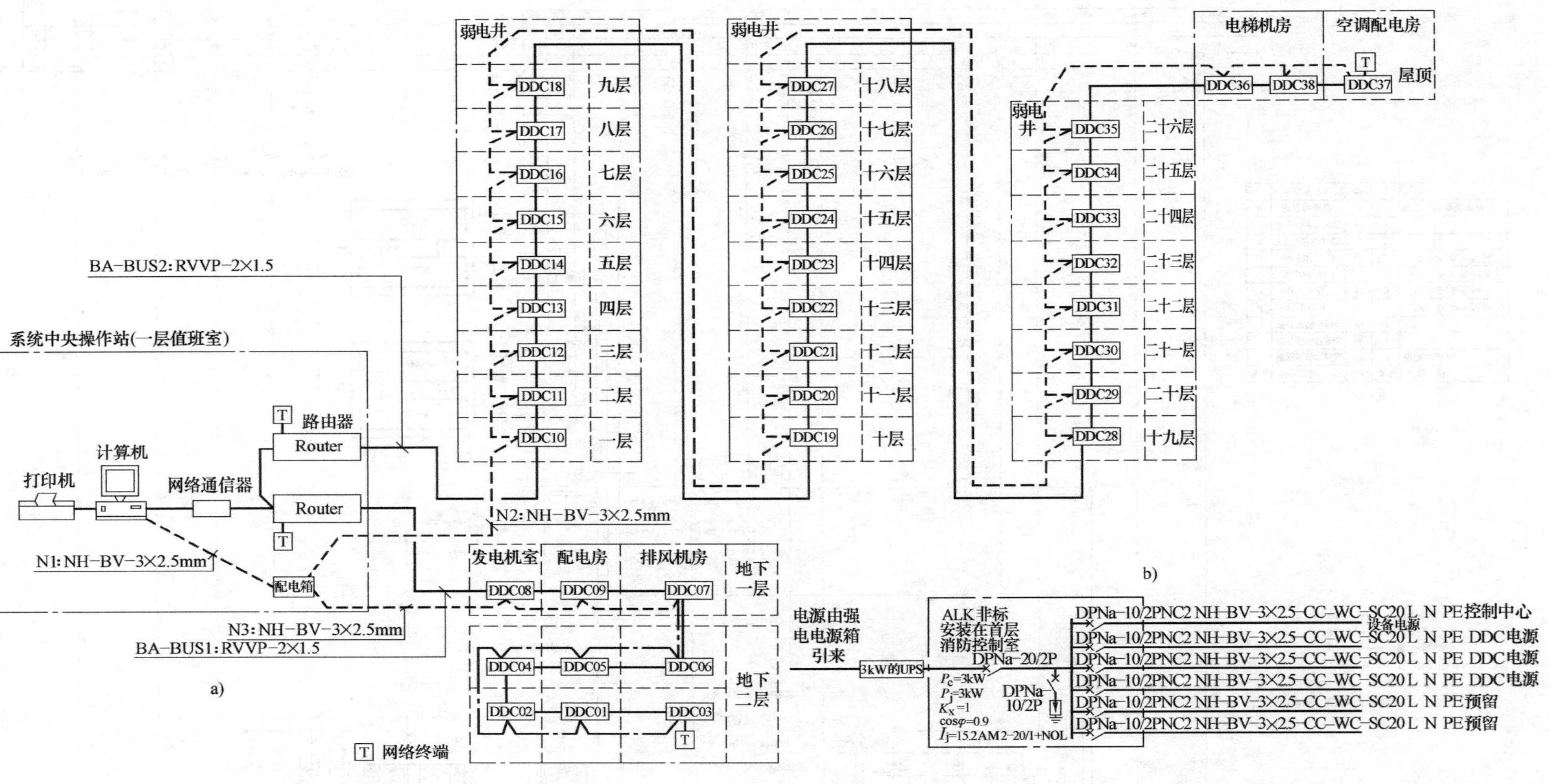

图 12-14 实例 12-9 的建筑设备监控总系统概略图

a) 监控系统 b) 供电系统

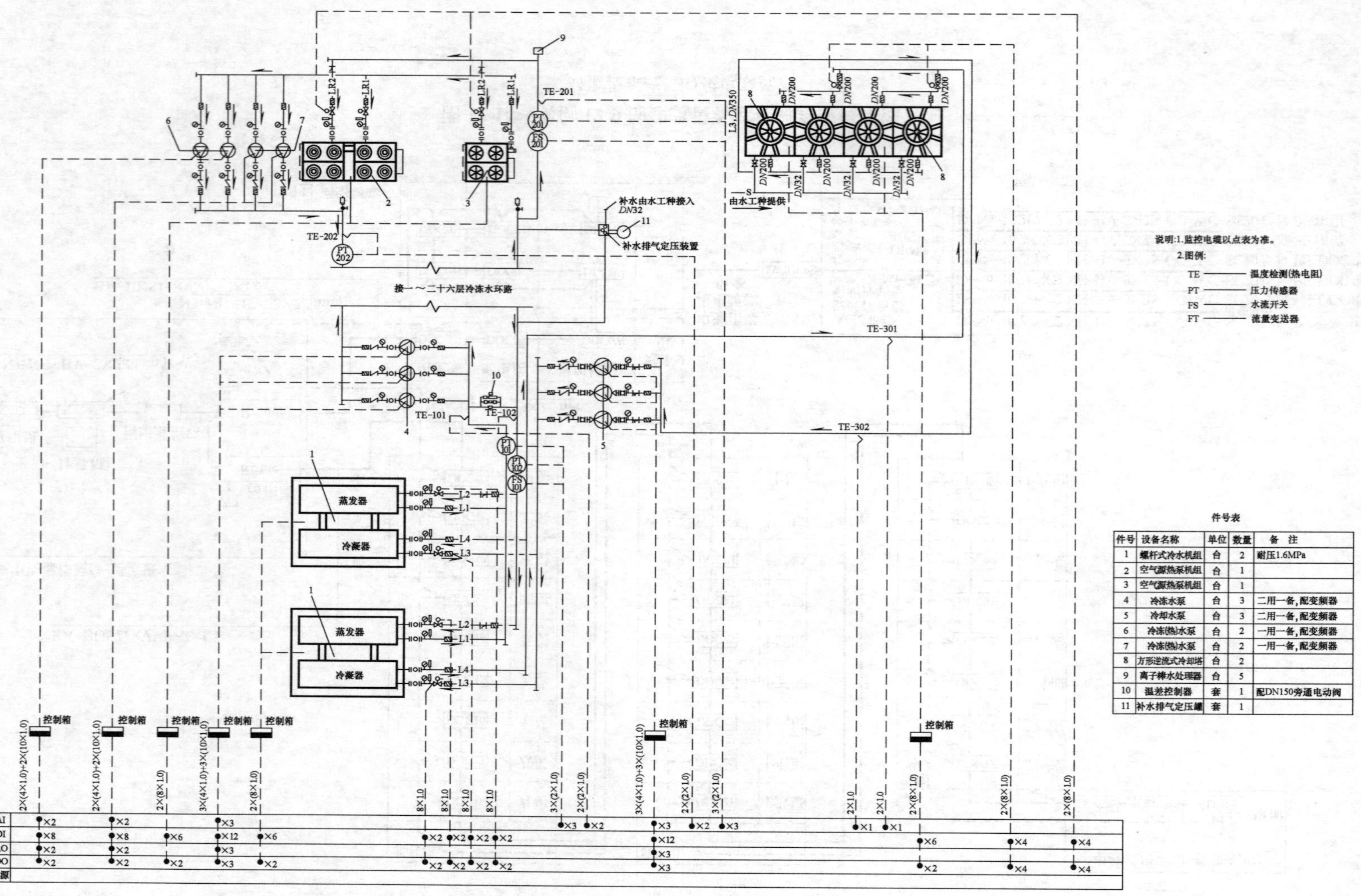

件号表

件号	设备名称	单位	数量	备 注
1	螺杆式冷水机组	台	2	耐压1.6MPa
2	空气源热泵机组	台	1	
3	空气源热泵机组	台	1	
4	冷冻水泵	台	3	二用一备,配变频器
5	冷却水泵	台	3	二用一备,配变频器
6	冷冻(热)水泵	台	2	一用一备,配变频器
7	冷冻(热)水泵	台	2	一用一备,配变频器
8	方形逆流式冷却塔	台	2	
9	离子棒水处理器	台	5	
10	温差控制器	套	1	配DN150旁通电动阀
11	补水排气定压罐	套	1	

图 12-15　实例 12-10 的制冷子系统的监控系统概略图

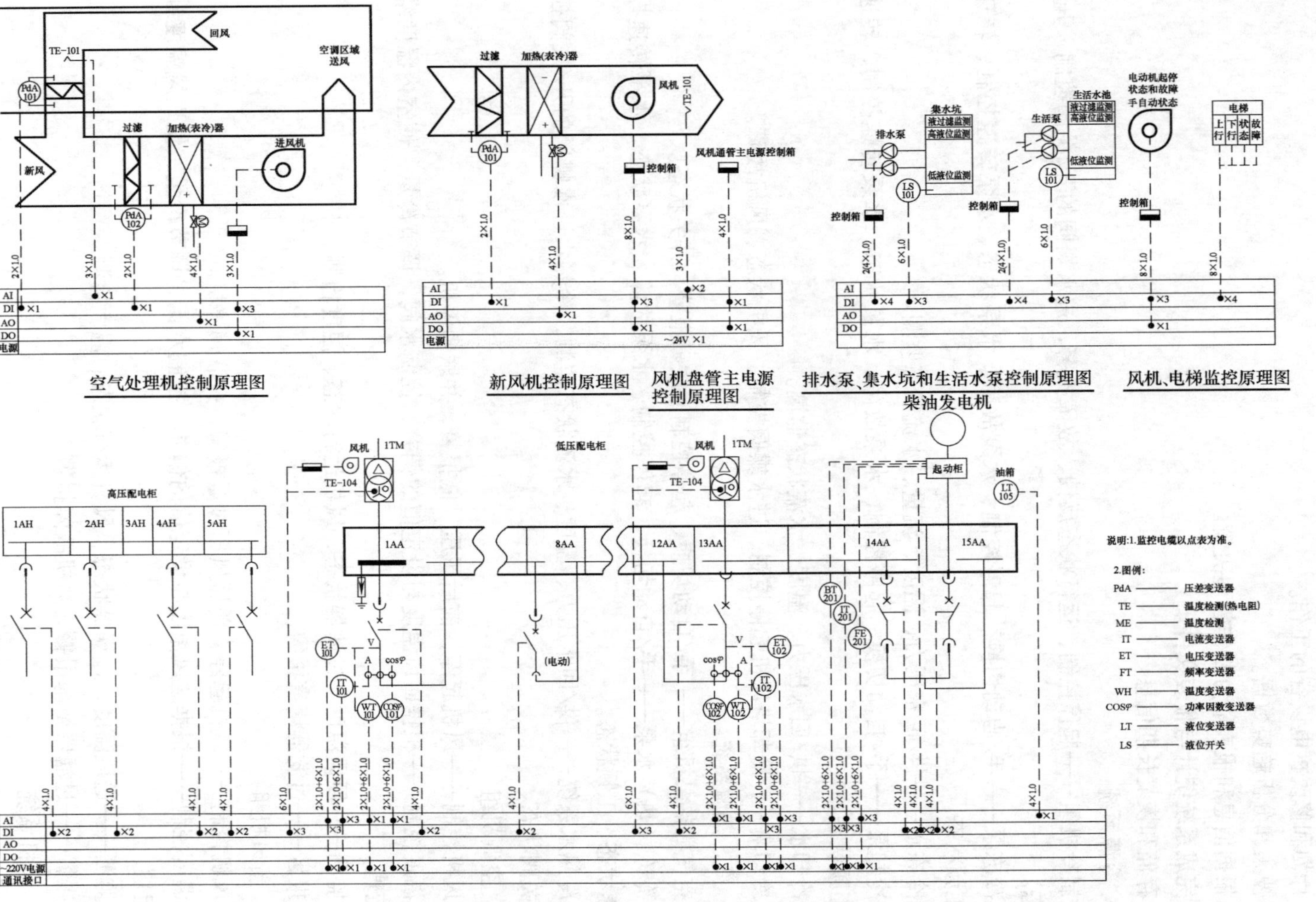

图 12-16 实例 12-10 的空气处理、风机、水泵、变配电监控子系统概略图

(1) 楼宇自控系统（BMA）

1）通过图形显示监测和控制楼宇环境。

2）计划和修改机电设备的工作。

3）搜集和分析趋势数据。

4）根据信息和报表能力制作管理决策。

5）完成系统统计与报表文件。

6）存储和恢复长期信息。

(2) 冷源系统

1）制冷机组——起停控制、运行状态反馈、故障报警，进水蝶阀的开/关阀控制、开/关阀状态。

2）冷冻泵——手/自动切换、起停控制、水泵故障、水泵状态、水泵转速控制、转速状态、工频状态。

3）冷冻水——供/回水压力、温度、流量、水流状态监测。

4）冷却泵——手/自动切换、起停控制、水泵故障、水泵状态、水泵转速控制、转速状态、工频状态。

5）冷却水——供/回水压力、温度、水流状态监测。

6）冷却塔——冷却塔风机起停控制、进水蝶阀控制、风机状态、风机故障。

(3) 冷、热源系统

1）空气源热泵机组——手/自动切换、起停控制、故障报警、开关状态。

2）冷冻（热）水泵——手/自动切换、起停控制、水泵故障、水泵状态、水泵转速控制、转速状态、工频状态。

3）冷热水系统——供/回水压力、温度、水流状态监测，冷热水进水蝶阀的开/关阀控制、开/关阀状态。

(4) 空调机组

1）风机控制——风机起停，前后风压过低报警，并联锁停机。

2）温度控制——根据回风温度与设定值的偏差，控制水阀，调节冷量，使室内温度维持在设定值。

3）监测——回风温度、过滤器状态、风机运行状态、温度检测。

4）报警——过滤器堵塞报警。

(5) 新风机组

1）风机控制——风机起停，前后风压过低报警，并联锁停机。

2）温度控制——根据送风温度与设定值的偏差，控制水阀，调节冷量，使送风温度维持在设定值。

3）监测——送风温度、过滤器状态、风机运行状态、温度检测。

4）报警——过滤器堵塞报警，风机故障报警。

(6) 风机系统

1）监视——排风机的运行状态、手/自动状态。

2）报警——排风机故障报警。

3）控制——排风机的起/停控制。

（7）变配电系统

1）监测——高、低压侧进出线开关，联络开关状态，电压、电流、有功电度、功率因数、发电机供电电流、电压及频率，发电机油箱液位监视，变压器风机状态。

2）报警——开关故障报警，变压器风机故障、超温报警。

（8）给排水系统

1）水泵控制——根据对地下室生活水池、排水坑的水位监测，可以观察到相应水泵的运行状态。

2）监测——地下水池的起泵、停泵水位、溢流水位监测，各水泵的运行状态。

（9）电梯系统

1）监测——运行状态、上/下行状态显示。

2）报警——故障报警。

两图中绘出各 DDC 控制器的外部接线，其内部接线由集成商根据产品作细部连接。各图下部的表为相应的 DDC 控制器的 AI（模拟量输入）、DI（数据量输入）、AO（模拟量输出）、DO（数据量输出）及（供电的）电源的接点数，引入表虚线侧标注了外部接入线的根数及线径，余参见图内标注、说明及相关自控图形及文字符号识别。

【实例 12-11】 BAS 监控表的编制。

鉴于篇幅有限，编制的监控表实例略，仅就具体作法描述。

（1）编制的基本要求

1）为划分分站、确定分站模件的选型提供依据。

2）为确定系统硬件和应用软件设置提供依据。

3）为规划通信信道提供依据。

4）为系统能以简捷的键盘操作命令进行访问和调用具有标准格式显示报告与记录文件创造前提。

（2）每个监控点应表出的内容

1）所属设备名称及其编号。

2）设备所属配电箱/控制盘编号。

3）设备安装楼层及部位。

4）监控点的被监控量　以“监控点总表”（表 12-4）或“DDC 监控点一览表”（表 12-5）示出，前者适用整个系统，后者适用各子系统。

5）监控点所属类型。

6）对指定点的监控任务是由中央站完成还是由分站与配电箱/控制盘等现场级设备完成；或中央站与现场级均须具有同样的监控功能。

【实例 12-12】 监控总表的编制。

1. 监控总表的推荐格式

表 12-4 中序号 1 ~ 47 是为便于说明而附加，实际的监控总表并无此序号。整个 47 项，可分为三类：列出项（1 ~ 7 栏、9 栏、10 栏）、规划项（8 栏、11 ~ 41 栏）和统计项。

（1）列出项　列出项根据所确认的系统及单体机组的控制方案列写。注意，应按对象系统→单体机组（即表12-4中，第3、4、5、7各栏所写的“设备”，或第11栏所指的

表 12-4　实例 12-11 监控总表

对象系统 名称	对象系统 编号	设备编号	设备名称	设备容量	配电箱/控制盘编号	设备安装部位	分组/分区编号	监控点描述短语	工程单位	点在组内的编号	点号	分站编号	控制 起动/停止	控制 状态回报	控制 投运程序控制	控制 DDC控制	控制 节能控制	控制	显示 即时显示 模拟量状态	显示 即时显示 开关量状态	显示 即时显示	显示 报警显示 运行参数越限	显示 报警显示 设备运行故障	显示 报警显示	显示 报警显示 火灾报警	显示 报警显示 防盗报警	显示 报警显示 非法闯入报警	显示 报警显示	记录 状态检测记录 只记状态	记录 状态检测记录 只记正常/报警	记录 状态检测记录 同时记左列两项	记录 状态检测记录	记录 积算与报表生成 运行趋势记录	记录 积算与报表生成 巡更过程记录	记录 积算与报表生成 运行时间积算	记录 积算与报表生成 动作次数积算	记录 积算与报表生成 能耗积算	记录 积算与报表生成 日报表格生成	记录 积算与报表生成 月报表格生成	记录 积算与报表生成	共　页,第　页 监控点点数统计 按设备或部位小计 按对象系统合计 按全部总计 计别	模入AI	模出AO	开入DI	开出DO	备注
													/	/	/	/	/	/	/	/	/	/	/	/	/	/	/	/	/	/	/	/	/	/	/	/	/	/	/	/						
													/	/	/	/	/	/	/	/	/	/	/	/	/	/	/	/	/	/	/	/	/	/	/	/	/	/	/	/						
													/	/	/	/	/	/	/	/	/	/	/	/	/	/	/	/	/	/	/	/	/	/	/	/	/	/	/	/						
1	2	3	4	5	6	7	8	9	10	11	12	13	14	15	16	17	18	19	20	21	22	23	24	25	26	27	28	29	30	31	32	33	34	35	36	37	38	39	40	41	42	43	44	45	46	47
													/	/	/	/	/	/	/	/	/	/	/	/	/	/	/	/	/	/	/	/	/	/	/	/	/	/	/	/						
													/	/	/	/	/	/	/	/	/	/	/	/	/	/	/	/	/	/	/	/	/	/	/	/	/	/	/	/						
													/	/	/	/	/	/	/	/	/	/	/	/	/	/	/	/	/	/	/	/	/	/	/	/	/	/	/	/						
备注																																									图例	/中央级监控/现场级监控 ○选定的监控功能标于斜线的上/下方				

“组”）→各监控点（即第 11 栏所指的“点”）的顺序列写，即列写到“点”（不包括规划项、统计项，而对于某些点在具体的实际工程中会是“空白”）。

（2）规划项　规划项包括：分组/分区编号（第 8 栏），“点在组内的编号”（第 11 栏）和“点号”（第 12 栏），分站编号（第 13 栏）。

（3）统计项　此项统计应当给出：单体机组（或分区）模拟量的输入、输出（AI 和 AO）及开关量的输入、输出（DI 和 DO）的小计；对象系统的 AI、AO、DI、DO 的合计；以及整个 BAS 系统的各类输入、输出点的总计。最后的统计应纳入系统的监控点的总和，它将表示出系统的规模。

表 12-5　实例 12-11DDC 监控点一览表

<table>
<tr><td colspan="2">项目：</td><td rowspan="3">设备位号</td><td rowspan="3">通道号</td><td colspan="3">DI 类型</td><td colspan="3">DO 类型</td><td colspan="7">AI 要求</td><td colspan="4">AO 要求</td><td rowspan="3">DC 供电电源引自</td><td colspan="4">管线要求</td></tr>
<tr><td colspan="2">DDC 编号：</td><td rowspan="2">接点输入</td><td colspan="2">电压输入</td><td rowspan="2">接点输出</td><td colspan="2">电压输出</td><td colspan="5">信号类型</td><td colspan="2">电源</td><td colspan="2">信号类型</td><td colspan="2">电源</td><td rowspan="2">导线规格</td><td rowspan="2">型号</td><td rowspan="2">管线编号</td><td rowspan="2">管径</td></tr>
<tr><td>序号</td><td>监控点描述</td><td></td><td>其他</td><td></td><td>其他</td><td>温度（三线）</td><td>温度（两线）</td><td>温度</td><td></td><td>其他</td><td></td><td>其他</td><td></td><td>其他</td><td></td><td>其他</td></tr>
<tr><td>1</td><td></td><td></td><td></td><td></td><td></td><td></td><td></td><td></td><td></td><td></td><td></td><td></td><td></td><td></td><td></td><td></td><td></td><td></td><td></td><td></td><td></td><td></td><td></td><td></td><td></td></tr>
<tr><td>2</td><td></td><td></td><td></td><td></td><td></td><td></td><td></td><td></td><td></td><td></td><td></td><td></td><td></td><td></td><td></td><td></td><td></td><td></td><td></td><td></td><td></td><td></td><td></td><td></td><td></td></tr>
<tr><td>3</td><td></td><td></td><td></td><td></td><td></td><td></td><td></td><td></td><td></td><td></td><td></td><td></td><td></td><td></td><td></td><td></td><td></td><td></td><td></td><td></td><td></td><td></td><td></td><td></td><td></td></tr>
<tr><td></td><td></td><td></td><td></td><td></td><td></td><td></td><td></td><td></td><td></td><td></td><td></td><td></td><td></td><td></td><td></td><td></td><td></td><td></td><td></td><td></td><td></td><td></td><td></td><td></td><td></td></tr>
<tr><td></td><td></td><td></td><td></td><td></td><td></td><td></td><td></td><td></td><td></td><td></td><td></td><td></td><td></td><td></td><td></td><td></td><td></td><td></td><td></td><td></td><td></td><td></td><td></td><td></td><td></td></tr>
<tr><td></td><td>合计：</td><td></td><td></td><td></td><td></td><td></td><td></td><td></td><td></td><td></td><td></td><td></td><td></td><td></td><td></td><td></td><td></td><td></td><td></td><td></td><td></td><td></td><td></td><td></td><td></td></tr>
</table>

2. 总表内容

1）规划每个分站的监控范围，并赋予“分站编号”。

2）对于每个对象系统内的设备，赋予为 BAS 所用的系列“分组编号”。

3）通信系统为多总线系统时，赋予总线“通道编号”。

4）对于每个监控点赋予“点号”。

点号确定的主要原则是：必须适合计算机处理，是一种系统有序的数字式代码，要有一定的可扩展性，所有点号位数一致，点号由数字 0～9 及非易错英文字母组成（易错英文字母有 I，J，N，O，Q，S，T，U，Z）。

点号应由三部分构成，如图 12-17 所示。第 1 节编号为“01”或“02”，分别表示设备监控子系统和安全子系统。第 2 节为单体机组的编号。第 3 节为监控点在组内的编号。对于小型与较小型的系统，点号宜用 2 位或 4 位表示，而不需分节。

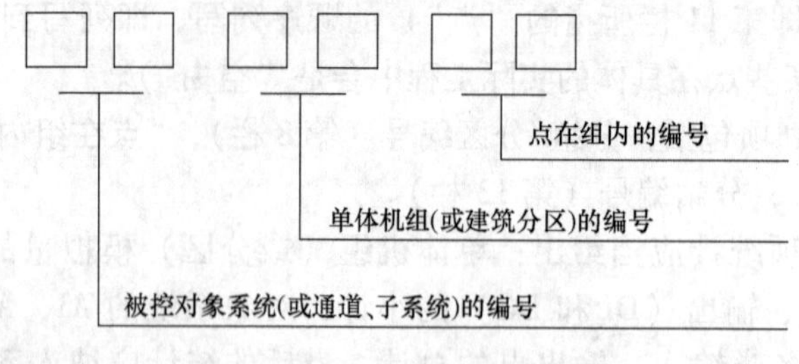

图 12-17　监控点号的排序方法

练　习　题

1. 以现实生活中你熟悉的消防监控工程与“实例 12-1”对比在系统构成与平面布置方面现行规范的执行程度。

2. 试分析安全技术防范六个工程实例的各自特点和联系。

3. 从“实例 12-10”BAS 的四个子系统中选其一列出“DDC 监控点一览表”。

4. 本章楼宇自动化设计的三大部分有何关联？能否合并？试谈构思。

第十三章　信息通信设计

第一节　综合布线系统

一、概述

1. 定义

不论是智能大厦还是智能小区，所有智能建筑的 BAS、CAS 和 OAS 三大系统必须靠线缆联系为整体。昔日分散、各自独立，甚至因厂商而异的布线方式根本不能满足如此复杂、如此大量、如此高要求信息传输的综合需求，全新概念的综合布线——PDS 应运而生。

信息产业部（现称工业和信息化部）YD/T 926.1—2001《大楼通信综合布线系统　第1部分：总规范》中定义综合布线系统是："可以支持与信息技术设备相连的各种通信电缆、光缆、接插软线、跳线及连接硬件组成的系统。能支持多种应用系统的一种结构化电信布线系统。"国家标准 GB/T 50314—2000《智能建筑设计标准》定义为"综合布线系统是建筑物或建筑群内部之间的传输网络，它使建筑物或建筑群内部的语言、数据通信设备、信息交换设备、建筑物物业管理及建筑物自动化管理设备等系统之间彼此相连，也使建筑物内通信网络设备与外部的通信网络相连"。

2. 结构组成

综合布线系统的构成可表述为："一间、二区、三子系统"，其组成见图 13-1。

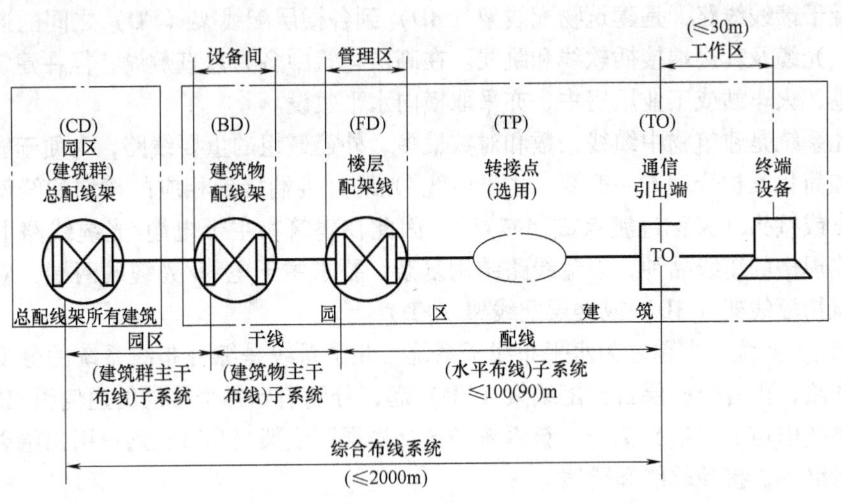

图 13-1　综合布线系统的组成

（1）一间——设备间　它既是建筑物外引入线缆的交接点，又是建筑物内线缆配送的起始点，还是综合布线对 BAS、CAS、OAS 各类信息数据的交接、集散、加工、处理的中心点。它集中了建筑物配线架 BD（又称主跳/配线架）、系统网络主机及电源相应外设等各种设备，故称为设备间。多与我们的信息中心、控制中心为一体，常在建筑 1/2 层便于线路集散之处。

（2）二区——管理区、工作区

1）管理区　以建筑楼层配线架 FD（又称分跳/配线架）为中心，多位于楼层弱电井的狭小区域。在此可进行跳、配线改变，测试楼层配线系统。

2）工作区　包括用户使用的终端设备至通信引出端之间的所有通信线路（含有连接的软线和接插部件）。作为系统的最末梢，它是最邻近用户端的通信线路。所以线对数量一般最少，但对用户使用是否灵活方便和保证通信质量却是极为重要的环节。应该在安装、使用和维护中都应高度注意。

由于它直接为用户服务，随时有移动或变化的可能，成为难以固定敷设的一段线路。一般采取非永久性敷设方式，以适应用户的使用需要。安装时应注意其布线相对稳定、敷设有序、布局合理，且有适当的保护固定方式。不得任意乱拉乱放，更不应在有可能损害线路的地方（如过于近暖气装置或洗手水池）敷设，以保证通信安全可靠。还需考虑工作区电缆、工作区光缆的敷设长度及传输特性的要求。

（3）三个子系统——园区、干线及配线子系统

1）园区子系统　常称之为建筑群主干布线子系统。建筑群指由两幢及以上的建筑组成的建筑群体，甚至扩大成区、街坊。于其中某幢建筑物内装有该建筑群体的总配线架（CD），以对整个建筑群体内统一布线和互连。建筑群主干布线子系统就是总配线架（CD）到各幢建筑物内的配线架（BD）间的通信线路，一端连总配线架（CD）及其终端、接插软线和跳线，另一端车各分配线架（BD）。单幢建筑，则无必要设此系统。

2）干线子系统　常称之为建筑物主干布线子系统，或垂直布线子系统。此子系统是建筑物中的骨干馈线线路，是建筑物配线架（BD）到各楼层配线架（FD）之间的通信线路的主干电缆、光缆及其终端接插软线和跳线。在高层建筑中多为垂直敷设，但在建筑物体积宽阔的航空港、火车站或工业厂房中，亦采取横向水平敷设。

由于此系统是建筑物中缆线条数和对数最多、外径最粗的重要线路，为便于安装、减少线路障碍和简化维护管理，一般要求主干电缆/光缆直接端接到相应的楼层配线架，中间不应有转接点或接头（又称过渡点或递减点）。因此在建筑物主干电缆/光缆线路上不应选用不同形式或规格的缆线品种，以免线路结构复杂。要求主干电缆/光缆的两端，应分别直接端接在建筑物配线架（BD）或楼层配线架（FD）上。

3）配线子系统　常称之为水平布线子系统。此子系统是综合布线系统的分支、配线部分的通信线路，由各个楼层自支配线架（FD）起，分别引到各个楼层的通信引出端 TO（又称信息插座或电信引出端）为止。该系统还包括楼层配线架（FD）、通信引出端以及在楼层配线架上的终端、接插软线和跳线。

为便于安装施工和减少线路障碍，水平电缆/光缆在整个敷设段中，不宜有转接点或接头，两端宜分别直接连接到楼层配线架或通信引出端（信息插座）。如果地形限制（拐弯较多）或距离较长，楼层配线架到通信引出端之间的电缆或光缆允许有一个转接点，但要求电缆或光缆经过转接后，不会改变电缆对数或光纤芯数，即均以相同数量按 1:1 互相连接，以保持对应关系。同时要求在转接处，所有电缆或光缆应作机械终端。当采用电缆转接时，

所用电缆应符合信息产业部通信行业标准《大楼通信综合布线系统　第2部分：综合布线用电缆、光缆技术要求》（YD/T 926.2—2001）中对于对称电缆使用后应有附加串音要求的规定。水平电缆、水平光缆在转接处一般为永久性连接，不宜有非永久性连接或作配线用的连接。

大型建筑中，如果楼层平面面积较大，或水平布线子系统所管辖范围极宽，需要设置工作区的数量较多时；或有些房间是面积很大的开间，需要有较多的工作区时；或有些场合在今后工作区有可能发生较大变化或调整时，在水平布线系统设计中可适当灵活，允许在这些房间或有利于调整的适当部位设置非永久性连接的转接点，但对数不宜过多，最多为12个工作区。

转接点处只包括无源连接硬件，水平电缆/光缆如果需设置转接点，一般是不同类型或规格的电缆或光缆相互连接的地方，应用设备不应在转接点处连接。

3. 系统配置

综合布线系统的工程设计，应根据用户的实际需要，选择适当的配置方式。常用三种典型配置：

（1）最低配置　满足传输高质量、高速率信息的要求，适用于信息插座配置较少的场合，系统采用铜芯对绞电缆组网。

1）每个工作区有1个信息插座。

2）每个信息插座的配线电缆为1条4对对绞电缆。

3）干线电缆配置　计算机网络宜按24个信息插座配两对对绞线，或每一个集线器（HUB）或HUB群配4对对绞线；电话则至少每个信息插座配1对对绞线。

（2）基本配置　满足传输高质量、高速率信息的要求，适用于信息插座配置较多的场合，系统采用铜芯对绞电缆组网。

1）每个工作区有两个或两个以上信息插座。

2）每个信息插座的配线电缆为1条4对对绞电缆。

3）干线电缆配置　计算机网络宜按24个信息插座配两对对绞线，或每一个集线器（HUB）或HUB群配4对对绞线；电话至少每个信息插座配1对对绞线。

（3）综合配置　满足传输高质量、高速率信息的要求，适用于信息插座配置多的场合。系统采用铜芯对绞电缆和光缆共同支持的混合组网。

1）以基本配置的信息插座量作为基础配置。

2）垂直干线的配置　每48个信息插座宜配两芯光纤，适用于计算机网络；电话或部分计算机网络选用对绞电缆，按信息插座所需线对的25%配置垂直干线电缆，或按用户要求进行配置，并考虑适当的备用量。

3）当楼层信息插座较少时，在规定的长度范围内，可几层合用一个HUB，并合并计算光纤芯数，每一楼层计算所得的光纤芯数还应按光缆的标称容量和实际需要进行选取。

4）如有用户需要光纤到桌面（FTTD），光缆可经或不经FD（楼层配线设备）直接从BD（建筑物配线设备）引至桌面，上述光纤芯数不包括FTTD的应用在内。

5）楼层之间原则上不敷设垂直干线电缆，但在每层的FD可适当预留一些接插件，需要时可临时布放合适的缆线。

二、工作区设计

（1）工作区的大小　当功能要求不明确时，一个工作区的服务面积，对于办公室及总调度室、网管中心等可按 5～10m² 估算，对于机房按 5～10m² 估算。当功能要求明确时，应按具体要求调整面积。

（2）工作区信息插座的数量和类型　工作区信息插座的数量应按设计等级（配置方式）和具体要求而定。在确定工作区信息插座的数量时，应考虑布线满足缆线长度限值要求。工作区电缆、设备连接电缆和楼层配线架上接插软线（或跳线）的总长度应不大于 10m，其中工作区电缆和设备电缆的总长度不大于 7.5m（此电气长度相当于物理长度 5m）。

三、配线子系统设计

（1）线缆　应采用 4 对对绞电缆，需要时也可采用光缆。配线子系统推荐采用 100Ω 对绞电缆、8.3/125μm 单模光纤、62.5/125μm 多模光纤，允许采用 150Ω 对绞电缆、10/125μm 单模光纤、50/125μm 多模光纤。1 条 4 对对绞电缆应全部固定终接在 1 个信息插座上。

（2）配线电缆或光缆的长度　不应超过 90m，一般在平面图上的长度控制在 75m。在保证链路性能时，水平光缆长度可适当延长。

（3）电缆常用配置型式　用于语音为 3 类线；用于数据为 5 类线；语音和数据应用均为 5 类线。

（4）布线方式　穿管敷设、线槽吊顶敷设、地面线槽敷设。穿管时的管截面利用率为 25%～30%，线槽截面利用率不超过 50%。

四、干线子系统设计

（1）干线通道的位置和数量　根据配线间的位置和数量来确定干线通道的位置和数量，确定配线间时需考虑的因素有：配线子系统最大长度为 90m；配线架的服务面积为 1000m²，一个楼层配线架的点数不大于 600 点，卫星间的服务点数一般不大于 200 点。

当每层多于一个配线架时，干线通道可以有三种情况：

1）一个配线架（配线间）对应一个垂直干线通道，需要注意从设备间至垂直干线通道之间的水平通道的布线方便。

2）设二级交接间，垂直干线通道为一个，需注意楼层配线架至二级交接间的水平通道布线方便。

3）只设一个垂直干线通道，需要注意由垂直干线通道至楼层配线架的水平通道的布线方便。

（2）干线线缆类型、容量及电缆端接

1）干线线缆　有铜芯对绞电缆和光缆，铜芯对绞电缆为大对数电缆，3 类对绞电缆有 25 对、50 对、100 对等规格，5 类对绞电缆为 25 对。

2）干线子系统所需电缆总对数和光纤芯数　按设计等级（配置方式）确定。用于数据的线缆应是光缆或 5 类对绞电缆，且对绞电缆长度不应超过 90m；用于电话的线缆可采用 3 类对绞电缆。

3）干线电缆宜采用点对点端接　每一路（1 根或多根大对数电缆，但至少 1 根）干线电缆直接接至对应的楼层和交接间。也可采用分支递减端接，将 1 根大对数干线电缆用电缆接头保护箱（接接盒）分出若干小电缆，再接至每个楼层或交接间。

（3）干线线缆敷设

1）干线子系统的电缆垂直敷设　应采用封闭式专用通道，或与弱电竖井合用。楼板应预留电缆孔或电缆井，电缆根数较少时，电缆沿墙明管或暗管敷设；电缆根数较多时，采用电缆桥架敷设。

2）干线子系统的水平段　可采用暗管敷设或电缆桥架敷设。

3）大对数电缆所穿管的管径利用率　直管路50%～60%，弯管路40%～50%。

五、设备间、配线间（交接间）的工艺设计

1. 配线架选择

（1）用于电话的配线设备　宜选用 IDC 卡接式模块；用于计算机网络的配线设备，宜选用 RJ45 或 IDC 插接式模块。

（2）配线架上的连接　硬件、跳线、连接线等应与配线电缆等的类别相一致，以满足系统类别。若采用屏蔽系统，则全系统的各个部分均应按屏蔽设计。

（3）配线机架　应留有适当的空间，以便未来扩展。

2. 设备间

（1）设备间的位置　要求尽可能靠近建筑物电缆引入区和网络接口；宜处于干线子系统的中间位置；便于接地。

（2）设备安装要求　机架或机柜前面的净空不应小于 800mm，后面的净空不应小于 600mm；壁挂式配线设备底部离地面高度不宜小于 300mm。

（3）设备间的面积　应保证设备安装的空间，但最低不小于 10m^2。一般地，当系统少于1000 个信息点时，设备间的面积约为 12m^2；当系统较大时，每 1500 个信息点，设备间的面积约为 15m^2。

（4）安装综合布线系统的总配线设备的设备间　可与程控电话交换机、计算机网络等主机和配套设备合装在一起，此时应满足相关规范的要求。当设备间分别设置时，各设备间之间的距离应尽量短。

（5）插座　设备间应提供不少于 2 个 220V、10A 带保护接地的单相电源插座。

设备间的其他环境要求参见有关规范。

3. 楼层配线间（交接间）

（1）楼层配线间（交接间）的数目　应按所服务的楼层范围来考虑。配线子系统最大长度为 90m，故当配线电缆长度都在 90m 范围以内时，宜设置一个交接间（配线间），否则应设多个交接间（配线间）。一个配线架的服务面积为 1000m^2，一个楼层配线架的点数不大于 600 点，卫星间的服务点数一般不大于 200 点。

（2）一般交接间的面积　不应小于 5m^2，当覆盖的信息插座超过 200 个时应适当增加面积。若配线间主要安装 200 点以下的配线架，则其面积可为：宽×深＝1.5m×1.2m。

4. 交接间的设备安装及环境要求

与设备间相同。

六、系统保护

（1）屏蔽保护　当综合布线系统区域内存在的电磁干扰电场强度大于 3V/m 时，或用户对电磁兼容性有较高要求时，宜采用屏蔽缆线和屏蔽配线设备，也可采用光缆系统。屏蔽系统的所有屏蔽层应保持连续性。

当综合布线系统路由上局部地段与电力线等平行敷设，或接近电动机、电力变压器等可能产生高电平电磁干扰的电气设备时，应满足规范规定的最小间距，否则应采用金属管或金属线槽进行局部屏蔽。

（2）接地保护　当综合布线系统采用屏蔽系统时，应有良好的接地系统，且每一楼层的配线柜都应采用导线单独布线至接地体，或在竖井内集中用铜排或粗铜线引到接地体。屏蔽层应连续且宜两端接地，若存在两个接地体时，其接地电位差不应大于1Vr·m·s。

屏蔽系统接地导线要求：信息点数量在75个及以下时，绝缘铜导线截面为6～16mm²；信息点数量在450个及以下时（同时应大于15个），绝缘铜导线截面为16～50mm²。

屏蔽系统接地宜与其他接地采用联合接地方式，接地电阻不大于1Ω；当单独设置接地体时，接地电阻不大于4Ω。

综合布线的电缆采用金属槽道或钢管敷设时，槽道或钢管应保持良好的电气连接，并在两端应有良好的接地。当电缆从建筑物外面进入建筑物时，电缆的金属护套或光缆的金属件均应有良好的接地。

（3）电气保护　当电缆从建筑物外面进入建筑物时，应采用过电压、过电流保护措施。综合布线电缆与电力电缆的间距、综合布线电缆与其他管路的间距应符合规范的规定。

（4）防火保护　综合布线的防火保护措施应根据建筑物的防火等级和对材料的耐火要求来确定。在易燃区域及大楼的竖井内应采用阻燃电缆和光缆。在大型公共场所宜采用阻燃、低烟、低毒电缆和光缆。相邻的设备间或交接间应采用阻燃型配线设备。

七、工程实例分析

【实例13-1】　某大学留学生宿舍楼基本数据见实例12-1及表12-2，本设计根据用户需求，将电话和计算机网络纳入综合布线系统。因建筑物功能明确、语音应用明确，但计算机网络使用要求尚未明确，故综合布线系统配置按常规方式来做，详见图13-2～图13-4。

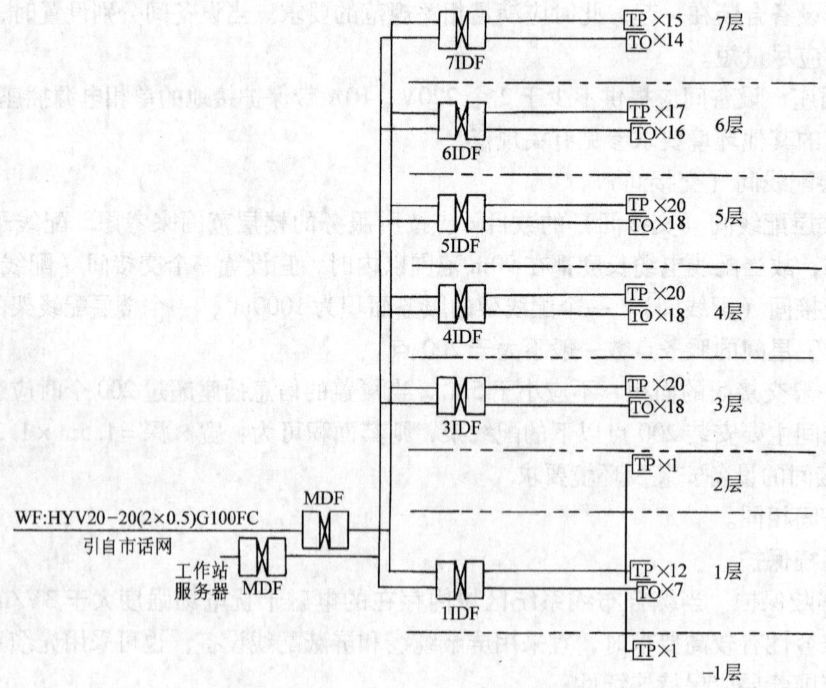

图13-2　实例13-1的综合布线系统概略图

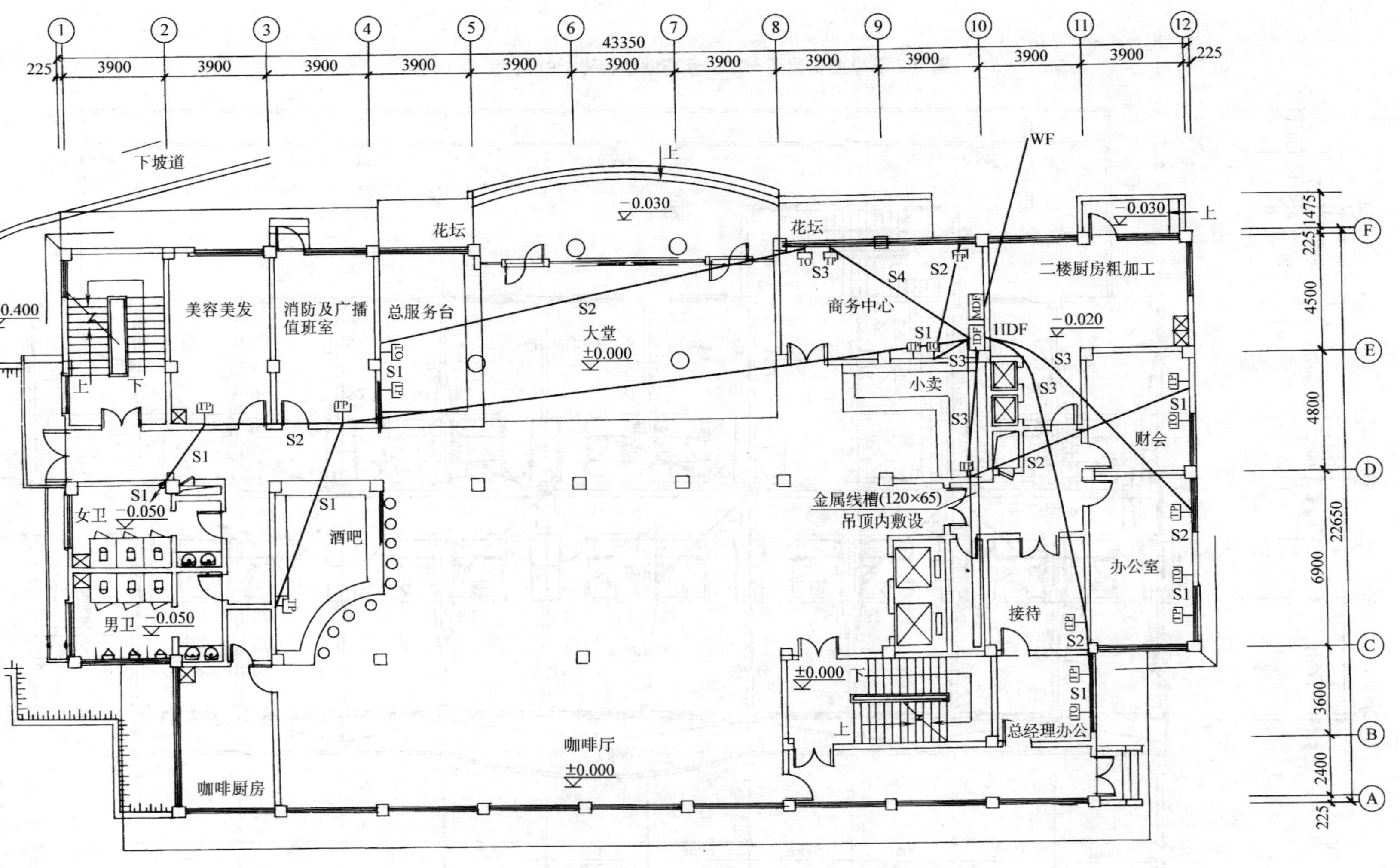

图 13-3　实例 13-1 的综合布线系统一层平面布置安装图

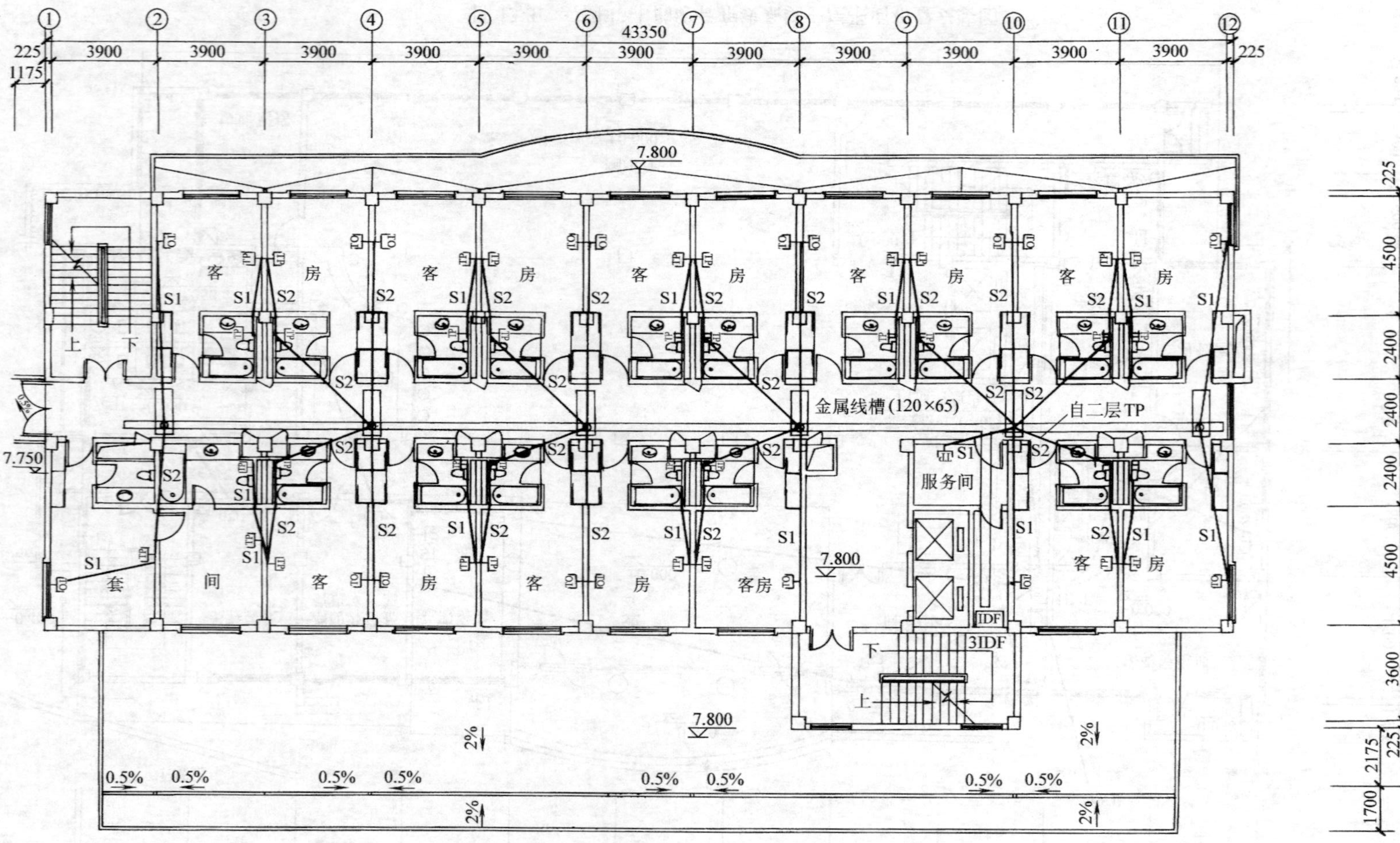

图 13-4 实例 13-1 的综合布线系统三～五层平面布置安装图

(1) 工作区设计　按功能要求确定工作区及其信息插座数量与位置，语音用信息插座和数据用信息插座分别设置。

(2) 配线子系统设计　配线电缆为100Ω 4对8芯无屏蔽对绞电缆，用于语音的配线电缆采用3类线，用于数据的配线电缆采用5类线。

(3) 楼层配线架设计　因地下层和二层只有一两个电话用插座，而无数据用插座，故地下层、二层和一层共用一个配线架，安装在主配线架旁。其他楼层每层设一个配线架，安装在电气竖井内。

(4) 干线子系统设计　干线电缆采用点对点端接，用于语音的干线电缆采用3类大对数电缆，用于数据的干线线缆未定。

【实例13-2】 某六层办公建筑的综合布线概略图见图13-5，按“一间、二区、三子系统”的结构组成，以信息走向先后顺序分析：

(1) 园区子系统　此办公建筑由外将信息以网络、电信两个运营商分两路引入。如此办公建筑在一个园区，此两路即引自园区中心配线架CD；如此办公建筑为独立建筑，则此两路即直接引自两个运营商的外网：

1) 网络运营商　以光纤引来内、外网的网络数据信息。

2) 电信运营商　以六类双绞线引来语音数据（数字电话）信息。

(2) 设备间　即工程图中的“大楼主配线间”，亦称“智能化中心机房”（设于五楼）。

1) 网络数据信息　以光纤经“LIU600A2型24口光纤配线架”引至此设备间的“110DW2-100FT型机架式三类100对配线架”，即建筑物主配线架BD。

2) 语音数据信息　以双绞线直接将信息引至主配线架BD。

(3) 干线子系统　包括网络与语音两部分：

1) 网络部分　又分为垂直与水平两部分：

①垂直干线子系统　自主配线架BD以六芯多模光纤分上、下两路：向上2根引至六楼；向下8根引至四楼，继以6根引至三楼，再继以4根引至二楼，最后以2根引至一楼。

②水平干线子系统　自垂直干线子系统各分2根六芯多模光纤至六楼、四楼、三楼、二楼及一楼。

2) 语音部分　又分为垂直与水平两部分：

①垂直干线子系统　自主配线架BD以六类室内50对大对数电缆分上、下两路：向上1根引至六楼；向下8根引至四楼，继以5根引至三楼，再继以3根引至二楼，最后以1根引至一楼。

②水平干线子系统　自垂直干线子系统依次以1、3、2、2、1根六类室内50对大对数电缆引至六楼、四楼、三楼、二楼及一楼。

(4) 管理区　即设在六楼、四楼、三楼、二楼及一楼分配线间，它主要设置：

1) “LIU600A2型24口”的光纤配线架一个，以跳接网络信息。

2) “PMGS3-24型六类24口（含模块）”的楼层配线架FD，以跳接语音信息。

(5) 配线子系统　除设有“大楼主配线间”的五楼直接自建筑物主配线架BD外，六楼、四楼、三楼、二楼及一楼均自各自楼层配线架FD，引至各层工作区。依次以143根、241根、330根、239根、197根及20根六类双绞线引至六楼、五楼、四楼、三楼、二楼及一楼。

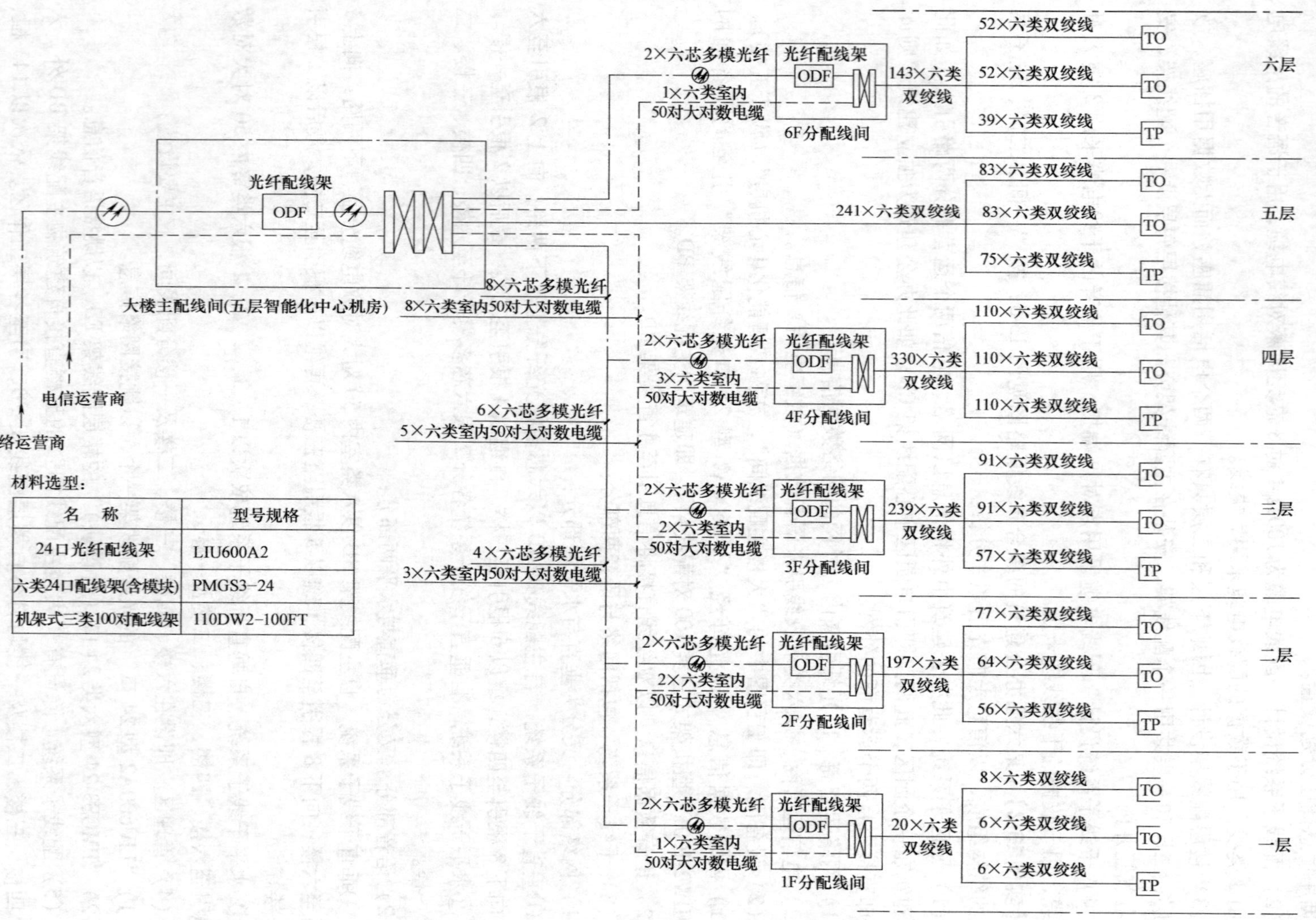

名　称	型号规格
24口光纤配线架	LIU600A2
六类24口配线架(含模块)	PMGS3-24
机架式三类100对配线架	110DW2-100FT

图 13-5　实例 13-2 的某六层办公建筑综合布线概略图

（6）工作区　信息引出端即信息终端口分为外网网络、内网网络及数字语音三种，各层不同：

1）六层

①52 根六类双绞线分别引至 52 个内网数据点（网络信息终端口——TO）。

②52 根六类双绞线分别引至 52 个外网数据点（网络信息终端口——TO）。

③39 根六类双绞线分别引至 39 个语音点（语音信息终端口——TP）。

2）五层

①83 根六类双绞线分别引至 83 个内网数据点（网络信息终端口——TO）。

②83 根六类双绞线分别引至 83 个外网数据点（网络信息终端口——TO）。

③75 根六类双绞线分别引至 75 个语音点（语音信息终端口——TP）。

3）四层

①110 根六类双绞线分别引至 110 个内网数据点（网络信息终端口——TO）。

②110 根六类双绞线分别引至 110 个外网数据点（网络信息终端口——TO）。

③110 根六类双绞线分别引至 110 个语音点（语音信息终端口——TP）。

4）三层

①91 根六类双绞线分别引至 91 个内网数据点（网络信息终端口——TO）。

②91 根六类双绞线分别引至 91 个外网数据点（网络信息终端口——TO）。

③57 根六类双绞线分别引至 57 个语音点（语音信息终端口——TP）。

5）二层

①77 根六类双绞线分别引至 77 个内网数据点（网络信息终端口——TO）。

②64 根六类双绞线分别引至 64 个外网数据点（网络信息终端口——TO）。

③56 根六类双绞线分别引至 56 个语音点（语音信息终端口——TP）。

6）一层

①8 根六类双绞线分别引至 8 个内网数据点（网络信息终端口——TO）。

②6 根六类双绞线分别引至 6 个外网数据点（网络信息终端口——TO）。

③6 根六类双绞线分别引至 6 个语音点（语音信息终端口——TP）。

第二节　视、音频系统

一、视频系统

1. 概述

（1）CATV 系统　利用一组天线接收电视信号，通过同轴电缆传输、分配给众多用户共同使用的电视系统，因天线的共用而被称为共用天线电视系统。它的信号传输虽然也扩展到光缆、微波，但其基本的传输、分配系统仍为同轴电缆，故又称为电缆电视，亦称有线电视。又因其有线传输的闭合性，不向外辐射电磁波，故又称闭路电视。它们的英文缩写均为 CATV。它不仅有效地解决了现代城市高楼林立状况下接收点信号电场强度和接收灵敏度的矛盾，还以自办节目、接收卫星信号、点播交互式收视等方式丰富了收视内容，成为单用户接收系统无可非议的替代形式。

（2）CATV 的组成　CATV 一般由三个部分组成，见图 13-6。

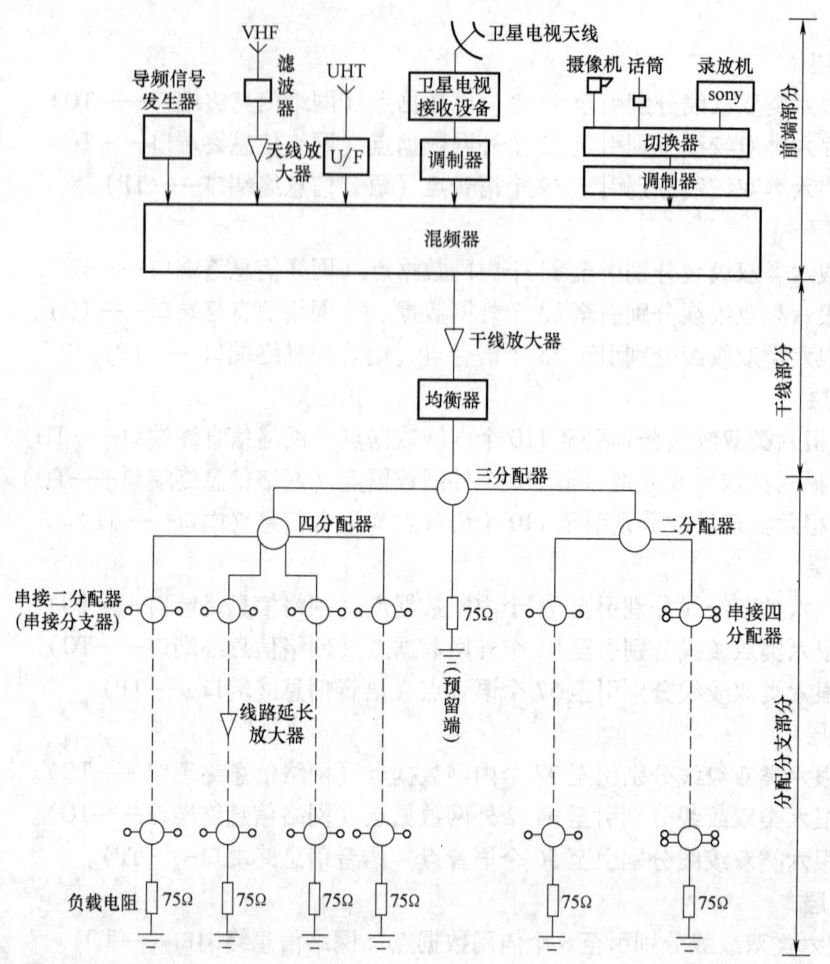

图 13-6 CATV 的组成示意图

1）前端部分　主要包括电视接收天线、频道放大器、频率变换器、自播节目设备、卫星电视接收设备、导频信号发生器、调制器、混频器以及连接线缆等部件。

2）干线部分　是把前端接收处理、混合后的电视信号，传输给用户分配系统的一系列传输设备，主要是干线、干线放大器、均衡器等。对于单幢大楼或小型 CATV 系统，可不包括此部分。

3）分配分支部分　是 CATV 的终端部分，主要包括放大器、分配器、分支器、系统输出端以及电缆线路等。

2. CATV 的用户分配系统

建筑电气工程设计涉及的主要是用户分配系统的设计。

(1) 用户分配系统的组成形式　无源器件分配系统常用三种形式，见图 13-7。

1）分配-分配方式　布线灵活，主要用于支干线、分支干线、楼幢之间的分配。

2）分配-分支方式　布线灵活，便于管理，通过选择不同损耗的分支器可使用户电平趋于一致，且因分支器的反向隔离特性好而不易造成反向干扰。它是应用最广也是最为理想的一种方式。

3）分支-分支方式　特点与分配-分支方式基本相同，也是常用方式。

此三种分配形式应结合用户点的位置及其上下层间对应关系，考虑施工方便、布线距离尽量短等因素确定。一般住宅建筑和高层公共建筑的分支干线多为竖向结构，而多层公共建筑的分支干线可根据实际情况选择横向或竖向结构。

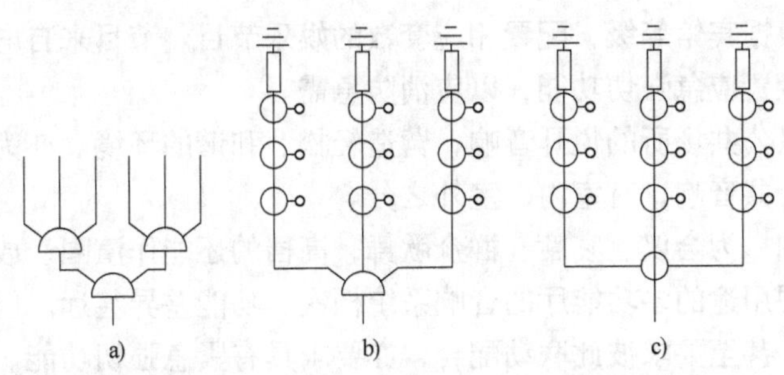

图 13-7　CATV 用户分配系统的组成

a）分配-分配方式　b）分配-分支方式　c）分支-分支方式

（2）用户分配系统的工程设计

1）应遵循的主要规范　《有线电视系统工程技术规范》GB 50200—1994；《有线电视广播系统技术规范》GY/T 106—1999 等规范。

2）设计的主要内容

①根据分配系统应满足的指标要求，设计放大器的工作状态。

②根据用户的平面分布状况，确定分配网络的结构形式。

③根据用户对接受电平的要求合理选择无源器件，并计算用户电平。

3）设计步骤

①根据需求在平面图上布置电视插座。

②根据电视插座的平面分布状况确定分配网络的结构形式，布置分配器和分支器的位置。

③确定电视电缆线路规格和敷设。

④根据用户电平的要求和电视电缆规格，合理选择无源器件。

⑤根据分配系统应满足的指标要求，设计放大器的工作状态。

⑥校核用户电平，根据需求调整器件参数、位置或分配系统结构。

二、音频系统

1. 概述

音频系统即广播与音响系统。其最基本的功能是将微弱的音源信号通过声/电转换，电信号放大处理，传送到各播放点，再经电/声转换还原成原音播放。

（1）分类

1）按用途

①业务性广播　满足会议、宣传、公告、调度等业务及行政管理需要为目的，以语言为主的广播。

②服务性广播　以音乐节目为主，满足以娱乐、欣赏为主要目的的需要的宾馆、客房、商场背景音乐、公共场所广播。

③紧急性广播　满足消防、地震、防盗等紧急情况下以疏散指挥、调度、公告为目的，优先性最高的广播。

2）按功能

①客房音响　根据宾馆等级，配置相应套数的娱乐节目。节目来自电台收接及自办，一般单声道播出。应设置应急强切功能，以应消防急需。

②背景音响　以公共场所的悦耳音响，营造轻松、和谐的环境。亦为单声道，且具备应急强切功能。亦称公共音响，有室内、室外之分。

③多功能厅音响　为会议、宴席、群众歌舞，高档的还能作演唱、放映、直播等多功能厅使用的音响。不同用途的多功能厅的音响系统档次、功能差异甚远。但均要求音色、音质效果，且配置灯光，甚至要求彼此联动配合，亦要求具有紧急强切功能。

④会议音响　包括扩音、选举、会议发言控制及同声传译等系统，有时还包括有线对讲、大屏幕投影、幻灯、电影、录像配合。

⑤紧急广播　诸如消防等紧急状态能以最高优先级取代所有其余音响，而传递信息、指挥调度。应注意公共场所、人员聚集地及房间的可靠收听。

3）按工作原理　根据音响的需求和具体应用分为：单声道、双声道、多声道、环绕声多类，后几类又属于立体声范畴。

4）按传输方式　分类如下所示：

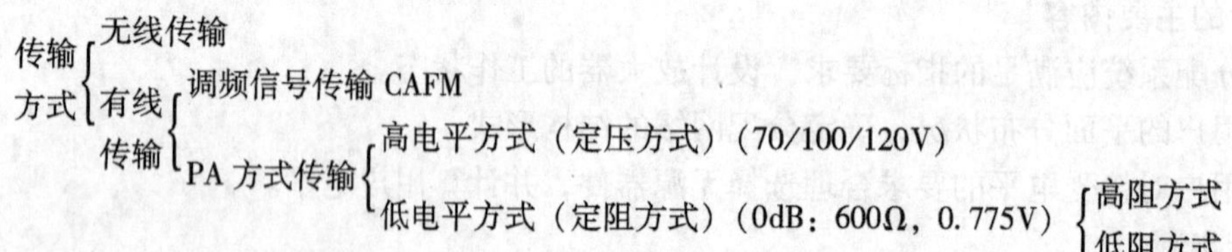

5）按信号处理方式　分为模拟和数字两类，后者将输入信号转换成数字信号再处理，最后经数/模转换，还原成高保真模拟音频。失真小、噪声低、高分率、功能多，具有替代前者的优势。

还有按工作环境分为室内/室外；按声能控制分为集中/分布/混合；按声源性质分为语言/音乐/兼顾；按安装形式分为固定/移动等分类方式。

（2）构成　一个完整的广播音响系统由下列部分组成，但不同的应用系统其核心部分亦有区别：

1）音源输入设备　传声器、无线广播、激光唱机、录音卡座、CD 机、VCD 机、DVD 机、MP3 播放器及计算机。

2）信号放大和处理设备　包括调音台、前置放大器（将输入的弱信号电压放大到能推动功放级，又称电压放大级、推动级）、功率放大器和各种控制器及音响加工设备等。

①调音台和前置放大器的基本功能　完成信号的选择和前置放大，并对音量和音响效果进行调整和控制。为了更好地进行频率均衡和音色美化，有时还另外设均衡器。这部分是广

播音响系统的“控制中心”。

②功率放大器　将前置放大器或调音台送来的信号进行功率放大（放大功率分为：5W/15W/25W/50W/100W/150W/500W/1000W，多用于大功率晶体管、高档用电子管俗称电子管胆机），再通过传输线去推动扬声器还原声音。

3）传输线路　音源引至前级线路注重防噪声干扰的屏蔽措施，功放至终端线路注重导线阻抗带来的衰减。

①对礼堂、剧场等，由于功率放大器与扬声器的距离不远，一般采用低阻大电流的直接馈送方式，传输线采用专用的扬声器线。

②对公共广播系统，由于服务区域广，信号传输距离长，为了减少信号在传输线路中引起的损耗，往往采用高压传输方式，由于传输电流小，故对传输线径要求不高，但是需考虑电磁辐射。

4）终端设备——扬声器、音柱（注重音量的扬声器组合）及音箱（注重音色的扬声器组合）　要求整个系统匹配，同时其位置与功能的选择要考虑功能要求（如背景音响、紧急广播及厅堂音响）和音响效果。尤其是厅堂的扩声系统，还有与建筑声学配合，以获得最佳的声学效果。

2. 有线广播音响系统

（1）分类　建筑电气工程设计涉及的主要是有线广播音响系统。它根据建筑规模、使用性质和功能要求分为：

1）业务性广播系统　以满足业务及行政管理的语言广播为主。

2）服务性广播系统　以满足欣赏性为主的音乐广播。

3）火灾事故广播系统　以满足火灾时引导人员疏散的要求。

有线广播系统的信号传输宜采用定压式音频传输方式。

（2）扬声器

1）扬声器的选择　主要满足播放效果的要求，在考虑灵敏度、频响和指向性等性能的前提下，应考虑功率大小。

①在办公室、生活间和宾馆客房等场所，可选用1～2W的扬声器。

②走廊、门厅及公共活动场所的背景音乐、业务广播，宜选用3～5W的扬声器。

③在选用声柱时，应注意广播的服务范围、建筑的室内装修情况及安装的条件，如果建筑装饰和室内净空允许，对大空间的场所宜选用声柱（或组合音箱）。

④对于地下室、设备机房或噪声高、潮湿的场所，应选用号筒式扬声器，且声压级应比环境噪声大10～15dB。

⑤室外使用的扬声器应选用防潮保护型。

⑥高级宾馆内的背景音乐扬声器（或音箱）的输出，宜根据公共活动场所的噪声情况就地设置音量调节装置。

2）扬声器的布置

①房间内（如会议厅、餐厅、多功能厅）　可按0.025～0.05W/m^{2}的电功率密度确定，亦可按下式估算：

$$D=2(H-1.3)\sim 2.4(H-1.3) \tag{13-1}$$

式中，D为扬声器安装间距，单位为m；H为扬声器安装高度，单位为m。

②在门厅、电梯厅、休息厅顶棚安装的扬声器　间距为安装高度的2~2.5倍。

③在走廊里顶棚安装的扬声器　间距为安装高度的3~3.5倍。

④走廊、大厅等处的扬声器　一般嵌入顶棚安装。

⑤室内扬声器箱可明装，但安装高度（扬声器箱的底边距地面）不宜低于2.2m。

(3) 线路系统方案　有线广播用户线路系统方案应根据用户类别、播音控制、火灾事故广播控制和广播线路路由等因素确定。特别要注意火灾事故广播的分路，当其与其他广播系统（如服务性广播）共用时，用户分路应首先满足火灾事故广播的分路要求。

为适应各个分路对广播信号有近似相等声级的要求，在系统设计及设备选择时可采取方案：

1) 每一用户分路配置一台独立的功率放大器，且该功放具有音量控制功能。

2) 在满足扬声器与功率放大器匹配的条件下，几个用户分路可共用一台功放，但需设置扬声器分路选择器，以便选择和控制分路扬声器。

3) 当一个用户分路所需广播功率很大时，可以采用两台或更多的功率放大器，这多台功放的输入端可以并联接至同一节目信号，但输出端不能直接并联，应按扬声器与功率放大器匹配的原则将扬声器分组，再分别接到各功率放大器的输出端。

4) 某些分路的部分扬声器上加装音量控制器来调节音量大小，采用带衰减器的扬声器可调整声级的大小。

(4) 功放设备　功放设备的容量可按下式（13-2）计算：

$$P = K_1 K_2 \sum_i P_i \tag{13-2}$$

式中，P 为功放设备输出总电功率，单位为W；K_1 为线路衰耗补偿系数，1dB时取1.26，2dB时取1.58；K_2 为老化系数，一般取1.2~1.4；P_i 为第 i 分路同时广播时最大电功率，单位为W。

$$P_i = K_i P_{Ni} \tag{13-3}$$

式中，P_{Ni}为第 i 分路的用户设备额定容量；K_i 为第 i 分路的同时需要系数，宾馆客房取0.2~0.4，背景音乐取0.5~0.6，业务性广播取0.7~0.8，火灾事故广播取1。

(5) 有线广播控制室　有线广播控制室应根据建筑物的类别、用途不同而设置，靠近主管业务部门（如办公楼），宜与电视合用（如宾馆）。有线广播控制室也可和消防控制室合用，此时还应满足消防控制室的有关要求。控制室内功放设备的布置应满足以下要求：

1) 柜前净距不应小于1.5m。

2) 柜侧与墙以及柜背与墙的净距不应小于0.8m。

3) 在柜侧需要维修时，柜间距离不应小于1m。

(6) 有线广播线路

1) 选择　有线广播系统的传输线路应根据系统形式和线路的传输功率损耗来选择。

①一般对于宾馆的服务性广播　由于节目套数较多，多选用线对绞合的电缆。

②其他场所　宜选用铜芯塑料绞合线。

③传输线路上的音频功率损耗　应控制在5%以内。

2) 敷设　广播线路一般用穿管或线槽敷设，在走廊里可以和电话线路共槽走吊顶内敷设。

（7）客房音响　客房音响作为有线广播音响系统的一类终端，基于消防安全，应设紧急强切功能：即使客人关闭音乐节目欣赏，紧急情况时能强制开通客房音响，以播送紧急广播，见图 13-8。

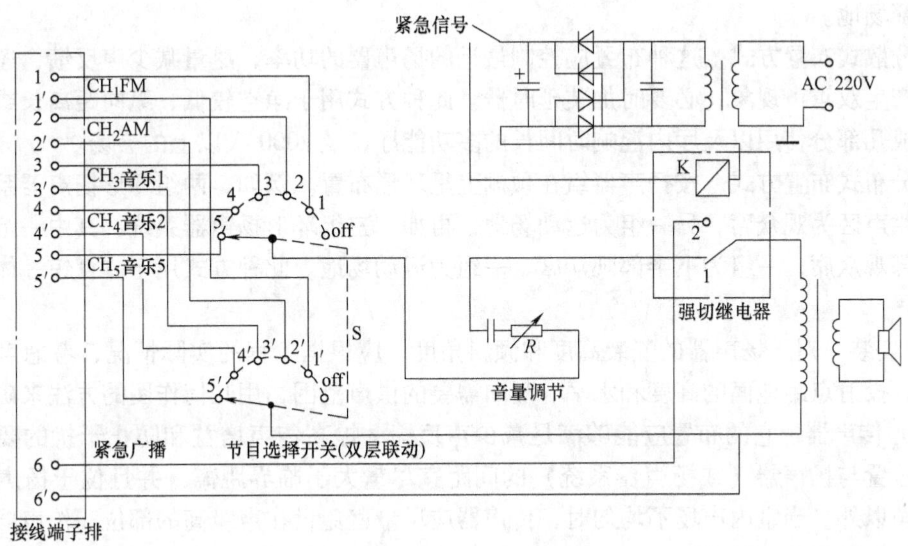

图 13-8　带紧急强切功能的客房音响电路

3. 扩声系统

（1）分类

1）语言扩声系统。

2）音乐扩声系统。

3）音乐兼语言扩声系统　多功能厅即为音乐兼语言扩声系统。

（2）扬声器

1）选择　应根据声场及扬声器的布置方式合理确定扬声器的技术参数。

多功能厅扩声系统中，多采用前期电子分频组合式扬声器系统，可以是 2、3 或 4 分频系统。中、高音单元多采用号筒式扬声器。各种组合音箱也广泛应用，组合音箱大多是由两个或三个单元扬声器组成（中、高音单元多采用号筒），更多采用无源电子分频，有时为扩大使用范围另配超低频音箱。

2）布置　扬声器的布置应满足：在任何情况下所有的听众接收到均匀的声能；扩声应得到自然的印象；扬声器的位置在建筑上应当是合理的。为满足声场均匀度的要求，应根据要求的直达声供声范围、扬声器（或扬声器系统）的指向特性，合理确定扬声器（或扬声器系统）的声辐射范围的适当重叠。检查高、中音是否达到所在座位的简便实用的方法是：凡座位看到主要负担覆盖本区的扬声器中轴区，则高、中音的直达声将较强。扬声器的布置方式有：

①集中式布置方式　扬声器设置在舞台或主席台的周围，并尽可能集中，大多数情况下扬声器装在自然声源的上方，两侧（台边或耳光）相辅。这种布置可使视听效果一致，避

免声反馈的影响。众所周知扬声器（或扬声器系统）至最远听众的距离不应大于临界距离（室内任何点接收到的声音由直达声和混响组成，其中直达声强按该点与扬声器的距离平方反比衰减，而混响声强在室内基本不变。在直达声强减小到与混响声强相等处至扬声器在中轴线上的距离即临界距离）的 3 倍。此种方式多用于多功能厅、2000 人以下的会场、体育场的比赛场地。

②分散式布置方式　这种布置应控制最近的扬声器的功率，尽量减少声反馈，还应防止听众区产生双重声现象，必要时加装延时器。此种方式用于净空较低、纵向距离长或者可能被分隔成几部分使用以及厅内混响时间长的多功能厅，及 2000 人以上的会场。

③分布式布置方式　按扬声器组在顶棚上呈环形布置。例如，两组环形扬声器系统，其中一组供声区为观众席，另一组为运动场地；再如，三组环形扬声器系统，其中一组供声区为上半部观众席，一组为下半部观众席，一组为运动场地。此种方式用于体育馆、体育场观众席。

3）安装　对于扬声器的安装高度和倾斜角度，应根据工程的实际情况，考虑声轴线投射距离、投射点距地面的高度和水平、竖向需要的供声范围，用几何作图的方法来确定。

（3）传声器　它的布置应能够满足减少声反馈、提高传声增益和防止干扰的要求。传声器的位置与扬声器（或扬声器系统）的间距宜尽量大于临界距离，并且位于扬声器的辐射范围角以外。当室内声场不均匀时，传声器应尽量避免设在声级高的部位。传声器应远离可控硅干扰源及其辐射范围。

（4）前端与放大设备

1）前端控制设备　前级增音机、调音控制台、扩声控制台等前端控制设备的选择应根据不同的使用要求来确定。通常前级增音机至少应有低阻及高阻传声器输入各一路、拾音器输入一路、线路输入和录音重放各一组、录音输出一组。立体声调音台具有多种功能，可根据具体要求选择，一般选用带有 4 ~ 8 个编组的产品较为适合。虽然调音台的设计可增加多种功能，但其主通道的性能总为首要。主通道的性能主要应考虑等效输入噪声电平和输入动态余量，而这两者一般相互矛盾，应根据具体要求合理兼顾、有所侧重。

2）功率放大设备　它的单元划分应根据负载分组的要求来选择。为使扩声系统具有较好的扩声效果，功率放大器应有一定的功率储备量，其大小与节目源的性质和扩声的动态范围有关。平均声压级所对应的功率储备量，在语言扩声时一般为 5 倍以上，音乐扩声时一般为 10 倍以上。

（5）扩声控制室　扩声控制室的位置应能通过观察窗直接观察到舞台活动区、主席台和大部分观众席。

1）剧场类建筑　设在观众厅后部。

2）体育场馆类建筑　设在主席台侧。

3）多功能厅　设在后部（即靠近会议主持者一侧）。

为减少强电系统对扩声系统的干扰，扩声控制室不应与电气设备机房（包括灯光控制室，尤其是可控硅调光设备）毗邻或上、下层重叠设置。控制台（或调音台等）应与观察窗垂直放置，以使操作人员能尽量靠近观察窗。

（6）线路选择与敷设

1）线路选择　调音台（或前级控制台）的进出线路均应采用屏蔽电缆。馈电线宜采用聚氯乙烯绝缘双芯绞合的多股铜芯导线穿管敷设。为保证传输质量，自功放设备输出端至最远扬声器（或扬声器系统）的导线衰耗不应大于0.5dB(1000Hz时)。对于前期分频控制的扩声系统，其分频功率输出馈送线路应分别单独分路配线。同一供声范围的不同分路扬声器（或扬声器系统）不应接至同一功率单元，以避免功放设备故障时造成大范围失真。

2）线路敷设　在采用可控硅调光设备的场所，为防干扰，传声器线路宜采用四芯金属屏蔽绞线对角线对并接，穿钢管敷设。

三、工程实例

【实例13-3】 某大学留学生宿舍楼基本数据见第十二章实例12-1及表12-2。

（1）视频系统　即CATV系统，视频系统的概略图见图13-9。

1）有线电视信号引自CATV市网。

2）分配系统采用分配-分支方式。竖向干线在电缆竖井内金属线槽敷设；分支干线采用横向结构，各层水平线路吊顶内金属线槽敷设，引入客房段穿管暗敷。

3）CATV分配器箱在竖井内挂墙安装。

4）CATV分支器箱在走道吊顶内安装。

5）CATV终端插座中心距地要求　大餐厅距顶0.4m，其余距地0.3m。

6）终端用户电平要求　数字电视56±4dBμV、模拟电视66±4dBμV（将于2015年停播模拟电视）。

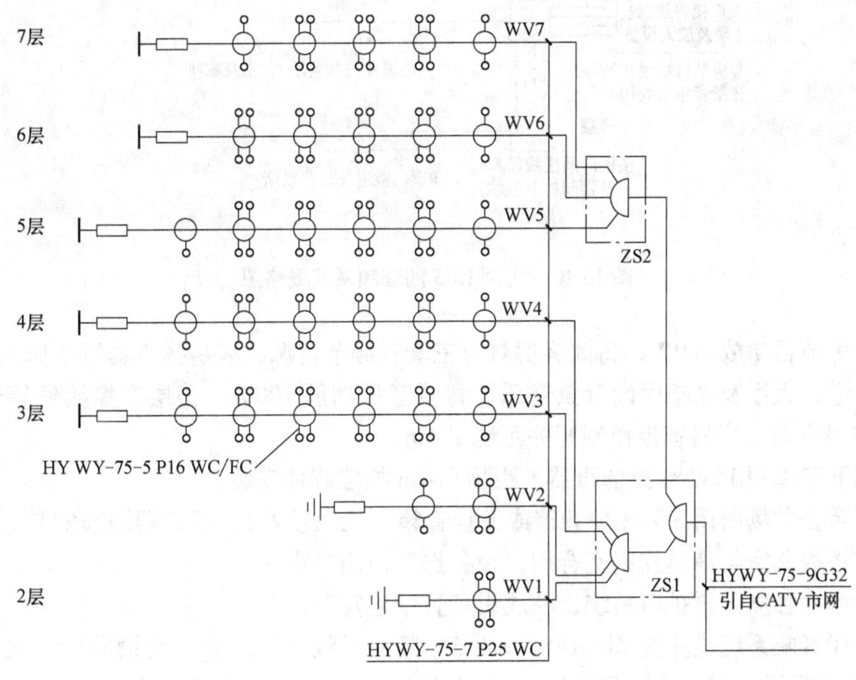

图13-9　实例13-3的视频系统的概略图

（2）音频系统　即有线广播音响系统，其音频系统的概略图见图 13-10。

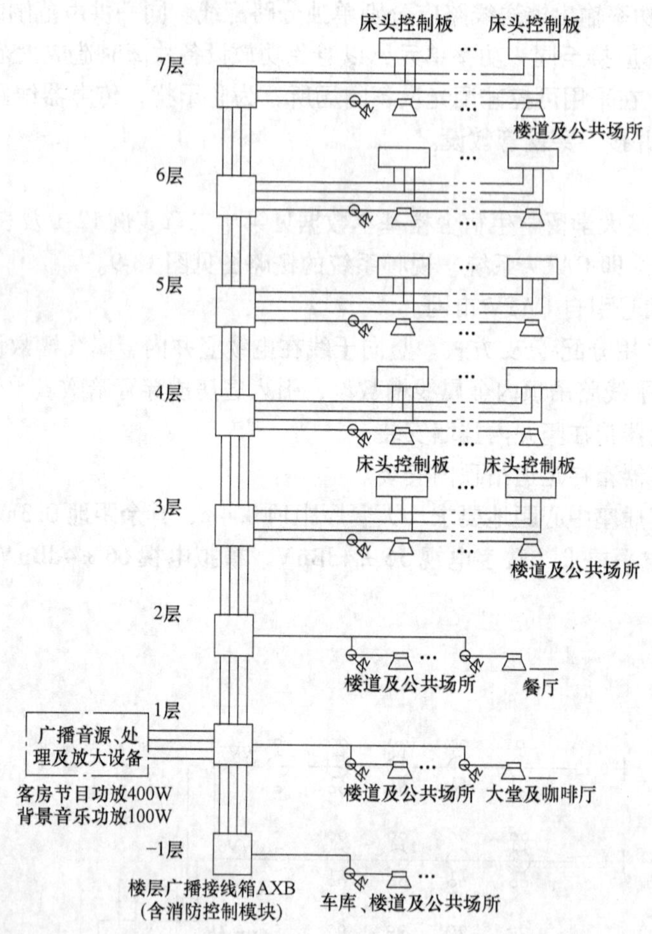

图 13-10　实例 13-3 的音频系统概略图

1）客房节目功放 400W，每间客房具有三套音频节目源，客房扬声器置于床头柜内。

2）走道、大厅及咖啡厅设背景音乐，背景音乐功放 100W，楼层广播接线箱竖井内距地 1.5m 挂墙安装，广播音量控制开关距地 1.4m。

3）地下车库用 15W 号筒扬声器，距顶 0.4m 挂墙或柱安装。

4）其余公共场所用 3W 嵌顶音箱或壁挂音箱（无吊顶处），扬声器嵌顶安装。

5）广播控制室与消防控制室合用，设备选型由用户定。

6）大餐厅独立设置扩声系统，功放设备置于迎宾台。

7）广播音响系统线路为 ZR-RVS-2×1.5，竖向干线竖井内金属线槽敷设，水平线路吊顶内金属线槽敷设，引入客房段 WS1～WS3 共穿 SC20 暗敷。WS4 为引至楼道、餐厅、大堂、咖啡厅等公共场所线路。

一至三层的视、音频系统的平面布置安装图分别见图 13-11～图 13-13。

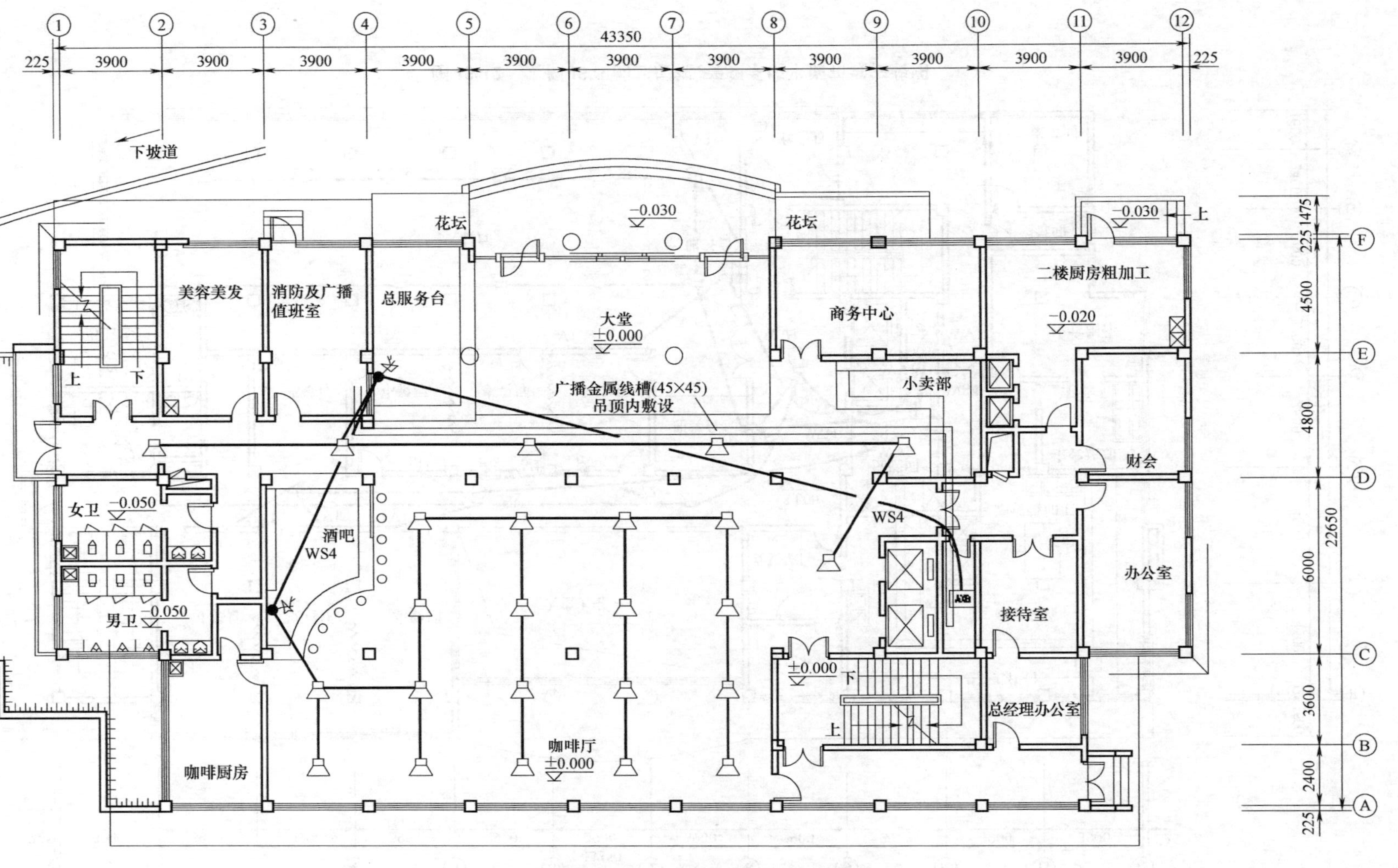

图 13-11　实例 13-3 的一层视、音频系统平面布置安装图

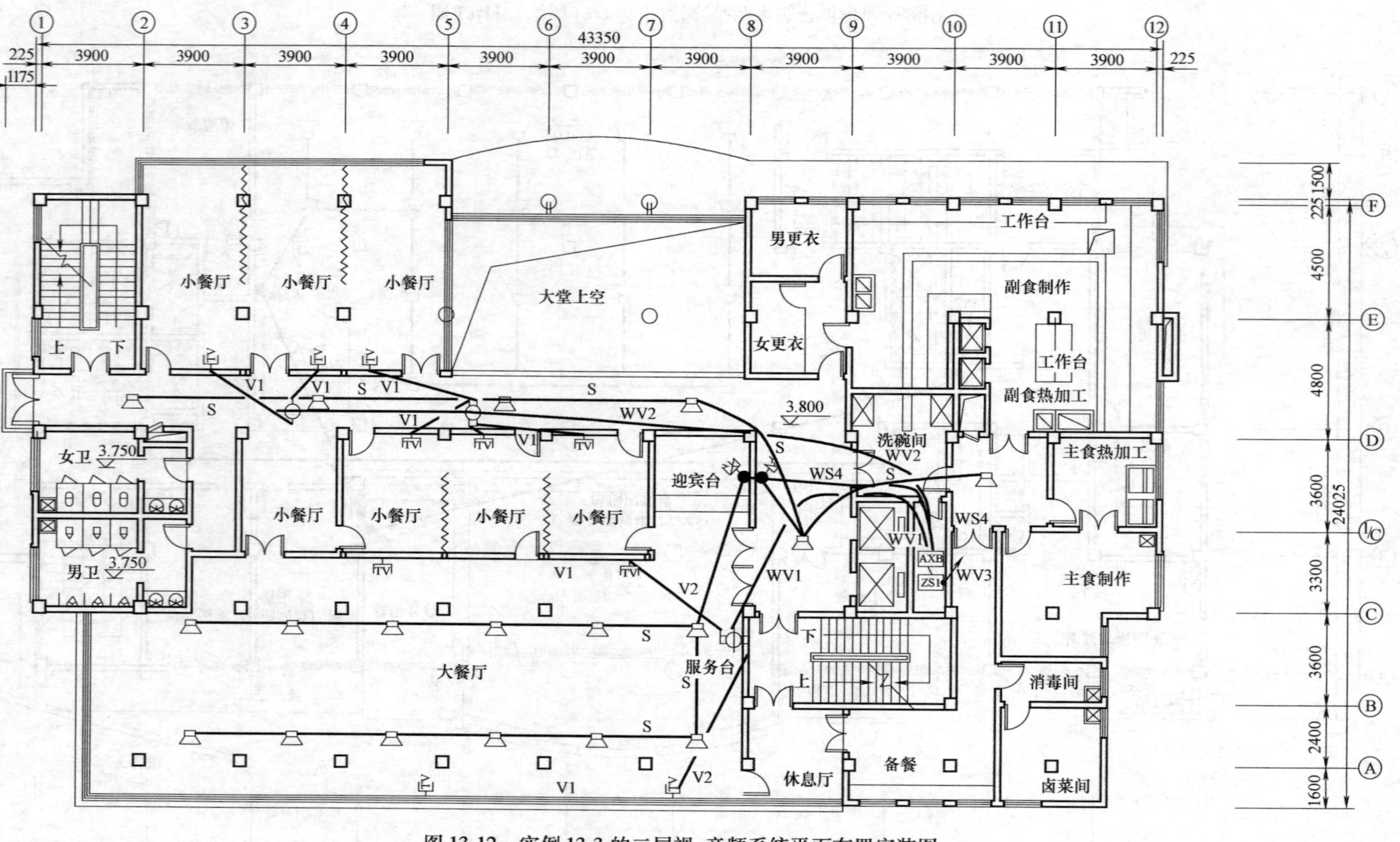

图 13-12　实例 13-3 的二层视、音频系统平面布置安装图

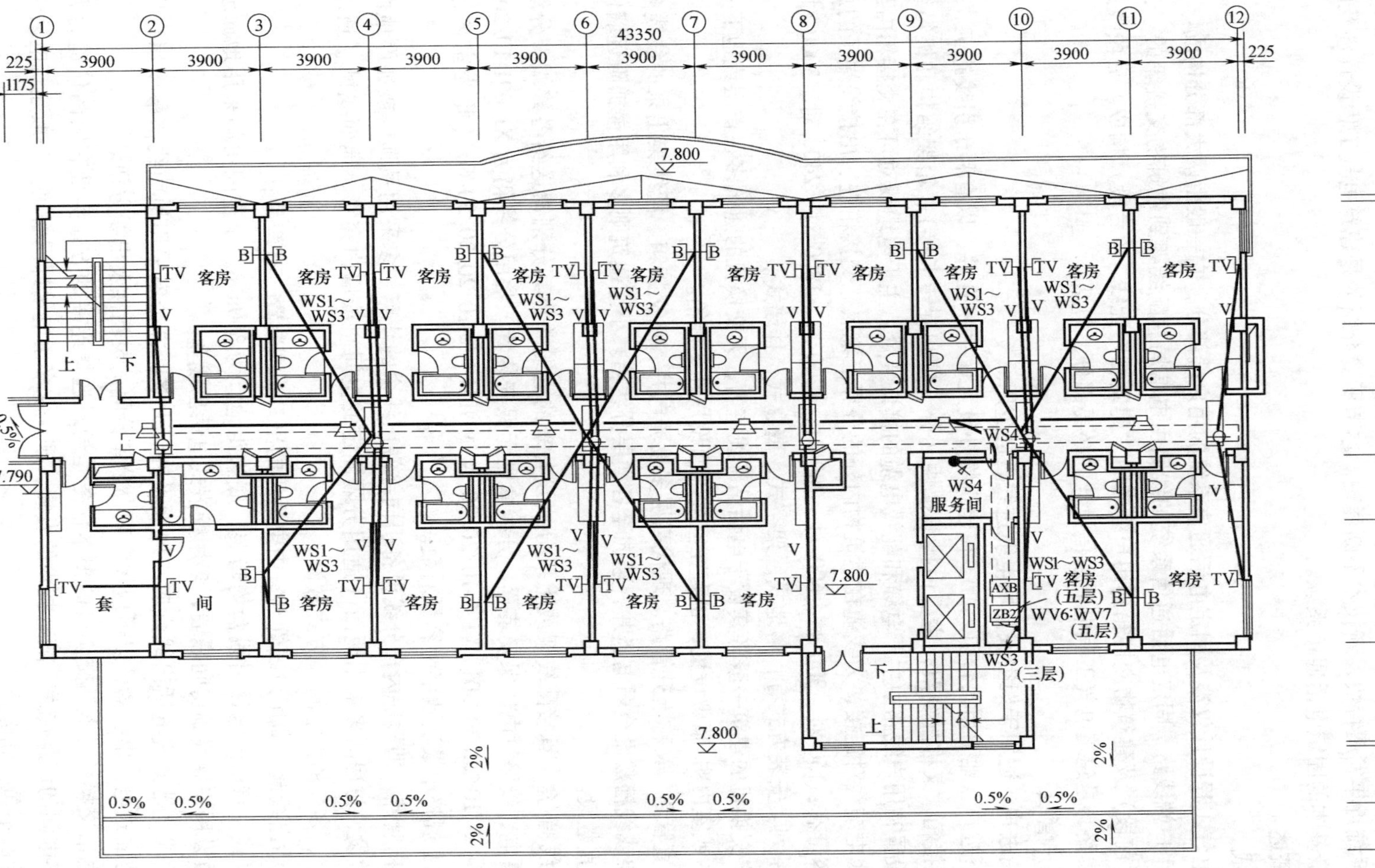

图 13-13 实例 13-3 的三层视、音频系统平面布置安装图

第三节 通信系统

通信系统近年发展特快，新技术不断涌现。本节所要介绍的是建筑电气工程设计涉及的最通常、最基本的固定电话通信系统。

一、概述

1. 构成

建筑电气工程设计仅涉及固定电话通信系统的用户端部分，它一般由两大部分构成。

（1）用户端线路　固定电话通信系统的线路由电信局总配线架到建筑物交接箱的“主干电缆”（前段）及建筑物交接箱到用户终端的“建筑物内配线”（后段）构成。后段线路即用户端线路，是建筑电气工程电话通信设计的必要部分，包括：

1）进户管线

①外墙进户　适用于架空或挂墙电缆进线，已少用。

②地下进户　地下市政管引入，多在建筑物外设人（手）孔井，以有利于引线施工。

2）交接箱　又称配线架，主要由接线模块（分卡接和旋转卡接）、箱架结构和机箱组成。它是设置在用户线路中主干电缆和配线电缆的接口装置，主干电缆线对可在交接箱内与任意的配线电缆线对连接，为线缆在建筑物内外的分界汇集点。交接箱进、出接线端子的总对数，即容量有：150 对、300 对、600 对、900 对、1200 对、1800 对、2400 对、3000 对、3600 对等系列。安装方式有：落地式，架空式，壁龛式，挂墙式。

有用户交换机的建筑一般将其设于电话站配线室内，无交换机的建筑多在首层或地下一层交接间内或室内明/暗敷设置，也有在室外地面设户外交接箱。

3）垂直管路　又称上升管路。现代高层多设弱电井，从交接箱、配线架出来的线缆多由电缆桥架或线槽敷设至弱电竖井，竖向至各楼层分线箱。小型建筑则多利用楼梯附近墙体暗/明管垂直敷设。

4）分线箱/盒　承接配线架或上级分线设备来的电缆并将其分别馈送给各终端。分线箱多带防雷电、线路过电压保安装置，分线盒则无保安装置。常用分线箱为 XF-601-10/20/30/50、NF-1-5/10/20/30/50、WF-1-10/20/30 及 MNFH-1/2-10/20/30/50/60（此为室内嵌入式），以上规格中最后数字为容量对数。

5）横向管路　即楼房内自分线设备引向终端出线盒的线路。多采用吊顶内或加厚地面垫层方式敷设，进房间多采用地面（适用分隔固定的空间）或墙内穿管、地面线槽（适用分隔不固定、多变的大空间）方式敷设。

6）电话出线盒　即用户线管到室内电话机的出口终端装置，有两种：

①壁嵌式　壁嵌式电话出线盒均暗装，底边距地宜为 300mm。小空间房间采用地面或墙内穿管敷设用户导线到房间隔墙，多用壁嵌式电话出线盒。

②地面式　地面式电话出线盒应与地面平齐。大空间办公室采用地面线槽敷设用户导线，多用地面式电话出线盒，以适应大空间办公室分隔的灵活性及出线方便。

（2）电话交换机　电话交换机的根本任务是通过选择连接的方式实现有限的信道为大量的通信终端间的信息传送。随着技术的发展，现在它多由电信部门解决，一般建筑电话通信工程设计已不包括此部分。

1）分类

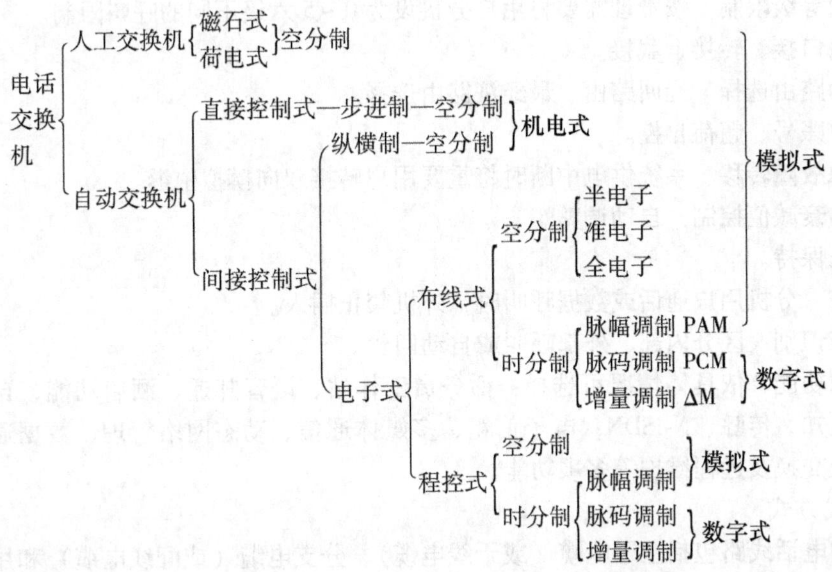

2）特性　对比如下：

①布线式与程控式　逻辑的实现，前者靠印制板布线——硬件；后者靠控制程序——软件，后者更灵活、机动、先进。

②模拟式与数字式　电信号的交换，前者为电流、电压的模拟信号；后者为二进制编码——数字信号，后者有取代前者的趋势。

③空分式与时分式　通话对接续的分配，前者是提供不同的实线通道——空间分割；后者提供的是不同的时间顺序（时隙）——时间分割，长期使用的前者将被崭新而先进的后者取代。

④专用式与公共式　服务对象前者为单位内部；后者为市话局。按容量又分为小、中、大容量。

⑤集中式与分散式　交换系统控制、维护功能，前者集中在一部中央处理机完成，故软件功能庞大、难管理、易受伤害；后者在多部中央处理机完成，将功能、容量分担，具有优势。

3）PBX　数字程控用户交换机的英文缩写，它分为模拟和数字两类，均由话路系统（主、被叫间的通话联系）和控制系统（信息分析处理，向话路和输入/输出系统发出指令的处理、存储，输入、输出的设备）两部分组成。前者仅控制部分数字化，交换部分仍模拟；后者在交换矩阵中的信号亦数字化，即两部分全数字化。PBX 综合应用了数字通信技术、计算机技术和微电子技术，高度模块化。比局部数字程控交换机简单、容量小、体积小、价格廉，能向用户提供模拟通信、数据通信、多媒体通信的多业务综合信息交换环境。其基本功能为：

①两类通话　适应拨号盘脉冲及双音多频两类话机。

②用户话务组　按需可分至几十个具有独立中继线群的用户组（相当于“虚拟用户交换机”）。

③分机自应答　外线直拨用户分机，不转接。

④呼叫转移　亦称经理、秘书功能。

⑤呼叫等级限制　按管理需要将用户分机设为0～5六级不同的呼叫限制。

⑥网内口接、转接、截接。

⑦自动路由选择　迂回路由、最经济路由选择。

⑧用户账号、超荷自控。

⑨电源故障转移　系统供电中断时将重要用户转接双向模拟中继。

⑩传输衰减值控制　自动调整。

⑪音乐保持。

⑫保密　分机用户通话或数据呼叫时，外机禁止插入。

⑬铃声识别　区分内部、外部呼叫或自动回铃。

⑭附加功能　依具体情况可选择：话务员工作站、语音邮递、酒店功能、自动呼叫分配、录音通知、传呼、N-ISDN；电子信箱、多媒体通信、动态网络管理、数据通信、无线通信、分级交换及远程维护等多项功能。

2. 配线方式

建筑物电话线路包括主干电缆（或干线电缆）、分支电缆（或配线电缆）和用户线路三部分，其配线方式应根据建筑物的结构及用户的需要，选用技术先进、经济合理的方案，做到便于施工、维护、管理和安全可靠。固定电话通信系统的用户端线路在建筑物内干线电缆的配线方式见图13-14。

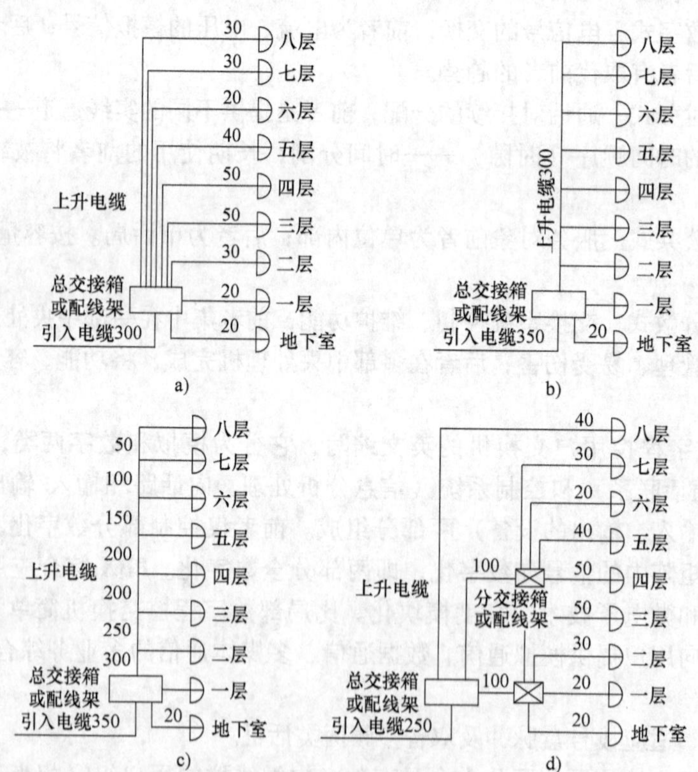

图13-14　固定电话通信系统用户端线路在建筑物内干线电缆的配线方式

a）单独式　b）复接式　c）递减式　d）交接式

（1）单独式　见图 13-14a，各楼层独立配线，线对间无关联，故障时影响范围小、易检修，缆线多、造价高，又称直接式。适用于线对多、较固定的场合。

（2）复接式　见图 13-14b，各楼层由同一垂直线缆引至，楼层间线缆全部或部分复接（每线对复接不得超过两次）。灵活、缆线规格较少、造价低，但彼此影响、抢修难。适用于各层缆线数量不等，变化频繁的场合。

（3）递减式　见图 13-14c，各楼层亦由同一垂直线缆引至，每经一楼层引出一部分后，递减上升，各线缆互不复接。需线缆长度较少，造价低，故障易检修，但灵活性差，线路利用率低。适用于各层所需线缆不均，又有变化的小规模场合。

（4）交接式　见图 13-14d，将相邻楼层分成数个交接配线区，自总交接箱配线至各分交接箱或配线架，再由其配线到区内各楼层。个别楼层（图中八层）亦补充用直接式。线路互不影响，线路利用率高。适用于各层需线对数不同，变化较大的大型建筑。

（5）混合式　根据工程具体情况将上述几种配线方式结合起来使用，因而综合了上述各种配线方式的优点。

3. 电话线对及电话的配置规定

（1）旅馆、宾馆、饭店

1）客房每单间 1 对，每套间（2 ~ 3 室）2 对。

2）配套附属场所（超市、写字间、设备机房……），按客房容量 30% 估计。

（2）办公业务楼

1）普通型 15 ~ $25m^2$ 出线 1 对。

2）高档型 $10m^2$ 出线 1 对。

（3）居住建筑

1）住宅　每套出线 1 ~ 2 对。

2）居住区物业（居委会）　留办公外线。

3）居住区配套建筑（商业网、学校）　按建设单位要求设置。

4）居住区公用电话　每 250 户为 1 对。

5）居住区电话交接间　每 10 万 m^2 留一处，面积不少于 $12m^2$；分散预留时面积可为 3 ~ $6m^2$。

6）居住区电话局　如无主管部门规定则按 0.15m^2/门估。

4. 电话通信工程的设计内容

（1）一般内容

1）选定系统类型。

2）确定中继方式和容量。

3）选定配线方式。

4）设计线路敷设。

（2）用户交换机设置规定

1）住宅用户的电话业务直接由市话局提供，不必设用户交换机。

2）一般的单位用户，可根据公用电话网的情况和用户容量的大小，采用远端模块局或虚拟用户交换机，也可根据用户功能需求设置程控用户交换机。

3）宾馆、饭店，由于业务功能的需要，一般需设置程控用户交换机。

(3) 设置用户程控小交换机需增加的设计内容

1) 容量　按当前的用户数量与 3 ~5 年内的近期发展容量之和再加 10% 的备用量来确定。

2) 中继线的安装数量　一般按交换设备容量的 8% ~10% 考虑，具体数量与当地市话局商定。

3) 直通市话网的进户电话电缆容量　一般按初装电话机容量的 1.3 ~1.6 倍考虑。

4) 对于公共建筑，当需要设置计算机网络及数据通信时，一般宜将建筑物电话网络纳入综合布线系统。

5) 确定交换机机房电源、接地与设备布置等。

5. 设计步骤

1) 根据需求在平面图上布置电话插座。

2) 结合竖向线路走线确定电话分线盒（箱）的位置和容量。

3) 确定配线方式，选择竖向干线电缆。

4) 根据用户需求和公用电话网的情况，确定系统形式、中继方式和容量。

5) 确定总交接箱或用户交换机的容量。

二、工程实例

【实例 13-4】　某中学办公楼共 4 层，电话系统为直接式配线，一层电话线路直接引自总分线箱，2 ~4 层各设一分线箱。其电话通信系统的概略图见图 13-15。

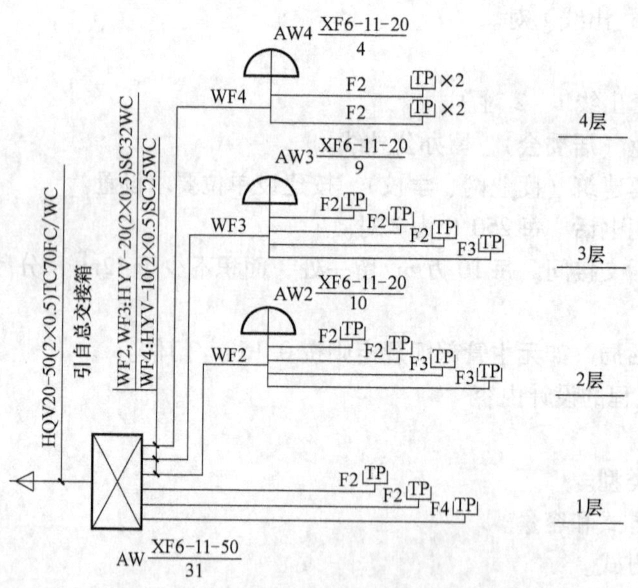

图 13-15　实例 13-4 的电话通信系统概略图

(1) 干线　此办公楼电话系统以 50 对通信电缆 HQV20-50 电话电缆，穿 TC70 管保护，埋地、暗敷墙内，引至型号为“XF6-11-50”的总交接箱 AW。

(2) 支干线　自交接箱 AW 共引出四路支干线：

1) WF4　以 HYV-10（2×0.5）电话电缆，穿水煤气管 SC25 暗敷墙内，引至四层分线箱 AW4。

2）WF3　以 HYV-20（2×0.5）电话电缆，穿水煤气管 SC32 暗敷墙内，引至三层分线箱 AW3。

3）WF2　以 HYV-20（2×0.5）电话电缆，穿水煤气管 SC32 暗敷墙内，引至二层分线箱 AW2。

4）WF1　分别以 2 对、2 对、4 对的 3 根电话线，分 3 个支线，不经分线箱直接引至一层的 2、2、4 个电话终端接线盒。

（3）支线　电话分线箱上边距顶 0.3m 暗装，其型号、出线为：

1）AW4 为“XF6-11-10”，分别以 2、2 对电话线，分 2 个支线，引至四层的 2、2 个电话终端接线盒。

2）AW3 为“XF6-11-20”，分别以 2、2、2、3 对电话线，分 4 个支线，引至三层的 2、2、2、3 个电话终端接线盒。

3）AW2 为“XF6-11-20”，分别以 2、2、3、3 对电话线，分 4 个支线，引至二层的 2、2、3、3 个电话终端接线盒。

（4）终端　电话终端接线盒中心距地 0.3m，各层分线箱到电话插座的导线为 RVS-2×0.5，1～3 根穿管 SC20（一层为 GC15）、4 根穿管 GC20（仅一层才有），暗敷墙内（以上个别素材取自已略的平面图）。

【实例 13-5】　某学校建筑面积为 2930.23m^2，地上 4 层的教学楼，檐口高度 15.3m，建筑类别为二类，建筑耐火等级为二级，砖混结构，为包含网络、电话、有线电视及广播四个系统的信息通信工程设计的综合实例。图样包括信息通信系统概略图、首层、二层、三层及四层平面布置安装图（一至四层大同小异）。限于篇幅各层平面布置安装图略，仅作文字介绍。

（1）系统概略图　此工程的信息通信系统概略图见图 13-16。

1）网络系统

①一根光纤由室外穿墙引入建筑物一层的光纤配线架，经过配线后，以放射式分成 4 路穿管引向每层的集线器（HUB），总配线架与楼层集线器一次交接连接。

②每层的集线器引出 6 根 5 类非屏蔽双绞线（UTP），分别穿不同管径的厚壁焊接水煤气管（SC），串接入 6 个网络中端插座（TO）。其中 6 根和 5 根的 5 类非屏蔽双绞线穿管管径为 25mm，4 根及以下的 5 类非屏蔽双绞线穿管管径为 20mm。每层设有 1 个明装底边距地 1.4m 的集线器，及 6 个暗装底边距地 0.3m 的网络插座。

③四层共计有 4 个集线器、24 个网络插座。

2）电话系统

①由室外穿墙进户引来 10 对 HYV 型电话线缆，穿管径为 25mm 的厚壁焊接水煤气管（SC25），接入设在建筑物一层的电话分线箱。

②从分线箱引出 8 对 RVS-2×0.5 型塑料绝缘双绞线，分别穿不同管径的 JDG 管，单独引向每层的各个用户终端——电话插座（TP）。其中 8 对 RVS 双绞线穿管管径为 25mm，6 对 RVS 双绞线穿管管径为 20mm，4 对及以下 RVS 双绞线穿管管径为 15mm。

③每层设有 2 个暗装底边距地 0.3m 的电话插座。

④四层共计 8 个电话插座。

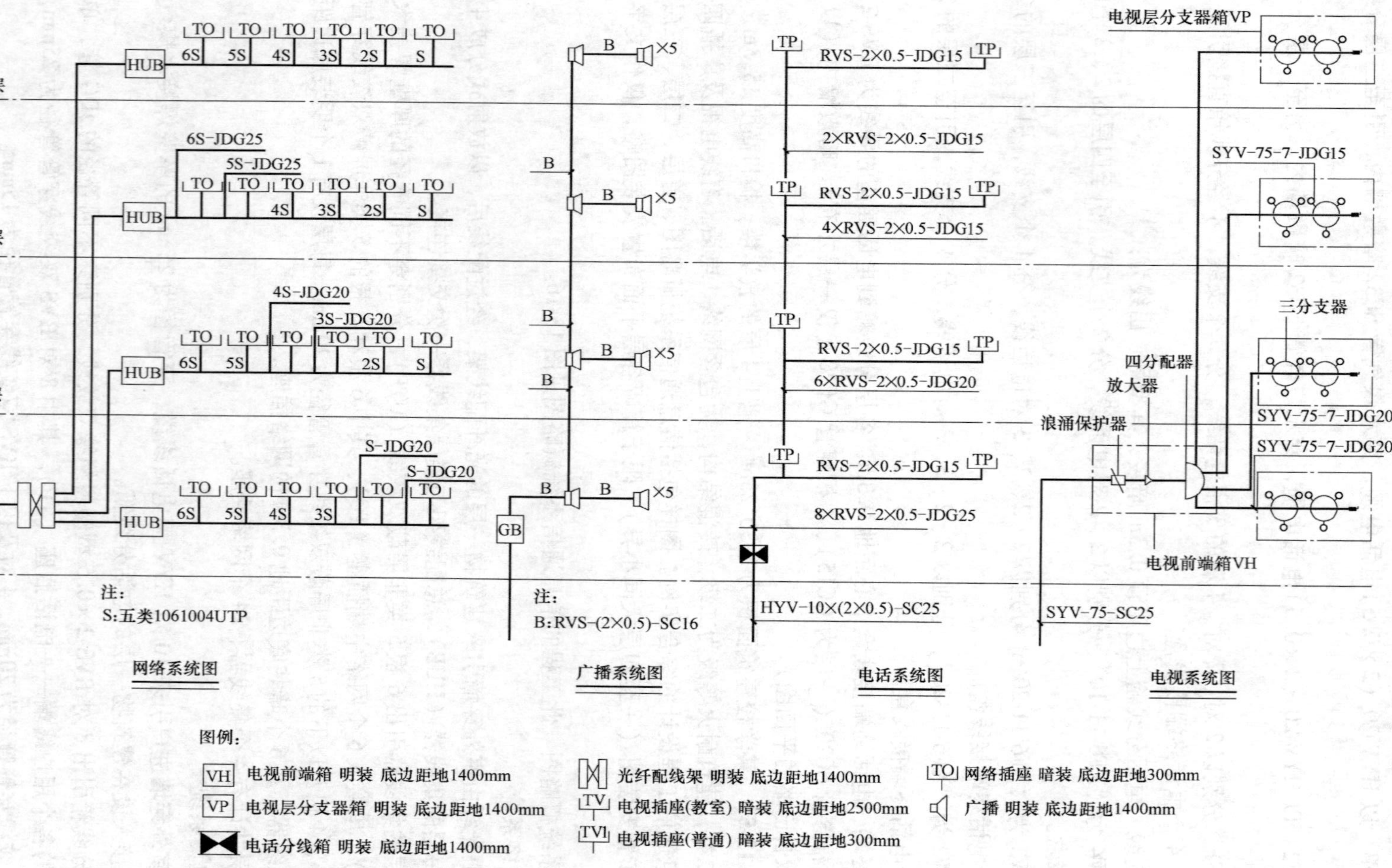

图 13-16　实例 13-5 的信息通信系统概略图

3）电视系统

①由室外穿墙引来一根 SYV-75-9 型聚乙烯绝缘，特性阻抗为 75Ω 的同轴电缆，接入建筑物首层的电视前端箱（VH），穿管管径为 25mm 的厚壁焊接水煤气管（SC25）。

②经过放大器放大后，采用分配-分支方式，首先把前端信号用四分配器平均分成 4 路，每一路分别引入各层分支器箱（VP）。

③再由分支器箱内串接的 2 个三分支器，平均分配到 6 个输出端——电视插座（TV），共有 24 个输出端。

④系统干线选用 SYV-75-7 型同轴电缆，穿管管径为 20mm 的薄壁电线管（JDG20）。分支线选用 SYV-75-7 型同轴电缆，穿管管径为 15mm 的薄壁电线管（JDG15）。

4）广播系统

①采用单声道扩音系统作为公共广播。

②室外穿墙引来一根 RVS-2 ×0.5 型塑料绝缘双绞线，接入建筑物首层的广播站，穿管径为 16mm 的厚壁焊接水煤气管（SC16）。

③然后分别串接到每层的 5 个终端放音音箱上。

④四层总计 24 个音箱。

（2）布置安装

1）前端设备

①包括 1 个明装底边距地 1.4m 的光纤配线架、1 个 10 对的明装底边距地 1.4m 的电话分线箱、1 个明装底边距地 1.4m 的电视前端箱 VH、1 个明装广播站 GB，均安装在建筑物首层的管理室内。

②在每层的相同位置装设 1 个明装底边距地 1.4m 的集线器 HUB 和 1 个明装底边距地 1.4m 的电视层分支器箱 VP。

2）网络系统

①光纤配电架出线分 4 路穿 JDG 管沿墙内暗敷，由 1 层分别垂直引上至 2、3、4 层的集线器。

②再由每层的集线器引出 6 根 5 类 UTP，穿薄壁电线管（JDG）暗敷在每层地板下，串接至各个网络插座。

3）电话系统

①由接线箱首先引出 8 对 RVS-2 ×1.5 型双绞线，穿管径 25mm 的 JDG 管，至首层管理室墙上的电话插座 TP。

②再从此处引出 6 对 RVS-2 ×0.5 型双绞线，穿管径 20mmJDG 管，墙内暗敷垂直引上至二层。

③从二层引出 4 对 RVS-2 ×0.5 型双绞线，穿管径 15mm 的 JDG，暗敷垂直引上至三层。

④从三层相应处引出 2 对 RVS-2 ×0.5 型双绞线，穿管径 15mm 的 JDG 管暗敷垂直至四层。

⑤每层相应处引出后，再分别引出 1 对 RVS-2 ×0.5 型双绞线，穿管径 15mm 的 JDG 管暗敷于每层地板下，接至对应的墙上的电话插座。

4）电视系统

①由电视前端箱 VH 引出 4 路 SYV-75-7 型同轴电缆，穿管径为 20mm 的 JDG 管沿墙内

暗敷，由 1 层分别垂直上至二、三、四层的电视层分支箱。

②再由每层的分支器箱引出 6 根 SYV-75-7 型同轴电缆，穿管径为 15mm 的 JDG 管暗敷于每层地板下，递减式串接至各个电视插座。

练 习 题

1. 以你现实生活中所接触到的综合布线系统工程剖析其“一间、二区、三子系统”的构成，能指出它相对旧系统的先进处，以及按当前技术水平应改进处。

2. 试画出你所在宿舍或教室的视、音频系统概略图。

3. 试画出你所在学校实验楼的固定电话通信系统平面布置安装图。

4. 试对 2、3 两题作图剖析。

第十四章　建筑智能化系统设计

本章与前述设计章节不同，不在于系统概略图和平面安装布置图，而在于系统的体系结构及软件功能构思。

第一节　建筑智能化系统

一、构成

一个被广泛认可的建筑智能化系统的构成模型见图14-1，它充分体现了建筑智能化的含义：以建筑系统为平台，通过合理的环境规划，以系统集成（SI）来实现建筑设备自动化系统（BAS）、通信网络系统（CNS）及其办公自动化系统（OAS）的集成。

建筑设备自动化系统（BAS）是将建筑物或建筑群内的电力、照明、空调、给水排水、防灾、保安、车库管理等设备或系统，以集中监视、控制和管理为目的构成的综合系统。它的主要内容见前面“第十二章楼宇自动化设计”。

通信网络系统（CNS）是楼内的语音、数据、图像传输的基础，同时与外部通信网络（如公用电话网、综合业务数据网、计算机互联网、数据通信网及卫星通信网等）相连，确保信息畅通。

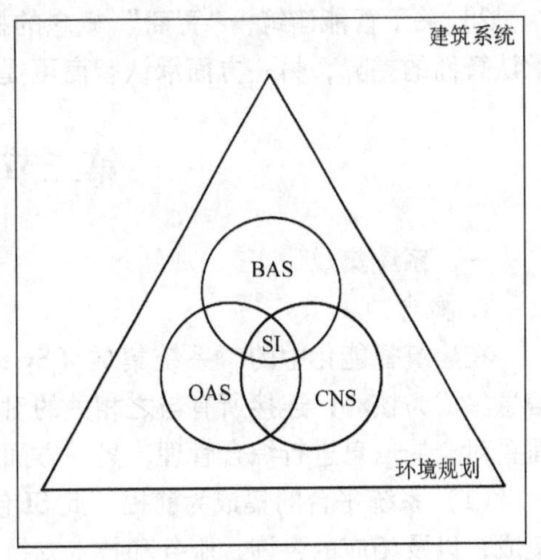

图14-1　建筑智能化系统的构成示意图

系统集成（SI）是将智能建筑内不同功能的智能子系统在物理上、逻辑上和功能上连接在一起，以实现信息综合、资源共享。SI在硬件上指综合布线系统（GCS），即指计算机网络。综合布线系统是建筑物或建筑群内部之间的传输网络，它能使建筑物或建筑群内部的语音、数据通信设备、信息交换设备、建筑物物业管理及综合业务数据网、计算机互联网、数据通信网及卫星通信网等相连，确保信息畅通。其主要内容见前面“第十三章信息通信设计”。

办公自动化系统（OAS）是应用计算机技术、通信技术、多媒体技术和行为科学等先进技术，使人们的部分办公业务借助于各种办公设备，并由这些办公设备与办公人员构成服务于某种办公目标的人机信息系统。它的主建筑物自动化管理设备等系统之间彼此相连，也能使建筑物内通信网络设备与外部的通信网络相连。它的主要内容亦见前面“第十三章信息通信设计”。

二、技术基础

建筑智能化是信息社会发展的需要，是建筑发展的必然趋势，是现代建筑技术与现代计算机技术、现代控制技术、现代通信技术和现代图形显示技术，即所谓4C技术，相结合的产物。

（1）4C 技术　主要体现在：计算机技术发展到并行的分布式计算机网络技术、计算机操作和信息显示的图形化；自动控制系统发展到分布式计算机控制系统（DCS）和现场总线控制系统（FCS）；通信技术发展到具备 ISDN/B-ISDN 的图形显示。

（2）建筑智能化技术依附于建筑　是现代建筑技术与现代电子、信息、计算机控制及网络等高新技术发展相结合的产物，是技术进步的必然结果，是信息社会发展的必然要求，是智能化的相关技术在原有建筑技术基础上的应用及发展。离开了建筑本身，建筑智能化之智能就无从谈起。智能建筑与通常建筑虽有区别，但更多的是联系。作为建筑，其构成的最基本要素和其功能的最基本应用是相同的。区别主要在于实现“智能化”及其实现的程度。随着社会的进步，建筑智能化的实现会越来越普及，智能化程度也会越来越高，智能建筑与通常建筑的差别是越来越小，或者说未来的建筑都是智能化的建筑。

（3）建筑智能化不断发展、进步　“建筑智能化”作为一种技术，并无一个既定的程度，而是处于不断发展、不断进步、不断完善之中。技术发展的观点在于：

1）建筑智能化技术综合了多学科的新技术，相关技术日新月异的发展必然会反映到智能建筑技术中。

2）关于智能建筑，“智商”概念的提出，对于正确理解建筑智能化很有帮助，一方面承认智商的差异，另一方面承认智商可提高性。

第二节　系统的集成

一、系统集成

1. 概念

在建筑智能化中的“系统集成（System Integration，简化为 SI）”是狭义的集成，它以信息集成为核心，连接所有与之相关的对象，并根据需求综合运作，以实现整体目标。一方面要对全局信息进行综合管理，另一方面要协调各子系统的运行状态。

（1）系统平台的集成为前提　此 SI 包括硬件平台、软件平台、开发工具和应用系统的集成，以及相应的咨询、服务和技术支持的计算机信息系统集成，具体地说首先就是系统平台的集成。

（2）关键在于计算机网络技术　“系统平台”就是应用系统的开发和运行环境。当集成办公自动化系统和建筑设备自动化系统时，既需要那些硬件设备连接在一起的网络硬件和软件、操作系统、数据库管理系统和开发工具，更需要支持网络间互联的设备、接口、协议、联机事物处理的支撑软件和标准的应用程序接口，这一切的关键在于计算机网络技术。

（3）信息综合管理的集成为目的　SI 是将智能建筑中从属于不同技术领域的电话通信、数据通信、综合布线、计算机网络、楼宇自控、消防、保安等所有分离的设备、功能、信息有机地结合成为能实现通信自动化、办公自动化、建筑设备自动化，并能实现信息综合管理的相互关联、统一协调的整体，并将所有的硬件平台、软件平台、网络平台、数据库平台组合成为一个满足用户功能需要的完整系统，提供和完成各子系统之间的连接和集成。

2. 不同角度的要求

（1）对于智能建筑　不论智能大楼还是智能小区：

1）建立统一应用平台及操作平面，以将各类厂商不同品牌、不同类型且分散在建筑中相互独立的设备或系统，通过此平台实现系统集成。从而得以用简便、统一的操作界面，实现各子系统的集中监测、控制与管理。

2）实现各设备和系统的联动，优化控制策略。

3）建立统一的数据库，实现信息资源共享。

4）提高综合管理效率，节省能耗，降低运行成本。

（2）对于投资者或管理机构　可归纳为两个管理和两个服务，即四个“面向”：

1）面向设备的管理　以提高工作的效率和维护质量。

2）面向客户的管理　以提高工作效率和服务质量。

3）面向客户的服务　以提供完善的信息服务和便捷的服务方式。

4）面向领导的服务　以提供完整的信息供分析，作为辅助决策的依据。

二、集成的常用模式

1. 智能建筑一体化综合管理系统——IBMS（Intergrated Building Management System）

此模式把 BAS、OAS、CNS 等各子系统从各个分离的设备功能和信息等集成到一个相互关联的统一的协调的系统中，以对各类信息进行综合管理。一体化集成使整个建筑内采用统一的计算机操作平台，运行和操作在同一界面环境下的软件以实现集中监视、控制、管理。随着计算机网络技术的发展与 Internet 的广泛应用，还形成了基于 Internet/Intranet 方式的 IBMS。

（1）功能　主要实现智能建筑两个共享和五项管理：

1）信息的共享　通过收集整理建筑内产生的实时控制和各类事件信息，用户、物业管理业务和办公自动化的各类数据和图文、声像等信息，以及来自外部的各类信息，建成共享信息库，供用户和物业管理机构随时调阅。

2）设备资源共享　包括网络设备、对外通信设施及公共设备的共享。

3）集中监视、联动和控制的管理　包括集中监视楼宇设备自动化、安保、火灾报警、一卡通、车库管理等系统的运行状态，联动控制楼宇自动化与火灾报警、安保、一卡通系统，协调各系统运行的起、停时间表，以及管理其他需要中央控制室集中控制和监视的设备、系统。

4）信息的采集、处理、查询和数据库管理。

5）全局事件的决策管理　建筑内发生如火灾类波及全局的事件时，根据突发事件预案对全局进行决策管理。

6）专网的安全管理　对集成在 IBMS 上的各个子网（如宾馆管理、商场管理、物业管理、OA 等系统），在共享信息和资源的同时，进行安全管理。

7）系统的运行、维护、管理和流程自动化管理　对保障系统正常运行的各种措施和诊断设备、仪器等进行管理，通过时间响应程序和事件响应程序的方式对建筑内机电设备进行自动控制（如空调机组和冷热设备的最佳起停和节能运行、电梯及照明回路的时间等控制）。这些流程的自动化控制和管理可简化人员的手动操作，使机电设备运行处于最佳状态，还节省能源和人工成本。

（2）运行管理　IBMS 对信息的集成与管理，体现在自动集成与物业管理相关的信息，它的运行管理内容见图 14-2。系统按集散控制构思，因而需建立中央管理控制中心对系统进行管理控制，而系统的管理是由各个管理控制站来完成的。所以一般在系统中设置：

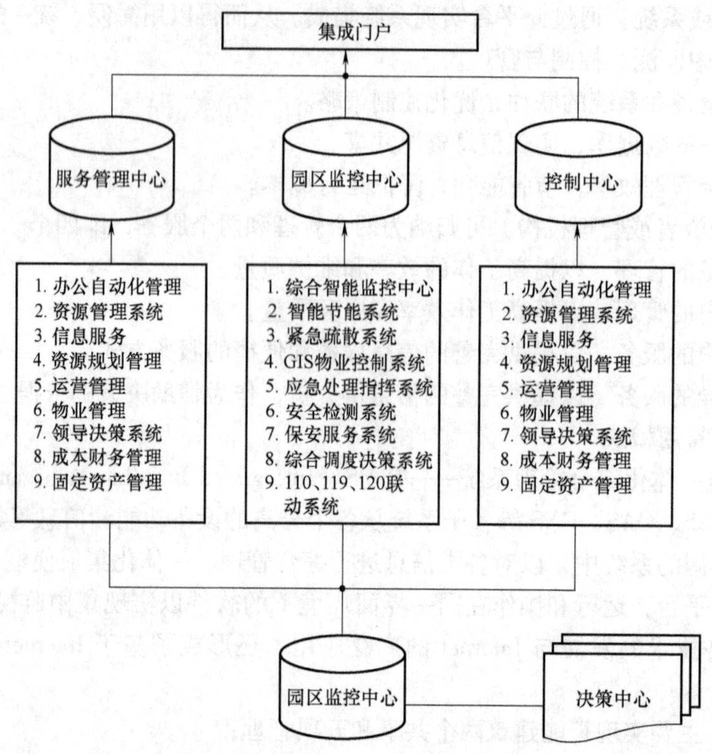

图 14-2 IBMS 系统的运行管理内容

1）综合监控席　全局事件的处理与整个网络的运行监控，并管理数据库，负责信息的共享。

2）分部监控席　监控管理 BAS、FAS、SMS、停车场管理系统、一卡通门禁系统等各部分的实时信息及联动和监视。

2. 建筑设备管理系统——BMS（Building Management System）

BMS 集成系统是保证智能大厦具有安全、舒适、温馨、便利与灵活等特点的基础系统，也是实现 IBMS 更高级集成模式的重要前提。

（1）功能　对智能建筑中的冷冻站设备、空调机组、新风机组、通风设备、给排水系统及供配电设备等进行控制和监视，并且采集火灾报警及消防联动控制、安保、电梯、停车场、IC 卡、数字程控交换机等系统的信息，协调它们之间的联动。

系统配置数据库和服务程序，为管理员提供操作界面，对纳入集成的所有系统中的设施进行统一的监测和控制，需要合理地选择子系统进行整体优化设计，使系统中的各个功能独立的子系统集成到相互关联和协调的综合平台中，实现对建筑物相关设施进行统一监视、测量、控制和管理，从而使信息得到高效、合理地分配和共享。

（2）集成方式

1）以 BAS 为基础的平台　使用厂商专用的通信规程与技术，各子系统均以 BAS 为核心，运行在 BAS 的中央监控计算机上。这样一来增加信息通信、协议转换、控制管理模块，把 FAS、BAS 等集成一起，满足基本功能，实现起来相对简单，造价较低，可以很好的实现联动。

2）采用通用协议转换器——网关　以网关把 BAS、SMS、FAS 等系统的信息，通过通用多路通信控制器进行协议转换后，集成在 BMS 管理系统平台中，见图 14-3。这些系统通过通信控制器把它们各自有关的状态信息、报警信息送到 BMS 中的数据库服务器中，有关的相互联动信息则由 BMS 发出到现场控制器中，以实现整个建筑物的信息综合管理和联动控制。

（3）两种 BMS 集成方式对比

1）从设计目标角度“方式 1）”偏重于实现与第三方设备的联动控制和状态信息的集中管理，对于这些信息在整个智能建筑中共享和利用的考虑不多，缺乏方便的查询调阅方法。“方式 2）”对所有智能建筑信息共享、联动控制和集中管理，有利于整个智能建筑的优化运行和高效的物业管理。

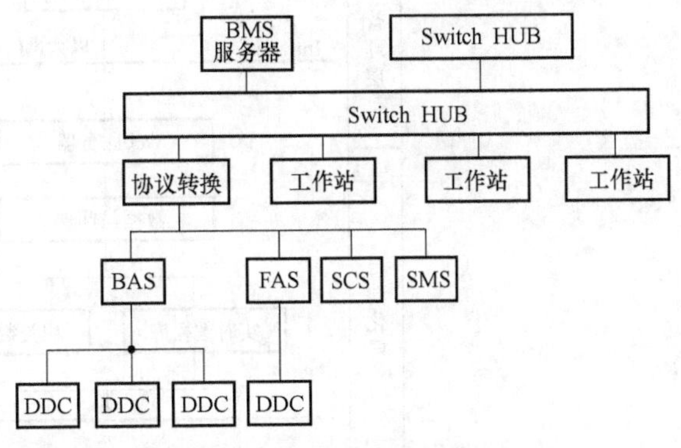

图 14-3　协议转换方式系统结构图

2）从可集成性角度“方式 1）”由于规程转换器是 BA 系统厂商开发并提供的，可纳入集成的子系统产品受到一定的限制。“方式 2）”提供的协议转换器（网关）是一种开发工具，用户可以自己进行二次开发，这需要提供被集成的子系统设备相应的通信协议和信息格式。

3. 各子系统的集成

对 OAS、CNS 及 BAS 三个子系统设备各自的集成，是最基本的集成，也是实现高层次集成的基础。

（1）OAS 集成　把办公自动化系统不同技术的办公设备用联网方式集成为一体，将语言、数据、音像、文字处理等功能组合成一个系统，使办公室具有处理和利用这些信息的能力，以提高日常事务处理和行政管理科学化及效率。

（2）CNS 集成　电话线缆、数据供给与计算机网络、结构化综合布线、卫星通信等系统，建立在以 PABX 为核心的通信网络基础上的集成。

（3）BAS 集成　采用成套的集散系统，上层由中央监控计算机进行监视管理，下层由 DDC 进行现场控制。需要集成的供配电、照明、车库管理系统、暖通空调系统、给排水系统、IC 卡系统可通过 DDC 直接集成到系统内。

4. 面向物业管理的集成

以 OAS 和 BAS 为主，面向物业管理的集成模式受到人们的重视，特别是在出租的商业大楼物业管理中占据极其重要的地位。

5. Web 化的 BAS 集成

（1）工作模式为网页　随着企业网 Intranet 的建立，BAS 系统可采用 Web 技术，把中央站嵌入到 Web 服务器，融合 Web 功能，以网页形式的工作模式，使 BAS 与 Intranet 集成为开放、分布、智能化的一体化系统，见图 14-4。企业网的授权客户可通过浏览器去监控管理服务于建筑设备，从而使传统独立的 BAS 成为企业网的一部分，进而和传统独立的管理系统协调一致的工作，实现控制管理一体化。此时必须采取如使用防火墙、代理服务器或过滤程序类一定的安全技术措施，对用户的身份证进行鉴别，病毒检测等。

（2）模式进化　网络 Web 化使得 BAS 从传统的客户机/服务器计算模式转变成为浏览器/服务器计算模式，引起 BAS 结构的变化，见图 14-5。

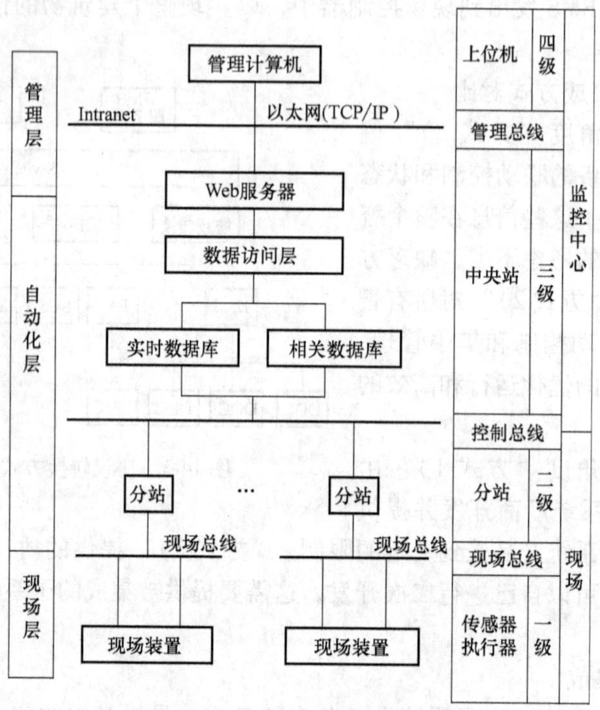

图 14-4　网络结构系统体系结构

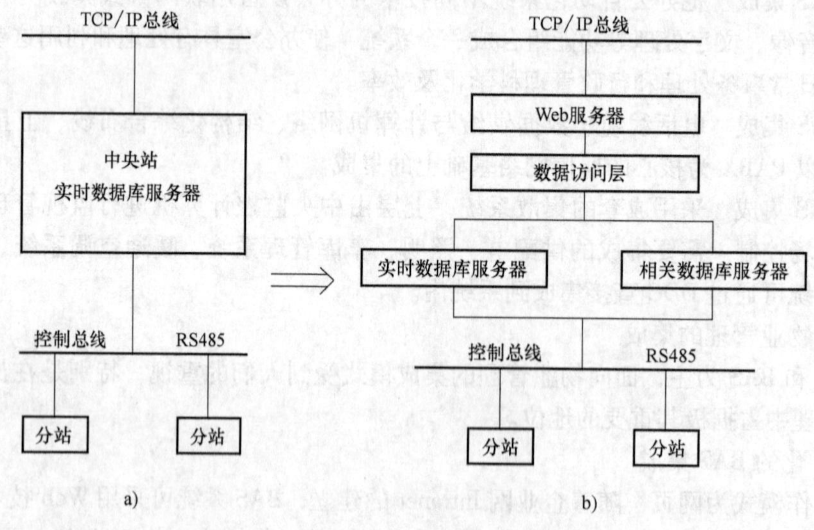

图 14-5　从传统 BAS 到 Web 化 BAS 的模式进化

a）传统 BAS　b）Web 化 BAS

1）传统的 BAS 服务器变成了三层结构　由于嵌入 Web 服务器，由 Web 服务器层、数据访问层和数据库层组成了三层结构。第二层用于连接各种事务访问实时数据库和相关数据库的数据存取，是虚拟层。

2）增加了相关数据库　因为事务管理和决策支持两种信息都是存储在相关数据中的，所以事务过程配置 SQL Server 和决策支持配置 SQL Server 完全不同。如果办公自动化还需要求决策系统，则还需要两个单独的互相联系的 SQL Server 相关数据库。

三、集成的标准

1. 通信协议

楼宇设备已普遍实现了计算机控制，它们大多由不同的制造厂商提供，而它们相互之间又存在着不可避免的相互联系，通信协议则是互联的前提。因智能建筑的控制属于过程控制，故适用于过程控制的标准均适用于智能建筑。而长期以来此领域无国际性的标准通信协议，欧美各国各行其是。

（1）BACnet 标准　1987 年 1 月 ASHRAE（美国供热、制冷及空调工程师协会）组织了由来自世界各地的 20 名楼宇控制工业部门（包括大学、控制器制造商、政府机构与咨询公司）的志愿者组成了名为“SPC135P”的工作组制定 EMCS（关于楼宇能量管理与控制系统的通信）协议，1995 年 6 月通过为 BACnet 协议，同年 12 月升为美国国家标准。欧共体标准委员会也认可其为欧共体标准草案。BACnet 是一个完全开放性的楼宇自控网，它的协议开放性表现在：

1）独立于任何制造商，也不需要专用芯片，并得到众多制造商的支持。

2）有完善和良好的数据表示和交换方法。

3）按此标准制造成的产品有称为 PICS（Protocol Implementation Conformance Statement）的严格一致性等级。PICS 的主要内容包括：描述供货商和 BACnet 设备、一致性等级、功能组、标准服务和专用服务清单、标准对象和专用对象清单、支持的网络选择。

4）产品有良好的互操作性，有利于系统的扩展和集成。

因而 BACnet 是当前智能建筑发展的方向和主流技术，它给楼宇自控设备与系统的产品指明了发展方向，同时也给制造商提供了公平竞争的商机和条件。用户是其最大的受益者。

（2）LonMark 标准　美国 Echelon 公司开发了部分固化于 Neuron 芯片中的 LonTalk 协议。该协议针对现场总线技术的发展，特别适用于新型数字化传感器、变送器、执行器等部件的直接点对点通信。该协议的应用对象不局限于楼宇自控系统。BACnet 被定为标准通信协议后，美国又成立了 LonMark 互操作协会，并公布了 LonMark 标准。该标准以 Echelon 公司针对现场总线技术的 LonTalk 协议为基础，适用于楼宇自动控制和其他工业控制领域。

LonTalk 协议直接面向对象，是 LonMarks 系统的灵魂，支持 OIS/RM 模型的 7 层协议、多种传输介质和多种传输速度。地址设置方法不仅提供了巨大的寻址能力，也提供了可靠的通信服务，同时又保证了数据的可靠传输。

LonMark 标准是实时控制领域方面为建筑物控制现场传感器与执行器间实现互操作的网络标准。它适合智能型大楼中 HVAC、电力供应、照明、消防、保安各系统间进行通信、互操作，还可提供一种较为经济、运用效果最佳的方法。LonMarks 网络和 LonTalk 协议已经被证明是控制节点间信息交流的最快和最可靠的工具，此外这个网络提供较低的节点访问价格比、高灵活性的网络拓扑结构、简化了的安装过程、允许无中继的长距离传输、提供了各种传输介质（包括：双绞线，光纤，动力线，射频），这些特点使 LonMark 网络成为理想的控制应用级网络。

高容量的数据通信则采用 Ethernet 以太网作为系统主干，效果可能更好。以太网在办公自动化方面能够传输大量的数据和信息。在控制主干采用以太网的另外一个优点是它采用 TCP/IP 协议，使控制网络同企业级网络如 Intranet 和 Internet 易于集成。这就确保了同迅速变化的计算机和网络技术的兼容，保护控制网络不作不必要的改变。所以推荐系统主干级采用以太网，控制级采用 LonMarks 网络。

（3）两标准互补　建筑设备自动化系统中 BACnet 与 LonMark 两项标准互为补充，实现了实时控制域和管理信息域的网络化运作。点对点双向通信、测控合一、相关数据库与实时数据库、产品互相操作，这些开放系统的特点已植入自动化中。实时控制的 LonMark 标准和信息管理的 BACnet 虽目标不尽一致，但应用时却有交叉之处。BACnet 是以控制器为基础，致力于把不同的“自动化孤岛”连成为一个整体的工作，用于设计低成本的智能式传感器或智能执行器比较困难，但确实包含了 LonMark 标准中一些应用，所以两套标准还是有重叠之处。LonMark 是解决真正开放的分布式控制的有效方法。在实时控制领域方面，尤其设备级适于采用 LonMark 标准；而信息管理域方面，在上层网之间适用于 BACnet 标准，这二者之间不是竞争而是互补。

BACnet 标准是信息管理域方面为实现不同的系统互联而制定的标准。BACnet 比 LonMark 的数据通信量更大，运作高级复杂的大信息量，过程处理更强大，组织处理能力适于大型智能建筑。大型智能建筑可分为若干区域，此时很有可能几个不同的系统（不同的厂家）存在。如果希望可在一个用户界面进行整个系统的操作，BACnet 是最经济、最理想的选择。

除上述两个主要标准协议外，尚有 Profibus FMS、BatiBuS、World FIP、CANBUS、FND、EID 等诸多协议。经济的国际化促进了技术标准的国际化。当前广泛用于智能建筑的标准通信协议是 BACnet 与 LonMark，而前者更具有普遍性。

2. 互联软件

标准通信协议是开放系统必须具备的基础条件，是实现系统互联的必要前提。但仅解决数据的传输问题，未解决应用层，也不能解决系统自动化与集成中的所有问题。在建筑智能化系统集成中必须解决作为数据提供者的空调机、制冷机等各种设备及其控制系统，与作为数据使用者的协议控制、维护管理、能量分析等任务之间的沟通问题。

（1）动态数据交换软件 DDE（Dynamic Data Exchange）　一种简单的客户机/服务器结构的应用程序间通信的技术，主要用于 Windows 应用程序之间的信息传递。Microsoft Windows，Macintosh System7 和 OS/2 等操作系统均提供此技术。DDE 常用作 Windows 台式计算机应用程序间数据共享（如文字处理系统、电子表格系统以及数据库等）的工具。当支持 DDE 的两个或多个程序同时运行时，它可用会话方式交换数据和命令。DDE 会话是在两个不同的应用间实现双向连接，依靠两者的应用程序可交替地传输数据。

尽管 Windows DDE 有一些缺陷，但它仍为应用程序间提供了一种简单、易使用的通信链路，使得模块化工业控制软件充分体现其自身的使用价值。专业化工业控制软件开发商已开发了具有特殊用途的应用软件产品。

DDE 存在的局限性目前正由更强有力的 OLE 技术所取代。

（2）对象链接与嵌入软件 OLE（Object Linking and Embedding）　它定义并实现了一种

允许应用程序链接到其他作为软件对象中去的通信（包括数据采集、数据处理等相关功能）规程。这种通信链接规程和协议叫做部件对象模式（Component Object Model，COM）。

OLE 部件对象模式建立在部件的概念上。一个部件实际上就是一块可重复使用的软件，此部件可被嵌入到来自于其他软件供应商所提供的部件中去，也可成为一个专门的过程控制工具，且还能对一系列的 I/O 服务器起到彼此相互制约的作用。借助于 OLE，用户可从一个工业控制软件供应商那里购买图形方面的软件包，从另外的控制软件供应商那里购买报警信息记录和趋势曲线记录软件包，然后方便地构成用户所需要的应用程序。

OLE 通过剪贴板交换的是数据的位置，交换的是链接。通过 OLE 可以交换动态的数据链接，复制到剪贴板上的是目标，而不是数据。故原应用程序的数据变化直接反应到目标应用程序，因此 OLE 是“动态”地传递数据。OLE 的重要使用价值在于其具有管理复合文件的套装式应用程序的设计特点。这些应用程序具有不同的文件格式，且还可紧密地嵌入数据或对象的文件。声音和视频信号文件、电子表格、文本文件、矢量绘图以及位图是一些比较复杂的对象文件，常出现在复合文件中。每个对象的复合文件可建立在其自身的服务器应用程序中。通过 OLE 的使用，不同服务器应用程序的功能可集成在一起。OLE 允许实时数据嵌入到 Microsoft Excel 的工作面板中去。此时工作面板就成为了包含有过程实时数据对象的套装文件。

数据对象既可嵌入，也可链接。如果源数据保持其原来形式存入另一应用程序的数据文件中，则该数据为嵌入。这种情况下有两份相互独立的数据文件副本，只要嵌入的对象没变，对原文档所作的任何改变均不会使相应的文档发生变化。如果数据依然存在于一个分离的文件中，仅设置了指针指向存储于另外的应用程序的数据文件，则该数据是链接的。此时仅有一份文件存在，对原文档所作的任何改变都会自动地反映到相应的文档中。

（3）OPC 软件　为增加 OLE 在工业控制市场的使用价值，美国成立了一个专门研究 OLE 应用于工业控制领域的特别工作小组。该组织定义了一种基于 OLE 的通信标准，叫做用于过程控制的 OLE，即 OPC（OLE for Process Control）。

自动化技术因 PC 广泛应用而获得发展。各类自控系统不满足于单套、局部设备的自动控制，同时更强调系统间的集成。然而把不同制造商的系统和设备集成极难，需要为每个部件专门开发驱动或服务程序，还要把这些驱动或服务程序与应用程序联系。这种应用状态中的数据源为数据提供者，应用客户则为数据的使用者，它从数据源获取数据并进行进一步的处理。如果没有统一的规范与标准，就必须在数据提供者和使用者间分别建立一对一的驱动链接。一个数据源往往要为多个客户提供数据；一个客户又有可能需要从多处获取数据，因而逐一开发驱动或服务程序的工作量很大，OPC 就在这种背景下出现。采用 OPC 解决方案，使软件制造商将开发驱动服务程序的大量人力与资金集中到对单一的 OPC 接口的开发，用户则可把精力集中到控制功能的实现上。

OPC 是连接现场信息与监控软件的桥梁。有了 OPC 作为通用接口，就可把现场信号与上位机监控、人机界面软件方便地链接起来，并能与 PC 的某些通用开发平台和应用软件链接。总之 OPC 这个过程控制中的对象链接和嵌入技术和标准，为自动控制系统定义了一个通用的应用模式和结构，在 Server 端完成硬件设备相关功能；而 Client 端完成人机交互、或为上层管理信息系统提供支持，为应用程序间的信息集成和交互提供了强有力的手段。

（4）开放式数据库链接软件（Open Database Connectivity，ODBC）　ODBC 是一种应用

程序访问数据库的标准接口，也是解决异种数据间互联的标准。Microsoft 公司支持此标准，并将其纳入 Windows98 和 WindowsNT 等系统中，为包括关系数据库和非关系数据的异构环境中存取数据提供标准应用程序接口（Application Programming Interface，API）。数据库的标准化无疑是发展方向，如果各数据库厂商的产品都能支持统一的数据库语言与 API 标准，则异种数据库的集成将变得非常容易。ODBC 兼容的应用软件通过 SQL 结构化查询语言，可查询、修改不同类型的数据库。这样一个单独的应用程序通过它们可访问许多不同类型的数据库及不同格式的文件。ODBC 提供了一个开放的，从个人计算机、小型机、大型机数据库中存取数据的方法。使用 ODBC，开发者可开发出对多个异种数据库进行访问的应用程序。现 ODBC 已成客户端 Windows 和 Macintosh 环境下访问服务器数据的 API 标准。

（5）Web 网页技术　一种成熟、简便和十分有效，以低成本达到信息交流——共享的信息传播与处理技术。在智能建筑中弱电系统集成的前提是集成与被集成对象间信息的交互，进而在此基础上再实现协调与优化等目标。因此 Web 技术在智能建筑中的应用领域已从一般客户通过互联网去查询和获取信息，发展到直接用于弱电系统的集成任务中。故此具有廉价、简便以及网络集成商所熟悉等优点。

作为弱电系统集成方法存在的缺点：智能建筑中的监控系统普遍对实时性要求较高，往往通过中断方式满足实时性要求，而 Web 服务器则通常采取定时刷新数据提供浏览方式，就会导致实时性较差，而且大量数据浏览后尚需筛选与加工。

应该全面分析 Web 技术在系统集成中的优劣，设计时扬长避短。在无严格实时性要求的管理系统集成时，Web 技术的简便性、经济性较突出，可作为优选方案。相反场合下，则应慎重考虑。

随着 Internet 的飞速发展，采用 Web 技术的系统应用已较成熟，同样 BMS 系统集成产品随技术潮流，采用先进的 Web 技术也是大势所趋。因此真正意义上的智能建筑 BMS 系统集成产品应是基于真正开放的标准（如 OPC）、采用子系统平等方式集成和采用 B/S 结构、Web 技术的产品。

四、集成的技术平台

系统集成的平台采用了三层结构，见图 14-6。

（1）用户层　用户层采用基于 Web 的管理，除提供 GUI 用户显示界面外，还支持浏览器方式在 Internet 环境中调阅集成的所有信息。基于网络的多用户操作管理可很好地支持多用户操作管理界面，允许存在多个用户操作同一管理界面，或者是不同的用户根据管理需要制作不同的管理界面，这些不同的用户可具有不同的管理权限和管理范围。用户层具有功能强大的组态工具，可快捷地形成应用的组态画面，使操作管理界面生动、形象。在用户层可对系统信息进行加工、分析，并基于历史数据对一些事件的运行趋势进行智能分析和预测，对可能出现故障的设备进行预报警，提出预测和主动维护建议。通过对各集成子系统进行综合优化设计，充分实现信息资源的共享，提供系统管理性能和全局事件的处理能力。在实现系统联动的同时提升综合管理能力，实现了智能建筑的集中报警管理、建筑内各专业子系统间的互操作、快速响应与联动控制。

（2）服务层　服务层具有功能强大的数据库系统，将所有现场设备在运行过程中所采集的信息进行分类、分析、处理，并按规则进行记录，创建相应的数据库，进行数据库管理。服务层设置对外接口服务模块、语音服务模块、短信服务模块及全局事件处理模块，运行于服务器的软件模块提供对应于用户层的各种功能。

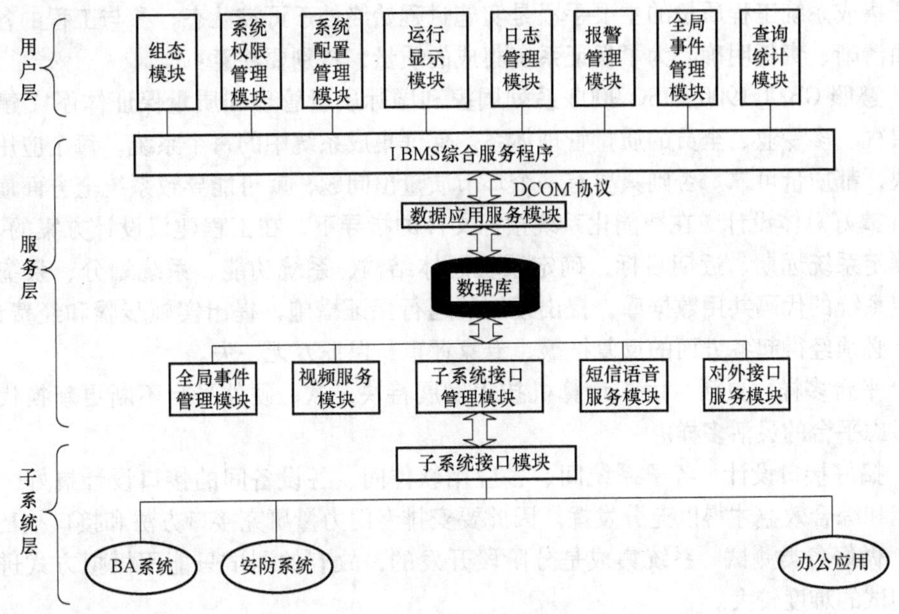

图 14-6　典型系统集成的平台结构图

（3）子系统层　子系统层支持多种通信接口和协议，集成了 RS-232、RS-422、RS-485 串行协议、TCP/IP 网络协议，以及 OPC、DDE、ODBC、SOCKET、API 等控制协议。覆盖目前市场上大多数厂家的产品，满足开放系统灵活的集成模式。

用户层、服务层和子系统层构成了一个安全、稳定、可靠的管理系统平台。

五、集成的实施

1. 设计

（1）初步设计　根据用户需求，对系统需求、建设目标、技术方案及各子系统作出概略的功能描述，对系统总体设计与设备选型以及工程施工要求作出建议，对建设总经费作出概算，以便建设决策。

（2）深化设计　对初步设计方案的修改、细化和补充，深化设计方案中至少应包括：

1）用户需求详细说明、方案设计技术说明。

2）系统总体架构及各系统间的关联分析、各子系统的功能描述及实现方法。

3）设备选型分析及所选设备的功能、性能说明及设备清单。

4）工程进度计划、工程安装施工图。

5）系统测试及验收方式。

6）设备及工程经费预算。

7）工程保障措施、培训及服务计划。

智能化系统集成在深化设计时应注意所选择子系统及相关产品的先进性、标准化及信息交换的开放性。开放性及标准化程度决定了系统集成的基础及水平，因此分析各子系统之间的通信接口及它们间的联动要求是做好系统集成的关键，这也是系统集成商在进行系统集成时应综合考虑的主要方面。

2. 施工

保证集成系统工程质量的主要手段是实施过程始终处于可控状态，参与工程的各类人员工作界面清晰、责任明确。为了保证系统集成的质量，特别要注意：

（1）遵照 GB/T 1900—ISO 9002 系列国家和国际质量管理和质量保证体系　建立多方面、多层次、多专业、全员的质量管理体系。保证集成系统中的每个系统，每个应用软件的每个模块，都质量可靠。否则只要有一个环节质量出问题，就可能导致系统全方面崩溃。

（2）搞好总体设计　在智能化系统招标文件的指导下，在工程建议设计方案的基础上，进一步确定系统远期、近期目标，确定系统总体结构、系统功能、系统划分、系统支撑环境，制定系统的代码共用数据库，提出系统的运行保证措施，提出实施步骤和经费计划等。总体设计必须经得起各方面的反复推敲、专家评审，保证万无一失。

（3）平台多样、灵活　由于计算机技术发展特快，软、硬件平台不断更新换代，因此要充分考虑平台的灵活多样。

（4）搞好接口设计　各子系统间、各应用软件间、各设备间的接口设计搞好，系统的总体性能和综合效益才得以充分发挥。因此要安排专门力量研究接口方法和接口技巧。

（5）做好各类测试　系统集成是分阶段开发的，故有的测试只能用模拟方式进行，有些项目测试的难度较大。

（6）建立质保体系　系统集成的工程文档包括：工程质量管理手册、设计文件、程序文件、质量记录、技术档案、外来文件等，这些文档系统能准确地将工程质量管理中所涉及的各个要素细化、展开，把各项工程及其结果用文字规定下来。在重要工作环节采用报告制度，在关键时刻发出通报文件，在每一阶段的开始和结束都要有计划和总结文件。利用文档控制建立质量保证体系。

（7）建立工程管理规范　利用质量过程控制理论管理工程，建立工程管理规范，使质量过程控制可用于系统集成工程的全过程。产品验收后应提交文件为：测试验收方案、验收实施方案、各种测试质量记录、验收报告和不合格报告。

（8）建立工程数据库　工程数据库可协助集成商、用户和工程技术人员及时掌握工程中的技术问题、质量问题、进度和有关档案，及时采取决策和措施。利用工程数据库可作为技术交流和培训的平台，提高全体工程人员的技术水平和管理水平。将工程数据库用于辅导工程管理和质量控制。

3. 竣工

智能化系统集成的检测验收应在各子系统检测、验收完成后进行。重点检测集成系统的性能、功能和各相关接口要与设计要求相符合。智能化系统集成的性能检测、验收应注重系统的可靠性、安全性、可维护性和人机协调性。特别应重视系统是否符合相关标准，保证系统的开放性、兼容性。

（1）系统检测　集成系统性能检测项目包括系统可靠性、互操作性、开放性、安全性、界面统一性和可扩展性。

1）设备上电前　测试系统的安全地和主接地、接地回路的电阻。

2）系统投运前　按正常、中间、满负载和设定的故障条件下测试网络系统的响应和可靠性，保证设计要求的网络宽带和吞吐量，对有保密性要求的系统，应检测其系统安全性和电磁兼容性。

3）软件运行后　通过数据读取和接收测试数据库和数据格式，确定数据库的兼容性及实时数据库响应时间；测试操作员界面，确认系统的各功能（包括运行模式、时钟校对、顺控操作、联锁控制、事件操作、紧急操作和正常操作）正确实现，系统达到设计要求，各种操作是否安全、正确和无冲突；检测不同网络负载条件下，各种操作是否在指定的响应时间内完成。

4）按照“接口测试大纲”检测各子系统之间的全部功能接口　检测接口的功能、所用标准和协议、软件和数据接口、命名约定、设计约束、电磁兼容性、制造和安全质量、维护方式，保证整个系统的兼容性，并实现接口的功能要求。

5）确认供电正常　检测 UPS 和供电系统，测试 UPS 充电性能和故障切换时间及其在线检测系统，保证系统的可用性。

6）根据消防、公安部门的要求，实施强制性法令、法规所规定的检测内容。

7）检测被集成的各子系统与集成系统之间通信的准确性　保证各被集成的子系统物理上和逻辑上实现互联，整个系统成为一个有机的整体，以实现信息资源的共享和整体任务的协同工作。

8）考察集成系统的协调调度和综合优化控制功能　保证实现建筑设备、综合业务系统的管理信息系统功能及辅助决策功能。

9）考察监测系统的容错性能　容错性能包括冗余切换、故障检测与诊断、事故情况下的安全保障措施等。

10）检测与外界各子系统的集成功能　包括与消防、公安、电信、广电、给水排水、供电等公共设施的通信能力及系统的互联性能。

11）考察系统维护　系统集成商须依据故障树分析法提出可靠性维护的重点、故障模式及其发生时间的分析，做出计划性和预防性维护计划。提供辨别、隔离和故障查找及迅速排除故障的措施，保证系统的平均无故障时间或可用性，保证故障设计要求的平均维护时间。系统集成商必须提供系统维护说明书，在系统验收时应对系统的可维护性措施逐项验收。

具体工程测试时不应仅限于以上这些内容，应以提交的集成测试大纲为准。

（2）验收　系统集成的竣工验收应在系统投运 3 ~ 6 个月后进行，竣工验收的基础是集成系统的测试。

1）设备齐套性。

①系统设备配置清单是否与实际的系统配置一致。

②系统设备、材料及软硬件性能是否满足设计要求，并对设备性能测试记录和验收报告进行审核，有不符之处需重新测试。

③系统安装和调试是否符合有关的规范要求，并审查系统安装调试测试验收报告。

2）文档齐套性

①系统文档应根据设计要求，提供全套竣工文件和图样。

②提供软硬件使用维护说明书、接口设计规范及检测大纲、软件设计文档与编程文件、计划维护和预防性维护分析以及说明文件。

③检查文档编写是否符合文档编制规范，是否保证集成系统在技术上的可移植性，并检查文档与实际工程的符合性。

3）功能验收

①对重要功能（如消防联动系统、故障检测与诊断系统）通过现场试验，检查系统总

体功能。

②检查测试报告和测试记录与实际相符程度、设计要求满足程度，以核查系统的集成功能。

4）可靠性与可维护性

①通过设定系统故障（如断电、网络故障等重要系统故障），检查系统的容错能力、故障处理能力等可靠性和可维护性性能。

②对有保密性要求的集成系统，应对系统安全性（包括身份认证、授权管理、访问控制、信息加密和解密以及抗病毒攻击能力等）有关项目，进行检查和验收。

5）环境及人机工程

①设备及软件在 GB 5017、YD 5003 和 YPJ 24 规定的环境下能否正常运转。

②系统设计是否符合人机工程学，能否便于使用和维护。

第三节　管 理 系 统

1. 类型

系统管理从某种角度是针对办公自动化系统而言的，而办公自动化系统则是把事务型办公和综合信息处理结合的智能化办公信息处理系统，分为以下三种类型。

（1）信息管理型　信息管理型是由事务处理型办公系统支持的，以管理控制活动为主，除具备事务处理型系统的全部功能外，还增加信息管理功能。根据不同的应用又分为：政府机关型、商业企业型、生产管理型、财务管理型和人事管理型等。

智能建筑中的信息管理型办公自动化系统是以局域网为主体构成的系统。局域网可连接不同类型的主机，可方便地实现本部门微机间或与远程网间的通信。通信网络最典型的结构采用中心计算机、二级计算机和办公处理工作站三级通信的网络结构，见图 14-7。

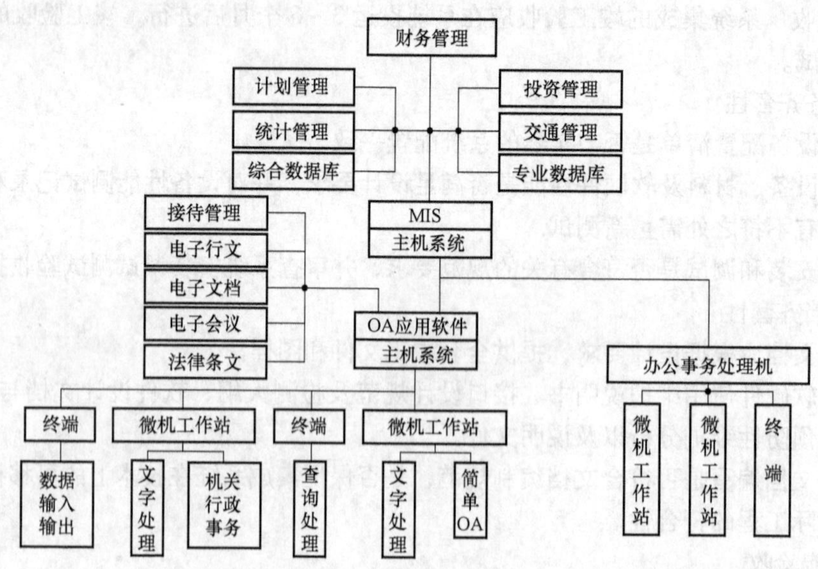

图 14-7　信息管理型办公自动化系统

1）第一级　中心计算机（主机）主要完成信息系统的管理功能，设置于计算机中心机房。

2）第二级　计算机设置于各职能管理机构，主要完成办公事务处理功能。

3）第三级　设置在各基层部门的办公处理工作站完成一些实际操作。

此结构具有较强的分析处理能力、资源共享性好、可靠性高。对于范围较大的系统，可以采用以程控交换机为通信主体的通信网络，把各种办公计算机、终端设备，以及电话机、传真机等互联起来，构成一个范围更广的办公自动化系统。

（2）事务处理型系统　它和信息管理型系统在硬件上基本相同，无本质的区别。但事务型仅通过网络使各计算机能够实现资源共享，各计算机的工作基本独立。而信息型多了一个层次结构，中心机通过集成系统对各计算机实现了综合管理，各计算机分别在不同的层次上工作，协同性能更好，各计算机通过网络成为服务于某特定目标的整体。集成系统的本质就是把事务处理型办公系统和数据库密切结合。

（3）决策支持型　它是在事务处理系统和信息管理系统的基础上增加了决策或辅助决策功能的最高级的办公自动化系统，主要担负辅助决策的任务，即对决策提供支持。它不同于一般的信息管理，要协助决策者在求解问题答案的过程中方便地检索出相关的数据，对各种方案进行试验和比较，对结果进行优化。

1）结构　决策支持系统（DSS）的概念结构是由会话系统、控制系统、运行及操作系统和用户共同构成最简单和实用的“三库（数据库、模型库、规则库）决策”支持系统的逻辑结构，见图14-8。它实际上是在普通的集成系统中加入模型库和规则库。所谓的模型库和规则库，实际上是存入描述数学模型和实现规则程序的数据库。这些程序的每一段都相对完整地描述了一个数学模型和规则，在用户需要时，集成系统中的主程序段将其调出，运算出结果。

2）运行过程　用户通过会话系统输入要解决决策的问题，会话系统把输入的问题信息传递给问题处理系统（主程序），然后问题处理系统开始从数据库收集数据信息，调出模型库和规则库中的程序进行计算。如果用户提出的问题模糊，系统的会话系统可与用户进行交互式对话，直到问题明确；然后主程序开始搜寻能够解决问题的模型程序和规则程序，通过计算得出方案，并计算其可行性；最终将计算和可行性分析结果供给用户，用户根据自身经验进行决策，选择一个方案实行。

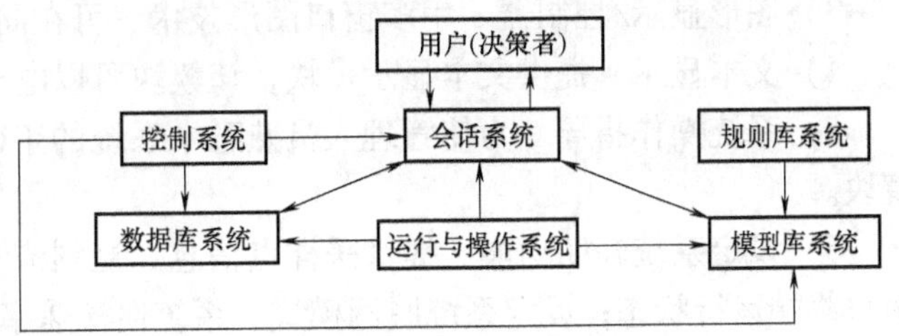

图14-8　决策支持型办公自动化系统

3）技术构成

①接口部分　输入、输出的界面，也是人机进行交互的窗口。

②模型库　系统根据用户提出的问题调出系统中已有的基本模型，模型管理部分应当具有存储、动态建模功能，此部分是DSS的关键。目前模型管理的实现是通过模型库系统完成，通常由计算机专业人员进行数学建模、编制程序来实现。离计算机自动动态建模尚有一定距离，今后发展需要决策人员与计算机专业人员密切配合。

③规则库　通过程序描述决策问题领域的知识（规则和事实），需要决策人员与计算机专业人员密切配合。

④数据库　管理和存储与决策问题有关的数据。

⑤推理部分　属会话系统程序段的功能，识别并解答用户提出的问题，分确定性推理和不确定性推理两类。

2. 软件

（1）特点　系统管理的集成软件采用开放式、标准化和模块化设计，软件模块可根据系统的集成度决定其配置，具有简易、灵活、方便的功能。

1）系统的界面软件设计　应便于管理人员操作，应采用简捷的人机会话中文系统。

2）建立系统应用软件包　编制应用控制程序、时间或事件响应程序，编成简单的操作方式，让操作者易掌握。

3）具有自动纠错提示功能和设备故障提示功能　协助操作员正确操作系统，帮助系统维修人员迅速发现故障所在处，采用正确的方法维修系统的硬件设备和软件模块。

4）对智能卡系统软件提供支持　智能卡系统可与建筑物内的出入口（门禁）系统、物业管理、商业财务管理、职工人事工资、考勤管理等多个子系统物理性地融为一体。

5）直接通信　提供与电话和寻呼系统直接通信的能力。

6）系统的外围分站（现场控制器）的软件　设置不依赖于中央控制软件，各外围分站能够完全独立地监视和控制所属区域的设备。

（2）功能

1）系统操作管理　设定系统操作员的密码、操作级别、软件操作及设备控制的权限。

2）报警/信息显示和打印　通过计算机显示器信息窗口，提供实时的采样点状态信息（包括采样点编号、地址、时间、警报状态、操作员确认时间等），

3）图形显示/控制器　用多窗口图形技术，可在同一个显示器上显示多个窗口图形。

4）文本显示　提供文本显示模块，该模块可以电子邮件方式提供信息。

5）系统操作指导　为使管理人员熟悉本系统的正确操作，系统软件提供系统操作指导模块。

6）设定系统辅助功能　提供采样点信息、控制流程或报表、文件的复制或存储；提供用户终端运行状态；设定系统脱网模式、系统巡检速率；设置文件处理模式，提供系统主机硬盘容量的查询和显示。

7）工具软件　系统工程编制提供给程序员（工程师级）进行本系统工程设计、应用的工具软件。

8）故障自诊断　当系统的硬件或软件发生故障时，系统通过动态图形标记或文字的方式，提示系统故障的所在和原因。

9）设定组合控制　提供组合控制模块，该模块可将需要同时控制的若干个不同的控制对象组合在一起。组合控制也可以由时间或事件响应程序联动执行。

10）节假日期设定　提供若干年内的节假日期或特定日期的设定。

11）快速信息检索　提供快速信息检索模块，可以通过信息点地址来检索该信息点所在位置。

12）报警的处理　根据电脑显示器显示的报警窗口图形的提示，获取报警点的级别，

管理人员按轻重缓急来处理这些报警信号。

13）安防管理　提供安防管理模块，该模块可自动显示和记录巡更状态，可联动视频监控 CCTV 系统，对现场状态进行监视和记录。

14）智能卡系统管理　提供智能卡的运行模块，对出入口（门禁）等进行控制。

15）直接数字控制模式　提供直接数字控制模式，主要用于对建筑设备控制。

16）控制设备节能　提供对建筑物内设备的节能控制。

3. 系统的开放性接口

1）应提供用户将设备数据集成到其他网络中，实现数据共享接口。

2）在网络其他平台上执行的应用程序，可通过使用网络应用程序接口，存取实时数据。

3）应具有多功能智能卡系统接口。

4. 联动

提供火灾自动报警等各子系统数据传送显示、打印、完成集成的联动。

5. 维护操作

除能支持所集成的系统（BAS、FAS、SAS、CNS、INS）外，还应允许用户进行规定的维护操作（如保护性维护和校正性维护）。

6. 联系

通过 Web Server 建立 IBMS 与 Internet 和 Intranet 之间的联系。各地用户均可在工作站中通过 Internet 和 Intranet 以及标准的 Web 浏览器访问 IBMS。

第四节　服务系统

一、概述

现以智能化住宅小区来剖析信息服务系统。

（1）功能构成　智能化住宅小区的功能构成见图 14-9。

（2）网络构成　智能化住宅小区的网络构成见图 14-10。

（3）通信系统构成　智能化住宅小区的通信系统构成见图 14-11。

二、小区物业

智能建筑由于装备了建筑设备自动化系统、安全防范自动化系统、消防自动化系统、通信网络系统、办公自动化系统，为建筑物的物业管理提供了技术支持手段，为实现智能建筑的现代化物业管理提供了先进的平台。近年一些建成并投运的智能建筑，充分利用各类硬件设施并结合当地实际情况加强管理软件的建设，取得了良好的效果。

1. 概述

物业管理行业是在传统的房屋管理基础上演变而来的新兴行业，近年来随着我国国民经济和城市化建设的飞速发展，使得物业管理作为一门科学的内涵已经超出了传统定性描述，发展成为集多种技术手段对物业实体进行综合管理。它的范围广泛、内容繁杂，加上政策与市场等的变动因素，采用信息化管理则解决了日常工作中大量人力、物力耗费的困境，使信息化技术十分普遍应用于物业管理。

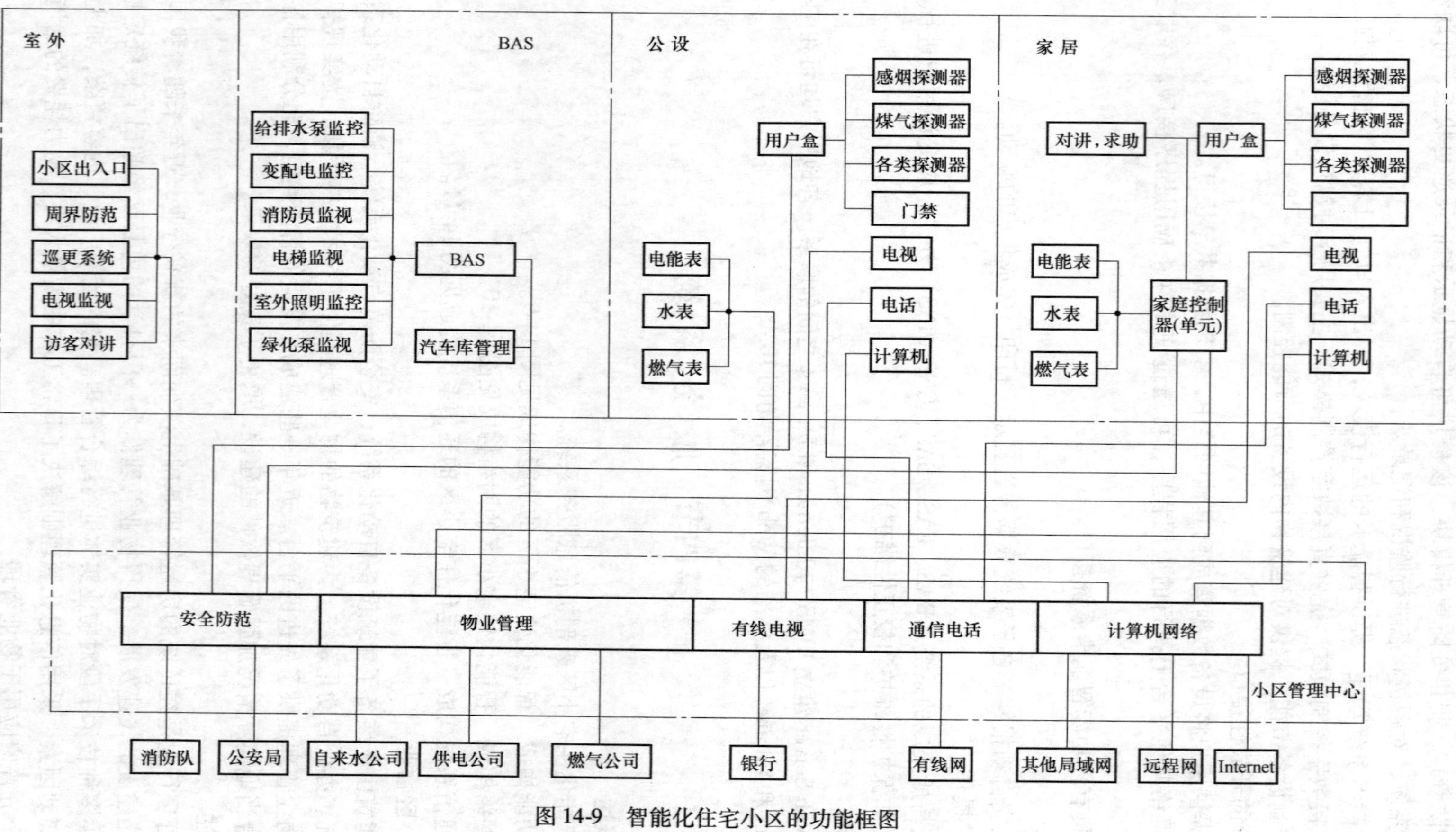

图 14-9 智能化住宅小区的功能框图

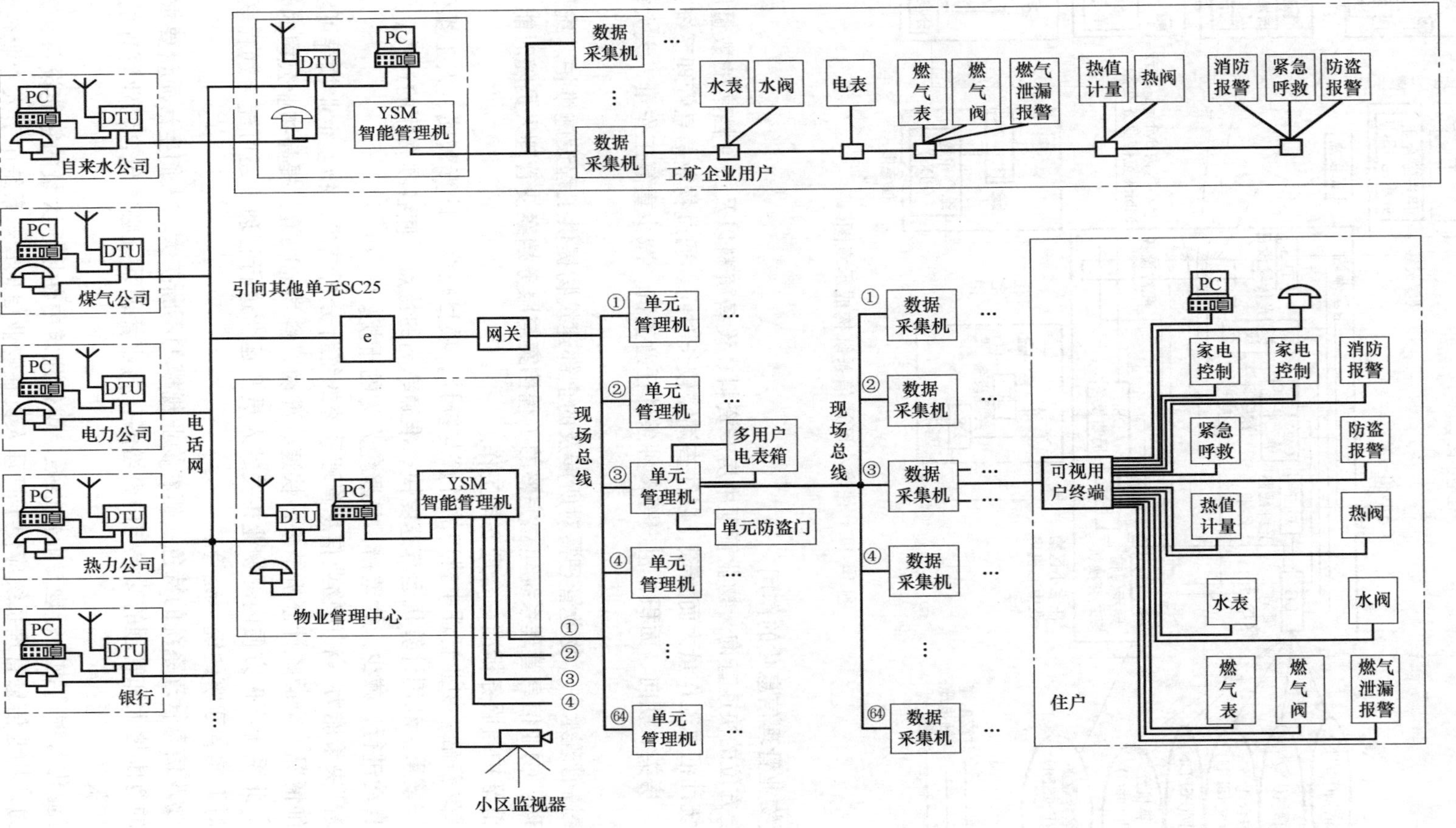

图 14-10 智能化住宅小区的网络构成图

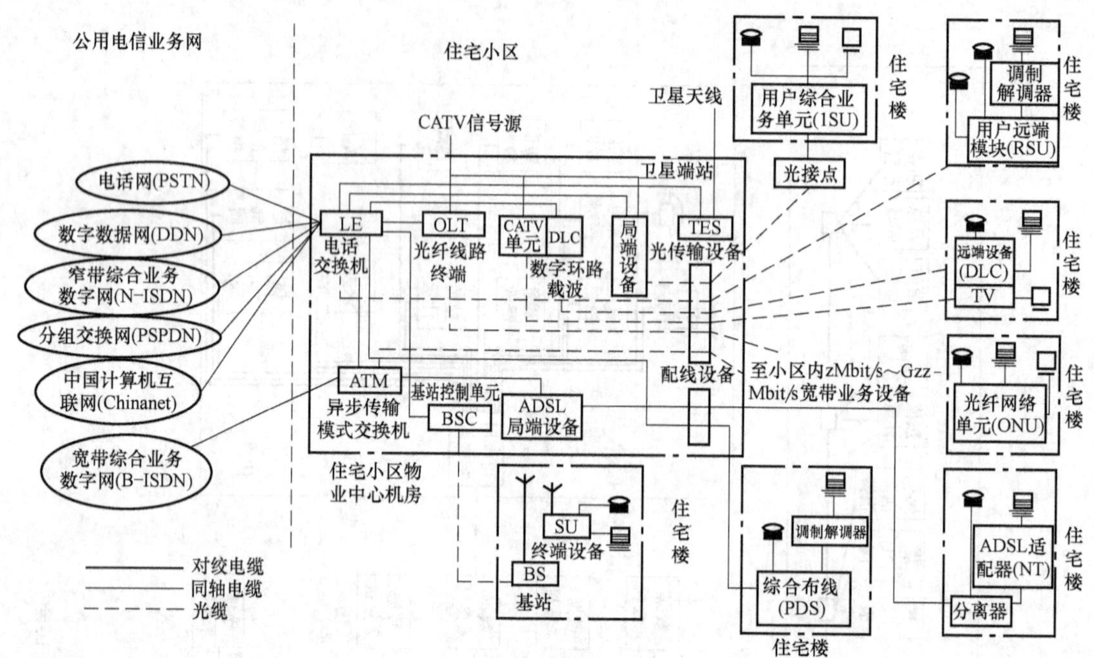

图 14-11　住宅小区通信系统构成示意图

（1）物业管理信息化的作用

1）全方位的快速查询　物业管理中房产资料、设备资料以及文件档案的数量庞大，人工整理、统计汇总工作量大而繁琐，以往查询需较长时间。通过物业信息管理系统，可按名称、房号、房类、朝向、面积、租户等多种条件任意查询，减少重复工作量，大大提高了工作效率。

2）提高管理水平　物业管理需对所涉及的全部建筑物提供工程设施维护、维修、装修服务与管理。物业信息管理系统建立完整的工程档案与服务档案使管理人员随时能了解最新情况，规范维护与服务标准，合理安排工作。

3）减少差错　物业管理中费用的计算与统计，项目较多、计算繁琐、人工操作差错率较高，工作繁重。利用计算机运算速度快、准确率高的特点，使各项费用的计算、统计、计费、核算自动进行，减少人为差错，且避免人为的干扰。

4）提高决策能力　利用物业信息管理系统的统计分析结果，物业企业领导可随时查阅最新的详细情况、全面统计分析结果，快速、准确、科学地决策，提高物业公司的管理水平与竞争力。此系统不仅方便内部物业相关的人员和运营进行管理，还可配合远程联网方式，实现物业对下属各建筑的统一经管。

（2）物业信息管理系统的特色　随着物业规模的不断扩大、人们生活质量要求的提高、物业管理的范围增大和管理的对象与内容增多，物业管理系统必须包含物业管理的全部直、间接管理与服务功能：

1）专业化管理　物业管理专业性很强，现代建筑中使用了大量的智能设备，为提高管理人员能力，物业信息管理系统应便于管理人员在物业信息管理系统中引入专业企业的管理模式与经验，利用计算机辅助管理与服务。

2）综合与兼容　大型建筑物/群的管理通过许多智能设备分系统共同完成，因而此管理系统要有能与各分系统有机结合、共享信息，并在此基础上实现智能化的集中规范管理和高效的分布控制与服务开放性接口。

3）突破时空限制　网络内相关人员可在不同地点、任何时间进行建议、投诉、事物登录、费用查询等工作，BBS系统可以让内部人员在网上自由讨论感兴趣的话题，实现全员参与。

4）采用数据库技术　采用SQL等大型数据库管理系统，使用户可快速执行查询汇总等操作，方便地进行日常维护，满足物业管理大数据量的管理。

5）与财务系统实现数据交换　物业信息化需将物业功能和财务功能结合，由于财务管理软件已较成熟，且因政策原因相对独立，因此需充分考虑物业信息管理系统与财务系统的接口，用户可定期将物业数据转入财政系统，实现各种查询、汇总并打印。

6）信息化与工作流程紧密结合　系统具有功能强大的联机帮助、方便快捷的向导操作、友好灵活的人机界面，并紧密地与物业管理工作流程相结合，使物业管理人员可便捷地采用计算机操作代替传统的手工管理，加快物业管理的信息化进程。

7）采用严格的权限控制　对数据进行加密，没有用户代码的人员不能进入系统，不同的用户拥有不同的权限，每次操作均有记录，没有权限的人绝对无法查看保密的数据。

2. 软件系统

物业信息管理系统集成多种信息技术与软件工具，形成应用功能结构见图14-12。

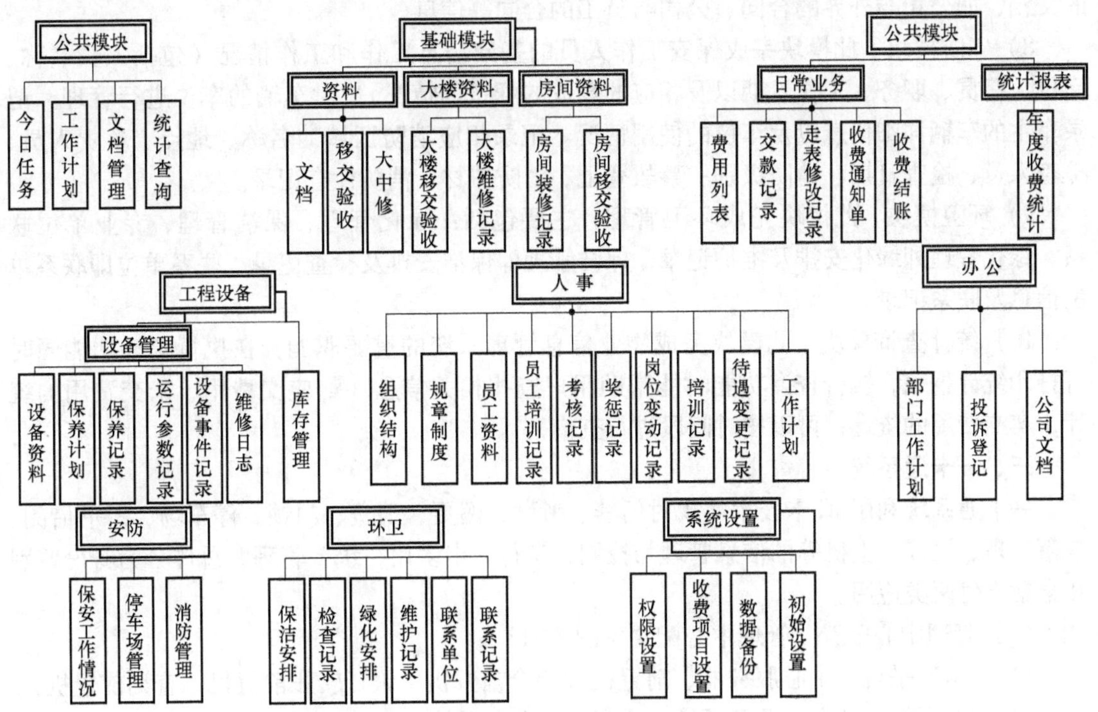

图14-12　物业信息管理系统的软件模块结构

1）GIS 的应用　物业信息管理系统中采用 Mapinfo 等 GIS 可实现图表达与处理功能、电子地图详尽直观的显示功能、数据查询分析功能和数据的可视表达方式。把建筑物和环境赋予到 GIS 中，通过 3D 模型创建特定项目的物理模型，该工程所有设施的静态与动态信息都集成到物业地理信息系统中，从而实现可视化监控和管理。

2）资产管理系统的应用　应用此系统建立资产管理解决方案，可帮助企业购买、跟踪、管理和出售其重要资产。通过模块化的设计，将资产管理结合到工作的各个方面。

3）今日任务模块　此模块用以明确列出物业管理工作的当日任务。

4）工作计划模块　此模块是物业信息管理系统的重要部分，建立在操作界面主菜单工具栏的“工作计划”之下。用户必须键入正确的“用户名”和“密码”，才能打开“工作计划”对话框。工作计划是按照“标题”和“作者”进行分类的，可为用户增加新的工作计划和配置数据。

5）工程设备管理模块　主要包括设备管理、报修管理、维修计划、库存管理。

6）人事管理模块　显示公司组织结构，保存公司和部门的规章制度以及工作计划。按部门管理员工以及相关资料，如培训记录、考核记录、简历记录、家庭成员、奖惩记录、岗位变动记录、待遇变更记录、工作计划等。

7）办公模块　此模块用于管理办公室的日常事务，如会议记录、部门工作计划、投诉登记、公司文档、社区服务登记。记录客户投诉的信息，包括投诉人员信息、投诉时间、投诉内容、接待员工、处理记录、处理人员、处理单位、回访方式、整改意见、回访日期、回访结果、客户满意程度等信息，可以降低客户投诉率，提高客户满意程度。记录相应的公司的文档，如公司与外界的合同、公司与员工的合同等信息。

8）安防模块　此模块完成保安工作人员的基础信息工作和工作情况（包括人员名称、岗位、籍贯、职务、工作日期以及相应的警戒的配备的情况），对车辆的车位进行管理。记录车主的车辆详细信息以及车位的使用情况。记录相应消防区域的名称、地点、负责人员、检查人员、检查日期、消防级别、事故登记、消防器材、消防检查记录。

9）环卫模块　此模块完成环卫管理，主要包括：绿化管理、保洁管理、专业单位联系。绿化管理即绿化安排及维护记录，保洁管理即保洁安排及检查记录，联系单位即联系单位信息及联系记录。

10）统计查询模块　此模块完成物业信息管理系统的重要职能，在执行统计功能同时可打印统计报表，执行查询功能时能帮助用户查找相关信息（如应交费用、未交费用的统计，实交费用的统计，可以按时间段进行查询）。

三、一卡通系统

一卡通系统利用 IC 卡技术实现对门禁、考勤、巡更、消费、门锁、停车场、图书借阅、学籍管理、医疗、上机等的信息管理与控制，实行一卡多用，统一管理，总体分为身份鉴别和金融支付两类应用。

（1）管理中心配置　管理中心配置见图 14-13。

1）一卡通平台　中心服务器、前置机（综合前置机、银行转账前置机、查询前置机）。

2）业务系统　持卡人业务系统、中心会计业务系统。

3）接口　银行接口、电信接口。

4）应用子系统　具体相关管理的应用子系统，分为商务消费类、身份识别类和混合类，如商务、考勤、门禁、图书等系统。

(2) 基本功能

1) IC卡管理 主要目的是发行、充值、查询、挂失、修改一卡通信息（包括持卡人的住所、姓名、卡号、身份证号码、性别、权限等）。

2) 数据计算 住户小区消费统计（当月消费次数、金额的计算等）、物业管理费用统计等。

3) 设备管理 对读卡器和控制器等硬件设备的参数和权限等进行设置。

4) 软件设置 对软件系统自身的参数和状态进行修改、设置和维护（包括口令设置、软件参数修改、系统设备和修改等）。

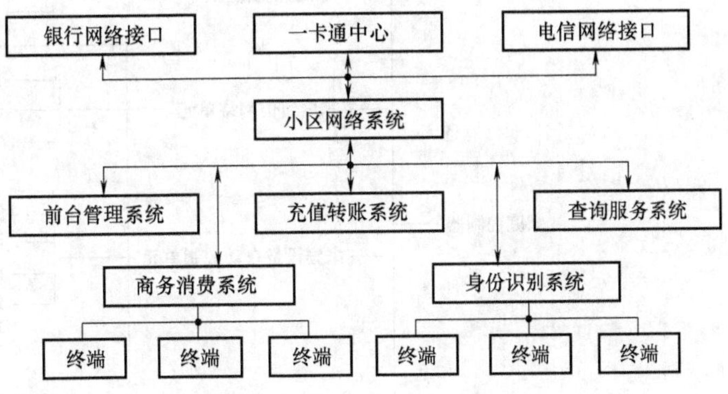

图 14-13 智能化住宅小区的一卡通管理中心的构成

5) 报表功能 生成各种形式的报表（如发卡、充值、监控、考勤、消费、个人明细等各种系统报表），辅助决策和查询。

四、自动抄表系统

总线式自动抄表系统见图 14-14。

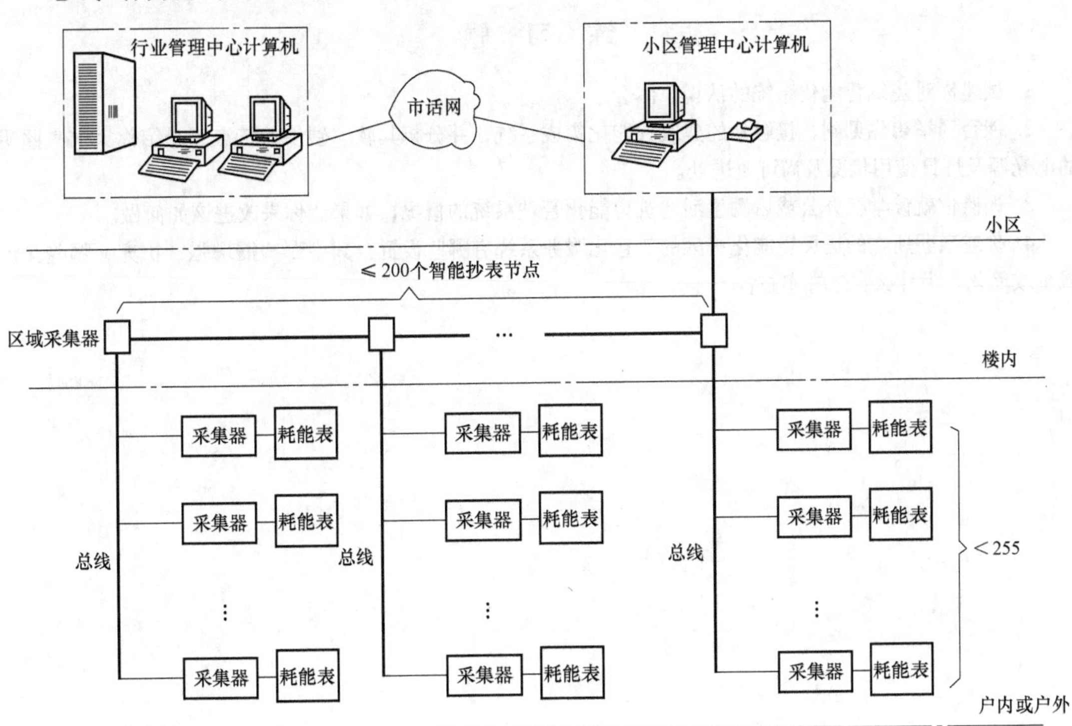

图 14-14 总线式自动抄表系统图

五、智能家居

家庭控制器的组成见图 14-15，图中模块单元有安装在控制器内，也有安装在现场。其模块的分类及名称随产品不同、具有访客对讲与否而异。

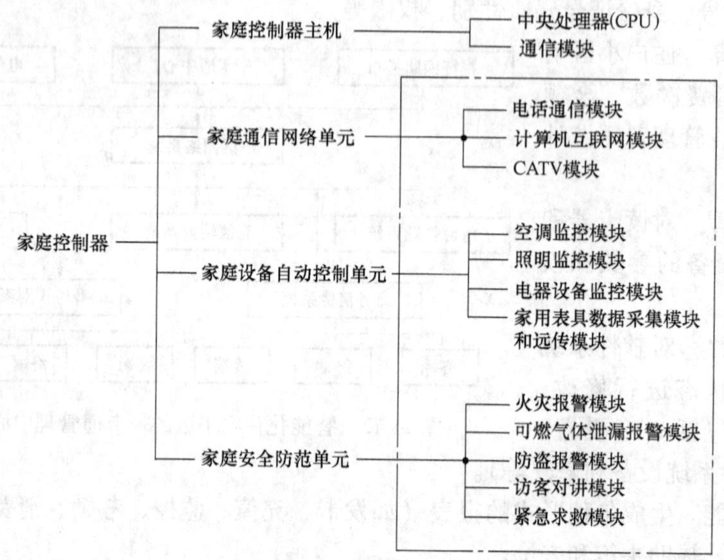

图 14-15　家庭控制器的组成

练　习　题

1. 试述你对建筑智能化系统的认识、体会。

2. 能否列举出你见到、接触到的建筑智能化集成系统，并分析其软、硬件的特点。介绍你家电气照明的电光源及灯具使用状况及尚可改进处。

3. 谈谈你就读学校办公或后勤生活建筑智能化管理系统的概况，如果让你来改进该如何做。

4. 你或亲朋所在的居民智能化小区的信息化服务系统有哪些设置？其中哪些需增强、扩充，哪些又需减少或简化？为什么？怎样实施？

附　　录

附录 A　电气工程设计常用标注及标记

（一）电力设备的标注

标注方式	说　明	示　例	备注
$\frac{a}{b}$	用电设备 a——设备编号或设备位号 b——额定功率(kW 或 kV·A)	$\frac{\text{P01B}}{\text{37kW}}$ 热煤泵的位号为 P01B，容量为 37kW	
$-a+b/c$	概略图电气箱(柜、屏)标注 a——设备种类代号 b——设备安装位置的位置代号 c——设备型号	－AP1＋1·B6/XL21-15 动力配电箱种类代号－AP1，位置代号＋1·B6 即安装位置在一层 B、6 轴线，型号 XL21-15	
$-a$	平面图电气箱(柜、屏)标注 a——设备种类代号	－AP1 动力配电箱－AP1，在不会引起混淆时可取消前缀"－"，即表示为 AP1	
$a\quad b/c\quad d$	照明、安全、控制变压器标注 a——设备种类代号 b/c——一次电压/二次电压 d——额定容量	TL1　220/36V　500V·A 照明变压器 TL1 变比 220/36V 容量 500V·A	
$a-b\frac{c\times d\times L}{e}f$	照明灯具标注 a——灯数 b——型号或编号(无则省略) c——每盏照明灯具的灯泡数 d——灯泡安装容量 e——灯泡安装高度(m)，"－"表示吸顶安装 f——安装方式 L——光源种类	$5-\text{HYS80}\frac{2\times 40\times \text{FL}}{3.5}\text{CS}$ 5 盏 BYS-80 型灯具，灯管为两根 40W 荧光灯管，灯具链吊安装，安装高度距地 3.5m	

（续）

标注方式	说　明	示　例	备注
$a\quad b-c(d\times e+f\times g)i-jh$	线路的标注 *a*——线缆编号 *b*——型号（不需要可省略） *c*——线缆根数 *d*——电缆线芯数 *e*——线芯截面（mm^2） *f*——PE、N 线芯数 *g*——线芯截面（mm^2） *i*——线缆敷设方式 *j*——线缆敷设部位 *h*——线缆敷设安装高度（m） 上述字母无内容则省略该部分	WP201　YJV-0.6/1kV-2（3×150+2×70）SC80-WS3.5 电缆号为 WP201 电缆型号、规格为 YJV-0.6/1kV-（3×150+2×70） 两根电缆并联连接 敷设方式为穿 DN80 焊接钢管沿墙明敷 线缆敷设高度距地 3.5m	
$\frac{a\times b}{c}$	电缆桥架标注 *a*——电缆桥架宽度（mm） *b*——电缆桥架高度（mm） *c*——电缆桥架安装高度（m）	$\frac{600\times150}{3.5}$ 电缆桥架宽 600mm 桥架高度 150mm 安装高度距地 3.5m	
$\frac{a-b-c-d}{e-f}$	电缆与其他设施交叉点标注 *a*——保护管根数 *b*——保护管直径（mm） *c*——保护管长度（m） *d*——地面标高（m） *e*——保护管埋设深度（m） *f*——交叉点坐标	6-DN100-1.1m-0.3m -1.1m-*A*=174.235; *B*=243.621 电缆与设施交叉，交叉点坐标为 *A*=174.235；*B*=243.621，埋设 6 根长 1.1mDN100 焊接钢管，钢管埋设深度为 -1m（地面标高为 -0.3m）	
$a-b(c\times2\times d)e-f$	电话线路的标注 *a*——电话线缆编号 *b*——型号（不需要可省略） *c*——导线对数 *d*——线缆截面 *e*——敷设方式和管径（mm） *f*——敷设部位	W1-HPVV（25×2×0.5）M-MS W1 为电话电缆号 电话电缆的型号、规格为 HPVV（25×2×0.5） 电话电缆敷设方式为用钢索敷设 电话电缆沿墙面敷设	
$\frac{a\times b}{c}d$	电话分线盒、交接箱的标注 *a*——编号 *b*——型号（不需要标注可省略） *c*——线序 *d*——用户数	$\frac{\#3\times NF-3-10}{1\sim12}6$ #3 电话分线盒的型号规格为 NF-3-10，用户数为 6 户，接线线序为 1～12	未考虑设计用户数时的标注方法

（续）

标注方式	说明	示例	备注
$\frac{a}{b}c$	断路器整定值的标注 a——脱扣器额定电流 b——脱扣整定电流值 c——短延时整定时间（瞬断不标注）	$\frac{500\mathrm{A}}{500\mathrm{A}\times3}0.2\mathrm{S}$ 断路器脱扣器额定电流为500A，动作整定值为500A×3，短延时整定值为0.2s	
	相序		
L1	交流系统电源第一相		
L2	交流系统电源第二相		
L3	交流系统电源第三相		
U	交流系统设备端第一相		
V	交流系统设备端第二相		
W	交流系统设备端第三相		
N	中性线		
PE	保护线		
PEN	保护和中性共用线		

（二）安装方式的标注

名称		标注文字符号	名称		标注文字符号
线路敷设方式	穿焊接钢管敷设	SC	导线敷设部位	暗敷设在柱内	CLC
	穿电线管敷设	MT		沿墙面敷设	WS
	穿套接扣压式薄壁钢管敷设	KBG		暗敷设在墙内	WC
	穿套接紧定式钢管敷设	JDG		沿天棚或顶板面敷设	CE
	穿硬塑料管敷设	PC		暗敷设在屋面或顶板内	CC
	穿阻燃半硬聚氯乙烯管敷设	FPC		吊顶内敷设	SCE
	电缆桥架敷设	CT		地板或地面下敷设	F
	金属线槽敷设	MR	灯具安装方式	线吊式自在器线吊式	SW
	塑料线槽敷设	PR		链吊式	CS
	用钢索敷设	M		管吊式	DS
	穿聚氯乙烯塑料波纹电线管敷设	KPC		壁装式	W
	穿金属软管敷设	CP		吸顶式	C
	直接埋设	DB		嵌入式	R
	电缆沟敷设	TC		顶棚内安装	CR
	混凝土排管敷设	CE		墙壁内安装	WR
导线敷设部位	沿或跨梁（屋架）敷设	AB		支架上安装	S
	暗敷在梁内	BC		柱上安装	CL
	沿或跨柱敷设	AC		座装	HM

（三）设备特定接线端子的标记和特定导线线端的识别

导体名称		字母数字符号	
		设备端子标记	导线线端的识别
交流系统电源导体	第1相	U	L1
	第2相	V	L2
	第3相	W	L3
	中性线	N	N
直流系统电源导体	正极	C	L+
	负极	D	L-
	中间线	M	M
	保护导体	PE	PE
	不接地的保护导体	PU	PU
	保护中性导体	—	PEN
	接地导体	E	E
	低噪声接地导体	TE	TE
	接机壳、接机架	MM	MM
	等电位联结	CC	CC

注：接机壳、接机架、等电位联结的接线端子或导体的电位与保护导体或接地导体的电位不等时，才采用这些识别标记。

（四）信号灯、按钮及导线的颜色标记

名称		颜色标记	名称		颜色标记
信号灯	事故跳闸、危险	红色	按钮	合闸按钮、开机按钮、起动按钮	白色 允许用灰色
	异常报警指示	黄色		储能按钮	白色
	开关闭合状态、运行	白色		复归按钮	黑色
	开关断开状态、停运	绿色	导线（母线）	交流电路L1相	黄色
	电动机起动过程	蓝色		交流电路L2相	绿色
	储能完毕指示	绿色		交流电路L3相	红色
按钮	正常分闸及停止按钮	黑色 允许用红色		交流电路的零线或中性线	淡蓝色
	事故紧急操作按钮	红色		PE线	黄/绿双色
	正常停止、事故紧急操作台用按钮	红色		直流电路的正极	棕色
				直流电路的负极	蓝色
				直流电路的接地中线	淡蓝色

附录B 部分建筑的照明标准值

（一）居住建筑

<table>
<tr><th colspan="2">房间或场所</th><th>参考平面及其高度</th><th>照明标准值/lx</th><th>R_a</th></tr>
<tr><td rowspan="2">起居室</td><td>一般活动</td><td rowspan="2">0.75m 水平面</td><td>100</td><td rowspan="2">80</td></tr>
<tr><td>书写、阅读</td><td>300*</td></tr>
<tr><td rowspan="2">卧室</td><td>一般活动</td><td rowspan="2">0.75m 水平面</td><td>75</td><td rowspan="2">80</td></tr>
<tr><td>床头、阅读</td><td>150*</td></tr>
<tr><td colspan="2">餐厅</td><td>0.75m 餐桌面</td><td>150</td><td>80</td></tr>
<tr><td rowspan="2">厨房</td><td>一般活动</td><td>0.75m 水平面</td><td>100</td><td rowspan="2">80</td></tr>
<tr><td>操作台</td><td>台面</td><td>150*</td></tr>
<tr><td colspan="2">卫生间</td><td>0.75m 水平面</td><td>100</td><td>80</td></tr>
<tr><td colspan="5">注：*宜用混合照明</td></tr>
</table>

（二）办公建筑

房间或场所	参考平面及其高度	照明标准值/lx	*UGR*	R_a
普通办公室	0.75m 水平面	300	19	80
高档办公室	0.75m 水平面	500	19	80
会议室	0.75m 水平面	300	19	80
接待室、前台	0.75m 水平面	300	—	80
营业厅	0.75m 水平面	300	22	80
设计室	实际工作面	500	19	80
文件管理、复印、发行室	0.75m 水平面	300	—	80
资料、档案室	0.75m 水平面	200	—	80

（三）学校建筑

房间或场所	参考平面及其高度	照明标准值/lx	*UGR*	R_a
教室	课桌面	300	19	80
实验室	实验桌面	300	19	80
美术教室	桌面	500	19	80
多媒体教室	0.75m 水平面	300	19	80
教室黑板	黑板面	500	—	80

注：附录 B 中 *UGR* 为统一眩光值、R_a 为显色系数。

附录C 部分灯具的最小照度系数（Z）

灯具名称	灯具型号	光源种类及容量/W	距高比 l:h 0.6	0.8	1.0	1.2	(l:h)/Z 的最大允许值
			Z				
配照型的灯具	GC1—1 A	B150	1.30	1.32	1.33		1.25/1.33
	GC1—1 B	G125		1.34	1.33	1.32	1.41/1.29
广照型灯具	GC3—2 A	G125	1.28	1.30			0.98/1.32
	GC3—2 B	B200、150	1.30	1.33			1.02/1.33
深照型灯具	GC5—3 A	B300		1.34	1.33	1.30	1.40/1.29
	GC5—3 B	G250		1.35	1.34	1.32	1.45/1.32
	GC5—4 A	B300、500		1.33	1.34	1.32	1.40/1.31
	GC5—4 B	G400	1.29	1.34	1.35		1.23/1.32
筒式荧光灯具	YG1—1	1×40	1.34	1.34	1.31		1.22/1.29
	YG2—1	1×40		1.35	1.33	1.28	1.28/1.28
	YG2—2	2×40		1.35	1.33	1.29	1.28/1.29
吸顶式荧光灯具	YG6—2	2×40	1.34	1.36	1.33		1.22/1.29
	YG6—3	3×40		1.35	1.32	1.30	1.26/1.30
嵌入式荧光灯具	YG15—2	2×40	1.34	1.34	1.31	1.30	
	YG15—3	3×40	1.37	1.33			1.05/1.30
房间较矮反射条件较好		灯排数≤3	1.15~1.2				
		灯排数>3	1.10				

附录D 部分灯具的利用系数（U）

ρ_t(%)	70				50				30				0
ρ_q(%)	70	50	30	10	70	50	30	10	70	50	30	10	0
RCR	U(筒式荧光灯 YG2-1，η=88%，1×40W，2400lm)												
1	0.93	0.89	0.86	0.83	0.89	0.85	0.83	0.80	0.85	0.82	0.80	0.78	0.73
2	0.85	0.79	0.73	0.69	0.81	0.75	0.71	0.67	0.77	0.73	0.69	0.65	0.62
3	0.78	0.70	0.63	0.58	0.74	0.67	0.61	0.57	0.70	0.65	0.60	0.56	0.53
4	0.71	0.61	0.54	0.49	0.67	0.59	0.53	0.48	0.64	0.57	0.52	0.47	0.45
5	0.65	0.55	0.47	0.42	0.62	0.53	0.46	0.41	0.56	0.51	0.45	0.41	0.39
6	0.60	0.49	0.42	0.36	0.57	0.48	0.41	0.36	0.54	0.46	0.40	0.36	0.34
7	0.55	0.44	0.37	0.32	0.52	0.43	0.36	0.31	0.50	0.42	0.36	0.31	0.29
8	0.51	0.40	0.33	0.27	0.48	0.39	0.32	0.27	0.46	0.37	0.32	0.27	0.25
9	0.47	0.36	0.29	0.24	0.45	0.35	0.29	0.24	0.43	0.34	0.28	0.24	0.22
10	0.43	0.32	0.25	0.20	0.41	0.30	0.24	0.20	0.39	0.30	0.24	0.20	0.18

（续）

$\rho_t(\%)$	70				50				30				0
$\rho_q(\%)$	70	50	30	10	70	50	30	10	70	50	30	10	0
RCR	U（吸顶式荧光灯 YG6-2，$\eta=86\%$，2×40W，2×2400lm）												
1	0.82	0.78	0.74	0.70	0.73	0.70	0.67	0.64	0.65	0.68	0.60	0.58	0.49
2	0.74	0.67	0.62	0.57	0.66	0.61	0.56	0.52	0.59	0.54	0.51	0.48	0.40
3	0.68	0.59	0.53	0.47	0.60	0.53	0.48	0.44	0.53	0.48	0.44	0.40	0.34
4	0.62	0.52	0.45	0.40	0.55	0.47	0.41	0.37	0.49	0.43	0.38	0.34	0.28
5	0.56	0.46	0.39	0.34	0.50	0.42	0.36	0.31	0.45	0.38	0.33	0.29	0.24
6	0.52	0.42	0.35	0.29	0.46	0.38	0.32	0.27	0.41	0.34	0.29	0.25	0.21
7	0.48	0.37	0.30	0.25	0.43	0.34	0.28	0.24	0.38	0.31	0.26	0.22	0.18
8	0.44	0.34	0.27	0.22	0.40	0.31	0.25	0.21	0.35	0.28	0.23	0.19	0.16
9	0.41	0.31	0.24	0.19	0.37	0.28	0.22	0.18	0.33	0.26	0.21	0.17	0.14
10	0.38	0.27	0.21	0.16	0.34	0.25	0.19	0.15	0.30	0.22	0.18	0.14	0.11

参 考 文 献

[1] 戴瑜兴．民用建筑电气设计手册［M］．2 版．北京：中国建筑工业出版社，2007.

[2] 中国航空工业规划设计研究院．工业与民用配电设计手册［M］．3 版．北京：中国电力出版社，2005.

[3] 中国标准出版社．电气工程师常用法规及标准汇编：上册［M］．北京：中国标准出版社，2004.

[4] 中国标准出版社．电气工程师常用法规及标准汇编：下册［M］．北京：中国标准出版社，2004.

[5] 赵德申．建筑电气照明技术［M］．北京：中国建筑工业出版社，2005.

[6] 刘介才．工厂供电［M］．4 版．北京：机械工业出版社，2007.

[7] 程大章．智能建筑理论与工程实践［M］．北京：机械工业出版社，2009.

[8] 余建明，同向前，苏文成．供电技术［M］．4 版．北京：机械工业出版社，2008.

[9] 王佳．建筑电气识图［M］．北京：中国电力出版社，2008.

[10] 戴绍基．建筑供配电与照明［M］．北京：机械工业出版社，2007.

[11] 马谌溪．电气工程设计与绘图［M］．北京：中国电力出版社，2007.

[12] 关光福．建筑电气［M］．重庆：重庆大学出版社，2007.

[13] 王晓丽．供配电系统［M］．北京：机械工业出版社，2004.

[14] 翁双安．供电工程［M］．北京：机械工业出版社，2004.

[15] 段春丽，黄仕元．建筑电气［M］．北京：机械工业出版社，2007.

[16] 高满茹．建筑配电与设计［M］．北京：中国电力出版社，2003.

[17] 马谌溪．供配电工程［M］．北京：清华大学出版社，2009.

[18] 谢杜初，刘玲．建筑电气工程［M］．北京：机械工业出版社，2005.

[19] 李道本，翟华昆，王素英．建筑电气工程设计技术文件编制与应用手册［M］．北京：中国电力出版社，2003.

[20] 侯志伟．建筑电气工程识图与施工［M］．北京：机械工业出版社，2004.

[21] 王晋生．新标准电气制图（电气信息结构文件编制）［M］．北京：中国电力出版社，2003.

[22] 王晋生．新标准电气识图（电气信息结构文件阅读）［M］．北京：中国电力出版社，2003.

[23] 马谌溪．建筑电气工程［M］．2 版．北京：化学工业出版社，2010.

[24] 北京土木建筑学会电气设计委员会，北京电气设计情报网．注册电气工程师（供配电）执业资格考试辅导教材专业部分［M］．北京：中国电力出版社，2004.

[25] 《建筑电气工程师手册》编委会．建筑电气工程师手册［M］．北京：中国电力出版社，2010.

[26] 中国建筑标准设计研究院．00DX001　建筑电气工程设计常用图形和文字符号［S］．北京：中国建筑标准设计研究院，2001.

[27] 中华人民共和国建设部．JGJ 16—2008　民用建筑电气设计规范［S］．北京：中国建筑工业出版社，2008.

[28] 中国机械工业联合会．GB 50052—2009　供配电系统设计规范［S］．北京：中国计划出版社，2010.

[29] 中华人民共和国建设部．GB 50034—2004　建筑照明设计标准［S］．北京：中国建筑工业出版社，2004.

[30] 中国机械工业联合会．GB 50057—2010　建筑物防雷设计规范［S］．北京：中国计划出版社，2011.

[31] 中华人民共和国建设部．GB/T 50314—2006　智能建筑设计标准［S］．北京：中国计划出版社，2007.

[32] 中国建筑标准设计研究院．05SDX007　建筑电气实践教学及见习工程师图册［S］．北京：中国建筑标准设计研究院，2005.

[33] 中国建筑标准设计研究院．D303-2～3　常用电机控制电路［S］．北京：中国建筑标准设计研究院，2002.